Wilhelm von Kürten
Landschaftsstruktur und Naherholungsräume im Ruhrgebiet
und in seinen Randzonen

# BOCHUMER GEOGRAPHISCHE ARBEITEN

Herausgegeben vom Geographischen Institut der Ruhr-Universität Bochum
durch Dietrich Hafemann · Karlheinz Hottes · Herbert Liedtke · Peter Schöller
Schriftleitung: Paul Busch

Sonderreihe: Band 1

Wilhelm von Kürten

# LANDSCHAFTSSTRUKTUR UND NAHERHOLUNGSRÄUME IM RUHRGEBIET UND IN SEINEN RANDZONEN

FERDINAND SCHÖNINGH · PADERBORN

Als Habilitationsschrift auf Empfehlung der Abteilung für Geowissenschaften an der Ruhr-Universität Bochum gedruckt
mit Unterstützung der Deutschen Forschungsgemeinschaft
und des Ministers für Wissenschaft und Forschung des Landes Nordrhein-Westfalen.
Alle Rechte, auch das der auszugsweisen und fotomechanischen Wiedergabe, vorbehalten.
© 1973 by Ferdinand Schöningh at Paderborn. Printed in Germany.
ISBN 3-506-71221-7

Vorwort

*Die vorliegende Abhandlung beruht im wesentlichen auf meiner im Herbst 1968 der Abteilung für Geowissenschaften an der Ruhr-Universität Bochum vorgelegten und von ihr angenommenen Habilitationsschrift. Nachdem kleinere Teile dieser Arbeit an anderer Stelle veröffentlicht wurden (im Heft 6 der Schriftenreihe „Natur und Landschaft im Ruhrgebiet"), erfolgt hier der Abdruck des Hauptteils mit einzelnen nachträglich eingefügten Ergänzungen.*

*Mein Dank gilt Herrn Prof. Dr. P. Schöller, Bochum, für Anregung und vielfältige Förderung der Arbeit, Herrn Prof. Dr. Dr. K. Hottes, Bochum, und Herrn Ministerialdirigent Dr. H. G. Niemeier, dem Leiter der Landesplanung in der Staatskanzlei des Landes Nordrhein-Westfalen, für wertvolle Hinweise und für die Bemühungen um die Veröffentlichung der Arbeit, dem Siedlungsverband Ruhrkohlenbezirk in Essen und den Herren Prof. Dr. D. Düsterloh, Bielefeld, und Landforstmeister Dr. K. F. Wentzel, Wiesbaden, für die Genehmigung des Abdrucks der Abb. 16, 26, 30, 32 und 39, sowie zahlreichen Behörden und Dienststellen für Auskünfte und Bereitstellung von Unterlagen und statistischem Material.*

*Die Möglichkeit der Veröffentlichung in der vorliegenden Form verdanke ich der Deutschen Forschungsgemeinschaft und dem Minister für Wissenschaft und Forschung des Landes Nordrhein-Westfalen, die gemeinsam die Drucklegung (einschl. Kartendruck und kartographische Vorbereitung) finanziert haben, und dem Landesvermessungsamt Nordrhein-Westfalen, das den Druck der Kartenbeilagen K 1–3 übernommen und zugleich die amtlichen Kartenunterlagen zur Verfügung gestellt hat.*

*Schließlich gebührt mein Dank dem Direktorium des Geographischen Instituts der Ruhr-Universität Bochum für die Übernahme dieser Schrift als Sonderband in die Bochumer Geographischen Arbeiten, sowie Herrn Stud.-Prof. Dr. P. Busch für seine Mitwirkung bei der Vorbereitung der Drucklegung.*

*Im Februar 1973*                                        *Wilh. von Kürten*

# INHALTSVERZEICHNIS

Einleitung – Zielsetzung . . . . . . . . . . . . . . . . . . . . . . . . . . . . . . . . . . 13

## A NATURRÄUMLICHE STRUKTUR UND GLIEDERUNG . . . . . . . . . . . . . . . . 21

1 Großräumige Einordnung und Übersicht . . . . . . . . . . . . . . . . . . . . . . 21
   1.1 Großräumige Einordnung . . . . . . . . . . . . . . . . . . . . . . . . . . . 21
   1.2 Geomorphologische Übersicht . . . . . . . . . . . . . . . . . . . . . . . . 22
   1.3 Klimatologische Übersicht . . . . . . . . . . . . . . . . . . . . . . . . . . 29

2 Die West- und Nordgrenze des Bergisch-Sauerländischen Gebirges . . . . . . . . . . . 34
   2.1 Westgrenze . . . . . . . . . . . . . . . . . . . . . . . . . . . . . . . . . 34
   2.2 Nordgrenze . . . . . . . . . . . . . . . . . . . . . . . . . . . . . . . . . 34

3 Die naturräumlichen Haupteinheiten und ihre Unterteilung . . . . . . . . . . . . . 37
   3.1 Methodische Vorbemerkungen . . . . . . . . . . . . . . . . . . . . . . . . 37
   3.2 Die nordwestlichen Teile des Bergisch-Sauerländischen Gebirges . . . . . . . . . 40
       3.21 Bergisch-Sauerländisches Unterland . . . . . . . . . . . . . . . . . . . 40
       3.22 Bergische und Märkische Hochflächen . . . . . . . . . . . . . . . . . . 42
   3.3 Südwestliche Teile der Westfälischen Tieflandsbucht . . . . . . . . . . . . . . 47
       3.31 Hellwegbörden, Westenhellweg und Emscherland . . . . . . . . . . . . . 47
       3.32 Südliche Teile des Kernmünsterlandes und des Westmünsterlandes . . . . . . . 49
   3.4 Östliche Teile des Niederrheinischen Tieflandes . . . . . . . . . . . . . . . . 51
       3.41 Niederbergische Sandterrassen und Niederrheinische Sandplatten . . . . . . 51
       3.42 Mittlere Niederrheinebene, Isselebene und Untere Rheinniederung . . . . . 52
       3.43 Niederrheinische Höhen und Schaephuysener Höhenzug . . . . . . . . . . 53

4 Richtungsdominanten im naturräumlichen Strukturplan . . . . . . . . . . . . . . . 55

## B KULTURLANDSCHAFTLICHE ENTWICKLUNG . . . . . . . . . . . . . . . . . . . 57

1 Die Landschaft bis zur 1. Hälfte des 19. Jahrhunderts . . . . . . . . . . . . . . . . 57
   1.1 Übersicht über die territoriale und administrative Raumentwicklung . . . . . . . 57
   1.2 Die ländlich-agrarisch geprägten Gebiete der Tiefland-Zonen . . . . . . . . . . 60
   1.3 Die gewerblich durchsetzten Gebiete im Nordwesten des Bergisch-Sauerländischen Gebirges . . . . . . . . . . . . . . . . . . . . . . . . . . . . . . . . . . . 69
       1.31 Das bergisch-märkische Eisen- und Textilgebiet . . . . . . . . . . . . . . 69
       1.32 Das „Alte Revier" an der unteren Ruhr . . . . . . . . . . . . . . . . . . 76

2 Grundzüge der kulturlandschaftlichen Entwicklung seit der Mitte des 19. Jahrhunderts . . . 82
   2.1 Der erste Aufschwung . . . . . . . . . . . . . . . . . . . . . . . . . . . . 82
   2.2 Von den Gründerjahren bis 1895 . . . . . . . . . . . . . . . . . . . . . . . 86
   2.3 Vor dem 1. Weltkrieg . . . . . . . . . . . . . . . . . . . . . . . . . . . . 88
   2.4 Zwischen den beiden Weltkriegen . . . . . . . . . . . . . . . . . . . . . . 97
   2.5 Die Entwicklung nach dem 2. Weltkrieg . . . . . . . . . . . . . . . . . . . . 99

## C ENTWICKLUNG DES ERHOLUNGSVERKEHRS UND DER LANDESPFLEGE . . . . . 109

1 Erholungsverkehr, Naturschutz und Grünordnung in ihrer Entwicklung bis zum 2. Weltkrieg . 110
   1.1 Die Entwicklung des Erholungs- und Ausflugsverkehrs bis zum 1. Weltkrieg . . . . 110
   1.2 Die Anfänge des Naturschutzes . . . . . . . . . . . . . . . . . . . . . . . . 116
   1.3 Die Anfänge der Regional- und Erholungsplanung . . . . . . . . . . . . . . . 117
   1.4 Die Entwicklung bis zum 2. Weltkrieg . . . . . . . . . . . . . . . . . . . . . 120

2 Entwicklungstendenzen, Erholungsverkehr und Landespflege nach dem 2. Weltkrieg . . . . 126
   2.1 Überblick über die Entwicklungstendenzen und den Funktionswandel in den Randzonen des Ruhrgebiets . . . . . . . . . . . . . . . . . . . . . . . . . . . . . . . . . . . . . . . 126
   2.2 Der sonntägliche Ausflugsverkehr in den Randzonen des Ruhrgebiets . . . . . . . . 131
   2.3 Aufgaben und Maßnahmen der Landespflege unter besonderer Berücksichtigung der Erholungsgebiete . . . . . . . . . . . . . . . . . . . . . . . . . . . . . . . . . . . . . . 146
      2.31 Natur- und Landschaftsschutz . . . . . . . . . . . . . . . . . . . . . . . . . . 147
      2.32 Landschaftspflege, Grünordnung . . . . . . . . . . . . . . . . . . . . . . . . 153
      2.33 Waldschutz und Waldpflege . . . . . . . . . . . . . . . . . . . . . . . . . . 159
   2.4 Zusammenfassende Betrachtung . . . . . . . . . . . . . . . . . . . . . . . . . . . . 166

# D GRUNDZÜGE DER KULTURLANDSCHAFTLICHEN STRUKTUR . . . . . . . . . . 169

1 Das Ruhrgebiet in seiner geographischen Begrenzung . . . . . . . . . . . . . . . . . . . . 169
   1.1 Bisherige Abgrenzung – Abgrenzungskriterien . . . . . . . . . . . . . . . . . . . . 169
   1.2 Methodische Bemerkungen zur Abgrenzung räumlicher Einheiten nach der kulturlandschaftlichen Struktur . . . . . . . . . . . . . . . . . . . . . . . . . . . . . . . . . . 173
   1.3 Die geographische Begrenzung des Ruhrgebiets in der Gegenwart . . . . . . . . . . 178

2 Die innere Gliederung des Ruhrgebiets . . . . . . . . . . . . . . . . . . . . . . . . . . . 188
   2.1 Entwicklungs- und Strukturzonen . . . . . . . . . . . . . . . . . . . . . . . . . . . 188
   2.2 Die Gliederung im einzelnen . . . . . . . . . . . . . . . . . . . . . . . . . . . . . 189
   2.3 Vergleich mit der naturräumlichen Gliederung . . . . . . . . . . . . . . . . . . . . 197

3 Kulturlandschaftliche Struktur und Gliederung in der engeren Umgebung des Ruhrgebiets . 199
   3.1 Die südlich angrenzenden Teile des Verdichtungsraumes Rhein-Ruhr . . . . . . . . 199
      3.11 Bergisch-Märkisches Hügelland . . . . . . . . . . . . . . . . . . . . . . . . 199
      3.12 Mittelbergische Hochflächen . . . . . . . . . . . . . . . . . . . . . . . . . . 204
   3.2 Die angrenzenden Raumeinheiten außerhalb des Verdichtungsraumes Rhein-Ruhr . . 205
      3.21 Ostbergisch-Märkische Hochflächen . . . . . . . . . . . . . . . . . . . . . . 205
      3.22 Ostniedersauerland . . . . . . . . . . . . . . . . . . . . . . . . . . . . . . . 206
      3.23 Östliche Hellweg-Börden . . . . . . . . . . . . . . . . . . . . . . . . . . . . 207
      3.24 Mittleres Münsterland . . . . . . . . . . . . . . . . . . . . . . . . . . . . . 208
      3.25 Niederrheinisch-Westmünsterländische Mark . . . . . . . . . . . . . . . . . 209
      3.26 Unterer Niederrhein . . . . . . . . . . . . . . . . . . . . . . . . . . . . . . 213

# E VERDICHTUNGSRAUM UND NAHERHOLUNGSGEBIETE . . . . . . . . . . . . . 217

1 Die Naherholungsgebiete des Ruhrreviers . . . . . . . . . . . . . . . . . . . . . . . . . 217
   1.1 Überblick über die kulturlandschaftliche Struktur des Gesamtraumes . . . . . . . . 217
   1.2 Erholungsanlagen und Erholungsgebiete in ihren Beziehungen zu den Strukturgürteln . 218
   1.3 Naturparke und Großerholungsgebiete in ihrer Stellung zu den Verdichtungsräumen (insbesondere zum Ruhrgebiet) . . . . . . . . . . . . . . . . . . . . . . . . . . . . 223
   1.4 Der Naturpark Hohe Mark im Norden des Ruhrgebiets . . . . . . . . . . . . . . . 226
      1.41 Werdegang, Schutz- und Ausbaumaßnahmen . . . . . . . . . . . . . . . . . 226
      1.42 Das Gebiet des Naturparks . . . . . . . . . . . . . . . . . . . . . . . . . . 228
   1.5 Die Erholungsgebiete Ruhr-Hügelland und Märkische Hochflächen an der Südflanke des Ruhrgebiets . . . . . . . . . . . . . . . . . . . . . . . . . . . . . . . . . . . . . . 230
      1.51 Das Erholungsgebiet Ruhr-Hügelland . . . . . . . . . . . . . . . . . . . . . 230
      1.52 Das Erholungsgebiet Märkische Hochflächen . . . . . . . . . . . . . . . . . 232

2 Einordnung in die größeren Raumeinheiten . . . . . . . . . . . . . . . . . . . . . . . . 235
   2.1 Die Naherholungsgebiete in ihrer Zuordnung zum Verdichtungsraum Rhein-Ruhr . . 235
   2.2 Die Großregion Rhein-Maas-Schelde und ihre Umrahmung . . . . . . . . . . . . . 237

Literatur . . . . . . . . . . . . . . . . . . . . . . . . . . . . . . . . . . . . . . . . . . . . 241

ABBILDUNGEN

1. Grüner Ring des Reviers . . . . . . . . . . . . . . . . . . . . . . . . 17
2. Einordnung in die Gruppen naturräumlicher Haupteinheiten . . . . . . . . . . . . 22
3. Geologische Übersichtskarte . . . . . . . . . . . . . . . . . . . . . . . 24
4. Höhenschichtenkarte . . . . . . . . . . . . . . . . . . . . . . . . . 26
5. Hangflächen in den nordwestlichen Teilen des Bergisch-Sauerländischen Gebirges . . . . 28
6. Mächtigkeit des Zertalungsreliefs in den nordwestlichen Teilen des Bergisch-Sauerländischen Gebirges . . . . . . . . . . . . . . . . . . . . . . . . . . . Kartentasche
7. Klimatologische Übersichtskarte . . . . . . . . . . . . . . . . . . . nach 32
8. Naturräumliche Feinstruktur eines Teilraumes im Bereich der Städte Ennepetal und Breckerfeld (Gefüge der naturräumlichen Grundeinheiten) . . . . . . . . . . . Kartentasche
9. Naturräumliche Feinstruktur eines Teilraumes der Hohen Mark westlich der Stadt Haltern (Gefüge der naturräumlichen Grundeinheiten) . . . . . . . . . . . . . Kartentasche
10. Naturräumliche Gliederung des Ruhrgebietes und seiner Randzonen . . . . . Kartentasche
11. Querprofil durch den nördlichen Teil des Bergisch-Sauerländischen Gebirges (Ickern-Gummersbach) . . . . . . . . . . . . . . . . . . . . . . . . . . . . . . 43
12. Querprofil durch den nördlichen Teil des Bergisch-Sauerländischen Gebirges (Lünen-Drolshagen) . . . . . . . . . . . . . . . . . . . . . . . . . . . . . 43
13. Territoriale Gliederung am Ende des 18. Jahrhunderts . . . . . . . . . . . . . 59
14. Ausschnitt aus dem Meßtischblatt Haltern der Königl. Preuß. Landesaufnahme 1893 (Teilgebiet Sythen) . . . . . . . . . . . . . . . . . . . . . . . . . . . 62
15. Dichtezonen und städtische Zentren um 1840 . . . . . . . . . . . . . . . . 66
16. Spuren des Steinkohlenbergbaus und des ältesten Eisengewerbes im Grenzgebiet Sprockhövel/Gennebreck . . . . . . . . . . . . . . . . . . . 70
17. Das alte Eisengewerbe im Heilenbecketal und in seiner Umgebung . . . . . . . . . 73
18. Orte am 1. Dez. 1905 mit mehr als 10 000 Einwohnern . . . . . . . . . . . . . 95
19. Ausschnitt aus dem Meßtischblatt Haltern der Königl. Preuß. Landesaufnahme 1893 (Teilgebiet Westrup-Stevertal) . . . . . . . . . . . . . . . . . . . . . . . . 98
20. Relikte des früheren Bergbaus zwischen Witten und Herbede . . . . . . . . . . . 101
21. Einrichtungen für den Ausflugs- und Erholungsverkehr im Gebiet des Halterner Stausees . 128
22. Einrichtungen für den Ausflugs- und Erholungsverkehr im Heilenbecketal und in seiner Umgebung . . . . . . . . . . . . . . . . . . . . . . . . . . . . . 130
23. Richtungen und Ziele des sonntäglichen Ausflugsverkehrs Sommer 1968 . . . . . . . 141
24. Einordnung der Naturschutzgebiete in die naturräumlichen Einheiten . . . . . . . . 148
25. Projektierte Landschaftsschutzgebiete im Raum Dortmund-Witten . . . . . . . . . 150
26. Regionales Grünflächensystem (Gebietsentwicklungsplan des Siedlungsverbandes Ruhrkohlenbezirk 1966) . . . . . . . . . . . . . . . . . . . . . . . . . . . . 151
27. Projektierte Landschaftsschutzgebiete im Raum Haltern-Wulfen . . . . . . . . . . 152
28. Waldflächen und projektierte Landschaftsschutzgebiete in Herbede . . . . . . . . . 154
29. Sand- und Kiesgruben in der Kirchheller Heide Frühjahr 1968 . . . . . . . . . . 155
30. Landschaftsplan des Siedlungsverbandes Ruhrkohlenbezirk für die Ruhraue Mülheim-Kettwig . 158
31. Waldflächen . . . . . . . . . . . . . . . . . . . . . . . . . . . . 161
32. Immissionsbelastung der Wälder des Ruhrgebiets . . . . . . . . . . . . . . . 163
33. Land- und Forstwirtschaft . . . . . . . . . . . . . . . . . . . . . . . 174
34. Konfessionelle Struktur . . . . . . . . . . . . . . . . . . . . . . . . 176
35. Kulturlandschaftliche Feinstruktur eines Teilraumes im Bereich der Städte Ennepetal und Breckerfeld Sommer 1970 (Gefüge der kulturlandschaftlichen Grundeinheiten) Kartentasche
36. Kulturlandschaftliche Feinstruktur eines Teilraumes der Hohen Mark westlich der Stadt Haltern Sommer 1970 (Gefüge der kulturlandschaftlichen Grundeinheiten) . . . Kartentasche
37. Gliederung des Ruhrgebiets und seiner Randzonen nach der kulturlandschaftlichen Struktur . . . . . . . . . . . . . . . . . . . . . . . . . . . Kartentasche
38. Bevölkerungsdichte 1961 . . . . . . . . . . . . . . . . . . . . . . . 191

39. Schwerpunkte der Erholungsplanung . . . . . . . . . . . . . . . . . . . . . . 220
40. Naturpark „Borkener Heide" (nach einem Vorschlag des Instituts für Raumforschung 1959) . 224
41. Naturpark Hohe Mark . . . . . . . . . . . . . . . . . . . . . . . . . . . 227
42. Waldflächen im Erholungsgebiet „Märkische Hochflächen" . . . . . . . . . . . . 234
43. Naturparke und Erholungsgebiete in der Umgebung des Verdichtungsraumes Rhein-Ruhr . 236
44. Die Großregion Rhein-Maas-Schelde und ihre Umrahmung . . . . . . . . . . . . . 239

Kartenbeilagen:
K1 Naturräumliche Struktur und Gliederung . . . . . . . . . . . . . . . . . Kartentasche
K2 Gliederung nach der kulturlandschaftlichen Struktur (1967/68) . . . . . . . . Kartentasche
K3 Struktur, Gliederung und Funktion der Erholungsgebiete (1967/68) . . . . . . Kartentasche

## TABELLEN

1: Monats- und Jahresmittel der Lufttemperatur in °C (1881–1930) . . . . . . . . . . . 30
2: Mittlere Monats- und Jahresniederschlagssummen in mm (1891–1930) . . . . . . . . 31
3a: Unselbständig Beschäftigte in Industrie, Handwerk und Handel 1938–1963 . . . . . . 103
3b: Industriestruktur nach Beschäftigten im Verbandsgebiet des Siedlungsverbandes
   Ruhrkohlenbezirk 1950–1970 . . . . . . . . . . . . . . . . . . . . . . . . 104
4: Bevölkerungsentwicklung in den Kreisen und kreisfreien Städten des Ruhrgebiets mit seinen
   Randzonen von 1939 bis 1970 . . . . . . . . . . . . . . . . . . . . . . . . 105
5: Landschaftsschutzgebiete im Ruhrkohlenbezirk um 1950 . . . . . . . . . . . . . 124
6: Zahl der abgestellten Pkw bei jeweils einmaliger Zählung in ausgewählten Erholungsgebieten
   Sommer 1968 . . . . . . . . . . . . . . . . . . . . . . . . . . . . . . 132
7: Zahl der abgestellten Pkw bei einmaliger Zählung an einem wetterbegünstigten Sonntag-Nachmittag im Sommer 1968 in ausgewählten Erholungsgebieten . . . . . . . . . . . . 142
8: Forstbetriebsflächen 1960 nach der Belegenheit . . . . . . . . . . . . . . . . . 159
9: Für den Ausbau des Naturparks Hohe Mark aufgewendete Mittel in DM . . . . . . . . 227
10: Der Wald im Naturpark Hohe Mark . . . . . . . . . . . . . . . . . . . . . 229
11: Größe, Einwohnerzahl und Bevölkerungsdichte im Naturpark Hohe Mark . . . . . . . 229

## ANLAGEN

A 1: Die naturräumlichen Haupteinheiten und ihre Unterteilung . . . . . . . . . . . . 255
A 2: Die Raumeinheiten nach der kulturlandschaftlichen Struktur und ihre Unterteilung . . . 259
A 3: Verzeichnis der Naturschutzgebiete im Ruhrgebiet und in seinen Randzonen im Jahre 1969 . 263
A 4a: Muster für die Verkündung von Landschaftsschutzverordnungen in Nordrhein-Westfalen . 264
A 4b: Die „Xantener Richtlinien" . . . . . . . . . . . . . . . . . . . . . . . . 267
A 5: Zählungen und Feststellungen in ausgewählten Erholungsgebieten in den Randzonen des
   Ruhrgebiets im Sommer 1968 . . . . . . . . . . . . . . . . . . . . . . . . 268
A 6a: Auflagen des Landkreises Rees als Untere Naturschutzbehörde für die Auskiesungen in der
   Weseler Aue (1962) . . . . . . . . . . . . . . . . . . . . . . . . . . . . 274
A 6b: Auflagen des Landkreises Recklinghausen als Untere Naturschutzbehörde für die Aussandungen im Freudenberger Wald (1966) . . . . . . . . . . . . . . . . . . . . 274
A 7: Richtlinien des Siedlungsverbandes Ruhrkohlenbezirk für die landschaftliche Eingliederung
   von Baggergruben . . . . . . . . . . . . . . . . . . . . . . . . . . . . 275
A 8: Richtlinien des Deutschen Rates für Landespflege: Bäume an Verkehrsstraßen . . . . . 276

A 9a: Ordnungsbehördliche Verordnung des Landkreises Rees über Camping, Zelten und Baden in freien Gewässern im Landkreis Rees . . . . . . . . . . . . . . . . . . . . . . . . . 277
A 9b: Richtlinien für die Ausweisung und den Aufbau von Wochenendhaus- und Ferienhaussiedlungen . . . . . . . . . . . . . . . . . . . . . . . . . . . . . . . . . . 278
A 10: Vorschläge für die Ordnung und Gestaltung des Universitätsgeländes in Bochum-Querenburg . 279

# EINLEITUNG – ZIELSETZUNG

Aus den Städten bewegt sich am Wochenende und in den Urlaubs- und Ferienzeiten, zum Teil heute auch schon am Feierabend, ein immer stärker werdender Strom ins Grüne. Freizeit und Erholung, Stichworte, die noch im Brockhaus-Konversationslexikon von 1894 nicht zu finden waren[1], sind heute in aller Munde. Manche Gebiete, die früher vorwiegend der land- und forstwirtschaftlichen Produktion dienten, haben eine neue Funktion als Erholungsraum erhalten und werden auch in ihrer Struktur durch das Erholungswesen geprägt (vgl. z.B. für die rheinischen Naturparke A. SCHULZ 1967b, S. 380–385).

*Erholung* ist neben Wohnung, Arbeit, Versorgung, Bildung, Verkehr und Kommunikation eine der Daseinsgrundfunktionen des Menschen.[2] Die der „Regenerierung des körperlichen und seelischen Potentials" (L. CZINKI und W. ZÜHLKE 1966, S. 156) dienenden Formen der Erholung können im einzelnen recht unterschiedlich sein.[3] Ein wichtiger Teil der Erholung spielt sich im Freien ab. Bei einer im Jahre 1965 durchgeführten Befragung von 3000 Hamburger Personen im Alter von 15 bis 65 Jahren wurden unter 18 am Wochenende im Freien ausgeübten Freizeitbeschäftigungen Wandern und Spazierengehen am häufigsten genannt; es folgten Baden und Schwimmen, Autofahren zum Vergnügen, Gartenarbeit und Spiele im Freien.[4] Wichtig ist zweifellos eine Veränderung der gewohnten Umwelt, eine „Befreiung oder Entlastung von einseitiger Tätigkeit, wie sie beispielsweise durch Beruf und Arbeitswelt erzwungen wird", ein „verpflichtungslos empfundener Zustand"; „man versucht,

---

[1] Nach K. FRANKE: Freizeit und Erholung; in: F. HEISS und K. FRANKE (1964), S. 319.

[2] D. PARTZSCH: Daseinsgrundfunktionen. In: Handwörterbuch für Raumforschung und Raumordnung, 2. Aufl., Hannover, 1970, Spalten 424–430.

[3] Bei einer im Jahre 1970 durchgeführten Befragung im Ruhrgebiet erhielten auf die Frage „Was tun Sie in Ihrer Freizeit am liebsten, wenn Sie also alles Notwendige erledigt haben?" die folgenden Antworten die höchsten Prozentzahlen (Mehrfachnennungen; Tabellenband, S. 4):

| | |
|---|---|
| Spazierengehen, Schaufensterbummel | 27,7% |
| Sport treiben und bei Sport zuschauen | 23,0% |
| Bücher und Zeitungen lesen | 20,7% |
| Fernsehen | 13,3% |
| Ausruhen, schlafen, sitzen | 10,7% |
| Handarbeiten | 9,0% |
| Ein Hobby pflegen | 7,9% |
| Haus, Garten, Blumen u. Tiere pflegen, einkaufen | 7,8% |
| Mit einem Fahrzeug ins Grüne fahren | 7,1% |

(Freizeit im Ruhrgebiet – Untersuchung über das Freizeitverhalten und die Freizeitbedürfnisse der Bevölkerung; durchgeführt vom EMNID-Institut GmbH & Co., Bielefeld, im Auftrage des Siedlungsverbandes Ruhrkohlenbezirk Essen; Textband und Tabellenband; Bielefeld und Essen, 1971.)

[4] I. ALBRECHT (Lit.-Verz. Nr. 334), S. 28–30. Die Auswahlpersonen wurden u.a. gefragt, welche der Freizeitbeschäftigungen (Erholungsaktivitäten) sie während des letzten Jahres an Wochenenden oder an freien Tagen in der Woche häufiger als viermal ausgeübt hätten; es ergaben sich die folgenden Werte (Mehrfachnennungen):

| | |
|---|---|
| Wandern und Spazierengehen | 62% |
| Baden und Schwimmen | 31% |
| Autofahren zum Vergnügen | 29% |
| Gartenarbeit | 26% |
| Spiele im Freien (Federball, Krocket, Boccia, Minigolf u.a.) | 19% |
| Besuch sportlicher Veranstaltungen | 13% |
| Radfahren | 7% |
| Aktiver Sport | 7% |
| Besuch von Konzerten und Theateraufführungen im Freien | 5% |
| Bootssport | 5% |
| Camping | 5% |
| Besichtigungsfahrten | 4% |
| Schlittschuhlaufen | 4% |
| Angeln | 3% |
| Tennis und Golf | 2% |
| Skifahren und Rodeln | 2% |
| Jagen | 1% |
| Reiten | 1% |

Auch bei der o.a. Befragung im Ruhrgebiet vom Jahre 1970 (vgl. Anm. 3 auf S. 13) standen unter den „Freizeitbeschäftigungen in der Umgebung der Wohnung, in der Stadt oder im Stadtviertel" Spazierengehen, Wandern

sich wenigstens vorübergehend der Umwelt, dem Beruf oder der Wohnung zu entziehen."[5] „Die beste Erholung, der vernünftigste Ausgleich, ist ein Tätigwerden in einer zweiten, mit wirklicher Muße betriebenen, aber irgendwo zu einem Ergebnis führenden Arbeit."[6] Alle diese Elemente sind in der Definition des Begriffs Erholung angesprochen, die 1968 vom Forschungsausschuß „Raum und Landespflege" der Akademie für Raumforschung und Landesplanung aufgestellt wurde:

> „Erholung ist die Wiederherstellung der durch einseitige Belastung verbrauchten psychischen und physischen Kräfte des Menschen. Sie vollzieht sich durch den für die Gesundheit notwendigen Ausgleich zwischen Tätigkeit und Ruhe, durch Wechsel der Umwelt, der Reizeinwirkungen und der Beanspruchungen."[7]

Es ist immer wieder betont worden, daß eine wirksame Erholung sich am besten in einer Umwelt vollzieht, die eine Kompensation bietet zu der städtischen Welt mit ihrer Hast und ihrem Lärm und den vielfältigen, von der Technik ausgehenden Reizeinwirkungen (vgl. z.B. K. BUCHWALD 1961, S. 30 ff.; F. HEISS und K. FRANKE 1964, S. 336–337; H. KIEMSTEDT 1967, S. 11–13; P. DÜRK 1968, S. 101–109; W. HOFFMANN 1968, S. 120).[8] So spielen für die Erholung diejenigen Räume eine besondere Rolle, die noch einen gewissen Grad von Naturnähe aufweisen, die vielfach noch naturnahe Landschaften umfassen.[9] Es entwickeln sich *Erholungsgebiete*, „Landschaftsräume, die vorrangig der Erholung dienen; sie sind infolge ihrer natürlichen Gegebenheiten, ihrer Lage, Erschließung und Ausstattung dafür geeignet."[10]

Besondere Bedeutung erlangten Erholungsverkehr und Erholungswesen in den letzten Jahrzehnten mit dem Wachstum der Städte und Verdichtungsräume, mit dem sozialen Aufstieg breiter Volksschichten, dem steigenden Durchschnittseinkommen und der verlängerten Freizeit und mit dem Ausbau eines leistungsfähigen Verkehrssystems.

---

und Ausflüge ins Grüne mit Abstand an der Spitze; es ergaben sich die folgenden Werte (Textband S. 82/83):

|  | sehr oft | öfter/ manchmal | selten/ nie | keine Antwort |
|---|---|---|---|---|
| Spazierengehen z. Vergnügen | 22,1% | 57,2% | 20,1% | 0,7% |
| Ausflug ins Grüne | 17,7% | 53,8% | 27,3% | 1,2% |
| Wandern in der Natur | 14,0% | 38,2% | 46,7% | 1,1% |
| Spazierfahrt mit dem Auto | 12,4% | 42,0% | 44,0% | 1,6% |
| Sport und Spiel | 9,9% | 27,6% | 60,0% | 2,5% |
| Zuschauen bei Sportveranst. | 9,8% | 23,6% | 64,6% | 2,1% |
| Verwandte u. Bekannte besuchen | 9,1% | 64,5% | 25,2% | 1,0% |
| Sich bilden und fortbilden | 7,2% | 20,8% | 68,6% | 3,3% |
| Besuch v. Vereinsveranst. | 5,6% | 18,3% | 73,3% | 2,7% |
| Radfahren zum Vergnügen | 5,4% | 14,7% | 77,9% | 2,1% |
| Besichtigung v. Sehenswürd. | 2,7% | 39,3% | 55,7% | 2,3% |
| Camping | 2,6% | 7,9% | 86,8% | 2,7% |
| Besuch v. Freizeithäusern | 2,5% | 9,6% | 84,3% | 3,6% |
| Bootsfahrten | 1,7% | 9,8% | 85,6% | 2,9% |
| Motorrad u. Roller fahren | 1,4% | 2,3% | 93,5% | 2,8% |

Es wird dazu vermerkt, daß demnach unter allen angebotenen Möglichkeiten „das Grün zwischen den Städten zur Zeit den entscheidenden Anreiz für Freilufterholung" bietet (S. 83).

5 P. GLEICHMANN: Sozialwissenschaftliche Aspekte der Grünplanung in der Großstadt; Göttinger Abhandlungen zur Soziologie und ihrer Grenzgebiete, 8; Stuttgart, 1963. Zitiert nach L. CZINKI und W. ZÜHLKE 1966, S. 156.

6 P. VOGLER: Pause, Reifung, Erholung. In: Medizin und Städtebau. Ein Handbuch für gesundheitlichen Städtebau; herausgegb. v. P. VOGLER und E. KÜHN: Bd. 2; München, Berlin, Wien, 1957; S. 445. Zitiert nach L. CZINKI u. W. ZÜHLKE 1966, S. 156.

7 Vgl. Zeitschrift „Natur und Landschaft", 1969, Heft 5; S. 129–131.

8 Aus dem neuesten Schrifttum sei in diesem Zusammenhang verwiesen auf die Verhandlungen Deutscher Beauftragter für Naturschutz und Landschaftspflege; Heft 17: Natur, Freizeit und Erholung; Bonn-Bad Godesberg, 1970; Heft 19: Erholung im Nahbereich von Verdichtungsräumen; Bonn-Bad Godesberg, 1970. Vgl. auch D. PARTZSCH, a.a.O. (Anm. 2), Spalte 428.

9 K. BUCHWALD (in BUCHWALD-ENGELHARDT 1968, Bd. 2, S. 14–15) bezeichnet als n a t u r n a h e Kulturlandschaft „eine vom Menschen genutzte und gestaltete Landschaft, deren Pflanzendecke ... noch einen hohen Flächenanteil naturnaher oder doch nur teilweise naturferner Gemeinschaften, zum Teil sogar natürlicher Lebensgemeinschaften enthält ... Die naturnahe Kulturlandschaft ist auch in ihren intensiv genutzten Teilen mit naturnahen bzw. bedingt naturfernen, punkt-, linienförmigen oder flächenhaften Elementen stark durchsetzt ... In der naturnahen Kulturlandschaft ist die reale Vegetation auf größeren Flächenanteilen der potentiellen natürlichen Vegetation nahestehend ... Sinngemäß nennen wir die Kulturlandschaft, die durch intensive Nutzung, stärkste menschliche Eingriffe und Ausräumung von natürlichen und naturnahen Elementen völlig oder bis auf geringe Reste entblößt ist, n a t u r f e r n."

10 Auch diese Definition der Erholungsgebiete ist in der Zeitschrift ‚Natur und Landschaft', 1969, Heft 5, S. 129–131 veröffentlicht, ebenso die beiden folgenden Definitionen für „Erholungseignung" und „Erholungseinrichtungen": „Die *Erholungseignung* von Landschaftsräumen ist bestimmt durch den Bestand an erholungswirksamen natürlichen, vom Menschen beeinflußten und geschaffenen Landschaftselementen, durch Lage, Erschließung und spezielle Erholungseinrichtungen." – „*Erholungseinrichtungen* sind alle für die Erholung geschaffenen Einzelelemente und Veranstaltungen (z.B. Spiel- und Lagerflächen, Wanderwege, Bänke, Führungen)."

Dies gilt insbesondere auch für den Wochenend-Erholungsverkehr (Wochenend- und Feiertags-Ausflugsverkehr)[11]:

> „Die als Folge der technischen Möglichkeiten der industriellen Revolution unaufhörlich gesteigerte Produktion beschert dem Menschen in ungeahntem Ausmaß Freizeit. Gleichzeitig empfing der Mensch das Geschenk einer bis dahin nicht gekannten Mobilität, und gleichsam in einer Paradoxie hierzu breitete sich die Bewegungsarmut der arbeitenden Menschen als ein typisches Merkmal der Zeit immer mehr aus, denn ein ständig wachsender Anteil aller beruflichen Arbeit wird sitzend und dazu in geschlossenen Räumen ausgeübt. Dies sind die maßgeblichen Ursachen, die die Wochenendverkehrsströme in Gang setzen, und es besteht kein Zweifel, daß dieses Phänomen in eben dem Maße sich ausbreiten wird, wie sich die genannten Fakten verstärken." (W. HOFFMANN 1968, S. 119).

Vor allem im Umkreis der unter einem Freiflächendefizit und unter belastenden Umweltfaktoren (wie Lärm und Luftverunreinigung) leidenden Ballungskerne — unter ihnen steht in der Bundesrepublik das Ruhrgebiet an erster Stelle — sind Raumstruktur und Raumfunktion durch den Erholungsverkehr, und zwar hier in erster Linie durch den Wochenend-Ausflugsverkehr (daneben z.T. auch schon durch den Feierabend-Verkehr) stellenweise maßgeblich beeinflußt worden. Die nahe gelegenen Teilräume, die diesen spezifischen Ansprüchen der Industriegesellschaft dienen, spielen im landschaftlichen Gefüge heute eine erhebliche Rolle und treten mehr und mehr in den Blickpunkt der Öffentlichkeit. „Wer seine Arbeit unter einer Dunstglocke verrichtet oder wer unter Tage Kohle fördert, ist mehr als andere Menschen darauf angewiesen, nach Feierabend und vor allem an den Wochenenden in reiner Luft tief durchzuatmen und auch sein Auge durch den Anblick freier Natur und Landschaft zu erfrischen."[12]

Größere nahegelegene Erholungsräume gelten heute als „Korrelat der Ballung"; neben ihren Erholungsfunktionen dienen sie auch dazu, das „biologische, wasserwirtschaftliche und klimatische Gleichgewicht..." zu erhalten.[13] Eine systematische Entwicklung und Pflege der nahegelegenen größeren Erholungsräume, der *Naherholungsgebiete*[14], aber auch der im Innern gelegenen,

---

11 Vom Forschungsausschuß Raum und Landespflege der Akademie für Raumordnung und Landesplanung (Rundschreiben vom 1.11.1968, S. 19) werden in Anknüpfung an die drei Erholungsphasen „Entmüdung", „Entspannung" und „Erholung" (nach A. HITTMAIR: Über den Wert des Urlaubs; in: Durch die schöne Welt, 1962) drei Erholungsarten nach den Erholungszeitspannen unterschieden:
    tägliche Erholung (Feierabend-Erholung),
    Wochenend-Erholung und
    Ferien-Erholung.
Ihnen sind in etwa die folgenden Erholungsräume nach der Entfernung zugeordnet:
    ortsinnere Erholungsanlagen,
    ortsnahe Erholungsgebiete
        (= Naherholungsgebiete) und
    ortsferne Erholungsgebiete.
Allerdings handelt es sich hier nicht um eine strenge Zuordnung. Der Feierabend-Erholungsverkehr erstreckt sich neuerdings mehr und mehr auch in die ortsnahen Erholungsgebiete hinein; und Teile der Naherholungsgebiete können auch von der Ferienerholung überlagert werden.
In einem Aufsatz über die „komplexe Entwicklung des Erholungswesens im Bezirk Erfurt" (Lit.-Verz. Nr. 79) werden vier Arten der Erholung unterschieden:
    Aufenthalt in Kur- und Badeorten zur Wiederherstellung der Gesundheit unter ärztlicher Aufsicht,
    Reisen zur gründlichen Ausspannung im Urlaub,
    Entspannung durch Ausflüge (Wochenendverkehr),
    Naherholung durch Wanderungen und Aufenthalt in landschaftlich reizvoller Umgebung nach Beendigung der täglichen Arbeit.
In dem neuerdings erschienenen sozial- und wirtschaftsgeographischen Literaturbericht zum Thema Wochenendtourismus fassen K. RUPPERT und J. MAIER (Naherholungsraum und Naherholungsverkehr; Starnberg, 1969) „die inner- und außerstädtischen Erholungsarten von der stundenweisen Erholung (besser Entspannung) bis hin zur Wochenend- und teilweise zur Feiertagserholung" zur „Naherholung" zusammen (S. 2). In ähnlicher Weise äußert sich K. HAUBNER (Fremdenverkehr und Erholungswesen; in: Handwörterbuch für Raumforschung und Raumordnung, 2. Aufl., Hannover, 1970, Sp. 830—856); er stellt dem „Kurverkehr" und dem „Erholungsurlaubsverkehr" den „Naherholungsverkehr" mit seiner relativ geringen Dauer und Entfernung gegenüber; der Naherholungsverkehr „umfaßt Erholungsarten, die sich sowohl innerhalb wie außerhalb der Siedlungsflächen und Agglomerationen vollziehen, und reicht von stundenweisen bis zu Wochenend- und Feiertagsausflügen" (Sp. 834).

12 J. UMLAUF (zitiert nach V. STURM 1965, S. 52).
13 Gutachten des Sachverständigenausschusses für Raumordnung — Die Raumordnung in der Bundesrepublik Deutschland; Stuttgart, 1961; S. 48 und 62.
14 Auch wenn man sich der Auffassung von K. RUPPERT und J. MAIER (1969) sowie von K. HAUBNER (1970; vgl. Anm 11) anschließt und unter der „Naherholung" die innerstädtischen Erholungsarten ebenso wie die Wochenend- und Feiertagsausflüge versteht, können als „Naherholungsgebiete" doch nur größere Teilräume verstanden werden, die nach ihrem Charakter den oben genannten Bedingungen entsprechen (vgl. S. 14 und Anm. 10). Und solche größeren Räume liegen im allgemeinen nur in den Randzonen der Städte; sie können sich höchstens einmal als von außen in das Innere

flächenmäßig kleineren Erholungsanlagen[15], steigert den Freizeitwert des betreffenden Ballungsraumes und ist daher auch ein Beitrag zur Erhöhung seiner Attraktivität.

Nach Berechnungen von L. CZINKI (1968a, S. 144) steht dem Durchschnittserholungssuchenden relativ mehr Zeit für die Wochenend-Erholung als für den Urlaub zur Verfügung; er „wird 72 % seiner Nettofreizeit zu Hause oder in Wohnungsnähe, 18 % für Wochenenderholung außerhalb des Wohnortes und 10 % für den Urlaub verwenden können." Bei der zu erwartenden weiteren Arbeitszeitverkürzung ist damit zu rechnen, daß sich der Anteil der Erholung außerhalb des Wohnsitzes und damit inbesondere auch der Wochenenderholung noch weiter erhöht. Vor allem wird in Zukunft aber auch wochentags noch mehr als heute der Besuch von Erholungseinrichtungen in nahegelegenen Bereichen außerhalb des Wohnortes möglich sein.

Wie bedeutsam aber auch schon jetzt der Wochenenderholungsverkehr ist, ergibt sich aus Zahlen, die in den letzten Jahren ermittelt worden sind.

Bei den Hamburger Befragungen (vgl. S. 13 und Anm. 4) ergab sich, daß etwa 80 % wenigstens an einzelnen Wochenenden am Wochenendausflugsverkehr teilnehmen und daß sich der Anteil an einem einzelnen warmen und sonnigen Sommerwochenende auf etwa 30–35 % beläuft (Gutachten A von I. ALBRECHT, S. 58/59). „Die Fahrt ins Wochenende erweist sich damit als eine relativ schnell manifest gewordene Verhaltensform innerhalb des modernen Lebensstils." Auf Grund der Ergebnisse wird von den Bearbeitern vermutet, „daß den nachwachsenden Jahrgängen die regelmäßige Wochenendtour in steigendem Maße eine Selbstverständlichkeit werden wird". (Zusammenfassung der Ergebnisse, Teil B, bearbeitet von G. SIEFER und W. R. VOGT, S. 91–92). Ähnliche Prozentzahlen wie in Hamburg sind auch in anderen Großstädten festgestellt worden; „der Anteil der Bevölkerung, der seine Stadt an Wochenenden und an Feiertagen regelmäßig verläßt, bewegt sich zwischen 1/4 bis 1/3 (Hannover 26 %, Duisburg 29 %, Bremen 25 %, Amsterdam 29 %)." (L. CZINKI und W. ZÜHLKE 1966, S. 159).[16]

Sicherung, Pflege und Ausgestaltung der Naherholungsgebiete gehören deshalb heute zu den wichtigsten Aufgaben der Landesplanung und Landespflege. Um eine planvolle Deckung der Bedürfnisse der Bevölkerung in dieser Hinsicht sicherzustellen, sind als Grundlage die räumlichen Differenzierungen im Hinblick auf die Eignung und die Besonderheiten der einzelnen in Frage kommenden Teilgebiete zu untersuchen, ihre Entwicklungstendenzen zu erfassen und im Zusammenhang damit Richtlinien und Pläne für ihre bestmögliche Ausgestaltung zu entwickeln. „Grundlage der Planung für eine optimale Nutzung der Erholungsmöglichkeiten sind eine darauf ausgerichtete Analyse der Landschaft und die Analyse der Bedürfnisse der Bevölkerung." (F. OEHMICHEN 1966, S. 324–327).[17]

Bei der Analyse der Teilräume im Hinblick auf ihre Eignung für die Naherholung kommt es maßgeblich auf die *Struktur und Physiognomie der Landschaften* an. Es geht also darum, „die Landschaft nach ihrem Aufbau aus elementaren Stoff- und Formbestandteilen und nach deren räumlicher Ordnung, also das sogenannte Erscheinungsbild (Physiognomie und Struktur)" (H. BOBEK und J. SCHMITHÜSEN 1949, S. 114) zu erfassen. Dabei kommt es sowohl auf die natürlichen als auch auf die vom Menschen beeinflußten und geschaffenen Elemente an.[18] Wir haben das Augenmerk sowohl auf die naturräumliche Struktur und Gliederung zu richten[19] als auch auf die Gliederung des Raumes nach der gegenwärtigen

---

hineinreichende Grünzungen darstellen, wie etwa der Duisburg-Mülheimer Wald im Westen des Ruhrgebiets. Insofern entsprechen also die Naherholungsgebiete den „ortsnahen Erholungsgebieten" nach der o.a. Gliederung des Forschungsausschusses Raum und Landespflege (vgl. Anm. 11).

15 Eine Erholungsanlage umfaßt nach der Definition des Forschungsausschusses Raum und Landespflege (Rundschreiben vom 1.11.1968, S. 19) „mehrere Einrichtungen, die auf bestimmte Erholungsmöglichkeiten ausgerichtet sind (z.B. Grünflächen, Badeanstalten, Tiergärten)".

16 Im Raumordnungsbericht der Bundesregierung für das Jahr 1968 wird angegeben, daß rund ein Drittel der Bevölkerung Wochenendausflüge unternimmt (Deutscher Bundestag, 5. Wahlperiode; Drucksache V/3958; S. 25).

Vgl. auch K. RUPPERT: Zur Naherholung im Bereich von Verdichtungsgebieten; in: Natur und Landschaft, 1970, Heft 5, S. 122–124. Es werden dort folgende Anteilzahlen für den Naherholungsverkehr genannt: Paris 25–35%, Hamburg 32%, Bremen 25%, Hannover 26%, Rostock 25–30%, Amsterdam 29%.

17 Das Freizeitverhalten und die Freizeitbedürfnisse des Ruhrgebiets sind im Auftrage des Siedlungsverbandes Ruhrkohlenbezirk im Jahre 1971 vom EMNID-Insitut in Bielefeld untersucht worden: Freizeit im Ruhrgebiet – Untersuchung über das Freizeitverhalten und die Freizeitbedürfnisse der Bevölkerung; durchgeführt vom EMNID-Institut GmbH & Co., Bielefeld – Textband und Tabellenband; Bielefeld und Essen, 1971.

18 Vgl. dazu auch die Definition der „Erholungseignung", Anm. 10 auf S. 14.

19 Dies gilt im Rahmen der Zielsetzung dieser Arbeit auch deshalb, weil es sich bei den Naherholungsgebieten noch vielfach um naturnahe Kulturlandschaften handelt.

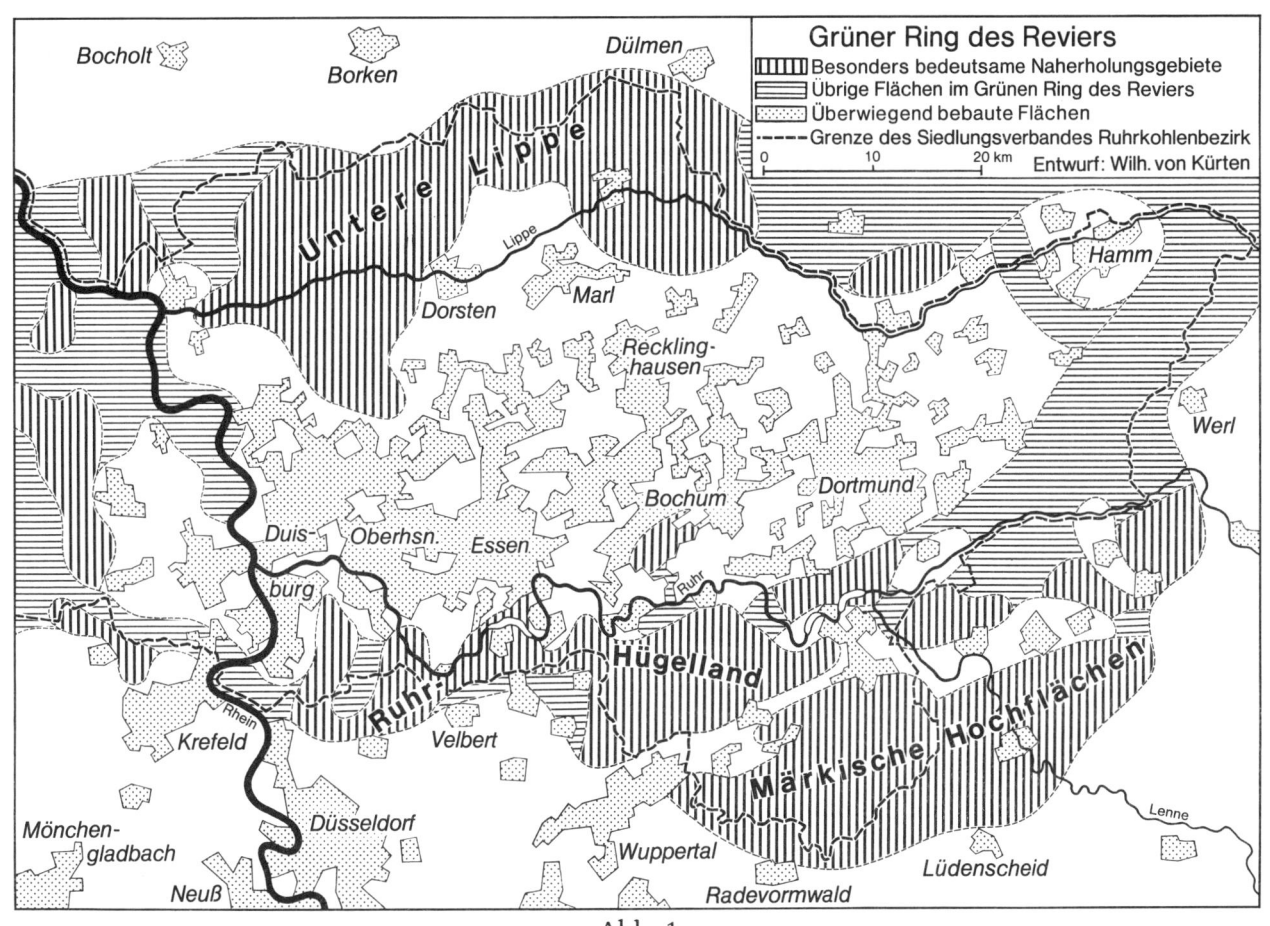

Abb. 1

Grüner Ring des Reviers

(nach Denkschrift W. VON KÜRTEN vom September 1960 zur Frage eines Naturparks im unteren Lipperaum)

kulturlandschaftlichen Struktur, die ihrerseits wiederum nur bei Berücksichtigung der kulturlandschaftlichen Entwicklung zu verstehen ist. Auf Grund der unterschiedlichen Entwicklungsgänge und Strukturen ergibt sich eine Polarität zwischen Ballungskernen und Naherholungsgebieten, die auch im größeren Rahmen zu sehen ist.

Es sollen in dieser Arbeit also insbesondere auch die Zusammenhänge zwischen Landschaftsstruktur und Naherholungsgebieten am Beispiel des Ruhrgebiets und seiner Randzonen aufgezeigt und zugleich die sich aus den Besonderheiten der Erholungsgebiete ergebenden Grundlagen der Planung und die zweckmäßigen Maßnahmen der Landespflege erörtert werden.

Schon vor Jahren ist vom Verfasser für das Ruhrgebiet die Konzeption eines „Grünen Ringes" entwickelt worden, der sich um das Innere des Reviers herumlegt und mehrere besonders bedeutsame Naherholungsgebiete enthält (vgl. Abb. 1).[20] Der damit gezogene äußere Rahmen wird auch in dieser Abhandlung im wesentlichen als Begrenzung des Untersuchungsraumes gewählt. Zwar greift der Wochenendverkehr an manchen Stellen noch über

---

20 Vorträge W. VON KÜRTEN vom November 1958 in Essen und vom Mai 1960 in Berlin (abgedruckt 1959 bzw. 1960; vgl. Lit.-Verz. Nr. 179 und 181) und Denkschrift W. VON KÜRTEN zur Frage eines Naturparks im unteren Lippe-Raum vom September 1960 (Lit.-Verz. Nr. 180). Abb. 1 ist der letztgenannten Denkschrift entnommen. Es sind darin auch die besonders bedeutsamen Großerholungsgebiete in der Nähe des Ruhrgebiets dargestellt (damals als „Untere Lippe", „Ruhr-Hügelland" und „Märkische Hochflächen" bezeichnet).
Die Konzeption des „Grünen Ringes" wurde aufgegriffen in Heft 19 der Schriftenreihe des Ministers für Landesplanung, Wohnungsbau und öffentliche Arbeiten des Landes Nordrhein-Westfalen vom Jahre 1964 (Grund-

diese Grenzen hinaus, am stärksten in südöstlicher Richtung in das Sauerland (Talsperren, Wintersportzentren). Aber der größte Teil der Wochenendfahrer verbleibt doch in den gekennzeichneten Räumen; und hier liegen auch in erster Linie diejenigen Teilbereiche, die durch den Naherholungsverkehr des Ruhrgebiets flächenhaft in besonderem Maße geprägt werden, während der weiter hinausgreifende Wochenendverkehr sich vielfach auf einzelne verstreute, attraktive Zielpunkte konzentriert.

Etwas anders scheinen die Verhältnisse in München zu liegen, was wohl mit der geographischen Lage zu dem besonders attraktiven Alpen-Raum im Zusammenhang stehen dürfte. Hier ist der durchschnittliche Aktionsradius im Naherholungsverkehr erheblich größer. Bezüglich der Reiseweite wurde festgestellt, „daß bei 40 % aller Münchner Haushalte die Entfernungsstufe zwischen 30 und 100 km einfache Strecke überwiegt, jedoch fahren immerhin rund 33 % aller Haushalte im Naherholungsverkehr 100–200 km weit und fast 7 % sogar über 250 km. In zahlreichen Fällen wurden die Dolomiten und Schweizer Wintersportorte als Zielgebiet angegeben." (K. RUPPERT: Zur Naherholung im Bereich von Verdichtungsgebieten; in: Natur und Landschaft, 1970, Heft 5, S. 123).

Auch im Falle von Hamburg wirkt sich die relativ große Entfernung der attraktiven Nord- und Ostseegebiete (fast alle mehr als 80 km Luftlinienentfernung) in einer Erhöhung der durchschnittlichen Reiseweiten aus. Trotzdem wird festgestellt: „Die stärkste Verdichtung des Wochenendverkehrs besteht in der Naherholungszone im Umkreis von 40 km um Hamburg. Einschließlich der Lüneburger Heide entfallen 54 % der jährlichen ein- und mehrmaligen Wochenendfahrten der Hamburger auf diesen Raum." (I. ALBRECHT, Lit. Verz. Nr. 315, S. 106). Und nach der beigefügten Karte (S. 106/107) liegt das Schwergewicht dabei sogar deutlich innerhalb einer 30-km-Zone. Abgesehen von den attraktiven Zielgebieten an Nord- und Ostsee konzentriert sich also der Hamburger Wochenendverkehr auf eine relativ eng begrenzte Zone.

Für den nordrhein-westfälischen Raum liegen ähnlich attraktive Zielgebiete, wie sie die Alpen für München, Nord- und Ostseeküste für Hamburg darstellen, weiter entfernt und können daher keine vergleichbare Bedeutung erlangen. Hier bleibt deshalb das Schwergewicht des Wochenend-Ausflugsverkehrs im allgemeinen auf engere Bereiche um die Ballungskerne beschränkt. Für weiter entfernt liegende, dispers angeordnete Zielorte können neue leistungsfähige Verkehrsstraßen erhebliche Bedeutung gewinnen (z.B. die Sauerlandlinie der Autobahn für den Wochenendverkehr ins Sauerland, speziell etwa zur Biggetalsperre).

---

lagen zur Strukturverbesserung der Steinkohlenbergbaugebiete in Nordrhein-Westfalen – I. Teil: Ruhrgebiet). „Die genannten Grünflächen und Erholungsgebiete sollten durch eine systematische Landschaftspflege in ihrem harmonischen Landschaftscharakter bewahrt, ihrer Funktion entsprechend ausgestaltet und vor unorganischer Bebauung geschützt werden." (S. 47/48).

Die Zählungen und Erhebungen im nordrhein-westfälischen Raum haben bestätigt, daß der Wochenendverkehr sich hier im allgemeinen nur über relativ kurze Entfernungen vollzieht. So kommen die Tagesgäste im Naturpark Schwalm-Nette (an der niederländischen Grenze westlich Mönchengladbach) zum größten Teil aus Mönchengladbach, Rheydt, Viersen, Dülken, Süchteln, Kempen, Krefeld und Düsseldorf (A. SCHULZ 1967, S. 384); das noch nicht einmal 40 km entfernt westliche Ruhrgebiet ist schon erheblich weniger beteiligt. Die Besucher des Naturparks Schwalm-Nette kommen zu 65 % aus Orten, die höchstens 25 km entfernt liegen, weitere 20 % aus einer 25–50-km-Zone. Für den Naturpark Nordeifel belaufen sich die entsprechenden Zahlen auf 55 % und 25 %. Im Siebengebirge, das insbesondere durch den Drachenfels weithin bekannt ist, liegen sie mit 52 % und 20 % ein wenig niedriger.[21]

So werden auch in neueren Arbeiten aus dem nordrhein-westfälischen Raum und aus der engeren Umgebung die für die Ballungszentren hauptsächlich in Betracht kommenden Wochenenderholungsgebiete ziemlich eng umgrenzt. L. CZINKI und W. ZÜHLKE (1966, S. 163) legen für die Schwerpunkte der Wochenenderholung ein Einzugsgebiet mit Luftlinienentfernung bis zu 30 km zugrunde. H. KIEMSTEDT (1967, S. 62) grenzt den Naherholungsbereich von Hannover schematisch durch einen um die Stadtmitte gezogenen Kreis mit 25 km Radius ab. L. CZINKI gibt in seinen letzten Veröffentlichungen (1967, S. 990; 1968, S. 145), vor allem auf Grund holländischer Feststellungen[22], erneut einen Wert von 30 km an.

---

21 Die Bevorzugung relativ geringer Entfernungen im Naherholungsverkehr der Bevölkerung des Ruhrgebiets bestätigt sich auch durch die Ergebnisse der EMNID-Umfrage von 1971 (vgl. Anm. 17, S. 16). U.a. wurde an die Pkw-Fahrer unter denjenigen Befragten, die sehr gern, gern oder einigermaßen gern in der Natur wandern, campen oder Ausflüge ins Grüne machen, die folgende Frage gestellt: „Wie lange brauchen Sie, um von Ihrer Wohnung dort ins Grüne zu kommen, wo Sie gerne hin möchten? Wieviel Fahrminuten darf das entfernt sein?" Antworten:

    bis zu 10 Minuten     9,9%
    bis zu 20 Minuten    17,3%
    eine halbe Stunde    28,6%
    dreiviertel Stunde    11,1%
    eine Stunde          18,9%
    1 1/2 Stunden        5,7%
    2 Stunden und mehr  5,9%
    keine Antwort       2,7%

(Tabelle 46 auf S. 91 des Tabellenbandes).

22 Referate auf dem 1. Internationalen Kongreß für Freizeitgestaltung und Tourismus am 25. bis 29. April 1966 in Rotterdam – Rijksdienst voor het Nationale Plan, Publikatie Nr. 14: Mensen op Zondag; Staatsdrukkerij, Den Haag.

Das in dieser Arbeit behandelte Untersuchungsgebiet umfaßt eine Nahzone um den Ballungskern des Ruhrgebiets, deren Außengrenzen in etwa den angegebenen Entfernungen entsprechen. Doch ist eine schematische Abgrenzung durch bestimmte Entfernungslinien nicht möglich. Es sind, wie sich zeigen wird, innerhalb der Randzonen des Ruhrgebiets erhebliche Unterschiede hinsichtlich der Inanspruchnahme für die Naherholung festzustellen, Unterschiede, die in der landschaftlichen Struktur sowie in der Entfernung, Erschließung und Ausstattung mit speziellen Erholungseinrichtungen begründet sind. So wird in der vorliegenden Untersuchung eine differenziertere Abgrenzung der Naherholungsgebiete entwickelt.[23]

---

23 Der Untersuchungsraum ist so abgegrenzt, daß auch das gesamte Gebiet des Siedlungsverbandes Ruhrkohlenbezirk mit Ausnahme des Kreises Geldern einbezogen ist; die Verbandsgrenze ist in Abb. 1 eingetragen. Im Norden erwies es sich als zweckmäßig, den inzwischen begründeten Naturpark „Hohe Mark", der über das in Abb. 1 als „Untere Lippe" gekennzeichnete Gebiet bis zu 10 km hinausreicht, als Ganzes in die Betrachtungen hineinzunehmen, ebenso im Süden das gesamte Erholungsgebiet „Märkische Hochflächen".

# A Naturräumliche Struktur und Gliederung

## 1 GROSSRÄUMIGE EINORDNUNG UND ÜBERSICHT

### 1.1 Großräumige Einordnung

Das Ruhrgebiet greift im naturräumlichen Gefüge über eine der wichtigsten innerdeutschen Grenzlinien hinweg. Es ist die naturräumliche Grenze 1. Ordnung, die das Tiefland des nördlichen Mitteleuropa vom Mittelgebirge scheidet.

Bis Mülheim an der Ruhr reicht der äußerste Vorsprung des *Bergisch-Sauerländischen Gebirges* (Südergebirges[24], vgl. Abb. 2), das als Glied des Rheinischen Schiefergebirges zum Mittelgebirge gehört.[25] Es ist ein Raum, der durch paläozoische Gesteinsschichten wechselnder Widerstandsfähigkeit, durch die variskische Faltung und durch die mit den Hebungsvorgängen seit der Tertiärzeit zusammenhängenden Erscheinungen entscheidend geprägt ist. Von Mülheim aus verlaufen seine Grenzen rechtwinklig zueinander, und zwar einerseits in südlicher Richtung auf Ratingen und Düsseldorf-Gerresheim zu, andrerseits nach Osten dicht nördlich der Ruhr nach Essen-Steele – Bochum-Querenburg – Witten – Dortmund-Aplerbeck – Holzwikkede.

Die nördlich und westlich des Gebirges liegenden Vorländer, die zum nordmitteleuropäischen Tiefland gehören, werden nach der naturräumlichen Gliederung des Instituts für Landeskunde zu drei Gruppen von naturräumlichen Haupteinheiten zusammengefaßt: *Westfälische Tieflandsbucht* im Norden, *Niederrheinisches Tiefland* im Nordwesten und *Niederrheinische Bucht* im Westen (vgl. Abb. 2).[26]

Die Westfälische Tieflandsbucht liegt wie ein breiter, stumpfer Keil zwischen dem Weserbergland und dem Bergisch-Sauerländischen Gebirge und „bildet ein niedriggelegenes Schichtstufenland, das sich aus den flachmuldenförmig gelagerten Oberkreide-Schichten entwickelte und glazial überformt wurde" (W. MÜLLER-WILLE 1941/66, S. 14). Demgegenüber sind das Niederrheinische Tiefland und die sich trichterförmig zwischen den links- und rechtsrheinischen Block des Schiefergebirges ein-

---

24 Die Begriffe „Süderbergland" bzw. „Südergebirge" sind zuerst von W. MÜLLER-WILLE (1942, 1952, 1941/66) geprägt worden. „In dem Namen Südergebirge soll in erster Linie eine wichtige Lagebezeichnung des Berglandes zu den beiden maßgebenden Spendelandschaften, der Westfälischen Bucht im Norden und dem Niederrheingebiet im Nordwesten, zum Ausdruck kommen. Denn letzten Endes sind es die vorgeschobene Lage in den atlantischen Klimabereich und die Umrahmung durch die beiden Tiefländer, die dem Südergebirge gegenüber den anderen Schiefergebirgslandschaften besondere Eigenarten verleihen." Daneben wird der „Begriff Sauerland in seinem alten Sinn beibehalten (= Einzugsbereich von Ruhr und Lenne)" (W. MÜLLER-WILLE 1941/66, S. 17).

25 Von Anfang an sind bei den naturräumlichen Gliederungen Rangordnungssysteme eingeführt worden. W. MÜLLER-WILLE (1942) spricht im westfälischen Raum von den vier „Großlandschaften" Süderbergland bzw. Südergebirge, Westfälische Bucht, Weserbergland und Westfälisches Tiefland, die in „Landschaftsgebiete" und dann weiter in „Kleinlandschaften" unterteilt werden. K. PAFFEN (1953) benutzt für die entsprechenden Rangstufen die Bezeichnungen „Großlandschaft", „Einzellandschaft" und „Kleinlandschaft".
Vom Institut für Landeskunde in Bad Godesberg ist ein Rangordnungssystem mit Einheiten 1. bis 7. Ordnung entwickelt worden, die mit Kennzahlen nach dem dekadischen System versehen werden. Die Einheiten 4. Ordnung (Haupteinheiten), die ungefähr den Landschaftsgebieten von W. MÜLLER-WILLE und den Einzellandschaften von K. PAFFEN entsprechen, werden mit dreistelligen Zahlen gekennzeichnet. Weitere Zusatzziffern bezeichnen die Untergliederung der Haupteinheit, die erste Zusatzziffer die Einheit 5. Ordnung, die zweite Zusatzziffer die Einheit 6. Ordnung und die dritte Zusatzziffer die Einheit 7. Ordnung. Andrerseits werden die Haupteinheiten zu Gruppen zusammengefaßt, die sich dann in naturräumliche Großregionen 1. bis 3. Ordnung einfügen.

26 Vgl. Anm. 25. Das dort gekennzeichnete Ordnungssystem des Instituts für Landeskunde liegt insbesondere auch der Geographischen Landesaufnahme 1:200 000 – Naturräumliche Gliederung – zugrunde (vgl. Lit.-Verz. Nr. 394).
Vgl. auch H. KLINK zum Stichwort „Naturräumliche Gliederung" im Handwörterbuch der Raumforschung und Raumordnung, 2. Aufl.; Hannover, 1970; Spalten 2047–2057.

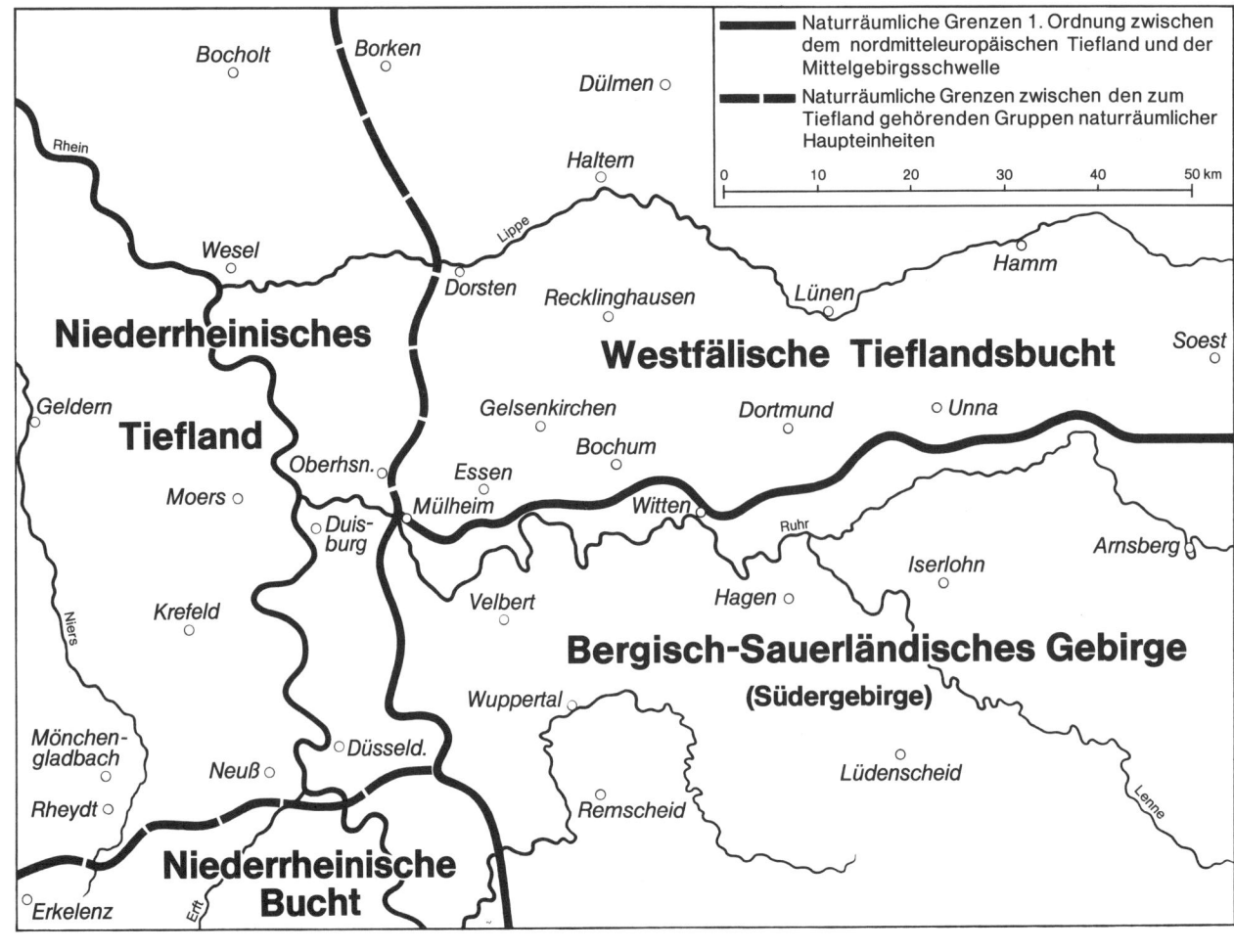

Abb. 2

Einordnung in die Gruppen naturräumlicher Haupteinheiten

(im wesentlichen nach der Geogr. Landesaufnahme 1:200 000 des Instituts für Landeskunde, Bonn-Bad Godesberg, Naturräumliche Gliederung Deutschlands: Blatt 97 Münster (1960), Blatt 108/109 Düsseldorf-Erkelenz (1963) und Blatt 110 Arnsberg (1969), mit Übersichtskarten ––– zwischen Witten und Unna ein wenig verändert).

schiebende Niederrheinische Bucht vom Strom geschaffen: „Ein gewaltiger diluvialer Fächer von Rhein- und Maasschottern legt sich einebnend und ausgleichend über Sand, Ton und Braunkohlen eines tertiären Senkungsfeldes"; er ist „seit dem älteren Diluvium südwärts in zunehmendem Maße gehoben und zu einer Terrassenlandschaft zerschnitten worden" (TH. KRAUS 1940, S. 396). Der südliche Raum der „Bucht"[27], weithin von Löß bedeckt und klimatisch begünstigt, unterscheidet sich dabei deutlich von dem „Tiefland" nördlich Erkelenz und unterhalb der Erftmündung. Jenseits von Krefeld werden auch girlandenförmig angeordnete eiszeitliche Stauchmoränenwälle mitbestimmend für die Landschaft.

## 1.2 Geomorphologische Übersicht

Den Untergrund bildet im gesamten Raum ein *Faltenrumpf* aus paläozoischen, vorwiegend devonischen und karbonischen Gesteinsschichten. Er erhielt seine grundsätzliche Struktur durch die variskische Faltung. Die Falten, unter denen sich einige Hauptsättel und -mulden herausheben, streichen von Südwest nach Nordost (bzw. von WSW nach ONO). An verschiedenen Stellen sind die gefalteten Schichten in der Längsrichtung zerrissen und an diesen Störungen Gebirgsteile übereinandergeschoben worden. Außerdem gibt es eine Fülle von Quer-

---

[27] K. KAYSER (1959, S. 125 ff.) schlägt für diesen gesamten Bereich an Stelle der Bezeichnung „Niederrheinische Bucht" den Namen „Kölner Bucht" (oder auch „Rheinische Bucht") vor, besonders auch im Hinblick auf wirtschafts- und kulturräumliche Erscheinungen.

verwerfungen, an denen nach der Faltung infolge von Zerrungen innerhalb des Gebirges Bewegungen stattgefunden haben. In den Spaltensystemen sind vielerorts mineralhaltige Lösungen aufgestiegen und haben zur Bildung von Mineralgängen und Erzlagern geführt. Die Verwerfungen sind bis in die jüngste geologische Vergangenheit wiederholt aufgelebt und haben auch die später teilweise über dem variskischen Faltenrumpf (dem Grundgebirge) abgelagerten Schichten (das Deckgebirge) in Schollen zerlegt.

Im Bergisch-Sauerländischen Gebirge, dem nordöstlichen Teil des Rheinischen Schiefergebirges, tritt der variskische Faltenrumpf zutage. Sättel, Mulden und Störungssysteme bestimmen die heutige Oberflächenverteilung der Gesteinsschichten (vgl. Abb. 3).

Im südlichen Teil des hier behandelten Raumes liegen vereinzelt silurische, vor allem aber unter- und mitteldevonische Schichten an der Oberfläche. Sie reichen bis zur Linie Wuppertal – Hagen – Iserlohn nach Norden. Ebbe-Sattel, Lüdenscheider Mulde und Remscheid-Altenaer Sattel bestimmen mit vielfältigen Spezialfaltungen und Störungssystemen die Lagerung im einzelnen. Im Balver Wald östlich Iserlohn bilden diese Schichten einen halbinselartigen Vorsprung, um den sich – im Zusammenhang mit dem Abtauchen des Remscheid-Altenaer Sattels – jüngere Schichten bogenförmig herumlegen. Bestimmend sind in dem Raum südlich der genannten Städtelinie vor allem die „Lenneschiefer", die aus Flachseeablagerungen entstanden sind und hauptsächlich aus Schiefern und Grauwackensandsteinen bestehen; sie bilden heute breite, an den Rändern vielfach stark zergliederte und zerrissene Hochflächen-Massive.

In den obersten Lenneschiefer-Horizont (Obere Honseler Schichten) sind einige Kalkbänke eingeschaltet. Sie kennzeichnen die ersten Anfänge der Korallenriffentwicklung, die in der auf die Ablagerung der Lenneschiefer folgenden Periode (im wesentlichen letzter Abschnitt des Mitteldevons, z.T. ins Oberdevon hineinreichend) eine große Rolle gespielt hat. Die Kalke sind als klüftige Massenkalke erhalten. Sie ziehen sich in einem schmalen Band von Wuppertal-Vohwinkel bis zur Hönne hinüber und legen sich dort um den Balver Wald herum; nur zwischen Gevelsberg und Hagen ist der Kalkstreifen infolge der Ennepe-Störung unterbrochen.[28] Auch im Bereich des Velberter Großsattels nordwestlich Wuppertal tritt an einigen Stellen Massenkalk auf. In die Massenkalkgebiete sind z.T. metasomatische Erzlager eingefügt, die früher auch wirtschaftliche Bedeutung besessen haben. Bei Balve schließen sich an den Massenkalk Diabase an, die submarinen Deckenergüssen entstammen.

Wechselvoll ausgebildete Oberdevon-Schichten, die vor allem im Velberter Raum größere Flächen einnehmen, leiten zum nördlichen Karbon-Gebiet über. Im Unterkarbon wurden in der subvariskischen Saumtiefe stellenweise noch Kalke abgelagert. Sonst aber überwiegen auch hier sandig-tonige Schichten, die in flachen Meeresteilen abgesetzt und im einzelnen recht unterschiedlich sind. Das Unterkarbon bildet heute ein schmales Band, das sich in mehrfachen Windungen um den Velberter Groß-Sattel herumlegt und dann dicht nördlich der Städtelinie Wuppertal – Hagen – Iserlohn nach Osten verläuft. In seinem Bereich sind häufig unruhige, rasch wechselnde Oberflächenformen ausgebildet.

Das Oberkarbon beginnt mit dem „Flözleeren" (Namur A und B); seine Schichten (von Quarziten, Grauwacken und Sandsteinen durchsetzte Schiefertone) sind aus Ablagerungen in seichten Meeresteilen entstanden. Es folgen die mächtigen Schichten des „Produktiven Karbons" (Namur C und Westfal A, B, C), im wesentlichen unter limnischen Bedingungen aus dem „Molasse-Schutt" des aufgefalteten Gebirges entstanden (C. HAHNE 1965, S. 9). Diese Schichtengruppe besteht aus Schiefertonen, Sandsteinen und Konglomeraten und außerdem aus einer großen Anzahl von Steinkohlenflözen, von denen rund 50 abbauwürdig sind. Auch einige Eisensteinlager treten auf. An Masse überwiegen die Schiefertone, während die wirtschaftlich besonders bedeutsamen Steinkohlen, die nur 2,8% der ganzen Schichtenfolge ausmachen (80 m von 2900 m, P. KUKUK 1938), der ganzen Formation den Namen gegeben haben.

Die Schichtenfolge des Produktiven Karbons enthält schon dicht über der Grenze zum Flözleeren einige harte Sandstein- und Konglomeratbänke, die wegen ihrer Widerstandsfähigkeit auffällige Erhebungen im Gelände bilden. Sie treten vielfach als langgestreckte Härtlingsrücken in Erscheinung und zeichnen die Grenze des Produktiven Karbons nach. Diese verläuft[29] von Mülheim über die Meisenburg nach Kettwig, biegt dicht südlich der Ruhr (Laupendahler Höhe) nach Osten um, kreuzt das Hespertal 2 km nördlich Velbert und das Deilbachtal zwischen Kupferdreh und Nierenhof. Von hier aus verläuft die Grenze infolge komplizierter Spezialfaltung in vielfachen Windungen östlich des Felderbachtales, wo auf den harten Grenzschichten ein Mosaik von Kuppen und kleinen Rücken ausgebildet ist, nach Süden. In der Herzkämper Mulde buchtet sie weit nach Südwesten bis Dönberg aus (4 km nördlich Wuppertal-Elberfeld). Dann zieht sie sich in fast geradlinigem Verlauf nach ONO über Haßlinghausen und Silschede nach Volmarstein. Hier folgt ihr ein Höhenrücken, der weithin die Wasserscheide zwischen Ruhr und Ennepe trägt. Am Kaisberg bei Herdecke greift das Produktive Karbon noch einmal auf die Südseite der Ruhr über. Es ist im westlichen Ardey von einzelnen Streifen mit Flözleerem unterbrochen und weicht dann bei Westhofen an einer Querstörung mehrere Kilometer nach Norden zurück. Vom Höchsten verläuft die Grenze über die südlichen, beherrschenden Härtlingsrücken des Ost-Ardey bis Opherdicke. Schließlich tritt einige Kilometer weiter östlich bei Fröndenberg noch einmal Produktives Karbon an die Oberfläche.

---

28 In einem als Naturdenkmal sichergestellten Einschnitt an der Aske bei Gevelsberg ist die Ennepe-Störung aufgeschlossen (ausführliche Beschreibung bei R. BÄRTLING 1925).

29 Vgl. dazu auch die in der Kartentasche beigefügte Karte K 1.

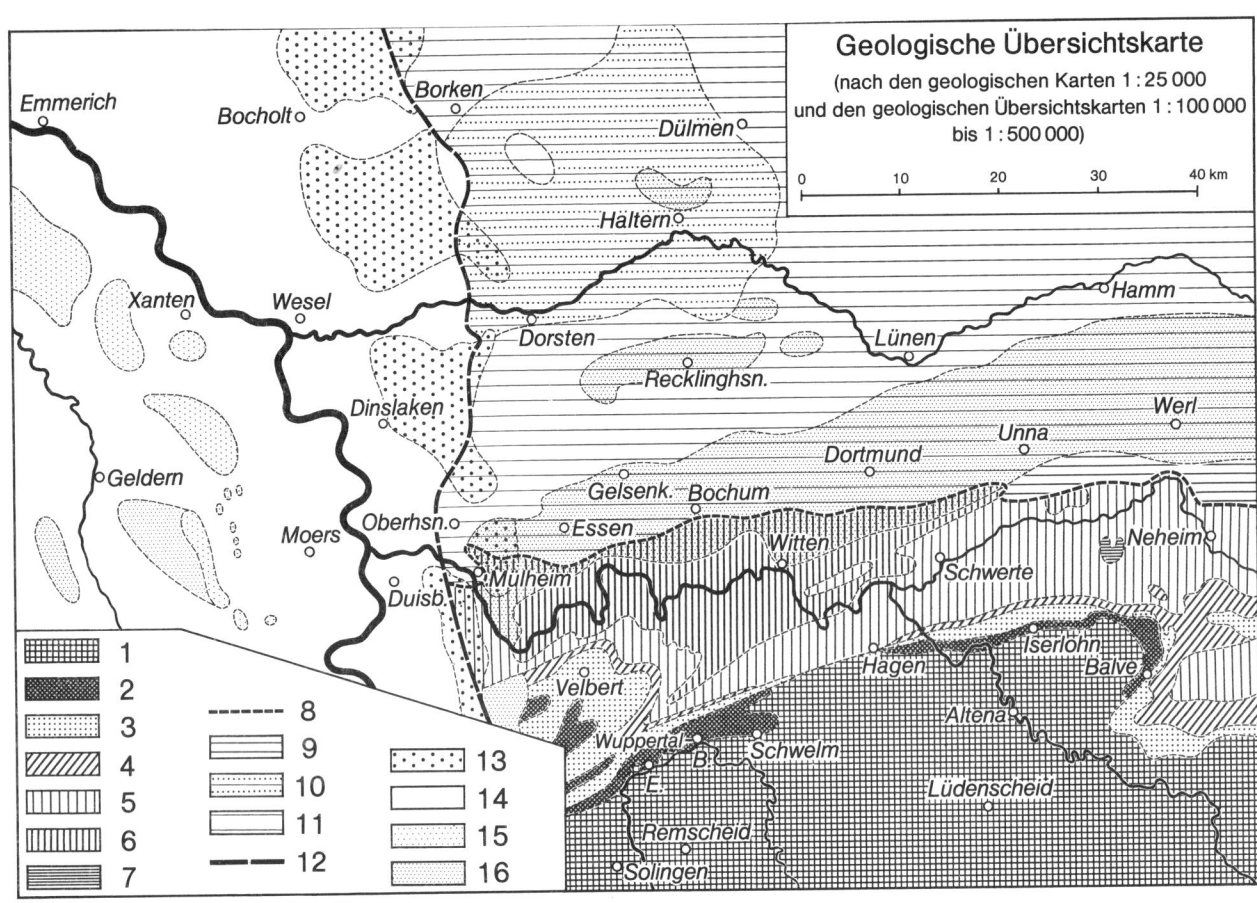

Abb. 3

Geologische Übersichtskarte

1 Silur, Unterdevon, Mitteldevon (mit Ausnahme der Massenkalke)

2 Massenkalk (ob. Mitteldevon, z.T. Oberdevon), stellenweise mit Löß

3 Oberdevon

4 Unterkarbon

5 Flözleeres Oberkarbon

6 Produktives Oberkarbon

7 Perm (Mendener Konglomerat)

8 Südgrenze der zusammenhängenden Verbreitung des Kreidedeckgebirges

9 Haarstrang: Oberkreide (Cenoman und Turon), z.T. mit Lößbedeckung

10 Geschlossenes Verbreitungsgebiet von Sanden der Oberkreide, vorwiegend in der Fazies der Halterner Sande, z.T. von quartären Ablagerungen überdeckt

11 Übrige Schichten der Oberkreide als Deckgebirge über Karbon, vielfach von quartären Bildungen überlagert

12 Ostgrenze der mehr oder weniger geschlossenen Tertiärdecke

13 Hauptterrassenplatten am Ostrand des Niederrheinischen Tieflandes, einschl. eingelagerter erniedrigter Teile, von denen die Hauptterrassenschotter nachträglich abgetragen wurden; im Kreide- und Karbongebiet sind die unter den Hauptterrassenschottern liegenden Schichten zusätzlich durch die entsprechenden Signaturen gekennzeichnet

14 Mittel- und Niederterrassen sowie alluviale Ablagerungen im Niederrheinischen Tiefland

15 Linksniederrheinische Stauchwälle und Sander

16 Größere geschlossene Löß- (und Sandlöß-) Gebiete einschl. eingelagerter Talebenen; die unter dem Löß liegenden Schichten sind zusätzlich durch die entsprechenden Signaturen gekennzeichnet

Das Produktive Karbon wird im Westen durch den Velberter Großsattel eingeengt, dessen Gebiet eine ins Karbon vorspringende devonische Halbinsel darstellt. Auch das Produktive Karbon ist stark gefaltet und von vielen Störungen zerrissen. Vor allem in den Sätteln treten oft steilgestellte Schichten auf; in den Mulden ist die Lagerung, vor allem im Norden, vielfach flacher. Die südlichste Mulde mit Produktivem Karbon ist die Herzkämper Mulde; ihr schließt sich der Esborner Sattel an. Weiter nach Norden folgen dann, sich unter dem Deckgebirge fortsetzend, als Hauptfalten:

    Wittener Hauptmulde
        Stockumer Hauptsattel
    Bochumer Hauptmulde
        Wattenscheider Hauptsattel
    Essener Hauptmulde
        Gelsenkirchener Hauptsattel
    Emscher-Hauptmulde
        Vestischer Hauptsattel
    Lippe-Hauptmulde
        Dorstener Hauptsattel

Das Grundgebirge sinkt nach Norden immer tiefer ein, und die Mulden enthalten in dieser Richtung immer jüngere, gasreichere Kohleschichten.[30]

Über dem Grundgebirge lagert im Norden, im Bereich des weiträumigen Münsterschen Kreidebeckens, mit scharfer Winkeldiskordanz ein *Deckgebirge aus Oberkreide-Schichten.* Diese sind im Ruhrgebiet wenig gestört, fallen flach nach Norden ein und gewinnen in dieser Richtung immer größere Mächtigkeit.

Die heutige Südgrenze der zusammenhängenden Verbreitung des Kreide-Deckgebirges verläuft von Duisburg und Mülheim über Heißen und Frohnhausen nach Rüttenscheid. Etwa 2 km südlich des Essener Stadtkerns zieht sie ostwärts nach Steele und von dort südlich an Höntrop vorbei nach Ehrenfeld (1 km südlich des Bochumer Stadtkerns). Über Altenbochum verläuft sie nach Langendreer, Eichlinghofen und Barop und folgt dann dem oberen Emschertal über Hörde und Aplerbeck nach Osten. Östlich Holzwickede buchtet sie nach Süden aus und bildet von hier aus den Südrand des Haarstrangs.

Die Oberkreide-Schichten beginnen mit Cenoman und Turon, die im Ruhrgebiet ein nur wenige Kilometer breites Band an der Südgrenze bilden, sich aber im Haarstranggebiet allmählich verbreitern und insbesondere auf der Paderborner Hochfläche einen großen Raum einnehmen. Es sind klüftige marine Kalke und Mergel mit eingelagerten Grünsandsteinen, die diese Schichten zusammensetzen. Vielfach tritt an der Basis (also unmittelbar über dem Karbon) ein Toneisenstein-Konglomerat auf, das als Brandungssediment im vordringenden Cenomanmeer entstanden ist.[31]

Über dem Turon liegt der Emscher-Mergel (Coniac und unteres Santon), der als Wasserstauer große Bedeutung besitzt. Er tritt im Ruhrgebiet in einem rund 10 km breiten Streifen nördlich der Stadtkerne von Essen, Bochum, Dortmund und Unna an die Oberfläche (von der wechselvollen Quartär-Überlagerung abgesehen).

Den größten Teil des Münsterschen Kreidebeckens nimmt das Senon ein (oberes Santon und Campan). Dazu gehören in unserem Raum zunächst die Recklinghäuser Sandmergel, die wegen ihrer größeren Widerstandsfähigkeit bei Gladbeck, Herten und Recklinghausen eine Schichtstufe bilden. Nach Norden schließen sich die Halterner Sande an, die ebenfalls noch zum Untersenon (= oberes Santon) gehören. In ihrem Verbreitungsgebiet, das von Dorsten und vom Südrand der Haard bis Borken reicht, bilden sie einen bedeutsamen Grundwasserspeicher. Die in der Schichtenfolge darüber liegenden Dülmener „Sandkalke" (Kalksandstein im Wechsel mit Mergelsandstein) gehören schon zum Campan; sie bauen den Seppenrader Höhenzug auf. Weiter im Osten gehören auch die Sande von Netteberge zum Untercampan, während die Cappenberger Sandmergel (mit Kalksandsteinbänken) zum Teil noch dem Santon, zum Teil schon dem Campan zuzuordnen sind; auch ihre Bereiche treten morphologisch deutlich hervor. Die Campan-Ablagerungen, die sich weiter nördlich und nordöstlich anschließen, sind durchweg leichter ausräumbar; in ihnen sind oft Talebenen, weite Mulden oder niedrig gelegene Platten ausgebildet.[32]

Von Nordwesten her schiebt sich unter den Oberkreideschichten ein *älteres Deckgebirge,* das aus Zechstein und Buntsandstein besteht, bis ins Ruhrgebiet vor. Es ist an NW — SO verlaufenden Störungen in Schollen zerlegt. Seine äußerste Grenze reicht heute, an den Verwerfungen vielfältig versetzt, über die untere Lippe hinaus bis in den Raum von Gladbeck und Dinslaken und westlich des Rheins nach Süden bis dicht vor Moers und Geldern. Wirtschaftlich ist dieses ältere Deckgebirge wegen der in den Zechstein eingeschalteten mächtigen Steinsalzlagerstätte von erheblicher Bedeutung.

Im Westen, im Bereich des Niederrheinischen Großgrabens, ist das Meer zum letzten Mal im *Tertiär* weit nach Süden vorgedrungen; es hinterließ tonige und feinsandige Ablagerungen.

Größtenteils sind die tertiären Schichten heute von den jüngeren quartären Ablagerungen des Niederrhein-Gebiets verdeckt. Am Ostrand treten sie jedoch an die Oberfläche oder sind nur von dünnen Quartärbildungen verhüllt. Süd-

---

30 In einigen weithin bekannten Aufschlüssen, die zum Teil als Naturdenkmale sichergestellt sind, ist die Lagerung der Schichten gut zu erkennen; sie sind von C. HAHNE (1958) eingehend beschrieben worden. Die liegendsten Flöze „Heller Mittag" und „Sengsbank" sind in einem Steinbruch bei Haßlinghausen-Hobeuken aufgeschlossen. Ein Steinbruch an der ehemaligen Zeche Klosterbusch in Bochum-Süd (heute zum Universitätsgelände gehörend) zeigt einen besonders schönen Schnitt durch den Stockumer Hauptsattel (Beschreibung von C. HAHNE 1958, S. 62 ff.).

31 Das Transgressionskonglomerat und der hier darüber liegende „Essener Grünsand" sind in einem Ziegelei-Steinbruch an der Querenburger Straße in Bochum-Süd gut aufgeschlossen (vgl. C. HAHNE 1958, S. 56 ff.).

32 Zur Schichtenfolge der Oberkreide vgl. insbesondere H. ARNOLD (Lit.-Verz. Nr. 3).

lich der unteren Lippe und der unteren Ruhr entstammen die anstehenden Tertiärschichten hauptsächlich dem Oligozän. Vor allem sind hier Septarientone weit verbreitet (feinsandige Tone mit Kalklinsen), oft mit mächtiger gelbbrauner Verwitterungsdecke. Weiter im Norden tritt auch der miozäne Dingdener Glimmerton auf (glimmeriger Feinsand bis feinsandiger Ton).

Die tertiären Ablagerungen sind am Niederrhein nachträglich von den Bewegungen an den von NW nach SO verlaufenden Störungslinien betroffen worden. Die Höhenverschiebungen der Gräben und Horste gehen z.T. bis in die Gegenwart weiter.

Der gesamte Raum hat vielfach, jedoch im einzelnen in sehr unterschiedlicher Weise, an weiträumigen *Schollenbewegungen* teilgenommen. Vor allem kam es seit dem Tertiär und verstärkt im Pleistozän zu Hebungsvorgängen, die mit einer Schrägstellung der alten Landoberfläche in nord-nordwestlicher Richtung und mit vielfachen Schollenbewegungen, insbesondere an den nieder rheinischen Störungslinien, verbunden waren. Das Bergisch-Sauerländische Gebirge hob sich innerhalb des hier behandelten Raumes am stärksten heraus. Als Folge dieser Hebungen begann ein tiefes Einschneiden der Flüsse und die Ausbildung vielfach gestufter Terrassensysteme. Zugleich wirkten sich die petrographischen Unterschiede aus und trugen zur Herausmodellierung der *heutigen Geländeformen* bei.

Der Raum des Niederrheinischen Tieflandes weist Höhen auf, die fast überall unter 50 m bleiben (vgl. *Höhenschichtenkarte*, Abb. 4). Jedoch greift am Ostrand die altpleistozäne Hauptterrasse, die sich mit scharfer Kante aus den westlich angrenzenden Ebenen heraushebt, vielfach über 50 m Höhe hinauf. Sie steigt nach Süden und Südosten an, erreicht nordwestlich Dorsten 65–70 m, bei Bottrop 80 m und westlich Kettwig etwa 90–100 m.

In zwei schmalen Zungen greift die Höhenstufe mit weniger als 50 m Höhe entlang der Lippe (bis Lünen) und der Emscher (bis Herne) in die Westfälische Tieflandsbucht hinein, die aber im übrigen weithin durch Höhen zwischen 50 und 100 m gekennzeichnet ist. Einige Hügelgebiete ragen über 100 m hinauf und bilden auffällige Erhebungen in dem sonst ebenen bis flachwelligen Gelände. Dazu gehört vor allem das aus Halterner Sanden aufgebaute Hügelland-Dreieck Hohe Mark – Borkenberge – Haard um Haltern, das im Stimberg am Südrand der Haard 156 m erreicht. Auch der Vestische Höhenrücken und die Höhen um Cappenberg

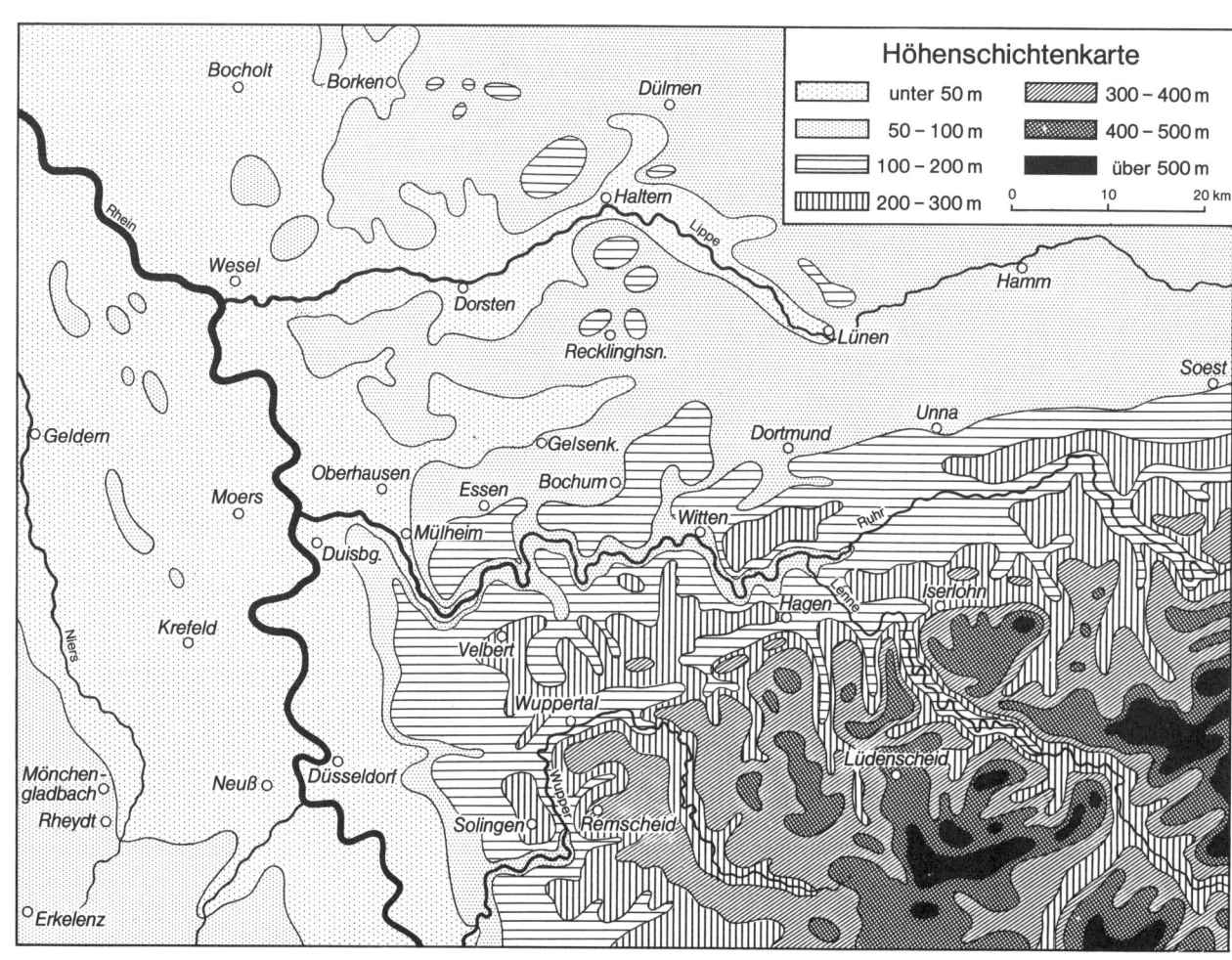

Abb. 4

steigen über 100 m hinauf. Am Südrand der Westfälischen Bucht werden südlich von Essen, Bochum und Dortmund 100 m überschritten; und in den Castroper Höhen nordöstlich Bochum ist eine nach Norden vorgreifende Platte von 125–135 m Höhe mit Terrassenschottern im Untergrund ausgebildet, die sich mit deutlicher Kante aus dem niedrigeren Gelände heraushebt. Der aus Cenoman und Turon aufgebaute Haarstrang südlich Unna und Soest an der Südostgrenze der Westfälischen Bucht erreicht in dem hier noch erfaßten westlichen Teil Höhen über 200 m (Auf dem Schelk 241 m).

Deutlich hebt sich das Bergisch-Sauerländische Gebirge aus den angrenzenden Tieflands-Bereichen heraus. Wenig südlich der Kreidegrenze, und zwar noch nördlich der Ruhr, beginnt ein verstärkter Anstieg des Geländes, der zu Höhen von 168 m bei Bredeney und Baldeney südlich Essen und von 196 m bei Bochum-Stiepel hinaufführt. Im Ardey südlich Dortmund werden schon vielfach 200 m Höhe überschritten (Auf dem Heil 275 m). Zugleich fügen sich die ersten scharf und tief eingeschnittenen Tälchen ein, die neben den schmalen, über karbonischen Sandsteinen auftretenden Härtlingsrücken („Eggen") zur Feinmodellierung entscheidend beitragen. Die Reliefenergie erreicht schon nördlich der Ruhr stellenweise über 100 m und im Ardey über 150 m, bezogen auf Quadrate von jeweils 1/10 Meßtischblatt Seitenlänge.[33]

Südlich des breiten, mit ausgedehnten Talweitungen ausgestatteten Terrassensohlentals der Ruhr, das in seinem Kern in einer weit nach Osten vorstoßenden Zunge noch einmal Höhen unter 100 m aufweist, vollzieht sich dann ein weiterer Anstieg in südlicher Richtung. Und vom Westen her führen die Terrassenriedel, die zwischen den westwärts gerichteten Tälern ausgebildet sind, ebenfalls allmählich zu den über 200 und 250 m aufsteigenden Höhen hinauf. Nördlich Wuppertal-Barmen (Schmiedestraße 322 m) und nördlich Iserlohn (Seiler 342 m) werden in begrenzten, schmalen Teilgebieten zuerst Höhen von 300 m überschritten.

Weiter nach Süden schließt sich eine Muldenzone an, die sich in ihrem Verlauf dem oben erwähnten Massenkalkstreifen anschließt und von Vohwinkel über das mittlere Wupper- und untere Ennepetal zum Hagener Raum und dann über Iserlohn bis zur Hönne hinüberzieht. Sie bildet ein wesentliches Element im strukturellen Gefüge des Gebirgslandes. An ihrem Südrand erfolgt der auffällige Anstieg zu den breit und wuchtig ausgebildeten, aus devonischen Lenneschiefern aufgebauten, randlich stark zerschnittenen Hochflächen-Massiven. Diese erreichen südlich Wuppertal Höhen von 330–350 m, bei Breckerfeld und Lüdenscheid über 400 m und im Balver Wald westlich der Hönne 546 m. In den Zertalungsbereichen der größeren Gewässer, welche die Hochflächen von Süden nach Norden durchsetzen, steigt die Reliefenergie z.T. auf 200–300 m an.

Für den zum Bergisch-Sauerländischen Gebirge gehörenden Teil des Untersuchungsgebiets sind zum Zweck einer verschärften Erfassung der Oberflächenformen noch zwei weitere Karten gezeichnet worden.

Zunächst handelt es sich um eine Karte der *Hangflächen* (Abb. 5). Eine erste Häufung von Hangflächen mit Neigungswinkeln von mehr als 10° erkennt man auf dieser Karte im Bereich des unteren Ruhrtals zwischen Schwerte und Kettwig/Mülheim. Einen besonders hohen Anteil besitzen die Hangzonen dann aber unmittelbar südlich der bereits erwähnten Muldenzone Wuppertal – Hagen – Iserlohn. Von hier aus ziehen sich die Hangflächen an den größeren Flußtälern entlang in das südliche Gebirgsland hinein. An Lenne und Volme sind auch die Hangzonen mit Höhenunterschieden von mehr als 100 m bei mehr als 15° mittlerem Neigungswinkel stark vertreten.

Auf einer weiteren Karte (Abb. 6) ist die *Mächtigkeit des Zertalungsreliefs* dargestellt. Hier sind zunächst in Anlehnung an ein von H. LOUIS angegebenes Verfahren die Höhenlinien des „Reliefsockels" eingezeichnet, d.h. der „von unten an die Tiefenlinien der größeren (unter 10 ‰ geneigten) Täler gelegten Tangentialfläche", die „zwischen den größeren Talzügen unter den Gebieten etwaiger steiler ansteigender Nebentäler und Talanfänge stets mit der maximalen Neigung von 10 ‰ fortgesetzt angenommen" wird, „bis entgegengesetzte Böschungen dieser Fläche nach aufwärts zusammentreffen."[34] Der über dieser Tangentialfläche befindliche Teil des Reliefs, der von Tälern durchsetzt ist, ist das „Zertalungsrelief" oder „Skulpturrelief". Seine Mächtigkeit (d.h. die jeweilige Differenz zwischen Geländehöhe und Höhe des Reliefsockels) ist nun in verschiedenen Stufen zur Darstellung gebracht, und zwar mit dunkler werdenden Rastern bei steigender Mächtigkeit des Zertalungsreliefs.

Wiederum hebt sich auch auf dieser Karte die Linie südlich Wuppertal – Hagen – Iserlohn besonders markant heraus; das Zertalungsrelief erreicht hier vielfach Werte von mehr als 150 m und im Osten sogar von mehr als 250 m. Nördlich der Muldenzone Wuppertal – Hagen – Iserlohn werden dagegen Werte von 150 m nur ganz vereinzelt überschritten, und die Stufen mit einer Mächtigkeit des Zertalungsreliefs von weniger als 100 m nehmen hier den bei weitem größten Teil der Fläche ein. An der Nord- und Westgrenze des Gebirgslandes, d.h. an den bereits auf S. 8 genannten Linien, sinken die Werte schließlich überall unter 50 m ab.

Während des Pleistozäns drang im Drenthe-Stadium der *Saale-Kaltzeit (Riß-Glazial)*, als die untere Mittelterrasse des Rheins aufgeschottert wurde, das Inlandeis vom Nordosten in den Raum des heutigen Ruhrgebiets vor und überformte ihn in mannigfacher Weise.

Die Eismassen schoben sich noch ein Stück am Rand des südlichen Gebirgsrandes hinauf, überschritten aber Haarstrang und Ardey sowie die Höhen bei Stiepel und Bredeney im allgemeinen nicht. Lediglich an wenigen Stellen, insbesondere bei Schwerte, Witten und Steele, drang das Eis „weiter nach Süden vor und überfloß das heutige Ruhrtal, wie ein Kranz von zum Teil recht großen Findlingsblöcken bei Hagen-Vorhalle, Blankenstein, Dahlhausen, Kupferdreh, Werden und Kettwig anzeigt." (C. HAHNE 1965, S. 15).

---

33 Die bei der Reliefenergie angegebenen Meterzahlen beziehen sich jeweils auf Quadrate von 1/10 Meßtischblatt = etwa 1,1 km Seitenlänge. Vgl. E. BERTELSMEIER und W. MÜLLER-WILLE (1950, S. 29).

34 H. LOUIS: Allgemeine Geomorphologie; 3. Aufl.; Berlin, 1968; S. 134; vgl. auch Abb. 49 und 40.

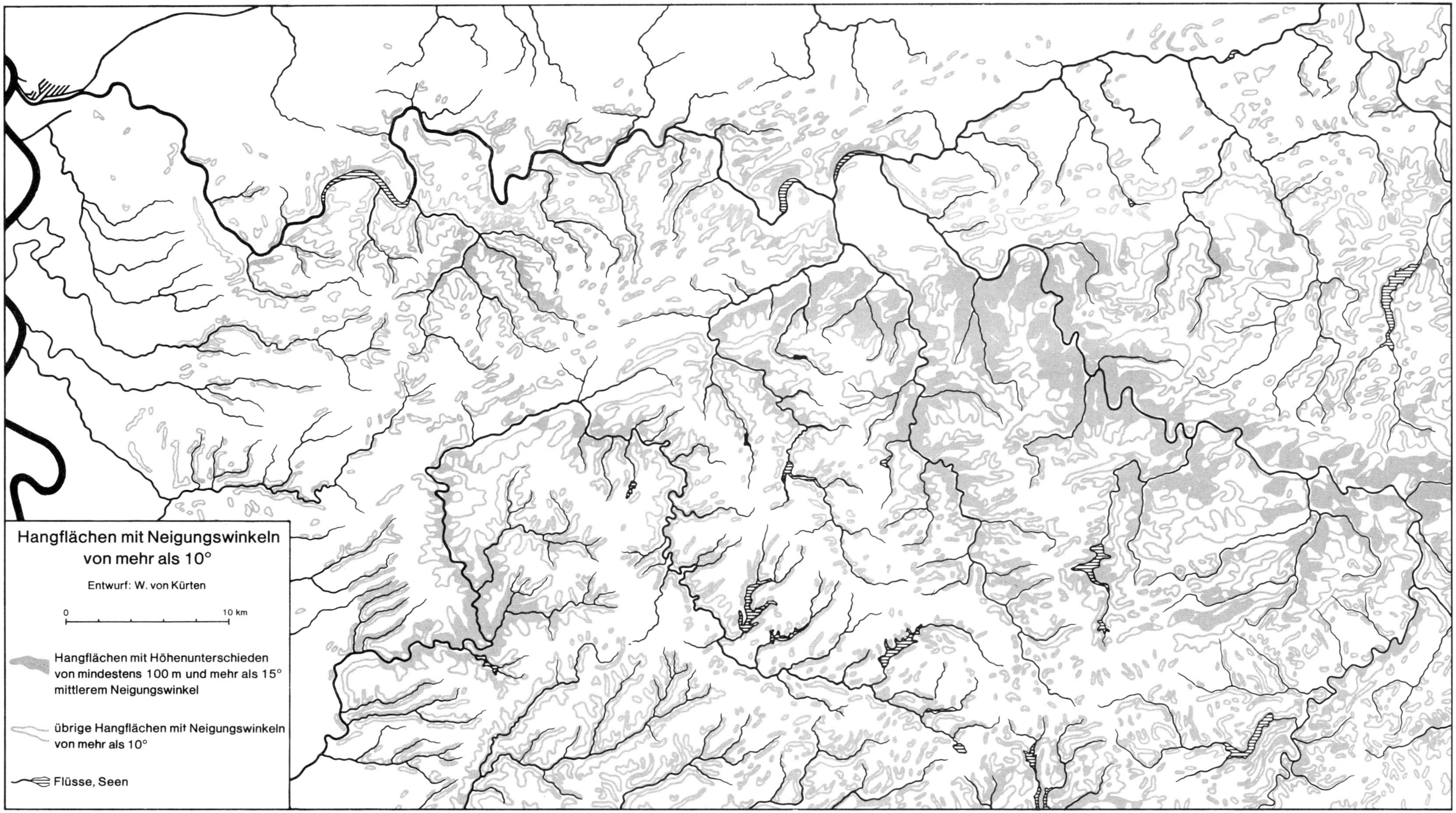

Abb. 5: Hangflächen in den nordwestlichen Teilen des Bergisch-Sauerländischen Gebirges

Das Eis hat vielfältige Spuren in der Landschaft hinterlassen. Dazu gehören außer Vorschüttsanden, Osern und kames-artigen Bildungen insbesondere die Grundmoränen und die Stauchwälle.

Die *Grundmoräne* und ihre Reste und Umformungsprodukte überlagern in stark wechselnder Mächtigkeit manche Teile des Raumes. Oft handelt es sich um Lokalmoränen, die wesentlich aus dem aufgearbeiteten Material des Untergrundes bestehen, wobei nordisches Material in wechselndem Anteil beigemengt ist. Der unverwitterte Geschiebemergel hat oft einen hohen Kalkgehalt, der an der Oberfläche durch die Verwitterung in kalkfreien Geschiebelehm umgewandelt ist. Besonders auffällige Zeugen des Inlandeises sind die Findlinge, von denen einige der mächtigsten, meist in der Nähe der Fundorte an exponierten Stellen gelagert, zu Naturdenkmalen erklärt worden sind.

Zu den Zeugen des Inlandeises gehören auch die *Stauchwälle,* die am großartigsten im linksrheinischen Tiefland erhalten sind. Die vorher vom Rhein abgelagerten Kiese und Sande wurden von dem vorrückenden Eis zusammen mit darunter liegenden Interglazialschichten und z.T. auch mit tertiären Sedimenten und unter Beimengung nordischer Geschiebe zusammengepreßt und übereinandergeschichtet. Auf der dem Eis abgewandten Seite bildeten sich ausgedehnte Sanderflächen. Stauchwälle haben sich auch auf dem Terrassensporn südlich der unteren Ruhr bei Mintard und Kettwig erhalten; fluvioglaziale Ablagerungen leiten hier zu periglazialen Entwässerungsrinnen („Trompetentälchen") über (K. KAISER 1957, S. 32 ff., und 1961, S. 246–47). Durch die periglaziale Entwässerung ist in diesem Raum nach K. KAISER die im Vorland der Stauchwälle ausgebildete Hauptterrassenfläche weitgehend zerstört worden.

Zwei Eisrandlagen lassen sich am Niederrhein unterscheiden. K. KAISER (1957) bezeichnet sie als Krefelder und Mintarder Eisrandlage, K. N. THOMÉ (1958) als Neußer und Kamper Staffel. Reichswald und Bönninghardt, Schaephuysener Höhenzug, Hülser Berg und Egels-Berg gehören zur Neußer Staffel, die um den Xantener Lobus gelagerten Höhen des Hochwaldes und der Hees sowie die vor dem Schaephuysener Höhenzug liegenden „Inselberge" (Kamper Berg, Niersen-Berg, Dachs-Berg, Eyllscher Berg, Rayer Berg, Gülix-Berg) zur Kamper Staffel (K. KAISER 1961, Karte 1).

Von größter Bedeutung für die gegenwärtige naturräumliche Struktur ist die unregelmäßige Decke von Ablagerungen, die der Wind während der letzten Vereisung *(Weichsel-Kaltzeit = Würm-Glazial),* die unseren Raum nicht erreichte, und im älteren Holozän über die Flächen gebreitet hat.

Während des Höchststandes der Würm-Vereisung wurden von den Westwinden aus den vegetationslosen Hochflutbetten der Flüsse große Massen von Sand und Staub herausgeblasen und an anderen Stellen wieder abgelagert. Aus dem besonders feinkörnigen Material, das vom Wind am weitesten transportiert wurde, entstand der *Löß,* aus weniger feinkörnigem der *Sandlöß.* „Unverwittert weist der Löß meist eine ziemlich gleichmäßige Körnung auf, indem er zu einem hohen Prozentsatz aus Quarzkörnern von 0,03 bis 0,06 mm Durchmesser besteht. Er enthält etwa 10–20% Kalk, führt außerdem Tonmineralien und weist ein lockeres, poröses Gefüge auf. Verhältnismäßig tiefgründig verwittert er zu Lößlehm. Der Sandlöß hat einen viel größeren Gehalt an Quarz, einen geringeren an Kalk; sein Korn ist im allgemeinen gröber. Meist reicht der Hauptteil seiner Korngrößen über einen weiteren Bereich, nämlich von 0,02 bis 0,1 mm Durchmesser. Bei der verbreiteten sandstreifigen Abart des Sandlößes sind zwei verschiedene Korngrößen-Gruppen besonders stark vertreten. Der Sandlöß findet sich fast überall völlig entkalkt." (H. ARNOLD, Lit.-Verz. Nr. 3, S. 49).

Löß ist vor allem vor dem Rand des südlichen Gebirgslandes weit verbreitet. Er bedeckt hier einen Streifen von im Westen 7, im Osten fast 15 km Breite. Im Norden ist ihm eine durchschnittlich 1 km breite Sandlöß-Zone vorgelagert. Löß und Sandlöß treten außerdem bei Recklinghausen und Datteln, nördlich Haltern, am Westrand des Niederbergischen bei Mettmann und auf einigen Mittelterrassenplatten an der Niers auf.

In einer späteren Phase sind weithin unregelmäßige *Flugsanddecken* aufgeweht worden. Stellenweise ist der Flugdecksand ein wenig lehmig („anlehmig"). Unter allen Quartär-Ablagerungen hat er räumlich die größte Verbreitung, bildet aber vielfach nur ganz dünne Decken. „Er überdeckt alle Pleistozän-Sedimente, aber nicht die holozänen Ablagerungen und entstammt größtenteils dem Spätglazial, also der Spät-Würmzeit." (H. ARNOLD, S. 56). Mit dem Flugdecksand gehören die alten *Dünen* eng zusammen. H. ARNOLD (S. 57 u. 63) nimmt an, daß die alten Dünen zu den Zeiten entstanden sind, als sich die Flüsse einschnitten und die Abbruchkanten dauernd bloß lagen, der Wind also Sand entlang der Uferkanten ausblasen konnte. Ein Teil der Dünen ist aber erst viel später entstanden, z.T. erst in der mittelalterlichen Rodungsperiode.[35] Dünen sind in unserem Raum vor allem im Lippetal, außerdem in einigen Partien der Rhein-Niederterrasse verbreitet.

## 1.3 Klimatologische Übersicht

Bevor wir uns den einzelnen Naturräumen zuwenden, soll noch ein zusammenfassender Überblick über die klimatischen Verhältnisse gegeben werden[36], da sie sich in mannigfacher Hinsicht auswirken und auch für die Untergliederung, insbesondere

---

35 H. MAAS (Die geologische Geschichte der westfälischen Dünen auf Grund der Bodenbildungen, Z. deutsch. geol. Ges., 105, 1955, S. 137–138, zitiert nach H. ARNOLD 1960) setzt einen Teil der jungen Dünen ins Subboreal, einen anderen in die mittelalterliche Rodungsperiode. — Unter einem Dünenhügel südlich der Drevenacker Kirche ist ein Urnenfriedhof mit 6 Bestattungen aus der Jüngeren Hallstatt-Zeit (etwa 700–400 v. Chr.) ausgegraben worden (H. HINZ: Vorzeitgräber in Drevenack; Heimatkalender 1960 für den Landkreis Rees; Rheinberg, 1959).

36 Im wesentlichen nach dem Klima-Atlas von Nordrhein-Westfalen (1960) und nach dem Tabellenband der Klimakunde des Deutschen Reiches (1939).

innerhalb des Gebirgslandes, eine bedeutsame Rolle spielen (vgl. Abb. 7).

Temperaturen

Einen Überblick über die mittleren Monats- und Jahrestemperaturen ausgewählter Stationen gibt die folgende Tabelle.

Die niedrig gelegenen Gebiete im vorderen Teil des Gebirgslandes unterscheiden sich hinsichtlich ihrer Temperaturen nur wenig von den Tieflandzonen vor dem Gebirgsrand. So weisen die Flächen westlich und nordwestlich Mettmann ebenso wie das ganze untere Ruhrtal bis in die Gegend von Fröndenberg noch Jahresmittel über 9°C auf. Auch in der mittleren Lufttemperatur der Hauptvegetationsperiode (Mai bis Juli) bleiben sie noch über der 15°-Grenze, sind also kaum schlechter gestellt als die Gebirgsvorländer. Nur das Rheintal südlich Düsseldorf und Neuß erweist sich in dieser Hinsicht mit Werten über 16° als besonders wärmebegünstigt.

Erst mit steigender Höhe werden die Unterschiede deutlicher. Die 8°-Jahresisotherme geht zwischen Solingen und Remscheid-Lennep hindurch und schließt sich von Schwelm ab etwa dem Südrand der ausgeprägten Muldenzone an, die über Hagen und Iserlohn nach Osten verläuft. Die Täler der Volme und vor allem der Lenne und der oberen Ruhr stellen dabei schmale Wärmezungen dar, die weit in das südliche Gebiet mit Jahrestemperaturen unter 8° hineingreifen. Werte von 7° mittlerer Jahrestemperatur werden erst im Ebbegebirge südlich Lüdenscheid und im Homertgebirge unterschritten.

Von Bedeutung ist auch die *0°-Januar-Isotherme*. Sie verläuft durch Radevormwald und nähert sich dann zwischen den größeren Tälern immer wieder dem Südrand der oben genannten Muldenzone.

Dementsprechend steigt auch die Zahl der *Tage mit Schneefall* an dieser Linie sprunghaft an. Sie liegt auf den Hochflächen um Breckerfeld, Halver, Lüdenscheid und östlich der Lenne über 40, auf den Hochflächen um Remscheid über 30, dagegen westlich und nordwestlich Mettmann, im Ruhrtal bis Fröndenberg und im Hagener Becken ebenso wie in den Gebirgsvorländern unter 20. Auf den Hochflächen östlich der oberen Wupper beträgt der durchschnittliche Anteil der Schneemenge am Gesamtniederschlag im Januar mehr als 30 %, dagegen im Ruhrtal weniger als 20 %.

Noch differenzierter sind die mittleren Zahlen der *Tage mit Schneedecke*. Wieder bildet der Rand der Hochflächen südlich der Städtereihe Wuppertal – Hagen – Iserlohn eine deutliche Grenze. Von mehr als 30 Tagen südlich Wuppertal steigt die Zahl nach Osten entsprechend der Höhenzunahme auf mehr als 40 Tage südlich Schwelm, auf über 50 Tage bei Breckerfeld und auf mehr als 60 Tage bei Lüdenscheid und östlich der Lenne. Auf den höchsten Teilen des Ebbegebirges werden 80 Tage, im Rothaargebirge und im Waldecker Upland 110 Tage überschritten. Demgegenüber sinkt die Zahl der Tage mit Schneedecke im westlichen Niederbergischen und im unteren Ruhrtal unter 30; sie liegt hier etwa genau so hoch wie im größten Teil der Westfälischen Bucht,

Tabelle 1

Monats- und Jahresmittel der Lufttemperatur in °C (1881–1930)

| Station | Höhe | J | F | M | A | M | J | J | A | S | O | N | D | Jahr |
|---|---|---|---|---|---|---|---|---|---|---|---|---|---|---|
| Leverkusen | 44 m | 1,6 | 2,6 | 5,1 | 8,5 | 13,4 | 16,2 | 17,7 | 16,9 | 13,9 | 9,7 | 5,3 | 2,6 | 9,5 |
| Krefeld | 40 m | 1,8 | 2,6 | 5,1 | 8,5 | 13,3 | 16,0 | 17,6 | 16,8 | 14,1 | 9,6 | 5,3 | 2,7 | 9,4 |
| Kleve | 46 m | 1,6 | 2,4 | 4,7 | 8,1 | 12,9 | 15,5 | 17,1 | 16,3 | 13,7 | 9,2 | 5,0 | 2,5 | 9,1 |
| Münster | 63 m | 1,3 | 2,1 | 4,5 | 8,2 | 13,1 | 15,8 | 17,3 | 16,4 | 13,7 | 9,2 | 4,8 | 2,3 | 9,1 |
| Gütersloh | 76 m | 1,1 | 1,9 | 4,4 | 8,1 | 13,0 | 15,9 | 17,4 | 16,5 | 13,6 | 9,2 | 4,7 | 2,1 | 9,0 |
| Essen | 106 m | 1,7 | 2,5 | 4,9 | 8,3 | 13,1 | 15,7 | 17,2 | 16,5 | 13,9 | 9,6 | 5,1 | 2,7 | 9,3 |
| Dortmund | 120 m | 1,6 | 2,3 | 4,6 | 8,0 | 12,8 | 15,4 | 17,0 | 16,4 | 13,7 | 9,5 | 5,0 | 2,5 | 9,1 |
| Soest | 103 m | 1,6 | 2,3 | 4,7 | 8,2 | 13,2 | 15,9 | 17,6 | 16,8 | 14,2 | 9,5 | 5,2 | 2,6 | 9,3 |
| W.-Elberfeld | 186 m | 1,5 | 2,5 | 4,7 | 8,1 | 13,0 | 15,6 | 17,3 | 16,5 | 13,7 | 9,6 | 5,2 | 2,5 | 9,2 |
| Arnsberg | 207 m | 1,0 | 1,7 | 4,0 | 7,6 | 12,4 | 15,1 | 16,7 | 15,9 | 13,0 | 8,8 | 4,6 | 2,0 | 8,6 |
| Solingen | 219 m | 1,2 | 2,0 | 4,3 | 7,7 | 12,3 | 14,8 | 16,4 | 16,0 | 13,3 | 9,2 | 4,6 | 1,8 | 8,6 |
| R.-Lennep | 340 m | 0,1 | 1,1 | 3,4 | 6,7 | 11,9 | 14,3 | 15,9 | 14,9 | 12,4 | 8,3 | 3,9 | 1,1 | 7,8 |
| Lüdenscheid | 450 m | −0,3 | 0,4 | 2,9 | 6,1 | 11,3 | 14,6 | 15,4 | 15,1 | 11,8 | 7,4 | 3,2 | 1,0 | 7,4 |
| Brilon | 450 m | −0,4 | 0,1 | 2,4 | 5,9 | 10,8 | 13,6 | 15,2 | 14,6 | 12,0 | 7,6 | 3,4 | 0,5 | 7,1 |
| Kahler Asten | 842 m | −2,5 | −2,0 | 0,0 | 3,3 | 8,2 | 11,1 | 12,9 | 12,1 | 9,7 | 5,2 | 0,9 | −1,4 | 4,8 |

des Niederrheinischen Tieflandes und der Niederrheinischen Bucht. Um Bochum und Essen sowie beiderseits des Niederrheins zwischen Düsseldorf und Kleve liegt sie sogar unter 20 Tagen.

Ein für die Gliederung wichtiger Klimawert, dessen räumliche Änderungen die bisherigen Ergebnisse noch einmal unterstreichen, ist die mittlere Dauer eines *Tagesmittels der Lufttemperatur von mindestens 5°C*. Hier wird der Rand der Hochflächen südlich Wuppertal – Hagen – Iserlohn durch die 230-Tage-Linie nachgezeichnet. Im östlichen Teil der Hochflächen sinkt der Wert nach Süden dann rasch auf weniger als 220 Tage ab. Im Ebbegebirge sind es unter 200 und in den höchsten Teilen des Rothaargebirges weniger als 180 Tage. Nördlich von Wuppertal – Hagen – Iserlohn werden überall mehr als 230 Tage erreicht, und zwar zunächst in dem Teilraum bis Mettmann und bis zum Südrand des Ruhrtals 230–240 Tage – wie im größten Teil der Westfälischen Bucht. Westlich und nordwestlich Mettmann steigt die Zahl ebenso wie im Ruhrtal bis nach Fröndenberg hinauf über 240 Tage an und erreicht damit die gleiche Höhe wie in Dortmund, Unna und Soest und wie im größten Teil der Niederrheinischen Bucht und des Niederrheinischen Tieflandes. Nur ein Streifen beiderseits des Rheins von Bad Godesberg bis Walsum mit einer Ausbuchtung im inneren Ruhrgebiet bis Bochum erreicht mit mehr als 250 Tagen noch höhere Werte.

### Niederschläge

Weitere wichtige Unterschiede ergeben sich aus den Niederschlagsverhältnissen. In Tab. 2 sind zunächst wieder für ausgewählte Stationen die mittleren Monats- und Jahresniederschlagssummen angegeben.

Das Bergisch-Sauerländische Gebirge empfängt demnach wesentlich höhere Niederschläge als die vorgelagerten Tieflandsbuchten. Jedoch gibt es im einzelnen beträchtliche Unterschiede. Die Westabdachung steht besonders stark unter der Einwirkung der regenbringenden West- und Südwestwinde. Infolge der Luv-Wirkung nehmen die Niederschlagssummen deshalb vom Rhein nach Osten rasch zu. Während das linksrheinische Tiefland südlich Krefeld weniger als 700 mm Niederschlag (nördlich Krefeld etwa 700–750 mm) empfängt, sind es bei Mettmann über 950, bei Neviges, Vohwinkel und Solingen schon über 1050 mm. In Elberfeld und Barmen und auf den Hochflächen um Ronsdorf werden 1150 mm, bei Remscheid, Lennep und Radevormwald 1200 mm überschritten. Im Ebbegebirge südlich Lüdenscheid liegen die Niederschlagssummen teilweise über 1300 mm; das sind Werte, die nur noch im Bereich des Kahlen Asten übertroffen werden.

Nach Nordosten nehmen die Niederschlagsummen aber infolge der zunehmenden Leewirkung verhältnismäßig rasch ab. Zwar empfangen die Hochflächen bis in den Raum südlich Iserlohn immer noch über 1000 mm. In den nördlich angrenzenden Gebieten aber sind niedrigere Werte zu verzeichnen. Während Gevelsberg noch etwa 1050 mm empfängt, sind es im Hagener und Iserlohner Raum z.T. schon weniger als 900 und im Ruhrtal bei

Tabelle 2

Mittlere Monats- und Jahresniederschlagssummen in mm (1891–1930)

| Station | Höhe | J | F | M | A | M | J | J | A | S | O | N | D | Jahr |
|---|---|---|---|---|---|---|---|---|---|---|---|---|---|---|
| Leverkusen | 44 m | 44 | 39 | 37 | 42 | 47 | 57 | 72 | 66 | 52 | 56 | 47 | 54 | 613 |
| Krefeld | 40 m | 45 | 41 | 42 | 44 | 49 | 64 | 70 | 67 | 53 | 61 | 49 | 57 | 642 |
| Kleve | 46 m | 64 | 51 | 54 | 50 | 57 | 63 | 71 | 78 | 61 | 71 | 64 | 80 | 764 |
| Münster | 63 m | 66 | 49 | 57 | 52 | 56 | 69 | 84 | 79 | 64 | 68 | 60 | 73 | 777 |
| Gütersloh | 76 m | 67 | 53 | 51 | 50 | 58 | 65 | 81 | 76 | 59 | 62 | 57 | 69 | 748 |
| Essen | 106 m | 71 | 60 | 62 | 60 | 62 | 73 | 91 | 90 | 71 | 78 | 66 | 82 | 866 |
| Dortmund | 120 m | 53 | 47 | 51 | 50 | 55 | 72 | 89 | 79 | 64 | 65 | 54 | 61 | 740 |
| Soest | 103 m | 50 | 43 | 45 | 46 | 55 | 62 | 84 | 78 | 58 | 58 | 45 | 52 | 676 |
| W.-Elberfeld | 186 m | 110 | 91 | 86 | 77 | 76 | 92 | 111 | 104 | 86 | 100 | 96 | 118 | 1147 |
| Arnsberg | 207 m | 83 | 73 | 69 | 67 | 71 | 77 | 102 | 93 | 78 | 79 | 73 | 85 | 950 |
| Solingen | 219 m | 99 | 83 | 76 | 70 | 77 | 86 | 110 | 105 | 80 | 92 | 90 | 105 | 1073 |
| R.-Lennep | 340 m | 127 | 104 | 96 | 85 | 81 | 96 | 120 | 115 | 95 | 114 | 109 | 141 | 1283 |
| Lüdenscheid | 450 m | 113 | 92 | 93 | 81 | 80 | 92 | 112 | 107 | 89 | 108 | 102 | 134 | 1203 |
| Brilon | 450 m | 101 | 77 | 77 | 72 | 72 | 84 | 102 | 95 | 79 | 87 | 76 | 100 | 1022 |
| Kahler Asten | 842 m | 151 | 124 | 110 | 103 | 94 | 107 | 122 | 121 | 102 | 128 | 123 | 153 | 1438 |

Schwerte und Fröndenberg nur noch rund 750 mm. Das ist derselbe Betrag wie im größten Teil der Westfälischen Bucht; nur das Gebiet der Soester Börde ist mit weniger als 700 mm noch etwas trockener. Im unteren Ruhrtal zwischen Hagen und Mülheim liegen die Niederschlagssummen etwa zwischen 800 und 900 mm, also ebenfalls nur noch wenig höher als im größten Teil der Westfälischen Bucht und am unteren Niederrhein (etwa 700–800 mm).

Hinsichtlich des *Jahresgangs der Niederschläge* ist festzustellen, daß die besonders niederschlagsreichen Hochflächen östlich des unteren Wupperengtals bis in den Lüdenscheider Raum ihr Niederschlags-Maximum im Dezember erreichen und nur ein sekundäres Maximum im Juli. Auch fast die gesamte von Wuppertal nach Hagen verlaufende Mulde und ein Teil des Hügellandes nördlich von ihr um Haßlinghausen fügen sich diesem für die Luvgebiete charakteristischen Jahresgang ein; er ist darauf zurückzuführen, daß die Stauwirkung der Gebirge im Winter ausgeprägter als im Sommer ist und daß sich im Dezember insbesondere die häufig um Weihnachten auftretende zyklonale Wetterlage auswirkt.[37]

Von W. MÜLLER-WILLE (1941/66, Abb. 11 und 12) sind die Luv- oder Staugebiete bzw. die Lee- oder Föhngebiete nach den *Niederschlagsüberschüssen bzw. -defiziten* näher gekennzeichnet worden.[38] Auch auf diesen Karten schälen sich die Luvgebiete des Bergischen Landes und der angrenzenden Teile des westlichen Sauerlandes mit Niederschlagsüberschüssen von z.T. mehr als 30% deutlich heraus. Die Hochflächen östlich der mittleren Volme bis zum Balver Wald haben noch Überschüsse von 5–10%. Ebenso sind zwischen der von Wuppertal nach Hagen hinüberziehenden Wupper-Ennepe-Mulde und dem unteren Ruhrtal noch starke Überschüsse zu verzeichnen (etwa 10–30%). Dagegen sind bei Hagen und Iserlohn kaum noch Überschüsse, stellenweise sogar schon Defizite festzustellen; und im Ruhrtal am Hengsteysee und bei Schwerte-Fröndenberg wird ebenso wie im nördlich angrenzenden Ardey-Hügelland ein Defizit von 2,5–10% errechnet. Das Leegebiet setzt sich von hier aus nach Nordosten fort; in der Soester Börde beträgt das Niederschlagsdefizit 10–15%. Die Ruhrtalstrecke bei Wengern liegt etwa an der Grenze zwischen dem westlichen Luv- und dem östlichen Leegebiet.

---

37 Auf die Wirkung des Weihnachtstauwetters hat insbesondere H. FLOHN aufmerksam gemacht (Witterung und Klima; Forschungen zur Deutschen Landeskunde; Leipzig, 1941/42).

38 Zur Berechnung des Niederschlagsüberschusses bzw. -defizits wurden die wirklichen Jahresmengen mit den theoretischen Niederschlagssummen verglichen, die eine Station nur auf Grund ihrer Höhenlage ohne Luv- oder Leewirkung erhalten würde. Die theoretische Niederschlagssumme $N_t$ wurde nach der Formel

$$N_t = 701,3 + 0,827\,h - 0,0003\,h^2 + 0,0000008\,h^3$$

(h = absolute Höhe über NN) berechnet. Vgl. W. MÜLLER-WILLE (1941/66, S. 75, Anm. 171).

39 Zur Berechnung der phänologischen Wertigkeit wurden die Daten des Beginns der Schneeglöckchen-Blüte, der Hafer-Aussaat, der Apfel-Blüte, der Winterroggen-Blüte,

Phänologie

F. RINGLEB (1958) hat auf Grund der Eintrittstermine bestimmter Phasen im phänologischen Jahresablauf eine *„phänologische Wertigkeit"* der einzelnen Teilräume errechnet.[39] Sie spiegelt mit steigenden Werten zunehmend ungünstigere klimatische Verhältnisse wider und kann als Indikator für die Gesamtwirkung des Klimas betrachtet werden, wobei aber auch edaphische Faktoren eine Rolle spielen.[40]

Die Terrassenflächen westlich und nordwestlich Mettmann fügen sich in dieser Hinsicht mit Wertigkeiten bis 10 noch dem begünstigten Raum der Niederrheinischen Bucht und des Niederrheinischen Tieflandes an. Auch die Gebiete um Essen, Gelsenkirchen und Herne weisen ähnliche Werte auf, wobei hier der anthropogene Faktor der dichten Bebauung und der zahlreichen Werksanlagen mit im Spiele ist. Das Ruhrtal bis Neheim-Hüsten mit schmalen südlich angrenzenden Streifen, das mittlere Wuppertal bei Elberfeld und Barmen und die Hochfläche um Solingen haben Wertigkeiten von etwa 11–16, ähnlich dem größten Teil der Westfälischen Bucht. Innerhalb dieses Gebiets sind wieder das untere Ruhrtal bis Schwerte ebenso wie die Hellwegbörden mit Werten um 11–13 relativ besonders günstig gestellt. Hier wirkt sich die Lage im Regenschatten der südwestlich vorgelagerten Teile des Gebirgslandes aus. Die Soester Börde als Insel erhöhter Kontinentalität[41] zeichnet sich auch durch geringe Bewölkung und erhöhte Sonnenscheindauer aus; und diese Erscheinungen bewirken im Zusammenhang mit den geringeren Niederschlagsmengen auch eine phänologische Begünstigung.

Wertigkeiten von etwa 20–28 sind auf den Hochflächen bei Lennep, Radevormwald, Breckerfeld, Halver, Lüdenscheid und östlich der mittleren Lenne zu verzeichnen, und im Ebbegebirge werden Zahlen um 30 erreicht. Im Lennetal greift dazwischen eine schmale Zunge mit Werten unter 20 weit nach Südosten bis Altenhundem vor.

Insgesamt werden die phänologischen Verhältnisse im Bereich des Gebirgslandes und des vorgelagerten Tieflandes durch die folgenden Reihen gekennzeichnet:

| Köln | 7 | Bocholt | 14 | Schwerte | 1 |
| Homberg | 8 | Billerbeck | 17 | Möhnesee | 1 |
| Essen | 8 | Münster | 15 | Arnsberg | 1 |
| Oberhausen | 8 | Davert | 13 | Werdohl | 1 |
| Gelsenkirchen | 10 | Paderborn | 14 | Lüdenscheid | 2 |
| Dorsten | 10 | | | Brilon | 2 |
| Dortmund | 11 | | | Homertgebirge | 2 |
| Soest | 10 | | | Ebbegebirge | 3 |
| | | | | Altastenberg | 3 |

---

der Winterroggen-Ernte und der Winterroggen-Aussaat als wichtigste Termine phänologischer Jahreszeiten herangezogen (S. 67); sie kennzeichnen den Vor-, Erst- und Vollfrühling, den Früh- und Hochsommer und den Vollherbst. Die verschiedenen Einzugsintervalle dieser Phasen wurden mit Zahlen von 1 bis 5 oder 7 bezeichnet, die insgesamt eine sechsstellige „Stufenfolge" ergeben; ihre Quersumme liefert die phänologische Wertigkeit.

40 So zeigen leichte, trockene Böden oft frühere Einzugstermine bestimmter Phasen und damit niedrigere Wertigkeiten als schwere, feuchte Böden.

41 Die Julitemperaturen sind gegenüber den Stationen der

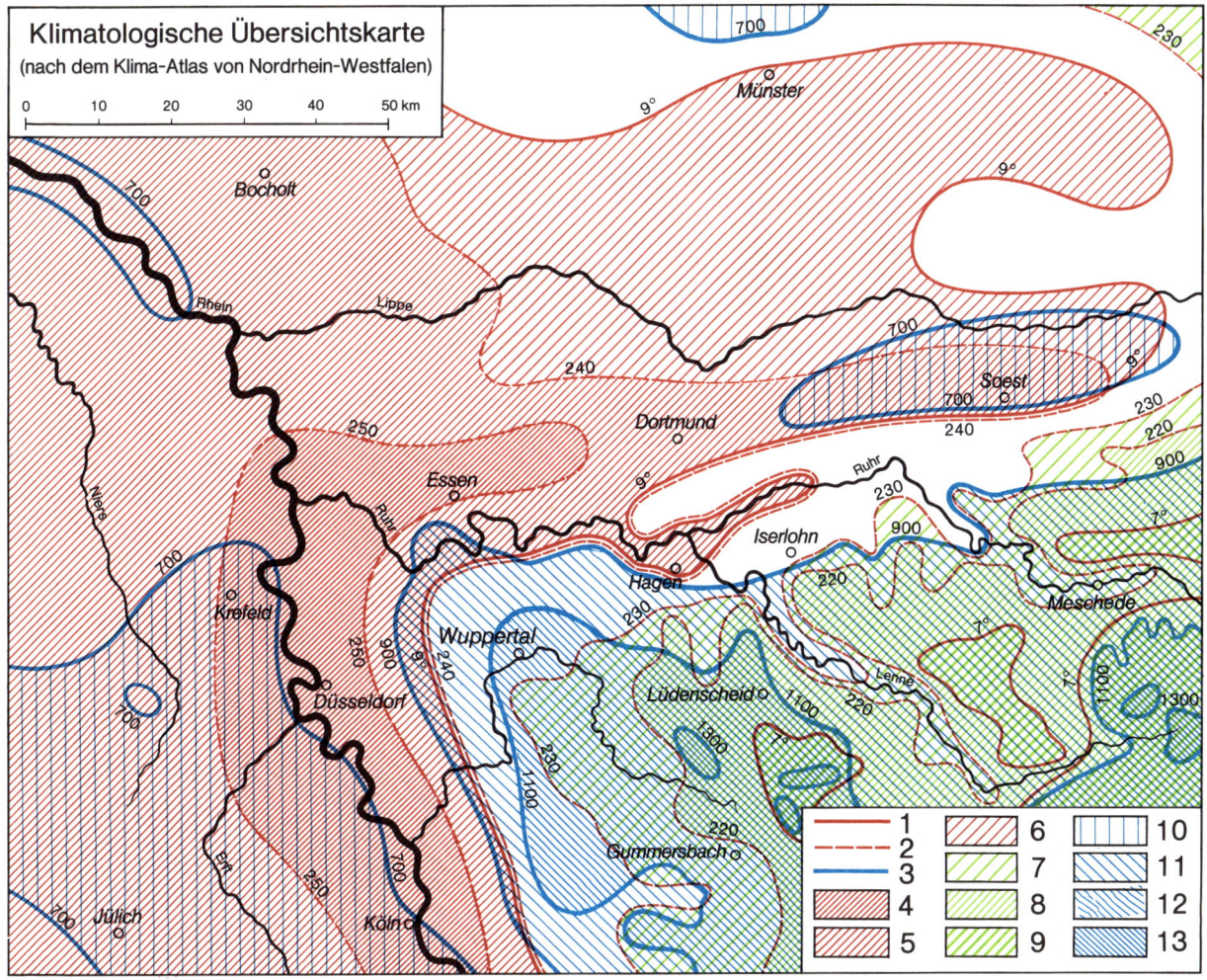

Abb. 7

1 Linien gleicher mittlerer Jahrestemperaturen (7°, 9°C)

2 Linien gleicher mittlerer Dauer eines Tagesmittels der Lufttemperatur von mindestens 5°C (220, 230, 240, 250 Tage)

3 Linien gleicher mittlerer Jahresniederschlagssummen (700, 900, 1100, 1300 mm)

4 Teilgebiete mit mehr als 9°C mittlerer Jahrestemperatur und durchschnittlich mehr als 250 Tagen mit Tagesmitteln von mindestens 5°C

5 Teilgebiete mit mehr als 9°C mittlerer Jahrestemperatur und durchschnittlich 240–250 Tagen mit Tagesmitteln von mindestens 5°C

6 Teilgebiete mit mehr als 9°C mittlerer Jahrestemperatur und durchschnittlich 230–240 Tagen mit Tagesmitteln von mindestens 5°C

7 Teilgebiete mit durchschnittlich 220–230 Tagen mit Tagesmitteln von mindestens 5°C

8 Teilgebiete mit mehr als 7°C mittlerer Jahrestemperatur und durchschnittlich weniger als 220 Tagen mit Tagesmitteln von mindestens 5°C

9 Teilgebiete mit weniger als 7°C mittlerer Jahrestemperatur

10 Teilgebiete mit weniger als 700 mm mittl. Jahresniederschlagssumme

11 Teilgebiete mit 900–1100 mm mittlerer Jahresniederschlagssumme

12 Teilgebiete mit 1100–1300 mm mittlerer Jahresniederschlagssumme

13 Teilgebiete mit mehr als 1300 mm mittlerer Jahresniederschlagssumme

In verschiedenen Teilgebieten überlagern sich die einzelnen Signaturen.

Im einzelnen spielen im Gebirgsland natürlich örtliche Unterschiede, insbesondere die Exposition gegenüber Sonne und Wind, eine beträchtliche Rolle; sie spiegeln sich auch in der Vegetation wider.

In einer zweiten Karte hat F. RINGLEB (1958) „phänogeographische Typen" zur Darstellung gebracht.[42] Dabei gehören die niedrigeren Teile im Nordwesten des Gebirgslandes (einschl. Terrassenflächen westlich und nordwestlich Mettmann und einschl. Ruhrtal mit angrenzenden Streifen bis Neheim-Hüsten) zum Typ B, der im übrigen für die Westfälische Bucht kennzeichnend ist. Die Niederrheinische Bucht und große Teile des Niederrheinischen Tieflandes (bis einschl. Oberhausen, Dinslaken und Wesel, mit einer Zunge an der unteren Lippe bis Dorsten hinaufreichend) gehören zu dem noch günstigeren Typ A. Dagegen fügen sich die Hochflächen südlich von Schwelm, Hagen und Iserlohn in die wesentlich ungünstigeren Typen D und E ein, während die nördlich davon gelegenen Streifen des Hügellandes und die Hochflächen um Remscheid zum Zwischentyp C und andrerseits Ebbe- und Homertgebirge mit ihren höchsten Teilen wie das Hochsauerland zu dem ungünstigsten Typ F gehören.[43]

Klimabezirke

Nach dem Klima-Atlas von Nordrhein-Westfalen (1960, Karte 75) werden innerhalb des nordwestdeutschen Klimabereichs mehrere Klimabezirke unterschieden, von denen vier an dem hier betrachteten Untersuchungsraum Anteil haben. Es sind dies die Klimabezirke Niederrheinisches Tiefland (an der Erftmündung südlich Neuß und Düsseldorf an den Klimabezirk Niederrheinische Bucht grenzend), Münsterland, Bergisches Land und Sauerland. Die Nord- und Westgrenze der beiden letztgenannten Bezirke folgt etwa dem Rand des Bergisch-Sauerländischen Gebirges (vgl. Abb. 2). Die Ostgrenze des Klimabezirks Bergisches Land gegen das Sauerland ist wenige Kilometer östlich der oberen Wupper gezogen und verläuft dann etwa auf Witten zu.

---

Umgebung etwas erhöht (vgl. Tab. 1 auf S. 18: Soest im Vergleich zu Dortmund, Münster und Gütersloh). Die Sommerregen (Juni, Juli, August) übertreffen die Winterregen (Dezember, Januar, Februar) nach W. MÜLLER-WILLE (1941/66, S. 215) um 10–15%.

42 Hierbei sind nur die Stufen der Phasen der Hauptvegetationsperiode (Apfel-Blüte, Winterroggen-Blüte, Winterroggen-Ernte) berücksichtigt. Die sich ergebenden dreistelligen Stufenfolgen sind dann zu 6 verschiedenen Typen (A bis F) zusammengefaßt.
Gegenüber den von F. SCHNELLE (Phänologische Charakterisierung typischer Klimagebiete Europas; Peterm. Geogr. Mitteilungen 91, 1945, S. 3) berechneten Durchschnittsdaten für Deutschland (Beginn der Apfel-Blüte am 10. Mai, der Roggen-Blüte am 5. Juni und der Roggen-Ernte am 25. Juli) ergeben sich für die von F. RINGLEB ermittelten Typen A bis F etwa die folgenden Abweichungen der Einzugstermine (S. 86):

| Typ | Apfel-Blüte | Roggen-Blüte | Roggen-Ernte |
|---|---|---|---|
| A | 12 Tage früher | 8 Tage früher | 8 Tage früher |
| B | 7 Tage früher | 3 Tage früher | 3 Tage früher |
| C | 2 Tage früher | 2 Tage später | 2 Tage später |
| D | 3 Tage später | 7 Tage später | 7 Tage später |
| E | 8 Tage später | 7 Tage später | 12 Tage später |
| F | 16 Tage später | 15 Tage später | 17–25 Tage später |

43 Im Durchschnitt kann man sagen, daß sich der Vollfrühling (vgl. Anm. 39) mit 100 m Höhenzunahme um 3–4, der Frühsommer um rund 3 und der Hochsommer um 4–5 Tage verspäten. Da diese Verzögerungen im gesamten Raum mehr oder minder gleichsinnig und gleichmäßig erfolgen, bleibt die Gesamtdauer der Zeitspanne zwischen dem Einzug des Vollfrühlings und dem Eintritt des Hochsommers (= Hauptvegetationszeit der meisten landwirtschaftlichen Kulturpflanzen) fast unabhängig von der Seehöhe mit rund 80 Tagen ungefähr gleich lang (F. RINGLEB, S. 81 und 84).

## 2 DIE WEST- UND NORDGRENZE DES BERGISCH-SAUERLÄNDISCHEN GEBIRGES

Bevor wir uns mit den einzelnen naturräumlichen Einheiten innerhalb des Bergisch-Sauerländischen Gebirges befassen, muß zunächst die Frage seiner Außengrenzen behandelt werden.

### 2.1. Westgrenze

In der Literatur ist die genaue Festlegung der Westgrenze des Bergisch-Sauerländischen Gebirges umstritten.

Bei den ältesten Gliederungen wird im allgemeinen der Rand des Hauptterrassenlandes als Grenze gewählt. Nach W. MÜLLER-WILLE (1941/66, S. 15) „ist der fast geradlinige Verlauf der Tertiär-Ostgrenze, die nur im Norden bei Ratingen und im Süden bei Siegburg stärker nach Osten ausbuchtet, eine brauchbare Scheidelinie, die zum Teil mit dem Rand der Rhein-Hauptterrasse zusammenfällt." Auf der beigefügten Übersichtskarte wird die Kleinlandschaft der „Selbecker Terrassenplatte, die sich aus der Hauptterrasse von Rhein und Ruhr aufbaut", als selbständige Formenlandschaft noch ganz dem Gebirgsland zugewiesen; in sie sind auch diejenigen Teilgebiete nördlich Ratingen noch eingeordnet, die unter Flugsanden und vereinzelten Hauptterrassenschottern fast geschlossene Tertiärdecken über dem gefalteten karbonischen Untergrund aufweisen.[44]

Auch A. SCHÜTTLER (1952, Karten 3 und 14) schließt sich bei der Grenzziehung im wesentlichen dem Rand des Hauptterrassenlandes an. Jedoch werden die genannten Tertiär-Flächen nördlich Ratingen mit ihren Flugsanden und den vereinzelten Hauptterrassen-Restbergen nicht mehr in das zum Gebirgsland gerechnete „Selbecker Terrassenland" einbezogen, vielmehr zu den vorgelagerten „Lintorfer Sandterrassen" gezählt. Auch in dem von A. SCHÜTTLER verfaßten Abschnitt über das Niederbergische Hügelland im Handbuch der naturräumlichen Gliederung Deutschlands (1957, S. 517 ff.) wird eine ähnliche Auffassung vertreten. Es wird darin betont, daß in einem Streifen, der von den östlichen Teilen der Niederterrasse über die Mittelterrasse bis zu den westlichen Teilen der Hauptterrasse hinaufreicht, diluviale Flugsande den Landschaftscharakter bestimmen; die niedrigeren Teile dieses Streifens werden noch zur Mittleren Niederrheinebene, also zum Tiefland, die östlichen Teile dagegen zum Gebirgsland gerechnet.

K. PAFFEN (1953, Übersichtskarte) faßt die gesamten durch den Flugsand geprägten Teilgebiete von der östlichen Niederterrasse bis zum westlichen Hauptterrassenland dagegen zu einer Einheit („Lintorfer Heideterrasse") zusammen; er rechnet sie zum Niederrheinischen Tiefland, und zwar zu der Einzellandschaft der Niederrheinischen Sandplatten, die nördlich der Emscher ihre Fortsetzung findet.

Die neue Gliederung des Instituts für Landeskunde (1963, Karte 1:200 000) schließt sich insofern der Lösung von K. PAFFEN an, als auch hier die „Lintorfer Sandterrassen" — etwa in der gleichen Abgrenzung, jedoch nach Süden über Ratingen hinausgreifend — eine dem Gebirgsland vorgelagerte Sondereinheit (Einheit 6. Ordnung) darstellen. Doch wird diese nicht zu den Niederrheinischen Sandplatten gerechnet, sondern zu der sich über 80 km zwischen Sieg und Ruhr am Fuß des Bergischen Berglandes entlang ziehenden Haupteinheit der „Bergischen Heideterrassen".[45] Diese Haupteinheit erhält ihr Gepräge durch von Flugsand bedeckte Kies- und Sandterrassen mit mancherorts freiliegendem Sockel aus gefalteten paläozoischen Gesteinen und flachgelagerten Tertiärschichten (S. 22—23 der Erläuterungen).

Wegen der besonderen ökologischen Eigenart des gekennzeichneten Teilgebietes werden hier die Sandterrassen, die sich in die südöstliche Randzone des Niederrheinischen Tieflands einlagern, als gesonderte Haupteinheit ausgeschieden. Es bietet sich für sie der Name „Niederbergische Sandterrassen" an. Erst an ihrem Ostrand beginnt das Bergisch-Sauerländische Gebirge.[46]

### 2.2 Nordgrenze

Nach W. MÜLLER-WILLE (1941/66, S. 15) ist „die Nordgrenze mit dem Untertauchen des Karbons unter die Deckschichten der Kreide gegeben." Dies kann allerdings nur für einen ersten groben Überblick gelten. In seiner Übersichtskarte läßt auch W. MÜLLER-WILLE das Südergebirge zwischen Mülheim und Holzwickede nicht ganz bis an die Südgrenze des Kreidedeckgebirges[47] heranreichen, bezieht

---

44 Auch im Regionalplanungs-Atlas des Siedlungsverbandes Ruhrkohlenbezirk (Essen, 1960) wird die gleiche Raumeinheit auf der von R. CONRAD bearbeiteten Karte II/1 „Natürliche Landschaftsgliederung" ungegliedert unter der Bezeichnung „Kaiserberg" ausgesondert.

45 A. SCHÜTTLER schlägt dafür die Bezeichnung „Bergische Sandterrassen" vor.

46 Zur Westgrenze des Gebirgslandes vgl. auch H. MÜLLER-MINY: Die Abgrenzung der Kölner Bucht als geographisches Problem; Köln und die Rheinlande, Festschrift zum 33. Deutschen Geographentag Köln; Wiesbaden, 1961, S. 25—31.

47 Die Südgrenze des Kreidedeckgebirges verläuft etwa von Mülheim über Heißen, südlich am Essener Stadtkern vorbei nach Steele, dann südlich des Bochumer Stadtkerns nach Altenbochum und von dort nördlich an Langen-

aber noch Teilflächen nördlich des Ruhrtals in das Gebirgsland ein. Auch nach A. SCHÜTTLER (im Handbuch der naturräumlichen Gliederung, 1957, S. 519) und K. PAFFEN (1953) gehört das gesamte Ruhrtal von Mülheim aufwärts mit einigen Geländestreifen nördlich des Tals zum Süden.

Demgegenüber läßt M. BÜRGENER (1960, Karte 1) die Grenze bei Steele und mit einem kleinen Zipfel auch bei Witten nach Süden über die Ruhr hinübergreifen; bei Schwerte und Langschede legt er die Grenze unmittelbar an den Nordrand der Ruhraue. G. MERTINS (1964, S. 33) möchte die Grenze bei Mülheim und Kettwig unmittelbar an den Rand des Ruhrtals legen, die nördlich angrenzenden lößbedeckten Flächen also schon zur Westfälischen Bucht rechnen.

Die naturräumliche Gliederung 1:200 000 des Instituts für Landeskunde in Bad Godesberg legt die Grenze auf dem Blatt 108/109 Düsseldorf-Erkelenz (1963) zwischen Mülheim und Witten in das Gebiet nördlich der Ruhr. Die Grenze stößt nur bei Steele an den Rand der Ruhraue vor und schlägt bei Witten, hier der Auffassung von M. BÜRGENER folgend, noch ein Stück der Ruhraue selbst dem Norden zu. Auf dem Blatt 110 Arnsberg (1969) wird die Grenze bei Schwerte und Langschede und weiter östlich bei Wickede von M. BÜRGENER wiederum an den Nordrand der Ruhraue gelegt.

Verfolgen wir die Situation im einzelnen! Die Südgrenze des Kreidedeckgebirges stellt nicht überall eine zusammenhängende Linie dar. Unter dem Einfluß von Querstörungen weist sie z.B. zwischen Mülheim und Essen größere Sprünge auf. Mehrfach treten inselartige Kreideflächen in karbonischer Umgebung auf, und umgekehrt schieben sich Karbon-Zungen weit in die Kreide hinein. Vor allem aber dehnt sich beiderseits der Grenzzone bis über Dortmund hinaus eine geschlossene, mächtige Lößdecke aus, die diesem Raum ein weitgehend einheitliches Gepräge gibt.

Nur vereinzelt machen sich von der Grenzzone aus zunächst Charakterzüge des Südens bemerkbar: schmale Härtlingsrücken über karbonischen Sandsteinen und Konglomeraten, zunächst noch von Löß bedeckt; oder Tälchen und Siepen mit kurzen, steilen Hangpartien im karbonischen Gestein. Nach Süden werden diese Elemente häufiger.

Nicht überall ist angesichts dieses allmählichen Strukturwandels eine eindeutige, scharfe Grenzlinie zwischen dem Gebirgsland und der Tieflandsbucht im Norden zu ziehen. Es wird im Folgenden versucht, eine Linie zu finden, von der aus die Strukturmerkmale des Gebirgslandes gegenüber den nördlich vorherrschenden geschlossenen Lößdecken dominierend werden.

Zwischen Mülheim und Essen wird die Grenze dicht südlich des Mülheimer Zentralfriedhofs und des Flughafens Essen-Mülheim gezogen. Der südlich angrenzende Raum ist durch scharf eingeschnittene, kurze Seitentälchen der Ruhr bestimmt, an deren Hängen oft die karbonischen Gesteine an die Oberfläche treten. Bei Menden sind zwischen diesen Tälchen gut erhaltene Terrassenflächen der Ruhr ausgebildet, z.T. mit Schotterresten. Die Lößdecke wird – besonders nach Südosten – dünner und lückenhaft. Überall steigt die Reliefenergie auf mehr als 50 m, stellenweise auf 80–120 m an. Mancherorts sind auch Härtlingsrücken über karbonischen Sandsteinen und Konglomeraten festzustellen. Auch der ausgeprägte, von Südwest nach Nordost verlaufende Rücken zwischen der Meisenburg und Bredeney, mit Höhen über 150 und 160 m, dem Wasserbank-Konglomerat folgend, wird zum Gebirgsland gerechnet, wenn er auch im Norden noch von einer geschlossenen Lößdecke überkleidet ist. Eindeutig gehört die stark zerschnittene Hangzone nördlich des Baldeney-Sees bis hinüber zum Schloß Schellenberg zum Gebirgsland. Wenn man auf der B 224 von Essen südwärts nach Werden fährt, kann man bei Bredeney den Wechsel des Landschaftscharakters gut erkennen. Mit dem deutlich steiler werdenden Anstieg, in den seitlich der Straße schon einige tiefe Talkerben eingeschnitten sind, beginnt das Gebirgsland des Südens; und bald danach durchfährt man jenseits der Wasserscheide die stark zertalte Hangzone mit ihren steilen Tälchen und Siepen.

Zwischen Schloß Schellenberg und Steele wird die Grenze unmittelbar am Nordwestrand des Ruhrtals gezogen. Hier schieben sich die breiten, von einer geschlossenen Lößdecke überkleideten Flächen, die Talaue um etwa 50 m überragend, bis dicht an die Ruhr vor, um dann in einem Steilhang abzubrechen.

Östlich Steele werden zunächst die ausgeprägten Ruhr-Hauptterrassen bei Königssteele, Horst und Dahlhausen mit den dazwischen liegenden, tief eingeschnittenen Seitentälchen zum Gebirgsland gerechnet. Hier ist die Grenzlinie stellenweise recht scharf und eindeutig zu ziehen. Wenn man – wie z.B. am Sudholz – von Norden her über die wellig ausgebildeten Lößflächen kommt, steht man am Rande dieser Talkerben mit ihren steilen Flanken plötzlich vor einem völlig neuen Formelement, das den Beginn einer anderen naturräumlichen Einheit kennzeichnet. Weiter ostwärts wird der über einer Sandsteinbank liegende Härtlingsrücken von Linden zum Süden gezählt. Vom Rauendahl über Stiepel bis zum Ausgang des Lottentals und bis Querenburg folgt dann eine etwa 3 km breite Zone nördlich der Ruhr, in der die Böden vielfach mit Gesteinstrümmern des karbonischen Untergrundes durchsetzt sind. Die Höhen steigen oft über 150 m an und erreichen bei Stiepel 196 m. Die Reliefenergie wächst zum Ruhrtal hin auf 100–130 m.

In Anlehnung an die Grenzziehung des Instituts für Landeskunde wird auch das untere Ölbachtal mit den begleitenden Terrassen bis über Laer hinaus noch zum Süden genommen, ebenso östlich dieses Tals die z.T. über 150 m ansteigenden Höhen bei Kaltehardt. Hingegen wurde es nicht für zweckmäßig erachtet, bei Witten ein Stück aus der einheitlich gestalteten Ruhraue herauszuschneiden. Vielmehr wurden hier außer der Aue auch die angrenzenden Ruhrterrassen

dreer, Hörde, Aplerbeck und Holzwickede vorbei. Bei Opherdicke buchtet die Grenze nach Süden aus und verläuft dann am Südhang des Haarstrangs über Bausenhagen nach Wickede-Nord.

westlich des Wittener Stadtkerns in das südliche Gebiet einbezogen.

Östlich Witten verläuft die Grenze eindeutig am Nordrand des Ardey. Im einzelnen ist hier die Linie gewählt, an der die ausschließlich durch Lößlehm bestimmten Böden des Nordens von den mit karbonischen Gesteinstrümmern durchsetzten Böden abgelöst werden. Etwa an dieser Linie steigt das Gelände zugleich über 150 m an, und unmittelbar südlich bestimmen schmale, langgestreckte Härtlingsrücken die Oberflächenformen. Die Reliefenergie steigt auf Werte über 80 m.

Die von Löß bedeckte Schwerter Terrassenbucht ist ebenfalls in den Süden einbezogen. Nördlich von ihr zieht ein durchlaufender, 1–2 km breiter Streifen karbonischer Gesteine weit nach ONO. Die eingelagerten Sandsteinbänke bilden den Kern der über 160, teilweise über 200 m ansteigenden Höhenrücken. Die beiderseitigen Flanken des Rückens sind von Tälchen und Siepen gegliedert. Dieser Streifen, der zwar teilweise geringmächtige Lößlehmdecken aufweist, ist doch nach seinem Gesamtcharakter dem Ardey einzufügen. Von den fruchtbaren, 120–130 m hoch gelegenen Flächen des Nordens um Aplerbeck und Holzwickede mit ihren geschlossenen, mächtigeren Lößdecken hebt er sich deutlich ab; auch die Bodenwertzahlen der Reichsbodenschätzung sind vielfach erheblich niedriger. Erst nordöstlich Opherdicke werden die karbonischen Schichten von dem buchtartig nach Süden vorgreifenden Kreidedeckgebirge überlagert. Hier endet die naturräumliche Einheit des Ardey, die insgesamt zum Süden gerechnet wird.

Von Opherdicke aus folgt die Grenze dem Südrand der Kreide am Hang des Haarstrangs. Unmittelbar südlich der Kreidegrenze treten hier in den recht tief eingeschnittenen Seitentälchen der Ruhr mit ihren steilen Hängen ganz andere Formelemente auf als im Bereich der Kreide. Dazwischen erstrecken sich Ruhr-Terrassenflächen verschiedener Stufen, teilweise von Löß bedeckt. Nördlich Fröndenberg ist auch noch einmal ein bis zu 245 m ansteigendes, stark zertaltes karbonisches Hügelland mit Sandsteinbänken ausgebildet, das eindeutig zum Gebirgsland des Südens gehört.

# 3 DIE NATURRÄUMLICHEN HAUPTEINHEITEN UND IHRE UNTERTEILUNG

## 3.1 Methodische Vorbemerkungen

Das hier vorgelegte Ergebnis vieljähriger Untersuchungen zur naturräumlichen Struktur und Gliederung des Ruhrgebiets und seiner Randzonen beruht einerseits auf dem Studium der einschlägigen Literatur und eines umfangreichen und mannigfaltigen Kartenmaterials, andererseits auf eingehenden Erkundungen und Kartierungen im Gelände. Während einer mehr als 12jährigen Tätigkeit als Bezirksbeauftragter für Naturschutz und Landschaftspflege im Bereich der Landesbaubehörde Ruhr (= Gebiet des Siedlungsverbandes Ruhrkohlenbezirk) ergab sich für den Verfasser immer wieder die Aufgabe, sich im Zusammenhang mit vielfachen Ortsbesichtigungen, Behördenterminen, gutachtlichen Stellungnahmen und Denkschriften mit dem räumlichen Gefüge aller Teile des Ruhrgebiets und seiner Randzonen intensiv zu befassen. Auch die Erarbeitung der naturräumlichen Feinstruktur und die Erforschung der landschaftsökologischen Gegebenheiten spielte dabei stets eine bedeutsame Rolle.

Die Ergebnisse dieser Untersuchungen bilden die Grundlage für die Darlegungen zur naturräumlichen Struktur und Gliederung. Untersuchungsobjekt ist dabei die Landesnatur, d.h. die natürliche Beschaffenheit und Ausstattung des Raumes, unter Ausklammerung des vom Menschen Gebauten und Gestalteten. Es geht also um die Erfassung des geologischen Baues und der Formen der Landoberfläche, des Klimas, des Wasserhaushalts und der Böden, im Zusammenhang damit auch der potentiellen natürlichen Vegetation; es geht um die Untersuchung des Wirkungsgefüges der natürlichen Landschaftsbildner (Geofaktoren, Landschaftsfaktoren) und um die Herausarbeitung der dadurch geprägten räumlichen Struktur.

„Die Landesnatur ist, abgesehen von den groben Zügen des Reliefs, des Gesteinsaufbaus und des Großklimas, eine oft schwierig zu erarbeitende Abstraktion." (J. SCHMITHÜSEN 1964, S. 16). Das gilt in besonderem Maße von den Landschaften, die in so starkem Umfange vom Menschen gestaltet und verändert sind wie das Ruhrgebiet. Aber auch hier erscheint es zweckmäßig, sich der Aufgabe einer sorgfältigen Analyse der natürlichen Beschaffenheit des Raumes zu unterziehen; denn die naturräumliche Struktur bildet auch hier das Fundament, auf dem sich die gegenwärtige Kulturlandschaft gebildet hat und das auch die Grundlage für alle weiteren Veränderungen durch den Menschen darstellt.

Bei der hier angewandten Untersuchungsmethode sind zunächst wichtige natürliche Landschaftsbildner (Geofaktoren) und ihre räumlichen Verschiedenheiten einer analytischen Betrachtung unterzogen worden. Vor allem wurden die geomorphologischen und klimageographischen Verhältnisse, die die grundlegende räumliche Ordnung bestimmen, ins Auge gefaßt: insbesondere die geologischen Gegebenheiten, Höhenlage und Neigungswinkel, die Mächtigkeit des Zertalungsreliefs, Temperaturen und durchschnittliche Niederschlagssummen (vgl. Abschnitte 1.2 und 1.3 dieses Kapitels).

Die weiteren Untersuchungen sind auf der Grundlage der „kleinsten, nicht mehr aufgliederbaren und in ihrer physisch-geographischen Struktur homogenen Oberflächeneinheiten" (J. SCHMITHÜSEN 1948, S. 74–83) erfolgt. Diese kleinen Grundeinheiten ergeben sich aus dem Zusammenwirken der natürlichen Geofaktoren. Es sind kleine Bezirke, die in Bezug auf Großklima, Untergrund, Höhenlage, Exposition, Kleinformen, Wasserhaushalt, Geländeklima, Boden und damit auch hinsichtlich der potentiellen natürlichen Vegetation, d.h. also in ihrer physisch-geographischen Struktur und im Wirkungsgeflecht der natürlichen Geofaktoren innerhalb ihrer Grenzen annähernd einheitlich und homogen sind.

C. TROLL sprach bei der Ausgliederung solcher kleinsten Raumeinheiten zunächst von „Landschaftselementen"; er unterschied am Beispiel der zertalten, lößbedeckten Flächen des Bergischen Landes an der unteren Agger: lößlehmbedeckte Hochflächenreste, bachbettlose Quellmulden oder Dellen, von Lößlehm überkleidete weniger steile Talhänge, steinige oder felsige Talhänge, Schwemmkegel der Seitenbäche an der Einmündung in die Hauptbäche, Schotterterrassen des Aggertals, feuchte Talsohlen mit alluvialen Anschwemmungsböden, und schließlich die Gewässerbetten selbst (1943, S. 131–134).[48] „Diese Landschaftsbausteine sind ... Standortstypen von einer ganz bestimmten ökologischen Standortsqualität, was Gesteinszusammensetzung, Bodenform, Exposition, Verwitterungsboden und Bodenwasser anlangt. Die pflanzensoziologische Untersuchung des Gebietes würde zeigen, daß jeder solche Standortstyp natürlicherweise eine bestimmte einheitliche Pflanzengesellschaft trägt." (C. TROLL 1950, neu abgedruckt 1966, S. 31). Seit 1945 benutzte C. TROLL für diese kleinsten Raumgebilde die Bezeichnung „Ökotop" und verstand darunter „in sich ökologisch homogene ... Standortseinheiten. Sie sind in

---

[48] Für einen Teilraum des Ennepe-Ruhr-Kreises (Schwelm, Gevelsberg, Ennepetal) waren von W. VON KÜRTEN 1939 bei der Untersuchung der Oberflächengestalt ebenfalls kleine räumliche Einheiten, damals als „morphographische Landschaftselemente" bezeichnet, ausgesondert und ihr Gefüge im Raum untersucht worden. Es wurden dabei unterschieden: alluviale Talauen und Schwelmer Kalkplatte als ebene Flächen, Hochflächen, Flächen der Voerder Mulde und Terrassenflächen als fast ebene Flächen, Berghänge bis zu 15°, bis zu 25° und über 25° als geneigte Flächen. Im Text wurden außerdem Quellmulden und Dellen erwähnt, jedoch auf der Karte nicht besonders ausgeschieden (1939, Abb. 17).

einer ganz bestimmten Auswahl und in einer charakteristischen Vergesellschaftung („Landschaftskomplex") vorhanden und setzen in einem bestimmten Verbreitungsmuster (Landschaftsmuster, Landschaftsmosaik, landscape pattern) eine Kleinlandschaft zusammen." (C. TROLL 1950/66, S. 31). In Kulturlandschaften möchte C. TROLL den Ökotop-Begriff nur verwendet wissen „für die kleinsten Landschaftsräume in ihrer natürlichen Ausstattung als Grundlage für ihre Nutzungsmöglichkeit durch den Menschen." (1950/66, S. 37).

J. SCHMITHÜSEN bezeichnete die kleinen Grundeinheiten 1948 als „Fliesen" und definierte sie als „topographische Bereiche, die auf Grund der Gesamtwirkung ihrer physiogeographischen Ausstattung in ihrer ökologischen Standortqualität annähernd homogen sind" (1948, S. 74—83). „Diese naturräumliche Grundeinheit — im Hinblick auf die menschliche Nutzung wie auch im Hinblick auf die räumliche Ordnung im Naturplan der Landschaft — ist der elementare Baustein der naturräumlichen Gliederung, ein topographischer Bereich mit einem bestimmten Eignungspotential ohne Rücksicht auf seine möglicherweise sehr verschiedenartige augenblickliche Erscheinungsform." (J. SCHMITHÜSEN 1953, S. 16). Diese Grundeinheiten treten in einer bestimmten räumlichen Anordnung und Vergesellschaftung auf; sie bilden ein charakteristisches Mosaik, das J. SCHMITHÜSEN als „Fliesengefüge" bezeichnet. (1953, S. 16). Aus diesem Gefüge schälen sich die verschiedenen naturräumlichen Einheiten heraus. Ihre Grenzen liegen jeweils dort, wo sich das Mosaik ändert, wo etwa ganz neue Grundeinheiten auftreten oder deren verschiedene Typen sich in anderen Anteils- oder Anordnungsverhältnissen zusammenfügen.

K. PAFFEN betont die Notwendigkeit der Einbeziehung des biotischen Wirkungsanteils in den ökologischen Gesamtkomplex. Er weist darauf hin, daß die Vegetation das wichtigste Kriterium für die kleinräumige Gliederung darstellt, da sich in ihr alle im Naturhaushalt einer Landschaft tätigen Kräfte mehr oder weniger intensiv auswirken und ihren sinnfälligsten, gesammelten Ausdruck finden (1948, S. 170/171). K. PAFFEN übernimmt für die „topographisch-naturökologischen Grundeinheiten der reinen Naturlandschaften wie der den Kulturlandschaften als Naturplan zugrundeliegenden natürlichen Landschaften" den von C. TROLL verwendeten Begriff Ökotop (1953, S. 87). Es ist gegenüber dem Physiotop, einem Begriff, den er auf die topographische Grundeinheit der anorganischen Naturlandschaft beschränken möchte, „eine durch die Lebewelt und durch die von ihr ausgehenden Wechselwirkungen höher integrierte topographische Grundeinheit" (K. PAFFEN 1953, S. 87). C. TROLL weist darauf hin, daß, wenn man im Gegensatz zum Ökotop bei der Fliese nur die anorganische Ausstattung ohne Einschluß der Lebewelt berücksichtigt, „die Trennung zwischen Fliese und Ökotop keineswegs überall durchgehalten werden kann, jedenfalls dann nicht, wenn die edaphischen Standortsfaktoren erst von Lebewesen geschaffen werden, wie es in Moorlandschaften, Termitensavannen etc. der Fall ist" (C. TROLL 1950/66, S. 36). Und K. PFAFFEN bemerkt dazu: „... schon der moderne Bodenbegriff schließt einen ganz erheblichen biotischen Komplex in sich, der sich einfach nicht eliminieren läßt, ohne die Ökologie eines Standortes gänzlich zu verändern" (1953, S. 80). Er hält es für sinnvoll, „vom gesamten in einem landschaftlich begrenzten kleinsten Raum mehr oder weniger homogen entwickelten Naturhaushalt auszugehen, der — wo vorhanden — auch die entsprechenden Lebensgemeinschaften und die von ihnen ausgehenden ökologischen Standortskräfte umschließt" (1953, S. 86).

Wir können also unter einem Ökotop (Naturökotop) einen Teilraum verstehen, der unter ausschließlicher Berücksichtigung der natürlichen (oder potentiell-natürlichen) Geofaktoren nach Entwicklung, Struktur, Physiognomie und Wirkungsgefüge als Einheit zu erfassen ist.

Bei der Abgrenzung der Ökotope in den Kulturlandschaften ist eine gedankliche Abstraktion des menschlichen Einflusses zu vollziehen und eine potentielle Naturlandschaft der Gegenwart zu konstruieren.[49]

Neben dem Ökotop steht der Begriff des Physiotops. Er ist bisher in verschiedener Weise definiert worden. Von H. FRALING (1950, S. 5) werden die Physiotope in etwa den SCHMITHÜSENschen Fliesen gleichgesetzt und als „formal geschlossene Bezirke von gleicher anorganischer Konstitution" festgelegt. K. PAFFEN möchte sie dagegen nur als topographische Grundeinheiten der anorganischen Naturlandschaft verstanden wissen, und zwar „als eine reale Ganzheit nach formaler Gestalt und dinglicher Erfüllung sowie funktionalem Kräftespiel" (1953, S. 87).

Neuerdings sind die Begriffe Physiotop und Ökotop noch einmal von H. KLINK untersucht worden. Der Physiotop ist danach „die kleinste naturräumliche Einheit, die sich aus der Wechselwirkung der abiotischen Geofaktoren ergibt" (Gestein, Reliefform, Wasserhaushalt, Kleinklima). Der Ökotop ist „die kleinste naturräumliche Einheit, die sich aus der Wechselwirkung der abiotischen und biotischen Geofaktoren ergibt" (Gestein, Reliefform, Wasserhaushalt, Kleinklima, Boden, Lebensgemeinschaft). „Befindet sich die Vegetation noch in einem naturnahen Zustand, so lassen sich die Ökotope am einfachsten nach den räumlich geordneten Gesellschaftsgruppierungen der Pflanzenwelt kartieren." (H. KLINK 1966, S. 8—11). „Der Geograph geht bei der Betrachtung der kleinsten landschaftlichen Raumeinheiten nahezu immer von den Physiotopen aus, auch wenn er sie schließlich als Ökotope behandeln will." (H. KLINK 1966, S. 13).

In der Praxis zeigt sich, daß sich Physiotope und Ökotope in ihren Abgrenzungen fast immer decken. Es ändert sich an den aus den rein anorganischen (abiotischen) Faktoren gewonnenen Abgrenzungen im allgemeinen nichts, wenn man auch die biotischen bzw. biotisch mitbestimmten Faktoren berücksichtigt.[50]

Das naturräumliche Gefüge ist vom Verfasser schon in früheren Arbeiten für verschiedene Teilräume auf der Basis

---

49 Vgl. dazu J. SCHMITHÜSEN: Allgemeine Vegetationsgeographie; 3. Aufl.; Berlin, 1968; S. 282—284.

50 Wenn H. KLINK darauf hinweist (1966, S. 240), daß ein Physiotop sich „bei gesteins-, relief-, hydrisch-, oder topoklimatisch bedingter Differenzierung der standortsökologischen Verhältnisse" in mehrere Ökotope untergliedern kann, so ist zu bemerken, daß sich diese Untergliederung ja letzten Endes eben schon aus den Unterschieden des Gesteins, des Reliefs, der hydrischen oder

kleiner Grundeinheiten entwickelt und beschrieben worden.[51] Bei der Aussonderung und Abgrenzung der Grundeinheiten ist dabei der Reliefgestaltung, insbesondere auch dem Neigungswinkel der Flächen, ein besonderes Gewicht beigemessen worden. Die Grundeinheiten mit höheren Neigungswinkeln unterscheiden sich in ihrer gesamten physisch-geographischen Ausstattung und in ihrem landschaftsökologischen Wirkungsgefüge deutlich von den übrigen Flächen und trennen diese auch physiognomisch wirksam voneinander. In vielen Gebieten ergibt sich durch die Aussonderung dieser stärker geneigten Flächen, der Hangzonen, oft ein den ganzen Raum überspannendes Gitterwerk, dessen Ausbildung im einzelnen (Breite und Anordnung, Grad der Bedeckung) bereits ein sehr wesentliches Kennzeichen der betreffenden Teilgebiete darstellt. Auch von anderen Autoren ist der Neigungswinkel der Flächen vielfach stark gewertet worden (z.B. C. TROLL 1943, H. FRALING 1950, K. DAHM 1960). Neuerdings ist auch von H. KLINK betont worden, daß es darauf ankommt, „die jeweils hauptsächlich modifizierenden Ordnungsfaktoren der landschaftsökologischen Wirkungsgefüge zu bestimmen". Er weist dabei vor allem auf das Relief hin (H. KLINK 1966, S. 2).[52]

Dem Relief kommt auch deshalb besondere Bedeutung zu, weil neben den ökologischen Verhältnissen bei der naturräumlichen Gliederung die Physiognomie nicht vernachlässigt werden darf, zumal die natürlichen Elemente, und unter ihnen selbstverständlich auch die anorganischen, „als eigenständige Gegebenheiten gesehen" werden müssen „und nicht nur als gewertete Grundlagen für Lebensräume, für Siedlung, Wirtschaft und Verkehr".[53] Gerade die Reliefformen sind oft für das Landschaftsbild bestimmend.[54]

Das Gefüge der natürlichen Grundeinheiten ist in dieser Abhandlung noch einmal für zwei Teilräume von je rund 25 km² Flächengröße im südlichen Gebirgsland und im Bereich der Hohen Mark an der Nordflanke des Ruhrgebiets erarbeitet worden (Abb. 8 und 9; in der Kartentasche beigefügt).

In der Legende zu diesen beiden Karten sind nicht nur die durch die abiotischen Landschaftsfaktoren gestalteten und geprägten, relativ stabilen Erscheinungen genannt. Darüber hinaus sind vor allem die Böden einbezogen, die ja durch biotische Faktoren mitbestimmt sind, und die vor allem auch in enger Wechselbeziehung zur Vegetation stehen; die in den betreffenden Teilräumen früher vorhandenen natürlichen oder naturnahen Pflanzengesellschaften (bzw. auch die durch menschliche Einwirkung hervorgerufenen Sukzessionsserien) sind bei der Ausbildung der heute vorhandenen Böden maßgeblich beteiligt gewesen. Die potentielle natürliche Vegetation der einzelnen naturräumlichen Grundein-

---

topoklimatischen Verhältnisse herleitet, also auch schon bei der Abgrenzung der Physiotope berücksichtigt werden könnte; der von H. KLINK ins Auge gefaßte große Physiotop ist dann ja in seiner anorganischen Struktur nicht einheitlich und homogen, sondern könnte noch weiter unterteilt werden,. Es handelt sich hier letzten Endes um die Frage, welchen Grad von Einheitlichkeit und Homogenität man bei der Ausscheidung der einzelnen Physiotope verlangen soll. H. KLINK erwähnt in diesem Zusammenhang „Kleinphysiotope mit besonderer Standortsqualität". Die Unterschiede zwischen diesen Kleinphysiotopen verstärken sich allerdings, wenn man auch noch die Böden und die natürlichen (bzw. potentiell-natürlichen) Lebensgemeinschaften, also auch noch die biotischen bzw. biotisch mitbestimmten Faktoren heranzieht; d.h. die Unterschiede prägen sich bei der Betrachtung der entsprechenden Ökotope deutlicher aus als bei den Kleinphysiotopen.
Vgl. dazu neuerdings auch L. FINKE: Die Verwertbarkeit der Bodenschätzungsergebnisse für die Landschaftsökologie, dargestellt am Beispiel der Briloner Hochfläche; Bochumer Geographische Arbeiten, 10; Paderborn, 1971; S. 11–12.

51 Zunächst wurde 1954 das Fliesengefüge für einen etwa 60 km² großen Raum um Hattingen und für einen etwa 95 km² großen Raum um Schwelm, Gevelsberg und Ennepetal entwickelt (W. VON KÜRTEN 1954, Karten 6 und 7, S. 20 und 21), im folgenden Jahre das Fliesengefüge für 5 je rund 7 km² große ausgewählte Teilräume aus dem Hügel- und Hochflächenland südlich des Ruhrgebiets (W. VON KÜRTEN 1955, Abb. 1–5, S. 10–15). Später wurde die naturräumliche Feinstruktur für 10 jeweils etwa 7 km² große Flächen aus dem Raum beiderseits der unteren Lippe und aus der Rheinebene bei Dinslaken dargestellt (W. VON KÜRTEN 1965, Karten 1–5, S. 14–33; und 1966, Karten 2–6, S. 56–79). In diesen Untersuchungen sind neben dem Relief und den hydrischen Faktoren auch die Bodenverhältnisse stark berücksichtigt worden.

52 Von C. TROLL ist 1963 die Bezeichnung „Morphotop" vorgeschlagen worden, „sofern das Relief in erster Linie konstituierend für die standörtliche Gliederung wirkt" (nach H. KLINK 1966, S. 7, Anm. 3). H. KLINK bemerkt dazu, daß in diesem Sinne viele Physiotope des Hilsberglandes Morphotope seien. Vgl. dazu auch die ursprünglich vom Verfasser gewählte Bezeichnung „morphographische Landschaftselemente" (W. VON KÜRTEN 1939, Abb. 17; vgl. Anm. 36).

53 E. BERTELSMEIER und W. MÜLLER-WILLE: Landeskundlich-statistische Kreisbeschreibung in Westfalen; Spieker, 1; Münster, 1950; S. 15.

54 Auch in der sowjetischen Landschaftsökologie werden die „leitenden Merkmale" stark betont und darunter wieder vor allem das Relief. Es wird darauf hingewiesen, daß Änderungen im Relief meist auch einen Wechsel in der Durchfeuchtung, in der Bodenbildung und in anderen Merkmalen nach sich ziehen, und daß es zweckmäßig ist, die Grenzen für den Fall, daß keine vollständige räumliche Deckung dieser Abgrenzungen zu verzeichnen sei, nach denjenigen Merkmalen zu ziehen, die sich deutlich in der Natur widerspiegeln (K. BILLWITZ: Die sowjetische Landschaftsökologie; Peterm. Geogr. Mitt., 107, 1963; S. 74 ff.).
Auch K. DAHM hat die Notwendigkeit einer gebührenden Berücksichtigung der physiognomischen Gegebenheiten betont. Er weist darauf hin, „daß zwar die physiognomischen Verhältnisse und Änderungen meist mit den ökologischen gleichlaufen, daß es aber auch physiognomisch bedeutsame Erscheinungen gibt, die in nur ökologischer Betrachtung nicht deutlich genug erfaßt werden können" (1960, S. 137).

heiten ist in der Legende unberücksichtigt geblieben; auch in den Waldgebieten ist die heute vorhandene Vegetation durch den Menschen in vielfältiger Weise beeinflußt und verändert, und naturnahe Bestände sind nur noch in relativ kleinen Teilflächen vorhanden. Hinweise auf die potentielle natürliche Vegetation finden sich aber bei der Beschreibung der einzelnen naturräumlichen Einheiten in den nächsten Abschnitten dieses Kapitels.

Aus dem Gefüge der Grundeinheiten schälen sich nun zunächst zusammengehörige Gruppen oder Komplexe von Grundeinheiten heraus. Sie sind auf den beiden Karten durch stärkere Grenzlinien voneinander abgesetzt. Und diese sind nun auf der im Anhang beigefügten Karte K 1 zur Darstellung gebracht und mit verschiedenartigen Flächensignaturen gekennzeichnet. Sie umfassen Gruppen von „teils ökologisch verwandten, teils auch nur lageverbundenen" Grundeinheiten (K. PAFFEN 1953, S. 98). Auch sie sind durch ein vielfältiges Wirkungsgeflecht miteinander verbunden („Nachbarschaftswirkungen")[55]

So fügen sich z.B. in Abb. 8 die Hangflächen von 5–10° und von mehr als 10° mit den in sie eingelagerten Nebentälchen und Feuchtkerben und dem steiler gestalteten Teil der Quellmulden und mit einzelnen schmalen Hochflächenausläufern zu einem typischen Komplex von Grundeinheiten zusammen, der im Hochflächenland des Südens häufig wiederkehrt und auf der Karte K 1 die Kennzahl 80 trägt („Charakteristische Hangzonen am Rande der Hochflächen mit Neigungswinkeln von vielfach mehr als 10°, oft stark zerschnitten; meist flachgründige, lehmig-steinige Verwitterungsböden").

Entsprechend bilden z.B. in Abb. 9 die Flächen mit Neigungswinkeln unter 5° mit Sandböden und vorwiegenden Podsolen, die stellenweise eingelagerten Flächen mit z.T. anlehmigen Sandböden und podsoligen Braunerden und die eingelagerten Trockentälchen mit den Mulden am oberen Ende und mit den begleitenden schmalen Hangzonen von 5–10° oder mehr als 10° Neigungswinkel wiederum einen Komplex zusammengehöriger Grundeinheiten, der auf der Karte K 1 die Kennzahl 61 trägt und wie folgt charakterisiert ist: „Teilgebiete mit nährstoffarmen, trockenen Sandböden über Kreidesanden (hauptsächlich in der Fazies der „Halterner Sande"), die vereinzelt von Geschiebelehm-Inseln überlagert sind; Oberfläche vielfach durch periglaziale Fliesserden stark beeinflußt; weithin Flugsanddecken wechselnder Mächtigkeit, z.T. auch Dünenbildungen; mit vielen Trockentälchen; Podsole oder podsolige Braunerden mit Bodenwertzahlen, die meist unter 22 liegen und nur stellenweise auf etwa 25–30 ansteigen."

Die verschiedenen, durch vergleichende Betrachtung gewonnenen Typen dieser Komplexe von Grundeinheiten sind auf der Karte K 1 mit zweistelligen Zahlen und zum Teil mit Zusatz-Buchstaben gekennzeichnet (vgl. im einzelnen die Legende zur Karte K 1).

Aus dem Gefüge der auf der Karte dargestellten Komplexe von Grundeinheiten baut sich nun das System der naturräumlichen Einheiten auf. Die Verbreitung und der Flächenanteil der einzelnen Komplex-Typen, die Art ihrer Vergesellschaftung, ihres mosaikartigen Gefüges ist dabei ebenso zu beachten wie die großräumigen Strukturen, die in den Übersichten der ersten Abschnitte dieses Kapitels dargelegt wurden (vgl. S. 7–25)[56] Insbesondere spielen die übergeordneten Zusammenhänge auch bei der Festlegung der Wertigkeit der einzelnen Grenzlinien eine entscheidende Rolle; die leitenden Merkmale sind hier stark zu berücksichtigen (vielfach das Relief, in gering reliefierten Räumen oft die hydrischen Faktoren und die Böden). Die sich so ergebenden Grenzen verschiedenen Ranges sind auf der Karte K 1 durch Linien unterschiedlicher Art und Stärke gekennzeichnet. Auf die Unterscheidung von linienhaft und nicht linienhaft festlegbaren Grenzen, wie sie auf den vom Institut für Landeskunde herausgegebenen Karten 1:200 000 üblich ist, ist hier verzichtet worden.

Eine Übersicht über die naturräumlichen Einheiten bis zur 6. Ordnung und zum Teil auch noch bis zur 7. Ordnung für das ganze Ruhrgebiet mit seinen Randzonen enthält Abb. 10 (in der Kartentasche beigefügt). Die Namen der naturräumlichen Einheiten 4. Ordnung (Haupteinheiten) sind unmittelbar in diese Karte eingeschrieben. Die zusätzlich eingetragenen Kennzahlen bezeichnen die Untereinheiten, die erste Ziffer jeweils die Einheit 5. Ordnung, die zweite Ziffer die Einheit 6. Ordnung. Diese Kennzahlen kehren in der in den folgenden Abschnitten gegebenen Beschreibung der einzelnen naturräumlichen Einheiten wieder; dort werden auch die Begründungen für die gewählten Abgrenzungen und Unterteilungen gegeben.

## 3.2 Die nordwestlichen Teile des Bergisch-Sauerländischen Gebirges

### 3.21 Bergisch-Sauerländisches Unterland

Der vorderste, nordwestliche Teil des Bergisch-Sauerländischen Gebirges, der im Westen an die Niederbergischen Sandterrassen grenzt (vgl. S. 27) und im Norden an die ausführlich beschriebene Grenze zwischen der Westfälischen Tieflandbucht und dem Mittelgebirge reicht (vgl. S. 28–30), steigt nur an wenigen Stellen über 300 m empor und bleibt auf weiten Strecken sogar unter 200 m. Diese in der naturräumlichen Gliederung des Instituts für Landeskunde insgesamt als Bergisch-Sauerländisches Unterland bezeichnete Einheit hat weithin hügelige Oberflächenformen. Andere Teile erhalten ihr Gepräge durch stufenförmig gegeneinander abgesetzte Terrassenflächen, insbesondere am Westrand und an der Ruhr. Am Südrand fügen sich langgestreckte Mulden ein, die durch den

---

55 Vgl. K. PAFFEN (1953, S. 99), H. KLINK (1966, S. 1).

56 J. SCHMITHÜSEN hat schon in der Einleitung zum Handbuch der naturräumlichen Gliederung Deutschlands (1. Lieferung, Remagen, 1953, S. 17) betont: „Die Abgrenzung der naturräumlichen Einheiten niederer Größenordnung bis zu den Haupteinheiten wird nach dem charakteristischen Fliesenbestand und dessen Anordnung und nach der Gesamtheit der für die Landesnatur maßgebenden Geländefaktoren vorgenommen."

hydrographischen Zentralraum bei Hagen mit dem Terrassensohlental der Ruhr in Verbindung stehen.

Den Untergrund bilden devonische und vor allem karbonische Schichten, die in ihrer petrographischen Ausbildung und insbesondere auch in ihrer Härte und Widerstandsfähigkeit gegen Verwitterung und Abtragung recht unterschiedlich sind. Tonschiefer und Schiefertone sind weit verbreitet; doch treten vielfach auch andere Gesteinsbänke auf (Sandsteine, Quarzite, Konglomerate, Grauwacken, Kalksteine u.a.). Durch die variskische Gebirgsbildung sind die Schichten stark gefaltet. Die Sättel und Mulden streichen von WSW nach ONO; und in dieser Richtung erstrecken sich im allgemeinen auch die Streifen, in denen die einzelnen Gesteinsschichten in dem heutigen Faltenrumpf an die Oberfläche treten. Damit ist zugleich weithin die Zonierung der morphologischen Strukturen vorgezeichnet. Umso auffälliger sind dann jene Teilgebiete, in denen sich eine andere räumliche Anordnung durchsetzt, wie der Raum nordöstlich Velbert und Neviges, wo sich schmale Bänder verschiedenartiger unterkarbonischer Schichten um den untertauchenden Velberter Devon-Sattel herumlegen, oder die Höhen zwischen Elfringhausen und Sprockhövel, wo die harten Grenzschichten des Produktiven Oberkarbons um die nach Westen auslaufenden Spezialmulden gelagert sind (vgl. Abb. 3).

Von besonderer Bedeutung ist das Produktive Karbon mit den eingelagerten Steinkohlenflözen gewesen. Es ist im Süden zuerst in der Herzkämper Mulde aufgeschlossen und tritt dann weiter nördlich vor allem beiderseits des unteren Ruhrtals an die Oberfläche. Hier liegt der Raum, in dem der Steinkohlenbergbau des Ruhrgebiets seinen Anfang genommen hat.

Der Gesamtraum wird in allen bisher vorliegenden Gliederungen in zwei Haupteinheiten geteilt, wobei insbesondere die klimatischen Unterschiede, die sich in mannigfacher Hinsicht auswirken, eine Rolle spielen.

W. MÜLLER-WILLE (1941/66) unterschied das westliche „Niederbergische Land" von dem trockeneren, klimatisch begünstigten „Niedersauerland" im Osten; die Grenzlinie wurde an den Westrand der Hagener Terrassenplatte gelegt. Auch K. PAFFEN (1953) trennte an dieser Stelle das „Niederbergische Hügelland" vom „Unteren Sauerland". In beiden Fällen wird das Ardey-Hügelland nördlich von Wetter und Schwerte dem östlichen, das Ruhrtal bei Wengern und das untere Ennepetal zwischen Gevelsberg und Hagen noch dem westlichen Gebiet zugeordnet. Auch in der früheren Gliederung des Instituts für Landeskunde (1957, S. 515 ff.) wird das Ardey-Hügelland noch dem Osten zugewiesen, dazu nun außerdem auch das untere Ennepetal. In der Schrift von M. BÜRGENER (1960) und, ihm folgend, in der neuen Gliederung des Instituts für Landeskunde (Blatt Düsseldorf-Erkelenz, 1963, Übersichtskarte auf S. 4) wird dagegen das Ardey-Hügelland als schmale, weit nach Nordosten vorspringende Zunge noch in den westlichen Bereich eingeordnet. Doch ist auch hier die grundsätzliche Zweiteilung beibehalten. Der westliche Raum wird jetzt als „Niederbergisch-Märkisches Hügelland", der östliche als „Märkisch-Sauerländisches Unterland" bezeichnet; und es wird ausdrücklich betont, daß beide Teile den Rang von selbständigen Haupteinheiten beanspruchen können (Erläuterungen, S. 5).[57]

Es erscheint zweckmäßig, die Grenzlinien an der Stelle zu ziehen, wo das westliche Luvgebiet aufhört (vgl. Abschnitt A 1.3, S. 22). Unter diesem Gesichtspunkt ist hier außer der engeren Umgebung von Hagen auch das Hügelland des Ardey zum Osten gerechnet. Auch das im klimatischen Grenzbereich liegende Ruhrtal bei Wengern mit seinen schon recht nährstoffreichen Böden auf den Terrassenflächen ist dem östlichen Raum eingeordnet. Die Wupper-Ennepe-Mulde, die zum Luvgebiet gehört, verbleibt insgesamt, also auch mit ihrem östlichen Teil, dem unteren Ennepetal, beim Westen. So ergibt sich eine Abgrenzung, die von Witten-Bommern am Westrand des Ruhrtals nach Volmarstein verläuft und dann am scharf ausgeprägten Westrand des Hagener Beckens entlangzieht.[58]

Die Untergliederung der westlichen naturräumlichen Haupteinheit, des *Niederbergisch-Märkischen Hügellandes* ($337_1$; besser: „Niederbergisch-Westmärkisches Hügelland")[59], das zum niederschlagsreichen Luvgebiet des westlichen Gebirslandes gehört, ergibt sich aus der Oberflächengestaltung in Verbindung mit der geologischen Struktur und der Ausbildung der Böden.

Auf den Niederbergischen Höhenterrassen (00, 01, 02) im Westen und im Bereich des Witten-Kettwiger Ruhrtals (20, 21, 22) im Norden wird der Raum wesentlich durch die Terrassenflächen von Rhein und Ruhr bestimmt. Der

---

[57] Auch in der zuletzt erschienenen Gliederung des Instituts für Landeskunde (Blatt Arnsberg, 1969) ist wiederum das Hügelland des Ardey dem Westen, das untere Ennepetal dem Osten zugeordnet. Die beiden Haupteinheiten werden jetzt als „Niederbergisch-Märkisches Hügelland" und „Niedersauerland" bezeichnet.

[58] Zu den Ausführungen der folgenden Abschnitte wird im einzelnen auf die Karte K 1 im Anhang verwiesen.

[59] Bei den naturräumlichen Haupteinheiten sind jeweils in Klammern die amtlichen Kennzahlen des Instituts für Landeskunde in Bad Godesberg angefügt. Zu den Kennzahlen der Untereinheiten vgl. Abb. 10 und die methodischen Bemerkungen auf S. 40.

flächenmäßig größte Teil der Haupteinheit wird vom Ostniederbergisch-Westmärkischen Hügelland (10, 11, 12, 13, 14, 15, 16, 17, 18, 19) eingenommen, das stellenweise stark zertalt ist und hohe Niederschläge empfängt. Und am Südrand erstreckt sich als vierte Einheit 5. Ordnung über 35 km von Wuppertal-Vohwinkel bis Hagen die Wupper-Ennepe-Mulde (30, 31, 32, 33), die eine wichtige Durchgangslinie im Gebirgsland darstellt.[60]

Im östlichen Teil des Bergisch-Sauerländischen Unterlandes, dem *Niedersauerland* ($337_2$), nehmen Tal-, Becken- und Muldenlandschaften relativ große Flächen ein. Außerdem ist diese östliche Haupteinheit klimatisch begünstigt und gehört größtenteils zum Leegebiet.

Die Unterteilung in Einheiten 5. Ordnung knüpft in wesentlichen Punkten an die schon 1941 von W. MÜLLER-WILLE erarbeitete Gliederung an. Im Norden liegen das Hügelland des Ardey (00, 01), dessen Rücken und Eggen im Westen oft Höhen von 250–275 m erreichen, und die Durchbruchsstrecke der Ruhr, das Wengerner Ruhrtal, das von M. BÜRGENER (1960) als Ardeypforte (10, 11, 12) bezeichnet wurde. Nach Süden schließt sich das Hagener Becken (20, 21, 22, 23, 24, 25, 26, 27, 28, 29) an, in dem sich mit Ruhr, Lenne, Volme und Ennepe vier der wichtigsten Flüsse des Sauerlandes vereinigen. Das Schwerte-Fröndenberger Ruhrtal (30, 31, 32, 33), großenteils in den weichen Ziegelschiefern des Flözleeren Oberkarbons angelegt, ist mit seinen treppenartig aufeinanderfolgenden Terrassenflächen sehr breit ausgebildet. Südlich von ihm folgt das Niedersauerländer Hügelland (40, 41, 42, 43). Ihm schließt sich vor dem Steilanstieg zum Hochflächenland der Durchgangsraum der Iserlohner Kalkmulde (50, 51, 52) an. Die östliche Fortsetzung dieser Muldenzone bildet die Hönne-Mulde (60, 61, 62), die bogenförmig um das Schiefer-Grauwacke-Massiv des Balver Waldes herumgreift.

### 3.22 Bergische und Märkische Hochflächen

Am Südrand des Bergisch-Sauerländischen Unterlandes, d.h. unmittelbar südlich der Wupper-Ennepe-Mulde, des Hagener Beckens und der Iserlohner Kalkmulde ist eine markante Geländestufe ausgebildet. Eine Hangzone mit Neigungswinkeln von mehr als 10° und vielfach mehr als 15° (vgl. Abb. 5) führt aus den Muldenzonen mit einem Höhenunterschied von 150 und 200 m hinauf zu

---

60 Die Beschreibung der naturräumlichen Einheiten 5. und 6. Ordnung und ihre Einfügung in die Haupteinheiten, ursprünglich ein Bestandteil dieser Abhandlung, ist in einer Sonder-Veröffentlichung bereits vorweggenommen (W. VON KÜRTEN: Die naturräumlichen Einheiten des Ruhrgebiets und seiner Randzonen; in: Natur und Landschaft im Ruhrgebiet, Heft 6, 1970; S. 5–81; mit Übersichtskarte). Es kann hier im einzelnen auf diese Schrift verwiesen werden. Die dieser Sonder-Veröffentlichung beigefügte Übersichtskarte ist auch in dieser Arbeit noch einmal abgedruckt (Abb. 10; vgl. auch dazu die methodischen Bemerkungen auf S. 40).

den angrenzenden, breit ausgebildeten Massiven des Südens, die südlich Wuppertal 320–350 m, südlich Hagen 400 m und südlich und südöstlich Iserlohn sogar stellenweise über 500 m Höhe erreichen.

Im Osten bildet die Hönne-Mulde bei Balve, Garbeck und Neuenrade die Grenze des Hochflächenlandes. Die den Nordrand der Hochflächen begleitende Muldenzone zieht sich hier in weitem Bogen um den Balver Wald herum, der mit seiner höchsten Kuppe eine Höhe von 546 m erreicht und damit das Hönnetal bei Binolen um ca. 350 m überragt (bei etwa 2,5 km Horizontalentfernung).

Zwei Profile von NNW nach SSO (vgl. Abb. 11 und 12) kennzeichnen die markante Geländestufe am nördlichen Hochflächenrand. Außer den Formen an der eigentlichen Profillinie (in schwarz) sind dabei die höchsten Erhebungen in einem 5 km breiten Geländestreifen beiderseits der Profillinie (punktiert) eingetragen. Dadurch treten die charakteristischen Höhenverhältnisse deutlicher hervor.

Im Querprofil Ickern – Gummersbach erkennt man bei Rüdinghausen die Nordgrenze des Bergisch-Sauerländischen Gebirges. Dann folgt nach Süden das Bergisch-Sauerländische Unterland mit dem Ardey im Norden und mit dem Hügelland zwischen der Ausbuchtung des Hagener Beckens bei Wetter und der Wupper-Ennepe-Mulde. Südlich Haspe erfolgt der Anstieg zu den Hochflächen des Südens, die das Ennepetal um 200–300 m und die Höhen des Hügellandes um etwa 150 m überragen. Um Breckerfeld und Halver erreichen die flachen Kuppen des Hochflächenlandes 420–450 m Höhe. Im Süden reicht das Profil noch in das Agger-Wiehl-Bergland bei Marienheide und Gummersbach hinein.

Das zweite, in der gleichen Richtung von NNW nach SSO, aber 12 km weiter östlich verlaufende Profil Lünen – Drolshagen läßt die beiden Grenzlinien erneut hervortreten. Südlich Aplerbeck erreicht man im Schwerter Wald den östlichen Teil des Ardey und damit das Bergisch-Sauerländische Unterland. Dann folgen das Schwerte-Fröndenberger Ruhrtal mit den beiderseitigen Terrassenflächen und weiter nach Süden das Niedersauerländer Hügelland. Unmittelbar jenseits der Iserlohner Kalkmulde, die das Bergisch-Sauerländische Unterland begrenzt, folgt wieder der rasche Anstieg zu den südlichen Hochflächen um Wiblingwerde und Lüdenscheid, die sich auf 450 und 500 m erheben, also die Iserlohner Mulde um 300 m, das angrenzende Hügelland um fast 200 m überragen. Südlich von Lüdenscheid ist der weitere Anstieg zum Herscheider Bergland und zum Ebbegebirge zu erkennen.

Von dem eindrucksvoll in Erscheinung tretenden nördlichen Rand des Hochflächenlandes lassen sich schmale, tief eingeschnittene Täler nach Süden verfolgen. Die größeren Täler von der Lenne über die Volme und Ennepe bis zur oberen Wupper durchsetzen die Hochflächen von Süden nach Norden oder von Südosten nach Nordwesten. Mit der Annäherung an den nördlichen Hochflächenrand schneiden sie sich immer tiefer ein. Erst wenn sie

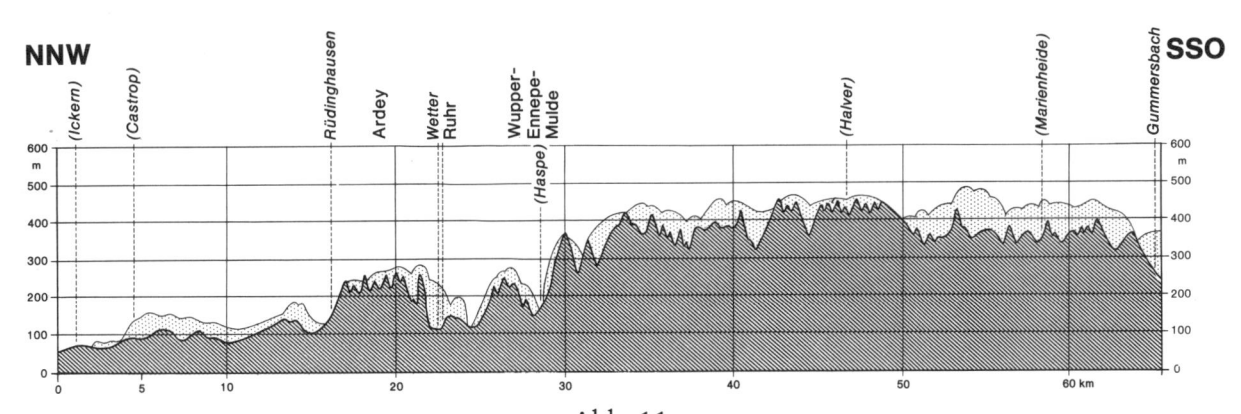

Abb. 11
Querprofil durch den nördlichen Teil des
Bergisch-Sauerländischen Gebirges

(Ickern – Gummersbach)

— Höchste Erhebungen in einem 5 km breiten Geländestreifen beiderseits der Profillinie
— Geländeformen an der eigentlichen Profillinie

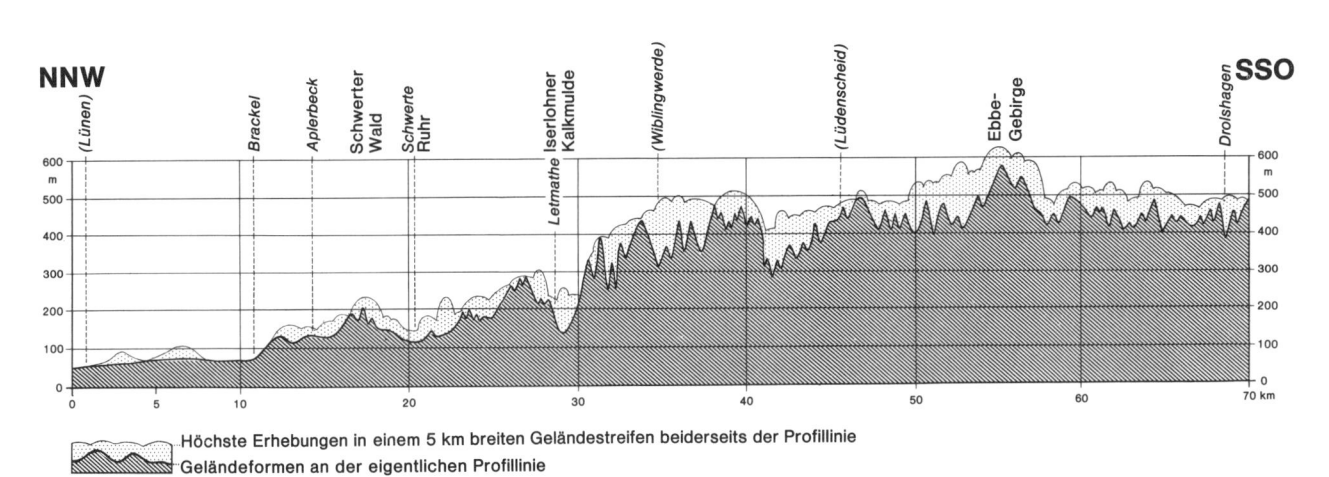

Abb. 12
Querprofil durch den nördlichen Teil des
Bergisch-Sauerländischen Gebirges

(Lünen – Drolshagen)

aus diesem Bereich in das Vorland hinaustreten – oft mit bemerkenswerter Änderung ihrer Laufrichtung –, werden die Hänge flacher und niedriger.

Am schärfsten und tiefsten sind die Flußtäler im östlichen und nordöstlichen Teil des Hochflächenlandes eingeschnitten. So beträgt der Höhenunterschied zwischen der Talaue der Lenne bei Nachrodt und Einsal (140–150 m) und den auf beiden Seiten angrenzenden Hochflächen z.T. mehr als 300 m. Geschlossene Steilhänge begleiten das Tal, ihrerseits von vielen Erosionsrissen und Tälchen („Siepen") zerschnitten, die sekundäre Formenelemente in den Hangzonen darstellen. Von der in gleicher Höhe gelegenen Talaue der Volme bei Dahl führen kaum weniger steile Hänge über eine Höhendifferenz von 250 m zu den benachbarten Hochflächen hinauf. Aber auch die kleineren Täler weisen in ihren unteren Teilen Höhenunterschiede von 200 m und mehr auf. Auch sie sind von geschlossenen Steilhängen mit vielfach mehr als 15° Neigungswinkel umsäumt.

In südwestlicher Richtung verringern sich die Höhenunterschiede zwischen Tälern und Hochflächen. An der Ennepe oberhalb Altenvoerde und an der Wupper südlich Oberbarmen betragen sie nur noch ca. 150 m. In den kleineren Tälern dieses Bereichs sinken sie unter 100 m ab. Ausgeprägte Hangzonen mit mehr als 10° Neigungswinkel, die im Nordosten mehr als die Hälfte der Gesamtfläche einnehmen, sind beiderseits der oberen Wupper und von hier aus hinüber zur oberen Ennepe und oberen Volme mit wesentlich geringeren Anteilen vertreten (vgl. Abb. 5). Sanfter geböschte Flächen führen hier (abgesehen vom Wupper-Engtal) von den Hochflächen zu den Talauen hinab. Weiter westlich nehmen die Höhenunterschiede im Bereich des westlichen Wupper-Engtals zwischen Remscheid und Solingen stellenweise wieder auf mehr als 150 m zu. Hier steigt auch der Anteil der Hangzonen an der Gesamtfläche noch einmal an.

Charakteristisch ist die flachwellige Gestaltung der Höhen, denen eine vorherrschende Anordnungsrichtung fehlt (in bemerkenswertem Gegensatz zu dem nördlich angrenzenden Unterland). Die Höhenlage benachbarter Kuppen ist oft fast dieselbe, und bezeichnend ist beim Überblick die fast waagerechte Horizontlinie. Dieses oberste Stockwerk ist durch viele Gewässer zerschnitten und oft in einzelne Hochflächenstücke und weit gegen die Haupttäler vorgreifende Riedel aufgelöst.[61] Insgesamt ergibt sich so eine vertikale Dreiteilung in Hochflächen, Talhänge und Talsohlen. In vielfältig wechselnder Anordnung fügen sich diese verschiedenartigen naturräumlichen Komplexe mosaikartig aneinander (vgl. Abb. 8 und S. 36).

In petrographischer Hinsicht ist das Hochflächenland viel einheitlicher aufgebaut als das Bergisch-Sauerländische Unterland. Der Untergrund besteht vornehmlich aus mitteldevonischen, z.T. auch unterdevonischen und silurischen Schichten, die durch die variskische Gebirgsfaltung ihre grundlegende geologische Struktur erhalten haben. Die Folge der Schiefer, Grauwacken und Sandsteine, in die vereinzelt auch Konglomerate eingefügt sind, bildet heute einen Faltenrumpf, dessen wichtigste Strukturlinien von WSW nach ONO verlaufen.

Zwischen Gevelsberg und Hagen fällt die Nordgrenze des Hochflächenlandes mit der Ennepe-Störung zusammen. Hier grenzen die mitteldevonischen Schiefer-Grauwacke-Schichten fast unmittelbar an das Flözleere Oberkarbon mit seinen im ganzen weniger widerstandsfähigen Gesteinshorizonten. Die in der stratigraphischen Folge dazwischen liegenden Schichten sind durch unterschiedliche Vertikalbewegungen auf den beiden Flügeln der Störung in der heutigen Oberflächenverteilung der Schichten unterdrückt. Nur schmale Fetzen dieser bei ungestörter Lagerung mehrere tausend Meter umfassenden Schichten sind in der Störungszone erhalten geblieben, darunter auch einige kleine Massenkalk-Partien. In einem Geländeeinschnitt bei Aske im Stadtgebiet von Gevelsberg ist die Ennepe-Verwerfung am Südhang des unteren Ennepetals aufgeschlossen.

Die wichtigste Achse im Hochflächenland ist der Remscheid-Altenaer Sattel, der in östlicher Richtung allmählich abtaucht, so daß die jüngsten Schichten des Mitteldevons — Oberhonseler Schichten und Massenkalk — in weitgeschwungenen, nach Osten konvexen Bögen den Balver Wald umgeben. Die starken petrographischen Unterschiede haben hier wie auch im Norden wesentlich zur Ausprägung des scharfen Hochflächenrandes beigetragen.

---

61 Die Mächtigkeit des Zertalungsreliefs (vgl. Abb. 6) beträgt im Hochflächenland fast überall mehr als 100 m und vielfach mehr als 150 m; östlich der Volme erreicht sie in Teilbereichen 250 bis über 300 m. Nur zwischen oberer Wupper und oberer Volme sind geringere Werte zu verzeichnen. Der Rand des Hochflächenlandes gegen die vorgelagerte Muldenzone (Wupper-Ennepe-Mulde, Hagener Becken, Iserlohner Kalkmulde, Hönne-Mulde) tritt auch auf dieser Karte eindrucksvoll in Erscheinung.

Die zweite wichtige geologische Achse des Hochflächenlandes bildet die weiter südlich verlaufende Lüdenscheider Mulde. In ihrem Innern treten in einzelnen schmalen Streifen die Oberhonseler Schichten mit ihren weniger widerstandsfähigen, von Kalkbänken durchsetzten Schiefern an die Oberfläche. Für die Geländeformen sind sie von Bedeutung, weil sich in ihnen Hochmulden ausgebildet haben, die ihrerseits dann wieder von den Tälern unterbrochen sind. Diese Hochmulden stellen Zwischenglieder zwischen den Talsohlen und den Hochflächen dar; durch sie ist der Gesamtanstieg unterteilt. Zwischen Halver und Brügge und nördlich Lüdenscheid ist diese Erscheinung besonders charakteristisch. Aber auch im Bereich des Remscheid-Altenaer Sattels östlich der Lenne sind solche Hochmulden zu beobachten. Sie stellen hier, durch die komplizierte Spezialfaltung und Tektonik bedingt, mehrfach gewundene, schmale Bänder dar (vor allem zwischen Dahle, Evingsen, Ihmert und Lössel).

Südlich der Lüdenscheider Mulde folgt als weitere geologische Hauptachse der Ebbe-Sattel, in dessen Bereich ältere, z.T. ins Silur zurückreichende Schichten auftreten. Die Gesteinshorizonte sind hier petrographisch viel wechselvoller ausgebildet als im Norden. Und im Zusammenhang damit treten an die Stelle der Hochflächen stärker aufgelöste Bergländer, die von dem beherrschenden Gebirgsrücken des Ebbegebirges unterbrochen sind.

Schon bei den zusammenfassenden klimatischen Betrachtungen wurde die besondere Stellung des Hochflächenlandes dargelegt.[62] Es muß hier nun vor allem auf die Bedeutung der hohen Niederschläge für den Wasserabfluß hingewiesen werden. Die Schiefer und Grauwackensandsteine sind relativ wasserundurchlässig, neigen daher zu hohem Oberflächenabfluß. Die Verdunstung ist infolge der erniedrigten Temperatur, der hohen Luftfeuchtigkeit und relativ starken Bewölkung verhältnismäßig gering. Ferner ist zu berücksichtigen, daß die Niederschläge in vielen Teilbereichen ein Wintermaximum aufweisen, im Winter aber der prozentuale Anteil der Verdunstung stark abnimmt.

R. TIMMERMANN (1951, S. 48) gibt die Verdunstungshöhe für das Volme-Einzugsgebiet oberhalb Hagen-Eckesey (420 qkm) mit 444 mm, diejenige für das Wupper-Einzugsgebiet oberhalb Dahlhausen (213 qkm) mit 434 mm an. So bleiben im Volmegebiet von der durchschnittlichen Niederschlagshöhe (1133 mm) 689 mm, im Wuppergebiet oberhalb Dahlhausen von der Niederschlagshöhe (1240 mm) sogar 806 mm im Durchschnitt der Jahre für den Abfluß übrig. Das sind sehr hohe Werte, die eine mittlere Gebietsabfluß-Spende von 22 bzw. 25,5 l/sec.qkm ergeben. Aus diesen Zahlen ergibt sich die Bedeutung des Hochflächenlandes für die Wasserwirtschaft. Der Abfluß beträgt in den 6 Wintermonaten rund 70 % des Gesamtabflusses (R. TIMMERMANN 1951, S. 71).

Der hohen Bedeutung des Hochflächenlandes für die Wasserwirtschaft entsprechend ist eine große Zahl von Talsper-

---

62 Vgl. Abschnitt A 1.3, insbesondere S. 30 ff.

ren in den Flußgebieten der Wupper, Volme und Lenne angelegt worden. Die natürlichen Voraussetzungen für die Errichtung von Talsperren sind günstig, da die tief eingeschnittenen Täler einen großen Stauraum bieten und an Engstellen den Bau von Sperrmauern oder Dämmen leicht ermöglichen.

Die Böden des Hochflächenlandes sind größtenteils Verwitterungsböden, die aus den Gesteinsschichten des Untergrundes entstanden sind. Vorwiegend haben sich lehmige oder sandig-lehmige, kalkarme, von Gesteinstrümmern durchsetzte Böden entwickelt. Die geringste Mächtigkeit besitzen sie an den Steilhängen und auf weit vorspringenden Riedeln, wo der Bodenabtrag eine wesentliche Rolle spielt. Ab und zu tritt hier auch das nackte Felsgestein zutage, besonders dort, wo die Hänge aus widerstandsfähigen Grauwacken und Sandsteinen bestehen. Auf den Hochflächen sind stellenweise auch Lößreste beigemengt; größere Lößlehmdecken sind vor allem auf der Solinger Hochfläche im Westen vorhanden.

Die Vegetation ist in starkem Maße von den naturräumlichen Gegebenheiten abhängig. In ihrer heutigen Zusammensetzung spielt außerdem die Bewirtschaftung des Landes durch den Menschen eine entscheidende Rolle. Auf den Böden der Hochflächen und ihrer Hangzonen stockte früher im wesentlichen Rotbuchenwald mit Beimischung von Eichen und Birken. Buchenwälder, und zwar vorwiegend solche, die zum Unterverband der Sauerhumus-Buchenwälder (Luzulo-Fagion nach LOHMEYER/TÜXEN) gehören (vgl. H. ELLENBERG 1963, S. 99 und S. 154—155), sind als die potentiellen natürlichen Pflanzengesellschaften anzusprechen. BUDDE-BROCKHAUS (1954) sprechen von der artenarmen Rotbuchenwaldgruppe, die sich von der artenreichen Rotbuchenwaldgruppe der Massenkalkgebiete deutlich unterscheidet.

In Bezug auf Höhenlage und Reliefenergie, Temperaturen und Schneeverhältnisse, in phänologischer Hinsicht und in der Ausbildung der Böden bestehen im einzelnen zwischen dem Westen und dem Osten des Hochflächenlandes deutliche Unterschiede. Die Übergänge sind allerdings mehr oder weniger gleitend, und es ist schwierig, an einer bestimmten Stelle eine Grenzlinie zu fixieren, die den östlichen vom westlichen Teil des Hochflächenlandes trennt. So hat man denn auch bei den bisherigen naturräumlichen Gliederungen zwar immer wieder eine Unterteilung des Hochflächenlandes vorgenommen; aber die Grenzziehung hat dabei mehrfach gewechselt. Auch die Außengrenzen der Haupteinheiten wurden in verschiedener Weise gezogen; nur dem Nordrand des Hochflächenlandes wurde von allen Autoren eine hohe Ordnung zuerkannt.

W. MÜLLER-WILLE (1941/66) legt die innere Hauptgrenzlinie in die Nähe der Wasserscheide zwischen Ruhr und Wupper, zieht sie aber im einzelnen „durch das Engtal der Ennepe, da die Wasserscheide selbst eine einheitliche Formenlandschaft, die Radevormwalder Hochfläche, schneidet" (S. 80). Sie trennt das „Mittelbergische Land" im Westen vom „Westsauerland" im Osten, zu dem auch noch Kiersper Kammer, Ebbe und Neuenrader Mulde gerechnet werden.

K. PAFFEN (1953) legt demgegenüber die Hauptgrenzlinie an die Volme. Im Westen liegen die „Bergisch-Märkischen Hochflächen" (einschl. Kiersper Kammer und Wipperfürther Mulde), die aber die begünstigten, vielfach lößbedeckten Randplatten westlich des unteren Wupper-Engtals (mit der „Solinger Lößplatte") nicht mit einbeziehen. Das östlich der Volme liegende „Westsauerländer Oberland" umfaßt außer den „Bergebenen-Landschaften" Balver Wald und Wiblingwerder Hochfläche, der Lüdenscheider Mulde und dem mittleren Lennetal auch das Herscheider Bergland und den Ebbe-Rücken und greift darüber hinaus an der Bigge entlang (Lister-Bergland und Wendener Bergebenen) weit nach Süden.

In der früheren Gliederung des Instituts für Landeskunde (Handbuch, 1957) sind die in Frage kommenden Einheiten der „Bergischen Hochflächen" und des „Westsauerländischen Oberlandes" von A. SCHÜTTLER bzw. W. HARTNACK bearbeitet worden. Hier ist eine deutliche Anlehnung an die Gliederung von K. PAFFEN zu bemerken. Das Westsauerländische Oberland, das im Westen wieder bis zur Volme gerechnet wird, erhält etwa die gleiche Ausdehnung; es ist aber innerhalb dieser Einheit noch von einem „Märkischen Oberland" die Rede, das die Ebbe-Schwelle und das nördlich angrenzende Teilgebiet umfassen soll; ihm steht das „Olper Oberland" im südlichen Teil der Einheit gegenüber. Die innerhalb des Märkischen Oberlandes gelegene Ebbe-Schwelle umgreift auch noch die Lüdenscheider Homert, die Höhen nördlich und südlich Herscheid und die Hohe Molmert bei Plettenberg. Die Abgrenzung der Bergischen Hochflächen weicht insofern von der Gliederung PAFFEN's ab, als diese jetzt bis zum Westrand des Gebirgslandes gerechnet werden, also die lößbedeckten Randplatten einschließen.

Demgegenüber lehnt sich eine neuere Gliederung des Instituts für Landeskunde (Blatt Düsseldorf-Erkelenz der Karte 1:200 000, 1963, mit Übersichtskarte S. 4) in der inneren Grenzziehung wieder stärker an die MÜLLER-WILLE'sche Linie an, ohne ihr jedoch im einzelnen zu folgen. Die Grenzlinie wird zunächst auf der Westseite der Ennepe gezogen, so daß der stark zerschnittene Raum im Ennepe-Bereich unterhalb der Talsperre noch dem östlichen Gebiet zugewiesen wird; an der Talsperre springt die Grenze auf die Ostseite der Ennepe hinüber und nähert sich dann allmählich der oberen Volme; das stark zerschnittene Volme-Gebiet wird dem Osten zugewiesen. Diese Grenzziehung ist zum ersten Mal in einer Abhandlung von M. BÜRGENER (1960) gewählt und dann vom Institut für Landeskunde übernommen worden. Östlich dieser Grenze wird jetzt das alte Westsauerländer Oberland in zwei Haupteinheiten unterteilt, nämlich in das „Märkische Oberland" und das „Südsauerländer Bergland", wobei die Grenze zwischen beiden Einheiten jetzt nicht an den Süd-, sondern an den Nordrand der Ebbe-Schwelle gelegt wird; die Höhen beiderseits Herscheid und die Hohe Molmert bei Plettenberg gehören also jetzt schon zum Südsauerländer Bergland. Die Abgrenzung der westlichen Haupteinheit, der „Bergischen Hochflächen", ist — abgesehen von der Zurücknahme der Ostgrenze an die Ennepe — gegenüber der früheren Gliederung unverändert geblieben.

Für welche Grenzlinie im Innern des Hochflächenlandes soll man sich nun entscheiden? Wenn man den Gesamtraum überblickt, erscheint es sinnvoll, die Grenze in die Nähe der Hauptwasserscheide zwischen Ruhr und Wupper zu legen, der auch siedlungs- und kulturgeschichtlich hohe Bedeutung zukommt.[63] Allerdings kann man dabei auf keinen Fall, wie schon W. MÜLLER-WILLE (1941/66, S. 80) bemerkte, die Wasserscheide selbst, die eine einheitlich gestaltete Hochflächenlandschaft durchzieht, als Grenzlinie wählen. Man muß sich vielmehr im einzelnen dem Rand der in der Nähe gelegenen Engtäler anpassen.

Man könnte versucht sein, die Grenze zwischen dem westlichen und östlichen Teil des Hochflächenlandes an das Wupper-Engtal südlich Oberbarmen zu legen. Es ist das letzte größere Tal, das der nach Norden gerichteten Abdachung des östlichen Bereichs folgt, während sich weiter westlich das bergische Entwässerungssystem mit den nach Westen und Südwesten gerichteten Flüssen durchsetzt. Auch kulturgeschichtlich hat der Engtal-Abschnitt zwischen Oberbarmen und Beyenburg vielfältige Grenzfunktionen auf sich gezogen. Bei einer Betrachtung des größeren Gesamtraumes zeigt sich jedoch, daß das Gebiet an der obersten Wupper (Wipper), die flache Wippermulde, auf Grund der naturräumlichen Gestaltung in den Westen einbezogen werden muß (relativ geringer Anteil ausgeprägter Hangzonen; Riedel zwischen den östlichen, nach Südwesten gerichteten Seitentälern allmählich von 370 m auf 320 m absinkend; höhere Bodenwertzahlen im Innern der Mulde). Unter diesen Umständen dürfte es zweckmäßig sein, auch das Gebiet um Radevormwald und Remlingrade noch in den westlichen Teil einzuordnen; auch hier bleiben die Höhen unter 380 m, der Anteil der Hangzonen und die Reliefenergie sind ebenfalls geringer als im östlich angrenzenden Raum.

Es bietet sich somit eine Grenzlinie an, welche die recht einheitlich gestaltete Hochfläche südlich von Schwelm und um Radevormwald ebenso wie die Wippermulde noch dem Westen zuordnet. Sie verläuft zunächst dicht östlich der Wasserscheide, am Ostrand der genannten Hochfläche, dort, wo das von Ennepe und Heilenbecke stärker zerschnittene Gebiet beginnt. Im Prinzip folgt die Grenze hier also der von M. BÜRGENER (1960) und damit auch der zuletzt vom Institut für Landeskunde gewählten Linie. Weiter im Süden wird es für richtig gehalten, die vielfach über 400 m aufsteigenden und mit geringwertigen Böden ausgestatteten Hochflächen um Halver noch dem Osten zuzuordnen. Damit verbleibt auch das gesamte obere Ennepetal beim östlichen Bereich, und die Linie schließt sich hier verhältnismäßig dicht der Wasserscheide an. Die Grenze ist zwischen Radevormwald und Halver dort gezogen, wo zuerst Kuppen um 400 m Höhe auftreten, welche die westlich und nordwestlich angrenzenden niedrigeren Hochflächenteile deutlich überragen. Die Seitentälchen der Ülfe mit ihren breiten, nach W und SW orientierten Quellmulden werden ebenso wie weiter südlich die zur Wipper gerichteten Seitentälchen schon dem westlichen Bereich zugeordnet.[64]

Es ist bemerkenswert, daß der so entwickelten Linie in ihrem großzügigen Verlauf auch die Grenze folgt, die im Klima-Atlas von Nordrhein-Westfalen (1960) zwischen den Klimabezirken „Bergisches Land" und „Sauerland" gezogen ist.

Diese Linie grenzt die Bergischen Hochflächen des Westens von dem östlichen, höher ansteigenden Teil des Hochflächenlandes ab. Diese östliche Haupteinheit kann am besten als „Märkische Hochflächen" bezeichnet werden. Dadurch wird die Verwandtschaft mit dem westlichen Flügel des Hochflächenlandes in der Namengebung dokumentiert. Der Name ist auch deshalb berechtigt, weil diese Einheit hier in Übereinstimmung mit der neuen Gliederung des Instituts für Landeskunde am Nordrand der Ebbe-Schwelle abgegrenzt wird, dort, wo der Hochflächen-Charakter aufhört und wo mit

---

63 Die Entwicklung der rheinisch-westfälischen Grenze zwischen Ruhr und Ebbegebirge und ihre vielfältigen Auswirkungen sind von P. SCHÖLLER (1953) eingehend untersucht worden.

64 Auf dem 1969 erschienenen Blatt Arnsberg der vom Institut für Landeskunde herausgebrachten naturräumlichen Gliederung 1:200 000 ist auch von M. BÜRGENER die Grenze zwischen den Bergischen Hochflächen und dem Märkischen Oberland bei Halver weiter nach Westen, und zwar auf die Westseite des oberen Ennepetals, verschoben worden.

dem Auftreten einzelner beherrschender, über 500 m aufragender Kuppen und Rücken (Hohe Molmert 575 m) eine andere Raumstruktur beginnt.

Die Untergliederung der westlichen Haupteinheit, der *Bergischen Hochflächen* (338), erfolgt im wesentlichen in Anlehnung an die durch A. SCHÜTTLER (1963) vorgenommene Gliederung des Instituts für Landeskunde. Von den Einheiten 5. Ordnung sind hier nur zwei erfaßt.

Im Westen liegen die Mittelbergischen Hochflächen (02, 03, 05, 06, 07), im Nordosten die Wupper-Hochflächen (10, 11, 13, 14). Die Grenze zwischen diesen beiden Teilen ist hier etwa 2 km weiter östlich gezogen als in der Gliederung des Instituts für Landeskunde; die Hochfläche um Lennep und Lüttringhausen ist noch dem westlichen Teil eingefügt. Bei dieser Abgrenzung bleibt die Mächtigkeit des Zertalungsreliefs im Bereich der Wupper-Hochflächen fast überall unter 150 m, während sie sowohl weiter westlich (im Bereich der Mittelbergischen Hochflächen) als auch weiter östlich (im Bereich der Märkischen Hochflächen) weithin über 150 m ansteigt (vgl. Abb. 6). Die obere Wupper bildet die Achse dieses mittleren Bereichs.

Die *Märkischen Hochflächen* (Märkisches Oberland, 336$_1$) bilden den östlichen Flügel des Hochflächenlandes. Sie überschreiten schon östlich Radevormwald sowie bei Breckerfeld und Halver vielfach Höhen von 400 m; zwischen Volme und Lenne erreichen ihre Kuppen 450–500 m; und östlich der Lenne, im Kohlberg-Giebel-Massiv und im Balver Wald, ragen sie noch ein wenig darüber hinaus. Im Zusammenhang damit sind die Märkischen Hochflächen gegenüber dem westlichen Flügel ökologisch benachteiligt. Die Temperaturen liegen niedriger; im Winter sind die Höhen länger von Schneedecken überzogen, und die phänologischen Phasen verspäten sich merklich. Auch die Böden sind ungünstiger, und die Möglichkeiten der Landwirtschaft sind beschränkt.

Bei der weitgehenden Einheitlichkeit in der Struktur dieses Raumes sind hier keine Einheiten 5. Ordnung unterschieden worden (Einheiten 6. Ordnung: 00, 01, 02, 03, 04; 10, 11, 12; 20, 21, 22; 30, 31, 32, 33, 34, 35; 40, 41).

## 3.3 Südwestliche Teile der Westfälischen Tieflandsbucht

### 3.31 Hellwegbörden, Westenhellweg und Emscherland

Der größte Teil des inneren Ruhrgebiets und seiner nördlichen Randzonen gehört naturräumlich zur Westfälischen Tieflandsbucht. Ihre drei südlichen Haupteinheiten, Hellwegbörden, Westenhellweg und Emscherland, erfüllen ein rund 20 km breites Vorland vor dem Bergisch-Sauerländischen Gebirge, das sich nach Norden fast bis an die Lippe erstreckt. Es zieht sich nach Osten weit über die Grenzen des Ruhrgebiets hinaus.

Innerhalb dieser drei Haupteinheiten ist eine vorwiegend west-östlich gerichtete, streifenartige Anordnung der Teilgebiete festzustellen, die aber im östlichen Teil (Hellwegbörden) im einzelnen von derjenigen des Westens (Westenhellweg und Emscherland) abweicht.

Diese Streifenstruktur ist im Grunde auf den geologischen Bau zurückzuführen. Das variskisch gefaltete Rheinische Massiv mit der hier darüber liegenden, nach Norden immer mächtiger werdenden Decke von Oberkreide-Schichten wurde seit dem Tertiär allmählich gehoben. Bei der damit verbundenen Abtragung wurden an einigen Stellen Schichtstufen herausmodelliert mit den härtesten, widerstandsfähigsten Gliedern als Stufenbildnern. Dazu gehören der Haarstrang am Südrand der Hellwegbörden und der Südrand des Vestischen Höhenrückens im Bereich des Emscherlandes.

In den wenig widerstandsfähigen Mergelschichten entwickelten sich breite Talungen, die zwar im Laufe des Pleistozäns verändert wurden, aber doch in ihrer grundsätzlichen Struktur bis heute weitgehend erhalten blieben. Dazu gehört das in den weichen Emscher-Mergeln angelegte Hellweg-Tal, dem H. SCHULTE[65] und mit ihm W. MÜLLER-WILLE (1941/66, S. 175) ein spättertiäres Alter zuweisen. Es verläuft dicht nördlich des alten Hellwegs, hat zwischen Unna und Dortmund eine Breite von 3 km und zieht nach Westen am alten Dortmunder Stadtkern vorbei nach Dorstfeld. Hier mündet die obere Emscher ein. Das Tal biegt nach Norden um und verschmälert sich auf knapp 2 km. Bei Mengede und Henrichenburg wendet es sich allmählich wieder nach Westen. Westlich Henrichenburg hat das Emschertal, auch hier in den weichen Emschermergeln ausgebildet, eine Breite von 5–7 km (einschl. der niedrigen Randplatten). Erst südwestlich Bottrop, wo die Emscher vor der Einmündung in die Rheinebene die Rhein-Hauptterrasse durchbricht, verschmälert sich das Tal wieder auf knapp 2 km. Nach P. KUKUK (1938, S. 484)

---

65 H. SCHULTE: Die geologischen Verhältnisse des östlichen Haarstranges, insbesondere des Almegebietes; Abh. aus dem Landesmuseum der Provinz Westfalen, Museum für Naturkunde, 8, 1937; S. 41 ff.

war das breite Emschertal noch nicht vorhanden, als die Ruhr vor der Hauptterrassenzeit einen Schotterfächer über die nördlich und nordwestlich angrenzenden Flächen lagerte, dessen Reste die heutigen Höhenschotter zwischen Bochum, Castrop und Essen darstellen. Später ist das Emschertal dann tief ausgeräumt worden. Nachträglich ebenso wie das Hellwegtal zum Teil wieder aufgefüllt, ist es doch als breite Talung bis heute erhalten geblieben; es stellt ein wichtiges Strukturelement im inneren Ruhrgebiet dar.

Der aus den drei Haupteinheiten bestehende, niedrig gelegene Randstreifen der Westfälischen Bucht (fast überall unter 150 m) ist klimatisch begünstigt. Schmale Zungen relativ hoher Temperaturen und geringer phänologischer Wertigkeiten (vgl. Abschnitt A 1.3, S. 23) schieben sich nördlich des Gebirgsrandes weit nach Osten vor. Sein besonderes Gepräge erhält dieser Randstreifen aber durch den Löß, der den größten Teil des Raumes — jedoch mit Ausnahme großer Teile des Emschertals und einiger randlicher Teilgebiete im Norden — in z.T. mächtiger Decke überlagert. Zusammen mit dem relativ günstigen Klima bewirkt der Löß die Bevorzugung dieses Raumes, nicht nur gegenüber dem Gebirgsland im Süden, sondern auch gegenüber den mittleren und nördlichen Teilen der Bucht.

Die Ausbildung der Böden ist es daher vor allem, die in Verbindung mit der charakteristischen Anordnung der morphologischen Strukturelemente und den Unterschieden im Wasserhaushalt die Gliederung des Raumes bestimmt.

In der Gliederung von W. MÜLLER-WILLE (1941/66) wurde bereits durch diesen langgestreckten Südstreifen der Westfälischen Bucht eine Quergrenze gezogen, und zwar dicht westlich des Dortmunder Stadtkerns an dem nach Norden gerichteten Talstück der Emscher zwischen Dorstfeld und Mengede. Sie trennte das „Hellweggebiet" im Osten vom „Emschergebiet" im Westen.

Vom Institut für Landeskunde wurde diese Gliederung zunächst im wesentlichen übernommen. In den von S. MEISEL verfaßten Abschnitten sind allerdings die Namen in „Hellwegbörden" und „Emscherland" ein wenig geändert.

M. BÜRGENER (1960) trennte den „Westenhellweg" als selbständige Haupteinheit vom „Emscherland" ab und ließ die „Hellwegbörden" mit der Witten-Hörder Mule weit nach Südwesten bis zur Ruhr bei Witten vorgreifen. Die neuere Gliederung des Instituts für Landeskunde (1:200 000, Blatt Münster, 1960; Blatt Düsseldorf-Erkelenz, 1963) übernimmt von M. BÜRGENER die Dreigliederung und folgt ihm auch 1963 in der südwestlichen Ausbuchtung der Hellwegbörden bis Witten. Das von W. MÜLLER-WILLE noch teilweise in das Hellweggebiet einbezogene Lippetal wird in den neueren Gliederungen zum Kern- bzw. Ostmünsterland gerechnet.

Die grundsätzliche Dreigliederung des südlichen Randstreifens der Westfälischen Bucht, wie sie zuletzt vom Institut für Landeskunde erarbeitet wurde, ist hier übernommen.

Die *Hellwegbörden* (542) im Osten werden durch die hier besonders ausgeprägte streifenartige Anordnung der Teilgebiete bestimmt.

Der Haarstrang (3) als südlicher Streifen bildet eine Schichtstufe, deren steile Stirn nach Süden zu den Tälern der Ruhr und Möhne gerichtet ist und deren sanft nach Norden geneigte Schichtlehne von Hangdellen und Tälern mit nur zeitweise fließenden Bächen (Schledden) gegliedert ist. Nach Norden schließt sich der durchschnittlich 3 km breite Obere Hellweg (20, 21) an, der von einer geschlossenen Lößdecke überlagert ist. In der vor dem Gebirgsrand liegenden südwestlichen Ausbuchtung der Hellwegbörden liegt südlich des schmalen oberen Emschertals das ebenfalls vorwiegend von Löß bedeckte Ardey-Vorland (40, 41, 42). Nördlich der Stadtkerne von Dortmund, Unna und Werl erstreckt sich der Untere Hellweg (10, 11, 12), der außer den Flächen des eigentlichen Hellwegtales angrenzende niedrig gelegene, ebene bis flachwellige Geländeteile umfaßt. Die nördlichste Einheit 5. Ordnung wird von den Derne-Oestinghauser Höhen (00, 01) gebildet; es ist eine Gruppe von flachen Aufragungen zwischen dem Unteren Hellweg und dem Lippetal, zum Teil mit Löß- und Sandlößdecken, zum Teil von Flugsand überlagert.

Im *Westenhellweg* (545) setzt sich der Löß-Streifen der Hellwegbörden über Dortmund hinaus nach Westen fort. Doch wird die Aufeinanderfolge der schmalen, west-östlich gerichteten Streifen hier durch eine andere Struktur und Anordnung der Teilgebiete ersetzt.

W. MÜLLER-WILLE (1941/66) unterschied in diesem Raum die „Bochumer Lößebene" im Westen von der „Castroper Platte" im Osten. In der Gliederung 1:200 000 des Instituts für Landeskunde wird ebenfalls im Osten die „Castroper Platte" als Einheit 5. Ordnung ausgesondert (Blatt Münster, 1960), während für den größeren, auf Blatt Düsseldorf-Erkelenz (1963) erfaßten Teil auf eine Untergliederung verzichtet wird. Das 1960 noch beim Westenhellweg erfaßte „Ardeyvorland" wird 1963 zu den Hellwegbörden gezählt (Übersichtskarte S. 4).

Am Südrand des Westenhellwegs erhalten drei Teilgebiete zunächst dadurch ihr besonderes Gepräge, daß hier schon erste Formenelemente des südlichen Gebirgslandes auftreten wie kleine Härtlingsrücken oder scharf eingeschnittene Tälchen mit Aufschlüssen karbonischer Gesteine an den Hängen. Wenn auch diese Elemente des Südens hier noch nicht dominierend sind (vgl. S. 28/29), setzen sie diesen Teilräumen doch in ihrer naturräumlichen Ausstattung besondere Akzente. Mit einigen angrenzenden Teilen, die im Untergrund schon Kreidedeckschichten über den gefalteten karbonischen Schichten aufweisen, heben sie sich in der Höhenlage und Reliefenergie deutlich von den nördlich angrenzenden flachen Lößplatten ab. Alle diese Teilgebiete können zu einer Einheit 5. Ordnung unter der Bezeichnung Oberer Westenhellweg zusammengefaßt werden (20, 21, 22).

Im Nordosten wird auch hier aus dem Westenhellweg ein Teilgebiet als Einheit 5. Ordnung unter dem Namen Castroper Platten (00, 01) ausgesondert. Das nordwestliche Teilgebiet bildet den Unteren Westenhellweg (10, 11, 12, 13). Die Höhen bleiben hier fast überall unter 90 m und steigen nur am äußersten Westrand noch einmal knapp über 100 m empor. Es ist ein ebenes bis flachwelliges Gelände, das nach Norden zur Emscher stufenförmig abfällt. Auch der Untere Westenhellweg gehört ebenso wie die Castroper Platten größtenteils zur Lößzone.

In dem nördlich an den Westenhellweg grenzenden *Emscherland* (543) gewinnen die Kreidedeckschichten über dem gefalteten paläozoischen Sockel nach Norden immer größere Mächtigkeit. Darüber liegen quartäre Ablagerungen von großer Mannigfaltigkeit, die im einzelnen ein kleinräumiges Mosaik ergeben.

Die erste naturräumliche Gliederung dieses Raumes ist wieder von W. MÜLLER-WILLE (1941/66) vorgenommen worden, der auch noch das Gebiet des Westenhellwegs („Bochumer Lößebene" und „Castroper Platte") zum Emscherland rechnete. Er unterteilte den Norden des Emscherlandes in die „Emscher-Talung" und den „Recklinghauser Landrücken", während er das „Waltroper Flachwellenland" (jetzt „Waltroper Flachwellen") bereits dem Westmünsterland zuwies. Ähnlich wurde das Emscherland auch zunächst noch vom Institut für Landeskunde (1959) abgegrenzt und unterteilt.

In der neueren Gliederung des Instituts für Landeskunde (Karte 1:200 000, Blatt Münster, 1960, bearbeitet von S. MEISEL) wird der Westenhellweg als selbständige Haupteinheit abgetrennt, dafür das „Waltroper Flachwellenland" noch zum Emscherland hinzugenommen. Nach wie vor werden außerdem der „Recklinghauser Landrücken" und das „Emschertal" als Einheiten 5. Ordnung genannt. Die folgende Einteilung schließt sich dieser Dreigliederung des Emscherlandes an.

Im Emschertal (20, 21, 22, 23, 24), der südlichsten Einheit 5. Ordnung, bilden die weichen, undurchlässigen Emschermergel den Untergrund. Sie sind an verschiedenen Stellen von Grundmoränenresten bedeckt. Der größte Teil des Tales wird aber von mächtigen Terrassensanden eingenommen, über welche die Emscher und ihre Nebenbäche dann mit einem vielfältig verzweigten Netzwerk ihre meist lehmigen alluvialen Ablagerungen gebreitet haben.

Nördlich des Emschertales erstreckt sich der Vestische Höhenrücken (00, 01, 02), eine Schichtstufe mit dem Recklinghauser Sandmergel als Stufenbildner und mit nach Süden gerichteter Stufenstirn. Der Höhenrücken ist stellenweise von Löß bedeckt.

Nördlich des von TH. WEGNER (1905) beschriebenen und als präglazial gekennzeichneten „Erkenschwicker Tals" (mit flacher Talwasserscheide) steigt das Gelände bis zum Waldhügelland der Haard wieder an. Auch im Nordosten bei Bockum treten jenseits des Erkenschwicker Tals Erhebungen von 90–95 m Höhe auf, und danach erst fällt das Gelände in sanftwelligen Formen zum Lippetal ab. Es ist deshalb nicht ratsam, diesen Teilbereich vor dem südlichen Haardrand und bei Bockum, wie S. MEISEL (1960, Blatt Münster der naturräumlichen Gliederung 1:200 000) vorschlägt, noch zum Vestischen Höhenrücken zu rechnen. Dieser Bereich wird hier vielmehr mit den Waltroper Flachwellen verbunden; auch W. MÜLLER-WILLE (1941/66) läßt die Waltroper Flachwellen von Südosten bis an die Haard heranreichen. Das Erkenschwicker Tal und die nördlich und nordöstlich davon gelegenen Teilgebiete bis zum Haardrand und bis zum Rand des Lippetals werden also hier mit den flachwelligen Gebieten um Datteln, Waltrop und Brambauer unter der Bezeichnung Oer-Waltroper Flachwellen (10, 11, 12, 13, 14) zusammengefaßt. Dieser Gesamtraum bildet ein vorwiegend flachwelliges Kleinmosaik von Teileinheiten aus Sandmergeln und Mergelsanden, Geschiebelehm, Löß, Sandlöß und Flugsand und eingelagerten Tälern mit Gleyböden und moorigen Bildungen.

## 3.32 Südliche Teile des Kernmünsterlandes und des Westmünsterlandes

An den Südstreifen der Westfälischen Bucht (mit den Haupteinheiten Hellwegbörden, Westenhellweg und Emscherland) schließt sich im Norden das Münsterland an. Zwei seiner Haupteinheiten, das *Kernmünsterland* (541) und das *Westmünsterland* (544) sind mit ihren südlichen Teilen in dieser Abhandlung noch erfaßt.

Das Lippetal bildet heute auf weiten Strecken den Nordrand des Ruhrgebiets. Der Abschnitt östlich Datteln bis über Herzfeld hinaus, der von W. MÜLLER-WILLE (1941/66) noch in die Hellwegbörden einbezogen wurde, ist in der Gliederung des Instituts für Landeskunde (1960, Blatt Münster, bearbeitet von S. MEISEL) in die Haupteinheit des Kernmünsterlandes eingeordnet, und zwar als dessen südlichste Einheit 5. Ordnung, die den Namen Mittleres Lippetal (61, 62, 63, 64, 65, 66, 67) führt. Die hier zu behandelnden Abschnitte reichen nach Osten bis Vellinghausen. Das Lippetal mit der Aue und den beiderseitigen niedrigen, meist sandigen Terrassenflächen ist zwischen Vellinghausen und Uentrop zunächst 2–3 km, bei Hamm und Stockum sogar 5–6 km breit. Bei Werne verschmälert sich das Tal auf 3 km und östlich Lünen durch vorgreifende Kreide-Höhen auf knapp 2 km. Bei Lünen beginnt dann mit der Verbreiterung auf durchschnittlich 4 km ein neuer Abschnitt, der bis zur nächsten Talverengung bei Datteln reicht.

An das Lippetal grenzt im Norden von Datteln, Lünen und Werne ein meist flachwelliges Gebiet, das aber in seinen südlichen Randzonen zur Lippe hin stellenweise eine Reliefenergie von 40–50 m aufweist. Es ist das Gebiet der Lippe-Höhen (50, 51, 52); der Name wurde bereits von W. MÜLLER-WILLE (1941/66) geprägt. Bei Cappenberg werden Höhen von etwa 110 m erreicht.

Nordwestlich schließt sich dann eine weite Talebene an, die nach der Gliederung des Instituts für Landeskunde (Blatt Münster, 1960, bearbeitet von S. MEISEL) zu den Münsterländer Platten (21, 23) zu rechnen ist; sie wird von der Stever durchflossen.

Die hier zu behandelnden naturräumlichen Untereinheiten im südlichen Teil des Westmünsterlandes gehören zu dem von W. MÜLLER-WILLE (1941/66) ausgeschiedenen selbständigen Landschaftsgebiet des „Südwestmünsterlandes". In der vom Institut für Landeskunde erarbeiteten Gliederung ist das Südwestmünsterland mit den nördlich angrenzenden Teilräumen zu der naturräumlichen Haupteinheit Westmünsterland zusammengefaßt worden. Wie S. MEISEL (Handbuch, 1959, S. 819) betont, ist es die durch die vorherrschenden Sandböden gekennzeichnete große standörtliche Einheitlichkeit, welche trotz Verschiedenheiten in den Oberflächenformen zwischen dem nördlichen und südlichen Teil ihre Zusammenfassung zu einer einzigen naturräumlichen Haupteinheit rechtfertigt.

Die Untergliederung dieser ausgedehnten Haupteinheit, insbesondere des Südens, ist z.T. schon durch den Wechsel der Oberflächenform vorgezeichnet. Die in der Nähe von Haltern liegenden Wald-Hügelländer der Haard (20, 21, 22), der Borkenberge (10, 11, 12) und der Hohen Mark (30, 31, 32, 33, 34) sind bereits seit langer Zeit als gut individualisierte Einheiten erkannt und mit charakteristischen Namen bezeichnet worden, wenn auch ihre Abgrenzungen im einzelnen geschwankt haben mögen. Diese drei im Untergrund aus Kreidesanden, hauptsächlich in der Fazies der „Halterner Sande", bestehenden Hügelländer steigen an vielen Stellen über 100 m empor. Ihre Kernbereiche sind von vielen Trockentälchen und „Dillen" oder „Tellen" gegliedert; sie zeichnen sich durch ein bewegtes Kleinrelief aus. Ein besonderes Kennzeichen ist die Armut an oberirdischem Wasser, die auch ein wichtiges Kriterium für die Abgrenzung nach außen darstellt. Die Oberfläche ist an vielen Stellen von Flugsanden (mit Dünenbildung) bedeckt; in einigen Partien, insbesondere im Nordosten der Hohen Mark, tritt auch Sandlöß auf. Auf den armen Sanden, die z.T. Podsolböden aufweisen, haben sich Reste von Stieleichen-Birkenwäldern erhalten, die weithin als potentielle natürliche Vegetation anzusprechen sind.

Zwischen den drei Halterner Sand-Hügelländern und den Ausläufern der Lippe-Höhen im Osten liegt eine breite, von Lippe und unterer Stever durchflossene Talzone: das Halterner Tal (00, 01, 02). Diese Einheit ist schon von W. MÜLLER-WILLE (1941/66) unter der Bezeichnung „Halterner Talung" erfaßt worden und hat durch H. MÜLLER (1950) eine eingehende Bearbeitung erfahren. S. MEISEL führte bei der Gliederung des Instituts für Landeskunde (Blatt Münster, 1960) die Bezeichnung „Halterner Tal" ein. Diese Talzone mit einer maximalen Breite von 7 km ist durch weite Niederterrassen-Ebenen mit aufgelagerten Flugsanddecken und Dünenfeldern geprägt, in die sich die Talauen der Lippe und Stever eingeschnitten haben.

An das Halterner Tal schließt sich im Westen jenseits der Talverengung am Annaberg, d.h. westlich der Hohen Mark und der Haard, die Dorstener Talweitung (40, 41, 42, 43) an. Auch hier ist die Niederterrasse der Lippe besonders breit ausgebildet und vielfach von Flugdecksanden überlagert. Zwischen den trockenen Teilen mit ihren Podsolen und Podsol-Braunerden liegen die Talaue der Lippe und vernäßte Teilbereiche mit Alluvialbildungen der Nebenbäche, mit Gleyböden und Mooren, die heute fast überall kultiviert sind.

An den hydrographischen Konvergenzraum bei Haltern schließt sich auch im Norden eine weite Talebene an, die den Nordosten der Hohen Mark umgürtet und sich dann von Hausdülmen weit nach Nordwesten bis in den Coesfelder Raum hineinzieht. Es ist die Merfelder Niederung (70, 71, 72), die sich über 25 km von Nordwesten nach Südosten erstreckt. Auch diese Einheit ist bereits von W. MÜLLER-WILLE (1941/66) als „Kleinlandschaft" erfaßt und benannt worden. Sie ist größtenteils durch hohen Grundwasserstand, Gleyböden und Moore charakterisiert. Nur in die Randzonen, vor allem im Nordosten, sind bodentrockene Teile und etwas höher liegende Platten, z.T. mit darüber hinaus ragenden Kuppen aus Halterner Sanden, eingefügt. Die früher weit verbreiteten Moore sind heute fast vollständig kultiviert.

Auch im Bereich der Rekener Kuppen (60, 61, 62) gibt es auffällige Kuppen und Aufragungen aus Halterner Sanden, die zum Teil bis auf mehr als 100 m emporragen.[66] Dazwischen liegen flachwellige Geländeteile mit Geschiebelehmdecken und Flugsanden.

Im Gegensatz zu den bodentrockenen Gebieten der Hohen Mark und der Rekener Kuppen sind die westlich angrenzenden Lembecker Sandplatten (50, 51, 52) durch den Wechsel von breiten, feuchten Talebenen und etwas höher liegenden Platten mit Grundmoränendecken und Flugsanden charakterisiert. Auch die beiden letztgenannten Untereinheiten sind bereits von W. MÜLLER-WILLE (1941/66) erfaßt und benannt worden („Lembecker Sandebene" und „Rekener Kuppenland" bzw. „Rekener Kuppen").

Von W. MÜLLER-WILLE (1941/66) wurden im Südosten auch noch das Waltroper Flachwellenland und die Olfener Talung zum Südwestmünsterland gezählt. Das erstgenannte Gebiet wird hier jedoch – in Übereinstimmung mit der Gliederung des Instituts für Landeskunde – nicht in das Westmünsterland, sondern in die Haupteinheit des Emscherlandes einbezogen (vgl. Abschnitt A 3.31, S. 54). Die „Olfener Talung" ist in der Gliederung des Instituts für Landeskunde 1959 (Handbuch) noch genannt, aber 1960 (Blatt Münster, 1:200 000) nicht mehr erwähnt; die Grenze der Haupteinheit wurde hier „etwas nach W an den Beginn der eigentlichen Sandlandschaften des Westmünsterlandes verlegt" (S. MEISEL, Erläuterungen S. 4). Bei der hier vorgelegten Gliederung gehört der Olfener Raum zur Mittleren Stever-Talebene, die in die Einheit 5. Ordnung der Münsterländer Platten einbezogen ist (vgl. S. 55).

---

66 Die Halterner Sande reichen vor allem nach Westen und Norden weit über die Haard und die Hohe Mark hinaus. Das Gesamt-Verbreitungsgebiet wird etwa durch die Orte Gahlen – Borken – Coesfeld – Dülmen – Oer-Erkenschwick – Dorsten begrenzt. Es stellt mit einer Fläche von rund 900 qkm (vgl. Abb. 3), einer Schichtmächtigkeit von 80–270 m und einem Wasservorrat von etwa 18 Mrd. cbm einen gewaltigen Grundwasserspeicher dar (D. WOLANSKY: Die Recklinghauser Haard; in C. HAHNE 1958, S. 145).

## 3.4 Östliche Teile des Niederrheinischen Tieflandes

### 3.41 Niederbergische Sandterrassen und Niederrheinische Sandplatten

Von Westen greift das Niederrheinische Tiefland weit in das heutige Ruhrgebiet hinein. Es umfaßt allein auf der Ostseite des Rheins ein ausgedehntes Gebiet, das sich von etwa 8 km bei Duisburg nach Norden auf 25 km an der unteren Lippe verbreitert.

An seinem Ostrand liegen zwei Haupteinheiten, die maßgeblich durch sandige Böden charakterisiert sind. Es ist südlich der unteren Ruhr zunächst das Gebiet der *Niederbergischen Sandterrassen* ($550_1$). Dieser Raum erhält sein Gepräge, wie bereits bei der Betrachtung der Westgrenze des Gebirgslandes festgestellt wurde (vgl. Abschnitt A 2.1, S. 27), durch von Flugsand bedeckte Kies- und Sandterrassen mit mancherorts freiliegendem Sockel aus gefalteten paläozoischen Schichten und flachgelagerten Tertiärschichten (Karte 1:200 000 des Instituts für Landeskunde, Blatt Düsseldorf-Erkelenz 1963, S. 22–23 der Erläuterungen).

Der zu unserem Untersuchungsraum gehörende nördliche Teil der Niederbergischen Sandterrassen ordnet sich in die Lintorfer Sandterrassen (00) ein. Mächtige Flugsanddecken ziehen sich hier von den östlichen Partien der Rhein-Niederterrasse (35–40 m) auf die untere Mittelterrasse (40–48 m) hinauf. Ostwärts folgen Geländeteile von 50–85 m Höhe. Es sind ehemalige Hauptterrassenflächen, die durch die fluvioglaziale Entwässerung zur Zeit der Mintarder Eisrandlage teilweise zerstört wurden (vgl. K. KAISER 1957, S. 33–34); stellenweise sind nur einzelne Schotterkuppen als Reste der einstigen zusammenhängenden Hauptterrasse erhalten geblieben. Im Bereich der Tälchen sind z.T. auch die darunter liegenden tertiären Schichten bis auf den paläozoischen Untergrund ausgeräumt. Weite Teile dieser Flächen sind dann später von Flugsanddecken überlagert worden.

Sandige Platten treten dann vor allem wieder nördlich der Emscher auf. Sie erstrecken sich von hier aus weit nach Norden und heben sich überall aus den westlich angrenzenden Bereichen deutlich heraus. Es ist das Gebiet der *Niederrheinischen Sandplatten* (578), die große, zusammenhängende Reste der Rhein-Hauptterrasse enthalten. Ihre Ostgrenze, die morphologisch allerdings nur stellenweise schärfer hervortritt, scheidet das Niederrheinische Tiefland von der Westfälischen Bucht; sie fällt in ihrem großzügigen Verlauf etwa mit der Ostgrenze der Tertiärdecke zusammen.

K. PAFFEN (1953, Übersichtskarte) prägte den Namen „Niederrheinische Sandplatten". Er nahm ursprünglich auch noch die südlich der unteren Ruhr liegende „Lintorfer Heideterrasse" mit hinzu; in der Gliederung des Instituts für Landeskunde (Naturräumliche Gliederung 1:200 000, Blatt Düsseldorf-Erkelenz, 1963) ist diese Zuordnung jedoch weggefallen (vgl. Abschnitt A 2.1, S. 26/27, ferner S. 60).

Die Hauptterrasse sinkt auf der Ostseite des Rheins von 80 m dicht nördlich der Emscher bei Bottrop und Osterfeld bis auf etwa 40 m an der deutsch-niederländischen Grenze nördlich Bocholt ab; sie weist außerdem ein geringes ost-westliches Gefälle auf. Durch spätere Abtragung sind die Hauptterrassenplatten in einzelne Plateaus und Inseln aufgelöst und von vielen Tälern und Niederungen durchsetzt; vor allem sind sie durch die Täler der Lippe und der Bocholter Aa in drei große Abschnitte unterteilt.

Wo die Hauptterrassenplatten mit ihren vorwiegend sandigen Böden erhalten sind, werden sie nach außen durch Hangzonen abgegrenzt; diese machen sich vor allem im Teilbereich zwischen Emscher und Lippe im Landschaftsbild auffällig bemerkbar. Den Hangzonen sind z.T. etwas niedriger gelegene, ebene bis flachwellige Teilräume vorgelagert, die bis zum Mittelterrassen-Niveau aufsteigen und sich ihrerseits über die angrenzenden Talebenen deutlich erheben. Auch sie sind vorwiegend von sandigen oder lehmig-sandigen Böden bedeckt und stimmen ökologisch in vielfacher Hinsicht mit den Hauptterrassenresten überein; sie sind deshalb mit diesen zu naturräumlichen Einheiten, die insgesamt dann die Haupteinheit der Niederrheinischen Sandplatten bilden, zu vereinigen.

Die Sande und Kiese der Hauptterrasse sowie auch alle späteren Bildungen fluviatiler, glazialer oder äolischer Entstehung sind auf weiten Strecken von nahezu undurchlässigen tertiären Sedimenten unterlagert. Es kommt dadurch zu Staunässe-Erscheinungen und z.T. zur Bildung eines oberen Grundwasser-Horizontes über den tertiären Ablagerungen; und nur bei größerer Mächtigkeit jüngerer sandiger Ablagerungen treten trockene Flächen und Inseln mit vorwiegend podsoligen Braunerden inmitten der sonst weit verbreiteten Gley- und Pseudogley-Flächen auf. Auch der Geschiebelehm kann örtlich als Staukörper wirken. Der starke Anteil bodenfeuchter Bereiche ist ein besonderes Kennzeichen der Niederrheinischen Sandplatten. Nur die östlichen Randteile, in denen die tertiären Sedimente fehlen und an ihrer Stelle sandige Kreideablagerungen den nahen Untergrund bilden, weisen ein anderes Gepräge auf.

Den südlichen großen Teilbereich zwischen Emscher und Lippe bilden die Königshardter Sandplatten (00, 01, 02)[67]. Es folgt dann der zwischen den Sandplatten liegende Abschnitt des Lippetals mit der Aue und den beiderseitigen Niederterrassenleisten: das Hünxe-Gahlener Lippetal (10, 11, 12). Zwischen Lippe und Bocholter Aa liegen die Brünen-Schermbecker Sandplatten (20, 21, 22, 23), die im Norden an die Rhede-Krechtinger Talebene (30, 31, 32) grenzen. Schließlich folgen bis zur niederländischen Grenze die Vardingholter Sandplatten.

### 3.42 Mittlere Niederrheinebene, Isselebene und Untere Rheinniederung

Westlich der rechtsrheinischen Haupt- und Mittelterrassen (Niederrheinische Sandplatten, Oberhausener Mittelterrasse als Teilraum des Emscherlandes, Heissen-Frintroper Platte als Teilraum des Westenhellwegs, Niederbergische Sandterrassen) erstreckt sich beiderseits des Rheins eine weite Ebene, die aus den Flächen der Niederterrasse, den ihr stellenweise aufgesetzten Dünenfeldern und aus den in sie eingesenkten Flußauen besteht. Ihre Breite beträgt bei Düsseldorf 12 km und nimmt weiter im Norden rasch auf 15–25 km zu.

Zwischen Erft- und Lippe-Mündung liegt die *Mittlere Niederrheinebene* (575), deren Mittelachse die Düsseldorf-Weseler Rheinaue darstellt. Nördlich der Lippe wird die hier von der Issel durchflossene Ebene auf der Ostseite des Rheins immer breiter; als *Isselebene* (576) kann sie neben der westlich angrenzenden *Unteren Rheinniederung* (577) als eigene naturräumliche Haupteinheit betrachtet werden.

Diese grundlegende Dreigliederung ist schon von K. PAFFEN (1953) erarbeitet worden; die drei Einheiten wurden von ihm zunächst als Mittlere Niederrhein-Ebene, Issel-Ebene und Untere Niederrhein-Ebene bezeichnet. Die Dreigliederung wurde vom Institut für Landeskunde übernommen (vgl. Naturräumliche Gliederung 1:200 000, Blatt Düsseldorf-Erkelenz, 1963, Übersichtskarte S. 4).

Die drei genannten Haupteinheiten gehören zu den klimatisch am meisten begünstigten Landschaften unseres Untersuchungsraumes (vgl. Abschnitt A 1.3 und Abb. 7). Sie besitzen mittlere Jahrestemperaturen von 9 bis 9,5°C (Januar über 1,5°, Juli 17 bis 17,5°) und eine mittlere Jahresschwankung von 15,5 bis 16°. Die Zahl der Tage mit Tagesmitteln der Lufttemperatur von mindestens 5° beträgt etwa 245–255 (gegenüber weniger als 240 östlich Borken und im Lippegebiet östlich Marl). Die Zahl der Tage mit Schneedecke bleibt größtenteils unter 20. Die mittleren Jahressummen des Niederschlags bewegen sich etwa zwischen 650 und 800 mm. Mit diesen Werten gehören die drei Haupteinheiten zum Klimabezirk des Niederrheinischen Tieflandes, der nach Süden bis zur Erftmündung, also bis zum Südrand der Mittleren Niederrheinebene reicht und nach Osten schon bald jenseits des Ostrandes der Isselebene und der Mittleren Niederrheinebene vom Klimabezirk Münsterland abgelöst wird (nach dem Klima-Atlas von Nordrhein-Westfalen, 1960, Karte 75).

Nach Norden tritt innerhalb des hier untersuchten Raumes eine Verzögerung der phänologischen Phasen ein. Auf der von F. RINGLEB (1958) erarbeiteten Karte der phänologischen Wertigkeit (vgl. Abschnitt A 1.3, S. 23/24) weisen die Teilräume um Homberg, Oberhausen, Dinslaken und Drevenack besonders günstige Werte von 8–10 auf, die Rheinaue um Rheinberg und Wesel dagegen schon Zahlen um 11–13 und Bocholt den Wert 14. In Bocholt liegen der Beginn der Schneeglöckchen-Blüte, der Hafer-Aussaat, der Apfelblüte und der Winterroggenblüte um je ein Einzugsintervall, der Beginn der Winterroggenernte sogar um 2 Intervalle später als in Homberg und Oberhausen. Im Lippetal greift das klimatisch und phänologisch bevorzugte Gebiet vom Niederrhein nach Osten vor. Dorsten hat die phänologische Wertigkeit 10, und selbst das Halterner Tal ist mit Werten von 11–13 günstiger gestellt als Bocholt mit 14.

Die naturräumliche Haupteinheit der Isselebene (576) erstreckt sich nördlich der unteren Lippe weit nach Nordwesten und sinkt von 25–30 m im Süden nur ganz allmählich ab.

Der größere östliche Teilraum dieser Haupteinheit ist die Obere Isselebene (00, 01, 02, 03). Neben ausgedehnten Bruchniederungen gibt es hier trockene Platten, zum Teil mit Sand-, zum Teil mit Lehmböden; am Südrand liegt das geschlossene Flugsand- und Dünengebiet der Drevenacker Dünen. Der westliche Teil der Isselebene, ein 2–4 km breiter Streifen, der sich unmittelbar an die Rheinaue anlehnt, wird von den Diersfordt-Wittenhorster Sandplatten (10, 11) eingenommen, in dem Flugsande und Dünenbildungen eine besondere Rolle spielen.[67a]

Die Mittlere Niederrheinebene (575) erstreckt sich auf beiden Seiten des Rheins von der Erft- bis zur Lippe-Mündung.

Die Abgrenzung der Untereinheiten 5. Ordnung schließt sich im wesentlichen der von K. PAFFEN erarbeiteten Gliederung auf dem Blatt Düsseldorf-Erkelenz der naturräumlichen Gliederung 1:200 000 (1963) an. Allerdings wurde die Moerser und Baerler Heide wegen ihrer geringen Ausdehnung als Einheit 6. Ordnung in die Linksniederrheinische Niederterrassenebene eingefügt. Für den zu dieser Haupteinheit gehörigen Teil der Rheinaue, die nach Norden ja bis in den Weseler Raum reicht, wurde die Bezeichnung

---

67 Zur Abgrenzung der Untereinheiten und zu ihrer Benennung vgl. im einzelnen W. VON KÜRTEN (1966).

67a Zu den Untereinheiten vgl. W. VON KÜRTEN (1966).

„Düsseldorf-Weseler-Rheinaue" statt „Düsseldorf-Duisburger Rheinaue" gewählt.

So ergibt sich die Untergliederung in die Linksniederrheinische Niederterrassenebene (01, 02, 03, 04, 05, 06), die Rechtsniederrheinische Niederterrassenebene (10, 11, 12, 13, 14, 15) und die Düsseldorfer-Weseler Rheinaue (20, 21, 22). Die vielfach von nährstoffreichen Hochflutlehmen bedeckten Niederterrassenflächen sinken von etwa 40 m im Süden auf 22–23 m im Norden ab. Stellenweise sind sie, wie vor allem im Moerser Donkenland, durch viele gewundene, etwa 2–3 m tiefer liegende alluviale Rinnen zergliedert. In diese Niederterrassenebenen ist die Rheinaue (mit einer etwa 2 m höher gelegenen älteren Talstufe) eingeschnitten; sie wird durch 3–7 m hohe, in weitgeschwungenen Bögen verlaufende Erosionsränder begrenzt.

Die Untere Lippe-Aue wurde als Einheit 6. Ordnung zum Bereich der Rechtsniederrheinischen Niederterrassenebene genommen, zumal auch die untere Ruhraue vom Institut für Landeskunde in dieselbe Einheit eingegliedert wurde; die Untere Lippe-Aue unterscheidet sich zudem in mancher Hinsicht von der Rheinberg-Weseler Rheinaue, in die sie einmündet (vgl. im einzelnen W. VON KÜRTEN 1966, S. 84).

Die Untere Rheinniederung (577) schließt sich unterhalb der Weseler Aue an die Mittlere Niederrheinebene an.

Als charakteristische Untereinheit ist hier schon von K. PAFFEN (1953) die Xantener Bucht (00, 01) ausgesondert worden. Es ist ein Teilgebiet mit Flächen der Niederterrasse, die sich hier buchtartig zwischen die Erhebungen der Niederrheinischen Höhen vorschieben. Die Niederterrasse liegt bei Xanten noch etwa 3 m höher als die östlich angrenzende Rheinniederung; nach Nordwesten werden die Höhenunterschiede geringer.

Die übrigen auf unserer Karte noch erfaßten Teile sind in die Untereinheit der Reeser Rheinniederung (10, 11) eingefügt worden; zu ihr gehören die Rees-Bislicher und die Appeldorner Rheinniederung. Diese Flächen setzen sich aus der eigentlichen Aue und einer etwas höher gelegenen alluvialen Talstufe zusammen. Nährstoffreiche Auenböden kennzeichnen diesen Raum.

## 3.43 Niederrheinische Höhen und Schaephuysener Höhenzug

Die breite Rheinebene, die sich aus der Niederterrasse und den darin eingeschnittenen Auen zusammensetzt, wird im Westen von einer Folge herausragender Erhebungen begrenzt, die als Erosionsreste ehemals geschlossener Stauchmoränenwälle und angrenzender Sanderflächen dem Inlandeis ihre Entstehung verdanken. Vorwiegend wurden hier die vorgefundenen Flußaufschüttungen, z.T. aber auch Interglazialschichten und tertiäre Sedimente, unter Beimengung nordischer Geschiebe, hochgepreßt. Die so entstandenen Höhenzüge wurden später vom Rhein mehrfach durchschnitten und z.T. in isolierte Höhenreste aufgelöst.

Der im nordwestlichen Teil von Nymwegen bis Uedem noch geschlossene, weiter südostwärts bis Kamp-Lintfort aber in isolierte Reste aufgelöste Höhenzug der *Niederrheinischen Höhen* (574) ist bei einer durchschnittlichen Breite von 7 km fast 60 km lang.[68] Nur die isolierten Höhen des Südostens, jeweils durch breite Ebenen im Niederrassenniveau voneinander getrennt, sind auf unserer Karte noch erfaßt.

Es handelt sich um die Bönninghardt (0), die sich bei einer Breite von maximal 5 km über 12 km von Nordwesten nach Südosten erstreckt, um die südlich Xanten gelegene Hees (1; mit etwa 3 km Durchmesser) und den westlich Xanten gelegenen sich über 10 km von Norden nach Süden erstreckenden Balberger Höhenrücken (20, 21).[69]

Alle drei Erhebungen sind frei von Oberflächengewässern, da die Niederschläge in dem vorwiegend aus Sanden und Kiesen bestehenden Untergrund versickern. Auf dem Balberger Höhenrücken, der bis zu 86–87 m aufsteigt, also seine Umgebung um 65 m überragt, finden sich teilweise geringmächtige Sandlöß-Decken. Die beiden anderen Erhebungen, die nicht so hoch emporsteigen, sind weithin von Flugdecksanden überweht.

Weiter im Süden liegt der etwa 12 km lange und nur 1 km breite Schaephuysener Höhenzug (5). Von der Bönninghardt, dem letzten Vorposten der Niederrheinischen Höhen, durch die 5 km breite östliche Ausbuchtung der Niersniederung getrennt, wird er auf Grund seiner Lagebeziehungen als Einheit 5. Ordnung in die Haupteinheit der *Kempen-Aldekerker Platten* (573) eingeordnet.

Diese Zuordnung wurde bereits 1953 von K. PAFFEN vorgenommen, der für die übergeordnete Einheit zunächst den Namen „Niers-Platten" wählte; 1963 ist diese Haupteinheit dann von K. PAFFEN in „Kempen-Alkederker Platten" umbenannt worden (Blatt 1:200 000 Düsseldorf-Erkelenz).

Der Schaephuysener Höhenzug erhebt sich bis zu 50 m über der östlich angrenzenden Niederterrassenebene. Er weist ein wellig-kuppiges Relief auf. Im Untergrund vorwiegend aus sandig-kiesigem Material bestehend, ist er oberflächlich weithin von einer dünnen Lößlehm-Schicht überlagert.

---

68 Schon 1953 wurden die Höhenrücken und Erhebungen zwischen Nymwegen und Kamp-Lintfort von K. PAFFEN zum „Niederrheinischen Höhenzug" zusammengefaßt.

69 Von K. PAFFEN (1953) ist für den Balberger Höhenrücken zunächst die Bezeichnung „Balberger Hochwald" eingeführt worden. Es ist eine Zusammensetzung aus dem Siedlungsnamen Balberg (im südlichen Teil) und der für das geschlossene Waldgebiet im Norden üblichen Bezeichnung Hochwald. 1959 benutzt K. PAFFEN (im Handbuch der naturräumlichen Gliederung, S. 869) die Bezeichnung „Balberger Waldrücken". Die Bezeichnungen für die beiden anderen Erhebungen sind allgemein geläufig.

Auch in der östlich angrenzenden Linksniederrheinischen Niederterrassenebene gibt es noch einige kleine Reste der ehemaligen Stauchmoränenwälle (und angrenzenden Sander). Es sind dies inselartige Erhebungen von etwa 700 bis 2000 m Länge, die ihre Umgebung um etwa 15 bis 30 m überragen: Kamper Berg, Niersen-Berg, Dachsberg, Eyllscher Berg, Rayer Berg, Gülix-Berg, ferner im Süden nördlich Krefeld Hülser Berg und Egels-Berg.

## 4 RICHTUNGSDOMINANTEN IM NATURRÄUMLICHEN STRUKTURPLAN

Überblickt man abschließend noch einmal das naturräumliche Gefüge des Ruhrgebiets und seiner engeren Umgebung, wie es in den vorstehenden Abschnitten erarbeitet und dargelegt wurde, so zeichnet sich bei aller Vielfalt im einzelnen das Grundgerüst eines Strukturplanes ab, der im wesentlichen durch zwei etwa senkrecht zueinander verlaufende Richtungen gekennzeichnet ist.

In weiten Teilbezirken schält sich zunächst ein System von Linien und Streifen heraus, die etwa von West nach Ost bzw. von Westsüdwest nach Ostnordost verlaufen. In einigen Teilräumen macht sich außerdem die Richtung von Süden nach Norden, oft mit einer Verschwenkung nach Nordwesten, stärker bemerkbar, und sie gewinnt an manchen Stellen die Oberhand.

In den nordwestlichen Teilen des Bergisch-Sauerländischen Gebirges ist die im variskischen Faltenrumpf angelegte WSW-ONO-Richtung in der naturräumlichen Struktur besonders auffällig. Sie tritt in der langgestreckten Muldenzone vor dem Nordrand der Bergischen und Märkischen Hochflächen in Erscheinung (Wupper-Ennepe-Mulde, Iserlohner Kalkmulde, letztere infolge des Abtauchens des Remscheid-Altenaer Sattels allmählich mehr in eine östliche Richtung übergehend). Ferner macht sie sich in einigen Laufstrecken der Ruhr (z.B. im Ruhrtal bei Schwerte – Fröndenberg, das in den weichen Schiefern des Oberen Flözleeren angelegt ist) und in dem zum Niedersauerländer Hügelland gehörigen, etwa 20 km langen Streifen der schmalen, auffälligen Höhenrücken nördlich von Iserlohn bemerkbar. Im Bereich des Produktiven Karbons folgen ihr die dort vielfach strukturbestimmenden Härtlingsrücken (Eggen). Innerhalb des Gebirgslandes tritt aber auch die Richtung von SSO nach NNW mehrfach in Erscheinung. Sie bestimmt in manchen Teilen die Hauptentwässrungsrichtung; ihr folgen einige wichtige Flußtäler, die das Gebirgsland quer zum Schichtstreichen durchsetzen (Westliches und Östliches Wupper-Engtal, obere Ennepe, Volme, Nahmer, Lenne innerhalb des Hochflächenlandes, Hespertal, Deilbach, Feldersbach und Hammertal im Niederbergisch-Märkischen Hügelland, Baarbach und untere Hönne im Niedersauerland). Am Westrand des Gebirgslandes sind es insbesondere die Streifen der Niederbergischen Sandterrassen und der Niederbergischen Höhenterrassen, welche dieser Richtung folgen, während hier umgekehrt die wichtigsten Flüsse (Anger, Düssel) senkrecht dazu nach W bzw. WSW fließen.

Eine vorwiegend west-östliche Streifenstruktur (z.T. mit leichter Abbiegung nach ONO) macht sich vor allem nördlich des Gebirgslandes bemerkbar. Sie wird gekennzeichnet durch die Nordgrenze des Gebirgslandes selbst, durch die ihr vorgelagerte Lößzone des Hellwegs, den Haarstrang, durch große Teile des Emschertals und durch den Vestischen Höhenrücken. Am stärksten ist die naturräumliche Haupteinheit der Hellwegbörden (mit den Streifen des Haarstrangs, des Oberen und Unteren Hellwegs und der Derne-Oestinghauser Höhen) von der West-Ost-Richtung geprägt, während sich weiter westlich vereinzelte Störungen dieser Streifenstruktur bemerkbar machen (Emschertal zwischen Dorstfeld und Mengede, Castroper Platten, Lücke von Kray zwischen den Rüttenscheider und Weitmarer Höhen des Oberen Westenhellwegs).

In dem zum Kernmünsterland gehörenden Mittleren Lippetal setzt sich die west-östliche Struktur nach Norden fort. Dagegen tritt weiter westlich im Lippe-Bereich auch die Süd-Nord- bzw. Südost-Nordwest-Richtung stark in Erscheinung. Sie wird hier durch die Folge der Halterner Sand-Höhen (vor allem Haard – Hohe Mark – Rekener Kuppen), durch die Merfelder Niederung, die Lembecker Sandplatten und durch die Haupteinheit der Niederrheinischen Sandplatten vertreten, während sich im Lippetal selbst wieder die westöstliche Richtung bemerkbar macht. Es ergibt sich also in diesem Bereich ein System etwa senkrecht aufeinanderstehender Strukturlinien. Querriegel greifen mehrfach über das Lippetal hinweg (Haard – Hohe Mark; Niederrheinische Sandplatten), und die Lippe durchbricht sie in deutlich verengten Durchbruchstrecken. Im Zusammenhang damit kommt es zu einer Kammerung. Die beiden „Kammern" der Dorstener Talweitung und des Halterner Tals sind fast ringsum von etwas höher aufsteigenden Geländeeinheiten umgeben; zwischen ihnen führen von der Dorstener Talweitung zwei flache Talwasserscheiden (Boye-Schölsbach-Tal, Erkenschwicker Tal) nach Süden.

Im Bereich des Niederrheinischen Tieflandes beherrscht die Nord-Süd-Struktur den Bauplan fast vollständig. Die Rheinaue, die links- und rechtsrheinischen Niederterrassenebenen und die Hauptterrassenflächen auf der Ostseite des Rheins sind in dieser Richtung angeordnet. Unterhalb Wesel setzt sich eine mehr nordwestliche Richtung durch (Untere Rheinniederung, Niederrheinische Höhen).

Insgesamt lassen sich also innerhalb des hier behandelten Raumes nach dem naturräumlichen Gefüge verschiedene Strukturzonen unterscheiden. Ein wesentlicher Teil im Norden (Westmünsterland und Niederrheinische Sandplatten) ist durch zwei sich überlagernde Anordnungsrichtungen gekennzeichnet; dieser Teilraum greift westlich Datteln noch über die Lippe hinaus nach Süden vor. Auch im Gebirgsland des Südostens tritt im Bauplan neben der variskisch geprägten WSW-ONO-Struktur die dazu senkrechte Richtung in Erscheinung. Demgegenüber ist der zum Niederrheinischen Tiefland gehörende Westen durch eine nord-südlich gerichtete Streifenstruktur geprägt. Und in einem mittleren Kernraum, der den nördlichen Saum des Gebirgslandes, Westenhellweg und Emscherland, Hellwegbörden und Mittleres Lippetal umfaßt, herrscht eine west-östliche Streifenstruktur vor. Die Grenze zwischen den beiden letztgenannten Teilräumen verläuft etwa vom Mülheimer Stadtkern über Oberhausen nach Sterkrade. An dieser Linie münden Ruhr- und Emschertal in die breite Ebene des mittleren Niederrheins ein; und von hier ab tritt die West-Ost-Richtung gegenüber der vom Hauptstrom bestimmten Richtungsstruktur zurück.

Das naturräumliche Gefüge eines Gebietes wirkt sich in mannigfacher Weise auf seine siedlungsgeographische, wirtschaftsräumliche und kulturlandschaftliche Entwicklung aus. So wird im Folgenden das Augenmerk auch darauf zu richten sein, inwiefern das grundlegende Raumgefüge, das sich im naturräumlichen Strukturplan widerspiegelt, auch im Ruhrgebiet und seiner Umgebung die landschaftsräumliche Entwicklung und Struktur beeinflußt hat.

# B Kulturlandschaftliche Entwicklung

Bei einer Betrachtung der kulturlandschaftlichen Entwicklung ist entsprechend der Zielsetzung dieser Arbeit auch den Vorgängen und Erscheinungen besondere Beachtung zu schenken, die für die Randzonen des Ruhrgebiets von Bedeutung sind. In diesen Räumen, die im Gegensatz zum Kernraum nur stellenweise durch die „industrielle Revolution"[70] einen eigentlichen Umbruch in ihrer Entwicklung erlebt haben und die heute in zunehmendem Maße den Charakter von Ausgleichs- und Erholungsgebieten gewinnen, wirken vielfach die Strukturen der früheren Zeit noch in mannigfacher Weise nach. Es erscheint deshalb zweckmäßig, in den folgenden Betrachtungen die Zeit vor der industriellen Revolution in gebührender Weise zu berücksichtigen.

## 1  DIE LANDSCHAFT BIS ZUR ERSTEN HÄLFTE DES 19. JAHRHUNDERTS

Bis in das 19. Jahrhundert hinein verharrte der größte Teil des Raumes, der heute vom Ruhrgebiet eingenommen wird, in einem vorwiegend ländlich-agrarischen Gepräge. Der mittelalterliche Siedlungsausbau und die sich allmählich herausbildende und dann bis um 1800 bestehende, festgefügte Ordnung der territorialen Gliederung hatten das Gefüge der Kulturlandschaft maßgeblich bestimmt. Das gewerbliche Leben konzentrierte sich vornehmlich auf die punkthaft eingefügten Kirchdörfer und Kleinstädte, die, meist an Kreuzungspunkten der alten Verkehrswege gelegen, zugleich die Markt- und Handelsfunktionen auf sich gezogen hatten und die zentralen Ortschaften für mehr oder weniger große Bereiche ihrer Umgebung darstellten. Nur in den vorderen Teilen des Gebirgslandes, im alten „Ruhrrevier" und im südlich angrenzenden bergisch-märkischen Eisen- und Textilgebiet, bestimmte das Gewerbeleben schon flächenhaft den Charakter des Raumes, und stellenweise hatten sich hier schon frühindustrielle Landschaften herausgebildet.

Da die sich in langen Zeiträumen vollziehende Entwicklung der Kulturlandschaft nicht nur durch die naturräumlichen Gegebenheiten, sondern immer wieder auch durch politische Vorgänge maßgeblich beeinflußt worden ist, soll hier zunächst die territoriale und administrative Gliederung einer kurzen Betrachtung unterzogen werden.

### 1.1  Übersicht über die territoriale und administrative Raumentwicklung

Die zur Römerzeit für mehrere Jahrhunderte bestehende politische Grenze am Niederrhein, durch eine Reihe von Legionslagern und Kastellen gesichert (Vetera Castra bei Xanten, Asciburgium-Asberg bei Moers, Gelduba-Gellep bei Krefeld), hat sich für die spätere Kulturlandschaft des hier zu betrachtenden Raumes nicht in irgendwie nennenswertem Maße ausgewirkt. Ebensowenig gilt das von den durch die Römer vorübergehend an der Lippe errichteten befestigten Lagern, die inzwischen durch Ausgrabungen und archäologische Funde aufgedeckt wurden (Dorsten-Holsterhausen, Haltern, Bergkamen-Oberaden).

---

[70] H. MOTTEK (1960) hat die Gründung des Zollvereins im Jahre 1834 als Stichjahr für den Beginn der „industriellen Revolution" in Deutschland gewertet. Im Ruhrgebiet begann der eigentliche Wandel jedoch erst später. Zwar ging man schon seit den 1830er Jahren im Ruhrbergbau mehr und mehr zur Durchteufung der Mergeldecke über (vgl. Abschnitte B 1.32 und B 2.1, S. 115/116 und S. 121). Aber die Nordfront des Reviers kam doch erst in den 40er Jahren so recht in Bewegung, wobei der Bau der 1847 eröffneten Köln-Mindener Bahn südlich der Emscher eine wichtige Rolle spielte; und erst 1849 wurde im Ruhrgebiet der erste Kokshochofen in Gang gebracht und damit eine neue, für das Ruhrgebiet wesentliche Entwicklung eingeleitet (vgl. Abschnitt B 2.1, S. 120–128).
Auch im landwirtschaftlichen Bereich machten sich um diese Zeit stärkere Wandlungen bemerkbar. Nach W. ABEL (Die drei Epochen der deutschen Agrargeschichte; Schriftenreihe für ländliche Sozialfragen, 37, Hannover, 1962) begann in Deutschland um 1850 die „industrielle Epoche" (nach H. DITT 1965, S. 4, Anm. 1).

In wesentlich stärkerem Maße hat hingegen die sich etwa im 6. und 7. Jahrhundert herausbildende Grenze zwischen dem niederfränkischen Westen und dem sächsisch-westfälischen Osten auf die kulturlandschaftliche Entwicklung eingewirkt.[71] Zwar wurde das Sachsenland durch Karl den Großen in das von römischen Traditionen beeinflußte Frankenreich eingegliedert. Aber bei den kirchlichen Gliederungen, bei der Grafschaftseinteilung und bei den karolingischen Teilungen des 9. Jahrhunderts wirkten sich die früheren Raumbeziehungen wieder aus.

Auf der Grundlage der kirchlichen und gerichtlichen Bezirke haben sich später die *Territorien* entwickelt. Erhebliche Bedeutung hatten zunächst die Burgen als Stützpunkte territorialer Macht; sie wurden mit den ihnen vielfach angelagerten „Freiheiten" zu Kristallisationspunkten für die Ämter, also für die administrativen Einheiten der größeren Territorien.[72] Vor allem spielten aber dann die Städte für die Festigung und Sicherung der Territorien und auch als Verwaltungsmittelpunkte eine wichtige Rolle. Insbesondere die größeren und bedeutenderen Territorien haben die Siedlungsentwicklung in mannigfacher Hinsicht beeinflußt, wenn auch mancherorts das System der Vororte schon präterritorial vorbereitet war.[73]

Es ist nun von großer Bedeutung für die spätere Entwicklung, daß es im Bereich des heutigen Ruhrgebiets nicht einen einzigen politischen Kern- und Aktivraum von höherem Rang gegeben hat. Die bedeutenderen Territorialmächte haben vielmehr von außen her in dieses Gebiet eingegriffen und das Gefüge der hier urspünglich existierenden kleineren Herrschaften verändert (vgl. Abb. 13).

Nördlich der Lippe waren es im westfälischen Raum die Bischöfe von Münster, die schon früh in ihrem Diözesan-Bereich auch die entscheidende politische Machtstellung erringen konnten. Im westlichen „Münsterland" erlangte die Herrlichkeit Lembeck eine gewisse Sonderstellung; doch blieb sie im Gegensatz zur nördlich gelegenen reichsunmittelbaren Herrschaft Gemen stets Bestandteil des fürstbischöflichen Amtes Ahaus.[74] Die Westgrenze des Fürstbistums Münster, die ebenso wie die Diözesangrenze in ihrem groben Verlauf dem alten Grenzsaum zwischen Franken und Sachsen folgte, wurde endgültig erst 1572 in einem Vergleich zwischen Münster und dem inzwischen am Niederrhein emporgewachsenen Herzogtum Kleve festgelegt.[75]

Im übrigen Teil des späteren Ruhrgebiets hatten zunächst die Erzbischöfe von Köln, zu deren Diözesan-Bereich der gesamte Raum gehörte, auch eine starke politische Stellung, insbesondere nachdem ihnen im Jahre 1180 nach dem Sturze Heinrichs des Löwen die westfälische Herzogswürde zugefallen war. In einigen Gebieten haben sie auch die endgültige territoriale Gewalt erringen können, vor allem im Vest Recklinghausen zwischen Emscher und Lippe, sowie in Teilen des linksrheinischen Raumes um Uerdingen und um Rheinberg. Von Südosten her griff auch das kurkölnische Herzogtum Westfalen bei Menden und Werl in die Randzonen des heutigen Industriegebiets hinein.

An kleineren geistlichen Herrschaften bestanden im heutigen Ruhrgebiet die Reichsabtei Werden (mit Kettwig und Heisingen) und das Reichsstift Essen, das sich südlich der Emscher weit nach Westen bis in den heutigen Oberhausener Raum hineinzog. Zu Essen gehörte im Osten als kleine Exklave das Gebiet um Huckarde westlich der Freien Reichsstadt Dortmund.

Im östlichen, westfälischen Teil erlangte unter den weltlichen Territorien die Grafschaft Mark den größten Anteil am späteren Industriegebiet. Am Deilbach und am östlichen Wupper-Engtal reichte sie nach Westen bis in den alten Grenzsaum zwischen fränkischem und sächsisch-westfälischem Gebiet. Von hier aus griff sie im „Märkischen Sauerland" weit nach Osten und Süden bis über das Ebbegebirge hinaus und umschloß fast allseitig die kleine Grafschaft Limburg. Im Norden erstreckte sie sich bis zur Emscher bei Gelsenkirchen, Herne, Castrop und Mengede und umfaßte dann auf drei Seiten das Gebiet der Reichsstadt Dortmund. Im Nordosten griff sie auf breiter Front bei Lünen und Hamm bis zur Lippe vor und reichte in der Soester Börde buchtartig tief in das kölnische Herzogtum Westfalen hinein. Das Zentrum der Territorialherrschaft rückte aus dem Lenne-Engtal bei Altena nach dem Erwerb der Wasserburg Mark bei Hamm schon früh in das Gebirgsvorland; und als im Jahr 1368 auch die Grafschaft Kleve an die Grafen von der Mark fiel, die dann 1417 zum Herzogtum erhoben wurde, wanderte der Regierungs- und Hauptverwaltungssitz an den unteren Niederrhein. Zu dem ver-

---

71 Vgl. dazu insbesondere P. SCHÖLLER (1953), vor allem S. 12 ff.
72 Vgl. z.B. für das bergisch-märkische Gebiet P. SCHÖLLER (1953), S. 16 ff.
73 Dies gilt z.B. für das Siedlungssystem des Hellwegs, an dem verschiedene Territorien Anteil hatten. Vgl. TH. KRAUS (1961), S. 4.
74 Die erstmals 1467 so bezeichnete Herrlichkeit Lembeck ging nach F. MÜHLEN auf den Besitz eines Gogerichtes zurück; sie konnte durch die Erlangung der Freigerichtsbarkeit wesentlich gefestigt werden (nach einem bisher unveröffentlichten Gutachten von 1964 über „die Bau- und Kunstdenkmale im Bereich des Naturparks Hohe Mark im Spiegel der geschichtlichen Entwicklung dieses Raumes").
75 In dem Vergleich wurde der lange Grenzstreit zwischen Münster und Kleve dahingehend entschieden, daß Brünen an Kleve, Dingden aber an Münster fiel. Die geistliche Jurisdiktion über Dingden mit dem benachbarten Kloster Marienfrede und über Brünen mit dem benachbarten Kloster Marienthal blieb bei Münster; sie wurde in Brünen gegenstandslos, als um 1580, begünstigt durch die Herzöge von Kleve, die Gemeinde den reformierten Glauben annahm (nach F. MÜHLEN, a.a.O.).

1 Die Landschaft bis zur ersten Hälfte des 19. Jahrhunderts

```
──── Provinzgrenzen nach 1816
------ Grenze zwischen den Reg. Bez. Arnsberg
       und Münster nach 1816
```

1 Herrschaft Gemen
2 Herrschaft Styrum
3 Herrschaft Oefte
4 z. Reichsstift Essen

Preußische Gebiete | Herzogtümer Berg und Jülich | Geistliche Territorien | Übrige Territorien

Abb. 13
Territoriale Gliederung am Ende des 18. Jahrhunderts

Quellen:

G. WREDE: Die westfälischen Länder i.J. 1801 – Veröffentl. d. Hist. Komm. d. Provinzialinstituts für Westf. Landes- und Volkskunde, Münster, 1953

J. NIESSEN: Geschichtlicher Handatlas der deutschen Länder am Rhein – Mittel- und Niederrhein – Köln, 1950

H. AUBIN – J. NIESSEN: Geschichtlicher Handatlas der Rheinprovinz – Bonn, 1926

einigten kleve-märkischen Territorium aber gehörte nun außer dem märkischen Gebiet im Osten auch ein ausgedehntes Teilgebiet im Westen des späteren Ruhrreviers, das vom Wesel-Schermbecker Raum über Hünxe und Dinslaken bis nach Duisburg im Süden reichte.

Im Süden griff die Grafschaft Berg, die 1380 zum Herzogtum erhoben wurde, bei Mülheim noch in die Randzonen des späteren Ruhrgebiets hinein. Abgesehen von den beiden kleinen, an der Ruhr gelegenen Herrschaften Styrum und Oefte, umfaßte sie von hier aus das rechtsrheinische Gebiet bis über die Sieg hinaus und griff im „Bergischen Land" tief in das Schiefergebirgsland hinein. Die vorübergehend selbständige Herrschaft Hardenberg im Hügelland an der Grenze zum Märkischen wurde 1355 von den bergischen Grafen gekauft; 1427 folgte Elberfeld. 1423 wurden die Herzogtümer Jülich und Berg vereinigt. Auch am Beispiel des bergischen Territoriums ist festzustellen, daß das Zentrum der Macht,

das ursprünglich im Innern des Gebirgslandes an der Dhünn (Altenberg) und am unteren Wupper-Engtal (Schloß Burg) gelegen hatte, allmählich in die Ebene vor dem Gebirgsland hinausrückte, wo schon 1288 die Stadt Düsseldorf begründet worden war.[76]

Im Jahre 1511 fielen Berg und Jülich durch Erbschaft an das Haus Kleve-Mark, und es bildete sich vorübergehend ein großes westdeutsches Territorium, das von dem zu dieser Zeit aufblühenden Düsseldorf aus verwaltet wurde. Nach dem Tod des letzten Herzogs im Jahre 1609 entbrannte der Jülich-Klevische Erbfolgestreit. Durch den Vertrag von Xanten im Jahre 1614 kamen Jülich und Berg mit Düsseldorf als Hauptstadt an die katholische Pfalz-Neuburger Seitenlinie des Hauses Wittelsbach. Kleve und Mark aber

---

[76] Zur bergischen Territorialentwicklung vgl. im einzelnen A. SCHÜTTLER (1952), S. 44 ff.

fielen an den reformierten Kurfürsten von Brandenburg und bildeten zusammen mit Ravensberg den Grundbestand der späteren preußischen Gebiete im Westen. Diese politischen Vorgänge haben sich insbesondere auf die spätere wirtschaftliche Entwicklung in vielfältiger Weise ausgewirkt. 1702 fiel auch die kleine linksrheinische Grafschaft Moers (einschl. ihrer Exklave Krefeld), die von 1600 ab unter der Herrschaft der Nassau-Oranier gestanden hatte, an Preußen; und 1713 folgte das „Oberquartier", der südliche Teil des Herzogtums Geldern. Damit war Preußen zur stärksten Macht in diesem Bereiche geworden.

Die bis zum Beginn des 19. Jahrhunderts bestehenden territorialen Verhältnisse wirkten sich nach Beendigung des französischen Zwischenspiels in stärkster Weise auf die seit 1815 begründete *administrative Raumgliederung* aus. Nachdem jetzt der gesamte Raum preußisch geworden war, schloß man sich bei der Festlegung der Verwaltungsgrenzen weitgehend den Abgrenzungen der früheren politischen Einheiten an. Die Grafschaft Mark bildete den nordwestlichen Eckpfeiler des neu gebildeten Regierungsbezirks Arnsberg und zeichnete dessen Begrenzung in diesem Raume vor. Ebenso wurde die Süd- und Südwestgrenze des Regierungsbezirks Münster durch das frühere Fürstbistum Münster und das Vest Recklinghausen gekennzeichnet. Die weiter westlich liegenden ehemaligen Territorien wurden, nachdem vorübergehend ein besonderer Regierungsbezirk Kleve gebildet worden war, am 1. Januar 1822 dem Regierungsbezirk Düsseldorf eingegliedert.[77] Die Ostgrenze des Regierungsbezirks Düsseldorf bildete in dem hier betrachteten Gebiet zugleich die Grenze zwischen der Rheinprovinz und der Provinz Westfalen. Sie schloß sich damit im wesentlichen (vom Essener Gebiet abgesehen) dem vor mehr als 1000 Jahren angelegten Grenzsaum zwischen dem fränkischen Westen und dem sächsisch-westfälischen Osten an; die durch diese politische Grenze gegebenen und immer wieder verstärkten Raumbeziehungen mit ihren vielfältigen Einflüssen auf die Kulturraumentwicklung wirkten sich somit auch nach der Neugliederung des vorigen Jahrhunderts weiter aus. Seither haben sich an diesen Hauptverwaltungsgrenzen bis in die Gegenwart — von einzelnen, durch kommunale Umgemeindungen bewirkten Veränderungen abgesehen — keine grundsätzlichen Verschiebungen vollzogen.

Wie wenig noch zu Beginn des vorigen Jahrhunderts das Gebiet des heutigen Ruhrreviers Kern- und Aktivraum war, zeigt die mehrfache Durchschneidung des Raumes bei der Festlegung der neuen Verwaltungsgrenzen. Sie erfolgte vor dem Beginn der industriellen Revolution und damit vor dem Umbruch des landschaftlichen Gefüges, der mit dem Aufstieg des Reviers verbunden war. Daß die Grenzen bis heute immer noch bestehen, bestätigt die Beharrungskraft, die einmal geschaffenen und für längere Zeit wirksamen Raumgliederungen und den damit verbundenen Einrichtungen anhaftet, vor allem, wenn sich mit ihnen gewisse Verschiedenheiten der einzelnen Kulturräume verbinden, die sich in langen geschichtlichen Prozessen herausgebildet haben.

Auch in konfessioneller Beziehung wirken sich die territorialen Verhältnisse bis heute aus. Während im 16. Jahrhundert die geistlichen Territorien katholisch blieben, setzte sich die Reformation vor allem im märkischen Raum (einschl. Dortmund und Limburg), aber auch in großen Teilen des klevischen, Moerser und bergischen Raumes weithin durch. Trotz der inzwischen erfolgten starken Bevölkerungsverschiebungen und Fluktuationen spiegeln sich doch die Grenzen der ehemaligen Territorien an manchen Stellen noch bis in die Gegenwart in den Anteilen der Konfessionen wider. Diese aber haben nach wie vor eine erhebliche Bedeutung für die Unterschiede in der sozialen Struktur der einzelnen Teilräume, und an manchen Stellen ergeben sich in dieser Hinsicht noch jetzt überraschend scharfe Grenzlinien, im Norden etwa an der Lippe und im Südosten an der Grenze des Märkischen gegen das Kurkölnische Sauerland.[78]

## 1.2 Die ländlich-agrarisch geprägten Gebiete der Tiefland-Zonen.

Der Gesamtraum der Tiefland-Zonen, die das Bergisch-Sauerländische Gebirge im Westen und Norden umgeben, wies bis zum Beginn der „industriellen Revolution" ein vorwiegend ländlich-agrarisches Gepräge auf. Dabei zeigte sich eine starke Abhängigkeit von den naturräumlichen Gegebenheiten, die sich insbesondere auf Siedlungsstruktur und Bevölkerungsdichte, auf Nutzungssysteme und vorherrschende Anbaupflanzen auswirkten.

*Im Norden und Nordwesten* — etwa von der mittleren Lippe und der unteren Emscher an — hatten *Einzelhöfe und kleine, lockere Hofgruppen* mit ursprünglich höchstens 3 bis 4 Höfen den Ausgangs-

---

[77] Vgl. im einzelnen Gemeindestatistik des Landes Nordrhein-Westfalen, Sonderreihe Volkszählung 1961, Heft 3d (Lit.-Verz. Nr. 16).

[78] Vgl. dazu auch Abb. 34.

punkt für die weitere Entwicklung gebildet.⁷⁹ Die primäre Flurform war nach den Untersuchungen der letzten Jahrzehnte⁸⁰ wohl durch hofnahe Blöcke gekennzeichnet, die als Dauerackerland dienten. Nach den Berechnungen von W. MÜLLER-WILLE (1956, S. 24) und H. HAMBLOCH (1962, S. 348/49) kann für einen frühmittelalterlichen Hof etwa 4 ha Dauerackerland angenommen werden. Erst später dürften sich die ausgeprägten Langstreifenfluren der Esche entwickelt haben, die z.T. durch Aufteilung entstanden⁸¹ und z.T. auch in Verbindung mit einer Ausweitung des Dauerackerlandes auf Kosten von Flächen, die vorher im Feld-Gras-Wechselwirtschaftssystem genutzt wurden (H. HAMBLOCH 1962; G. MERTINS 1964, S. 62). Im Zuge dieser Entwicklung haben sich auch die kleinen Siedlungsgruppen durch Teilung der ursprünglichen Höfe vielfach zu den charakteristischen „Drubbeln" entwickelt, die weithin das Siedlungsbild in dem gekennzeichneten Raum bestimmten.⁸²

Charakteristisch war die Lage der Siedlungen an der Grenze von trockenen und feuchten Geländeteilen. Leitlinien waren die Ränder der Talauen mit ihren Gley- und Auenböden und die Grenzen der in die Niederterrassenebenen eingefügten feuchten Niederungszonen. Typische Aufreihungen der Höfe sind z.B. am Rande der Rhein-Niederterrasse gegen die Rheinaue oder gegen die in die Rhein-Niederterrassenebene eingetieften Rinnen und Niederungen festzustellen. Hier überall konnte das Weideland in den feuchten Geländeteilen ebenso ausgenutzt werden wie die für den Ackerbau geeigneten Flächen auf den grundwasserferneren Standorten der höheren Platten. Die Höfe lagen oft unmittelbar an den Geländekanten, welche die Teilbereiche voneinander trennten.⁸³

Die Siedlungen mit ihren Feldfluren waren oft von Gemeinheitsland umgeben. Vor allem in den Sandgebieten stellten die Höfe und Hofgruppen mit dem *hofnah gelegenen Dauerackerland* nur kleine, inselartige Flächen dar, während die in Gemeinnutzung stehenden *Markengründe* eine große Ausdehnung erreichten. Um die dauernde Nutzung des hofnahen Ackerlandes zu ermöglichen, wurden in den Marken regelmäßig Gras- und Heideplaggen gestochen, mit Dung versetzt und auf das Ackerland gebracht. Durch jahrhundertelangen Plaggenauftrag entstanden dort künstlich erhöhte Flächen mit tiefhumoser Krume von meist sehr homogener Beschaffenheit. Auf diesen Plaggeneschen wurde vorwiegend Winterroggen angebaut. Nach den Berichten von J. N. v. SCHWERZ wurden um 1816/18 die mehrjährigen Roggenfolgen auf den Eschen im Sandmünsterland nur von Hafer- oder Buchweizenanbau unterbrochen.⁸⁴

Die ausgedehnten Markengründe, die in den Sandgebieten den größten Teil der Fläche einnahmen, dienten zunächst als Mast- und Hudewälder. Doch wurde der ursprüngliche Wald – außerhalb der Niederungen auf sandigen Böden meist Eichen-Birken- und Buchen-Eichenwald – durch Weidegang und Viehverbiß, Holzschlag und Plaggenstich immer mehr gelichtet, und es entwickelten sich in weitem Umfang die *Zwergstrauchheiden* mit der Besenheide (Calluna vulgaris), den charakteristischen Wacholderbeständen und den nur vereinzelt eingestreuten Birken, Eichen und Ebereschen. Weithin kam es im Zusammenhang damit zu einer Degradierung der Böden und vielfach zu Orterde- und Ortsteinbildung. Immer minderwertiger wurden in den Sandgebieten die Weideflächen. Rinder- und Schweinehaltung gingen zurück; Heidschnucken-Beweidung und Imkerei nahmen zu (vgl. Abb. 14).⁸⁵

---

79 Vgl. die altertümliche Siedlungsstruktur auf Abb. 19 (Teilgebiet Westrup – Stevertal).
80 Vgl. insbesondere W. MÜLLER-WILLE (1952, 1956, 1958), G. NIEMEIER (1959), A. KRENZLIN (1959, 1961), H. HAMBLOCH (1960, 1962), G. MERTINS (1964).
81 Vgl. A. KRENZLIN (1959, S. 351 ff., und 1961, S. 203 ff.); die Untersuchungen bezogen sich u.a. auf das Emmelkämper Feld bei Dorsten, das bereits bei den Untersuchungen von F. SCHUKNECHT (1952) eine Rolle gespielt hatte.
82 Hinweise für die Teilung von Höfen und die Absplisse von Kotten gibt z.B. G. MERTINS (1964), S. 52 ff. für die Drubbel Welmen und Bucholt an der unteren Lippe.
83 Manche dieser Reihensiedlungen an den Terrassenrändern können auch als planmäßige Anlagen entstanden sein. So sind nach H. ZSCHOCKE (1963) die meisten Reihensiedlungen am Rand der Aldekerker Platte im linksrheinischen Gebie als planmäßig angelegte Waldhufensiedlungen zu betrachten.
84 J. N. v. SCHWERZ: Beschreibung der Landwirtschaft in Westfalen und dem anschließenden Rheinpreußen; 1. und 2. Teil, Stuttgart 1836 – zitiert nach H. DITT (1965, S. 6).
85 Im Sythener Raum hatten sich die Verhältnisse bis 1893 (Zeitpunkt der Landesaufnahme für den ausgewählten Meßtischblatt-Ausschnitt) gegenüber dem Zustand am Anfang des Jahrhunderts noch kaum verändert, wie die riesigen Heide- und Sandflächen in den ausgedehnten Markengründen und die Ställe am Nordwestrand von Sythen zeigen. Die ausgebaute Landstraße und die Eisenbahn im Südosten wirken immer noch wie Fremdkörper in dieser Umgebung.

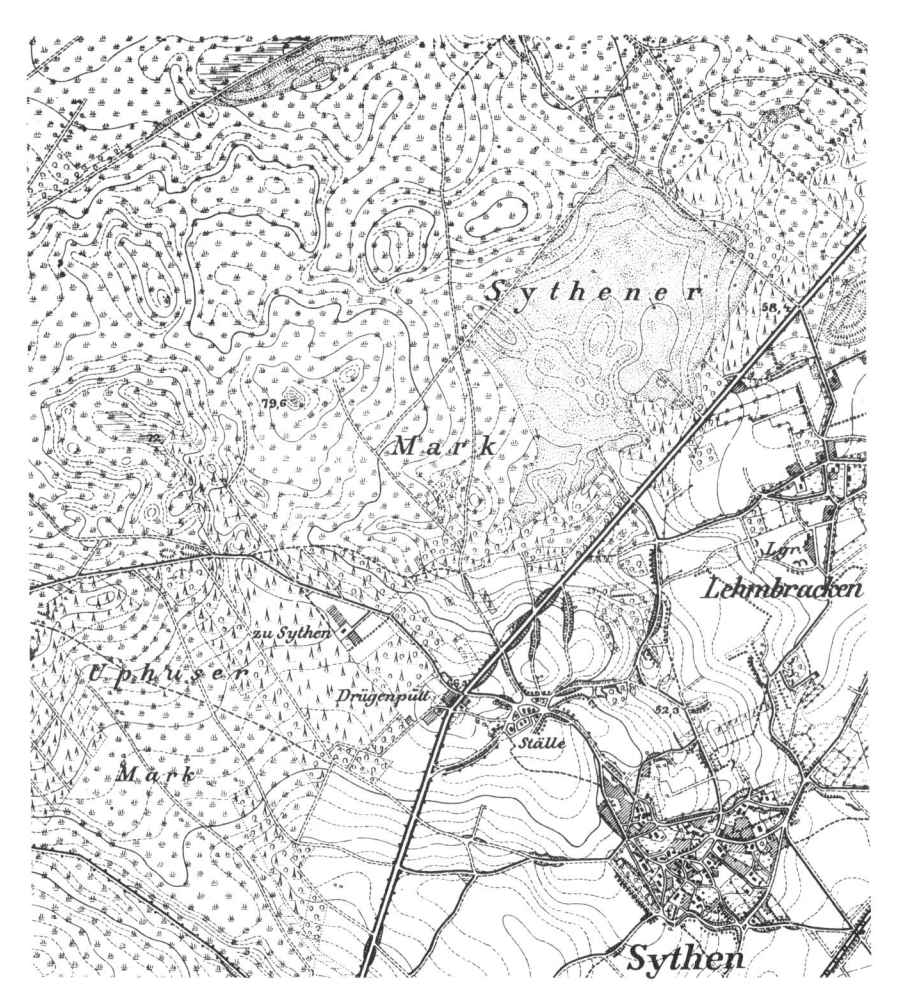

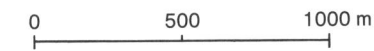

Abb. 14

Ausschnitt aus dem Meßtischblatt Haltern der Königl. Preuß. Landes-Aufnahme 1893
Teilgebiet Sythen

Um 1830 entfielen in den Sandlandschaften der Westfälischen Bucht auf Ackerland 33%, Wiesen 7%, Hütungen (Weiden) 10%, Holzungen 13% und Heiden 35% (W. MÜLLER-WILLE 1952, S. 201).

Weite Teile der Niederrheinischen Sandplatten und des Westmünsterlandes waren so gut wie unbesiedelt.[86] Ein rund 20 qkm großes, z.T. von feuchten Geländeteilen durchsetztes Heidegebiet erstreckte sich z.B. östlich Dingden (vgl. dazu Karte K 1) auf den Brünen-Schermbecker Sandplatten (Kleine Heide, Große Heide, Büngersche Heide). Etwas weiter südlich und südöstlich folgten unbesiedelte Flächen von je etwa 5–10 qkm (z.B. Pohlsche Heide, Im Venn, Bander Heide). Im südlichen Teil dieser naturräumlichen Einheit zog sich von der Geländekante am Westrand der Steinberge über die Große Heide, das Theerbruch und den Dämmerwald ein fast unbesiedelter, rund 30 qkm großer Streifen bis nach Schermbeck hinüber. Und wenig weiter östlich folgte das zusammenhängende, 25 qkm große Teilgebiet der Üfter, Rüster, Bakeler und Emmelkämper Marken. Südlich der Lippe gab es ein riesiges, von Waldresten und kleinen Mooren durchsetztes Heidegebiet, das sich von den Geländekanten an den Tester Bergen im äußersten Nordwesten der Königshardter Sandplatten über Schmelten-, Bruckhauser und Eegerheide, Gartroper Busch und Hünxer Wald, Kirchheller Heide und Sterkrader Heide bis zum Fernewald, Köllnischen Wald, Vöingholz und Rothenbusch bei Bottrop hinüberzog; dieses ausgedehnte

---

[86] Einen guten Einblick in die landschaftliche Struktur vor 1850 geben die in den Jahren 1839/44 aufgenommenen Urmeßtischblätter, die vor wenigen Jahren vom Landesvermessungsamt Nordrhein-Westfalen neu herausgegeben wurden. Ferner kann die Topographische Karte von Rheinland und Westfalen 1841/58, die im Jahre 1964 ebenfalls vom Landesvermessungsamt Nordrhein-Westfalen nachgedruckt wurde, herangezogen werden.

Gebiet, in das inselartig lediglich die „Colonie Königshardt" eingefügt war, maß allein rund 90 qkm.

Im Westmünsterland waren die drei Hügelkomplexe um Haltern ebenfalls größtenteils unbesiedelt: die Haard südlich der Lippe mit 50 qkm, die Borkenberge im Nordosten mit 12 qkm und die Hohe Mark nordwestlich Haltern mit rund 90 qkm; in der Hohen Mark gab es nur in randlichen Teilen bzw. inselartig einige von Siedlungen durchsetzte Teilflächen (um Strock-Eppendorf im Südwesten, um Lavesum-Holtwick und um Sythen im Osten), während 60 qkm so gut wie unbewohnt waren. Weitere unbesiedelte Flächen lagen im Halterner Tal (Westruper Heide, Strübings Heide, Kökelsumer Heide), in der Dorstener Talweitung (Drewer Mark, Frentroper Mark und Marler Heide südlich der Lippe, Gerlicher, Gälken-, Wulfener und Große Heide nördlich der Lippe mit je etwa 25 qkm), auf den Lembecker Sandplatten (u.a. mit feuchten Niederungs- und Bruchzonen bei Rhade, Raesfeld und Wessendorf) und im Rekener Kuppenland (Borkener Berge, Brennerholt u.a.).

In der am Ostrand des Westmünsterlandes gelegenen Merfelder Niederung wiesen nur randliche Teile und inselartig einige kleine Flächen im Innern eine nennenswerte Besiedlung auf. Eine zusammenhängende Fläche von 130 qkm war so gut wie unbesiedelt. Hier entfielen noch im Jahre 1895 allein 15 qkm auf Hochmoore und 30 qkm auf Niedermoore.[87] Die größte Moorfläche bildete das Weiße Venn östlich Velen. Im Südwesten war ihm das Schwarze Venn, im Nordosten das Kuhlen-Venn benachbart. Und in südöstlicher Richtung zog sich beiderseits des Heubachs eine Kette weiterer Moore bis nach Hausdülmen hinüber. In der südöstlichen Ausbuchtung der Merfelder Niederung erstreckten sich zwischen Dülmen und den Borkenbergen die von weiten Feuchtzonen durchsetzten Süskenbrocks Heide und das Waldgebiet des Linnert.

Insgesamt waren im Westmünsterland südlich von Coesfeld und Borken von 750 qkm rund 380 qkm, auf den Niederrheinischen Sandplatten südlich des Aatals von 450 qkm rund 180 qkm so gut wie unbesiedelt.

Etwas anders lagen die Verhältnisse auf den fruchtbaren Hochflutlehmen der Rhein-Niederterrasse im Westen und im Kernmünsterland mit seinen verbreiteten Kleiböden. Hier waren nur stellenweise Grassoden gestochen worden. Der Wald (mit hohem Anteil des Eichen-Hainbuchenwaldes) stellte im Kernmünsterland nach wie vor die wichtigste Mast- und Hudefläche dar, und die Rinder- und Schweinehaltung hatte die alte Vorrangstellung bewahrt. Auf 100 ha kamen hier durchschnittlich 10 Pferde, 31 Rinder, 12 Schweine und nur 12 Schafe. Das Ackerland nahm 50% der Fläche ein; 6% entfielen auf Wiesen, 17% auf Weiden, 16% auf Holzungen und nur 9% auf Öden (W. MÜLLER-WILLE 1952, S. 205). Die *Feld-Gras-Wechselwirtschaft* (die Dreeschwirtschaft) war im Kleimünsterland weit verbreitet. Es gab geregelte Systeme, wobei große Teile des Ackerlandes nach vierjährigen Getreidefolgen bis zu 4 Jahren in Dreesche lagen; man gewann auf diese Weise zusätzliche Futterflächen für das Vieh. Stellenweise hatte auch der Kleeanbau bereits Eingang gefunden (H. DITT, S. 6, nach den Berichten von J. N. v. SCHWERZ 1836).

In dem gesamten Bereich des Westens und Nordwestens hatte sich die durch Einzelhöfe, Doppelhöfe und lockere Drubbel (mit etwa 3—10 vollbäuerlichen Stellen) geprägte Siedlungsstruktur bis in das 19. Jahrhundert hinein im wesentlichen unverändert erhalten. Die mächtigen, breitgelagerten niederdeutschen Hallenhäuser bestimmten im Norden den Haustyp; im niederrheinischen Raum, schon auf der rechten Rheinseite, wurden sie von der Sonderform des niederrheinischen T-Hauses (mit einem dem Wirtschaftsflügel quer vorgelegten Wohnflügel) abgelöst. Die weiträumigen Hofflächen waren oft von Wäldchen und Baumgruppen, vor allem mit Eichen, bestanden und gegliedert. Mancherorts hatten sich aber auch kleinere Kotten in die Siedlungen eingefügt, und auch in der gemeinen Mark waren im Laufe der Zeit Einzelkotten entstanden. Vor allem bei den Gemeinheitsteilungen, die im 18. und besonders im 19. Jahrhundert durchgeführt wurden, kam es vielfach zur Ansiedlung von Kotten. Die preußischen Gebietsteile gingen dabei voran. Hier kam es stellenweise schon unter Friedrich dem Großen zur Anlage planmäßiger Kolonistensiedlungen, wie etwa auf Teilen der Königshardter Hauptterrassenplatte.

Besondere Siedlungstypen bildeten in einigen Teilbereichen, in denen die entsprechenden Standortbedingungen vorhanden waren, die *Gräftensiedlungen*. In Teilen des Münsterlandes und des Niederrheinischen Tieflandes sowie auch im Bereich der Emscherniederung waren sie weit verbreitet.[88] Solche wasserumwehrten Höfe und Häuser mit ihrer Einödlage und der zugehörigen, meist blockartig geschlossenen Flur waren vereinzelt in der Hand bäuerlicher Familien. Größtenteils aber

---

87 Nach H. BÖMER: Die Moore Westfalens; Berlin, 1893 ff. Zitiert nach W. MÜLLER-WILLE (1941/66), S. 190—192.

88 Solche Gräftensiedlungen sind insbesondere von F. SCHUKNECHT (1952), R. SCHNEIDER (1952) und E. MAAS (Gräftenhäuser und -höfe im engeren Münsterland, unveröffentlichte geogr. Staatsexamensarbeit, Münster, 1953; zitiert nach G. MERTINS, 1964) für das Münsterland und G. MERTINS (1964) für den westlichen Teil des Ruhrgebiets beschrieben worden. Für das gesamte Emschereinzugsgebiet hat kürzlich E. G. NEUMANN (1968) eine systematische Zusammenstellung der Wasserburgen gegeben.

waren sie der Sitz edelfreier Geschlechter und bildeten dann teilweise, insbesondere während der territorialen Machtkämpfe, die Mittelpunkte kleinerer Herrlichkeiten. Um die Wasserkastelle Dinslaken und Holten, die im 12. und 13. Jahrhundert eine gewisse Bedeutung erlangten, bildeten sich die gleichnamigen Siedlungen innerhalb der feuchten Bruchzone am Ostrand der Mittleren Niederrheinebene. Die Bedeutung dieser ursprünglichen Burgmannensiedlungen kommt in der frühen Stadtrechtverleihung zum Ausdruck (Dinslaken 1273, Holten 1310, vgl. G. MERTINS 1964, S. 80–81).

In der Rheinaue gab es außerdem eine Reihe von *Warftensiedlungen.*[89] Auf den Inselterrassen waren innerhalb der Siedlungsgruppen die Gebäude vielfach auf Warften errichtet, so z.B. in Rheinhausen, Atrop, Eversael, Borth und Wallach. Außerdem gab es Einzelwarften. Im rechtsrheinischen Gebiet waren Warftenhöfe vor allem im Bereich von Löhnen und Mehrum festzustellen. Die Warften waren hier 1,70 bis 2 m hoch aufgeschüttet. Die darauf stehenden niederrheinischen T-Häuser vereinigten Wohnung, Stall und Scheune unter einem Dach. Die zugehörigen Gemüse- und Obstgärten sowie das hofnahe Weideland lagen in der Nähe der Höfe auf normalem Niveau. Die grünlandgenutzten Auenbereiche der Niederungen waren von vielen Hecken durchzogen, die nach den Untersuchungen von G. MERTINS (1964, S. 85–86) ursprünglich wohl hauptsächlich der Besitzabgrenzung und nur nebenher auch dem Windschutz dienten.

Nur an wenigen Stellen hatten sich in dem bisher beschriebenen Bereich stärkere Verdichtungen im Siedlungsgefüge gebildet. Insbesondere war dies an Verkehrsknotenpunkten, Flußübergängen, am Sitz kleinerer Herrengeschlechter und vor allem im Umkreis von Kirchen oder Klöstern geschehen. Die *Kirchorte,* die an manchen Stellen zu Dörfern heranwuchsen, waren nicht nur Mittelpunkte des oft weit ausgedehnten Kirchspiels, sondern zugleich Sitz von Handwerkern und Kleingewerbetreibenden. In der Nähe der Kirche siedelten sich Kötter, Handwerker und Tagelöhner an. Die Kotten hatten einen geringen Landbesitz, der nur wenige Morgen groß war. Auch die Handwerker widmeten sich in starkem Maße dem eigenen kleinen landwirtschaftlichen Betrieb. In einer Handwerkeraufstellung von 1818 für die Bürgermeisterei Gahlen, die außer Gahlen auch Hünxe, Gartrop und Bühl umfaßte, heißt es von den insgesamt 95 Handwerkern: „Die mehresten dieser Handwerker treiben das Gewerbe gar nicht mehr oder nur als Nebenbeschäftigung und widmen sich dem Ackerbau mehr. Nur die Hälfte ist als wirkliche Handwerker, die das Gewerbe als einzigen Nahrungszweig treiben, zu betrachten."[90] Die Tagelöhner waren auf den umliegenden Höfen beschäftigt; außerdem war auch ein Teil der Kötter wenigstens zeitweise auf den größeren Höfen tätig.[91]

*In den Lößgebieten* der Hellwegbörden und des Westenhellwegs, z.T. auch auf dem Vestischen Höhenrücken, wurde die Siedlungsstruktur hauptsächlich durch Gruppensiedlungen, z.T. *Dörfer* mit mehr als 10 vollbäuerlichen Stellen und größeren Anteilen von Kotten und Kleingewerbe, gekennzeichnet. Hier lag das Schwergewicht auf dem Getreidebau. Weithin herrschten *Drei- und Mehrfelderwirtschaftssysteme.* Am westlichen Hellweg erschien die reine Brache nur noch in Ausnahmefällen, und es wurde eine intensive, ungeregelte Getreidefolge mit Roggen, Weizen, Mengkorn (aus Roggen und Weizen), Gerste und Hülsenfrüchten betrieben (H. DITT, S. 6, nach den Berichten von J. N. v. SCHWERZ 1836). Die Gewannfluren der Hellweg-Dörfer überdeckten den größten Teil der Gemarkungen. Um 1830 entfielen am westlichen Hellweg 62% der Flächen auf Ackerland, 6% auf Wiesen, 14% auf Weiden und Hütungen und 14% auf Holzungen; der Viehbestand umfaßte auf 100 ha durchschnittlich 14 Pferde, 33 Rinder, 16 Schweine und 15 Schafe (W. MÜLLER-WILLE 1952, S. 218). Als Wiesen und Weiden dienten vornehmlich die in die Bördenzone eingelagerten Talauen. In manchen Teilgebieten bestanden auch Vöhden, die im Feld-Gras-Wechselwirtschaftssystem genutzt wurden.[92]

---

89 Warftensiedlungen am Rhein sind insbesondere von H. ROSENBERG (1933) für den linksrheinischen Bereich und von G. MERTINS (1964) für den rechtsrheinischen Bereich im Kreise Dinslaken beschrieben worden.

90 Statistisch-topographische Beschreibung der Bürgermeisterei Gahlen, 1818, Hauptstaatsarchiv Düsseldorf, Landrathsamt Dusiburg-Mülheim, Nr. 1, Blatt 120; zitiert nach G. MERTINS (1964), S. 97.

91 Ein charakteristisches Beispiel liefern die Verhältnisse im Kirchdorf Hünxe auf der südlichen Lippe-Niederterrasse innerhalb des Durchbruchstales durch die Niederrheinischen Sandplatten (vgl. G. MERTINS 1964, S. 96).

92 Nach G. NIEMEIER (1939, S. 107) handelt es sich bei den Vöhden um Teile der gemeinen Mark, auf denen jeweils für einige Jahre einzelnen bevorrechtigten Bauern eine Feldnutzung gestattet war; in den folgenden Dreeschjahren konnte von allen zur Weidenutzung berechtigten Markgenossen eine bestimmte Stückzahl

Auch die Lößgebiete des Hellwegs trugen bis zur Mitte des 19. Jahrhunderts vorwiegend bäuerliches Gepräge. Für Holthausen (östlich Herne am Nordrand des Löß-Streifens gelegen, einschl. der angrenzenden Bauerschaften Börsinghausen und Oestrich) sind die Verhältnisse eingehend untersucht worden.[93] 1542 gab es hier 21 steuerpflichtige Höfe und Kotten; 1818 waren es 32 Häuser mit 228 Einwohnern; und 1849 wurden 40 Familien mit 270 Personen gezählt. Diese Zahlen zeigen die langsame, ruhige Entwicklung, die sich bis zur Mitte des 19. Jahrhunderts vollzogen hatte. 1849 wurden 19 Landwirte und Kötter, 9 Tagelöhner, 3 Holzschuhmacher, 3 Schmiede, 1 Radmacher (Stellmacher), 2 Maurer, 2 Faßbender (Böttcher), 2 Schneider, 1 Schuster und 1 Leineweber genannt. Die Tagelöhner arbeiteten in der Regel gegen Tagelohn und Deputat auf einem benachbarten Bauernhof. Die Gewerbetreibenden besaßen vielfach Kotten, die sie nebenher bewirtschafteten.

Auch die Hellweg-Zone gehörte zur Region des niederdeutschen Hallenhauses mit der Längsdiele und der großen Toreinfahrt auf der Giebelseite. Die alte Fachwerkbauweise war hier noch weit verbreitet[94], während weiter im Norden und Nordwesten die Backsteinbauweise schon relativ früh eine größere Rolle spielte.[95]

Die Tieflandzonen nördlich und nordwestlich des Bergisch-Sauerländischen Gebirges waren um 1840 noch ziemlich dünn besiedelt.[96] Die geringste *Bevölkerungszahl* wiesen die weiten Sandgebiete im Nordwesten auf. Hier lebten im Westmünsterland südlich Coesfeld und Borken und im Gebiet der Niederrheinischen Sandplatten südlich des Aatals auf 1200 qkm nur etwa 42 000 Menschen, und die *Bevölkerungsdichte* belief sich auf rund 35 Einwohner pro qkm (vgl. Abb. 15).[97] Keine der in diesen Raum eingelagerten Ortschaften hatte mehr als 3000 Einwohner. Die beiden durch die naturräumliche Struktur vorgezeichneten „Kammern" der Dorstener Talweitung und des Halterner Tals (vgl. S. 69) besaßen mit Dorsten (2800) und Haltern (1800) je ein kleines örtliches Zentrum. Borken (2800) am äußersten Nordrand des hier betrachteten Gebiets war bereits dem Aatal zugeordnet.

Im westlichen Bereich der Issel- und Mittleren Niederrhein-Ebene und der Unteren Rheinniederung lebten zwischen Marienbaum – Dingden (südlich Bocholt) im Norden und Kaiserswerth im Süden etwa 105 000 Menschen auf 1030 qkm. Im Mittel lag hier also die Bevölkerungsdichte mit rund 100 Einwohnern pro qkm bedeutend höher als in den Sandgebieten des Nordwestens.

Allerdings gab es streckenweise auch hier relativ dünn besiedelte Streifen und einige fast unbesiedelte Teilgebiete. Zu

---

Vieh auf die Flächen getrieben werden. Die Vöhden sind später abschnittsweise zum Dauerackerland geschlagen worden.

93 F. BECKER: Aus der Geschichte des tausendjährigen Dorfes Holthausen im Bezirk Castrop. In: Kultur und Heimat, Heimatblätter für Castrop-Rauxel und Umgebung; Nr. 2/1957, S. 97–111. – R. BORGMANN: Die Türkensteuerliste des märkischen Amtes Bochum vom Jahre 1542. In: Westfalen, 21, 1936, Heft 1. – Vgl. W. VON KÜRTEN 1964, S. 40–41.

94 Vgl. z.B. das Modell des alten Dorfes Herne im Emschertalmuseum (abgebildet in W. VON KÜRTEN 1964, S. 41).

95 Vgl. z.B. G. MERTINS 1964, S. 49, für den Dinslakener Raum.

96 Die Bevölkerungsdichte für 1820 ist von H. SPRECHER VON BERNEGG kartographisch dargestellt worden (Die Verteilung der bodenständigen Bevölkerung im rheinischen Deutschland im Jahre 1820; Göttingen, 1887).
Für die folgenden Berechnungen der Bevölkerungszahl und Bevölkerungsdichte ist die Zeit um 1840 ausgewählt worden. Für 1837/40 sind die Einwohnerzahlen der Gemeinden in der Gemeindestatistik des Landes Nordrhein-Westfalen veröffentlicht (Sonderreihe Volkszählung 1961, Heft 3d – vgl. Lit.-Verz. Nr. 16). Für die Zeit nach 1840 sind in der Gemeindestatistik zum Teil (z.B. im Duisburger, Essener und Weseler Raum) erst wieder Einwohnerzahlen von 1852 angegeben. Inzwischen hatte sich aber bereits ein stärkerer Wandel vollzogen, z.B. im Emschertal mit der 1847 eröffneten Köln-Mindener Bahn. Auf dem Rhein nahm die Zahl der Dampfschiffe um diese Zeit rasch zu; die Düsseldorfer Schiffbrücke wurde 1843 von 339 Dampfschiffen passiert, 1845 bereits von 1073 und 1850 schon von 3989 Dampfschiffen (H. SPETHMANN 1933, II, S. 310). Vgl. auch die Entwicklungen im Bergbau und bei den frühen Eisenhütten (S. 82 und S. 84–85). Er wird deshalb die Zeit von 1837/40 (also vor dem Beginn des verstärkten Wandels) für den zu erarbeitenden „Querschnitt" gewählt. Für die Wahl dieser Zeit spricht auch, daß die vor wenigen Jahren vom Landesvermessungsamt Nordrhein-Westfalen neu herausgegebenen Urmeßtischblätter etwa um diese Zeit aufgenommen wurden (vgl. Anm. 86).

97 Die Einwohnerzahlen für 1837/40 wurden der Gemeindestatistik des Landes Nordrhein-Westfalen – Sonderreihe Volkszählung 1961, Heft 3d – entnommen (Lit.-Verz. Nr. 16). Dabei wurden die Zahlen für die zu verschiedenen naturräumlichen Einheiten gehörenden Gemeindeteile bei den in Frage kommenden Gemeinden unter Heranziehung der Kartenunterlagen geschätzt. Die Flächen der einzelnen Teilgebiete wurden mit Hilfe eines Polar-Planimeters ermittelt.

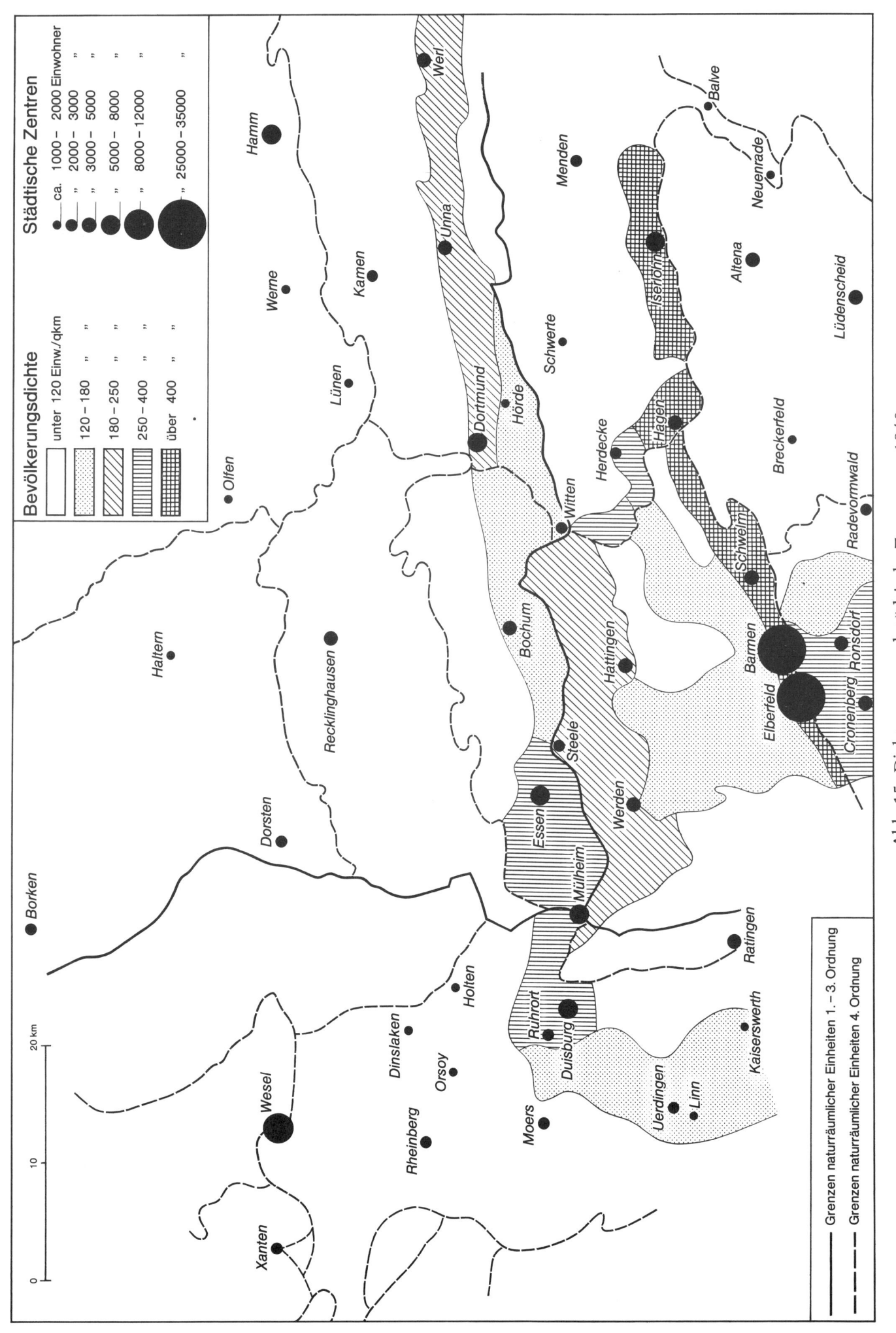

Abb. 15: Dichtezonen und städtische Zentren um 1840
Nach den Ergebnissen der Volkszählungen 1837/40 — Quelle: Gemeindestatistik des Landes

den letzteren gehörten die Drevenacker Dünen nördlich der unteren Lippe und die Diersfordter Dünen nordwestlich Wesel mit der Flürener Heide und dem Diersfordter Wald, ferner die Flugsand- und Dünengebiete der Spellener Heide südlich der unteren Lippe und des Baerler Busches nördlich Moers. Zu ihnen zählten ferner einige besonders feuchte Zonen, die in der Nähe des Außenrandes in die Niederterrassenebenen eingefügt waren, wie die Bruchzonen an der Issel und beiderseits Dinslaken und Holten, das Schaephuysener Bruch im Westen und das Wedau-Tiefenbroicher Bruch südlich Duisburg. Andrerseits aber traten im Bereich der fruchtbaren Hochflutlehme der Niederterrassenplatten und in den von breiten Inselterrassen durchsetzten Teilen der Rheinaue stellenweise auch in den rein ländlichen Gebieten schon Dichtezahlen von etwa 70 bis 100 auf.

Vor allem wirkten sich die eingefügten städtischen Zentren im Sinne einer Erhöhung der mittleren Dichtewerte aus. Die meisten von ihnen kamen auch hier nicht über 3000 Einwohner hinaus und stellten nur kleine örtliche Zentren dar: Xanten (2900), Rheinberg (2300), Orsoy (1500), Dinslaken (1800), Holten (1400), Moers (2500), Ruhrort (2200), Uerdingen (2700), Linn (1100), Kaiserswerth (1800). Nur zwei Städte erreichten einen höheren Rang, die preußische Festungs- und Garnisonstadt Wesel (11 100) an der Lippemündung und der alte Rheinhafen Duisburg (7700), der allerdings infolge einer Rheinverlagerung schon im Mittelalter seine unmittelbare Stromlage eingebüßt hatte und jetzt nur noch durch den Duisburger Rhein-Canal Verbindung mit dem Rhein (und der unteren Ruhr) besaß. Während Wesel relativ isoliert in einer noch verhältnismäßig dünn besiedelten Umgebung lag[98], hatte Duisburg Anteil an der relativ am stärksten besiedelten Teilzone, die sich vom Rand des Gebirgslandes bei Mülheim beiderseits der unteren Ruhr bis zum Rhein hinüber erstreckte.

Der Raum um Speldorf und Duisburg, Styrum, Alstaden, Meiderich, Ruhrort und Beeck umfaßte etwa 16 000 Einwohner, und die Bevölkerungsdichte stieg über 250 Einwohner pro qkm an. Unmittelbar südlich dieser Dichtezone aber erstreckte sich jenseits der Landwehr, die der ehemaligen Südgrenze des Herzogtums Kleve vorgelagert war, ein fast unbesiedelter Streifen, der noch große, zusammenhängende Wälder aufwies.[99] Er reichte von der Niederterrassenebene bis zum nördlichen Teil der Bergischen Sandterrassen hinauf und bedeckte dort große Bereiche bis in den Raum nördlich Ratingen (Duisburger Wald, Speldorfer und Saarner Mark, Ober-Busch). Es ist bemerkenswert, daß auch an der Nordostgrenze der Dichtezone an der unteren Ruhr ein unbesiedelter Geländestreifen, die Lipper Heide, südlich der Emscher weit nach Westen vorstieß.

Gegenüber von Ruhrort und Duisburg setzte sich der Dichtestreifen auf der linken Rheinseite, wenn auch in abgeschwächter Form, nach Süden in Richtung auf Düsseldorf fort. Von Homberg über Friemersheim, Uerdingen und Lank-Latum erstreckte sich hier eine Zone mit einer Bevölkerungsdichte von durchschnittlich 140 bis 150 Einwohnern pro qkm. Bei Kaiserswerth griff sie in einem schmalen Saum auf das Ostufer des Rheins hinüber, während sich jenseits von Strümp, Oppum und Bockum auf der Westseite eine dünn besiedelte, 1–2 km breite Bruchzone anschloß (Kliedbruch, Bockumer und Oppumer Busch), die den Krefelder Raum von dem rheinnahen Dichtestreifen trennte. Nur an der ausgebauten Chaussee, die von Uerdingen nach dem damals schon recht bedeutenden Textilzentrum Krefeld (26 000 Einwohner) hinüberführte, waren Siedlungsansätze festzustellen.

In dem durch seine west-östlich ausgerichtete Streifenstruktur gekennzeichneten Bereich des Emscherlandes, des Westenhellwegs und der Hellwegbörden sowie des Mittleren Lippetals hob sich der größere nördliche Teil in seiner Bevölkerungsdichte um 1840 nur stellenweise stärker von den Sandgebieten des Nordwestens ab. Insgesamt wohnten in dem auf der Karte erfaßten nördlichen Teilgebiet auf 1300 qkm etwa 90 000 Menschen; das ergibt eine mittlere Bevölkerungsdichte von rund 70 Einwohnern pro qkm. Auch hier waren noch einzelne fast unbewohnte Landstriche eingelagert; allerdings war ihr Anteil an der Gesamtfläche gegenüber den Sandgebieten des Nordwestens schon wesentlich vermindert. Den größten von ihnen bildete die 70 qkm große Zone im Emschertal, die sich von der Borbecker Mark nördlich Essen bis zum Emscherbruch südlich Herten und Recklinghausen hinüberzog.[100] Auch im Hellwegtal lagen größere unbesiedelte Flächen nördlich von Dortmund und Unna.

Unter den städtischen Zentren in diesem ausgedehnten Bereich kam nur der alten märkischen Hauptstadt Hamm (6400), im Winkel zwischen Ahse und Lippe an einem wichtigen Straßenübergang gelegen, einige Bedeutung zu. Recklinghausen, in ein aus dem Höhenrücken nach Süden führendes Talsystem eingebettet, war als Hauptstadt des Vestes zwar Mittelpunkt eines verzweigten Wegenetzes, erreichte aber nur 3100 Einwohner. Alle anderen hatten nur örtliche Bedeutung und blieben

---

[98] Der gesamte rechtsrheinische Raum nördlich der unteren Lippe bis zur Hauptterrassenkante und bis nach Dingden und Haffen-Mehr im Norden hatte ohne Wesel um 1840 mit rund 10 000 Einwohnern eine geringere Bevölkerungszahl als dieses städtische Zentrum allein. Die Bevölkerungsdichte lag hier im Mittel nur bei etwa 50 Einwohnern pro qkm.

[99] Vgl. H. BURCKHARDT (1968). – Nach der Karte von LE COQ (Topographische Karte von Westfalen 1:100 000; neu herausgegeben von der Historischen Kommission von Westfalen, Münster) reichte der Wald um 1800 nördlich Wanheim noch bis an den Rhein.

[100] Vgl. dazu F. HAUSEMANN (1964).

unter 3000 Einwohnern: Kamen (2500), Lünen (2000) und Werne (1700).

Weiter nach Süden aber änderte sich das Bild. In dem verbleibenden Streifen am Südrand der Westfälischen Bucht, der vom Hellweg durchzogen wurde und der — wenn man vom Haarstrang im Südosten absieht — nur 375 qkm umfaßte, lebten allein etwa 78 000 Menschen, also fast doppelt so viele wie in den wesentlich größeren Sandgebieten des Nordwestens.

Der Abschnitt des Oberen Hellwegs östlich des Massener Baches um Unna und Werl zählte 15 500 Menschen auf 75 qkm, so daß die Bevölkerungsdichte hier mehr als 200 Einwohner pro qkm erreichte.

Der westlich des Massener Baches liegende Teil bis hinüber nach Dortmund erreichte mit 12 000 Menschen auf 50 qkm sogar einen Dichtewert von 240 Einwohnern pro qkm. Im südlich angrenzenden Ardey-Vorland lebten mehr als 9000 Menschen auf 55 qkm; und die Bevölkerungsdichte erreichte hier fast 170 Einwohner pro qkm.

Auch die südlichen Teile der naturräumlichen Haupteinheit des Westenhellwegs wiesen entsprechend hohe Dichtewerte auf. Im Teilgebiet östlich von Steele über Bochum und Langendreer bis Dorstfeld wurden mit 14 000 Menschen auf 100 qkm 140 Einwohner pro qkm erreicht. Und im westlich angrenzenden Raum um Mülheim und Essen war mit 27 000 Menschen auf 95 qkm sogar ein Wert von 280 Einwohnern pro qkm überschritten.

In diesem schmalen Dichtestreifen vor dem Rand des Bergisch-Sauerländischen Gebirges lagen auch drei städtische Zentren, die in ihrer Bedeutung mit Wesel, Duisburg und Hamm konkurrierten, alle drei an dem alten Fernverkehrsweg des Hellwegs gelegen: Mülheim am Ruhrübergang mit 7700, Essen als Mittelpunkt des ehemaligen Reichsstiftes mit 6100 und die alte Reichsstadt Dortmund mit 6900 Einwohnern. Auch die kleineren Zentren Bochum (3500), Unna (4700) und Werl (3500) lagen an dieser Verkehrsachse; und östlich von Werl folgten an ihr weitere relativ bedeutsame Städte, darunter vor allem Soest und Paderborn mit je 7900 Einwohnern. Die westliche Fortsetzung des Hellweg-Streifens bildete das Dichteband an der unteren Ruhr, das nach Duisburg und Ruhrort hinüberreichte. Hier bog der West-Ost-Verkehr des Hellwegs und des südlich benachbarten Ruhrtals in die Nord-Süd-Richtung um; und hier schloß sich an den west-östlich gerichteten Dichtestreifen des Hellwegs eine nach Süden gerichtete Dichtezone an. Die Rhein-Achse trat hier auch als die wesentliche Leitlinie für die städtischen Zentren in Erscheinung, so daß sich die in den naturräumlichen Verhältnissen vorgegebenen Strukturrichtungen in der nord-südlichen Rhein- und der west-östlichen Hellweg-Zone auch im kulturlandschaftlichen Gepräge deutlich bemerkbar machten.

Der Dichtestreifen am Hellweg griff nach Süden in die Zone hinein, in der die Schichten des Produktiven Karbons, nur von einer Lößdecke überkleidet, nahe an die Erdoberfläche treten.[101] Von diesem Bereich aus, der mit dem „Alten Revier" an der unteren Ruhr in engster Verbindung stand, hatten sie inzwischen mannigfache Impulse erhalten, die sich auch auf die Bevölkerungszahl ausgewirkt hatten.

Überall war es in den beiden letzten Jahrzehnten vor 1840 zu einem *Bevölkerungswachstum* gekommen, das aber in den einzelnen Teilbezirken ein recht verschiedenes Ausmaß zeigte. Im Norden und Nordwesten blieb die Zunahme fast überall unter 30%, vielfach sogar unter 20% der Bevölkerungszahlen von 1816/18. In den weiten Sandgebieten des Nordwestens, die zum Westmünsterland bzw. zu den Niederrheinischen Sandplatten gehörten, hatte die Bevölkerung nur von 36 000 auf 42 000 zugenommen, und auch in der naturräumlichen Haupteinheit des Emscherlandes war nur eine Zunahme um 15% zu verzeichnen. Im Mittleren Lippetal um Lünen, Werne und Hamm und im größten Teil der südlich angrenzenden Hellweg-Börden wurden etwa 25% erreicht; auch in dem Abschnitt des Oberen Hellwegs um Unna und Werl waren es nur 22%. In den hier erfaßten Einheiten des Niederrheinischen Tieflandes bewegte sich der Zuwachs um 20–30%; nördlich der Lippe-Mündung blieb er unter 20%. In dem rheinischen Dichtestreifen um Homberg – Uerdingen – Kaiserswerth erreichte die Zunahme 31%.

Wesentlich höhere Zunahmen hatten dagegen die Dichtezonen vor dem Nordrand des Bergisch-Sauerländischen Gebirges zu verzeichnen, die teilweise schon an dem Gebiet des Produktiven Karbons Anteil hatten. Hier machten sich die von der bergbaulichen und industriellen Entwicklung[102] ausgehenden Impulse deutlich bemerkbar. Der Streifen von Duisburg und Ruhrort bis Styrum erreichte 44%, der Raum Mülheim – Essen 48%. Im Raum um Bochum, Langendreer und Dorstfeld wurden durchschnittlich 52% Zunahme gezählt, wobei in den südlichen Teilbezirken sogar 60% überschritten wurden. Der Obere Hellweg von Dortmund bis zum Massener Bachtal kam auf 53% und das südlich angrenzende Ardey-Vorland auf 60%.

Die bisher schon am stärksten besiedelten Teilgebiete innerhalb der Tieflandzonen waren also um diese Zeit in einer weiteren Entwicklung begriffen, so daß sich die Unterschiede gegenüber den nördlichen und nordwestlichen Teilen noch weiter verstärkten. Wie die Zahlen im einzelnen zeigen, erhielt dieser Streifen zwischen Duisburg und Dortmund – Holzwickede seine stärksten Impulse offensichtlich aus dem südlich angrenzenden Raum des vorderen Gebirgslandes, mit dem er in engster Verbindung stand.

---

101 Vgl. Abschnitte A 1.2 und A 2.2, ferner Abb. 3.
102 Vgl. dazu den nächsten Abschnitt.

## 1.3 Die gewerblich durchsetzten Gebiete im Nordwesten des Bergisch-Sauerländischen Gebirges

Während die Tieflandzonen bis zur Mitte des vorigen Jahrhunderts vorwiegend agrarisches Gepräge behielten, hatte sich in den nordwestlichen Teilen des Bergisch-Sauerländischen Gebirges bereits eine kräftige gewerbliche Entwicklung vollzogen. Sie beruhte im bergisch-märkischen Raum zwischen Solingen – Elberfeld im Westen und Iserlohn – Plettenberg im Osten vornehmlich auf dem Eisen- und Textilgewerbe und im nördlichen Randsaum an der unteren Ruhr auf dem Steinkohlenbergbau.

### 1.31 Das bergisch-märkische Eisen- und Textilgebiet

Am frühesten trat das Eisengewerbe in Erscheinung, das schon im Laufe des Mittelalters in einigen Teilgebieten eine bemerkenswert hohe Blüte erreichte.

Das Eisengewerbe hatte seinen Ursprung in der Gewinnung des *Osemund*, eines weichen und zähen Eisens. Urkundliche Nachrichten über die Osemundherstellung reichen nur spärlich ins 14. Jahrhundert zurück. Wichtige Aufschlüsse über dieses früheste eisengewerbliche Schaffen sind jedoch durch die Grabungen von M. SÖNNECKEN in den Eisenschlackenhalden (Sinnerhoopen) gewonnen worden, die sich in Quellmulden und an Quellbächen bis zum heutigen Tage erhalten haben.[103]

Die ältesten im Märkischen Sauerland bisher gefundenen Eisenschlacken reichen, wie die Keramikreste zeigen, in das 8.–9. Jahrhundert zurück, also in jene Zeit, in der wesentliche Teile des Berg- und Hochflächenlandes überhaupt erst erschlossen wurden. Zunächst diente die Verhüttungs- und Schmiedetätigkeit nur dem geringen Eigenbedarf. Aber schon bald kam es zu einer stärkeren Entwicklung; die Erzeugung ging über den eigenen Bedarf hinaus, und es verband sich mit dem Gewerbe ein Fernhandel.

Von den Waldschmieden wurden die in Gängen oder Nestern vorkommenden Eisenerze, die in die devonischen Schichten eingelagert sind (hauptsächlich Brauneisenstein, Toneisenstein, Eisenglanz) ausgebeutet. Die ehemaligen Schürffelder sind mit ihren Gräben und Löchern an manchen Stellen in den Wäldern noch zu erkennen. In der Nähe der Erzvorkommen wurden dann die *Rennöfen* errichtet, die bis zu 1,50 m hoch und z.T. in den gewachsenen Boden eingelassen waren. Die Öfen wurden meist in der Nähe der Quellen und Bäche errichtet, deren Wasser zur Erzwäsche diente. Die benötigte Holzkohle wurde in der Nähe auf kreisrunden Meilerplätzen gewonnen. In den Öfen wurde nicht die Hitze erzeugt, die zur Gewinnung von flüssigem Roheisen erforderlich gewesen wäre. Der Schmelzprozeß führte nur zu einem teigigweichen, noch reichlich mit Schlacke durchsetzten Eisenkuchen, der sogenannten Luppe. Das gewonnene Material wurde im Schmiedefeuer weiter ausgeheizt, um die Verunreinigungen zu entfernen. Dann wurde es mit Handhämmern zu viereckigen Stäben ausgereckt. In den benachbarten eisenverarbeitenden Zentren wurden daraus Gebrauchsgegenstände, Geräte, Draht oder Waffen angefertigt, oder die Osemund-Stäbe gingen als Halbzeug unmittelbar in den Handel nach auswärts.

In einigen Teilräumen ist durch systematische Geländebegehungen inzwischen eine intensive Verhüttungstätigkeit nachgewiesen worden. Neuerdings hat D. DÜSTERLOH (1967) auch zwischen der Wupper-Ennepe-Mulde und der Ruhr viele Schlackenreste aufgespürt (vgl. Abb. 16). An einigen Plätzen der ehemaligen Hüttenzentren haften noch heute Orts- und Flurnamen, die mit Sinner- (Sinder-, Singer- = Schlacke) zusammengesetzt sind.[104]

Im 14. und 15. Jahrhundert hatten sich im östlichen Teil des bergisch-märkischen Raumes Schwerpunkte des Eisengewerbes in Lüdenscheid, Altena, Iserlohn und Schwerte gebildet.[105] Hier spielte die Fabrikation von Draht und Drahtwaren eine besondere Rolle. Iserlohn und Schwerte lieferten aus Eisenringen gefertigte Panzer, die u.a. in den Ostseeraum geliefert wurden. Stahl aus Beckerfeld ging nach den Niederlanden und England; außerdem wurden hier Messer, Sporen und Dolche hergestellt. Auch in Radevormwald und Wipperfürth waren Stahlgewinnung und Schmiederei von erheblicher Bedeutung. Remscheid und Cronenberg lieferten Sensen und Sicheln, und Solingen war das Zentrum der Schwerter- und Klingenfabrikation. Die Fernhandelsverbindungen liefen vornehmlich über Köln, Dortmund und Soest. Rhein und Hellweg erwiesen sich also schon zu dieser Zeit als die Sammel- und Verkehrsachsen im Vorland des Bergisch-Sauerländischen Gebirges.

Gegen Ende des Mittelalters ging man dazu über, die *Wasserkraft* der größeren Bäche zum Betrieb der Blasebälge zu verwenden. In den Tälern errichtete man *Blas- und Stücköfen* bis zu 3 m Höhe; aus diesen haben sich später die Hochöfen entwickelt. Auch für die weitere Verarbeitung des Eisens in *Wasserhämmern* und *Drahtrollen* machte man die Kraft des fließenden Wassers nutzbar. So wurde die Wasserkraft nun zum maßgeblichen Standortfaktor, während die Eisenerzvorkommen und die Möglichkeit der Holzkohleversorgung aus den benachbarten Wäldern für die Platzwahl erst in zweiter Linie eine Rolle spielten.

---

103 Vgl. dazu insbesondere die Grabungsberichte von M. SÖNNECKEN in der Zeitschrift „Der Märker" von 1956 ab; ferner:
M. SÖNNECKEN: Rennfeuerhütten der Waldschmiedezeit (11.–14. Jahrhundert) im märkischen Sauerland – Forschungen zur ältesten Eisenherstellung im Lüdenscheider Raum; Westfälische Forschungen, 11; Münster, 1958; S. 122–140.
M. SÖNNECKEN: Forschungen zur mittelalterlichen Rennfeuerverhüttung im Sauerland; Stahl und Eisen, 81, Heft 17; Düsseldorf, 1961; S. 1138–1143.

104 Vgl. z.B. W. VON KÜRTEN (1939), S. 34. Vgl. auch Abb. 17: „Singerhof" in der Nähe aufgefundener Schlackenreste am Südrand des Kartenausschnitts!

105 Vgl. dazu insbesondere E. VOYE (1909/13), E. STURSBERG (1964), W. VON KÜRTEN (1967).

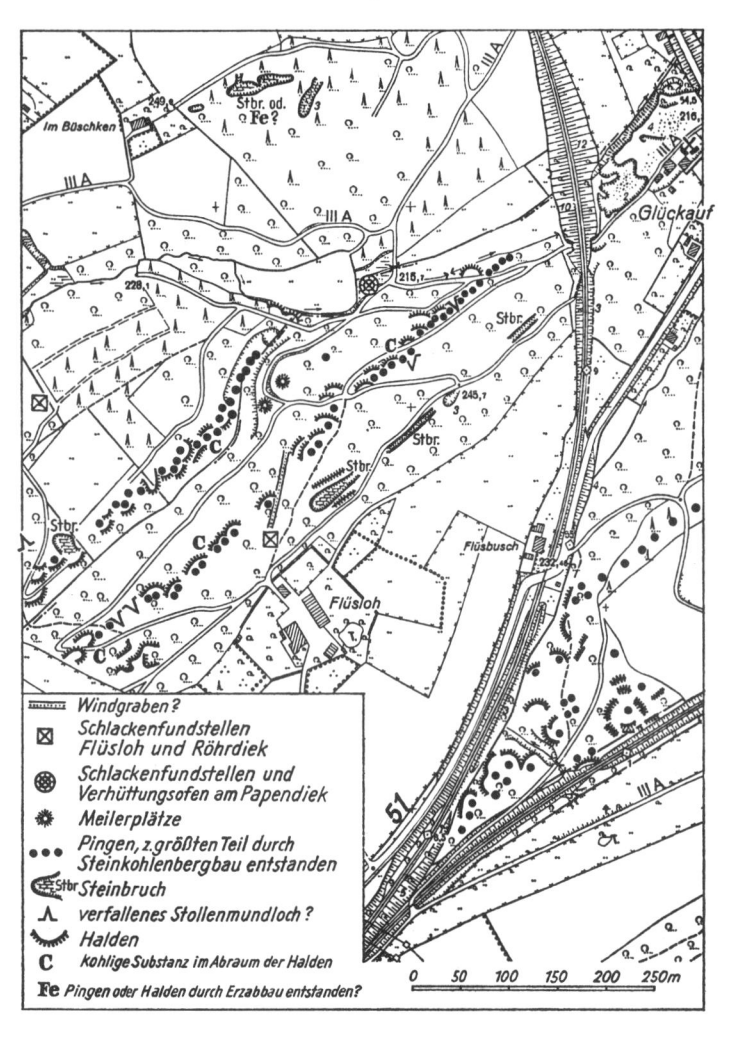

Abb. 16

Spuren des Steinkohlenbergbaus und des ältesten Eisengewerbes im Grenzgebiet Sprockhövel/Gennebreck

(nach D. DÜSTERLOH 1967, Abb. 17, S. 49)

Legende:
- Windgraben ?
- Schlackenfundstellen Flüsloh und Röhrdiek
- Schlackenfundstellen und Verhüttungsofen am Papendiek
- Meilerplätze
- Pingen, z. größten Teil durch Steinkohlenbergbau entstanden
- Steinbruch
- verfallenes Stollenmundloch ?
- Halden
- C Kohlige Substanz im Abraum der Halden
- Fe Pingen oder Halden durch Erzabbau entstanden?

Im 16. Jahrhundert kam es zu einer lebhaften Entwicklung. Im Eisensteinbergbau ging man zu einfachem Schacht- und Stollenbau über. Auch die Zahl der Wasserhämmer und Drahtrollen erhöhte sich beträchtlich.[106]

Nach dem Dreißigjährigen Krieg ging jedoch die Verhüttungstätigkeit im bergisch-märkischen Raum zurück, und man wandte sich mehr und mehr der Eisen- und Stahlveredlung und der Fertigwarenproduktion zu. Das Rohmaterial in Form von Roheisen- und Stahlkuchen oder vorgeschmiedeten Knüppeln wurde zum größten Teil aus dem Siegerland bezogen. Außerdem gingen die Hammerwerke wenigstens teilweise allmählich zur Verwendung von Steinkohlen aus den Seitentälern der Ruhr an Stelle der immer schwieriger zu beschaffenden Holzkohle über.

---

[106] Vgl. zur Entwicklung des Eisengewerbes im einzelnen: E. VOYE (1909/13), L. BEUTIN (1956), E. STRUTZ (1958), E. STURSBERG (1964) und W. VON KÜRTEN (1967).

Um diese Zeit siedelten zahlreiche bergische Stahlschmiede und Schleifer in die benachbarte Grafschaft Mark über, die seit 1609/14 zu Brandenburg gehörte und deren gewerbliche Entwicklung nun von der Regierung gefördert wurde. So entfaltete sich an Ennepe und Volme ein neues Zentrum des bergisch-märkischen Eisengewerbes neben dem Raum Solingen – Remscheid – Cronenberg – Lüttringhausen im Westen und dem Bereich des Drahtgewerbes um Lüdenscheid – Altena – Iserlohn im Osten. Demgegenüber verlor der benachbarte Hochflächenort Breckerfeld seine frühere hervorragende Bedeutung und sank nach dem Fortfall der Stahlausfuhr nach England zu einem Landstädtchen herab.

Im 18. Jahrhundert nahm auch das Kleineisengewerbe, bei dem die Handschmiederei noch eine bedeutsame Rolle spielte, einen starken Aufschwung. Die *Kleinschmieden* – Anbauten an die verstreut liegenden Höfe und Kotten oder kleine Nebengebäude – waren über weite Teilräume verbreitet. Es kam hier zu weitgehender Spezialisierung; die Herstellung eines bestimmten Artikels erfolgte oft an derselben Stelle von mehreren Schmiedegenerationen hintereinander. Viele dieser ehemaligen Werkstätten sind bis zum heutigen Tage erhalten, dienen aber längst anderen Zwecken.

Gerade die Kleinschmiederei trug dazu bei, das wirtschaftliche und soziale Gefüge in vielen Teilgebieten zu überformen und zu wandeln. Es waren hier sehr enge Verbindungen zwischen Landwirtschaft und Gewerbe festzustellen. Die Kleinschmiede erhielten ihre Aufträge von den *Handelsunternehmern* und *„Kommissionären"*, die zugleich vielfach die in den Wasserhämmern vorgeschmiedeten Halbfertigwaren lieferten. Die fertigen Erzeugnisse wurden von den Kaufleuten zu einem erheblichen Teil exportiert. In der zweiten Hälfte des 18. Jahrhunderts brachte insbesondere der Remscheider Überseehandel reichen Gewinn. Die zahlreichen prächtigen, verschieferten „bergischen" Häuser der Kaufherren, die damals inmitten von Gartenanlagen errichtet wurden, legen Zeugnis ab von dem Wohlstand und Selbstbewußtsein und von dem Kulturwillen der Unternehmerfamilien in dieser Zeit frühkapitalistischer Blüte des Gewerbelebens. Auch in Solingen, dem alten Mittelpunkt der Klingen- und Messerschmiederei, gab es eine Reihe bedeutsamer Handelshäuser. Im märkischen Raum spielten die *„Reidemeister"* eine erhebliche Rolle, Handelsunternehmer, die meist zugleich gewerbliche Anlagen besaßen und in ihren Hammerwerken Lohnschmiede beschäftigten. Zur bedeutendsten Handelsstadt in der Mark entwickelte sich Iserlohn.

Nach Norden griff das Eisengewerbe punkthaft bis an die untere Ruhr vor. Im Niederbergischen hatte sich nach dem Dreißigjährigen Kriege vor allem in Velbert ein Zentrum des Eisengewerbes entwickelt. Hier spielte die Herstellung von Schlössern und Beschlägen die Hauptrolle; ein kleineres Zentrum der Schloßindustrie war Volmarstein.

Im Osten, im Bereich des Drahtgewerbes, hatte sich im Laufe des 18. Jahrhunderts auch die Fabrikation von Schnallen, Haken, Ösen, Nadeln und Knöpfen ausgeweitet. Auch die Messingverarbeitung spielte hier eine Rolle. Zunächst herrschte dabei das Verlagssystem vor, und die Tätigkeit wurde vornehmlich als Heimarbeit ausgeübt; doch ging man allmählich dazu über, die Erzeugung in größeren Werkstätten zusammenzufassen.

Das bergisch-märkische Eisengewerbe, wie es sich uns in der ersten Hälfte des 19. Jahrhunderts darstellt, basierte zu einem wesentlichen Teil auf der jahrhundertelangen Tradition und auf den Fachkenntnissen der Unternehmer, Meister und Gesellen, die von Generation zu Generation weitergegeben wurden. Außerdem war für die schwereren Zweige des Gewerbes die Wasserkraft der Flüsse und Bäche zum dominierenden Standortfaktor geworden (vgl. Abb. 17), während die eigene Rohstoffgrundlage mehr und mehr in den Hintergrund getreten war.

Es gab nur noch wenige Schmelzhütten. Im Märkischen Sauerland bestanden noch 2 Hochöfen in Sundwig bei Hemer (1823 erneuert und modernisiert) und in Rödinghausen an der Hönne (1840 stillgelegt); in Haspe war 1836 ein Hochofen entstanden, für den aber zunächst die Erzgrundlage nicht ausreichte und der deshalb bald wieder stillgelegt worden war.[107] Einen leistungsfähigen Hochofen gab es um 1840/50 jedoch noch dicht ostwärts der märkischen Grenze im Kurkölnischen Sauerland. Hier wurde in Wocklum an der Borke, einem Nebenflüßchen der Hönne, die Luisenhütte betrieben, und in kleinen Bergwerksbetrieben bei Balve wurden Eisenerze gefördert. Nach der Errichtung der Hochöfen im Ruhrgebiet, die auf Koksbasis arbeiteten, war aber auch die Luisenhütte nicht mehr konkurrenzfähig und mußte 1865 ihren Betrieb einstellen.[108] Sie ist 1950 als technisches Kulturdenkmal und Relikt der alten Hüttentechnik wiederhergestellt worden.

Als Ausgangspunkte des Textilgewerbes im bergisch-märkischen Raum sind Bleicherei und Weberei zu betrachten.[109]

In Barmen und Elberfeld ging die Entwicklung von der *Garnbleicherei* aus, die sich schon früh als selbständiges Gewerbe aus der alten bäuerlichen Hauswirtschaft herausgelöst hatte.[110] Die Rohgarne wurden in Ostwestfalen, Hessen, in der Hildesheimer, Braunschweiger und Göttinger Gegend und im Eichsfeld aufgekauft und auf Planwagen ins Wuppertal gebracht. Sie wurden dort in großen Kesseln gekocht und den Sommer über auf den Bleichwiesen dem Licht und der Sonne ausgesetzt. Während dieser Zeit wurden sie dauernd mit Wasser begossen. Die gebleichten Garne wurden vornehmlich in den niederländischen Textilgebieten abgesetzt. Die gewerbliche Bleicherei war zunächst mit dem Fernhandel eng verbunden. Aber schon bald schieden sich Gewerbe und Handel. Die Bleicher wurden allmählich zu Lohnindustriellen, die im Auftrage der Kaufleute arbeiteten.[111]

Auch die *Weberei* löste sich schon bald aus der alten Hauswirtschaft. Vor allem gingen die Kötter verhältnismäßig früh zur gewerblichen Weberei über; allerdings wurde der kleine landwirtschaftliche Betrieb daneben meist beibehalten.[112] Es entwickelte sich gerade in der Weberei die typische Form des Heimgewerbes, und es kam im Zusammenhang damit zu vielfachen Teilungen von Höfen und Kotten. Später gesellten sich die *Bandwirkerei* und bald auch die *Färberei* hinzu.

Vor allem im mittleren Wuppertal um Barmen und Elberfeld vollzog sich auf der Grundlage des Textilgewerbes schon früh eine kräftige gewerbliche Entwicklung und eine wirtschaftliche und soziale Umstrukturierung. Hier bildete sich zuerst eine frühkapitalistische Gesellschaftsform heraus; ihre Entstehung ist insbesondere von W. KÖLLMANN (1960) eingehend untersucht worden. In die Oberschicht fügten sich neben den Garn-Handelsunternehmern und Bleichereibesitzern auch die Verleger der Weberei und Bandwirkerei ein. Zur Mittelschicht gehörten die Weber und Wirker, die nicht auf eigene Rechnung, sondern im Auftrag der Verleger arbeiteten, aber selbst Besitzer der Produktionsmittel, insbesondere des Webstuhls bzw. Bandstuhls, waren. Die dritte Schicht bestand aus den Bleicherknechten sowie den Vorbereitungs- und Hilfsarbeitern in der Weberei und Wirkerei (Haspler, Spuler, Zwirner); sie waren vielfach aus den ehemaligen Knechten und Mägden der Höfe, den Häuslern und Landlosen, hervorgegangen. Die dritte Schicht war jedoch nicht scharf von der Mittelschicht zu trennen, und es gab vielfältige Übergänge.

In bruchlosem Übergang hatte sich diese neue Gesellschaftsform in Barmen und Elberfeld aus der alten bodenständigen, bäuerlichen Bevölkerung entwickelt. Eine tiefe, innerliche Religiosität und die kalvinistisch beeinflußte Wirtschaftsgesinnung bestimmten dabei maßgeblich das Denken und Handeln der Menschen; sie trugen wesentlich zum Aufschwung des Wuppertaler Gewerbelebens und zur Bildung dieses bedeutenden Zentrums der Textilindustrie bei.

Von Elberfeld und Barmen griff das Textilgewerbe schon früh in die Nachbarräume hinein vor, in östlicher Richtung nach Schwelm, ferner in das Niederbergische um Langenberg und nach Süden in den Raum von Ronsdorf. Weit im Süden entstand auch in Wermelskirchen ein Textilgewerbe, das Beziehungen zum Wuppertaler Zentrum aufwies.

Auch in anderen bergischen und märkischen Städten gelangte die Weberei schon früh zu größerer Bedeutung. An der Spitze stand das Lenneper *Tuchgewerbe* mit sehr frühen Handelsbeziehungen nach Dortmund.[113] Auch hier herrschte das Verlagssystem vor. Weber von Wipperfürth, Hückeswagen, Radevormwald, Neviges und Mettmann arbeiteten zeitweise für Lenneper Kaufleute. Nach 1800 wurden mechanische Maschinen eingeführt, zu deren Betrieb man die Wasserkraft der östlich an Lennep vorbeifließenden oberen Wupper ausnutzte. Bei Dahlerau, Krebsöge und Kräwinklerbrücke siedelten sich Wollspinnereien, Tuchfabriken und Färbereien an. Ein erheblicher Teil des Lenneper Exports ging nach Nordamerika.

Kleine Zentren des Textilgewerbes bildeten auch Kettwig und Werden an der unteren Ruhr; und im Märkischen bestand in einigen Städten ebenfalls eine teilweise aus alter Wurzel hervorgewachsene Wolltuchweberei, insbesondere in Herdecke, Plettenberg und Hagen.

---

107 Vgl. L. BEUTIN (1956), S. 30, H. SPETHMANN (1933), II, S. 262, und W. VON KÜRTEN (1967), S. 62.
108 Vgl. E. KOSACK: Die Luisenhütte in Wocklum – ein technisches Kulturdenkmal; o.J. (nach 1950).
109 Vgl. dazu insbesondere W. KÖLLMANN (1955 u. 1960) und E. STRUTZ (1958).
110 W. KÖLLMANN (1955), S. 15.
111 Vgl. dazu im einzelnen W. KÖLLMANN (1955), S. 15–17.

112 W. KÖLLMANN (1955), S. 17.
113 Zum Lenneper Tuchgewerbe vgl. E. STRUTZ (1958), insbesondere S. 323, 342 und 410–411.

Das Wirtschaftsleben des bergisch-märkischen Raumes hatte in der ersten Hälfte des 19. Jahrhunderts im Vergleich zu den Nachbarlandschaften bereits eine bemerkenswert hohe Blüte erreicht. Ein besonderes Kennzeichen bestand in dem kleinräumigen Wechsel, der sich aus den *Schwerpunktbildungen* der einzelnen Wirtschaftszweige und Produktionsrichtungen und aus der Konzentration der großen Handelsunternehmungen an bestimmten Orten ergab. Auch der stark wechselnde Anteil der Landwirtschaft trug zum Strukturbild eines kleinräumigen Mosaiks verschiedenartig geprägter Teilgebiete bei.

Das Gewerbeleben war nicht aus städtischer Wurzel hervorgegangen. Die ersten Anfänge der Eisengewinnung reichten ja in jene Periode zurück, in der wesentliche Teile des unwirtlichen, regenfeuchten Gebirgslandes überhaupt erst durch die in kleine Rodungsinseln eingefügten Einzelhöfe erschlossen wurden. In Verbindung mit dem mittelalterlichen Landesausbau entwickelte sich daraus ein weit verteiltes ländliches Gewerbe. Die Rennfeuer-Verhüttung auf der Grundlage der heimischen Erze spielte sich vornehmlich in den Wäldern und Marken ab, die zwischen den Rodungsinseln erhalten geblieben waren (vgl. Abb. 17). Erst die weitere Verarbeitung der vorgeschmiedeten Produkte vollzog sich zu einem erheblichen Teil in den Siedlungen; und bei der weiteren Entwicklung der in die Streusiedlungsbereiche eingefügten kleinen Verdichtungszentren, die im Umkreis von Kirchen, Burgen oder Verkehrsknotenpunkten entstanden waren, hat das Gewerbe offensichtlich schon früh eine maßgebliche Rolle gespielt. Aber auch in späterer Zeit waren – etwa in Verbindung mit der Ausnutzung des Wassers und der Wasserkraft – immer wieder Faktoren wirksam, die auf eine weite Streuung des Gewerbelebens über den Raum hinwirkten. Dabei kam es innerhalb des durch die frühen zentralen Ortschaften gebildeten, zunächst noch weitmaschigen Netzes auf Grund des Eisen- und Textilgewerbes vielfach zu neuen Schwerpunktbildungen. Es ist bemerkenswert, daß die heute bedeutendsten Zentren erst in nachmittelalterlicher Zeit auf Grund ihrer starken wirtschaftlichen Entwicklung städtische Rechte erhalten haben.[114]

Die um 1840 im bergisch-märkischen Raum bestehenden Städte hatten sich – welchen Ursachen sie auch ihre ursprüngliche Entstehung verdankten – inzwischen alle zu größeren oder kleineren Mittelpunkten des Eisen- bzw. Textilgewerbes entwickelt und besaßen zum Teil auch bedeutende Handelsfunktionen. Daneben gab es weitere Verdichtungspunkte, die noch nicht das Stadtrecht besaßen, aber ebenfalls eine beträchtliche Wirtschaftskraft in sich vereinigten und in ihrer Einwohnerzahl bereits manche Landstädte der Umgebung übertrafen.

Der bedeutendste Schwerpunkt lag an der mittleren Wupper. 1837 besaß Elberfeld bereits 34 000, Barmen 27 000 Einwohner (vgl. Abb. 15). Zusammen hatten die beiden Schwesterstädte die größte westdeutsche Stadt Köln (66 000) fast erreicht, die übrigen westdeutschen Zentren sogar weit übertroffen: Aachen mit 39 000, Düsseldorf (1838) mit 33 000, Krefeld (1840) mit 26 000 und Münster mit 20 000 Einwohnern.

Neben den beiden Wupperstädten gab es im bergisch-märkischen Raum einige weitere Städte, die zwar gegenüber Barmen und Elberfeld weit zurückblieben, aber nach Bedeutung und Einwohnerzahl etwa mit den größten Hellweg-Orten konkurrieren konnten. Zu ihnen gehörten Iserlohn (9300) als größte Stadt der Mark mit ihren bedeutenden Handelsfunktionen, ferner die bergischen Höhenorte und Exportzentren Remscheid (10 700)[115] und Solingen (5100).

Außerdem gab es eine Reihe kleinerer städtischer Zentren, wie Cronenberg, Ronsdorf und Lennep auf den Bergischen, Lüdenscheid auf den Märkischen Hochflächen, Altena im Tal der Lenne, Schwelm und Hagen innerhalb der den Hochflächen vorgelagerten Muldenzone. Sie alle erreichten, wenn man die Bewohner der oft weiträumigen Außenbezirke unberücksichtigt läßt, etwa 3000 bis 5000 Einwohner.

Charakteristisch ist auch die Verteilung der Bevölkerung über den Raum, wie sie sich für die Zeit um 1840 aus den Werten der *Bevölkerungsdichte* ergibt (vgl. Abb. 15). Es schält sich dabei vor allem die langgestreckte Muldenzone heraus, die den Bergischen und Märkischen Hochflächen vorgelagert ist. Es war hier ein fast ununterbrochenes Band mit Dichtewerten von mehr als 400 Einwohnern pro qkm ausgebildet. Insgesamt umfaßte diese Zone rund 110 000 Menschen, übertraf also den Dichtestreifen des Hellwegs bei weitem.

---

114 Elberfeld 1610, Hagen 1746, Barmen 1808.

115 Bei der Bevölkerungszahl von Remscheid ist zu berücksichtigen, daß sich ein größerer Prozentsatz der Einwohner auf benachbarte Höhen- und Talsiedlungen des ausgedehnten Gemeindebezirks verteilte.

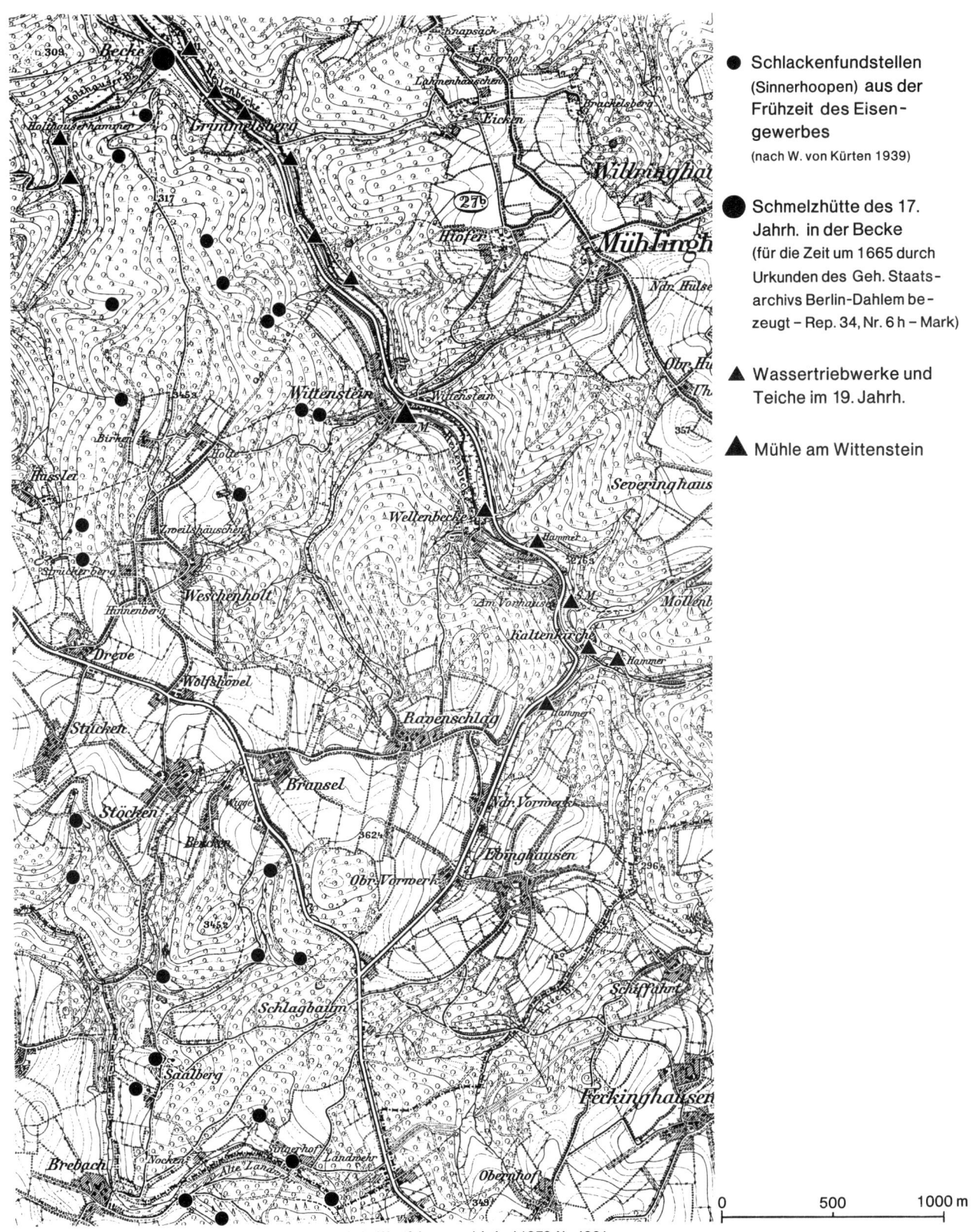

1 Die Landschaft bis zur ersten Hälfte des 19. Jahrhunderts

● Schlackenfundstellen (Sinnerhoopen) aus der Frühzeit des Eisengewerbes
(nach W. von Kürten 1939)

● Schmelzhütte des 17. Jahrh. in der Becke
(für die Zeit um 1665 durch Urkunden des Geh. Staatsarchivs Berlin-Dahlem bezeugt – Rep. 34, Nr. 6 h – Mark)

▲ Wassertriebwerke und Teiche im 19. Jahrh.

▲ Mühle am Wittenstein

Mit Genehmigung des Landesvermessungsamtes Nordrhein-Westfalen vom 14. Juni 1972 Nr. 4261
Vervielfältigt durch Verlag Ferdinand Schöningh, Paderborn

Abb. 17

Das alte Eisengewerbe im Heilenbecketal
und in seiner Umgebung

Grundlage: Ausschnitt aus dem Meßtischblatt Radevormwald
der Königl. Preuß. Landes-Aufnahme 1892

Eine Kette von kleineren und größeren Siedlungen durchsetzte die Muldenzone. Von den alten Zentren und Siedlungskernen hatte sich die Bebauung immer weiter ausgedehnt, vor allem entlang der seit dem Ende des 18. Jahrhunderts allmählich entstandenen Kunststraßen. In ihrem weiteren Umkreis blieb zwar die Streusiedlung erhalten, erfuhr aber eine starke Verdichtung. An bestimmten Stellen, etwa im Bereich der neu entstehenden Kirchen oder an Wegkreuzungen, ergaben sich dabei neue Konzentrationen, die sich rasch mit gewerblichem Leben füllten und weiter heranwuchsen.

Im westlichen Teil der Wupper-Ennepe-Mulde wohnten von Vohwinkel im Westen über Elberfeld und Barmen bis nach Oberbarmen hinüber um 1840 bereits etwa 60 000 Menschen auf einer Fläche von 30 qkm. Nach Süden wurde dieser Streifen, in dem das Maximum der Bevölkerungsdichte erreicht wurde, von einem schmalen, geschlossenen Waldband begleitet, das den Anstieg zu den südlich gelegenen Bergischen Hochflächen überkleidete.

Der östliche Teil der Wupper-Ennepe-Mulde von Langerfeld und Schwelm über Gevelsberg und Haspe bis zum Westrand des Hagener Beckens, mit dem alten Kirchzentrum Voerde in einer seitlichen Ausbuchtung, zählte um 1840 etwa 20 000 Einwohner auf 45 qkm. Der angrenzende westliche Teil des Hagener Beckens, der im wesentlichen das untere Volmetal umfaßte, hatte mit knapp 8000 Menschen auf 18 qkm eine ähnlich hohe Bevölkerungsdichte. Daran schloß sich dann der nordwestliche Teil des Hagener Beckens um Herdecke und Vorhalle, Wetter und Volmarstein mit stark 4000 Einwohnern auf 15 qkm und das Wengerner Ruhrtal mit stark 2500 Bewohnern auf 10 qkm.

Im Osten zählte die Iserlohner Kalkmulde von Hohenlimburg über Letmathe und Iserlohn bis über Hemer hinaus etwa 18 500 Einwohner auf 45 qkm. Ringsum von relativ dünn besiedelten Teilflächen umgeben, stellte sie noch einmal ein ausgeprägtes Dichteband dar, in dem Iserlohn, das zur größten Stadt der ehemaligen Grafschaft Mark aufgestiegen war, das unbestrittene Zentrum bildete.

Demgegenüber wiesen der östliche Teil des Hagener Beckens mit dem unteren Lennetal und das Schwerte-Fröndenberger Ruhrtal bis zur Hönne-Mündung auffallend niedrige Dichtewerte von etwa 80—90 Einwohnern pro qkm auf. Weder die Ruhr noch die untere Lenne waren hier in nennenswertem Umfange für gewerbliche Zwecke genutzt worden, und so hatte sich hier das agrarische Gepräge im wesentlichen erhalten. Die Stadt Schwerte besaß um 1840 1900 Einwohner und bildete nur ein kleines örtliches Zentrum. Auch das untere Hönnetal und die sich südlich anschließende Hönne-Mulde waren relativ ruhig geblieben. Es war auch in diesem Teilraum, der großenteils zum kurkölnischen Herzogtum Westfalen gehört hatte, nicht zu einer stärkeren gewerblichen Entwicklung gekommen, trotz der nicht ungünstigen Voraussetzungen (Eisensteinvorkommen bei Balve, Wasserkraft der gefällreichen Flüsse und Bäche). Auch die eingefügten alten städtischen Zentren hatten nur örtliche Bedeutung und waren relativ klein geblieben: Menden (2800), Balve (1000) und Neuenrade (1300). In den an die Talzonen angrenzenden Hügelland-Gebieten sanken die Dichtewerte noch weiter ab. Um 1840 waren zwischen Schwerte und Iserlohn, im Ardey nördlich Herdecke und Schwerte und beiderseits des Hönnetals bei Menden noch ausgedehnte Wälder erhalten, in die sich die kleinen Siedlungen als Rodungsinseln einfügten. Das gesamte Niedersauerland bis zur Hönnelinie im Osten, jedoch ohne die Iserlohner Mulde, das Wengerner Ruhrtal und den westlichen Teil des Hagener Beckens, umfaßte zu dieser Zeit nur knapp 30 000 Menschen auf etwa 370 qkm.

In dem an die bergisch-märkische Muldenzone südlich angrenzenden Hochflächenland war ein wesentlicher Unterschied zwischen dem westlichen und östlichen Teil festzustellen. Auf den Mittelbergischen Hochflächen erreichte die Bevölkerungsdichte durchschnittlich mehr als 300 Einwohner pro qkm. Um Solingen, Ohligs, Haan und Gräfrath, Burg a.d. Wupper, Remscheid und Cronenberg bis hinüber nach Ronsdorf, Lüttringhausen und Lennep lebten etwa 65 000 Menschen. Weiter östlich schloß sich bis zum Wupper-Engtal ein schmaler Streifen mit rund 150 Einwohnern pro qkm an, und östlich der Wupper sanken die Werte unter 100 ab. Auf den Märkischen Hochflächen bewegten sich die Dichtewerte im Durchschnitt um etwa 50—75; und die unbewohnten, bewaldeten Hangzonen im Bereich der tief eingeschnittenen Täler nahmen hier mehr als die Hälfte der Fläche ein. Insgesamt lebten etwa 55 000 Menschen in dem weiträumigen Gebiet des Hochflächenlandes östlich von Ronsdorf, Lüttringhausen und Lennep bis zur oberen Hönne hinüber.

Im Bereich der Bergischen Hochflächen reihten sich in den eingefügten Tälern die gewerblich bestimmten Siedlungen vielfach perlschnurartig aneinander. Auf den Höhen bestimmten hier die charakteristischen Weiler, die oft in Quellmulden eingebettet waren, das Siedlungsbild. Durch vielfache Teilungen und Absplisse hatten sich aus den alten Einzelhöfen oft größere Gebäudegruppen entwickelt. Die gewerbliche Nebenbeschäftigung begünstigte eine immer weitergehende Verkleinerung der landwirtschaftlichen Besitzungen; und so hatten sich an vielen Stellen um das alte Hofhaus, das noch durch seine größeren Abmessungen erkennbar war, kleinere Kötter- und Wohnhäuser geschart, zum Teil mit Räumen für die gewerbliche Nebentätigkeit. Vielfach traten kleine Schmiedewerkstätten hinzu. Dazwischen waren die größeren Ortschaften eingefügt, die sich durch Ausweitung der alten Zentren und Kirchsiedlungen entwickelt hatten.

Weiter nach Osten wurden die Weiler kleiner. Auf den Hochflächen zwischen Schwelm und Radevormwald bestimmten teilweise die Doppelhöfe das Siedlungsbild, die jedenfalls z.T. aus vereinzelten Durchbrechungen des hier sonst herrschenden Anerbenrechtes hervorgegangen waren. In manchen Teilgebieten, vor allem im Bereich der Märkischen Hochflächen, waren aber auch die alten Einzelhöfe noch ungeteilt erhalten geblieben, von denen aus die umliegenden Blockfluren bewirtschaftet wurden. Die alten Feld-Gras-Wirtschaftssysteme, bei denen vor allem auf den weiter vom Hof entfernten Außenfeldern die Zahl der Brachjahre die der Hafer- und Roggenanbaujahre weit übertraf[116], waren inzwischen durch den zusätzlichen Anbau von Klee und Kartoffeln intensiviert worden. V. SCHWERZ zählte 1816/18 die Kartoffel im Gebirgsland schon zu den Hauptanbaufrüchten.[117] Es herrschte noch das alte niederdeutsche Hallenhaus mit dem großen Tor auf der Giebelseite, und zwar in der zweigeschossigen Abart des Vierständerhauses. Der massive Bruchsteinbau war vorherrschend und auch am besten den klimatischen Bedingungen angepaßt. Es gab jedoch vielfache Übergänge zum Fachwerkhaus; häufig war eine Mischform mit Bruchsteinmauerwerk im Erdgeschoß und Fachwerk im Obergeschoß anzutreffen. Bei den Bauernhäusern gab es ferner zwei bemerkenswerte Arten von Nebengebäuden, den Kornkasten und das Speicherbackhaus. Die Kornkästen stellten merkwürdige, im wesentlichen auf das Märkische Sauerland beschränkte Holzkonstruktionen dar, die Beziehungen zu nordeuropäischen Bauwerken aufwiesen.[118] Mancherorts fügten aber auch hier Werkstätten und Kleinschmieden weitere Elemente bei. Nur drei Städte verteilten sich über die Hochflächen östlich der oberen Wupper. Von ihnen erreichte lediglich Lüdenscheid (3300) größere Bedeutung, während Radevormwald und Breckerfeld nur örtliche Zentren darstellten.

In den Tälern reihten sich oft in fast regelmäßigen Abständen die Wassertriebwerke aneinander, und oft lagen die Wohnhäuser der Hammerschmiede und zum Teil auch der Unternehmer und Triebwerkbesitzer in unmittelbarer Nähe der Betriebsstätten. Es hatten sich Reihen von kleinen Gebäudegruppen gebildet, die benachbarte Flurnamen als Siedlungsbezeichnungen übernommen oder typisch gewerbliche Ortsnamen, z.B. mit den Grundwörtern -hammer oder -walze, erhalten hatten. In den Haupttälern, vor allem an Lenne und Volme, gab es auch einige größere Ortschaften, die sich an Flußübergängen und kirchlichen Zentren entwickelt hatten. Die größte von ihnen war Altena (4300), an der Lenne unterhalb der im 12. Jahrhundert erbauten märkischen Stammburg entstanden.

Das Gebiet der Märkischen Hochflächen zeigte im einzelnen eine vertikale Dreiteilung, die den naturräumlichen Gegebenheiten entsprach und sich auch in den Zahlen der Bevölkerungsdichte widerspiegelte.[119] Für die Talbezirke ergaben sich vielfach schmale Bänder relativ hoher Dichtezahlen von etwa 140 bis 300 Einwohnern pro qkm; sie waren von den breiten Streifen der unbewohnten, bewaldeten Hangzonen umrahmt. Die Bevölkerungsdichte auf den Hochflächenteilen wechselte beträchtlich, vor allem in Abhängigkeit von dem Ausmaß der gewerblichen Durchdringung.

Teile des bergisch-märkischen Raumes waren um 1840 in einer weiteren starken Entwicklung begriffen. Es ist bemerkenswert, daß sich dabei das Gewicht der Schwerpunkte noch verstärkte. Während z.B. im Schwerte-Fröndenberger Ruhrtal und seiner engeren Umgebung ebenso wie in der Hönne-Mulde die *Bevölkerungszunahme* zwischen 1816/18 und 1837/40 etwa 30% der Werte von 1816/18 betrug, stieg diese Quote auf den Bergischen und Märkischen Hochflächen auf etwa 40%, im westlichen Teil der Wupper-Ennepe-Mulde auf stark 50% und im östlichen Teil der Wupper-Ennepe-Mulde sowie im Westteil des Hagener Beckens und im Wengerner Ruhrtal auf 57–70% an.

Dieser Bevölkerungszuwachs hatte seinen Ursprung zu einem erheblichen Teil in dem starken Geburtenüberschuß, der um diese Zeit in weiten Teilbereichen zu verzeichnen war. Er betrug z.B. in Barmen von 1818 bis 1838, also in 21

---

116 Vgl. z.B. die treffende Beschreibung der Feldgraswechselwirtschaft durch den Schwelmer Pfarrer F. C. MÜLLER in der „Chorographie von Schwelm" aus dem Jahre 1789; Neudruck von 1922, S. 31.

117 Nach H. DITT (1965), S. 6.

118 F. H. SONNENSCHEIN: Sonderformen bäuerlicher Speicherbauten des Mittelalters im märkischen Sauerland. Hagener Beiträge zur Geschichte und Landeskunde, Heft 1; Hagen, 1959.

119 Spezialuntersuchungen zur Erfassung der Feinstruktur sind für einen Teilraum am Nordwestrand der Märkischen Hochflächen durchgeführt worden. Dabei wurden auch für das Jahr 1839 die Dichtezahlen für charakteristische Teilgebiete (Täler, Hangzonen, Hochflächenteile) ermittelt. Vgl. W. VON KÜRTEN (1939), S. 64–65, 121–122; vgl. auch Karten 20 u. 21.

Jahren, insgesamt 6415[120], das sind 33,5% der Ende 1817 vorhandenen Einwohnerzahl. Es kann also in dem Zeitraum von 1816/18 bis 1837/39 mit einer natürlichen Bevölkerungszunahme von 30 bis 35% im bergisch-märkischen Raum gerechnet werden. In den Teilzonen mit einem größeren Zuwachs der Bevölkerungszahl spiegelt sich in dem Überschuß eine Zuwanderung wider, die auch quellenmäßig belegt ist. In Barmen betrug der Wanderungsgewinn in dieser Zeit z.B. 2004 Personen[121]. Ein Teil dieser Zuwanderer kam aus benachbarten, weniger stark vom Gewerbeleben durchsetzten Räumen. Darüber hinaus gab es eine Fernwanderung, bei der aber nur eine einzige Gruppe eine nennenswerte Rolle spielte, nämlich die der Waldecker und Kurhessen; die Zuwanderung aus anderen deutschen Teilräumen beschränkte sich auf wenige Einzelpersonen[122]

Die Zuwanderung betraf nur die unteren und mittleren Schichten der Bevölkerung. Die führende Schicht der Unternehmer und Kaufherren entstammte dagegen fast vollständig dem heimischen Raum. Es hatte wohl örtliche Verlagerungen gegeben. So gab es in der westlichen Mark manche Gewerbetreibenden und Kaufleute, die ihren Ursprung im benachbarten Bergischen hatten. Insgesamt aber bildete das bergisch-märkische Eisen- und Textilgebiet in dieser Hinsicht einen Raum von eindrucksvoller Geschlossenheit.[123] Viele Unternehmer stammten aus altansässigen Familien, wie Familiennamen und Firmenbezeichnungen noch heute zeigen. Die bergisch-märkischen Unternehmerfamilien waren untereinander vielfach verbunden; es gab auch häufige Querverbindungen zwischen dem Eisen- und Textilgewerbe.[124]

Die starke Bevölkerungsvermehrung führte stellenweise zu einer Verschärfung der sozialen Lage. In den ländlichen Teilgebieten war freilich die enge Verbindung mit der Landwirtschaft noch weitgehend erhalten geblieben, und etwa entstehende Härten konnten durch die noch immer bestehenden persönlichen Bindungen und Verbindungen aufgefangen werden. Anders aber sah es in den städtischen und gewerblichen Zentren aus. Hier hatte sich allmählich eine immer zahlreicher werdende Arbeiterschicht gebildet, und das persönliche Verhältnis zwischen Unternehmern und Arbeitern hatte sich weitgehend aufgelöst. Bedrückende Schilderungen aus dieser Zeit, vor allem aus Elberfeld, Barmen und Iserlohn[125], zeigen, daß Teile der Bevölkerung bei den schlechten Wohnungsverhältnissen, den höheren Lebenshaltungskosten und dem Verlust der Verbindung mit der Landwirtschaft am Rande des Elends lebten.

---

120 W. KÖLLMANN (1960), S. 287.
121 Diese Zahl wurde aus der von W. KÖLLMANN (1960), S. 287 abgedruckten Tabelle errechnet.
122 Für Barmen vgl. W. KÖLLMANN (1960), S. 80–81, für Voerde F. A. SIEKERMANN: Hefte zur Geschichte von Ennepetal-Voerde; Ennepetal, 1950–54, insbes. Heft 2, 1951, S. 26.
123 Vgl. L. BEUTIN (1956).
124 Viele Beispiele bringt H. LIMBERG in den Beiträgen zur Heimatkunde der Stadt Schwelm und ihrer Umgebung, Hefte 12–14, 1962–1964.
125 Vgl. L. BEUTIN (1956), S. 39–41. Besonders eingehende Schilderungen aus dieser Zeit bringt W. KÖLLMANN (1960), S. 131 ff. Für Iserlohn vgl. W. SCHULTE (1954), S. 136 ff.

Das bergisch-märkische Eisen- und Textilgebiet bot insgesamt das Bild einer *frühen Industrielandschaft*, das sich in Struktur und Physiognomie in vielfältiger Weise von anderen Räumen abhob. In zeitgenössischen Reiseberichten wurden gerade die am stärksten vom Gewerbeleben in Anspruch genommenen und umgestalteten Teile als besonders charakteristisch für dieses Gebiet empfunden. So schreibt August H. NIEMEYER, der Direktor der Franckeschen Stiftungen in Halle, über eine Reise im Jahre 1806:

> „Sobald man das romantische Wuppertal verlassen hat, steigt die Straße allmählich höher und höher, und man gewinnt dadurch einen herrlichen Rückblick auf die gesegnete Landschaft. Dann erweitert sich der Weg. Bei der steten Abwechselung möchte man ihn lieber verlängern als verkürzen. Von allen Seiten ist reges Leben; bald Reihen von Fabrikhäusern, dann wieder schöne Naturpartien. Bald ein lautes, Arbeit und Regsamkeit verkündendes Geräusch von Eisenhämmern, Mühlen und Weberstühlen, ab- und zufahrende Wagen und Karren mit rohen oder fertigen Produkten des Erwerbsfleißes, bald wieder wohltuende Stille...."[126]

### 1.32 Das „Alte Revier" an der unteren Ruhr

*Die ältesten Nachrichten* über eine Steinkohlengewinnung im Ruhrgebiet stammen etwa aus der Zeit um 1300.

Im Jahre 1296 wird in Dortmund ein „colcrue" eingebürgert, also ein Mann, der Kohlen aus einer Kuhle gewann.[127] 1302 und 1317 werden für den Bereich des oberen Emschertals südlich Dortmund bei Schüren (zwischen Hörde und Aplerbeck) „Kollengrafften" bzw. „Kollenbrecken" genannt.[128] Als die Stadt Dortmund im Jahre 1389 belagert wurde, holten sich die Schmiede in einem nächtlichen Ausfall eine große Menge Steinkohlen aus dem oberen Emscher-Gebiet; die Städtechronik berichtet darüber: „Up sanct Reinolts nacht die Dortmundeschen Smede und vil meer andern mit ine togen over de Emscher und halden over 100 malder steinkollen."[129]

Im westlichen Ruhrgebiet wird 1317 der Verbrauch von Steinkohle als Brennmaterial in Essen urkundlich bezeugt. Für Duisburg liegen städtische Rechnungen aus den Jahren zwischen 1361 und 1375 vor, die Ausgabeposten „pro lignis

---

126 A. H. NIEMEYER: Beobachtungen auf Reisen in und außer Deutschland; Band III, S. 250.
127 K. RÜBEL und E. ROESE: Dortmunder Urkundenbuch I, 1881 – zitiert nach D. DÜSTERLOH 1967, S. 112.
128 v. VELSEN: Beiträge zur Geschichte unseres Bergbaues; Glückauf, 1865, Nr. 12 – zitiert nach D. DÜSTERLOH 1967, S. 112.
129 K. RÜBEL: Die Anfänge der Kohlen- und Salzgewinnung am Hellwege; Beiträge zur Geschichte Dortmunds und der Grafschaft Mark, 22; Dortmund 1913; S. 47 – zitiert nach D. DÜSTERLOH 1967, S. 113. W. SPETHMANN (1951, S. 41) hat errechnet, daß dies einer Menge von rund 20 t entspricht.

et carbonibus" enthalten.[130] Auch in den Zollrechnungen niederrheinischer Städte werden schon im 14. Jahrhundert Kohlen erwähnt, wobei insbesondere Duisburger Schiffernamen in den Listen auftauchen.[131]

Der Abbau der Steinkohlen erfolgte zunächst aus kleinen Tagesbrüchen und Gräben; darauf weisen u.a. die Nachrichten über die *„Kollengrafften"*[132] und *„Kollenbrecken"* hin. Naturgemäß war dies nur in den Geländeteilen beiderseits der unteren Ruhr möglich, wo die Steinkohlenflöze zutage ausstreichen. An den Hängen der Tälchen hat man sie wohl zunächst steinbruchartig gewonnen. An anderen Stellen förderte man sie aus langgestreckten Gräben, deren Richtung dem Ausstreichen der Flöze folgte.

Den Spuren des alten Steinkohlenabbaus ist in der letzten Zeit besonders D. DÜSTERLOH (1967) nachgegangen; er hat die im Gelände noch deutlich erkennbaren Hohlformen (Pingen) untersucht, die auf den oberflächennahen Bergbau zurückzuführen sind (vgl. Abb. 16). Nach seinen Feststellungen ist man schon relativ früh von dem primitiven Tagebau zu einem Abbau dicht „unter Tage" übergegangen. „Wahrscheinlich ist man am Ausbiß der Flöze im Einfallen derselben einige Meter tief in die Erde gegangen und hat dann nach rechts und links dem Streichen folgend mehrere Meter gekohlt." (D. DÜSTERLOH 1967, S. 52). Mit dem Übergang von dem einfachen Tagebau zu diesem weiterentwickelten Abbau in etwas größeren Tiefen taucht der Ausdruck *„Pütt"* auf (aus lat. „puteus" entlehnt). Die Bezeichnung „Pütt" ist schon für 1447 überliefert. Es ist in diesem Jahre von einem „Koleren" (Bergmann) südlich Dortmund die Rede, der von Feinden überfallen wurde; er setzte sich zur Wehr „und schoet sich mit en und drank es af dat seel, dat se nommen hadden van dem Koelputte."[133]

Auf den „Püttenbau", der etwa von der Mitte des 15. bis zum Ende des 16. Jahrhunderts die Betriebsform bestimmte, folgte die Periode des Stollenbaus.[134] Die ersten urkundlichen Nachrichten reichen noch in die Zeit vor 1600 zurück. Von den Talhängen aus wurden die *Stollen* in der Streichrichtung der Flöze in die Berge getrieben. Die Sohle stieg vom Mundloch aus leicht an, damit die Grubenwässer ungehindert abfließen konnten. Manche Stollen erreichten schon bald eine beträchtliche Länge.[135] Man trieb dann in Abständen von 30–50 m Förder- oder Luftschächte vom Stollen aus nach oben; auch sie begegnen uns im Gelände heute noch vielfach als rundliche Pingen, die linienhaft, entsprechend dem Verlauf der Flöze, aufgereiht sind. Die Stollenmundlöcher sind nur an wenigen Stellen noch gut erhalten; meist ist der vordere Stollenteil eingestürzt. In der Nähe findet man oft noch kleine Halden, auf denen einst der Bodenaushub gelagert wurde.

Im 17. Jahrhundert hatte der Steinkohlenbergbau einen Schwerpunkt in der südlichen Randzone des Produktiven Karbons, im Bereich der geologischen Herzkämper Mulde. Hier konzentrierte sich der Abbau in einem kaum 2 km breiten Streifen an der Nordflanke des Haßlinghauser Höhenrückens. Demgegenüber war das nordwestlich anschließende Gebiet um Hattingen – Herbede – Wengern – Sprockhövel – Oberstüter nur spärlich beteiligt (D. DÜSTERLOH 1967, S. 125). Diese auffällige Konzentration ist offensichtlich maßgeblich auf die günstige Lage des südlichen Randdistriktes zu den gewerblichen Zentren des bergisch-märkischen Raumes zurückzuführen.[136]

Der Steinkohlenbergbau wurde in diesen frühen Perioden in starkem Maße von den ansässigen Bauern ausgeübt. D. DÜSTERLOH konnte bei den rund 80 namentlich ermittelten Gewerken in seinem Untersuchungsgebiet feststellen, daß 4/5 von ihnen auf Höfen und Kotten in der engeren Umgebung der Abbaustellen wohnten; bei 1/10 der Gewerken war der Wohnplatz nicht zu ermitteln, und nur 1/10 kamen nachweislich von außerhalb, wobei z.T. noch familiäre Bande mit anderen Teilhabern der Bergwerke eine Rolle spielten (S. 129). Es hatte sich hier eine enge Verbindung von *Landwirtschaft* und *Bergbau* herausgebildet, und als drittes kam mancherorts noch die *Holzkohlenbrennerei* hinzu. Die bäuerliche Grundschicht blieb beim Steinkohlenbergbau auch in der folgenden Zeit noch lange bestimmend.[137]

Die in den Stollen gebrochenen Kohlen wurden in Schiebkarren von 2 Scheffeln Inhalt (1 Scheffel = 65 kg) zutage gefördert.[138] Von dort aus erfolgte der weitere Transport

---

130 H. SPETHMANN 1951, S. 41 ff. Dort auch viele weitere Belege. Vgl. auch G. MERTINS 1964, S. 105.

131 G. MERTINS 1964, S. 105.

132 Vgl. die Bezeichnung „Gräfte" für die Gräben der Wasserburgen.

133 K. RÜBEL, a.a.O., S. 49 – zitiert nach D. DÜSTERLOH 1967, S. 115. Übersetzung: „er schoß sich mit ihnen und drang auf das Seil ein, das sie von dem Kohlenpütt genommen hatten."

134 D. DÜSTERLOH 1967, S. 116.

135 So ist schon für 1645 von einem 1000 Fuß langen Stollen bei Haßlinghausen die Rede (STA Münster, Kleve-Mark LA Nr. 1015 f. 3 ff., zitiert nach D. DÜSTERLOH 1967, S. 117). Wenig später erreichte ein Stollen in Grundschöttel bei Volmarstein 1124 Fuß Länge. Er war mit 23 „Pützen" für Bewetterung und Förderung ausgestattet. Durch diese Pützen erfolgte die Förderung mittels Hand-Haspel (N. v. DIEST – KOERBER: Der Bergmeister Dietrich von Diest aus Altena; Der Märker, Heft 2/1955, S. 28).

136 D. DÜSTERLOH gibt eine Reihe von Belegen für die Bedeutung des Steinkohlenabsatzes nach Süden an (S. 133 ff.). Z.B. schreibt der Bergdirektor Achilles 1652, daß die Kohlberge während der ganzen Kriegszeit, von einigen verfallenen Gruben abgesehen, in Betrieb und Ausbeute gestanden hätten, und zwar „durch die wirksame Unterstützung der Solinger Eisenindustrie, die ohne sie nicht auskommen konnte..." (zitiert nach H. SPETHMANN: Der Märkische Ruhrkohlenbergbau von 1539 bis 1662; Essen (Masch.-Schr.), 1944, S. 7a).

137 Für die 22 Zechenbetriebe im Haßlinghauser Raum im Jahre 1755 werden 37 Gewerken namentlich aufgeführt (E. VOYE IV, 1913, S. 191–93). 25mal erscheinen dabei Bauern aus der Umgebung oder deren Erben (nach einer Auswertung von D. DÜSTERLOH 1967, S. 130).

138 W. TIGGEMANN 1965, S. 10. Von W. TIGGEMANN

mit Hilfe von Kohlenkarren oder in Säcken auf dem Rücken von Tragpferden zu den Verbrauchern, vor allem zu den Gewerbetreibenden in den südlichen Tälern. Der Kohlentransport und die Heranschaffung des benötigten Grubenholzes brachten zusätzliche Verdienstmöglichkeiten für die Bauern und Kötter der Umgebung. In manchen Fällen trat dabei die Landwirtschaft bald hinter dem Fuhr- und Transportgeschäft zurück, und es enwickelte sich die besondere soziale Schicht der *Kohlenfuhrleute und „Kohlentreiber"*, von der in späteren Berichten viel die Rede ist.[139] Sie bildeten zusammen mit einigen von den Gewerken angemieteten Bergleuten die erste nichtagrarische Sozialschicht in den alten Bergbaubezirken des Südens (D. DÜSTERLOH, S. 138).

Im Laufe des 18. und in der ersten Hälfte des 19. Jahrhunderts erlebte der Steinkohlenbergbau einen starken Aufschwung. Nördlich des alten Abbaugebietes um Haßlinghausen – Silschede wurden jetzt auch der Sprockhöveler Raum und das Teilgebiet zwischen Witten und Herbede (Durchholz – Muttental – Bommern) in erheblichem Maße vom Kohlenabbau ergriffen.[140] Nördlich der Ruhr spielte der Steinkohlenbergbau im südlichen Bochumer Raum und im Gebiet um Hörde eine größere Rolle.[141]

Im Mülheimer Raum an der unteren Ruhr scheint der Bergbau erst um 1700 größere Bedeutung erlangt zu haben, während er vorher kaum über den Zustand gelegentlicher Kohlengräberei hinausgekommen ist. Vor allem aber spielten *Kohlenschiffahrt und Kohlenhandel* von dieser Zeit ab in Mülheim eine große Rolle. Die durch den Handel gewonnenen Kapitalien wurden für den Erwerb von Beteiligungen an den benachbarten Bergbaubetrieben verwandt; schon gegen Ende des 18. Jahrhunderts waren die Hauptanteile der größeren Stollen und Gruben im Mülheimer Bezirk in den Händen der Kohlenkaufleute, und die bäuerliche Schicht war zurückgedrängt.[142]

Die Kohlen, die an den nördlichen Ruhr-Hängen gewonnen wurden, beförderte man im 18. Jahrhundert hauptsächlich auf Schiebkarren zur Ruhr; auch von einigen Schiebewegen ist die Rede. Auch aus dem Essener und Werdener Gebiet wurden Kohlen im 18. Jahrhundert verstärkt über Mülheim verschifft. Dagegen wurden die Kohlen aus dem weiter östlich liegenden märkischen Gebiet zurückgedrängt, da die Ruhrschiffahrt oberhalb Mülheim durch verschiedene in den Fluß hineingebaute Mühlenwehre („Schlagden") seit der Mitte des 15. Jahrhunderts eingeschränkt war. So war der Mülheimer Kohlenhandel im Gebiet der unteren Ruhr im 18. Jahrhundert zunächst fast konkurrenzlos.[143]

Die um die Förderung des Gewerbelebens in der Grafschaft Mark bemühte preußische Regierung versuchte im 18. Jahrhundert wiederholt, günstige Transportwege für die märkische Steinkohle nach dem ebenfalls preußischen Herzogtum Kleve am unteren Niederrhein und in die Niederlande zu gewinnen. So fand der Vorschlag des Blankensteiner Lehrers und späteren Berggeschworenen Müser, einen Kohlenweg von der Ruhr bei Welper nach Gahlen an der Lippe zu bauen, in den 1760er Jahren die Unterstützung der Regierung. In Gahlen wurde auch 1767 ein „Kohlhaus" errichtet, ein Lagergebäude von 60 m Länge, das bis heute erhalten ist. Von hier aus sollte der Transport dann weiter per Schiff erfolgen. Der „Gahlensche Kohlenweg" ist aber nur 6 Jahre (1767–1772) als Kohlentransportweg benutzt worden. In dieser Zeit wurde z.B. nach Aufzeichnungen des Eickeler Bauern J.H. Scharpwinkel von ihm jährlich 15 bis 20 mal die Strecke befahren und insgesamt in den 6 Jahren 936 Faß Kohle (zu je 50 Pfund) transportiert.[144]

Es war für das Steinkohlenrevier an der unteren Ruhr von größter Bedeutung, daß es der preußischen Regierung nach langjährigem Widerstand der übrigen an der Ruhr liegenden Territorien gelang, den Ausbau der *Ruhr als Schiffahrtsweg* oberhalb Mülheims durchzusetzen. Der Schleusenbau erfolgte im wesentlichen in den Jahren von 1774 bis 1780. Bald danach wurde der durchgehende Ver-

---

und von A. WEDDIGE/J. FRANZEN (1951) werden auch weitere technische Angaben über den Stollenbergbau gemacht.

139 Allein im Hochgericht Schwelm, das nur mit seinem nördlichen Randstreifen in das Steinkohlengebiet hineinreichte, gab es um 1789 über 300 Kohlentreiber, deren jeder 3–4 Pferde hielt. Der Schwelmer Pfarrer F. C. MÜLLER hat in seiner „Chorographie von Schwelm" aus dem Jahre 1789 ausführlich von ihnen berichtet. Er schätzt, daß um diese Zeit jährlich etwa 110 000 bis 120 000 Pferdeladungen Kohlen ins Bergische transportiert wurden (S. 62 des Neudrucks von 1922).

140 Vgl. insbesondere D. DÜSTERLOH 1967, Karte IV. Die bergbauliche Entwicklung im Bereich des Muttentals und des Schlosses Hardenstein ist von W. TIGGEMANN 1965 im einzelnen untersucht worden.

141 Nach einer Aufstellung aus dem Jahre 1754 (abgedruckt von A. WEDDIGE/J. FRANZEN 1951, S. 102) gab es in der Grafschaft Mark 108 „gangbare Zechen", davon 20 im Amt Bochum, 24 im Amt Blankenstein, 20 im Amt Wetter, 29 im Amt Hörde, 2 im Amt Unna, 1 im Amt Schwerte, 10 im Gericht Herbede, 1 im Gericht Stiepel und 1 im Gericht Witten.

142 Vgl. im einzelnen G. MERTINS 1964, S. 106–109. Mülheimer Einwanderungslisten aus der Zeit um 1700 verzeichnen 35 Bergleute, 15 Kohlenschieber und 10 Nachenknechte; sie stammten größtenteils aus der näheren Umgebung und siedelten sich hauptsächlich in der Altstadt an (nach W. KLEWER: Über Einwanderungen in der Herrschaft Broich am Ende des 17. und Anfang des 18. Jahrhunderts; in: Zeitschrift d. Geschichtsver. Mülheim, 25, 1931, S. 8–33; zitiert nach G. MERTINS 1964, S. 108).

143 Vgl. im einzelnen G. MERTINS 1964, S. 108–109.

144 G. MERTINS 1964, S. 109; D. DÜSTERLOH 1967, S. 155–156 und S. 167.
K. H. KIRCHHOFF: Die „Kohlenstraße" von Bochum zur Lippe; in: Westfalenspiegel, 1969, Heft 4; S. 14.

kehr zwischen Ruhrort[145] und Langschede (südlich der Salinen von Königsborn bei Unna) aufgenommen. Die Ruhr konnte nun von „Aaken" bis 150 t Tragfähigkeit befahren werden, und der Schiffsverkehr blühte schnell auf. Sehr rasch erlangte dieser Transportweg große Bedeutung für den Steinkohlenbergbau. In besonderem Maße profitierten die Betriebe im Essener und Werdener Gebiet, die jetzt mehr als die Hälfte ihrer Förderung auf dem Wasserweg absetzten. Bei den märkischen Gruben war der Anteil etwas geringer.[146] Aber auch hier kam es zu einer Steigerung der Förderung in den ruhrnahen Betrieben und zur Neuanlage von Stollen. Den Mülheimer Bergwerken allerdings entstand jetzt durch die märkische Kohle eine fühlbare Konkurrenz, und 1796 standen hier nur noch 7 Kohlengruben in Förderung.[147]

Die Ruhr entwickelte sich in den folgenden Jahrzehnten zur Achse des Bergbaureviers. Aus dieser Periode stammt der Name „Ruhrrevier", der dann mit dem Bergbau später nordwärts wanderte.

Die Ruhr-Aaken, die zum Teil 40–50 m lang waren, wurden bergwärts von Pferden gezogen, die auf dem Leinpfad liefen. Talwärts ließen sie sich von der Strömung treiben. Meist führten sie auch Segel. An den Ufern entstanden kleine *Häfen* und eine große Anzahl von ummauerten *Kohlenlagerplätzen* („Niederlagen" oder „Magazinen"). Eine Reihe von schmalspurigen Kohlenbahnen führte von ihnen zu den benachbarten Bergbaubetrieben; der erste dieser auf Pferdebetrieb eingerichteten eisernen *Schienenwege* entstand schon 1787 im Rauendahl nördlich Hattingen.[148]

Auch im technischen Betrieb des Steinkohlenbergbaus vollzogen sich seit dem Ende des 18. Jahrhunderts einige Umstellungen. Zwar blieb man bis zur ersten Hälfte des 19. Jahrhunderts im wesentlichen beim Stollenbau, aber man schritt doch allmählich zu größeren und aufwendigeren Anlagen fort. So entwickelten sich zunächst als neue Betriebsform die *Erbstollen*, die der Wasserlösung und Wetterförderung für mehrere über der Stollensohle bauende Betriebe dienten. Ihre Ansatzpunkte befanden sich im Ruhrtal; in südlicher Richtung durchfuhren sie zahlreiche Grubenfelder und erschlossen die Kohlenmengen, die über ihnen bis zu den alten Stollenbauten an den Hängen der Seitentäler anstanden. Die hier arbeitenden Bergwerksbetriebe legten dann *tonnlägige* Schächte im Flöz an, die mit den Erbstollen in Verbindung standen. Aus ihnen wurden die Kohlen in Tonnen, die sich auf Leitbäumen bewegten, zutage gefördert. Zum Antrieb wurden Handhaspel oder Pferdegöpel benutzt.[149]

Nur langsam setzte sich die *Dampfmaschine* durch. Die erste wurde 1798 auf der Saline Königsborn bei Unna installiert, im folgenden Jahre eine weitere auf der Zeche Vollmond in Langendreer, die aber nur der Wasserhaltung diente. 1809 folgte auf der Essener Zeche Sälzer und Neuack die erste Dampf-Fördermaschine. Nach Einführung der Dampfmaschine ging man auch dazu über, tiefere Schächte abzuteufen (so z.B. 1808 auf der Zeche Vollmond Schacht von 46 m Tiefe). Das war der Beginn des eigentlichen Tiefbaus.[150]

Um diese Zeit begann auch die *Durchteufung der Kreidedeckschichten*, die im Norden über dem Produktiven Karbon liegen, zunächst allerdings nur in den Randzonen, in denen die Deckschichten noch geringmächtig sind.[151] 1832/34 wurde dann von Franz Haniel bei Borbeck der Schacht „Franz" abgeteuft; hier betrug die Mächtigkeit des Deckgebirges bereits 56 m.[152]

So begann um diese Zeit, zunächst noch zögernd, die Nordwärtswanderung des Bergbaus.

Bevor wir uns mit der weiteren Entwicklung näher befassen, wollen wir zunächst noch einen Blick auf das „*Alte Revier*" beiderseits der unteren Ruhr werfen, wie es sich uns etwa um 1830/40 darstellt.

Die Steinkohlenförderung war im Jahre 1830 im gesamten Ruhrgebiet auf etwa 700 000 t gestiegen, nachdem sie sich in den ersten Jahrzehnten des 19. Jahrhunderts um etwa 500 000 t bewegt hatte. 1840 wurden rund 1 250 000 t erreicht; davon gingen 44 % zur Ruhr.[153] Die Achse des Reviers

---

145 In Ruhrort, wo schon 1716 eine Ruhrschlenke zu einem Hafen ausgebaut wurde (F. W. ACHILLES 1967, S. 4), war 1748 das erste Kohlenmagazin angelegt worden; 1766 wurde die Verwaltung der Anlagen von der preußischen Regierung übernommen. Seit dieser Zeit, insbesondere nach der Fertigstellung des durchgehenden Ruhr-Schiffahrtsweges, nahm der Ruhrorter Hafenbetrieb einen raschen Aufschwung (H. SPETHMANN 1933, I, S. 146 ff.).
146 Vgl. D. DÜSTERLOH 1967, S. 173.
147 v. VELSEN: Beiträge zur Geschichte unseres Bergbaues; Glückauf, 1867, S. 40 ff. – zitiert nach G. MERTINS 1964, S. 110.
148 Beispiele für Kohlenmagazine und Kohlenbahnen: W. TIGGEMANN 1965, S. 11; D. DÜSTERLOH 1967, S. 171 ff.
149 A. WEDDIGE 1954, S. 69. Beispiele für Erbstollen und Göpelschächte: W. TIGGEMANN 1965, S. 11–14.
150 H. SPETHMANN 1933, I, S. 177/178.
151 Über die ersten Anfänge bei Hörde und Bochum-Wiemelhausen berichtet J. RAUB (Die Anfänge des Ruhrbergbaus unter der Mergeldecke) in der Zeitschrift „Der Anschnitt" vom Febr. 1965, S. 30–36. Die Mächtigkeit der Deckschichten betrug hier überall höchstens 20 m.
152 H. SPETHMANN: Historische Bilder aus dem Essener Bergbau; Bergfreiheit 1952; Heft 6, S. 6.
153 Glückauf 1865, Nr. 3 – zitiert nach D. DÜSTERLOH 1967, S. 147. 1838/40 gab es 377 Ruhr-Aaken, 1508 Schiffer und Knechte, etwa 500 Pferde und 250 Treiber, 300 Austräger und 6 Lotsen (H. SPETHMANN 1933, I, S. 209). In Mülheim waren 1832 116 Ruhr- und 55 Rheinschiffe beheimatet, in Ruhrort 89 Ruhr- und 20 Rheinschiffe (J. v. VIEBAHN: Statistik und

war um diese Zeit das Ruhrtal. Auch die Bedeutung des Kohlenfuhrwesens war noch ungebrochen, und ein erheblicher Teil der Steinkohlenförderung ging auf dem Landwege nach wie vor nach dem Süden, in die Zentren des bergisch-märkischen Eisen- und Textilgebiets.

Lange noch hatte in Anbetracht der schlechten Wegeverhältnisse der Transport der Kohlen in Säcken auf dem Rücken der Pferde eine große Rolle gespielt. Inzwischen aber waren die wichtigsten Verbindungen als „Kohlenstraßen" verbessert und z.T. ausgebaut worden, und der Kohlen-Fuhrwerksverkehr hatte jetzt im wesentlichen den Landtransport nach dem Süden übernommen. Die wichtigste Strecke war die Wittensche Hauptkohlenstraße, die von der Ruhr über Haßlinghausen ins Wuppertal führte. Dem Kohlentransport zu den südlichen Verbrauchszentren dienten auch die drei längsten der für Pferdebetrieb eingerichteten Schienenwege, die zwischen 1820 und 1830 erbaut wurden: die Harkortsche Kohlenbahn (von den Silscheder Zechen zum unteren Ennepetal, fast 8 km), die Muttentalbahn (von der Ruhr am Schloß Steinhausen gegenüber Witten zur Wittenschen Hauptkohlenstraße, 6 km) und die Prinz-Wilhelm-Bahn (von Überruhr durch das Deilbachtal nach Nierenhof, 7 km).[154]

Der Bergbaubetrieb mit allen seinen Folgeerscheinungen übte einen starken Einfluß auf die Weiterentwicklung der Kulturlandschaft im Bereich des Produktiven Karbons, insbesondere in den am stärksten vom Bergbau in Anspruch genommenen Gebieten, aus. Viele Relikte des ehemaligen Bergbaubetriebs sind erhalten und geben in Teilbereichen der heutigen Kulturlandschaft ihre besondere Note (vgl. Abb. 20). Dazu gehören Pingenreihen, verfallene Stollenmundlöcher und abgedeckte Schachteingänge ebenso wie die Trassenreste der Kohlenbahnen, die rechteckig abgeteilten Plätze der ehemaligen Kohlenmagazine, Ruhrschleusen, Kohlenhäfen und Leinpfade. Die alten Zugangswege zu den Bergwerken spiegeln sich vielfach in dichten Waldwegenetzen wider. Die Kohlenstraßen nach dem Süden sind größtenteils inzwischen als ausgebaute Landstraßen übernommen, und die sich an ihnen aufreihenden Wirtshäuser erinnern — auch mit ihren Siedlungsbezeichnungen — z.T. noch an die Zeit der Kohlentreiber und Fuhrleute.

Auch im Siedlungsbild brachte der Bergbau einschneidende Veränderungen. Die alte vorbergbauliche Streusiedlungsstruktur mit den vorherrschenden Einzelhöfen und eingestreuten Weilern — im wesentlichen gab es nur im Ruhrtal einige lockere Haufendörfer wie Wengern, Bommern und Herbede — wurde erheblich verstärkt. Infolge der lohnenden Nebenerwerbsmöglichkeiten bzw. der Verlagerung der Haupttätigkeit von der Landwirtschaft auf den Bergbau oder den Kohlenfuhrbetrieb kam es zu vielfältigen Hofesteilungen und zur Bildung kleiner Absplisse. Außerdem entstanden viele Bergmannskotten auf ehemaligem Markengrund[155]. Auch die z.T. erhaltenen Gebäude aufgelassener Zechen trugen zur Vergrößerung der Siedlungsdichte bei.

Die wesentlichen Teile des alten Steinkohlenreviers gehörten um 1840 zu den am dichtesten besiedelten Teilräumen Westdeutschlands (vgl. Abb. 15).

Selbst der im Bereich des Produktiven Karbons liegende Teil des Ostniederbergisch-Westmärkischen Hügellandes wies weithin Werte der *Bevölkerungsdichte* von etwa 150 Einw. pro qkm auf, so vor allem um Haßlinghausen, Sprockhövel und Silschede bis nach Volmarstein hinüber. Dieser Teilraum hatte damit durch den Steinkohlenbergbau etwa die gleichen Dichtewerte erreicht wie das vom Eisen- und Textilgewerbe durchsetzte westliche Teilgebiet um Velbert, Wülfrath, Neviges und Langenberg. Ein relativ dünn besiedelter Teilraum um Elfringhausen und Oberstüter, größtenteils außerhalb des Produktiven Karbons gelegen, schob sich zwischen die beiden Dichtebezirke. Ebenso blieb in einem südöstlichen Randstreifen jenseits der Grenze des Produktiven Karbons um Asbeck und Berge die Bevölkerungsdichte unter 100 und trennte hier das Steinkohlenrevier vom Tal der unteren Ennepe. Insgesamt umfaßte das Ostniederbergisch-Westmärkische Hügelland um 1840 etwa 42 000 Menschen auf 320 qkm. Damit hob sich dieser Raum erheblich von den weiter östlich gelegenen Teilen des Hügellandes um Schwerte, Fröndenberg und Menden ab, die im wesentlichen noch im ländlich-agrarischen Gepräge verharrten.

---

Topographie des Regierungsbezirks Düsseldorf; Düsseldorf, 1836, S. 182 — zitiert nach G. MERTINS 1964, S. 113). 1849 arbeiteten in Mülheim 7 Schiffswerften mit rund 400 Arbeitern (Stadt-Verwaltungsakte IX c 16, Fluß-, Kanal- und Schiffahrtsangelegenheiten, 1849 — zitiert nach G. MERTINS 1964, S. 113).

154 Vgl. D. DÜSTERLOH 1967, S. 171—172.

155 Für Wengern-Trienendorf ist die Entstehung der Bergmannskotten beispielhaft von A. WALTER (1964) untersucht worden. — Ein gutes Beispiel für das Ausmaß der Siedlungsverdichtung durch Kotten und Wohnplätze im Zusammenhang mit der Aufteilung der Marken liefert auch W. NETTMANN (1965) für Bommern. Hier wurden zwischen 1769 und 1824 zu den 30 bestehenden Anwesen 90 neue Kotten und Wohnhäuser errichtet, davon 71 auf und entlang dem Höhenrücken der ehemaligen Mark (S. 70).

Die naturräumliche Einheit des Witten-Kettwiger Ruhrtals, die um 1840 die eigentliche Achse des Steinkohlenreviers bildete, zählte etwa 36 000 Einwohner auf 180 qkm; sie wies also eine Bevölkerungsdichte von 200 Einwohnern pro qkm auf. Im Gefüge der Dichtezonen bildete sie das Zwischenglied zwischen dem Hellweg-Streifen im Norden und der großen bergisch-märkischen Längsmulde vor dem Anstieg zu den südlichen Hochflächen.

Von den eingefügten städtischen Zentren Werden (3400), Steele (2100), Hattingen (3700) und Witten (2900) stellten besonders Steele und Witten, am Ausgang der Lücke von Kray bzw. der Witten-Hörder Mulde gelegen, die Verbindung zur Hellweg-Zone her. Die Hauptverbindung zum Süden führte über das Wengerner Ruhrtal (Ardey-Pforte) zum Hagener Becken hinüber. Dem mehrfach gewundenen Talzug von Hagen über Vorhalle und Wetter nach Witten kam somit eine hervorragende Verkehrslage zu. Er verband die in starker Entwicklung begriffenen, jeweils west-östlich gerichteten Dichtezonen des Nordens (um Hellweg und untere Ruhr) und des Südens (mit Wupper-Ennepe-Mulde und Iserlohner Kalkmulde). Die aufstrebenden Orte Hagen und Witten nahmen dabei die verkehrsgeographischen Schlüsselstellungen ein.

Auch hinsichtlich des *Bevölkerungswachstums* fügte sich das alte Steinkohlenrevier in die Gebiete stärkster Zunahme-Werte ein. Das Witten-Kettwiger Ruhrtal wies von 1816/18 bis 1837/40 insgesamt eine Zunahme von stark 50% auf (der östliche, märkische Teilraum sogar von mehr als 60%). In dem weithin durch den Bergbau geprägten östlichen Teilraum des Ostniederbergisch-Westmärkischen Hügellandes hatte sich die Bevölkerungszahl sogar verdoppelt, während die Zunahme im westlichen, niederbergischen Teilgebiet dieser naturräumlichen Einheit etwa 38% betrug.

Es ergab sich somit insgesamt für die Zeit um 1820/40 ein Bereich mit stärkstem Bevölkerungswachstum, der vom Dichtestreifen des Hellwegs im Norden über das Witten-Kettwiger und Wengerner Ruhrtal und über das vom Steinkohlenbergbau erfaßte Hügelland-Gebiet nach Süden etwa bis zur Wupper-Ennepe-Mulde, zum Hagener Becken und zur Iserlohner Kalkmulde hinüberreichte.

Es ist bemerkenswert, daß sich in dem wichtigen Verbindungsstreifen zwischen dem alten Gewerbegebiet des Südens und dem in starker Entwicklung begriffenen Steinkohlenrevier des Nordens auch im technischen Bereich Entwicklungen abspielten, die in die Zukunft wiesen. Es war die alte Burgruine Wetter, in der Friedrich Harkort, aus einem an der unteren Ennepe altansässigen Geschlecht stammend, im Jahre 1819 eine Mechanische Werkstätte errichtete.

In Wetter wurden in den folgenden Jahren[156] Dampfmaschinen, vor allem für die Förderung und Wasserhaltung in den Bergwerken, aber auch z.B. mechanische Webstühle für das Wuppertal hergestellt. Ferner baute Harkort in den 1820er Jahren einen kleinen Hochofen und das erste Puddel- und Walzwerk des Ruhrgebiets. Das in England entwickelte Puddelverfahren, das wesentlich größere Mengen Stahl aus Roheisen zu produzieren vermochte, als dies bei den bisher angewandten Methoden möglich war, breitete sich rasch auch in der Umgebung aus.

---

156 Vgl. dazu im einzelnen E. DENZEL (1952), S. 81 ff.

## 2 GRUNDZÜGE DER KULTURLANDSCHAFTLICHEN ENTWICKLUNG SEIT DER MITTE DES 19. JAHRHUNDERTS

### 2.1 Der erste Aufschwung

Etwa seit der Mitte des 19. Jahrhunderts kam es im Ruhrgebiet zu einer stürmischen Entwicklung und zu einem Umbruch der landschaftlichen, wirtschaftlichen und gesellschaftlichen Struktur. Es waren im wesentlichen vier Vorgänge, die mit den technischen Fortschritten im Zusammenhang standen und den neuen Abschnitt begründeten:

Zunächst verstärkte sich in den 1840er Jahren die Ausnutzung der Dampfkraft in Bergbau und Industrie, nachdem schon seit der Jahrhundertwende die ersten Dampfmaschinen im Steinkohlenbergbau für Wasserhaltung und Förderung Eingang gefunden hatten.[157]

Zweitens setzte nun in breiter Front der Vorstoß des Bergbaus nach Norden ein, nachdem seit den 30er Jahren eine Durchteufung mächtiger Decken der über dem Produktiven Karbon liegenden Kreideschichten gelungen war.[158]

In der zweiten Hälfte der 40er Jahre begann auch im engeren Raum des Ruhrreviers der Bau der Eisenbahnen, nachdem schon 1838–41 die Linie zwischen Düsseldorf und Elberfeld fertiggestellt war (P. SCHÖLLER 1953, S. 94).

Und schließlich ging man gegen Ende der 40er Jahre bei der Eisenerzverhüttung endgültig zur Verwendung von Koks an Stelle von Holzkohle über, nachdem Friedrich Harkort bereits von 1830 ab in der Henriettenhütte zwischen Olpe und Drolshagen im Sauerland mit Hilfe von Steinkohlenkoks die in benachbarten Gruben gewonnenen Erze verhüttet hatte (E. DENZEL 1952, S. 85). Da sich für die Verkokung geeignete Kohle vor allem im Bereich nördlich der Kreidegrenze vorfand, ergab sich nun ein wesentlicher Antrieb zur raschen Nutzbarmachung der dort liegenden Kohlenvorräte.

Mit der Abteufung der ersten größeren *Tiefbauschächte nördlich der Kreidegrenze,* die nur mit dem Einsatz großer Kapitalien bewerkstelligt werden konnte, begann zugleich die Massenförderung der Steinkohle. Es ist bezeichnend, daß die neuen Unternehmen zunächst vielfach von Kohlenkaufleuten und Schiffsreedern von der unteren Ruhr getragen wurden, die durch den Handel die erforderlichen finanziellen Mittel für die kostspieligen technischen Anlagen erworben hatten. Der Ruhrorter Franz Haniel teufte zwischen Mülheim und Essen schon in den 1830er Jahren die ersten tiefer hinabreichenden Mergelschächte ab; der Schacht Franz bei Borbeck erreichte 1832/34 das Produktive Karbon in 56 m Tiefe, der Schacht Kronprinz 1837 in 99 m Tiefe. Der aus Mülheimer Schifferkreisen stammende Matthias Stinnes baute östlich Essen einen Tiefbauschacht, der 1840 in 38,5 m Tiefe auf das Steinkohlengebirge traf.[159] Schon Anfang der 40er Jahre gingen dann auch andere Gewerken zur Abteufung von Mergelschächten über: 1843 begann die Zeche Ver. Helene und Amalie westlich Essen (aus 72,5 m Tiefe) mit der Gewinnung von Kohlen, 1842 die Zeche Victoria Mathias im Norden von Essen, 1844 die Zeche Wolfsbank in der Nähe von Bergeborbeck, 1846 der Schacht Lorchen der Zeche Carolus Magnus, 1842 die Zeche Präsident im Norden von Bochum (H. SPETHMANN 1933, II, S. 274).

In den folgenden Jahren rückte der Bergbau dann in breiter Front weiter nach Norden vor. Eine starke Anziehung übte hier die *Köln-Mindener Eisenbahnlinie* aus, die am 15. Mai 1847 den Betrieb zwischen Duisburg und Hamm eröffnete.[160]

Die Köln-Mindener Bahn wurde, um größere Steigungen und Kosten zu vermeiden, nicht über Essen und Bochum, sondern durch das Emschertal geführt. Dabei spielten auch die niedrigen Grundstückspreise in diesem damals noch extensiv genutzten Gebiet eine Rolle.

Die Bahnlinie verlief von Duisburg nach Überquerung der unteren Ruhr zunächst durch die noch fast unbewohnte Lipperheide, im östlichen Teil der Niederterrassenebene zwischen Ruhr und Emscher (Oberhausener Bucht) und auf der angrenzenden Mittelterrasse gelegen. Der inmitten dieses Geländes erbaute Bahnhof erhielt seinen Namen nach

---

157 Vgl. Abschnitt B 1.32, S. 79.
158 Vgl. Abschnitt B 1.32, S. 79.
159 H. SPETHMANN: Historische Bilder aus dem Essener Bergbau; Bergfreiheit 1952, Heft 6, S. 6. – H. SPETHMANN (1933), I, S. 246 und II, S. 273.
160 Zur Entstehung der ersten Eisenbahnen im Ruhrgebiet vgl. H. SPETHMANN (1933), I, S. 237 ff. und II, S. 299 ff. Vgl. auch F. SANDER (1931).

dem 2 km entfernten, an der Emscher liegenden Wasserschloß Oberhausen. Von hier aus wurde eine Zweigbahn angelegt, die über Meiderich zum Ruhrmündungshafen Ruhrort führte und schon 1848 eröffnet wurde. Die Bedeutung des Bahnhofs Oberhausen als Verkehrsknotenpunkt verstärkte sich, als 1856 die von hier aus nach Dinslaken–Wesel–Emmerich–Holland führende Linie in Betrieb genommen wurde.

Östlich von Oberhausen verlief die Köln-Mindener Bahn durch die südliche Randzone des Emschertales. Bei Dellwig lehnte sie sich an den Hauptterrassenhang an und hielt sich bei Borbeck an den Südrand der Berne-Niederung, einer südlichen Ausbuchtung der Emscher-Niederung. Der Bahnhof Altenessen war der Anschlußpunkt für die am Hellweg liegende Stadt Essen. Von hier aus überquerte die Bahnlinie die niedrig gelegene Katernberger Lößebene, verlief dann erneut am südlichen Rande einer Ausbuchtung der Emscher-Niederung (Schwarzbachtal) und kreuzte die östlich angrenzende Gelsenkirchener Lößebene. Auch weiter östlich bei Wanne, Herne und Rauxel hielt sich die Trasse im wesentlichen an den Südrand der Emscher-Niederung, schnitt dabei einzelne Ausbuchtungen ab und verlief streckenweise über die niedrigen Sandplatten, die sich zwischen Niederung und Lößgebiet einfügen. Oberhalb Mengede lehnte sie sich schließlich an den Südwestrand des Tales an.

Auf den Anschluß von Dortmund hatte man von Anfang an großen Wert gelegt, um von hier aus Verbindungen in den gewerbereichen Süden zu ermöglichen (H. SPETHMANN 1933, I, S. 237). Der Bahnhof entstand am Nordrand der alten Stadt. Die Köln-Mindener Bahn führte dann in schnurgeraden Strecken durch die ebenen Flächen des Hellwegtales nach Nordosten. An Kamen vorbei erreichte sie den Lippe-Übergang bei Hamm.

Noch im gleichen Jahre 1847 wurde auch die Anschluß-Strecke bis Minden dem Verkehr übergeben, und 1848 wurde die Zweigbahn von Hamm nach Münster fertig.

Die Köln-Mindener Bahn wurde in den folgenden Jahren zu einer der wichtigsten Leitlinien für die weitere Entwicklung und hat wesentlich zur strukturellen Gestaltung des Reviers beigetragen. Sie bildete nördlich des Hellwegs eine weitere wichtige Linie, an der sich rasch das nach Norden vorgreifende gewerbliche Leben verdichtete und konzentrierte. Die neu entstehenden Bergbau-Aktiengesellschaften, an denen vielfach zunächst auswärtiges Kapital von Finanzleuten aus Köln, Aachen, Magdeburg und anderen Orten sowie aus dem Ausland beteiligt war, griffen vielfach in die sich entwickelnde Emscher-Zone vor, hatten dort oft sogar ihren Sitz. Aber auch im Zuge der alten Hellweg-Städtelinie und im Zwischenbereich zwischen Hellweg und Köln-Mindener Bahn entstanden weitere Schächte. Die neuen Schachtanlagen hatten Belegschaften von etwa 500–600 Mann und förderten jährlich 100 000–120 000 t. Die durchschnittliche Belegschaft je Zeche, die 1800 noch bei 10 und 1830 bei 26 gelegen hatte, stieg bis 1860 auf 104

an.[161] Viele der in der Emscher-Zone liegenden Zechen erhielten von Anfang an Werksanschlüsse an die Köln-Mindener Bahn.[162]

Die nach dem Bau der Köln-Mindener Bahn, vor allem in der Zeit der Hochkonjunktur bis etwa 1857 gegründeten Unternehmen haben vielfach bis in die Gegenwart hinein große Bedeutung gehabt. Zu ihnen gehören z.B. Cölner Bergwerksverein AG, Altenessen (gegr. 1849), Concordia Bergbau AG, Oberhausen (1850), Bergwerksgesellschaft Dahlbusch, Rotthausen (1851), Bergbaugesellschaft Ver. Westfalia, Dortmund (1853), Bergbaugesellschaft Neu-Essen, Altenessen (1855), Steinkohlenbergwerk Nordstern AG, Essen (1855), Tremonia Bergbau AG, Dortmund (1856), Harpener Bergbau AG, Dortmund (1856), Pluto Bergbau AG, Essen (1857) (H. SPETHMANN 1933, II, S. 293–294). Um die gleiche Zeit (1854) gründete der Ire Thomas Mulvany die Gewerkschaft Hibernia, die sich im Laufe der Zeit zu einem der größten Bergbauunternehmen ausweitete (P. WIEL 1965, S. 187).

Die gesamte Steinkohlenförderung im Ruhrgebiet, die 1830 erst 706 000 t und 1840 1 245 000 t betragen hatte, stieg bis 1850 auf 2 161 000 t und bis 1863 schon auf 8 190 000 t.[163]

Auch im südlich gelegenen *Bergisch-Märkischen Industriegebiet* vollzog sich eine weitere starke industrielle Entwicklung. Ihr trug auch die Entstehung der neuen *Eisenbahnlinien* Rechnung. Nachdem Elberfeld schon seit 1838/41 mit Düsseldorf verbunden war, wurde die Verlängerung der Strecke durch die Wupper-Ennepe-Mulde nach Hagen und von dort durch die Ardey-Pforte und über Witten nach Dortmund in den Jahren 1847/49 in Betrieb genommen. Es war die Stammlinie der „Bergisch-Märkischen Eisenbahngesellschaft", welche die gewerbereichsten Täler und die wichtigsten Dichtezonen des Südens miteinander verband. In Dortmund fand sie Anschluß an die Köln-Mindener Bahn.

Daß der gewerbereiche Süden nach wie vor auch für das Steinkohlenrevier große Bedeutung besaß, geht daraus hervor, daß am Ende der 40er Jahre noch eine weitere Eisenbahnlinie gebaut wurde, die von Ueberruhr gegenüber Steele durch das untere Deilbachtal und Langenberg bis nach Vohwinkel am Westende der Wupper-Ennepe-Mulde führte (Prinz Wilhelm-Bahn). Der im Gebiet der Gemeinde Hins-

---

161 P. WIEL (1963), S. 22 und Tabelle S. 117.
162 Angaben über die Entwicklung der Zechen im Emscherraum enthalten u.a. die folgenden Arbeiten: G. MERTINS (1964) für Oberhausen, D. BECKMANN (1965) für Gelsenkirchen, P. BUSCH (1965) für Wanne-Eickel, W. VON KÜRTEN (1964) für Herne.
163 Glückauf 1865, Nr. 3; nach D. DÜSTERLOH 1967), S. 147.

beck errichtete Bahnhof erhielt den Namen Kupferdreh, der später auch auf die Gemeinde überging. Die Bahn diente, wie aus der Denkschrift einer oberbergamtlichen Kommission hervorgeht, in erster Linie einer Verbesserung des Kohleabsatzes (H. SPETHMANN 1933, I, S. 243). Sie wurde 1847 dem Verkehr übergeben.

Der *Süden des Steinkohlenreviers* gewann um diese Zeit noch einmal besondere Bedeutung, weil sich gerade hier wichtige Entwicklungen abspielten, die wesentlich zur Begründung der Schwerindustrie im Ruhrgebiet beitrugen. Die Grundlage bildete die Entdeckung des Eisensteins (vor allem *Kohlen- und Spateisenstein*) im Bereich des Produktiven Karbons. Auf dieser Basis wurden um 1850—55 mehrere Hüttenwerke mit Kokshochöfen im südlichen Ruhrgebiet errichtet.

Bis zu dieser Zeit spielte sich der Verhüttungsprozeß in den vereinzelten Hochöfen des Ruhrgebiets und seiner Umgebung immer noch auf Holzkohlenbasis ab. Für die Auswahl der Standorte waren vor allem das Vorkommen geeigneter Erze, die Möglichkeit der Beschaffung von Holzkohlen aus benachbarten Wäldern und die Ausnutzung der Wasserkraft von Flüssen und Bächen für den Betrieb des Gebläses maßgebend gewesen.

Eine Gruppe dieser Hochofenanlagen soll hier besonders erwähnt werden, da sie den Ausgangspunkt für eins der größten Unternehmen des Ruhrgebiets darstellte und schon vor der Umstellung auf Koksbasis in den 1840er Jahren eine erste Blütezeit erlebte. Das waren die Anlagen in der Nähe der Ausmündung des Emschertals in die Niederrheinebene, die ihre Ursprünge ins 18. Jahrhundert zurückführten. Sie sind nur aus der territorialen Gliederung jener Zeit zu verstehen.

1758 war in Osterfeld, das zu dieser Zeit noch zum kurkölnischen Vest Recklinghausen gehörte, die St. Antony-Hütte entstanden.[164] Sie lag an dem aus der Königshardter Hauptterrassenplatte kommenden Sterkrader Bach, der die Kraft zum Drehen des Rades für die Blasebälge lieferte. Verhüttet wurde das in den benachbarten Niederungen an vielen Stellen vorkommende *Raseneisenerz*, als Grundwasserausscheidung entstanden und dicht unter der Oberfläche stellenweise zusammenhängende Bänke mit einem Eisengehalt von 35—50 % bildend. Zum Schmelzen des Eisenerzes diente Holzkohle, die in benachbarten Waldgebieten, vor allem in den weiten Markengründen der Hauptterrasse, gewonnen wurde.

Wenige Jahrzehnte später kam es in der Nähe zur Gründung von zwei weiteren Eisenhütten, die auf den gleichen Standortbedingungen beruhten. Es waren die Hütte Gute Hoff-

---
164 Der Betrieb der drei Eisenhütten in diesem Raum ist neuerdings von H. DÖBLING ausführlich beschrieben worden (Raseneisenerz für die Sterkrader Hütten; Heimatkalender Kreis Dinslaken 1968; Dinslaken, 1967; S. 80—90). Vgl. auch H. SPETHMANN (1933), I, S. 164—168, und G. MERTINS (1964), S. 121—124.

nung, die 1782 an demselben Bach etwas weiter unterhalb entstand, und zwar jenseits der Territorialgrenze auf dem preußischen Gebiet des ehemaligen Herzogtums Kleve, und die Eisenhütte Neu-Essen, die 1791 an einem von der Emscher abzweigenden Kanal im Bereich des Fürstlichen Reichsstiftes Essen angelegt wurde. Die „Hüttengesellschaft zu Oberhausen", welche die Hütte Neu-Essen betrieb, erhielt 1791 zugleich die Genehmigung zur Ausbeutung aller Eisensteinvorkommen im Stift Essen.

Die Hochöfen wurden anfangs nicht das ganze Jahr hindurch betrieben, sondern nur während einer bestimmten Zeit, der „Kampagne". Der Betrieb stockte aber manchmal wegen mangelnder Erz- und Holzkohlen-Anfuhren, die durch Bauern mit Hilfe von Pferdekarren erfolgten. Die drei Hütten wurden 1808, nach dem Fallen der Territorialgrenzen, zur Hüttengewerkschaft und Handlung Jacobi, Haniel & Huyssen, dem Vorläufer der *Gutehoffnungshütte*, vereinigt. Kurz danach (1811/12) wurde der Verhüttungsbetrieb auf Neu-Essen aufgegeben und an dieser Stelle ein Hammerwerk errichtet. Als Tagelöhner sind auf den Hütten nach 1805 Bewohner aus den ab 1776 auf der Königshardt entstandenen, etwa 5 km entfernten Kolonistensiedlungen nachgewiesen; sie waren wahrscheinlich auch als Erzgräber und Köhler tätig (G. MERTINS 1964, S. 123).

Etwa um 1837 ging man auf der Gutehoffnungshütte in Sterkrade zum Dauerbetrieb über, während die Verhüttungstätigkeit in Osterfeld 1843 eingestellt wurde. In der Folgezeit erlebten die Sterkrader Hütte und ihre Anschlußbetriebe (Maschinenfabrik, Kesselschmiede, sowie Walzwerk an der Emscher in der Nähe von Schloß Oberhausen) eine erste Blütezeit, wozu auch Schienenlieferungen für den Eisenbahnbau beitrugen. Seit dieser Zeit steigerte sich auch die Verwendung von Erzen von der Lahn, die in eigenen Gruben gewonnen wurden; sie kamen per Schiff nach Ruhrort und wurden von dort auf Pferdekarren nach Sterkrade transportiert. In wenigen Jahren stieg die Arbeiterzahl in den Oberhausener, Osterfelder und Sterkrader Betrieben auf rund 2000. Die Bewohner der Königshardt wurden Arbeiter mit landwirtschaftlichem Nebenerwerb. In Sterkrade und Oberhausen kam es zu einer raschen Vergrößerung der Einwohnerzahl, und in Osterfeld entstand für die Zugewanderten bereits 1846 die Siedlung Eisenheim I als erste Werkssiedlung des Ruhrgebiets (G. MERTINS 1964, S. 122—123). Es zeigt sich an diesem Beispiel, wie die auf dem starken Geburtenüberschuß beruhende, weit verbreitete Massenarmut ein breites Reservoir an billigen Arbeitskräften geschaffen hatte, das eine der Grundlagen für die nunmehr erfolgende rasche Industrialisierung darstellte.

Mit der Köln-Mindener Bahn erhielt der Oberhausener Wirtschaftsraum, der zwar schon seit Jahrzehnten mit den kleinen Eisenhütten ein besonderes Gepräge besaß, aber sein erstes eigentliches Aufblühen doch erst seit den 1840er Jahren erlebte, Anschluß an einen leistungsfähigen Verkehrsweg. Die alten Verkehrsverbindungen dieses Raumes, dessen Schwerpunkt im äußersten Ostzipfel der Oberhausener Niederterrassenbucht, an der Einmündung des Emschertals in die Niederrheinebene lag, zum Westen wurden durch den gleichzeitigen Ausbau der Zweigbahn nach Ruhrort verstärkt.

In Lünen an der Lippe entstand 1826 die Hütte Westfalia auf ähnlicher Grundlage (P. WIEL 1963, S. 42—43). Auch in Mülheim bestand seit 1841 eine Hochofenanlage (Vorläufer der Friedrich-Wilhelms-Hütte), die mit Holzkohle betrieben wurde. Sie war einer von den Gebr. Dinnendahl 1820 von Essen nach Mülheim verlegten Gießerei und Maschinenfabrik angegliedert und verhüttete hauptsächlich Erze aus Nassau und Bergisch-Gladbach. Wegen der günstigen Lage erlebte sie wie die Oberhausener Gutehoffnungshütte in den 40er Jahren eine Blütezeit und hatte 1845 bereits 475 Arbeiter. In Mülheim wurde 1849 zuerst im Ruhrgebiet Roheisen mit Hilfe von Koks erschmolzen.[165]

Nach der Entdeckung des Kohlen- und Spateisensteins wurden um 1850/55 in rascher Folge zahlreiche mit Koks betriebene *Hüttenwerke im Südosten des Reviers* begründet. Das Vorkommen des Eisenerzes war neben der Kohle für die Anlage dieser Hochöfen bestimmend. Günstig war auch die Nähe der weiter südlich im bergisch-märkischen Raum vorkommenden, vorzüglich als Zuschlag geeigneten Kalksteine.[166]

An den Eisensteinmutungen im südöstlichen Teil des Reviers hatte u.a. die Hörder Bergwerks- und Hüttenverein AG einen bedeutsamen Anteil. Sie war 1852 als Nachfolgerin der 1841 entstandenen Hermannshütte, die hier ein Puddel- und Walzwerk unterhielt und englisches Roheisen verarbeitete, gegründet worden. 1854/55 wurden die ersten Hochöfen angeblasen, die gutes Roheisen erbrachten.

Auf der Henrichshütte bei Hattingen wurden die beiden ersten Hochöfen in den Jahren 1855/56 angeblasen. Sie waren in Dimensionen gebaut, die denjenigen der Anlagen in England, Schottland und Belgien entsprachen; sie hatten eine Höhe von 55 Fuß. Vor den Hochöfen lag an einem Hafenkanal der Ruhr der Kohlen- und Erzlagerplatz. Die in der Nähe geförderten Spat- und Kohleneisensteine wurden auf Grubenwagen oder Kähnen zum Erzlagerplatz gefahren. Als Brennmaterial diente Koks, der aus Fettkohlen der dicht nördlich der Ruhr in Stiepel liegenden Zeche Carl Friedrich in eigenen Koksöfen gewonnen wurde. Der als Zuschlag dienende Kalkstein kam von Dornap; er wurde auf der Prinz Wilhelm-Bahn bis Nierenhof transportiert und von dort mit Pferdewagen zur Hütte geschafft.

Weiter im Süden lag an der Grenze des Produktiven Karbons die Haßlinghauser Hütte. Sie war unmittelbar an der von Witten zum Wuppertal führenden Kohlenstraße errichtet, über die auch die benötigten Kohlen und Erze herangeschafft wurden. Es wurde hier ausschließlich Kohleneisenstein verhüttet, der in benachbarten Schachtbetrieben gefördert wurde. Auch die Kohle kam aus unmittelbarer Nähe und wurde in eigenen Öfen zu Koks verarbeitet. Der Kalkstein stammte aus dem nahe gelegenen Massenkalkstreifen nördlich Schwelm (Linderhauser Kalkmulde). 1856/57 waren die beiden Hochöfen fertiggestellt. Sie gehörten zu den modernsten der Zeit; die Kernschächte waren von Blechmänteln umgeben und wurden von einem gußeisernen Kranz mit 7 gußeisernen Säulen getragen.[167] Doch kam die Haßlinghauser Hütte schon 1875 zum Erliegen, wobei der mangelnde Anschluß an die Eisenbahn eine Rolle gespielt hat.

Ebenso verwerteten andere um diese Zeit entstehende, mit Koks betriebene Hochöfen, z.B. die Phönixhütte in Kupferdreh, die Hütte der AG Neuschottland bei Steele, die Markana-Hütte in Haspe und die Eisenhütte Blücher in Aplerbeck, Eisenerze aus dem heimischen Raum. Auch die Hütte Westfalia zu Lünen an der Lippe bezog in den 50er Jahren z.T. Haßlinghauser Kohleneisenstein, der mit der Bahn nach Dortmund und von dort mit Wagen nach Lünen transportiert wurde.

Eine zweite Gruppe neu entstehender *Hüttenwerke im Westen des Reviers* aber verarbeitete schon um diese Zeit Eisenerze aus anderen Gegenden, vor allem von Sieg und Lahn, so außer der Friedrich Wilhelms-Hütte in Mülheim insbesondere die Hütten im Raum Duisburg-Rurort (Vulkan, Niederrheinische Hütte, Johannishütte, Phoenix) und eine Hütte in Bergeborbeck nordwestlich Essen. Von der Gewerkschaft Jacobi, Haniel & Huyssen wurden 1855 bei Oberhausen an der Köln-Mindener Bahn die ersten Kokshochöfen errichtet.[168] Hier im Westen spielte außer der Nähe der zur Verkokung geeigneten Kohle insbesondere die gute Verkehrslage eine Rolle. Aus Frachtkosten-Gründen wanderte hier das Erz zur Kohle (für das Schmelzen von 1 t Eisenerz wurden zunächst 1,7 t Koks benötigt[169]).

Infolge der stürmischen Entwicklung der Hüttenindustrie stieg die Roheisenproduktion in den 1850er Jahren stark an. Hatte sie im Westfälischen Hauptbergwerksdistrikt, der außer dem Ruhrrevier die nördlichen Randgebiete des Bergischen Landes und große Teile des Sauerlandes umfaßte, 1840 erst 7000 t und 1850 11 500 t betragen, so stieg sie bis 1860 sprunghaft auf 136 000 t an.[170] Manche

---

165 P. WIEL (1963), S. 43; G. MERTINS (1964), S. 116 und S. 127.
166 Zur Entwicklung der neuen Hochofenwerke vgl. insbesondere: H. SPETHMANN (1933), II, S. 260 ff.; H. EVERSBERG (1955); P. WIEL (1963); S. 44; G. MERTINS (1964), S. 128/29 und S. 124; ferner die systematische Zusammenstellung in der Wirtschaftsübersicht von BAEDEKERS Ruhrgebiet (1959). Die durch die Hütten bewirkten Veränderungen der Kulturlandschaft sind insbesondere von H. EVERSBERG (1955) und G. MERTINS (1964) an Beispielen eingehend geschildert worden.

---

167 F. W. LÜRMANN: Mittheilungen über die Haßlinghauser Hütte; Zeitschrift des Vereins Deutscher Ingenieure, 1857, S. 75 — nach H. EVERSBERG 1955, S. 68.
168 Der letzte Holzkohlen-Hochofen in Sterkrade wurde 1875 ausgeblasen (G. MERTINS 1964, S. 24, Anm. 4).
169 G. MERTINS (1965), S. 174.
170 P. WIEL (1963), Tabelle S. 122/23.

Hüttenwerke gliederten sich zur Sicherung einer gleichmäßigen Koksqualität schon bald Steinkohlengruben an, und es kam auf diese Weise sehr früh zum *Verbund von Kohle und Eisen.*

So formte sich in den 1850er Jahren die Grundstruktur des Ruhrreviers mit der doppelten Grundlage von Kohle und Eisen, wie sie bis in die jüngste Zeit den Charakter dieses Raumes geprägt hat. Neben die Fördertürme der Zechen traten damals die Hochöfen als zweites bestimmendes Element der Wirtschaftslandschaft.

## 2.2 Von den Gründerjahren bis 1895

Nach einer 1857 beginnenden und bis in die 60er Jahre anhaltenden Krise, in der das notwendige Kapital zum weiteren Ausbau fehlte und das Vorrücken der Bergbaufront im wesentlichen unterbrochen wurde, kam es Anfang der 70er Jahre, in den sogenannten „Gründerjahren", zu einer zweiten Periode der Hochkonjunktur.[171]

Zwar folgte bald danach eine weitere, langanhaltende Krise. Aber die *Bergbaufront* war inzwischen *wieder in Bewegung* geraten, und es erfolgte nun ein erneuter Vorstoß nach Norden, der zunächst das Gebiet bis zur Linie Hamborn — Osterfeld — Gladbeck — Buer — Recklinghausen — Ickern — Derne — Kamen punkthaft erfaßte.[172] Die Kreidedeckschichten werden nach Norden immer mächtiger, sie erreichen bei Recklinghausen rund 500 m (H. HOBRECKER 1965, S. 37). Es waren hier deshalb nur *Großbetriebe* rentabel, und es entstanden relativ weit auseinanderliegende Schachtanlagen, die im Vergleich zum südlichen und mittleren Teil des Reviers sehr große Grubenfelder haben.[173]

In der neu erfaßten Bergbau-Zone, zu der vor allem wesentliche Teile des nördlichen Emschertales gehörten, zeigte sich von vornherein ein anderes bergbauliches Strukturbild als in dem zwei bis drei Jahrzehnte früher einbezogenen Teilgebiet südlich der Emscher. Die leistungsfähigen Betriebseinheiten der hier entstehenden Großbetriebe wiesen umfangreichere Tagesanlagen auf als im Süden, lagen aber mehr oder weniger isoliert in der Landschaft und waren von Wald, Heide und landwirtschaftlichen Flächen umgeben.

Weite Teile des nördlichen Emschertales behielten zunächst noch ihr ländliches Gepräge, und die zunächst nur vereinzelt eingelagerten Großschachtanlagen wirkten wie Fremdkörper. Noch um 1890 war der Unterschied zwischen der nördlichen Emscher-Zone und dem Gebiet südlich des Flusses recht kraß ausgebildet, und die Zechen des Nordens wirkten wie einzelne vorgeschobene Vorposten vor der geschlossenen Nordfront des Reviers, die dicht südlich der Emscher lag; hier erst im Süden traten auch nennenswerte Industriebetriebe neben dem Steinkohlenbergbau auf.[174] H. KLOSE hat auf Grund seiner Jugenderlebnisse in der Umgebung von Schalke ein anschauliches Bild von dem Aussehen der Landschaft um diese Zeit und von den prägnanten Unterschieden zwischen dem Norden und Süden gezeichnet (1919, S. 3 ff.)

Da heißt es über den Raum südlich der Emscher zwischen Schalke und Braubauerschaft (später Bismarck): „... Links standen noch die Reste eines ehemals stattlichen Wäldchens, in dem Friedrich Grillo, der erfolgreiche Gründer, vor Jahren sein Wohnhaus erbaut hatte und das jetzt wie

---

171 In dieser Zeit (1873) entstand u.a. die Gelsenkirchener Bergwerks-AG, die später zur größten Bergbaugesellschaft des Ruhrgebiets aufstieg. Vgl. zu den folgenden Ausführungen im einzelnen: H. SPETHMANN (1933), II, S. 363 ff. und S. 476 ff.; H. G. STEINBERG (1967), S. 44 ff.; Wirtschaftsübersicht in BAEDEKERS Ruhrgebiet (1959).

172 Die nördlichsten Zechen waren um 1880/85 Friedrich Thyssen I (in Hamborn), Osterfeld, Graf Moltke (südlich Gladbeck), Hugo (südlich Buer), General Blumenthal (südlich Recklinghausen), Ickern, Gneisenau (bei Derne) und Grillo I (bei Kamen). Bei Gladbeck — Buer — Recklinghausen lagen sie dicht vor dem Südrand des Vestischen Höhenrückens.

173 Vgl. den Ausschnitt aus einer Übersichtskarte der Grubenfelder und Zechen des mittleren Ruhrgebiets von H. HOBRECKER (1965), S. 24.

174 Im südlichen Teil des heutigen Gelsenkirchener Stadtgebietes setzten z.B. schon 1853 die ersten Abteufarbeiten ein (Zeche Dahlbusch in Rotthausen), die in den folgenden Jahren verstärkt fortgesetzt wurden (Zechen Hibernia an der Köln-Mindener Bahn südlich Gelsenkirchen, Wilhelmine-Victoria in Heßler, Holland in Ückendorf, Rheinelbe in Ückendorf, Consolidation in Schalke). In den Gründerjahren nahmen die Zechen Alma in Bulmke und Graf Bismarck in der Braubauerschaft die Förderung auf. Und um diese Zeit entstanden hier auch unter der hauptsächlichen Initiative von Friedrich Grillo mehrere große Betriebe der Schwerindustrie (Hochofenwerk, Puddel- und Blechwalzwerk, Drahtwalzwerk, Gießereien, Maschinenfabrik, Kesselfabrik), der chemischen und Glasindustrie. Dicht nördlich der Emscher wurde zwar schon 1857 mit der Abteufung der Zeche Nordstern (der damals nördlichsten im mittleren Ruhrgebiet) begonnen. Erst in den Gründerjahren (1873) aber fing man mit dem Niederbringen des zweiten Schachtes nördlich der Emscher an (Zeche Hugo zwischen Beckhausen und Buer). 1882 folgte der Schacht 2 der Zeche Graf Bismarck in Erle. Und erst nach 1890 begannen die Arbeiten an weiteren Schächten (1893 Schacht 3 der Zeche Graf Bismarck in Middelich, 1895 Schacht 3 der Hertener Zeche Ewald in der Resser Heide, nach 1903 Zechen Scholven, Bergmannsglück und Westerholt in Scholven und Hassel). (Nach D. BECKMANN 1965, S. 160/61 und 164).

üblich einer Gartenwirtschaft zugehörte. Nun kamen Industrieanlagen: ein Teil des großen Drahtwalzwerks, dann der Ringofen und der hohe Förderturm der Zeche Consolidation II mit seinen lustig drehenden Förderrädern und gegenüber die ruhigere Eisenhütte. Weiter gings, wo die Zechenkolonie Sophienau mit ihren einförmigen, langweilig gereihten Zwei- und Vierfamilienhäusern begann, einem Anschlußgleis nach, den Plankenzaun des großen Grubenholzplatzes entlang, an einer hohen Schutthalde vorüber . . ."

Und nördlich der Emscher: „ . . . nur wenige Zechen lagen auf der münsterländischen Nordseite, durch Wald und Feld getrennt und stundenweit von einander entfernt. Ausgedehnte Waldungen, zum Emscherbruch gehörig, zogen sich nach den prächtigen alten Schlössern von Grimberg, Haus Berge, Herten, Westerholt hin und boten stundenlange Wanderwege, verborgene Waldwiesen mit Rehen und stille Winkel in Fülle. Man konnte in Feld und Wald ungestraft lagern, ohne sich hinterwärts anzuschwärzen, und auf die Bäume klettern, ohne pechschwarze Knie zu bekommen . . ."

Auch in der Eisenschaffenden Industrie vollzogen sich um diese Zeit bedeutsame Entwicklungen. Nach dem starken Aufschwung des Hüttenwesens in den 1850er Jahren begann bald die Periode der eigentlichen *Massenerzeugung von Stahl*. Die Grundlage bildeten die neuen technischen Verfahren der Stahlgewinnung aus flüssigem Roheisen.[175]

Seit dieser Zeit erlebten einige Unternehmen, die ihren Sitz in den alten *Hellweg-Städten* hatten und sich an ihren Rand anlehnten, einen kräftigen Aufstieg und trugen wesentlich dazu bei, daß diese alten Orte ihre Einwohnerzahlen stark erhöhten und ihre überkommenen zentralen Funktionen behielten oder sogar noch steigern konnten. Die unterschiedlichen Standortvoraussetzungen gegenüber dem Bergbau, der seine Anlagen in Abhängigkeit vom Felderbesitz oft isoliert in der freien Landschaft, weit ab von bestehenden Siedlungen, errichten mußte, kommen hier deutlich zum Ausdruck.

So wurde die Gußstahlfabrik Friedrich Krupp in *Essen* (1811 gegründet) von Alfred Krupp um die Mitte des Jahrhunderts immer weiter ausgebaut und zur Weltgeltung geführt. Lieferungen für die Eisenbahnen trugen wesentlich zum Aufstieg bei. 1862 führte Krupp als erster auf dem Kontinent das Bessemer-Verfahren ein. Das benötigte Roheisen wurde zunächst vielfach aus dem Ausland eingeführt, vor allem aus England. Erst 1871 nahm Krupp selbst die Eisenverhüttung auf, und zwar in der Johannishütte bei Duisburg, und erwarb eigene Erzgruben in Nordspanien. 1869 wurde bei Krupp der erste Siemens-Martin-Ofen aufgestellt.

Auch in *Bochum*, wo Jacob Mayer 1850 den Stahlformguß erfunden hatte, entwickelte sich der 1854 gegründete Bochumer Verein für Gußstahlfabrikation rasch zu einem bedeutenden Unternehmen. Ab 1865 wurde hier Bessemer-Stahl erzeugt, ab 1876 auch Siemens-Martin-Stahl. In den 70er Jahren wurden die ersten Hochöfen errichtet.

Während in *Mülheim* die Friedrich-Wilhelms-Hütte seit den 50er Jahren stagnierte und erst seit 1900 nach einer grundlegenden Umstellung wieder aufblühte, erlebte das 1871 von August Thyssen begründete Puddel- und Bandeisenwalzwerk einen raschen Aufstieg; 1877 folgte ein Röhrenwerk, und 1880 wurde die Erzeugung von Siemens-Martin-Stahl aufgenommen.

Im Osten vollzog sich vor allem in *Dortmund* eine starke industrielle Entwicklung. 1854 wurde hier das Puddel- und Walzwerk Dortmunder Hütte errichtet; es kam 1872 zu der neu gegründeten Union AG für Bergbau, Eisen- und Stahlindustrie, und zu dieser Zeit wurden die ersten Hochöfen errichtet. In den Gründerjahren entstand ferner ein durch Leopold Hoesch begründetes Bessemer-Stahlwerk; 1885 wurde hier, 6 Jahre später als im südlich benachbarten Hörde, das Thomas-Verfahren eingeführt und 1895 auch ein Siemens-Martin-Werk errichtet; 1896 wurde der erste Hochofen in Betrieb genommen.

Zum wichtigsten Schwerpunkt der Eisenverhüttung und Stahlerzeugung entwickelte sich aber zu dieser Zeit immer mehr *der Westen des Reviers*. Da der ständig steigende Erzbedarf längst nicht mehr im Revier oder in seiner Umgebung gedeckt werden konnte, wirkte sich nun die verkehrsgünstige Lage der Werke in der Rhein-Zone besonders aus.[176]

Zu den schon in den 50er Jahren entstandenen Eisenhütten (Niederrheinische Hütte, Johannishütte, Vulkan bei Duisburg, Hüttenwerk Phönix in Laar zwischen Rhein und Ruhrorter Hafen) traten jetzt weitere Werke der Eisenschaffenden Industrie. Dazu zählte das zu den Rheinischen Stahlwerken gehörende, in Ruhrort 1870 begründete Bessemer-Stahl- und Walzwerk, in dem ab 1879 Thomas-Konverter aufgestellt und 1889 der erste Hochofen in Betrieb genommen wurde. In Duisburg wurde 1876 von 10 rheinischen Schwefelsäurefabriken die Kupferhütte begründet, welche die in den Schwefelsäurefabriken bei der Röstung von Schwefelkies zurückbleibenden Abbrände aufarbeitete. In Bruckhausen westlich Hamborn wurde 1890 von August Thyssen ein Siemens-Martin-Stahl- und Walzwerk in Betrieb genommen, dem sich in rascher Folge Kokerei, Hochöfen und ein Thomas-Stahlwerk anschlossen. In den 90er Jahren entstand auch das Kruppsche Hüttenwerk in Rheinhausen

---

175 Es begann mit der Erfindung des Bessemer-Verfahrens im Jahre 1856. Im Bessemer-Konverter wird das flüssige Roheisen mit Preßluft durchblasen, wobei Kohlenstoff und andere Verunreinigungen verbrennen. Seit der Entwicklung des Thomas-Verfahrens im Jahre 1878 konnte durch eine basische Ausfütterung des Konverters mit Dolomit auch der in vielen Erzen enthaltene Phosphor gebunden werden. 1864 war ferner das Siemens-Martin-Verfahren entwickelt worden, das die Gewinnung von Rohstahl auf der Grundlage von Schrott ermöglichte. Vgl. W. HELMRICH (1960), S. 65.
Zu den folgenden Angaben vgl. im einzelnen: H. SPETHMANN (1933), II, S. 356 ff.; G. MERTINS (1964), S. 128 ff.; P WIEL (1963); ferner die Zusammenstellungen in BAEDEKERS Ruhrgebiet (1959).

176 Vgl. dazu im einzelnen H. G. STEINBERG (1967), S. 96–98.

auf der linken Rheinseite (Friedrich-Alfred-Hütte); gleichzeitig wurde die bis dahin von Krupp betriebene Johannishütte in Duisburg stillgelegt.

So entwickelte sich in diesen Jahrzehnten immer stärker die „industrielle Rheinfront" im Westen des Reviers.[177]

Auch die Werke in Mülheim und Oberhausen waren auf den Rhein hin ausgerichtet und behielten diese Orientierung bei. Die Gutehoffnungshütte legte im Süden von Walsum einen eigenen Rheinhafen an, der durch eine 10 km lange Werksbahn mit Oberhausen verbunden wurde (F.W. ACHILLES 1967, S. 22). Ebenso fügten sich die schwerindustriellen Werke in Meiderich nördlich der unteren Ruhr in die sich in ihrem Gewicht immer mehr verstärkende Rhein-Zone ein.

Die starke wirtschaftliche Entwicklung ging Hand in Hand mit einem raschen und intensiven *Ausbau des Verkehrsnetzes*. Zunächst lag dabei das Schwergewicht auf den *Eisenbahnen*.[178]

1862 — 15 Jahre nach der Köln-Mindener Bahn — wurde von der Bergisch-Märkischen Bahngesellschaft die wichtige Linie im Zuge des alten Hellwegs von Duisburg über Mülheim — Essen — Steele — Bochum nach Dortmund in Betrieb genommen. In Steele wurde die alte Prinz-Wilhelm-Bahn angeschlossen, die eine Querverbindung zur Bergisch-Märkischen Stammlinie in der Wupper-Ennepe-Mulde darstellte. Zwischen Ruhrort und dem gegenüberliegenden Homberg war inzwischen ein Trajektverkehr eingerichtet, der eine durchgehende Verbindung mit dem linksrheinischen Gebiet, vor allem mit Krefeld, ermöglichte.

Von 1870 ab setzte ein weiterer starker Ausbau ein. Zum Teil entstanden Parallelbahnen durch mehrere miteinander konkurrierende Bahngesellschaften. So wurden z.B. im Emschertal in den 70er Jahren drei west-östlich verlaufende Linien von drei verschiedenen Bahngesellschaften erbaut (Köln-Mindener, Bergisch-Märkische und Westfälische Staatsbahn). Querverbindungen von Norden nach Süden wurden dagegen im inneren Ruhrgebiet erst relativ spät und auch dann nur spärlich angelegt. Die west-östlich gerichtete, naturräumlich vorgegebene Streifen-Struktur dieses Raumes hat sich auch in dieser Hinsicht bei der Ausbildung des kulturlandschaftlichen Gefüges stark ausgewirkt.

Erst zwischen 1879 und 1888 erfolgte die Verstaatlichung der Eisenbahnen[179]; Betriebsnetz und Tarife wurden vereinheitlicht. Manche Strecken dienten in Zukunft nur noch dem Güterverkehr. Um diese Zeit begann auch die Anlage großer Verschiebebahnhöfe; einer der wichtigsten wurde 1889 in Osterfeld-Süd gebaut[180], an jener verkehrsgeographisch bedeutsamen Stelle, wo das Emschertal die rechtsrheinische Hauptterrasse durchbricht und in die Oberhausener Bucht der breiten Niederterrassenebene einmündet.

Im Süden war vor allem die schon 1859/61 erfolgte Inbetriebnahme der von Hagen durch das Lennetal nach Siegen führenden Bahnlinie von Bedeutung; sie spielte für die Heranschaffung der Siegerländer Eisenerze eine Rolle.

1872/76 wurde die Ruhrtalbahn von Duisburg über Styrum — Kettwig — Werden — Kupferdreh — Steele — Hattingen nach Hagen in Betrieb genommen. Sie trug maßgeblich zum Niedergang der Ruhrkohlenschiffahrt oberhalb von Mülheim bei, nachdem schon die Eröffnung der Hellweg-Linie starke Einbußen gebracht hatte. Hatte der Schiffverkehr auf der Ruhr in den 1850er Jahren mit 17–18 Mill. Zentnern Kohlen seinen Höhepunkt erreicht, so ging er bis 1870 auf 5,6 Mill. Zentner und bis 1880 auf 0,6 Mill. Zentner zurück.[181]

Während die Ruhrschiffahrt im Zusammenhang mit dem aufblühenden Eisenbahnverkehr rasch zurückging und oberhalb Mülheim bald gänzlich versiegte, vollzog sich ein starker Aufschwung des *Schiffsverkehrs auf dem Rhein*. Nach dem Wegfall der letzten Zölle und im Zusammenhang mit den verstärkt durchgeführten Flußregulierungen wurde der Rhein zur leistungsfähigen Großschiffahrtsstraße; und nach der Einführung der Schleppschiffahrt blühte insbesondere der Kohlenversand auf dem Rhein rasch auf. Wurden 1840 0,6 Mill. t und 1870 1,7 Mill. t Ruhrkohlen auf dem Rhein befördert, so stieg diese Menge bis 1890 auf 4,5 Mill. t und bis 1913 auf 21,5 Mill. t.[182]

Insbesondere konnte der *Ruhrorter Hafen* nach Ausbau und Modernisierung seine Verkehrsleistung sprunghaft steigern, während Mülheim nach der Schließung der Ruhrschiffahrt seine ehemals bedeutsame Funktion als Kohlenumschlagplatz verlor. Die Kohlenabfuhr aus dem Ruhrorter Hafen betrug 1850 0,4 Mill. t, 1870 1,2 Mill. t und 1900 schon 4,9 Mill. t. Zugleich hatte sich auch die Kohlenabfuhr in den Duisburger und Hochfelder Häfen stark entwickelt und erreichte 1900 2,7 bzw. 0,7 Mill. t.[183]

## 2.3 Vor dem 1. Weltkrieg

In der dritten großen Ausbauphase des Ruhrreviers von etwa 1895 bis zum Beginn des 1. Weltkrieges rückte der *Bergbau* allmählich weiter nach Norden vor. Noch größer wurden dabei die Abstände zwischen den einzelnen Schachtanlagen, deren Umgebung zunächst weithin ländlich-agrarisches Gepräge behielt. Manchmal wurden sogar breite

---

177 Vgl. G. MERTINS (1965), S. 159.
178 Zur Entwicklung des Eisenbahnnetzes vgl. im einzelnen H. SPETHMANN (1933), II, S. 335 ff.; ferner F. SANDER (1931), G. MERTINS (1964), S. 136–138.
179 Vgl. im einzelnen H. SPETHMANN (1933), II, S. 420 ff.
180 H. SPETHMANN (1933), II, S. 424.

181 Zahlen von A. F. OVERLACK (Die Ruhrkohlenschiffahrt auf dem Rhein — Zeitfragen der Binnenschiffahrt, Heft 20; Duisburg, 1934), S. 25–31 — zitiert nach F. W. ACHILLES (1967), S. 5.
182 A. F. OVERLACK, a.a.O., S. 67 — zitiert nach F. W. ACHILLES (1967), S. 28.
183 A. F. OVERLACK, a.a.O., S. 147 — zitiert nach F. W. ACHILLES (1967), S. 28.

Geländestreifen übersprungen, wie Teile auf der Nordabdachung des Vestischen Höhenrückens und die Gebiete um Polsum und Kirchhellen; im kulturlandschaftlichen Gefüge machen sich diese unterschiedlichen Entwicklungen im Bereich des Nord-Reviers bis in die Gegenwart hinein deutlich bemerkbar.

Um die Jahrhundertwende entstanden die ersten Zechen in Marl-Hüls, Oer-Erkenschwick und Datteln.[184] Bei Dorsten und Lünen wurde vor dem 1. Weltkrieg schon die Lippe überschritten. Dazwischen blieben das Wald- und Heidegebiet der Haard und die östlich angrenzenden landwirtschaftlich geprägten Teile ausgespart. Im Gebiet von Hamm drang der Bergbau weit nach Nordosten vor, und es entwickelte sich in Ahlen ein weit hinausgeschobener Vorposten, der bis heute inselartig in einer anders strukturierten Umgebung liegt.

Auf der Niederrheinebene im Westen rückte der Bergbau nördlich von Oberhausen und Hamborn nur langsam vor. Die kurz vor dem 1. Weltkrieg 10 km südlich der Lippe abgeteufte Zeche Lohberg bei Dinslaken stellt hier bis heute den nördlichsten Punkt des Steinkohlenbergbaus dar. Weiter östlich blieb die gesamte siedlungsarme Königshardter Hauptterrassenplatte vom Bergbau zunächst völlig frei, und zwar bis in den Raum dicht nördlich der Emscher. Über Kirchhellen fand diese bergbaufreie Zone Anschluß an die ausgesparten Teile auf der Nordabdachung des Vestischen Höhenrückens und an das Waldgebiet der Haard. Die Schächte um Dorsten und Marl bildeten also inselartig in einem ländlich geprägten Raum liegende Vorposten.

So erhielt die breite Nordzone, die in der dritten Ausbauphase punkthaft vom Bergbau durchsetzt wurde, wiederum ein ganz anderes Gefüge, als es den in den früheren Ausbauphasen eroberten Räumen aufgeprägt worden war. Das besondere Kennzeichen war hier das Verbleiben ausgedehnter Teilräume, die nicht an dem durch die wirtschaftliche Entwicklung ausgelösten landschaftlichen und gesellschaftlichen Umbruch teilnahmen. Vor allem blieben zwei zungenartig weit nach Süden vorstoßende Bereiche (Haard und Königshardter Hauptterrassenplatte) praktisch in ihrem bisherigen Gepräge als siedlungsleere oder siedlungsarme, wald- und heidereiche Gebiete erhalten und hoben sich dadurch immer schärfer von ihrer Umgebung ab.

Auch im linksrheinischen Gebiet um Moers wurde der landwirtschaftlich geprägte Raum zunächst nur punkthaft vom Bergbau durchsetzt. Zwar hatte Franz Haniel schon 1857 mit dem Abteufen des ersten Rheinpreußen-Schachtes begonnen. Doch konnte erst in den 70er Jahren die erste Steinkohle am linken Niederrhein gefördert werden (H. SPETHMANN 1933, II, S. 280). Vor allem wurde hier die Abteufung durch die über dem Steinkohlengebirge lagernden Fließsande und durch Grundwassermassen erschwert. Wesentliche Erleichterungen brachte in den 1880er Jahren erst das Gefrierverfahren.[185]

Die Gesamtentwicklung im Steinkohlenbergbau strebte vor dem 1. Weltkrieg immer mehr auf die Großanlagen hin. 1913 gab es bereits 35 Zechenbetriebe, die eine jährliche Förderung von mehr als 1 Mill. t erreichten, und die durchschnittliche Schachtteufe betrug 1912 schon 577 m (H. SPETHMANN 1933, II, S. 481–482). Die Gesamtförderung, die 1870 11,6 Mill. t betragen hatte, war bis 1890 auf 35,5 Mill. t und bis 1913 auf 114,2 Mill. t gestiegen. Es gab im Jahre 1913 im Ruhrgebiet 173 fördernde Zechen mit einer Gesamtbelegschaft von 444 000, so daß die durchschnittliche Belegschaft je Zeche auf mehr als 2500 angewachsen war.[186]

Auch die *Eisenschaffende Industrie* erlebte bis zum 1. Weltkrieg eine weitere starke Entwicklung. 1914 gab es 12 Großunternehmen mit ca. 20 Hochofenwerken. Die Gesamt-Roheisenerzeugung, die 1871 erst 361 000 t betragen hatte, stieg bis 1913 auf 8,2 Mill. t an. Im gleichen Jahre wurden 10,1 Mill. t Rohstahl im Ruhrgebiet erzeugt; das war etwa 1 Mill. t mehr als in Großbritannien und das Doppelte der französischen Produktion.[187]

Nach der Einführung des Thomas-Verfahrens, das im Ruhrgebiet bis zur Jahrhundertwende die Bessemer-Konverter fast völlig verdrängt hatte, war es nun auch wieder möglich geworden, phosphorhaltige Erze zu verarbeiten. Dadurch erlebte die Eisenerzförderung im südöstlichen Ruhrrevier noch einmal einen vorübergehenden Aufstieg. Vor allem aber kam es um diese Zeit zu einer engen Verbindung mit den Minette-Vorkommen in Lothringen, die vor dem 1. Weltkrieg eine erhebliche Bedeutung für die Ruhrindustrie gewannen (H. SPETHMANN 1933, II, S. 464–467).

Für die Dortmunder Industrie war der Bau des *Dortmund-Ems-Kanals* von hervorragender Bedeutung, der die Heranschaffung hochwertiger ausländischer Erze auf dem Wasserwege über Emden ermöglichte; außerdem steigerte er den Absatz von Ruhrkohle im deutschen Küstengebiet. Nach inzwischen erfolgtem weiteren Ausbau kann der Dortmund-Ems-Kanal, der am 11. August 1899 dem Verkehr übergeben wurde, heute mit dem 80 m langen „Europa-Schiff" befahren werden. Kurz vor dem 1. Weltkrieg, am 17. Juli

---

184 Vgl. dazu im einzelnen F. H. KNÖLLNER (1965), S. 193 ff.

185 Beim Gefrierverfahren wird der Schacht durch einen künstlich eingefrorenen Erdzylinder abgeteuft und durch eiserne Ringe (Tübbings) gesichert. Auch bei den noch in letzter Zeit am Niederrhein und im Gebiet nördlich der Lippe abgeteuften Großschachtanlagen (Rossenray bei Rheinberg und Schächte Wulfen 1/2) kam dieses Verfahren zur Anwendung.

186 Nach P. WIEL (1963), Tabellen auf S. 117/118.

187 P. WIEL (1963), S. 49/50 und Tabelle S. 122/123.

1914, wurde der *Rhein-Herne-Kanal*, der parallel zur Emscher durch die Kerngebiete des Kohlenbergbaus hindurchführte, eröffnet. Der mit 7 Schleusen ausgestattete Kanal kann ebenfalls mit 80 m langen Schiffen befahren werden. An diesem Kanal siedelten sich in der Folgezeit auch viele große Industriebetriebe an, und es kam zu einer einzigartigen Massierung von Hafenanlagen. Schließlich wurden nach dem Kriege im Norden parallel zur Lippe der *Wesel-Datteln--Kanal* und der *Datteln-Hamm-Kanal* gebaut, die auf der Gesamtstrecke zwischen dem Lippemündungsgebiet und Schmehausen östlich Hamm 1931 in Betrieb genommen werden konnten (F.W. ACHILLES 1967, S. 6—10).

Der starke wirtschaftliche Aufschwung vor dem 1. Weltkrieg führte zu einem riesigen Bedarf an Arbeitskräften. Da der heimische Raum sie nicht zu stellen vermochte, kam es zu starken *Zuwanderungen*.

Im Alten Revier des Südens hatten die Zuwanderungen vereinzelt schon im 18. Jahrhundert begonnen und sich dann infolge der hohen Geburtenüberschüsse und der damit zusammenhängenden, in weiten Gebieten verbreiteten Massenarmut allmählich verstärkt. Am Anfang waren unter den Zuwanderern auch manche qualifizierte Facharbeiter und Bergleute, die aus den alten Bergbaugebieten Mitteldeutschlands stammten (Harz, Erzgebirge u.a.).[188] Stärkere Zuwanderungen, auch zunächst noch nach dem Beginn der industriellen Revolution, kamen aus Westfalen, Rheinland und Hessen. So strömten z.B. in den 1840er Jahren und zu Beginn der 50er Jahre viele Menschen aus dem Paderborner Gebiet, dem Sauerland und dem Minden-Ravensberger Land ins Ruhrgebiet; sie wurden durch die ungünstige Situation der Landwirtschaft bzw. durch den Niedergang der Hausweberei zur Auswanderung gezwungen.[189] Auf den Oberhausener Eisenhütten stellten um diese Zeit auch Saisonarbeiter aus Eifel, Hunsrück und Westerwald einen beträchtlichen Teil der Arbeitskräfte.[190]

Nach 1870 und verstärkt nach 1890 war es dann vor allem die starke Einwanderung aus den preußischen Ostprovinzen und benachbarten polnischen Gebieten, welche die Bevölkerungsstruktur in manchen Teilen des Ruhrgebiets entscheidend geprägt hat. Einen besonders hohen Anteil machte diese Zuwanderung in der Emscher-Zone aus.[191]

W. BREPOHL schätzt die Zahl der bis 1907 aus dem Osten eingewanderten Menschen auf rund 500 000 (davon 240 000 Ostpreußen) und diejenige der danach bis 1925 noch Zugewanderten auf etwa 70 000. Auch Slowenen waren mit relativ hohem Anteil an den Zuzügen beteiligt.[192] Vor allem wurde das Emschertal, das ja vor dem Eindringen des Bergbaus und der Industrie nur sehr dünn besiedelt war, in stärkstem Maße durch die Ostzuwanderung geprägt, ebenso angrenzende Teile des Vestischen Höhenrückens.[193] Dagegen beschränkte sich die Ansiedlung der Zuwanderer in den weiter nördlich liegenden Gebieten im wesentlichen auf die inselsartig eingefügten neuen Arbeiterkolonien, während die bäuerlich bestimmten Teile nach wie vor durch das heimische, westfälische Volkstum und durch die plattdeutsche Umgangssprache geprägt blieben. Wenn sich die Unterschiede auch im Laufe der nächsten zwei bis drei Generationen, vor allem durch die vielfältigen Fluktuationen innerhalb des Ruhrgebiets, zum Teil verwischt haben, lassen sich die Nachwirkungen dieser unterschiedlichen siedlungsgeschichtlichen Vorgänge doch stellenweise noch in der Bevölkerungsstruktur der Gegenwart erkennen.

Im Zusammenhang mit den wirtschaftsgeschichtlichen Prozessen und dem verschiedenen Anteil der Zuwanderergruppen haben sich auch hinsichtlich der *Art und Dichte der Besiedlung* unterschiedliche Entwicklungen in den einzelnen Zonen vollzogen.

Im Süden ergab sich im Laufe des 19. Jahrhunderts eine weitere starke Verdichtung der Streusiedlung durch Bergmanns- und Arbeiterkotten. Sie entstanden z.T. in unregelmäßiger Streuung als Einzelkotten auf Abspliessen der bäuerlichen Anwesen, z.T. im Bereich der inzwischen aufgeteilten ehemaligen Markenwälder. Meist waren neben dem Haus- und Hofplatz ein Obstgarten und wenige kleine Ackerbreiten und Weidekämpe vorhanden, die nach der Arbeit „im Pütt" bewirtschaftet wur-

---

188 H. EVERSBERG (1955, S. 19 ff.) nennt Beispiele für den Hattinger Raum.

189 H. WALTER (1962), S. 10. Vgl. auch W. BREPOHL (1948). Anfang der 50er Jahre kamen z.B. gegen 1000 junge Männer aus dem Minden-Ravensbergischen in den Mülheimer Raum, wo sie sich hauptsächlich im Norden und Nordosten, im Bereich der Tiefbauzechen, niederließen (Mülheim a.d. Ruhr, Denkschrift zur Jahrhundertfeier, Mülheim 1908, S. 153/54 — nach G. MERTINS (1964), S. 117).
Vgl. auch die Angaben für die Stadt Bochum im Jahre 1871 (H. CROON 1965, S. 94, Anm. 32).

190 F. MOGS: Die sozialgeschichtliche Entwicklung der Stadt Oberhausen zwischen 1850 und 1933; Diss. Köln 1956, S. 91; nach G. MERTINS (1964), S. 139. Vgl. auch S. 125.

191 Vgl. dazu insbesondere W. BREPOHL (1948), H. WALTER (1962), H. KIRRINNIS (1965). Viele Einzelangaben u.a. bei G. MERTINS (1964), H. CROON (1965).

192 W. BREPOHL: Die Bevölkerung des Ruhrgebietes; in BAEDEKERS Ruhrgebiet (1959), S. 88.

193 Nach den Ergebnissen der Volkszählung von 1905 waren z.B. von der Gesamtbevölkerung in den preußischen Ostprovinzen geboren: in Wanne 53,8%, in Buer 45,4%, in Gelsenkirchen 41,2%, in Herne 37,6%, in Eickel 30,7% — dagegen in Langendreer in der südlichen Hellweg-Zone nur 13,4% Der ostdeutsche Anteil ist insgesamt höher zu veranschlagen, da in der Statistik z.B. die am Ort geborenen Kinder der Zugewanderten zu den Ortsgebürtigen gezählt wurden. So betrug z.B. in Langendreer der Anteil der in den preußischen Ostprovinzen Geborenen bei den 21—30jährigen 23,8%, bei den 31—60jährigen 20,6% (Zahlen nach H. CROON 1965, S. 103).

den.¹⁹⁴ Im Zusammenhang damit wurden mancherorts große Teile der Waldgebiete im Hügelland beiderseits der Ruhr gerodet. Die Zugewanderten fanden in diesem schon relativ dicht besiedelten Alten Revier zunächst bei den ansässigen Bauern, Bergmannskötter und Handwerkern Unterkunft als Kostgänger und „Einlieger". Viele von ihnen bauten sich im Laufe der Zeit aber selbst ein Haus. Solche Bergmannshäuser, oft mit Kleinviehställen und Gartenland, entstanden in kleinen Gruppen an Straßen und Nebenwegen. Zum Teil entwickelten sich auch größere Bergmannssiedlungen, in denen Bergleute und Arbeiter meist selbst die Hausbesitzer stellten.¹⁹⁵ Nur stellenweise entstanden in diesem südlichen Teilraum des Reviers größere Häuserreihen, die von den Zechen erbaut wurden¹⁹⁶, oder Wohnkasernen, die als Fremdkörper empfunden wurden.¹⁹⁷

Auch in dem südlich angrenzenden Raum des bergisch-märkischen Eisen- und Textilgebiets kam es infolge des fortdauernden wirtschaftlichen Aufschwungs insgesamt zu einer weiteren Siedlungsverdichtung und Zunahme der Bevölkerungszahl. An manchen Stellen verstärkte sich die Streusiedlung, und die weilerartigen Hof- und Hausgruppen wuchsen weiter an; entlang der von den Ortschaften ausgehenden Verkehrsstraßen kam es zu neuen Konzentrationen. Die alte Fachwerk- und Bruchsteinbauweise wurde ebenso wie im südlichen Steinkohlenrevier immer mehr durch Ziegelbauten ersetzt, die z.T. unverputzt blieben. Die stärkste Siedlungsverdichtung vollzog sich in den von Bahnen durchzogenen Tälern. Fluß, Eisenbahn und Straße bildeten hier die Leitlinien, an denen sich die Ortschaften, Häusergruppen und Industrieansiedlungen aneinanderreihten. In den Engtälern des Hochflächenlandes entstanden stellenweise fast geschlossene Siedlungs- und Industriebänder. Aber es gab auch Teilgebiete, in denen die wirtschaftliche Entwicklung stagnierte oder sogar rückläufig war. Dazu gehörten vor allem Teile der Märkischen Hochflächen, die weit von den Eisenbahnen entfernt lagen; und auch die nicht von Eisenbahnen durchzogenen Nebentäler behielten im wesentlichen ihr aus der frühindustriellen Zeit überkommenes Strukturbild. In diesen Bereichen kam es wegen der verkehrsungünstigen Lage stellenweise zur Abwanderung von Gewerbebetrieben.¹⁹⁸

Eine in mancher Hinsicht andere Entwicklung vollzog sich im mittleren und nördlichen Teil des Steinkohlenreviers. Hier gewannen die Werkskolonien der Zechen und Industrieunternehmen eine große Bedeutung für das Siedlungsgefüge.

Die Unternehmer sahen sich hier schon früh veranlaßt, Maßnahmen zur Gewinnung eines zuverlässigen Arbeiterstammes zu ergreifen. Das galt besonders für die Zechen, die in dem bevölkerungsarmen Raum des Nordens oft fern von bestehenden Siedlungen angelegt wurden. Für sie war daher von Anfang an die Beschaffung von Wohnraum ein wesentlich ernsteres Problem als etwa für die Großunternehmen der Eisenschaffenden Industrie, deren Werke sich vielfach an den Rand der alten Hellwegstädte angelehnt hatten und denen daher der Wohnungsmarkt dieser zentralen Orte zur Verfügung stand. Die Leere des Raumes zwang die Zechen zum Wohnungsbau. Auch im weiteren Verlauf wurde dieser Aufgabe große Bedeutung beigemessen, um den Unzuträglichkeiten, die sich aus Arbeitermangel und Belegschaftswechsel¹⁹⁹ ergaben, zu begegnen.

---

194 Das Leben der Bergmannskötter im Alten Revier ist von P. FREISEWINKEL (Erst der Schlägel, dann der Spaten; Westf. Heimatkalender 1968, Münster, 1967, S. 94–96) anschaulich geschildert worden.
195 Große Bergmannssiedlungen entstanden z.B. auf dem Gebiet der ehemaligen Weitmar-Mark im Süden von Bochum (Weitmar-Mark und Weitmar-Neuling). 1912 lebten in diesen beiden Siedlungen und in anderen kleineren Häusergruppen im Süden von Weitmar etwa 6600 Menschen. Vgl. H. CROON (1965), S. 93–94, 99 und Karte 2 auf S. 98.
  Für ein Teilgebiet im West-Ardey südöstlich von Witten (ehemalige Stockumer Mark) ist neuerdings eine ausführliche Darstellung der Kottensiedlungen veröffentlicht worden (W. BRACHT: Bergbau und Kottensiedlungen im südwestlichen Ardey; Naturkunde in Westfalen, Heft 1/1969, S. 8–16). Von 83 der 100 Grundbesitzer, die zwischen 1768 (Aufteilung der Mark) und 1870 (vor allem zwischen 1828 und 1870) in diesem Raum ansässig geworden waren, konnte der Beruf ermittelt werden; es waren 37 Bergleute, 20 Tagelöhner (von denen wohl auch einige im Bergbau arbeiteten), 8 Fabrikarbeiter, 4 Steinarbeiter; auf andere Berufe entfielen 14.
196 So entstanden z.B. in den Bergmannssiedlungen Weitmar-Mark und Weitmar-Neuling im Süden von Bochum (vgl. Anm. 195) auch einige wenige Häuserreihen, die von den Zechen Prinzregent und Carl Friedrich Erbstollen angelegt wurden (H. CROON 1965, S. 99).
197 Z.B. wurden nach der Errichtung der Henrichshütte bei Hattingen in den 50er Jahren zwei dreistöckige Häuserblöcke von je 60 m und vier Blöcke von je 35 m Länge errichtet, in denen in erster Linie die aus dem Harz stammenden Erzbergleute und Hüttenmänner untergebracht wurden (H. EVERSBERG 1955, S. 81).

198 Von dieser Entwicklung wurde z.B. das Kirchdorf Rüggeberg (im Gebiet der heutigen Stadt Ennepetal) stark betroffen. Die 1880 hier noch bestehenden 7 Handelshäuser waren bis zum 1. Weltkrieg sämtlich an günstigere Orte verlegt (E. VOYE, IV, 1913, S. 113).
199 Der Belegschaftswechsel war vor allem nach 1895 sehr stark, da immer mehr revierfremde, vielfach jugend-

Die Wohnbaupolitik war zunächst fast durchweg auf praktisch-nüchterne Erwägungen abgestellt; das Wohnungsproblem wurde als Angelegenheit wirtschaftlicher Zweckmäßigkeit betrachtet. Auf die bauliche Gestaltung und Anpassung an die Umgebung wurde wenig Wert gelegt.[200] Die Werkssiedlungen, für die sich bald die Bezeichnung „Kolonien" einbürgerte, wurden meist in der Nähe der Schachtanlagen erbaut. Es entstanden vielfach zunächst Reihen von 1 1/2- oder 2-geschossigen, gleichförmigen Ziegelrohbauten mit Kleinviehställen und Gartenland. Wir empfinden diese Kolonien heute als monoton, doch trugen die Wohnungsbaumaßnahmen der Bergwerke immerhin dazu bei, „daß ein Siedlungsausbau durch vielstöckige Mietskasernen mit lichtlosen, stickigen Hinterhöfen und Hinterhäusern, ähnlich dem Berliner Stadtbezirk Kreuzberg, weitgehend unterblieb." (D. BECKMANN 1965, S. 162).

Allmählich spielten bei der Errichtung der Werkssiedlungen auch andere Gesichtspunkte eine Rolle, insbesondere Bemühungen um eine Verbesserung der sozialen Verhältnisse und um die Ausschaltung hygienischer Mißstände. Vorbildlich war in dieser Hinsicht der Kruppsche Wohnungsbau, der verstärkt in den Gründerjahren einsetzte.[201] Schon vor dem 1. Weltkrieg kam es dann zur Anlage gut gestalteter Gartenstädte und aufgelockerter Siedlungskolonien, die damals im In- und Ausland viel Beachtung fanden. Breite, baumbepflanzte Straßen, Spielplätze und Grünstreifen durchsetzten die Siedlungen; ältere Baumgruppen blieben erhalten. Die Häuser, durch Gärten und Vorgärten voneinander getrennt, reihten sich nicht mehr einförmig und gleichmäßig entlang der Straßen aneinander, sondern bildeten abwechslungsreiche Gruppierungen nach wohlüberlegtem Gesamtplan. So hatten Bergbau und Ruhrindustrie seinerzeit maßgeblichen Anteil an der Herausbildung neuer Formen und Gestaltungen im Siedlungswesen, wenn es sich bei solchen vorbildlichen Anlagen zunächst auch nur um Einzelfälle handelte.

Neben den Werkskolonien[202] blieben die Kirchdörfer und bäuerlichen Gehöftgruppen beim Vordringen des Bergbaus zunächst in ihrem alten Gepräge erhalten. Erst im Laufe der Zeit füllten sie sich mit weiteren Häusern und dehnten sich in die benachbarten landwirtschaftlichen Kulturflächen hinein aus. Stellenweise setzte auch eine starke private Bautätigkeit von Bauunternehmern, Handwerkern und Geschäftsleuten ein, insbesondere im Anschluß an die schon bestehenden Ortschaften und in Anlehnung an die Ausfallstraßen. Zwischen den an den Straßen oder an kleinen Stichwegen erbauten mehrgeschossigen Miethäusern blieben viele Baulücken und unbesiedelte Flächen erhalten. Die Häuser, meist reine Zweckbauten mit engen Fluren und Treppen und oft unzulänglichen sanitären Verhältnissen, wiesen oft eine sehr dichte Belegung auf.[203]

Im Bereich der größeren Ortschaften und Kernsiedlungen entwickelten sich vielfach auch Straßenzüge mit geschlossener, mehrgeschossiger Bebauung. In den Orten des südlichen Emscher-Raumes verdichtete sich die Besiedlung vor allem im Bereich der Verbindungsstraßen zwischen den alten Kirchdörfern und den nächstgelegenen Bahnhöfen an der Köln-Mindener Bahn; hier entstanden die wichtigsten Geschäftsviertel der stark heranwachsenden Emscher-Orte[204]. Die stärkste kompakte Siedlungsentwicklung aber wiesen die alten Zentren an der Hellweg-Linie auf; hier bildeten sich in der wilhelminischen Zeit zum Teil große, geschlossene Viertel mit vorwiegend dichter, zusammenhängender, mehrgeschossiger Bebauung aus (vgl. Karte K 2).

Die stärksten Umgestaltungen im Siedlungsgefüge vollzogen sich im Bereich nördlich der alten Hellweg-Linie. Während im engeren Hellweg-Raum die alte Zentrierung auf die eingelagerten Städte fortwirkte, ja durch die Konzentration großer Werke am unmittelbaren Rande der zentralen Orte noch eine Steigerung erfuhr, fehlte in den nördlichen Teilen der Hellweg-Lößzone und vor allem im Emschertal und in seiner westlichen Fortsetzung über Oberhausen bis nach Meiderich hinüber ein entsprechend festgefügtes Ordnungsschema. Ohne übergeordnete Planung entstanden hier oft in kürzester Frist neue Agglomerationen mit bunt zusammengewürfelten Industrie- und Siedlungskomplexen. Es kam hier zu einem völligen *Umbruch in der kulturlandschaftlichen Struktur.* Die Silhouette dieser flachen Landschaften wurde mehr und mehr geprägt durch die Schornsteine der Industriebetriebe, die Fördertürme der Zechen[205] und die all-

---

liche Bergarbeiter einströmten. Die Zahl der Zu- und Abgänge betrug 1895 im Zechendurchschnitt 84%, bis 1900 war sie auf 120% gestiegen und erreichte 1913 mit 147% einen Höhepunkt (A. HEINRICHSBAUER 1936, S. 21).

200 Vgl. A. HEINRICHSBAUER (1936), S. 24.
201 Von 1870 bis 1874 stieg die Zahl der Kruppschen Wohnungen von 149 auf 2358 (A. HEINRICHSBAUER 1936, S. 30).
Als Beispiel eines für die damalige Zeit vorbildlichen Wohnungsbaus sei die Margarethenhöhe in Essen genannt (vgl. G. BECHTHOLD 1957).
202 Die Anzahl der Werkswohnungen im Bereich des Ruhrbergbaus, die 1873 erst 6772 betragen hatte, war bis 1901 auf 25 151 und bis 1914 auf 94 027 gestiegen (H. SPETHMANN 1933, II, S. 555).

203 Vgl. die Schilderungen von H. CROON (1965) aus dem Bochumer Raum, insbes. S. 106.
204 Vgl. z.B. für Gelsenkirchen D. BECKMANN (1965), für Herne W. VON KÜRTEN (1964).
205 Unter den Fördertürmen hatten zunächst die viereckigen, wuchtigen Malakofftürme, nach der aus dem Krimkrieg 1855 bekanntgewordenen Bastion Malakoff

mählich emporwachsenden Zechenhalden und Schlackenberge. Die Tagesanlagen der Zechen, die Hallen, Aufbauten und Lagerplätze der Industriewerke nahmen immer größeren Raum ein. Ein engmaschiges Netz von Straßen, Eisenbahnen und Werksanschlüssen, mit Brücken, Dammschüttungen, Überführungen, Kreuzungen und Verschiebebahnhöfen durchsetzte die noch in landwirtschaftlicher Kultur verbleibenden Flächen, in die sich immer noch die alten Gehöfte und Kotten der ehemaligen Agrarlandschaft einfügten. Und dazwischen schoben sich, scheinbar regellos, die neuen Siedlungen, Häuserzeilen, einzeln stehende Mietshäuser und Werkskolonien, sowie die eingestreuten größeren Agglomerationen, die sich, z.T. in Anlehnung an die alten Kirchorte, z.T. im Anschluß an die Bahnhofsanlagen, entwickelt hatten. Bergsenkungsgebiete mit Versumpfungen und zeitweiligen Überschwemmungen[206] und später die zur Behebung dieser Schäden durch die Emschergenossenschaft[207] angelegten geradlinigen oder weitgeschwungenen Gräben der kanalisierten Emscher und ihrer Nebenbäche fügten weitere landschaftsbestimmende Elemente bei. Und schließlich war kurz vor dem 1. Weltkrieg noch das breite Band des parallel zur Emscher geführten Rhein-Herne-Kanals hinzugetreten, das sich dann allmählich zu einer der wichtigsten Achsen im Emscher-Raum entwickelte und um das sich später Hafen- und Verladeeinrichtungen sowie große Industriebetriebe konzentrierten. Das gekennzeichnete Strukturbild prägte vor allem die südlich der Emscher gelegenen Teile, während in der nördlichen Emscherzone zwischen den weiter voneinander entfernten Zechenkomplexen und Siedlungen größere Agrar- und Waldgebiete erhalten geblieben waren[208] und sich hier auch mit Annäherung an den Vestischen Höhenrücken im Norden wieder die durch die alten Zentren gegebenen Ordnungen stärker im Siedlungs- und Verkehrsgefüge auswirkten.[209]

Eine anschauliche Schilderung der Verhältnisse in der südlichen Emscherzone gab H. KLOSE im Jahre 1919:

„Wir sahen, ohne viel darüber nachzudenken, schon in den neunziger Jahren den Horizont unseres mittäglichen Weges enger werden. Häuserreihen drangen feldeinwärts; dreistöckige Einzelhäuser mit häßlichen Brandgiebeln wuchsen unvermittelt empor; einige Kirchhöfe mit armseligen Holzkreuzen und geschmacklosem Gräberzierrat schoben sich ein; hohe Schulgebäude und spitztürmige Kirchen reckten sich auf; Abzugskanäle furchten das ebene Gelände. Die schmalen Feldsteige verbreiterten sich zu schwarzen Aschenwegen . . . Immer merkbarer wurden diese Veränderungen. Unaufhörlich vollzog sich die Wandlung zum Zustande der Gegenwart . . .

Ich ging nach Jahren im vierten Kriegsherbst den alten Weg . . . Alles fließende Wasser war tintenschwarz. Im kahlen Lande standen noch einige Bauernhäuser. Ihre einst gelblichweißen Fachwerkfelder sahen zwischen dem schwarzen Balkenwerk schmutzig graugelb aus. Nur wenige Bäume waren geblieben: neben einem Hofe ein paar kümmerliche Eichen, hier drei Schwarzpappeln, dort zwei Birnbäume, ein Weißdornbusch, eine Esche oder ein Strauch Flieder. Die Rauchfahnen

---

der Festung Sewastopol benannt, einen erheblichen Anteil. Später traten daneben die hochaufragenden eisernen Fördergerüste. Vgl. D. BECKMANN (1965), S. 163.

206 Beispiele nennen z.B. D. BECKMANN (1965), S. 162, für den Gelsenkirchener Raum, und G. MERTINS (1964), S. 134, für Oberhausen. Auch in den Siedlungen machten sich die Bergsenkungen oft durch schwere Schäden und Risse in den Häusern bemerkbar; manche der besonders stark betroffenen Gebäude mußten abgebrochen werden.

207 Die Emscher und ihre Nebenbäche wurden durch die 1904 gegründete *Emschergenossenschaft* kanalisiert, begradigt und zur Regelung der vielfach gestörten Vorflut tiefergelegt; der Grundwasserspiegel wurde dadurch abgesenkt. Zugleich erhielt die Emscher, die bisher bei Alsum in den Rhein mündete, einen neuen künstlichen Unterlauf, der den Rhein weiter unterhalb bei Walsum-Süd erreichte, die heutige „Kleine Emscher" oder „Mittlere Emscher"; sie wurde bis 1914 fertiggestellt. Nach dem zweiten Weltkrieg ist der Unterlauf dann noch einmal nach Norden verlegt worden; diese „Untere Emscher" mündet heute bei Stapp westlich Dinslaken. Vgl. dazu im einzelnen A. RAMSHORN (1957).

Die Emscher besitzt im größten Teil ihrer Strecke (vom Oberlauf abgesehen) ein durchschnittliches Gefälle von weniger als 1 m auf 1 km Flußlänge (A. HEINRICHSBAUER 1936). Verhältnismäßig geringfügige Veränderungen der Höhenverhältnisse können daher einschneidende Wirkungen hervorrufen. Da sich die durch den Bergbau verursachten Bodensenkungen auch nach der Regulierung laufend fortsetzten, und zwar im einzelnen mit recht verschiedenen Ausmaßen, ist die natürliche Vorflut heute in weiten Strecken gestört. Weite Teilgebiete müssen daher durch künstliche Entwässerung über Pumpstationen trocken gehalten werden. Schon 1957 nahmen diese Flächen 170 qkm von dem insgesamt 764 qkm großen Einzugsgebiet der Emscher ein (A. RAMSHORN 1957).

208 Die ausgedehnten Bruchgebiete nördlich der Emscher, die erst nach 1906 in Verbindung mit den Maßnahmen der Emschergenossenschaft (vgl. Anm. 207) allmählich trockengelegt wurden, spielten bei der Erhaltung größerer Freiflächen in diesem Raum, die nur sporadisch besiedelt waren, eine wesentliche Rolle.

209 Vgl. z.B. D. BECKMANN (1965), S. 165, für den Bereich von Buer.

senkten sich erdwärts, und die Luft war erfüllt mit jenem teerähnlichen Geruch, der vielen Teilen des Gebiets eigentümlich geworden ist. Der bedeckte Himmel aber war dunstig und trüber, als er anderswo an Regentagen aussieht." (H. KLOSE 1919, S. 6—8).

Der auf den Grundpfeilern Kohle und Eisen beruhende, außerordentlich starke wirtschaftliche Aufschwung ließ an Hellweg und Emscher die Einwohnerzahlen der Gemeinden sprunghaft emporschnellen. Der Raum zwischen dem Rhein bei Duisburg und Hamborn im Westen und dem Dortmunder Gebiet im Osten, vom Witten-Kettwiger Ruhrtal im Süden bis zur Linie Sterkrade — Bottrop — Gladbeck — Buer — Recklinghausen im Norden, wies schon 1905 insgesamt eine *Bevölkerungsdichte* von mehr als 1500 Einwohnern pro qkm auf.[210] Dabei lag das Schwergewicht auf der Rheinebene bei Duisburg, Hamborn und Oberhausen, sowie in der Hellweg- und südlichen Emscherzone, während die Werte im Witten-Kettwiger Ruhrtal, in der nördlichen Emscherzone und in den angrenzenden Teilen des Vestischen Höhenrückens vielfach auf 500—1000 Einwohner pro qkm absanken. Insgesamt hatte der gekennzeichnete Raum mit 2 1/4 Millionen Einwohnern die alte bergisch-märkische Kernzone im Süden, die 1840 noch die Führung gehabt hatte, weit übertroffen.

Im Jahre 1905 fügten sich die Orte im Ruhrgebiet zu vier Reihen aneinander (vgl. Abb. 18). Die südlichste umfaßte die relativ klein gebliebenen Orte im Witten-Kettwiger Ruhrtal und in der östlich angrenzenden Witten-Hörder Mulde; das Zurückbleiben dieser Orte wies darauf hin, daß das wirtschaftliche Schwergewicht inzwischen nach Norden gerückt war. Dort schloß sich zunächst die Hellweg-Reihe an; zu ihr gehörten u.a. die Großstädte Essen, Bochum und Dortmund. Dann folgte eine Siedlungsreihe, deren Schwerpunkte in der südlichen Randzone des Emschertales lagen. Die letzte Reihe fügte sich dem Nordrand des Emschertales an, wobei die alten Kerne in einigen Fällen (Buer, Recklinghausen) naturräumlich noch in die angrenzenden Teile des Vestischen Höhenrückens gehörten. Die Gemeinden der beiden nördlichen Reihen griffen mit wesentlichen Teilen ihrer Gemarkungen von Süden und Norden in das Innere des Emschertales vor, wo sich inzwischen viele neue Siedlungen entwickelt hatten. Das Emschertal wurde auf diese Weise im kulturlandschaftlichen Gefüge eng mit den benachbarten Teilen der angrenzenden naturräumlichen Einheiten (Westenhellweg im Süden, Königshardter Sandplatten und Vestischer Höhenrücken im Norden) verknüpft. Nur der alte Stadtkern von Recklinghausen (in schwächerem Maße auch Buer) hob sich in seiner Struktur immer noch deutlich von den im Emschertal liegenden Orten ab. Die Hellweg- und die beiden Emscher-Reihen mündeten bei Mülheim, Oberhausen und Sterkrade in die Rheinebene ein, wo sich dann Hamborn und Duisburg (mit den inzwischen eingemeindeten Ortsteilen Meiderich und Ruhrort) anfügten.

Im Jahre 1913 gab es im Ruhrgebiet, nachdem inzwischen weitere Eingemeindungen vollzogen waren, 7 Großstädte.[211] Die größte von ihnen war Essen (319 000); es folgten Duisburg (245 000) und Dortmund (241 000), dann Gelsenkirchen (176 000), Bochum (145 000), Mülheim (120 000) und Hamborn (115 000). Oberhausen (98 000) lag dicht unter der Großstadtgrenze. Fünf dieser Städte, darunter die drei größten, lagen an dem alten Verkehrsweg des Hellwegs, der vom Ruhrmündungsraum aus durch die dem Gebirgsrand vorgelagerten Lößzone nach Osten führte. Essen, daneben Duisburg im Westen und Dortmund im Osten, stellten die wichtigsten zentralen Orte dar, deren Einflüsse in die südlich und nördlich benachbarten Zonen hineinreichten. Hamborn, Oberhausen und Gelsenkirchen, weiter nördlich in der Nähe der Emscher gelegen, standen von Anfang an im Schatten der Hellweg-Orte und konnten daher nicht zu zentralen Orten von höherem Rang aufsteigen.

An den Kernraum des Reviers, wie er vor dem 1. Weltkrieg bestand, schlossen sich nach Süden hin zunächst weniger dicht besiedelte Gebiete an, die nur in begrenzten Teilräumen kleinere Konzentrationen aufwiesen (Velbert, Langenberg, Wengern-Wetter-Volmarstein-Herdecke, Schwerte); in weiten Teilräumen blieb hier die Bevölkerungsdichte unter 200 und sank stellenweise auf weniger als 100 ab (vor allem in Teilen des Ardey-Hügellandes, im Elfringhauser Gebiet sowie zwischen Ruhr und

---

210 Die Werte wurden berechnet nach der Gemeindestatistik des Landes Nordrhein-Westfalen — Sonderreihe Volkszählung 1961, Heft 3c.
Das Gebiet der heutigen Gemeinden Duisburg, Oberhausen, Mülheim, Essen, Bottrop, Gladbeck, Gelsenkirchen, Herten, Westerholt, Recklinghausen, Castrop-Rauxel, Herne, Wanne-Eickel, Wattenscheid, Bochum, Dortmund, Witten, Herbede, Blankenstein, Hattingen, Winz, Altendorf und Kettwig zählte 1905 etwa 2 275 000 Einwohner auf rund 1420 qkm.

211 Einwohnerzahlen für 1913 nach H. SPETHMANN (1933), II, S. 559.

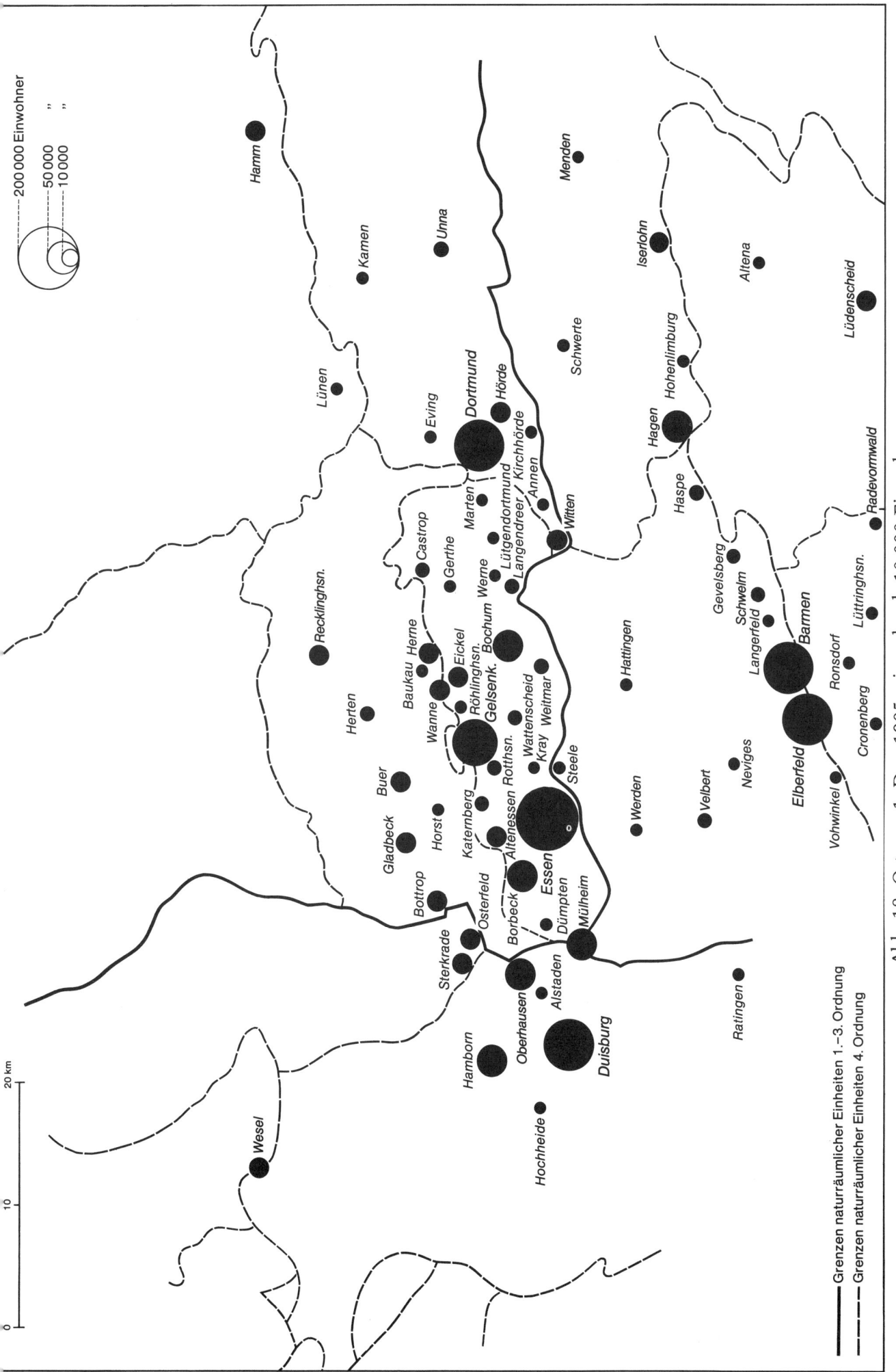

Abb. 18: Orte am 1. Dez. 1905 mit mehr als 10 000 Einwohnern

Quelle: Gemeindestatistik des Landes Nordrhein-Westfalen, Sonderreihe Volkszählung 1961, Heft 3c

Iserlohner Kalk-Mulde). Danach erst folgte der bergisch-märkische Kernraum, der sich um die Wupper-Ennepe-Mulde, das südliche Hagener Becken und die Iserlohner Kalkmulde konzentrierte und im Südwesten an die ebenfalls dicht besiedelten Mittelbergischen Hochflächen unmittelbaren Anschluß fand. Hier erst wurden wieder Werte von mehr als 1000 Einwohnern pro qkm überschritten. Insgesamt zählte dieser Raum im Jahre 1905 etwa 800 000 Einwohner.[212]

Auch die größeren Städte des bergisch-märkischen Eisen- und Textilgebiets lagen — bis auf eine Ausnahme — alle in dem gekennzeichneten Kernraum. Es gab 1905 zwei Großstädte, Elberfeld (163 000) und Barmen (156 000), außerdem fünf Städte mit Einwohnerzahlen zwischen 25 000 und 100 000 (Hagen, Remscheid, Solingen, Iserlohn und Lüdenscheid). Von ihnen lag nur Lüdenscheid als inselartiger Vorposten weit im Südosten auf den Märkischen Hochflächen.

Südlich der Muldenzone war die Bevölkerungsdichte im Gebiet der Märkischen Hochflächen auch vor dem 1. Weltkrieg im allgemeinen noch recht niedrig geblieben. Nur einige der von Eisen- und Kleinbahnen durchzogenen Täler bildeten schmale Dichtebänder (vor allem Lenne, Volme, Verse, Rahmede). Die Hochflächen wiesen — abgesehen von dem isoliert liegenden Zentralpunkt Lüdenscheid — fast überall Dichtewerte unter 100 auf. Hier hatte sich in jener Zeit, als die Eisenbahnen das beherrschende Verkehrsmittel darstellten, keine stärkere Entwicklung mehr vollziehen können; und vielfach stagnierten die Einwohnerzahlen oder zeigten sogar eine rückläufige Tendenz[213]. So prägte sich der Südrand der Muldenzone mit dem auf kurzer Strecke erfolgenden Anstieg zu den Märkischen Hochflächen um diese Zeit immer stärker als wichtige Grenzlinie im kulturlandschaftlichen Gefüge aus. Gegenüber der nach wie vor in starker Entwicklung begriffenen Mulde, die den Kernraum des bergisch-märkischen Industriegebiets bildete, waren die Hochflächen nur noch punkt- und linienhaft von der Industrie durchsetzt.

Betrachten wir nun auch den Raum im Westen, Norden und Osten des Reviers!

Der oben gekennzeichnete Kernraum wies linksrheinisch um Homberg und Moers ein kleines Vorfeld auf, das schon relativ stark vom Gewerbeleben beeinflußt war. Ebenso schloß sich im Nordosten an das Dortmunder Gebiet ein Vorfeld an, das bereits typische Züge des Reviers trug, aber auch noch von manchen landwirtschaftlich geprägten Teilgebieten durchsetzt war; es zog sich über Unna, Kamen und Lünen in allmählich schmaler werdendem Streifen bis über Hamm hinaus und wies eine durchschnittliche Bevölkerungsdichte von 400 bis 500 Einwohnern pro qkm auf.[214] In beiden Bereichen waren die eingelagerten Städte noch relativ klein geblieben. Im westlichen Vorfeld blieben sie 1913 noch alle unter 25 000; und im Nordosten hatte nur Hamm diese Grenze überschritten.[215]

Demgegenüber waren im Norden des Revierkerns noch weite Bauern-, Wald- und Heidelandschaften erhalten geblieben und die in weitmaschigem Netz über diesen Raum verteilten Anlagen des Bergbaus mit den zugehörigen Siedlungen hatten nur punkthaft die Struktur dieses nördlichen Vorfeldes geprägt. In diesem weiten Raum um Dinslaken Dorsten, Marl und Datteln blieb dementsprechend auch die durchschnittliche Bevölkerungsdichte

---

212 Das Gebiet der heutigen Hügelland-Gemeinden von Heiligenhaus und Wülfrath im Westen bis Menden im Osten, südlich von Essen — Hattingen — Witten — Dortmund und nördlich der Städte des bergisch-märkischen Kernraums gelegen, zählte 1905 insgesamt rund 140 000 Einwohner auf 485 qkm; somit ergab sich eine durchschnittliche Bevölkerungsdichte von knapp 300 Einwohnern pro qkm, wobei die westlichen, bergischen Teile (mit rund 400 Einw. pro qkm) etwas dichter besiedelt waren als die östlichen.

Demgegenüber erreichte das Gebiet der heutigen Gemeinden Wuppertal, Solingen, Remscheid, Schwelm, Ennepetal, Gevelsberg, Hagen, Hohenlimburg, Letmathe, Iserlohn und Hemer im Jahre 1905 stark 800 000 Einwohner auf 580 qkm; es ergab sich hier also eine durchschnittliche Bevölkerungsdichte von knapp 1400. Wiederum hatte dabei der bergische Teil (Wuppertal, Solingen, Remscheid) mit 580 000 Einwohnern auf 295 qkm das Übergewicht gegenüber dem schmaleren märkischen Teil.

213 Diese Entwicklung ist in einigen Fällen unmittelbar an den Einwohnerzahlen der Hochflächengemeinden abzulesen:

Breckerfeld (Stadt u. Land): 1871: 3838, 1905: 3730 Einw.
Waldbauer: 1871: 937, 1905: 845 Einw.
Kesbern (südl. Iserlohn): 1871: 627, 1905: 535 Einw.

In anderen Fällen wird die Entwicklung auf den Hochflächen durch die anhaltende wirtschaftliche Entwicklung in benachbarten, von Eisenbahnen durchzogenen Tälern in den Gesamtzahlen für die Gemeindebezirke überdeckt.

214 Das Gebiet der heutigen Städte Rheinhausen, Homberg und Moers hatte 1905 rund 55 000 Einwohner auf 65 qkm

Im Nordosten erreichte das Gebiet zwischen Unna, Lünen und Hamm auf 270 qkm etwa 125 000 Einwohner.

215 Einwohnerzahlen für 1913 nach H. SPETHMANN (1933), II, S. 559.

noch auffällig niedrig und stieg nur unwesentlich über 100 hinaus.[216]

Die ruhigste Entwicklung aber hatte sich nördlich der unteren Lippe vollzogen. In dem hier liegenden Teil des Westmünsterlandes und der Niederrheinischen Sandplatten bis nach Bocholt, Borken und Coesfeld lag auch 1905 die Bevölkerungsdichte immer noch weit unter 100. Kaum die Hälfte der Gemeinden hatte von 1837 bis 1905 eine Zunahme von mehr als 10% zu verzeichnen, in manchen Gemeinden hatte die Einwohnerzahl sogar abgenommen.[217] Auch die wenigen Kirchorte waren klein geblieben. Weiter westlich hatte selbst die Stadt Wesel an der Lippemündung, die um 1840 noch alle Hellweg-Städte übertroffen hatte, im Jahre 1913 nicht einmal ganz 25 000 Einwohner erreicht. Auch in der Verteilung der Bodennutzungsarten hatten sich nur langsam Veränderungen ergeben. In den randlichen Teilen hatte sich nach der Aufteilung der Marken und Gemeinheiten im Zusammenhang mit der Einführung der mineralischen Düngung und der Verbesserung der Ackergeräte stellenweise die landwirtschaftliche Nutzfläche erweitert. Aber immer noch gab es ausgedehnte Heidegebiete (Beispiel: Raum Westrup – Stevertal östlich Haltern, vgl. Abb. 19). Nur streckenweise waren die Heiden inzwischen aufgeforstet; vor allem war es in den bei den Markenteilungen der Herrschaft zugefallenen Anteilen zu einer Pflege der noch erhaltenen Waldreste und zu einem Neuaufbau von Waldparzellen gekommen.[218]

---

216 Das Gebiet der heutigen Gemeinden Voerde, Walsum, Dinslaken, Hünxe, Gartrop-Bühl, Gahlen, Dorsten, Kirchhellen, Altendorf-Ulfkotte, Polsum, Marl, Oer-Erkenschwick, Horneburg, Henrichenburg, Datteln und Waltrop wies im Jahre 1905 erst 62 000 Einwohner auf 560 qkm auf.

217 Beispiele für einige der räumlich größten Gemeinden (Einwohnerzahlen von 1837 und 1905 nach der Gemeindestatistik des Landes Nordrhein-Westfalen, Sonderreihe Volkszählung 1961, Hefte 3c und 3d):

|  | 1837 | 1905 | Fläche in ha |
|---|---|---|---|
| Brünen | 2193 | 2248 | 4480 |
| Dingden | 2085 | 2272 | 4270 |
| Raesfeld | 1782 | 1996 | 3044 |
| Heiden | 2096 | 2022 | 5944 |
| Marbeck | 996 | 911 | 2588 |
| Groß Reken | 1996 | 2662 | 4685 |
| Merfeld | 869 | 708 | 2776 |
| Altschermbeck | 942 | 967 | 3290 |
| Lembeck | 1988 | 2037 | 5411 |
| Wulfen | 977 | 1289 | 3393 |
| Lippramsdorf | 878 | 1045 | 2926 |
| Haltern Kirchspiel | 1705 | 2125 | 10256 |

218 Vgl. H. HESMER / F. G. SCHROEDER (1963), S. 106.

## 2.4 Zwischen den beiden Weltkriegen

Das Strukturbild, wie es sich bis zum 1. Weltkrieg herausgebildet hatte, ist deshalb so ausführlich beschrieben worden, weil seine Grundzüge lange fortwirkten und in vielen Teilgebieten bis in die Gegenwart hinein das Gefüge des Raumes maßgeblich geprägt haben.

Mit dem 1. Weltkrieg hörte nämlich schlagartig die starke Bevölkerungszunahme auf; der wirtschaftliche Aufschwung wurde jäh gestoppt. Die Erzgruben und Hütten in Lothringen gingen verloren, und einige Konzerne wurden von dieser Entwicklung stark betroffen. Ruhrbesetzung und Inflation führten zu starken Produktionsschwankungen. In der folgenden Zeit kam es zu vielfachen Zusammenschlüssen, die mit zunehmender Arbeitsteilung und technischer Rationalisierung verbunden waren; den größten Konzern stellten die im Jahre 1926 entstandenen Vereinigten Stahlwerke dar. Die maschinelle Förderung, zunächst durch Abbauhämmer, später auch durch Schrämmaschinen, Kohlenhobel, Transport- und Verladeeinrichtungen, wurde immer mehr gesteigert.

Im Zuge der Rationalisierungswelle kam es allein zwischen 1923 und 1933 zur Stillegung von 116 Schächten (H. SPETHMANN, III, 1938, S. 781–83). Davon wurde vor allem das Alte Revier im Süden betroffen, wo sich der Bergbau aus einigen Teilbereichen, z.B. aus dem Raum um Haßlinghausen und Silschede, völlig zurückzog. Doch erinnern in diesen Gebieten noch heute viele Relikte an den früher hier umgehenden Abbau der Kohle (Beispiel: Gebiet des Muttentals zwischen Witten und Herbede; vgl. Abb. 20).

Die höchste je erreichte Förderung mit 130 Mill. t Steinkohle wurde im Jahre 1939 erzielt.[219] Auch in der Eisenschaffenden Industrie lag die Produktion des Ruhrgebiets wieder über derjenigen Großbritanniens; 1938 wurden 12,9 Mill. t Roheisen und 15,1 Mill. t Rohstahl erzeugt.[220]

Wenn auch die Gesamt-Einwohnerzahl des Ruhrgebiets zwischen den beiden Weltkriegen keinen stärkeren Zuwachs mehr zu verzeichnen hatte, vielfach sogar stagnierte, spielte sich doch mit den Eingemeindungen, insbesondere mit der *kommunalen Neugliederung* im Jahre 1929, ein Vorgang ab, der bis zur Gegenwart das Gefüge des Städtesystems bestimmte. Die Hellweg-Städte konnten dabei ihre überragende Stellung nicht nur behaupten, sondern sogar noch verstärken. Sie griffen nun im Süden in das Ruhrtal vor; und Essen umfaßte jetzt auch weite Teilgebiete im Emschertal.

---

219 P. WIEL (1963), Tabelle S. 117.
220 P. WIEL (1963), Tabellen S. 122/23.

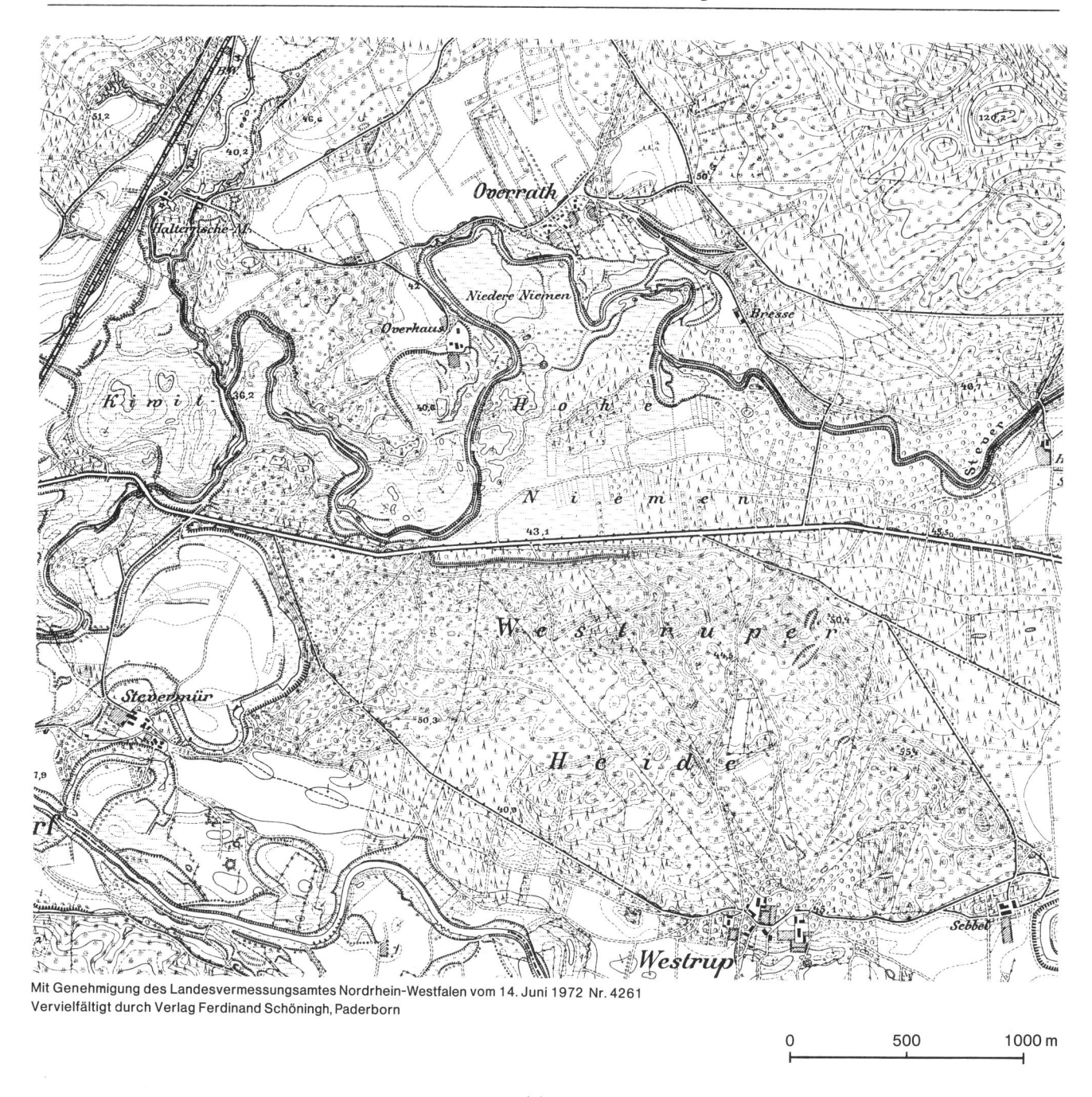

Mit Genehmigung des Landesvermessungsamtes Nordrhein-Westfalen vom 14. Juni 1972 Nr. 4261
Vervielfältigt durch Verlag Ferdinand Schöningh, Paderborn

Abb. 19

Ausschnitt aus dem Meßtischblatt Haltern
der Königl. Preuß. Landes-Aufnahme 1893

Teilgebiet Westrup-Stevertal

1939 lag Essen immer noch an der Spitze und zählte auf 188 qkm 667 000 Einwohner.[221] Es folgten Dortmund, dessen Fläche die stärkste Ausweitung (auf 271 qkm) erfahren hatte, mit 542 000, und, nun mit Abstand an dritter Stelle liegend, Duisburg mit 435 000 auf 143 qkm. Auch von den vier restlichen Großstädten — Gelsenkirchen (318 000), Bochum (305 000), Oberhausen (192 000) und Mülheim (138 000) — lagen noch zwei am Hellweg. Es gab ferner inzwischen 9 Städte mit Einwohnerzahlen zwischen 50 000 und 100 000 (Bottrop, Gladbeck, Recklinghausen, Wanne-Eickel, Herne, Castrop-Rauxel, Wattenscheid, Witten und Hamm); der Schwerpunkt dieser mittelgroßen Städte lag also nach wie vor im Emscher-Bereich.

Auch in der südlichen Dichtezone des bergisch-märkischen

---

[221] Einwohnerzahlen und Flächengrößen für 1939 nach der Gemeindestatistik des Landes Nordrhein-Westfalen — Sonderreihe Vokszählung 1961, Heft 3c.

Raumes hatten sich die Verhältnisse nicht wesentlich gewandelt. Elberfeld und Barmen, jetzt zur Stadt Wuppertal (402 000) vereinigt, hatten nach wie vor unbestritten die Führung; daneben gab es mit Hagen (152 000), Solingen (140 000) und Remscheid (104 000) jetzt drei weitere Großstädte, wobei das Schwergewicht immer noch im bergischen Teilraum lag. Größere Mittelstädte mit mehr als 50 000 Einwohnern hatten sich hier nicht entwickelt; auch Iserlohn und Lüdenscheid blieben noch unter dieser Grenze.

## 2.5 Die Entwicklung nach dem 2. Weltkrieg

Nach dem letzten Kriege konnte sich der *Steinkohlenbergbau* zunächst wieder relativ rasch entwickeln, da ein starker Energie- und Brennstoffbedarf vorhanden war. Schon im Jahre 1952 wurden in 146 Schachtanlagen, wieder 114 Mill. t Steinkohlen gefördert (K.H. HOTTES 1967, S. 259). Der drückende Kohlenmangel in den Nachkriegsjahren gab auch dem Bergbau im Alten Revier des Südens noch einmal einen kräftigen Anstoß. Es entstanden zahlreiche Stollenbetriebe oder Kleinstzechen, die hauptsächlich Anthrazit und Magerkohlen förderten; ein erheblicher Teil der Kohle wurde brikettiert. Im Jahre 1953 gab es allein im nördlichen Teil des Ennepe-Ruhr-Kreises außer 10 Klein- und Mittelzechen etwa 75 bergbehördlich gemeldete Stollen- und Kleinstzechen mit einer Tagesförderung von zusammen fast 1500 t und einer Belegschaft von 1350 Mann.[222] Sie gaben mit ihren Fördergerüsten und Aufbereitungsanlagen, Transport- und Verladeeinrichtungen dem Landschaftsbild des Hügellandes im Bereich des Produktiven Karbons zu dieser Zeit charakteristische Akzente. Die meisten sind in der Zwischenzeit wieder verschwunden, die Tagesanlagen beseitigt und das Gelände rekultiviert; nur an vereinzelten Stellen sind noch Reste von ihnen bis heute erhalten.

Bis Mitte der 50er Jahre war die Kohle der Hauptfaktor der gesamten Energiepolitik; und bis zu dieser Zeit suchte man die Förderung mit allen Mitteln zu erhöhen. 1956 wurde mit 125 Mill. t die höchste Fördermenge in der Nachkriegszeit erzielt, und im Januar 1957 erreichte die Gesamtbelegschaft mit 499 000 die höchste Zahl nach dem Kriege.[223]

Dann aber machten sich allmählich die ersten Anzeichen einer Kohlenabsatzkrise bemerkbar. Ihre Gründe sind vielfältiger Art; außer dem Vordringen des Heizöls und Erdgases spielt u.a. der Wettbewerb ausländischer Kohle, die Elektrifizierung der Bundesbahn und die Verringerung des spezifischen Bedarfs wichtiger Industriezweige eine Rolle.[224] So kam es allmählich zur Stillegung zahlreicher Schächte, z.T. im Zuge einer Rationalisierung und Konsolidierung der Bergbaugesellschaften, z.T. aber auch mit dem Ziel einer Drosselung der Fördermenge. 1967 erreichte die Förderung an der Ruhr nur noch 90,4 Mill. t.[225] Die Zahl der Beschäftigten war schon bis Januar 1967 auf 273 000[226] und bis zum Juni 1968 auf 215 000 abgesunken (davon 127 000 Bergleute unter Tage).[227] Laut Statistik der Kohlewirtschaft verringerte sich die Zahl der betriebenen Schachtanlagen im Ruhrgebiet zwischen Anfang 1957 und September 1968 von 142 auf 58; gleichzeitig ging die Zahl der Kokereien von 58 auf 36, die Zahl der Brikettfabriken von 20 auf 10 zurück. Die Zahl der Abbaubetriebspunkte wurde sogar von 2006 auf 533 reduziert. Der Erfolg der Rationalisierung zeigt sich in der Schichtleistung unter Tage; sie stieg von 1614 kg im Jahre 1957 auf 3626 kg im ersten Halbjahr 1968.[228]

Der Rückgang des Steinkohlenbergbaus vollzog sich in den einzelnen Teilgebieten in recht unterschiedlicher Intensität. Vor allem wurde der Süden betroffen. In Mülheim wurde 1966 der letzte Schacht stillgelegt. Im Ennepe-Ruhr-Kreis nahm die Zahl der im Bergbau Beschäftigten von Januar 1957 bis Januar 1967 um 66%, in Bochum um 64%, dagegen in den Landkreisen Dinslaken und Moers im Nordwesten des Reviers nur um 18% ab.[229]

---

222 Vgl. dazu im einzelnen A. WEDDIGE (1954), S. 71–73.
223 P. WIEL (1963), Tabelle S. 117, und Informationsdienst Ruhr, Nr. 36/67 vom 9. Mai 1967.
224 Vgl. dazu im einzelnen P. WIEL (1965a), S. 138–139, und K. H. HOTTES (1967), S. 252 und S. 254–255.
225 Siedlungsverband Ruhrkohlenbezirk, Zahlenspiegel 1968.
226 Informationsdienst Ruhr Nr. 36/67 vom 9. Mai 1967.
227 Informationsdienst Ruhr Nr. 70/68 vom 25. Oktober 1968.
228 Informationsdienst Ruhr Nr. 70/68 vom 25. Oktober 1968.
  Bis zum Juni 1971 ist die Zahl der fördernden Schachtanlagen im Bereich des Ruhrbergbaus auf 55 zurückgegangen und die Zahl der Beschäftigten bis Oktober 1971 auf 194 144 (Mitteilung des Siedlungsverbandes Ruhrkohlenbezirk vom 14.12.1971).
229 Informationsdienst Ruhr Nr. 36/67 vom 9. Mai 1967. Im Ennepe-Ruhr-Kreis sind Ende der 60er Jahre die meisten der bis dahin noch in Betrieb befindlichen Schachtanlagen stillgelegt worden: „Neuwülfingsburg" in Albringhausen, „Theodor" in Altendorf, „Alte Haase" in Sprockhövel, „Buchholz" in Blankenstein und „Niederheide" in Oberstüter. Die letzte im nörd-

Legende zur Abbildung 20:

Relikte des früheren Bergbaus zwischen Witten und Herbede

(nach W. TIGGEMANN 1965)

1 Pingenreihe

2 Stollen Neuglück/Stettin (verliehen 1771) (vgl. Nr. 29)

3 Stollen Anclam (verliehen 1728) (vgl. Nr. 28)

3a Stollen Ankunft (verliehen 1751) (vgl. Nr. 28)

4 Stollen der Zeche Jupiter (1934 begründet, 1955 Betrieb eingestellt)

5 Maximus-Stollen (1849 querschlägig aufgefahren)

6 Stollen der Zeche Jupiter (vgl. Nr. 4)

7 Stollen Splettenberg

8 Stollen Merklingsbank

9 Stollen Turteltaube

10 Stollen Frielinghaus

11 Stollen Stralsund (verliehen 1726)

12 Stollen Hazard

13 Stollen St. Johannes

14 und 15   Stollen Eisenstein Diana (1854 verliehen)

16 und 17   Stollen Frielinghaus

18 Stollen Carthäuser Loch

19 St. Johannes Erbstollen (verliehen 1783, zwischen 1804 und 1824 fertiggestellt, etwa 1,5 km lang, mit Flügelstrecken 3 km)

20 Stollen Gut Glück/Wrangel

21 Vereinigungsstollen (Wasserstollen, Baubeginn 1803)

22 Stollen Friede

23 Stollen Aufgottgewagt

24 Stollen Widerlage

25 Zechenhaus Widerlage

26 Bethaus im Muttental mit Glockenturm; im Besitz der Herren von Schloß Steinhausen, der Freiherren von Elverfeldt, die stark im Steinkohlenbergbau engagiert waren; hier fand vor der Schicht die Bergandacht statt

27 Schacht Constanz der Anlage Louisenglück, mit Handförderung

28 Göpelschacht Moses; gehörte zur Gewerkschaft Ankunft/Anclam (vgl. Nr. 3 und 3a, schon vor 1800 in Betrieb, stand mit den Stollen in Verbindung)

29 Göpelschacht Gerhard; gehörte zur Gewerkschaft Neuglück/Stettin (vgl. Nr. 2, schon vor 1800 in Betrieb, stand mit dem Stollen in Verbindung)

30 Göpelschacht Blondin

31 Schacht Orion des Steinkohlenbergwerks Hardenstein (Berechtsame 1848 verliehen, ging um 1900 ein)

32 Zeche Hermann (1891 entstanden, 1928 stillgelegt)

33 und 34   Schächte Neptun (33) und Herkules (34) der Zeche Ver. Nachtigall Tiefbau (1854 durch Vereinigung mehrerer Gewerkschaften entstanden, um 1870 Belegschaft von etwa 500 Mann, 1892 stillgelegt)

35 Reste der Kohlenniederlage Nachtigall; drei Pferdeschienenbahnen brachten die Kohlen herbei, darunter die Muttentalbahn

36 Auslauf der Muttentalbahn, 1829 angelegt, 6 km lang, verlief von der Kohlenniederlage Nachtigall an der Ruhr durch das Muttental bis Bommerholz (an der Landstraße von Witten über Haßlinghausen zum Wuppertal); Pferde zogen kleine Züge mit 5–6 Wagen auf zunächst hölzernen, ab 1838 eisernen Schienen

37 Alter Bahnhof Nachtigall (Bommern) an der Ruhrtalbahn

38 Ehemalige Nachtigall-Brücke, 1853 erbaut, diente dem Kohlentransport über die Ruhr nach Witten, 1936 wegen Baufälligkeit abgebrochen

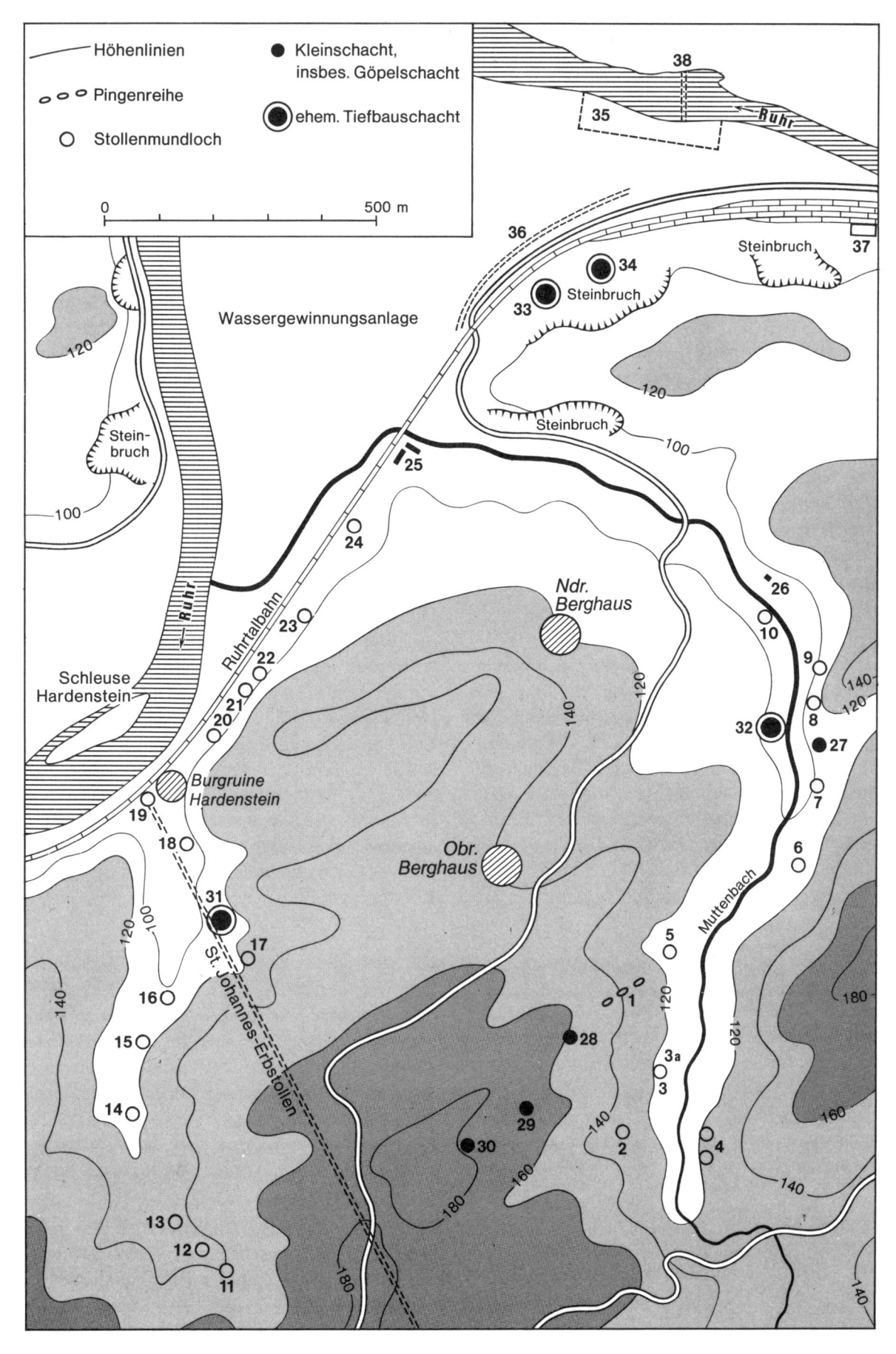

Abb. 20
Relikte des früheren Bergbaus zwischen Witten und Herbede
(nach W. TIGGEMANN 1965)

Durch die vielfach den Zechen unmittelbar angeschlossenen Betriebseinheiten wie Wasch- und Sortierungsanlagen, Brikettfabriken, Kraftwerke, Kokereien, Gaswerke und Anlagen zur Gewinnung der Kohlenwertstoffe sind die Bergbaubetriebe im Laufe der Zeit zu immer komplizierteren Gebilden geworden. Die Entwicklung zum Großbetrieb hat sich in jüngster Zeit mit der Zusammenfassung in Großschachtanlagen noch verstärkt. Bei Kokereien und Kraftwerken ist die Tendenz zu größeren Betriebseinheiten ebenfalls unverkennbar.[230]

Auch die inzwischen im Ruhrgebiet begründeten Betriebe der Chemischen Industrie, die nur z.T. auf Kohlebasis arbeiten, beanspruchen riesige Flächen; zu ihnen gehören Stickstoffwerke und Teerverarbeitungsbetriebe. Nach der Entwicklung der Kohlehydrierung entstanden in den 30er Jahren mehrere Hydrierwerke, die nach dem Kriege z.T. auf Erdölverarbeitung umgestellt wurden; daneben wurden in günstiger Verkehrslage weitere Erdölraffinerien errichtet. Die Anlagen sind durch Rohrleitungen mit der Nordseeküste verbunden. Die Erdölchemie arbeitet heute aufs engste mit der Kohlechemie zusammen.[231]

Eine starke Anziehungskraft auf die neuen Großbetriebe übte seit den 30er Jahren der Lippe-Seiten-Kanal (Wesel-Datteln- und Datteln-Hamm Kanal) aus. Die Hafenanlagen zwischen Wesel und Voerde, die Erdölraffinerie in Bucholtwelmen, die Chemischen Werke Hüls in Marl, die Aluminiumhütte in Lünen, das neue Chemiefaserwerk in Uentrop und das Großkraftwerk Westfalen der VEW in Schmehausen östlich von Hamm haben sich unmittelbar an diesem wichtigen Schiffahrtsweg entwickelt und setzen heute Teilen des Lippe-Raumes prägende Akzente.

Demgegenüber hat der Steinkohlenbergbau, der inzwischen im Süden weite Teilräume freigegeben hat, seit dem 1. Weltkrieg nur noch vereinzelt nach Norden und Nordwesten Raum gewonnen. Im Lippe-Gebiet ist in den letzten Jahren lediglich bei Wulfen ein bemerkenswerter Vorstoß erfolgt, während andrerseits das Gebiet um Selm/Bork, in dem 1906 mit dem Abteufen der Zeche Hermann begonnen worden war, bereits in den 20er Jahren wieder aufgegeben wurde. Nur im linksrheinischen Gebiet des Kreises Moers hat der Bergbau sich in letzter Zeit noch ein wenig nach Nordwesten ausbreiten können; hier hat dadurch der früher isoliert liegende Vorposten Rheinberg/Borth, in dem schon vor dem 1. Weltkrieg mit dem Abteufen von Schächten zur Steinsalzgewinnung begonnen worden war[232], Anschluß an das Industriegebiet erhalten.

Die *Eisenschaffende Industrie*, die neben dem Steinkohlenbergbau bei der Entwicklung der Ruhrwirtschaft den zweiten Grundpfeiler darstellte, konnte sich nach dem letzten Kriege zunächst nur langsam von den schweren Schäden, die sie durch Luftangriffe und Demontage erlitten hatte, erholen. Dann aber war der Neuaufbau vielfach mit der Schaffung modernster Einrichtungen verbunden. Im Jahre 1961 waren Roheisen- und Rohstahlerzeugung des Ruhrgebiets um etwa 50% höher als 1938 (17,4 bzw. 22,1 Mill. t). Es gab um diese Zeit 11 Hüttengesellschaften, die alle mehr oder weniger stark an Bergbauunternehmen beteiligt waren.[233]

Die heutigen Hüttenwerke mit Hochöfen, Stahl- und Walzwerken und vielfältigen Nebenbetrieben, mit Verkehrseinrichtungen und Hafenanlagen, stellen riesige Komplexe dar, die das Landschaftsbild weithin bestimmen. Der Schwerpunkt hat sich dabei immer noch stärker in die Rhein-Zone verlagert; daneben spielt nach wie vor Dortmund eine Rolle, wo die Eisenerze über den Dortmund-Ems-Kanal ebenfalls auf dem Wasserwege angeliefert werden können.

Es ist nun von großer Bedeutung, daß Steinkohlenbergbau und Eisenschaffende Industrie zwar auch in der Gegenwart immer noch eine starke Stellung

---

lichen Ennepe-Ruhr-Kreis noch arbeitende nennenswerte Zeche (in Herbede, früher „Lothringen") soll 1972 stillgelegt werden (WAZ 7.10.1971).
230 Die STEAG (Steinkohlen-Elektrizitäts-AG) in Essen ist ein Gemeinschaftsunternehmen von Ruhrzechen zur Gewinnung von elektrischem Strom. Das RWE (Rheinisch-Westfälisches Elektrizitätswerk AG) in Essen und die VEW (Vereinigte Elektrizitätswerke von Westfalen) in Dortmund stellen gemischt-wirtschaftliche Unternehmen dar, in deren Organen auch die Kommunalverwaltungen vertreten sind. Das RWE, das auch über eigene Braunkohlenkraftwerke westlich Köln und über Wasserkraftwerke in Süddeutschland verfügt, besitzt heute ein Leitungsnetz, das bis nach Vorarlberg und in die Schweiz reicht. Die Ruhrgas-AG in Essen, ebenfalls ein Gemeinschaftsunternehmen des Ruhrbergbaus, liefert die Überschüsse aus Kokereigasen in Rohrleitungen bis nach Frankfurt und Hannover. Vgl. dazu im einzelnen P. WIEL (1963), S. 69–74.
Seit 1969 sind fast alle Zechen des Ruhrgebiets zur Ruhrkohle AG zusammengefaßt.
231 Vgl. dazu im einzelnen P. WIEL (1963), S. 29 ff.

232 Vgl. im einzelnen P. WIEL (1963), S. 28.
233 P. WIEL (1963), S. 51 ff. und Tabellen S. 122/125.

behalten haben, aber in ihren Anteilen an der Gesamtbeschäftigtenzahl gegenüber der Vorkriegszeit eine deutliche Abnahme zeigen. Nach den von P. WIEL (1965) für den größten Teil des Ruhrgebiets errechneten Zahlen ergibt sich folgendes Bild[234]:

Tabelle 3a

Unselbständig Beschäftigte in Industrie, Handwerk und Handel 1938–1963

|  | 1938 | 1963 | Veränderung 1938–1963 |
|---|---|---|---|
| Steinkohlenbergbau | 300000 = 32,6% | 319000 = 21,5% | + 6,3% |
| Eisen- und Stahlerzeugung einschl. Walzwerke | 174000 = 18,9% | 164000 = 11,1% | − 5,7% |
| Maschinen-, Apparate-, Stahl- und Waggonbau | 63000 = 6,8% | 167000 = 11,3% | + 165,1% |
| Elektrotechnik | 13000 = 1,4% | 48000 = 3,2% | + 269,2% |
| Chemische und Kunststoffindustrie | 12000 = 1,3% | 48000 = 3,2% | + 300,0% |
| Bekleidungsgewerbe | 13000 = 1,4% | 32000 = 2,2% | + 146,2% |
| Übr. Zweige von Industrie und Handwerk (ohne Bauwirtschaft) | 128000 = 13,9% | 222000 = 15,0% | + 73,4% |
| Bau- und Bauhilfsgewerbe | 107000 = 11,6% | 205000 = 13,8% | + 91,6% |
| Handel und Handelshilfsgewerbe | 111000 = 12,1% | 277000 = 18,7% | + 149,5% |
| Industrie, Handwerk und Handel | 921000 = 100,0% | 1482000 = 100,0% | + 60,9% |

Während also Steinkohlenbergbau und Eisenschaffende Industrie insgesamt von 51,5% aller in Industrie, Handwerk und Handel Beschäftigten im Jahre 1938 auf 32,6% im Jahre 1963 abgesunken sind, weisen andere Gewerbezweige, wie Maschinen-, Apparate-, Stahl- und Waggonbau, Elektrotechnik, Chemische und Kunststoffindustrie, Bekleidungsgewerbe, Handel und Handelshilfsgewerbe, eine besonders starke Zunahme auf, die weit über dem Durchschnitt liegt.[235]

Charakteristische Aufschlüsse liefert auch die Entwicklung im Gesamtbereich der *Dienstleistungen* (im weiteren Sinne).[236] Sein Anteil an der Gesamtzahl der in nichtlandwirtschaftlichen Arbeitsstätten Beschäftigten wuchs von 31,5% im Jahre 1950 auf 38,5% im Jahre 1961. Der relativ höchste Anteil wurde 1961 in den am Hellweg gelegenen kreisfreien Städten mit 41,4% erreicht; das entspricht dem höheren Zentralitätsgrad dieser Orte. Der Gesamtanstieg war im Ruhrgebiet relativ größer als im übrigen Bundesgebiet, wo allerdings 1961 die absoluten Zahlen mit 45,5% noch höher als im Ruhrgebiet lagen.[237]

---

234 Die absoluten Zahlen für die einzelnen Wirtschaftszweige wurden aus einer von P. WIEL (1965a, S. 141) gegebenen Aufstellung übernommen, die auf Statistiken der Arbeitsämter beruht. Sie beziehen sich auf die kreisfreien Städte Duisburg, Mülheim, Oberhausen, Essen, Wattenscheid, Bochum, Bottrop, Gladbeck, Gelsenkirchen, Wanne-Eickel, Herne, Castrop-Rauxel, Recklinghausen, Lünen, Dortmund, Hamm und die Landkreise Recklinghausen und Unna. Um den Vergleich zwischen 1938 und 1963 zu ermöglichen, war diese regionale Beschränkung, insbesondere der Verzicht auf die Berücksichtigung der kreisfreien Stadt Witten und der Landkreise Moers und Dinslaken erforderlich.

235 Einen Schwerpunkt stellt das Ruhrgebiet heute z.B. für den Bereich der Erdölraffinerien dar. Von der Gesamtkapazität der Bundesrepublik in Höhe von 109 Millionen Tonnen Durchsatzleistung am Ende des Jahres 1967 entfielen 20,2 Millionen Tonnen und damit 18,5% auf das Ruhrgebiet. (NRZ-Nachrichtendienst vom 10.4.1968).

236 Dazu gehören die Wirtschaftsabteilungen Handel, Geld- und Versicherungswesen, Dienstleistungen, Verkehrswesen und Öffentlicher Dienst.

237 Zahlen nach H. G. STEINBERG (1965), S. 199–200. Zum Ruhrgebiet wurden dabei die kreisfreien Städte Duisburg, Mülheim, Oberhausen, Essen, Wattenscheid, Gelsenkirchen, Bottrop, Gladbeck, Wanne-Eickel, Herne, Castrop-Rauxel, Recklinghausen, Bochum, Witten, Dortmund, Lünen und Hamm und die Landkreise Moers, Dinslaken, Recklinghausen, Lüdinghausen und Unna gezählt.

Der durch die genannten Zahlen belegte Strukturwandel hat sich auch nach 1963 weiter fortgesetzt, wie die folgende Tabelle zeigt.[238]

Tabelle 3b

Industriestruktur nach Beschäftigten im Verbandsgebiet
des Siedlungsverbandes Ruhrkohlenbezirk 1950–1970

Ausgewählte Industriegruppen

|  | 1950 | 1958 | 1963 | 1970 |
| --- | --- | --- | --- | --- |
| Steinkohlenbergbau | 418 308 | 468 432 | 329 363 | 191 620 |
| Eisenschaffende Industrie[239] | 114 209 | 183 167 | 187 857 | 169 370 |
| Maschinenbau | 43 954 | 71 345 | 80 224 | 95 445 |
| Fahrzeugbau | 2 615 | 4 519 | 21 520 | 23 234 |
| Stahlbau | 36 769 | 56 066 | 56 949 | 40 339 |
| Stahlverformung |  | 27 555 | 28 097 | 27 064 |
| Eisen-, Blech- u. Metallwarenind. | 32 769 | 30 227 | 27 899 | 27 182 |
| Elektrotechnische Industrie | 17 607 | 33 003 | 41 959 | 52 152 |
| Chemische Industrie | 29 322 | 33 190 | 37 394 | 44 548 |
| Nahrungsmittelindustrie | 20 428 | 32 828 | 34 696 | 33 411 |
| Bekleidungsindustrie | 13 637 | 19 502 | 22 108 | 22 548 |
| (Alle anderen Industriegruppen 1970 unter 20 000 Besch.) |  |  |  |  |
| Industrie insgesamt | 826 341 | 1098 054 | 1006 956 | 862 210 |

Im Zusammenhang mit den gekennzeichneten Entwicklungen haben sich in den letzten Jahrzehnten auch einige *Bevölkerungsverlagerungen* vollzogen, die sich in der Zusammenstellung der Tabelle 4 widerspiegeln.[240]

Die bedeutendsten Zentralorte sind nach wie vor die am Hellweg gelegenen Städte geblieben. Im

Kriege weitgehend zerstört, konnten sie allerdings erst im Laufe der 50er Jahre wieder ihre früheren Einwohnerzahlen erreichen; zugleich aber nutzten sie die Gelegenheit zum Aufbau moderner, großzügig angelegter Verwaltungs- und Einkaufszenten.[241] Bis zum Anfang der 60er Jahre wuchsen sie dann noch um etwa 10–20% über die Zahlen von 1939 hinaus. In den 60er Jahren war jedoch bei einigen von ihnen eine leicht rückläufige Tendenz festzustellen, von der nur Dortmund und Mülheim nicht betroffen sind, die mit ihren tief ins südliche Hügelland vorgreifenden Flächen attraktive Wohngebiete besitzen. Dortmund hat sich in

---

238 Nach Statistik des Siedlungsverbandes Ruhrkohlenbezirk VI 6.10 (Sonderberechnungen des Statistischen Landesamtes Nordrhein-Westfalen auf der Grundlage der Industrieberichte). Es ist dabei jeweils der Durchschnitt der Beschäftigten aus den 12 Monaten angegeben; berücksichtigt wurden nur Betriebe mit 10 und mehr Beschäftigten. Die Zahlen beziehen sich auf die kreisfreien Städte Duisburg, Mülheim, Oberhausen, Essen, Wattenscheid, Gelsenkirchen, Bottrop, Gladbeck, Wanne-Eickel, Herne, Castrop-Rauxel, Recklinghausen, Bochum, Witten, Hagen, Dortmund, Lünen, Hamm und die Landkreise Geldern, Moers, Dinslaken, Recklinghausen, Unna und Ennepe-Ruhr.
239 Zur Eisenschaffenden Industrie gehören Hochofen-, Stahl- und Warmwalzwerke sowie Schmiede-, Preß- und Hammerwerke (letztere machen nur einen geringen Anteil aus).
240 Die Zahlen für 1939 bis 1968 sind dem Statistischen Taschenbuch Nordrhein-Westfalen 1969 entnommen (S. 13–16), die Zahlen für 1970 dem Statistischen Taschenbuch Nordrhein-Westfalen 1971 (S. 19–20).

---

Die Flächen wurden jeweils auf qkm abgerundet; die Bevölkerungszahlen von 1939 bis 1968 beziehen sich auf den Gebietsstand vom 31.12.1968. Infolge von kommunalen Umgemeindungen entspricht der Gebietsstand von 1970 nicht in allen Fällen demjenigen von 1968.
241 So hat sich im Essener Stadtkern (Bereich der mittelalterlichen Stadt) die Geschäftsfläche von 120 000 qm im Jahre 1939 auf 292 000 qm im Jahre 1965 vergrößert, die Fläche der Büros, Banken und Verwaltungen in der gleichen Zeit von 143 000 qm auf 340 000 qm. Die Einwohnerzahl sank in dieser Zeit von 6500 auf 2000 (nach Angaben der Stadt Essen).

## Tabelle 4

### Bevölkerungsentwicklung in den Kreisen und kreisfreien Städten des Ruhrgebiets mit seinen Randzonen von 1939 bis 1970

|  | Fläche 31.12.68 qkm | 17.5.39 | Bevölkerung 13.9.50 | 6.6.61 | 31.12.68 | Bevölk. 31.12.70 1000 | Fläche 31.12.70 qkm |
|---|---|---|---|---|---|---|---|
| *Kreisfreie Städte:* | | | | | | | |
| Essen | 189 | 666,6 | 605,3 | 726,4 | 699,6 | 701,9 | 195 |
| Dortmund | 271 | 542,4 | 507,3 | 641,5 | 645,7 | 651,2 | 271 |
| Duisburg | 143 | 434,6 | 410,8 | 503,0 | 462,3 | 454,9 | 143 |
| Bochum | 121 | 305,5 | 289,8 | 361,4 | 345,3 | 346,8 | 121 |
| Gelsenkirchen | 104 | 317,7 | 315,6 | 382,8 | 352,4 | 345,9 | 104 |
| Oberhausen | 77 | 191,8 | 202,8 | 256,8 | 249,9 | 248,2 | 77 |
| Mülheim a.d.R. | 88 | 137,5 | 149,6 | 185,7 | 189,9 | 192,5 | 88 |
| Recklinghausen | 66 | 86,3 | 104,8 | 130,6 | 125,8 | 125,7 | 66 |
| Bottrop | 42 | 83,4 | 93,3 | 111,5 | 108,7 | 107,5 | 42 |
| Herne | 30 | 94,6 | 111,6 | 113,2 | 102,0 | 100,4 | 30 |
| Wanne-Eickel | 21 | 86,7 | 86,5 | 107,2 | 100,5 | 99,4 | 21 |
| Witten | 47 | 73,5 | 76,3 | 96,5 | 97,2 | 98,5 | 48 |
| Hamm | 45 | 65,5 | 68,2 | 81,6 | 83,8 | 84,1 | 45 |
| Castrop-Rauxel | 44 | 56,6 | 70,0 | 87,9 | 84,0 | 83,2 | 44 |
| Gladbeck | 36 | 58,7 | 71,6 | 84,2 | 82,7 | 83,1 | 36 |
| Wattenscheid | 24 | 61,4 | 67,3 | 79,2 | 80,5 | 80,9 | 24 |
| Lünen | 41 | 47,0 | 62,3 | 73,0 | 72,1 | 72,4 | 41 |
| Krefeld | 113 | 171,0 | 171,9 | 213,1 | 225,7 | 229,8 | 116 |
| Düsseldorf | 158 | 541,4 | 500,5 | 702,6 | 683,3 | 679,9 | 158 |
| Wuppertal | 149 | 401,7 | 363,2 | 420,7 | 412,0 | 415,2 | 151 |
| Solingen | 80 | 140,5 | 147,8 | 169,9 | 174,4 | 177,1 | 80 |
| Remscheid | 65 | 103,9 | 103,3 | 126,9 | 135,2 | 138,6 | 65 |
| Hagen | 88 | 151,8 | 146,4 | 195,5 | 200,3 | 203,1 | 90 |
| Iserlohn | 28 | 39,5 | 47,3 | 55,3 | 57,3 | 57,6 | 28 |
| *Kreise:* | | | | | | | |
| Geldern | 510 | 61,2 | 73,0 | 80,5 | 86,4 | 87,6 | 510 |
| Moers | 564 | 191,5 | 235,5 | 313,7 | 349,2 | 357,2 | 564 |
| Kleve | 501 | 88,2 | 89,2 | 99,2 | 108,8 | 111,1 | 501 |
| Dinslaken | 221 | 65,3 | 79,8 | 118,6 | 138,5 | 142,9 | 221 |
| Rees | 528 | 84,3 | 80,4 | 100,8 | 113,2 | 118,0 | 528 |
| Borken | 632 | 59,5 | 75,8 | 83,5 | 97,8 | 100,2 | 632 |
| Recklinghausen | 715 | 191,6 | 245,7 | 316,5 | 345,5 | 354,7 | 715 |
| Lüdinghausen | 698 | 87,8 | 118,6 | 129,8 | 143,0 | 147,6 | 698 |
| Beckum | 688 | 96,9 | 135,8 | 154,2 | 170,3 | 169,8 | 599 |
| Soest | 532 | 76,0 | 102,0 | 104,4 | 113,9 | 124,5 | 637 |
| Unna | 430 | 134,8 | 179,7 | 214,0 | 224,4 | 229,1 | 425 |
| Iserlohn | 351 | 121,2 | 156,8 | 183,1 | 204,9 | 208,2 | 341 |
| St. Lüdenscheid | 13 | 41,7 | 51,7 | 58,2 | 57,7 | 245,2 | 679 |
| Kr. Altena | 652 | 106,4 | 141,3 | 164,5 | 178,5 | | |
| Ennepe-Ruhr | 413 | 172,8 | 216,9 | 256,1 | 275,3 | 271,7 | 399 |
| Düss.-Mettmann | 434 | 184,9 | 244,9 | 317,8 | 379,9 | 407,5 | 436 |

letzter Zeit immer näher an Essen herangeschoben; und der Unterschied in den Einwohnerzahlen beträgt jetzt nur noch 50 000. Den stärksten Rückgang unter den großen Zentren des Ruhrgebiets verzeichnet Duisburg, das von 1961 bis 1970 etwa 10% seiner Einwohner verloren hat. Nachdem es noch 1913 mit Dortmund etwa gleichauf gelegen hatte, liegt es nun (allerdings bei verändertem Gebietsstand) um 200 000 Einwohner zurück.[242]

Die Städte an der Emscher und im südlichen Teil des alten Vestes Recklinghausen konnten, da sich der Steinkohlenbergbau nach dem Kriege zunächst rasch wieder entwickelte, schon einige Jahre früher ihre alte Einwohnerzahl erreichen und dann bald übertreffen, z.T. um mehr als 30%. Neben Gelsenkirchen und Oberhausen überschritten hier nun auch Recklinghausen, Bottrop, Herne und Wanne-Eickel die Großstadtgrenze. Nach wie vor aber blieben doch alle diese Orte mit ihrer vielfältigen Verzahnung von Industrie-, Bergbau- und Wohnflächen im Schatten der nahe gelegenen Hellweg-Städte, von denen sie im Zentralitätsgrad stets deutlich übertroffen wurden.[243] Mit dem Einsetzen der Kohlenkrise kam es dann im Emscher-Bereich zu einem spürbaren Rückgang der Einwohnerzahlen; und Wanne-Eickel sank bis 1970 wieder unter die Großstadtgrenze hinab.

Gegenüber dem Rückgang in den großen städtischen Zentren des inneren Ruhrreviers haben sich die Einwohnerzahlen in den Randzonen auch in den 60er Jahren fast überall erhöht. In den Stadtkernen gehen Wohnflächen verloren, im Zusammenhang mit der Ausweitung der Einrichtungen und Betriebe des tertiären Erwerbssektors, also der Dienstleistungen im weitesten Sinne, mit der Sanierung überalteter Wohngebiete, oft verbunden mit dem Ausbau leistungsfähiger Verkehrseinrichtungen. Die Menschen weichen in die Randgebiete aus, wo sich zudem eine offenere Siedlungsweise in weniger immissionsbelasteten Bereichen und die Möglichkeit des ruhigen Wohnens im Grünen bietet und von wo aus doch die städtische City relativ leicht erreichbar ist. Auch manche Industriebetriebe finden in den Randzonen, vor allem an den dort inzwischen entstandenen leistungsfähigen Verkehrswegen, bessere und billigere Ansiedlungsmöglichkeiten und ziehen dann wiederum Teile der Bevölkerung mit.

Vor allem in Teilbereichen an der Lippe und in den Kreisen Moers und Dinslaken ist in den letzten Jahrzehnten eine stärkere Entwicklung zu verzeichnen. Schon seit den 20er Jahren konnte hier stellenweise ein stärkeres Wachstum als im Kern des Reviers beobachtet werden, und seit 1939 haben einige Orte im Zusammenhang mit dem Auf- und Ausbau neuer Werkskomplexe ihre Einwohnerzahlen mehr als verdoppelt.[244] Heute legt sich hier ein Kranz von Mittelstädten um den Kernraum des Reviers herum, von denen einige immer noch ein relativ dünn besiedeltes, weithin ländlich geprägtes Umland besitzen.

Im Nordosten und Osten hat sich, vor allem im Zusammenhang mit der am 1.1.1968 wirksam gewordenen Neugliederung des Kreises Unna, eine Gruppe von Mittelstädten entwickelt (Unna 50 000, Bergkamen 44 000, Kamen 41 000[245]). Zu ihnen kommen die kreisfreien Städte Hamm (84 000) und Lünen (72 000), die durch Eingemeindung vergrößert wurden. Weiter im Westen schließen sich im Lippe-Gebiet, jeweils durch dünner besiedelte Landstriche voneinander getrennt, Datteln (35 000), Marl (76 000), Dorsten (39 000) und Wesel (45 000) an. Dinslaken (54 000) und Walsum (49 000) leiten dann zu der dichter gelagerten Gruppe am linken Niederrhein über, die sich aus Rheinkamp (43 000), Kamp-Lintfort (38 000), Moers (51 000), Homberg (35 000) und Rheinhausen (72 000) zusammensetzt.[246]

---

242 In dem als Gemeinschaftsarbeit des Zentralausschusses für deutsche Landeskunde erarbeiteten System der zentralen Orte und zentralörtlichen Bereiche nach dem Stand von 1968, aufgebaut auf der Stellung der Orte im Umland als entscheidendem Kriterium, sind Dortmund und Duisburg aber beide mit demselben Rang eingestuft (Zentraler Ort höh. Stufe = Oberzentrum). Essen wird noch etwas höher eingeordnet (Zentraler Ort höh. Stufe mit Teilfunktion eines Zentralen Ortes höchster Stufe), während Bochum als viertgrößte Stadt der Hellweg-Linie nur als Zentraler Ort mittl. Stufe (Mittelzentrum) mit Teilfunktion eines Zentralen Ortes höh. Stufe und Mülheim, die fünftgrößte Stadt, als Mittelzentrum eingestuft wird. (Vgl. den Bericht zu der Gemeinschaftsarbeit von G. KLUCZKA: Zentrale Orte und zentralörtliche Bereiche mittlerer und höherer Stufe in der Bundesrepublik Deutschland; Forschungen zur deutschen Landeskunde, 194; Bonn-Bade Godesberg, 1970).

243 Unter den Städten an der Emscher ist Gelsenkirchen als Zentraler Ort mittl. Stufe (Mittelzentrum) eingestuft; alle anderen sind nicht voll wirksame Mittelzentren. Recklinghausen wird jedoch wie Bochum der Rang eines Mittelzentrums mit Teilfunktion eines Zentralen Ortes höh. Stufe zugesprochen. Vgl. G. KLUCZKA, a.a.O.

244 Vgl. insbesondere auch die relativ starke Steigerung der Einwohnerzahlen in den Kreisen Moers, Dinslaken, Recklinghausen und Unna zwischen 1961 und 1970 (Tab. 4, S. 105).

245 Abgerundete Einwohnerzahlen nach dem Stand vom 1.1.1970 (Statistisches Taschenbuch Nordrhein-Westfalen 1971, S. 24–25).

246 Von den genannten Städten sind nur Unna, Dorsten,

An der Südflanke des Reviers haben sich im Laufe der letzten Zeit keine grundlegenden Veränderungen vollzogen; das Strukturbild von 1939 ist in allen wesentlichen Zügen erhalten geblieben. Allerdings haben sich Teile des Hügellandes infolge des Rückgangs des Steinkohlenbergbaus wieder in stille, von stärkerem Gewerbeleben unberührte Landstriche zurückverwandelt und gewinnen immer größere Bedeutung als Erholungsgebiete für den Kernraum des Reviers.

Den Übergang vom Revier-Kern mit seinem dichten Gefüge von Großstädten in die stilleren Teile des Südens bilden die Orte an der Ruhr, die zum Teil schon seit den 20er Jahren in die Hellweg-Städte eingemeindet sind, zum Teil aber auch ihre Selbständigkeit bewahrt haben; unter ihnen ragen die kreisfreie Stadt Witten (98 000) und Hattingen (60 000) hervor. Südlich der Ruhr ist das Hügelland nur im Westen von größeren Mittelstädten inselartig durchsetzt (insbesondere Velbert 57 000, Ratingen 43 000). Am Südrand des Hügellandes folgt dann die Kernzone des bergisch-märkischen Raumes, wo außer den beherrschenden Großstädten Wuppertal (415 000) und Hagen (202 000) noch einmal eine dichtgelagerte Gruppe von Mittelstädten konzentriert ist (Schwelm 34 000, Ennepetal 37 000, Gevelsberg 36 000 zwischen Wuppertal und Hagen; östlich Hagen insbesondere kreisfreie Stadt Iserlohn 58 000). Jenseits des östlichen Teils dieser bergisch-märkischen Kernzone beginnt dann das waldreiche Gebiet der Märkischen Hochflächen, in das — schon weit im Süden — inselartig Lüdenscheid (80 000) eingelagert ist.[247]

---

Wesel und Moers als eigentliche Mittelzentren zu werten. Hamm ist wie Bochum und Recklinghausen als Mittelzentrum mit Teilfunktion eines Zentralen Ortes höh. Stufe eingeordnet. Vgl. G. KLUCZKA, a.a.O.

247 Südlich der Hellweg-Linie sind Krefeld, Wuppertal und Hagen als Oberzentren eingeordnet, Düsseldorf (wie Essen und Münster) als Oberzentrum mit Teilfunktion eines Zentralen Ortes höchster Stufe). Weiter nach Süden und Osten stellen Solingen und Remscheid Mittelzentren auf den Bergischen Hochflächen, Lüdenscheid und Altena Mittelzentren im Bereich der Märkischen Hochflächen, Iserlohn und Menden Mittelzentren im Niedersauerland dar. Vgl. G. KLUCZKA, a.a.O.

# C Entwicklung des Erholungsverkehrs und der Landespflege

Mit dem Aufsteigen und Heranwachsen der Verdichtungszentren, wie es am Beispiel des Ruhrgebiets und der südlich angrenzenden Gebiete geschildert wurde, haben sich zugleich in den Randzonen Entwicklungen abgespielt, die deren Ausgleichsfunktion als „Korrelat der Ballung"[248] kennzeichnen. Diese Prozesse, insbesondere soweit sie den Erholungsverkehr und die damit im Zusammenhang stehenden Schutz-, Pflege- und Gestaltungsmaßnahmen betreffen, sollen im Folgenden näher betrachtet werden. Es wird sich zeigen, daß mit der zunehmenden Verdichtung der Kernräume sich auch das Gewicht der Ausgleichsfunktionen der Randzonen verstärkt hat.

Auch den Grenzzonen ist Beachtung zu schenken, in denen der Übergang von den verstädterten Gebieten zu den Räumen mit vorherrschend ländlichem Gepräge erfolgt. Sie entsprechen der von R. KLÖPPER (1956, S. 94) herausgestellten Grenze zwischen der Stadtregion und dem Umland.[249] In diesem Grenzbereich mit seinem starken Dichtegradienten zwischen den Verdichtungsräumen und den außerhalb liegenden dünn besiedelten Zonen vollziehen sich Entwicklungen, die in unserem Zusammenhang besondere Aufmerksamkeit verdienen. Über diese Grenze läuft der relativ stärkste Erholungsverkehr hinweg, da die an die Verdichtungsregionen unmittelbar angrenzenden Partien, sofern sie die erforderliche Erholungseignung besitzen, am meisten von den Ausflüglern aufgesucht werden. Diese Grenzzonen können sich verschieben, wie das gerade im Ruhrgebiet und in seiner Umgebung mehrfach bei der Ausweitung der Ballungsgebiete geschehen ist. Die vorher entstandenen Erscheinungen und Landschaftselemente, die dem Erholungsbedürfnis der Bevölkerung ihre Entstehung verdanken, können dann von der nachfolgenden Entwicklung überrollt werden und ihre frühere Bedeutung verlieren.

---

248 Vgl. S. 1e.
249 Die Stadtregion umfaßt nach R. KLÖPPER die vom Geschäfts- und Verkehrsleben beherrschte Innenstadt, den geschlossenen Stadtkörper (das städtische Kerngebiet) außerhalb der Innenstadt und die städtische Außenzone, in der eine physiognomische und soziale Umwandlung durch die Stadt im Sinne einer Angleichung an die städtischen Verhältnisse (Verstädterung) erfolgt ist. Weiter nach außen folgt das Umland der Stadt, wo „nicht mehr die physiognomisch-strukturellen Angleichungen an die Stadt, sondern nur noch die ökonomisch-kulturellen Beziehungen zur Stadt von Bedeutung" sind. Die Grenze zwischen beiden liegt dort, „wo die unmittelbare, angleichend wirkende Umwandlung des ursprünglich ländlichen Gebietes durch die Stadt in Bild und Struktur ausklingt und wo die Rolle der Stadt als Ergänzungsinstitution im Vordergrund zu stehen beginnt" (1956, S. 94).

# 1 ERHOLUNGSVERKEHR, NATURSCHUTZ UND GRÜNORDNUNG IN IHRER ENTWICKLUNG BIS ZUM 2. WELTKRIEG

## 1.1 Die Entwicklung des Erholungs- und Ausflugsverkehrs bis zum 1. Weltkrieg

Die Entwicklung von „Erholungslandschaften" im heutigen Sinne ist ein Vorgang, der sich im wesentlichen erst in den letzten Jahrzehnten abgespielt hat. Zwar gab es auch vorher schon Kur- und Badeorte und vereinzelte Sommerfrischen, die von den bemittelten Bevölkerungsschichten zur Wiederherstellung der Gesundheit oder auch als Vergnügungsstätten aufgesucht wurden. Zwar wurden auch in Mitteleuropa schon, insbesondere etwa seit dem Ende des 18. Jahrhunderts, einige auffällige Naturerscheinungen, welche die Aufmerksamkeit der Menschen erregten, wie besondere Felsbildungen und Blockmeere in den Mittelgebirgen, wie alte, ehrwürdige Baumgestalten, als Sehenswürdigkeiten aufgesucht[250]; und es erschienen schon um 1800 die ersten Wegweiser und Führer für einige Landschaften, die sich durch derartige Besonderheiten auszeichneten.[251] Aber insgesamt handelte es sich dabei doch um Einzelerscheinungen, die noch keinen prägenden Einfluß auf größere Teilräume erlangen konnten.

Auch im Umkreis des heutigen Ruhrgebiets machten sich vereinzelt solche Erscheinungen schon früh bemerkbar, bezeichnenderweise zuerst in den durch das aufblühende Gewerbeleben und durch eine dichtere Besiedlung gekennzeichneten Teilräumen des bergisch-märkischen Kernraumes und des Alten Reviers im Bereich des unteren Ruhrtals.

Eine relativ bedeutsame Ausflugsstätte stellte schon im 18. Jahrhundert der in der Nähe des damals größten Siedlungszentrums (Barmen-Elberfeld) gelegene *Schwelmer Brunnen* dar. Am Nordostrand der Schwelmer Kalkmulde gelegen, hatte er zunächst als „Gesundbrunnen" größere Bedeutung erlangt, vor allem seit dem Anfang des 18. Jahrhunderts. Der Schwelmer Pfarrer Fr. Chr. MÜLLER berichtet darüber in seiner „Chorographie von Schwelm" aus dem Jahre 1789:

> „Der Brunnen liegt in einer ungemein angenehmen Gegend. Nordwärts verlieren sich die Alleen in einem großen schattigen Walde ... Westwärts hat man die schöne Perspektive, durch das Schwelmerthal in das Wupperthal. Es ist also nicht zu verwundern, wenn fast noch mehrere den Brunnen blos zum Vergnügen besuchen, als der Cur wegen gebrauchen. Die märkische und bergische schöne Welt ist deswegen in der Brunnenzeit meist da versammelt, und bedauert nichts mehr, als daß es noch so sehr an öffentlichen Anstalten zum Vergnügen fehlet. Besonders vermißt sie ein Schauspielhaus, bedeckte Gänge, worunter sich bei regnerischem Wetter spatzieren ließe, einen englischen Garten u. d. gl. Man muß unterdessen den Brunnenwirthen zum Ruhm nachsagen, daß sie aus eigenen Mitteln alles mögliche gethan haben. Sie haben seit einigen Jahren viel gebaut, ihre Häuser zweckmäßig eingerichtet und große Sääle mit Orchestern angelegt. Sie unterhalten Truppen Musikanten, lassen alle Delikatessen der Jahreszeit kommen, und bedienen ihre Gäste aufs angelegentlichste ... Der Sonntag ist, zumal wenn gutes Wetter einfällt, ein rechter Erndtetag für sie. Alsdann kommen ganze Karawanen von Kaufleuten und Fabrikanten, Mann und Weib, zu Roß und zu Fuß aus dem Bergischen, um sich Bewegung und Freude zu machen, und sich schröpfen zu lassen."[252]

Es war hier also schon am Ende des 18. Jahrhunderts ein Ausflugs- und Naherholungsverkehr festzustellen, der vornehmlich von dem damals bedeutendsten Siedlungszentrum unseres Untersuchungsraumes (Barmen-Elberfeld) ausging. Hauptziel war die durch den Brunnenbetrieb entstandene Vergnügungsstätte, mit den Gaststätten, mit Musik und Tanz und dem kleinen angrenzenden, parkartig gestalteten Gelände, der Ort festlicher Geselligkeit! Es ist übrigens bemerkenswert, daß sich dieser regelmäßige Ausflugsverkehr über die damals noch bestehende Territorialgrenze zwischen Berg und Mark hinweg vollzog.

---

250 So besuchte Goethe im Jahre 1784 auf seiner Harzreise gerade die auffälligen Landschaftselemente (Teufelskanzel, Hexenaltar, eine Granitklippe im Okertal, Klause bei Goslar, Teufelsmauer bei Thale u.a.); im Jahre 1790 war er in dem Granit-Blockmeer der Luisenburg bei Wunsiedel im Fichtelgebirge. Vgl. dazu im einzelnen W. SCHOENICHEN (1954).
Es war die Zeit, in der A. VON HUMBOLDT bei der Bearbeitung der Ergebnisse seiner großen Amerika-Reise (1799–1804) als erster den Begriff des „Naturdenkmals" prägte (monument de la nature).

251 Im Jahre 1801 erschien der erste Führer durch das Elbsandsteingebirge, der den Titel trägt: „Wegweiser durch die Sächsische Schweiz, aufgestellt von C. H. NICOLAI, Prediger an der Grenze dieser Schweiz in Lohmen". Vgl. W. SCHOENICHEN (1954).

252 F. C. MÜLLER (1789), neu herausgegeben von W. CRONE 1922, S. 38 ff.

Auch im Umkreis anderer Siedlungszentren unseres Untersuchungsraumes waren es zunächst hauptsächlich Gaststätten und Tanzlokale mit parkartig gestalteter Umgebung, welche die Ausflügler anzogen. Ein Beispiel im Ruhrtal bildet die *Spillenburg* südöstlich von Essen. J. F. CHRIST berichtet darüber im Jahre 1835:

> „Von Steele wanderten wir an der Ruhr entlang nach der Spielenburg. Auch dieser Spaziergang ist sehr angenehm und abwechslungsreich. Links hat man die Ruhr und eine offene Landschaft, rechts felsige Berge mit malerisch gelegenen Häusern und Siedlungen. Schnell erreichten wir die Spielenburg, ein Ausflugsort für die Essener Bürgerschaft. Hier war Musik und Tanz und eine sehr angenehme Gesellschaft."²⁵³

Auch der künstlich und künstlerisch gestaltete Landschaftsgarten spielte in der damaligen Zeit im Rahmen der Bestrebungen zur Landesverbesserung und Landesverschönerung eine große Rolle. Manche vermögenden Grundbesitzer bemühten sich unablässig, Teile der Landschaft durch Umwandlung in einen Landschaftsgarten gewissermaßen zu veredeln.²⁵⁴ Zu ihnen gehörte der Tuchhändler, Bergwerksbesitzer und Schiffsreeder Carl Friedrich Gethmann in Blankenstein, der damals mit Hilfe seines durch das aufblühende Gewerbeleben gewonnenen Vermögens einen Landschaftsgarten besonderer Eigenart hoch über dem Ruhrtal anlegte. Es ist der *Gethmannsche Garten* in der Nähe der Burgfreiheit Blankenstein, der, wenn auch im einzelnen abgewandelt, doch in seiner aus dem ersten Jahrzehnt des 19. Jahrhunderts stammenden Grundkonzeption bis heute erhalten geblieben ist.²⁵⁵ Er überdeckt zwei dicht am Rande des Ruhrtals herausragende Härtlingsrücken (Eggen) mit der dazwischen liegenden Mulde und bietet von verschiedenen Punkten Ausblicke in den umgebenden Raum des abwechslungsreichen, durch die gewerbliche Entwicklung vielfältig gestalteten Hügellandes an der Ruhr. Diese besondere Situation ist bei der Gestaltung des Berggartens in einzigartiger Weise ausgenutzt worden. Innenwirkung und Fernsicht wurden aufeinander abgestimmt. Mehrere Aussichtspunkte, z.T. mit Tempelchen, Grotten und kleinen künstlichen Erdhügeln versehen, luden zum Verweilen und zum Schauen ein; und in einer alten Beschreibung heißt es:

> „Der ganze Berg, von welchem man das Tal am ungestörtesten beherrscht, ist durch sinnige, kunstfertige Hand mit den schönsten Anlagen versehen worden, welche an und für sich an jedem anderen Orte das Herz von Naturfreunden gewinnen würden, aber gerade hier um so größeren Wert haben, da sie in genauer Beziehung zu den von dort zu genießenden Aussichten angelegt sind. Man kann es hier gewahren: der schöne Standpunkt verschönert die reizende Aussicht, so wie umgekehrt die reizende Aussicht den schönen Standpunkt verschönert; das Auge blickt mit um so größerer Freude über die Blumenkronen der Nähe hinaus zu den Häuptern der Gebirge und zu den Kronen der alten Eichen in der Ferne."²⁵⁶

Auch heute stellt der Gethmannsche Garten noch ein beliebtes Ausflugsziel dar. Und neben den alten Azaleen, Rhododendren und Hülsenbäumen ist es immer noch die hervorragende Aussicht auf die Landschaft des umgebenden Ruhrtals, welche die Menschen anlockt. Es ist übrigens bemerkenswert, daß die Gartenanlage von Anfang an für jeden zugänglich war und stark besucht wurde. Der Begründer, Carl Friedrich Gethmann, schrieb 1834 an die Regierung von seinen Gartenanlagen, „daß dieselben allen meinen Mitbürgern und allen Naturfreunden aus der Nähe und Ferne, welche zu Tausenden das Jahr hindurch sich hier einfinden, immerfort zum Mitgenuß offenstehen, und zwar zum freien Mitgenuß, wogegen ich und die Meinigen für die kostbare Unterhaltung jährlich was Ansehnliches verwenden müssen."²⁵⁷

Im Laufe des 19. Jahrhunderts nahmen die *Sonntagsausflüge* allmählich zu. Vor allem wurden die schönsten Partien der Tal- und Flußlandschaften in steigendem Maße aufgesucht. Eingestreute Siedlungen und gewerbliche Anlagen mit ihrem zunächst noch geringen Umfang schreckten die Besucher keineswegs ab, sondern steigerten eher noch die Attraktivität.²⁵⁸ Es war ja dazwischen überall noch genügend freier Raum vorhanden; und die vom wirtschaftenden Menschen eingefügten Elemente gestalteten diese Gebiete nur noch abwechslungsreicher und stellten oft besondere Anziehungspunkte dar, ja gaben manchen Landstrichen ihre besondere Note. Auch das gesellige Leben und die zahlreichen Veranstaltungen kultureller Art spielten in den gewerblich durchsetzten und stärker besiedelten Räumen eine größere Rolle als anderswo und werden in Reiseschilderungen hervorgehoben.²⁵⁹

Auch im Alten Revier, der damals nächst dem bergisch-märkischen Kernraum relativ am dichtesten besiedelten Zone

---

253 J. F. CHRIST: Wandelingen van een Landschapschilder langs de Ruhr en een gedeelte van den Rijn; Gorinchem, 1835. Zitiert in deutscher Übersetzung nach R. FRITZ (1965), S. 128/29.

254 Vgl. BUCHWALD/ENGELHARDT (1968), I, S. 97 ff.

255 Vgl. dazu im einzelnen H. WEFELSCHEID: Gethmanns Garten in Blankenstein; Schwelm, 1955.

256 Zitiert nach H. WEFELSCHEID, a.a.O.

257 Zitiert nach H. WEFELSCHEID, a.a.O.

258 So wird berichtet, daß die erste Dampfmaschine auf der Essener Zeche Sälzer und Neuack, im Jahre 1808 in Betrieb genommen, lange Zeit als Sehenswürdigkeit galt und an Sonntagen viele Menschen anlockte (H. SPETHMANN, I, S. 178).

259 J. GRUNER bemerkte schon 1805 bei der Beschreibung der Stadt Iserlohn: „Wer es weiß, daß hier die Grenze des Fabriklandes ist, und daß mit ihr das gastfreie, trauliche, freudenreiche, sittliche und gesellige Wohlleben aufhört, in dem der Reisende während seines Aufenthaltes in den Bergischen und Märkischen Gebirgsorten schwelgte, und jeden feinen und bessern Sinn befriedigen konnte, wird in dem freundlichen Iserlohn sich gewiß länger gefesselt fühlen, um noch einmal den reinen Freudenbecher zu leeren." (Meine Wallfahrt zur Ruhe und Hoffnung oder Schilderung des sittlichen und bürgerlichen Zustandes Westfalens am Ende des 18. Jahrhunderts; Frankfurt, 1805 – zitiert nach R. FRITZ (1955), S. 8).

des Untersuchungsraumes (vgl. Abb. 15), gab es überall Landschaftsteile, die mit ihren natürlichen Gegebenheiten und ihrer kulturlandschaftlichen Gestaltung von den Reisenden bewundert wurden.

So schrieb einer der damals bedeutendsten Garten- und Landschaftsgestalter, Fürst H. VON PÜCKLER-MUSKAU über eine Bereisung des *unteren Ruhrtals*[260]:

> „Die Gegenden, durch welche mein Weg führte, gehörten einer anmutigen und sanften Natur an, besonders bei Stehlen an der Ruhr, ... Nicht sattsehen konnte ich mich an der saftig frischen Vegetation, den prachtvollen Eich- und Buchenwäldern, die rechts und links die Berge krönen, zuweilen sich über die Straße hinzogen, dann wieder in weite Ferne zurückwichen, ... Jedes Dorf umgibt ein Hain schön belaubter Bäume, und nichts übertrifft die Üppigkeit der Wiesen, durch welche sich die Ruhr in den seltsamsten Krümmungen schlängelt. Ich dachte lachend, daß wenn einem prophezeit würde, an der Ruhr zu sterben, er sich hier niederlassen müsse, um auf eine angenehme Weise diese Prophezeihung zugleich zu erfüllen und zu entkräften."

Hatte schon J. GRUNER im Jahre 1805 bei der Schilderung des unteren Ruhrtales um Werden und Kettwig ganz besonders auf die gewerbliche Tätigkeit hingewiesen und „das lachende Bild eines thätigen Wohlstandes" hervorgehoben[261], so vermerkte der niederländische Landschaftsmaler J. CHRIST, der 1790 bis 1845 in Nijmegen lebte und mehrfach das Land an der Ruhr durchwanderte, in seinem 1835 erschienenen Tagebuch[262] über den Raum von Mülheim:

> „Bei einem guten Glas entdeckten unsere Augen eine Schönheit nach der anderen. Tief unter uns klapperten die Mühlenräder und rauschte die Ruhr, auf dem anderen Ufer lag Mülheim mit seinen freundlichen Häusern, und dahinter erhoben sich die Hügel des Mülheimer und Cellebeckerbruchs. Rechts von uns schlängelte sich die Ruhr wie ein breites Silberband zu Tal. Links war die Aussicht freier: erst einige Fabriken mit ihren hohen Schornsteinen, aus denen schwarze Rauchwolken stiegen, weiter flußabwärts das hübsche Schloß Styrum mit seinen in der Abendsonne blinkenden Zinnen... Glaube nicht, daß die Beschreibungen auf überspanntes Gefühl zurückgehen, o nein, sie sind nur Ergebnisse der uns umgebenden Natur..."

Immer wieder spiegeln sich in diesen Landschaftsschilderungen die Vorstellungen von einer gut gestalteten Landschaft, wie sie in der ersten Hälfte des vorigen Jahrhunderts weithin gültig waren. Die Auffassungen von der „idealen Landschaft" sind ja stark von den kulturellen und ästhetischen Maßstäben der jeweiligen Zeit mit geprägt. „Natur und Landschaft wurden und werden immer gesehen durch einen Filter von Ideen, Wertungen und Stimmungen, und das Landschaftsempfinden ist damit ein getreuer Spiegel der geistigen und seelischen Bedürfnisse einer Zeit." (H. KIEMSTEDT 1967, S. 14).

Es waren die weithin offenen, überschaubaren, vom Menschen umgestalteten, von menschlichen Bauwerken ebenso wie von natürlichen Elementen wie Felsklippen, Gehölzen und Baumgruppen durchsetzten Landschaften, möglichst mit guten Überblicken und weiten Fernsichten, die damals besonders geschätzt wurden. Neben den von Bäumen umgebenen Bauernhäusern und Gehöftgruppen und den verstreuten gewerblichen und technischen Anlagen als Zeichen menschlicher Nähe und Betätigung spielten die geschwungenen Linien der Bergrücken, Hügel und Geländewellen ebenso eine Rolle wie der Wechsel der Bodennutzungsarten und die Gliederung durch kleinere, überschaubare Waldeinheiten. Als besondere Elemente werden der lichte Hain mit seinen individuellen Baumgestalten, der von Einzelbäumen bestandene, blumenreiche Anger, die Quellen, das Wiesental mit der Wassermühle, mit Bach und Teich und Ufergehölzen herausgestellt. Manche dieser Gestaltelemente, die in Literatur, Landschaftsmalerei und Gartenkunst immer wieder auftauchen, waren schon Bestandteile der antiken Ideallandschaft gewesen; und G. HARD hat darauf aufmerksam gemacht, daß sich hier die klassische Bildungstradition und die Idealisierung der antiken Landschaft Arkadiens auswirken.[263] Daran zeigt sich zugleich, daß „hinter den zeitgebundenen Wertungen ganz offenbar Gestaltelemente von allgemeiner Gültigkeit stehen, die schon Bestandteil der antiken Ideallandschaft waren und über literarische Tradition, Landschaftsmalerei und Gartenkunst bis in unsere Zeit lebendig geblieben sind."[264]

Der überschaubaren Landschaft stand bis in die erste Hälfte des 19. Jahrhunderts hinein immer noch der große, geschlossene Wald gegenüber, der dem Menschen in mancher Hinsicht fremd geblieben war. „Im Hain tauchte der Baum als Gestalt auf. Der Baum war seit Urzeiten Freund, aber die geschlossene Phalanx der Bäume, der Wald, war immer noch unbekannt... In über 40 Märchen steht bei den Brüdern Grimm der Wald dem Kultur-

---

260 Fürst H. VON PÜCKLER-MUSKAU; Briefe eines Verstorbenen, 4. Bd. 1826; Stuttgart, 1834. Zitiert nach R. FRITZ (1955), S. 92.
261 J. GRUNER, a.a.O. (vgl. Anm. 259); zitiert nach R. FRITZ (1955), S. 62.
262 J. F. CHRIST, a.a.O.; zitiert in deutscher Übersetzung nach R. FRITZ (1955), S. 119 ff.
263 G. HARD: Arkadien in Deutschland; in: Die Erde, 96 (1), 1965, S. 21–41.
264 H. KIEMSTEDT (1967), S. 15, nach D. HENNEBO und A. HOFFMANN (1962).

raum gegenüber. Und auch im Märchen zeigt sich, daß dort, wo der Pfad im Walde aufhört, die Welt der Menschen zu Ende ist..." (K. KORFSMEIER 1964, S. 7–8). Erst allmählich verliert der Wald um diese Zeit das Finstere, seine Schrecknisse, und es wird seine Schönheit entdeckt.

Die früheren *Wertungen der Landschaftstypen* kommen auch im Raum des Ruhrgebiets in der 1. Hälfte des 19. Jahrhunderts noch deutlich zum Ausdruck.

Besonders charakteristisch sind in dieser Hinsicht die Schilderungen des niederländischen Landschaftsmalers J. F. CHRIST[265], der mit Vorliebe die offenen, abwechslungsreich und vielfältig gestalteten, mit menschlichen Anlagen durchsetzten Landschaften beschreibt. Er schildert entzückt die Tallandschaften an der Ruhr, während er beim Passieren des nördlichen Zipfels des großen Duisburger Waldes von den Räubern berichtet. „von denen es hier früher gewimmelt hat und von denen unser Kutscher uns allerlei Geschichten erzählte." Auch seine Landschaftsbeschreibungen aus der engsten Umgebung von Mülheim sind dafür bezeichnend. Einerseits das freundliche Hügelland mit Bachtälern, Wiesengründen, Wassermühlen, Baumgruppen und menschlichen Ansiedlungen, andrerseits der „dunkle Wald":

> „Die Umgebung von Mülheim ist hüglig, und diese Hügel sind mit reichen Getreidefeldern bedeckt, zwischen denen sich liebliche Tälchen einsenken. Gleich nachdem wir die Stadt verlassen hatten, befanden wir uns in einer sehr reizenden Landschaft. Rechts mit Feldern bedeckte Hügel, links ein saftiger Wiesengrund mit prachtvollen Eichen. Wir kamen dann in den Mülheimer Bruch. Es ist eines jener schon genannten Täler, die hier alle Bruch genannt werden. Rechts liegt eine Wassermühle, Wertsmüller genannt, unter Obstbäumen versteckt. Der Bach, der das Tal durchströmt, und an dem wir spazierengingen, bildet hier einen großen Teich und treibt das Mühlrad... Links ist der Berg mit stattlichen Eichen und Eschen mit malerischen Stämmen. Wir rasteten dort im Schatten. Der Weg schlängelt sich dann im Tal aufwärts, rechts rauscht der Bach über Felsbrocken, er selbst durch überhängende Zweige verdeckt. Links verbergen sich unter hohen Bäumen Bauernhäuser. Aus einem kam ein Bauernmädchen mit zwei gefüllten Eimern den Weg herauf, sie bot uns Wasser zu trinken an, das uns wie Nektar schmeckte.... Ein Abend wie im Paradies!"

> „Gestern haben wir einen Ausflug nach dem Cellebeckerbruch gemacht. Auf dem Weg dahin hatten wir links eine schöne Aussicht auf die Ruhr und die Schlösser Broich und Styrum. Der Cellebeckerbruch hat viel Ähnlichkeit mit dem Mülheimischen, den wir beschrieben haben. Er ist aber noch schöner und noch ausgedehnter. Hier sieht man die größten Eichen, Buchen und Eschen. Am Eingang des Tales ist eine entzückend gelegene Wassermühle, gegenüber auf einer Höhe unter blühenden Linden und Eschen halb versteckt liegt ein stattliches Bauernhaus..."

> „Bachaufwärts wurde das Tal wüst; ein dunkler Wald, von Bächen durchschnitten. Mitten darin liegt der sogenannte Steinbruch. Man war gerade dabei, einige Felsblöcke herabzustürzen, und der Donnerschall erklang aus dem Wald wider..." (S. 121/122).

Im Laufe der Zeit entwickelten sich in der Umgebung der allmählich größer werdenden Städte immer mehr *Konzentrationspunkte des Ausflugsverkehrs;* und hier vollzog sich in räumlich begrenzten Teilgebieten eine erste Einwirkung auf die Landschaft. Es entstanden Gaststätten, die speziell auf die Wünsche der Sonntagsausflügler abgestellt waren. Stellenweise wurden, etwa an ehemaligen Wassermühlen und Hammerwerken, Kahnteiche angelegt und mit parkartigen Anlagen umgeben.

Auf den Höhen entstanden die ersten Aussichtstürme; zu den ältesten gehörten die drei am Nordsaum des Hagener Beckens errichteten Türme, die eine weite Aussicht auf die vom Menschen in langen Zeiträumen genutzte und umgewandelte Landschaft gewähren: der Vincke-Turm (1857) auf der Hohensyburg, der Freiherr vom Stein-Turm (1869) auf dem Kaisberg bei Herdecke und der Harkort-Turm (1884) auf dem Harkortberg bei Wetter. Später entstanden viele Bismarck-Türme oder solche, die nach den deutschen Kaisern benannt wurden.

Vor allem gegen Ende des 19. Jahrhunderts machten sich diese Erscheinungen stärker bemerkbar. Die meisten der damals erbauten Türme und viele der im Stil der Jahrhundertwende errichteten Ausflugslokale mit ihren Türmchen und Erkern sind bis heute erhalten. Wo sich allerdings bei der späteren Ausweitung der Verdichtungsräume eine starke Siedlungsentwicklung im engen Umkreis solcher Ausflugslokale vollzog, verloren diese ihre bisherige Bedeutung und sind z.T. inzwischen wieder verschwunden. Beispiele finden sich im Bereich der Wupper-Ennepe-Mulde, wo sich zunächst dicht am Außenrand der Städte auf den Erholungsverkehr eingerichtete Gaststätten mit Teichen und Parkanlagen entwickelt hatten, die dann aber bei der späteren Ausdehnung der bebauten Flächen ihre Funktion verloren und in das verstädterte Gebiet einbezogen wurden.[266] Auch bei der etappenweise

---

265 Vgl. Anm. 253.

266 So haben z.B. die ehemals bedeutenden Ausflugsgaststätten am Schwelmer Brunnen (vgl. S. 110) ihre Funktion verloren. Das um die Jahrhundertwende weithin bekannte Vergnügungslokal der Schnupftabaksmühle ist inzwischen vollständig verschwunden; an ihrer Stelle befindet sich heute die Schwelmer Kläranlage!
Im Süden von Essen befand sich im Mühlenbachtal bei

erfolgenden Ausweitung des Ruhrreviers nach Norden wurden manche der zunächst an den jeweiligen Grenzsäumen entstandenen Gartenwirtschaften und Ausflugslokale überrollt[267]; vereinzelt weisen heute noch die Gaststätten-Bezeichnungen auf die ehemalige Bedeutung hin.

Um die Jahrhundertwende waren es auch die historischen und nationalen Gedenkstätten und die Zeugnisse alter Baukunst und Kultur, welche die Menschen anzogen. Burgruinen, Wasserburgen und Schlösser, die im Bereich von Ruhr, Emscher und Lippe in relativ großer Anzahl erhalten sind[268], erfreuten sich eines steigenden Besuches, ebenso wie die Abteikirche in Werden, die Altstädte von Kettwig und Hattingen an der Ruhr, die Kaiserpfalz und Stiftskirche von Kaiserswerth am Rhein oder wie die in einer Wupperschleife gelegene Freiheit Beyenburg mit ihrer Klosterkirche.

Dazu kamen die neuen technischen Bauwerke, die als Sehenswürdigkeiten nun ebenfalls vielfach zu Konzentrationspunkten des Ausflugsverkehrs wurden. Zu ihnen gehörten die großen Rheinbrücken, der Ruhrorter Hafen und die 30 m hohen Hebetürme in Ruhrort und Homberg, welche die Eisenbahnwaggons auf das Fährschiff umsetzten. Auch das 1899 eröffnete Schiffshebewerk in Henrichenburg am Dortmund-Ems-Kanal ist zu nennen, die 1894 als erste elektrisch betriebene Zahnradbahn Deutschlands eröffnete Barmer Bergbahn, die durch die „Anlagen" zum Toelleturm hinaufführte, oder die 1892–97 erbaute Müngstener Eisenbahnbrücke zwischen Remscheid und Solingen, die das westliche Wupper-Engtal in 107 m Höhe überspannt.

Im Bereich der Bergischen und Märkischen Hochflächen waren es insbesondere die zur Wasserregulierung für die unterhalb gelegenen Wassertriebwerke, zur Wasserversorgung benachbarter Städte und später teilweise auch zur Sicherung der Wasserversorgung des Industriegebiets erbauten Talsperren, die in zunehmendem Maße die Ausflügler anzogen. Die erste war die 1889–91 entstandene Eschbach-Talsperre bei Remscheid; im märkischen Gebiet entstand 1894–96 als älteste die Heilenbecker Talsperre bei Ennepetal. Es war hier neben dem großartigen technischen Bauwerk vor allem die enge Verbindung von Wald und Wasser, welche die Menschen anzog.

Dazu traten als weitere Zielpunkte einige auffällige Naturerscheinungen, wie die seit langem bekannte Kluterthöhle im Ennepetal oder die 1868 entdeckte Dechenhöhle bei Letmathe mit ihren Tropfsteinbildungen. Auch das Felsenmeer bei Hemer, die Höhlen und die enge Talschlucht der mittleren Hönne erfreuten sich steigender Besucherzahlen.

Im engeren Umkreis der allmählich heranwachsenden Großstädte waren es vor allem die von den Städten oder von eigens zu diesem Zweck gegründeten „Verschönerungsvereinen" entwickelten „Anlagen", Stadtwälder, „Stadtgärten" oder „Volksparke", die den Menschen einen Ausgleich für die im Innern der Städte mehr und mehr zurückgedrängte Natur boten. Dazu kam in Elberfeld bereits 1881 ein Zoologischer Garten; und in der Nähe von Remscheid wurde im Eschbachtal schon 1912 ein Strandbad erbaut.[269]

Immer stärker wurden nun aber allmählich auch die in größerem Abstand von den Städten liegenden naturnahen Landschaften aufgesucht, die nicht oder nur in geringem Maße von menschlichen Bauwerken durchsetzt waren, mit Wald, Busch und Heide, und mit den Kontaktzonen zu den landwirtschaftlich genutzten Flächen. Hier fand man ein Gegengewicht zu dem enger werdenden Leben in den sich entwickelnden Ballungskernen, aus deren Bereich die Natur mehr und mehr verdrängt wurde.

H. KLOSE (1919) hat den Verlust der Naturnähe im Innern des Industriegebiets, wie er sich vor allem in den Jahrzehnten vor dem 1. Weltkrieg vollzog, anschaulich geschildert:

„Zunächst wird zwischen den Anlagen der Industrie noch der Acker bestellt, und die alten Bauernhöfe bilden Ruhepunkte in dem neuen Leben und Treiben und Hasten. Aber der ländliche Bodenanteil verringert

---

Rüttenscheid vor dem 1. Weltkrieg ein bekanntes Ausflugslokal, die Brands-Mühle (mit Kahnteich). Es lag damals an der Grenze zwischen dem städtischen Siedlungsbereich im Norden und dem noch relativ wenig besiedelten Süden (nach mündl. Mitteilung von Herrn Hugo Rieth am 6.3.1969). Heute ist das Ausflugslokal (nach dem Vorgreifen der städtischen Besiedlung nach Süden) verschwunden.

267 Vgl. die von H. KLOSE (1919) erwähnten Gartenwirtschaften am Nordrand des damaligen Reviers – S. 86/87.
268 Vgl. z.B. für das Emschergebiet K. NEUMANN (1968).

269 Eine der ersten Anlagen im Innern des Ruhrgebiets war der Bochumer Stadtpark, der 1875 zunächst mit 12,5 ha Größe angelegt wurde. 1893 und 1903 wurde er auf 30 ha (davon 2,5 ha Wasserfläche) erweitert. Einige der Ruhr-Großstädte kauften auch schon früh größere Waldflächen auf; bis 1919 besaß Essen 212 ha, Dortmund 292 ha; im Süden hatten Witten 100 ha, Hattingen 77,5 ha, Hagen 357 ha, Gevelsberg 140 ha und Iserlohn sogar 1000 ha im Besitz (nach H. KLOSE 1919, S. 50 ff.).

sich um so mehr, als die Werke und damit auch die geschlossenen Ortschaften zunehmen ... In dieser von einem immer engmaschiger werdenden Netz von Eisenbahnen und Straßen, mit Städten und Ortschaften, Schächten, Halden, Fabriken, Arbeiterkolonien bedeckten Gegend mußte die frühere Landschaft mit ihren Naturgebilden und Siedlungsformen notwendigerweise kümmern und untergehen. ... Was von ehemaliger Natur, früherer Ländlichkeit noch übrig war, wirkte unzeitgemäß und stimmte traurig ..."[270]

Und im Zusammenhang damit spricht H. KLOSE nun von dem „Naturbedürfnis" der Industrie-Bevölkerung. „Mehr und mehr wird dieses Bedürfnis zum Naturhunger, eine Reaktion gegen die durch die Wohnweise hervorgerufene Absperrung von der Natur ... Nicht nur der Reiz einer schönen Landschaft ist es, der unnachahmlich bleibt, sondern gleicherweise jedes Stück Natur und um so mehr, je weniger es Eingriffe von Menschenhand aufweist." (S. 66/67). Hier kommt der Wandel gegenüber der Zeit zu Anfang des 19. Jahrhunderts klar zum Ausdruck, etwa wenn man diese Ausführungen mit den Schilderungen von J. F. CHRIST aus dem Jahre 1835 vergleicht.[271] Jetzt wird die vom Menschen möglichst wenig berührte und umgewandelte Landschaft als notwendiger Ausgleich für das Leben im dichtbesiedelten Industriegebiet angesehen!

Die damit gekennzeichnete Wandlung des Naturgefühls, in ihren Anfängen schon im 18. Jahrhundert angelegt, aber erst in der zweiten Hälfte des 19. Jahrhunderts auf breiter Linie durchbrechend, spiegelte sich in der steigenden Bedeutung der *Wanderbewegung* wider. Die Wälder und die Gebirgslandschaften verloren ihre Schrecken, und es bildeten sich immer mehr Wandervereine, die sich der Erschließung der deutschen Gebirgslandschaften widmeten und ihre Reize zu preisen begannen.[272] 1883 wurde der „Verband Deutscher Touristen-Vereine" begründet. Als Verbandsabzeichen wählte man wenige Jahre später einen Tannen-, Buchen- und Eichenzweig, die ein Band mit der Aufschrift „Verband Deutscher Touristen-Vereine" umschloß (W. HOSTERT 1966, S. 9). Dieses Abzeichen sollte „die innige Verbundenheit des deutschen Wanderers mit dem deutschen Wald zeigen, der uns mit seiner unübertroffenen Schönheit und Erhabenheit hinauszieht auf die Berge, um im Schatten seiner prächtigen Bäume Waldesruhe und Waldesduft mit vollen Zügen zu genießen."[273]

Auch durch die um 1900 entstehende *Jugendbewegung* (Gründung des „Wandervogels" im Jahre 1901) erfuhr die Naturverbundenheit, insbesondere auf Wanderfahrten und in Jugendlagern, eine starke und nachhaltige Förderung.[274]

Im Umkreis des Ruhrgebiets war es insbesondere der 1891 durch den Arnsberger Forstrat ERNST EHMSEN gegründete *Sauerländische Gebirgsverein (SGV)*, der sich zum Kristallisationskern der Wanderbewegung entwickelte. Hier spielte der Wald von Anfang an eine beherrschende Rolle. Dem neuen Naturgefühl gab E. EHMSEN in seinen Vorträgen[275] beredten Ausdruck:

„Hinsichtlich der ästhetischen Genüsse und seiner reichen Belehrungen, die der Wald bietet, sagt daher Roßmäuler nicht mit Unrecht, daß der Wald eigentlich Gemeingut sein solle, an welches sich nicht nur Geldinteressen, sondern auch höhere Rücksichten knüpften; ja, daß das Bedürfnis des Menschen und gerade des Kulturmenschen, sollte er anders nicht verkommen, nach dem Umgange mit der unverkümmerten, reichentfalteten Natur, wie sie außer dem Meere nur der Wald bietet, ebenso berechtigte Ansprüche auf Befriedigung besitzt, wie das nach Bau- und Brennholz ..."

Schon in den ersten Jahren griff der Sauerländische Gebirgsverein in den Raum des Ruhrgebiets hinein vor, dessen südöstlicher Teil ja zum Regierungsbezirk Arnsberg gehörte. Zu den 54 bis zur ersten Generalversammlung am 19.7.1891 gegründeten Abteilungen gehörten diejenigen in Bochum, Dortmund, Gelsenkirchen, Hamm, Unna und Witten; auch in Duisburg hatte sich bereits eine Abteilung gebildet.

In seinen ersten Jahren war der SGV, wie die soziologische Zusammensetzung der Mitglieder zeigt, weithin ein Verein der „Honoratioren"; von den 7000 Mitgliedern des Jahres 1895 machten die Gewerbetreibenden etwa die Hälfte, die Beamten ein Viertel aus; die Arbeit wurde weithin von den 350 Lehrern getragen, die dem Verein angehörten. Zwar setzten die Bestrebungen, auch andere Schichten zu erfassen, schon sehr früh ein, doch gelang dies bis zum Ausbruch des 1. Weltkrieges nur in begrenztem Umfange.[276]

Die Gesamt-Mitgliederzahl stieg bis 1914 auf fast 22 000. Die stärksten Abteilungen stellten im Jahre 1912 Hagen mit 1880, Dortmund mit 1838, Essen mit 1050, Barmen-Elberfeld mit 665 und Bochum mit 602 Mitgliedern. Die bevölkerungsreichen Gebiete des aufstrebenden inneren Ruhrgebiets und der bergisch-märkischen Kernräume standen also deutlich an der Spitze. Für diese Bereiche entwickelte sich der gebirgige Süden immer stärker zum wichtigsten Aus-

---

270 H. KLOSE (1919), S. 15/16, 17 u. 8 — Vgl. auch Abschnitt B 2.3, S. 94/94.
271 Vgl. S. 112/113.
272 Vgl. dazu W. HOSTERT (1966), S. 8—9. Der Deutsche Alpenverein wurde 1869 in München, der Badische Schwarzwald-Verein als ältester der deutschen Mittelgebirgsvereine im Jahre 1864 gegründet.

273 Sauerländischer Gebirgsbote 1901.
274 Vgl. BUCHWALDT/ENGELHARDT (1968), S. 103.
275 Nach seinem Tode im Sauerländischen Gebirgsboten 1895—96 abgedruckt.
276 Vgl. im einzelnen W. HOSTERT (1966), S. 20—22.

flugs- und Wandergebiet; und es ist bezeichnend, daß der Sauerländische Gebirgsverein um diese Zeit das gesamte Ruhrgebiet und den südlich angrenzenden bergisch-märkischen Raum, auch die zur Rheinprovinz gehörenden Teile, erobern konnte, was in den Bereichsgrenzen des SGV bis zum heutigen Tage nachwirkt. 1913 wurde zum erstenmal ein Gebirgsfest im Innern des Ruhrgebiets, und zwar in Essen gefeiert; es sollte insbesondere den Menschen des Ruhrgebiets das südliche Gebirgs- und Wanderland vor ihrer Tür nahebringen (W. HOSTERT 1966, S. 20 und S. 32).

Die Jahre vor dem 1. Weltkrieg stellten einen Höhepunkt in der Wanderbewegung dar, und auch das Jugendwandern erlebte einen starken Aufschwung. Der von K. KNEEBUSCH im Jahre 1882 zuerst herausgebrachte „Führer durch das Sauerland" erlebte 1914 bereits seine 12. Auflage, und von 1912 ab war auch das Industriegebiet in die Bearbeitung einbezogen.[277]

Immer stärker lockten nun die dünn besiedelten, waldreichen Teilgebiete in der engeren Umgebung der Städte, der Industrie- und Siedlungszentren die Menschen an; und in manchen der kleineren „Führer" wird die Polarität zwischen den aneinandergrenzenden Teilräumen schon klar herausgearbeitet; wie z.B. in einem Führer durch Hattingen:

„Ihr Tausende nun, die Ihr Euch aus dem Qualm und Dunst der Großstädte und der Großbetriebe in die reine, stille Natur sehnt, kommt und seht die Schönheiten unserer Gegend!"[278]

Welchen Umfang die Sonntagsausflüge um diese Zeit bereits gewonnen hatten und welche *Verkehrsprobleme* sich dabei ergaben, schildert der Gelsenkirchener Arbeitersekretär und Stadtverordnete SPRENGER in einer kleinen Denkschrift vom Frühjahr 1917:

„Besehen wir uns ein Sonntagsbild unseres Hauptbahnhofes. Dicht gedrängt wartet hier die Menschenmenge auf die Züge nach Essen. Diese Strecke ist stark überlastet. Ein jeder ist froh, in einem völlig überfüllten Abteil noch Platz zu finden. So legt man die kleine halbe Stunde Fahrzeit in beängstigendem Gedränge bis Essen zurück. In Essen selbst ist ein Schieben und Drängen des Menschenstroms. Nun hat man die Auswahl, entweder mit der Eisenbahn oder Straßenbahn das Grüne zu erreichen. Werden oder Kettwig (im Ruhrtal) wird vom größten Teil dieser Ausflügler als Ziel gewählt. Die Straßenbahnen sind meistens weit vor dem Bahnhof schon überfüllt, so daß man oft recht lange auf Fahrgelegenheit warten muß. Also nimmt man die Eisenbahn! Aber auch hier dieselbe Überfüllung, da sich zu den Anschlußzügen noch eine große Menschenmasse aus Essen und dessen nächster Umgebung einstellt. Nach etwa einstündiger Fahrt im Ruhr-

tal angekommen, findet man dieses voller Menschen, und alle Ausflugslokale sind überfüllt."[279]

## 1.2 Die Anfänge des Naturschutzes

Mit dem wachsenden Ausflugsverkehr und der zunehmenden Bedeutung einzelner Landschaften für die Erholung der Menschen machten sich allmählich in verstärktem Maße die Bestrebungen bemerkbar, die auf eine Sicherung besonderer Erscheinungen der Natur und auf den Schutz von Teilräumen hervorragender landschaftlicher Schönheit und Eigenart abzielten.

Vereinzelt war es schon im Laufe des 19. Jahrhunderts zu ersten Bemühungen in dieser Richtung gekommen. Abgesehen von Einzelmaßnahmen, die sich auf den Schutz besonders mächtiger Bäume bezogen (zuerst 1847 bzw. 1858 durch die Forstverwaltungen in den Königreichen Sachsen und Hannover) oder auf die Sicherung bemerkenswerter Landschaftselemente (z.B. Schutz der Teufelsmauer bei Thale am Nordrand des Harzes durch den Landrat von Quedlinburg im Jahre 1852)[280], waren in wenigen Fällen auch bereits größere Landschaftsteile vor drohenden Zerstörungsmaßnahmen bewahrt worden. Dazu gehörten wesentliche Teile des Siebengebirges, wo schon 1836 der obere Teil des Drachenfels mit der Burgruine vom preußischen Staat angekauft wurde, um ihn vor den drohenden Abbrucharbeiten einer Steinhauer-Gewerkschaft zu schützen; später wurden 8 qkm von dem 1869 begründeten „Verschönerungsverein für das Siebengebirge" aufgekauft, dessen Ziele „die dauernde Erhaltung der Schönheiten des Siebengebirges und der Schutz gegen seine Zerstörung und Schädigung" waren.[281]

Die Bestrebungen zum Schutze hervorragender Naturdenkmale und Landschaftsteile erlebten kurz vor der Jahrhundertwende einen starken Auftrieb. ERNST RUDORFF war es, der 1888 den Begriff „*Naturschutz*" prägte und in einer Streitschrift 1897 im Zusammenhang mit den „Flurverkoppelungen" auch Hinweise auf die Notwendigkeit einer Landschaftspflege gab.[282] WILHELM WETEKAMP forderte 1898 in einer Rede vor dem preußischen Abgeordnetenhaus die Schaffung „unantastbarer Gebiete"; in einer anschließend verfaßten Denkschrift führte er u.a. aus: „Zunächst handelt es sich darum, Gegenden von hervorragender landschaftlicher Schönheit in ihren ursprünglichen Reizen zu erhalten, schöne Gebirgstäler, prächtige Felsgruppen usw. vor Verunstaltungen oder vor Vernichtung zu schützen... Die Erhaltung solcher Gegenden ist daher nicht nur vom ästhe-

---

277 Vgl. im einzelnen W. HOSTERT (1966), S. 40–42.
278 Zitiert nach H. KLOSE (1919), S. 81.
279 Zitiert nach H. KLOSE (1919), S. 70.
280 Vgl. im einzelnen W. SCHOENICHEN (1954), S. 25–26 und S. 40 ff.
281 Vgl. W. HERZOG: Das Siebengebirge; in: Mitteilungen der Landesstelle für Naturschutz und Landschaftspflege in Nordrhein-Westfalen, Neue Folge 6/7, Mai 1967.
282 Vgl. im einzelnen W. SCHOENICHEN (1954), S. 116 ff.; BUCHWALD/ENGELHARDT (1963), S. 101–102.

tischen Standpunkte aus zu wünschen, sondern sie ist auch als ein dringendes soziales Bedürfnis anzuerkennen."[283]

Die vielfältigen Bestrebungen auf diesem Gebiete, die von der Gesellschaft deutscher Naturforscher und Ärzte und namentlich auch von verschiedenen Geographischen Gesellschaften unterstützt wurden, führten bald zu Teilerfolgen. 1906 wurde die *„Staatliche Stelle für Naturdenkmalpflege in Preußen"* geschaffen; ihr erster Leiter wurde HUGO CONWENTZ. Es folgte die Bildung von „Provinzialkomitees" und „Bezirkskomitees".

Zu den ersten Gründungen gehörte in unserem Untersuchungsraum das im Jahre 1910 ins Leben gerufene *„Bergische Komitee für Naturdenkmalpflege"*, dessen Arbeitsgebiet etwa von Rhein, Ruhr, Lenne und Sieg begrenzt wurde. In seinem Arbeitsplan heißt es: „Unter völliger Wahrung aller berechtigten wirtschaftlichen Ansprüche wollen wir für die Ermittelung und den Schutz der in unserem Arbeitsgebiete vorhandenen Naturdenkmäler eintreten, wie schöner ursprünglicher Landschaftsteile, seltener Pflanzen- und Tiergemeinschaften, sowie einzelner Arten auf dem Lande sowohl wie im Wasser, hervorragender, eigenartiger und alter Bäume, natürlicher Quellen und Wasserläufe, bemerkenswerter Gesteinsbildungen und Bodengestaltungen, einzelner Tiere und Pflanzen."[284]

Auch hier begann die praktische Tätigkeit mit der Erfassung auffälliger „Naturdenkmale", Einzelschöpfungen der Natur von überragender Bedeutung. Insbesondere stellte man zunächst Listen der bemerkenswerten Bäume auf, die bei ausgedehnten Fahrten und Wanderungen von den Mitgliedern des Komitees aufgesucht, gemessen und genau verzeichnet wurden. Die Listen wurden 1918 von H. FOERSTER veröffentlicht.[285]

Aber es kam auch in der Umgebung des Ruhrgebiets schon um diese Zeit vereinzelt zu hartnäckigen Auseinandersetzungen um die Erhaltung besonders charakteristischer Landschaftsformen. Das bekannteste Beispiel bilden die Bemühungen um die Sicherung der engen Kalkschlucht des *Hönnetals* bei Klusenstein, die durch die Kalkindustrie gefährdet war. Noch heute erinnert eine Gedenktafel am „Uhufelsen" unterhalb von Klusenstein an die Rettung dieser eindrucksvollen Talschlucht mit ihren steil ansteigenden Kalkwänden und den sehr naturnahen Buchen- und Schluchtwaldgesellschaften.[286] Nach langen Bemühungen und Verhandlungen, an denen vor allem die Landräte der beiden angrenzenden Landkreise Arnsberg und Iserlohn beteiligt waren, konnten durch Beschaffung abbauwürdiger Ersatzflächen und durch Aufbringung der dafür erforderlichen Mittel die Felswände bei Klusenstein vor dem Abbau bewahrt und der engste Teil des Tales in seiner landschaftlichen Eigenart durch grundbuchliche Eintragung im Jahre 1920 gesichert werden.

## 1.3 Die Anfänge der Regional- und Erholungsplanung

Es ist nun sehr bezeichnend, daß für das Ruhrgebiet, den inzwischen emporgestiegenen größten deutschen Wirtschafts- und Verdichtungsraum, und für seine engere Umgebung schon recht früh Gedanken entwickelt und Forderungen erhoben wurden, die weit über die geschilderten frühen Einzelmaßnahmen des Naturschutzes hinausgingen. Über die Einzelobjekte, Naturdenkmale, „Landschaftsteile" und „Landschaftsbestandteile"[287] hinaus kam hier der ganze Raum in das Blickfeld; und es wurden zum ersten Mal großräumige Pläne entwickelt, die sich auf den Gesamtbereich der Siedlungsagglomeration des Ruhrgebiets und seiner Randzonen bezogen.

So setzte sich schon kurz nach der Jahrhundertwende der Architekt K. E. OSTHAUS, der Begründer des Folkwang-Museums (zunächst in Hagen, später nach Essen verlegt), für eine „baukünstlerische Umgestaltung des rheinisch-westfälischen Industriegebiets" ein. „In Vorträgen und Aufsätzen forderte er Trennung von Arbeits-, Wohn- und Erholungsstätten und Anlage von Parks und Grünflächen."[288] 1911 forderte E. STREHLOW, „dem Industriegebiet die Verbindung mit der Natur zu geben, das Öde und Kahle desselben wenigstens durch einige parkähnliche Streifen zu unterbrechen und seiner Bevölkerung die noch vorhandenen Waldflächen ... zugänglich zu machen."[289]

---

283 Vgl. im einzelnen W. SCHOENICHEN (1954), S. 108.
284 H. FOERSTER: Bäume in Berg und Mark; Berlin, 1918; S. VIII/IX.
285 H. FOERSTER: Bäume in Berg und Mark sowie einigen angrenzenden Landesteilen im Arbeitsgebiet des Bergischen Komitees für Naturdenkmalpflege; Berlin, 1918.
286 Vgl. dazu insbesondere BUDDE/BROCKHAUS (1954), S. 114 ff.

287 Die Bezeichnungen „Landschaftsteile" und „Landschaftsbestandteile" tauchen in der späteren Naturschutz-Gesetzgebung auf.
288 H. HESSE-FRIELINGHAUS: Karl Ernst Osthaus. In: Westfälische Lebensbilder; Band IX; Münster, 1962; S. 145–162; insbes. S. 158.
Es klingen hier Gedanken nach, die schon hundert Jahre vorher von dem Architekten G. VORHERR, dem Begründer der Lehre von der Landesverschönerung, vorgetragen worden waren und die in der Forderung gipfelten, „das ganze Land durch Hebung und Förderung des Ackerbaues, der Gartenkunst und der Baukunst planmäßig zu verschönern." (G. VORHERR: Über Verschönerung Deutschlands. Ein Fingerzeig. In: Allgemeiner Anzeiger der Deutschen; 1808. Zitiert nach W. PFLUG: Landespflege durch den Siedlungsverband Ruhrkohlenbezirk; in: Siedlungsverband Ruhrkohlenbezirk 1920–1970; Schriftenreihe Siedlungsverband Ruhrkohlenbezirk, Heft 29; Essen, 1970; S. 77–113; insbes. S. 77).
289 F. STREHLOW: Die Boden- und Wohnungsfrage des Rheinisch-Westfälischen Industriebezirks; Essen, 1911; S. 121. Zitiert nach W. PFLUG, a.a.O., S. 82.

Auf einer Städtebauausstellung in Düsseldorf 1910 wurde die seit einigen Jahren diskutierte Frage der Erhaltung und Sicherung von *Grünflächen im Industriegebiet* aufgegriffen. Auf Einladung des Düsseldorfer Regierungspräsidenten Dr. Kruse trafen sich Vertreter aus Barmen, Duisburg, Düsseldorf, Dinslaken, Elberfeld, Essen, Mülheim, Oberhausen und Vohwinkel zu einer vertraulichen Besprechung am 29. November 1910, um die Frage eines „Nationalparks" für den rheinisch-westfälischen Industriebezirk zu erörtern. „Der Begriff Nationalpark wurde dabei dahingehend festgelegt, daß kein abseits liegender Park gemeint sei, sondern ein Wiesen- und Waldgürtel, von allen beteiligten Gemeinden leicht erreichbar, der den Bezirk in möglichst zusammenhängenden Zügen durchzieht. Gleichzeitig wurde betont, daß diese Absicht untrennbar verknüpft sei mit der Festlegung der Hauptverkehrswege zu den Grünflächen."[290]

Im Auftrage eines Arbeitsausschusses legte dann der Essener Beigeordnete R. SCHMIDT im Jahre 1912 eine „Denkschrift betreffend Grundsätze zur Aufstellung eines General-Siedelungsplanes für den Regierungsbezirk Düsseldorf (rechtsrheinisch)" vor. R. SCHMIDT weitete darin den Untersuchungsraum auf den westfälischen Teil des Ruhrgebiets aus. Außerdem ging er über die inhaltliche Zielsetzung seines Auftrages hinaus. Er entwickelte erstmalig die Idee einer *umfassenden Planung,* ausgehend von der Erkenntnis, daß eine Sicherung der Grünflächen nur in Verbindung mit einer Ordnung der Bebauung und der Verkehrswege möglich ist.[291]:

> „Der General-Siedelungsplan stellt einen Organismus dar, dessen einzelne Teile in Wechselbeziehung zueinander alle Bedürfnisse der modernen Massenansiedelung erfüllen müssen. Er soll geben die Lösung der Wohnungsfrage verbunden mit den Erholungsstätten in der erquickenden Natur; die Großarbeitsstätten getrennt von den Wohnstätten, so daß sie sich wechselseitig nicht ungünstig beeinflussen; außerdem muß durch ihn die Regelung der Verkehrsfragen jeder Art erfolgen mit dem Endzweck, ein in allen Teilen und Formen den Bedürfnissen voll entsprechendes Kunstwerk zu formen, dessen Aufbau ohne Zerstörungen, ohne Irrwege stetig fortschreitend möglich ist."[292]

Immerhin bleibt festzuhalten, daß die Frage der Sicherung der Grünflächen der entscheidende Ausgangspunkt für die Denkschrift gewesen ist. Und ihre einzelnen Teile enthalten dazu viele Detail-Vorschläge: Erhaltung der Bachtäler und Siepen (S. 96), Schaffung von Grünzügen entlang der Ufer (S. 69), Gestaltung und Bepflanzung der Bahndämme (S. 96), Ausbau der Erholungsräume (S. 71), Durchgrünung der Baugebiete und Bepflanzung der Straßen (S. 65, 96).[293] Hier wurden also Maßnahmen erörtert, die schon in den Bereich einer Landschaftspflege und einer Grünordnung im modernen Sinne gehören.[294] – Der erste Weltkrieg hat die weiteren Vorarbeiten zunächst unterbrochen; doch blieb der Plan im Gespräch.

Im Jahre 1919, also unmittelbar nach Beendigung des Weltkriegs, wurden dann von H. KLOSE in einer grundlegenden Schrift auch die Randzonen des Ruhrreviers in das Blickfeld der Öffentlichkeit gerückt, und zwar unter dem besonderen Gesichtspunkt ihrer Eignung als Erholungsgebiete, speziell als Zielräume für die Sonntags-Ausflüge der Ruhr-Bevölkerung. H. KLOSE erhob in diesem Zusammenhang bemerkenswerte Forderungen im Hinblick auf eine *Erholungsplanung* und auf einen Schutz der in Frage kommenden Bereiche für die Belange der erholungsuchenden Menschen aus dem Industriegebiet.

Es ist dabei zunächst überraschend, wie gering in dieser Hinsicht damals noch der Wert der Landschaften am Nordrand des Ruhrgebiets eingeschätzt wurde. Von der Haard wird festgestellt, daß sie „durch die Bergwerke nicht unerheblich bedroht und schon jetzt in großem Umfange Eigentum der Industriegesellschaften" sei. „Was das für die dortigen Kiefernbestände in wenigen Jahren bedeuten wird, läßt sich unschwer sagen. Sicher ist, daß die Haard als Waldgebiet nicht erhalten bleiben wird." „Hinzukommt, daß die Bergwerksgesellschaften in der Heide große Ankäufe von jeweils Hunderten von Morgen Sandbergen ausgeführt haben, um sich die für den Bergeversatz begehrten Sandmengen zu sichern." Für die Zeit nach dem Kriege wird sogar schon „die baldige Industrialisierung und damit die entsprechende Vernichtung der Heidegebiete" auch in den Borkenbergen und in der Hohen Mark erwartet (S. 72). Man hatte eben

---

290 Vgl. W. PFLUG, a.a.O., S. 82. Vgl. ferner H. KLOSE (1919), S. 88/89.
291 Vgl. R. SCHNUR: Entwicklung der Rechtsgrundlagen und der Organisation des SVR. In: Siedlungsverband Ruhrkohlenbezirk 1920–1970; Schriftenreihe Siedlungsverband Ruhrkohlenbezirk, Heft 29; Essen, 1970; S. 9–32, insbes. S. 11.
Vgl. ferner S. FRORIEP: Gemeinschaftsarbeit im Siedlungsverband Ruhrkohlenbezirk; in derselben Schrift, S. 115–136, insbes. S. 117.

292 Der Siedlungsverband Ruhrkohlenbezirk – die ordnende Hand im Ruhrgebiet. Herausgegeben vom Siedlungsverband Ruhrkohlenbezirk in Essen, o.J. (um 1955).
293 Nach W. PFLUG, a.a.O., S. 83.
294 Vgl. die vom Forschungsausschuß Raum und Landespflege der Akademie für Raumforschung und Landesplanung erarbeiteten Definitionen (Anm. 346).

damals noch das rasche Vorrücken des Bergbaus in der Zeit vor dem 1. Weltkrieg in frischer Erinnerung und erwartete für die Nachkriegsjahre ein weiteres zügiges Fortschreiten nach Norden. Diese Erwartungen, die sich dann doch als falsch erweisen sollten, haben zweifellos wesentlich dazu beigetragen, die nördlichen Randlandschaften in ihrer Funktion als künftige Erholungsräume für das Ruhrgebiet nicht allzu hoch zu veranschlagen. Außerdem weist H. KLOSE aber auch darauf hin, daß „Aussichtstürme, Burgruinen, Wasserfälle und Tropfsteinhöhlen, die Anreiz zum Bau von Wirtshäusern und Sommerfrischen geben könnten, fehlen." „Noch ist die Heide kein Ausflugsziel für die Masse ... Sie war von jeher ein sprödes Stück Natur, und das wird sie auch bleiben. Rüstige Wanderer und Naturfreunde aber, die zu zweien und dreien gleichgestimmt diese Gebiete durchqueren, freuen sich ihrer Einsamkeit." Das Gesamtergebnis eines Vergleichs mit den südlichen Randlandschaften ist für H. KLOSE eindeutig: „Stellen wir die Heidelandschaften im Norden und Süden der Lippe dem Sauerland gegenüber, um beider Wert für den westfälischen Industriebezirk zu vergleichen, so ist die Entscheidung nicht zweifelhaft ... Das Sauerland ist ... den Heidegebieten bei weitem überlegen." (S. 73/74).

Von großer Bedeutung ist es nun, daß H. KLOSE mit Nachdruck einen „*Naturschutz für die Erholungsbezirke des Industriegebietes*", und zwar hauptsächlich für die benachbarten Teile des südlichen Gebirgslandes, fordert. Hier kommen die neuen Ideen, die aus der besonderen Situation des Industriegebiets erwachsen, weit über die damals sonst üblichen Verlautbarungen aus Kreisen des Naturschutzes hinausgehen, besonders klar zum Ausdruck. Ganz eindeutig tritt hier die Forderung nach einem *Schutz der Natur für die Belange des Menschen*, und zwar speziell des erholungsuchenden Menschen aus dem Industriegebiet, hervor.

„Die Hauptaufgabe ist ... eine doppelte: Erstlich sind von den in sozialer Hinsicht bedeutsamen Grünflächen diejenigen Veränderungen fern zu halten, die deren Natur und Eigenschaft als Erholungsgelände beeinträchtigen würden ... Zum andern ist die Natur pfleglich zu behandeln ... Es mag dahingestellt bleiben, ob die Möglichkeit vorhanden ist, einzelne kleinere, urwüchsigere Teile innerhalb der geschützten Flächen als „Naturschutzgebiete im engeren Sinne" auszusondern und sie ihrer natürlichen Entwickelung zu überlassen ... Die Erholungsbezirke in ihrer Gesamtheit würden demgegenüber „Naturschutzgebiete im weiteren Sinne" sein." (S. 76/77). Die in Frage kommenden Bereiche sollen „die heimatliche Natur unter dem hauptsächlichen Gesichtspunkten der Erholungsmöglichkeit bewahren." (S. 78).

H. KLOSE schließt seine Ausführungen, welche die weitere Entwicklung des Naturschutzes und zugleich die Maßnahmen zur Sicherung von Grünflächen im Bereich der Verdichtungsräume stark beeinflußt haben, mit den Sätzen:

„Für das Endergebnis dieser neuen Entwickelung wird unendlich viel davon abhängen, wie man das Antlitz der Heimat weiterhin gestaltet. Sie wird zwei verschiedene Seiten zeigen müssen, die sich wie Alltag und Sonntag zueinander verhalten. Das eigentliche Industrieland bildet die eine Seite; es trägt das Arbeitskleid. Die Natur ist bis auf kärgliche Reste verschwunden, aber gute, anheimelnde Wohnungen, ausreichende Grünflächen, Spielplätze und Laubenkolonien sorgen dafür, daß die jenem Verluste entspringenden Härten und Schäden, so weit noch irgend möglich, gemildert werden. Vor den Toren des Industrielandes aber, mit diesem durch Grünstreifen und eine Fülle von Anschlüssen verbunden, liegt ein anderes Land, das Feiertagsgewand trägt und nicht auf Schritt und Tritt die Spuren des Menschen und seiner Werke zeigt. Im engeren und weiteren ist diese Landschaft voll bezwingender Schönheiten. Von hohen Bergen und Klippen streift der Blick in sonnige Weiten, helle Wasserbäche rauschen in grünen Tälern, und stille Wanderwege führen durch Felder, Heiden und Wälder zur Harmonie mit der Natur. Beide Seiten zusammen, das sei die Heimat." (S. 114/15).

H. KLOSE griff in seiner Abhandlung auch die vor dem Kriege erörterten planerischen Fragen (vgl. S. 118) wieder auf. Er forderte, „die Grenzen des Einflußgebiets nicht zu eng zu ziehen, sondern auch die den Industriebereichen benachbarten Bezirke, die als Erholungsgelände jener Reviere gekennzeichnet wurden, auf irgend eine Weise einzuschließen ... Grundsatz bleibt, daß keinerlei Siedlung die Erholungsflächen beeinträchtigen darf. Aus diesem Grunde ist die Ausdehnung des Generalbebauungsplanes auch für die angrenzenden Bezirke des Sauerlandes erforderlich. Der Plan muß hier beiden Bedürfnissen, dem der Siedlung und besonders dem der Erholungsmöglichkeit, Rechnung tragen." (S. 98/99).

Kurz nach dem Weltkrieg kam es dann auch rasch zur Bildung eines besonderen Verbandes, der auf den Konzeptionen von R. SCHMIDT aufbaute. Äußerer Anlaß war die durch die Kriegsfolgen bedingte Absicht, noch weitere 150 000 Bergleute im Ruhrrevier anzusiedeln. Zum Zwecke der Lenkung dieser Ansiedlung wurde im Oktober 1919 von dem damaligen Essener Oberbürgermeister H. LUTHER eine Versammlung der beteiligten Kommunen und Industrien des Ruhrgebiets einberufen. Von ihr wurde ein Ausschuß eingesetzt, der unter maßgeblicher Beteiligung von R. SCHMIDT einen Gesetzentwurf für einen besonderen Verband ausarbeiten sollte. Nach Vorlage des Entwurfs berief die preußische Staatsregierung zum 20. März 1920 eine Versammlung der Beteiligten ein, auf der die Vertreter der Kommunen dem Gesetzentwurf zustimmten; dieser wurde dann von der preußischen Landesversammlung am 5. Mai 1920 einstimmig verabschiedet.[295]

Der auf diese Weise entstandene *Siedlungsverband Ruhrkohlenbezirk* stellte eine öffentlich-rechtliche Körperschaft dar, die auf Grund der Verbandsordnung regionale Befugnisse in bestimmten Aufgabenbereichen erhielt. Organe des Verbandes sind

---

295 Vgl. dazu im einzelnen R. SCHNUR, a.a.O., S. 11.

die Verbandsversammlung, der Verbandsausschuß und der Verbandsdirektor als leitender Beamter; erster Verbandsdirektor wurde der Verfasser der grundlegenden Denkschrift, R. SCHMIDT. Mit dem Verbandspräsidenten wurde zugleich eine neue staatliche Aufsichtsbehörde, ebenfalls mit dem Sitz in Essen, geschaffen.[296] Ihre Aufgaben gingen nach dem 2. Weltkrieg auf den Minister für Wiederaufbau des Landes Nordrhein-Westfalen über, der in Essen eine Außenstelle einrichtete (später Landesbaubehörde Ruhr). Diese staatliche Behörde wurde auf Grund des nordrhein-westfälischen Landesplanungsgesetzes vom 11. März 1950 und auf Grund der dazu ergangenen Durchführungs-Verordnung vom 28. Juni 1950 zur nachgeordneten Behörde der Landesplanung und der Siedlungsverband zur Landesplanungsgemeinschaft für das Verbandsgebiet bestimmt. Auch nach der Verabschiedung des neuen Landesplanungsgesetzes vom 7. Mai 1962 blieb diese Regelung erhalten.[297]

Bei der Gründung des Siedlungsverbandes im Jahre 1920 umfaßte das Verbandsgebiet zunächst rund 3690 qkm mit 3,58 Millionen Einwohnern.[298] Der 1919 erhobenen Forderung von H. KLOSE, auch angrenzende Erholungsgebiete einzubeziehen, wurde zunächst nur teilweise Rechnung getragen. Durch das preußische Gesetz über die kommunale Neugliederung des rheinisch-westfälischen Industriegebiets vom 29. Juli 1929 wurde das Verbandsgebiet auf 4591 qkm mit 4,20 Millionen Einwohnern erweitert.[299] Dadurch wurden nun auch einige weitere, für das Ruhrgebiet wesentliche Erholungsflächen einbezogen. Seit 1929 umfaßt das Gebiet des Siedlungsverbandes 18 kreisfreie Städte, 6 Kreise und Teile von 3 weiteren Kreisen.

1.4 Die Entwicklung bis zum 2. Weltkrieg

Besondere Bedeutung gewann der Siedlungsverband Ruhrkohlenbezirk in dem hier betrachteten Zusammenhang durch seine Befugnisse auf dem Gebiete der Sicherung des Grünflächen-Bestandes.

Der § 1 Abs. 1 Nr. 3 der Verbandsordnung übertrug ihm „die Sicherung und Schaffung größerer von der Bebauung freizuhaltender Flächen (Wälder, Heide-, Wasser- und ähnlicher Erholungsflächen)"; und § 1 Abs. 2 bestimmte: „Bei der Durchführung der Aufgaben des Verbandes sind die Interessen der Denkmalpflege und des Heimatschutzes möglichst zu berücksichtigen." Nach § 16 Abs. 1 Nr. 3 kann der Verband seine Zuständigkeiten für „Gründgebiete" von übergemeindlicher Bedeutung durch Aufnahme der Flächen in ein Verzeichnis (Verbandsverzeichnis) begründen; zu ihm gehört als planmäßige Darstellung der *Verbandsgrünflächenplan*.

Verzeichnis und Verbandsgrünflächenplan sind alle drei Jahre nach Anhörung der beteiligten Gemeinden vom Verbandausschuß neu aufzustellen. Wie es in der Begründung zum Gesetz heißt, wurde der Ausdruck „Grüngebiet" gewählt, um auch die für Teile des Verbandsgebiets charakteristischen „Siepen" – Nebentälchen und Erosionsrisse, oft mit bedeutsamen Baum- und Gehölzbeständen, deren Erhaltung auch aus Gründen des Heimatschutzes angestrebt wurde – erfassen zu können.[300] Im übrigen spielte bei den ausgewiesenen Grüngebieten von Anfang an außer der Sicherung ihrer Erholungsfunktion auch ihre Bedeutung für die Ordnung der Besiedlung eine maßgebliche Rolle. Sobald eine Fläche in den Verbandsgrünflächenplan aufgenommen ist, bedarf die betreffende Gemeinde, wenn sie für diese Grünfläche eine ihrer Funktion zuwiderlaufende Planungsabsicht hat, dazu der Zustimmung des Siedlungsverbandes.

Grünflächenverzeichnis und Grünflächenplan wurden 1923 erstmalig beschlossen. Schon damals waren Flächen mit einer Gesamtgröße von 1413,1 qkm (= 36,8% des seinerzeitigen Verbandsgebietes)[301] erfaßt, darunter so gut wie alle Waldflächen und die charakteristischen Siepen, aber auch viele Niederungs- und Auenlandschaften, z.B. der größte Teil der Kendel-Niederungen im Moerser Donkenland. Im Laufe der Zeit wurden die Verbandsgrünflächen noch stark ausgeweitet; 1961 umfaßten sie 2456,5 qkm (= 53,7% des Verbandsgebietes).[302]

Eine wesentliche Ergänzung bildete das preußische *„Gesetz zur Erhaltung des Baumbestandes und Erhaltung und Freigabe von Uferwegen im Interesse der Volksgesundheit"* vom 29. Juli 1922, das ursprünglich auf eine Initiative des Siedlungsverbandes Ruhrkohlenbezirk zurückging.[303] § 1 dieses Gesetzes enthält u.a. folgende Bestimmungen:

„(1) Der Provinzialausschuß (in Berlin der Magistrat, im Bezirk des Siedlungsverbandes Ruhrkohlenbezirk der Verbandsausschuß) bestimmt nach Anhörung der amtlichen Vertretungen von Industrie und Landwirtschaft und der Gemeinden und Kreise, welche Baumbestände und Grünflächen in Großstädten oder in der Nähe von Großstädten, in der Nähe von Bade- oder Kurorten oder in Industriegebieten aus Rücksicht auf die Volksgesundheit oder als Erholungsstätten der Bevölkerung zu erhalten sind, und welche Uferwege an

---

296 R. SCHNUR, a.a.O., S. 13–15.
297 Vgl. im einzelnen R. SCHNUR, a.a.O., S. 23 ff.
298 R. SCHNUR, a.a.O., S. 12.
299 R. SCHNUR, a.a.O., S. 12 und 18.

300 W. VON BORCKE (1964), S. 203.
301 H. WOLLENWEBER: Aufgabe und Tätigkeit des Siedlungsverbandes Ruhrkohlenbezirk; Diss. Bonn, 1927, S. 34.
302 W. VON BORCKE (1964), S. 205; nach Unterlagen des SVR.
303 W. PFLUG: Landespflege durch den Siedlungsverband Ruhrkohlenbezirk. In: Siedlungsverband Ruhrkohlenbezirk 1920–1970; Essen, 1970; S. 77–113; insbes. S. 85.

Seen und Wasserläufen neben den bestehenden öffentlichen Wegen dem Fußgängerverkehr zwecks Förderung des Wanderns dienen sollen.

(. . . .)

(3) Die Baumbestände, Grünflächen und Uferwege sind in ein Verzeichnis aufzunehmen. Im Bezirke des Siedlungsverbandes Ruhrkohlenbezirk bedarf es einer Aufnahme der Baumbestände in das Verzeichnis nicht, wenn die betreffenden Flächen bereits in das gem. § 16 Ziff. 3 des Gesetzes, betreffend Verbandsordnung für den Siedlungsverband Ruhrkohlenbezirk, vom 5. Mai 1920 aufgestellte Verzeichnis aufgenommen sind oder aufgenommen werden."

Wichtig war die Bestimmung des § 3, wonach die Genehmigung zur Veränderung eines geschützten Baumbestandes an besondere Bedingungen, insbesondere an die Bedingung der Wiederaufforstung abgeholzter Flächen, geknüpft werden konnte. Diesem Gesetz ist es zu einem erheblichen Teil zu verdanken, daß im Bereich des Ruhrgebiets und seiner engeren Umgebung schon in den 20er Jahren ein wirksamer Schutz der Waldflächen erfolgen konnte.

Bemerkenswert ist insbesondere auch, was in der Begründung des Gesetzes über die Freihaltung der Ufer gesagt wird: „Die Flußufer dienen ebenso wie die Wälder der Bevölkerung zur Erholung und Erfrischung. Ihr ungestörter Zugang fördert das Wandern, das ebenso wie jeder Sport der Stärkung der Volksgesundheit dient. Die Möglichkeit des Wanderns der städtischen Bevölkerung an den heimatlichen Seen und Wasserläufen zu schaffen, gehört im weiteren Sinne zu einer gesunden Siedlungspolitik. In denjenigen Vereinigungen, die sich mit Jugendwandern und Heimatpflege befassen, werden denn auch stets beide Forderungen, Walderhaltung und Verbot der Absperrung der Ufer, gleichzeitig erhoben. Die Erfüllung beider Forderungen in einem Gesetze lag, wenn auch ein einheitliches Verfahren für ihre Durchführung nicht vorgesehen ist, daher nahe. Gegenwärtig, wo das Reisen ins Gebirge oder an die See stark verteuert ist und dadurch für viele unmöglich gemacht wird, hat der Großstädter um so mehr Anspruch auf die Naturschönheiten seiner engeren Heimat, vor allem auf deren zahlreiche Seen und Wasserstraßen, zu denen ihm der Zutritt nicht dadurch versperrt werden darf, daß wenige Bemittelte sich an den Seen anbauen und ihre Gärten bis an die Seeufer ausdehnen."

Am 29. April 1920 war inzwischen ein „*Komitee für Naturdenkmalpflege im Ruhrkohlenbezirk*" begründet worden. Den Vorsitz übernahm nach kurzer Zeit P. MÜLHENS als erster Verbandspräsident des Siedlungsverbandes Ruhrkohlenbezirk.[304] Dem Vorstand gehörten in erster Linie Biologen, Geographen und Geologen, Lehrer und Verwaltungsbeamte an.[305]

---

304 Nach Aufzeichnungen des früheren Bezirksbeauftragten Dr. H. WEFELSCHEID, Essen, der zunächst für einige Monate den Vorsitz innehatte.

305 Nach wenigen Jahren erhielt das Komitee die Bezeichnung „Bezirksstelle für Naturdenkmalpflege im Gebiet

Seit 1920 gab es in Preußen auch die ersten wirksamen gesetzlichen Bestimmungen über den Naturschutz. Bis zu dieser Zeit konnte zwar für Naturdenkmale, die sich im Besitz des Staates befanden, durch behördliche Anordnung der erforderliche Schutz gewährleistet werden. Für den Schutz von Naturdenkmalen im Privatbesitz aber gab es noch keine rechtliche Handhabe. Am 8. Juli 1920 wurde nun in das *Preußische Feld- und Forstpolizeigesetz* ein Paragraph aufgenommen, der die zuständigen Ministerien und die nachgeordneten Polizeibehörden ermächtigte, „Anordnungen zu erlassen zum Schutz von Tierarten, von Pflanzen und von Naturschutzgebieten ..."[306]

Von dieser Möglichkeit wurde in den folgenden Jahren auch im Ruhrgebiet Gebrauch gemacht, und es wurden in der nördlichen Randzone die ersten *Naturschutzgebiete* begründet.

Das Hünxer Bachtal, mit abwechslungsreichen Waldbeständen und mittelalterlichen Befestigungsanlagen (S 10), und der Kletterpoth, ein Heideweiher (S 1), beide im Bereich der Sandplatten zwischen unterer Lippe und Emscher gelegen, wurden schon 1926 geschützt. 1934 folgten das Seeufer Hoher Niemen am Halterner Stausee (S 2 teilweise) und das Brosthausener Wiesenmoor nordwestlich von Deuten (S 3 teilweise), beide im Westmünsterland nördlich der Lippe.[307]

Nach den auf Grund des Preußischen Feld- und Forstpolizeigesetzes erlassenen Verordnungen war es untersagt, Pflanzen einzubringen, zu entfernen oder zu beschädigen, freilebenden Tieren nachzustellen, Aufschriften, Bilder, Werbezeichen und dergleichen anzubringen, soweit sie nicht auf den Schutz des Gebietes hinwiesen. Z.T. wurde auch die Veränderung der Bodengestalt, die Gewinnung von Bodenbestandteilen und das Betreten außerhalb der Wege verboten. Im Brosthausener Wiesenmoor wurde auch jegliche Entwässerung untersagt. Die rechtmäßige Ausübung der Jagd blieb gestattet. Ausnahmen von den Vorschriften blieben in besonderen Fällen vorbehalten.

Für weitergehende Maßnahmen zum Schutze größerer Landschaftsräume fehlten den Naturschutzstellen damals noch die gesetzlichen Grundlagen. Dieser Mangel machte sich im Ruhrgebiet besonders nachteilig bemerkbar. Er stand in scharfem Gegensatz zu den fortschrittlichen Ideen und Forderungen, die gerade aus diesem Raum bzw. in Anknüpfung an die hier vorhandenen Verhältnisse vorgetragen wurden.

---

des Ruhrsiedlungsverbandes zu Essen" und der Geschäftsführer (zuerst O. LÜSTNER) die Amtsbezeichnung „Kommissar für Naturdenkmalpflege". Die Tätigkeit des Komitees erstreckte sich zuerst vornehmlich auf die Ermittlung von bemerkenswerten und schutzwürdigen Naturdenkmalen, auf Vorträge, Kurse, Exkursionen und Veröffentlichungen.

306 W. SCHOENICHEN (1954), S. 286–87.

307 Vgl. dazu im einzelnen: W. VON KÜRTEN: Die Naturschutzgebiete im Ruhrgebiet und in seinen Randzonen; in: Natur und Landschaft im Ruhrgebiet, 6; Schwelm, 1970; S. 82–110. – Die angegebenen Kurzbezeichnungen entsprechen den amtlichen Kennzeichnungen im Landesnaturschutzbuch Nordrhein-Westfalen und den Eintragungen in der Abb. 24.

So hielt W. SCHOENICHEN, der Nachfolger von H. CONWENTZ als Direktor der Staatlichen Stelle für Naturdenkmalpflege in Preußen, auf der Hauptversammlung der Bezirksstelle am 13. und 14. Juni 1925 in Buer einen Vortrag „Über Naturschutz und Industrie".[308] Vom 4. bis 7. Juli 1929 wurde in Essen von der Staatlichen Stelle für Naturdenkmalpflege ein „Studiengang über Landschaftsschutz und Landschaftsgestaltung" veranstaltet, der mit einer Hauptversammlung der Bezirksstelle verbunden war. Hier wurden u.a. die Probleme der Einfügung von Siedlungen und Werksanlagen in die Landschaft, der Gestaltung des Flurbildes und der Wälder, die Frage der Meliorationen und der Verkehrsstraßen und die Beziehungen zwischen Landschaftsschutz, Jugendpflege und Volkserholung behandelt; es war ferner Gelegenheit gegeben zur Besichtigung der in diesem Sommer in Essen stattfindenen Großen Ruhrländischen Gartenbauausstellung (Gruga).[309]

Immer wieder wurde in diesen Jahren die Forderung nach wirksameren Naturschutzgesetzen erhoben. Insbesondere setzte sich H. KLOSE, der seine entscheidenden Jugendeindrücke in der Emscherzone des Ruhrgebiets empfangen und schon 1918/19 Naturschutz für die Erholungsgebiete des Industriebezirks gefordert hatte[310], für die baldige Verabschiedung entsprechender Gesetze ein. Auf Grund seiner Initiative wurde 1925 auf dem 1. Deutschen Naturschutztag in München eine entsprechende Entschließung angenommen: „Es soll an die Landesregierungen die dringende Bitte gerichtet werden, entsprechend den aus Artikel 150 der Reichsverfassung entstehenden Verpflichtungen mit möglichster Beschleunigung den gesetzgebenden Körperschaften umfassende Gesetzentwürfe vorzulegen, auf Grund derer ein wirksamer Naturschutz getrieben werden kann." Auch auf den folgenden Deutschen Naturschutztagen (1927 in Kassel, 1929 in Dresden, 1931 in Berlin) wurden erneut derartige Forderungen erhoben.[311] Aber erst am 26. Juni 1935 wurde ein *Reichsnaturschutzgesetz* vom Reichskabinett verabschiedet, dem bald Durchführungsverordnungen folgten.[312]

Dieses Gesetz brachte wesentliche Fortschritte. Vor allem ergab sich nun die Möglichkeit eines großräumigen Landschaftsschutzes. Nach § 5 konnten „sonstige Landschaftsteile in der freien Natur" dem Schutz des Gesetzes unterstellt werden. Dazu gehören einerseits kleinere *Landschaftsbestandteile*, die nicht als Naturdenkmale angesprochen werden können, jedoch zur Belebung des Landschaftsbildes beitragen, andererseits aber auch größere Teilräume der Landschaft, die vor verunstaltenden Eingriffen bewahrt werden sollen. § 19 gibt dazu noch nähere Erläuterungen, wenn festgestellt wird, daß von diesen Landschaften „verunstaltende, die Natur schädigende oder den Naturgenuß beeinträchtigende Änderungen" ferngehalten werden sollen. Für diese Landschaftsteile hat sich im Laufe der Zeit die Bezeichnung „*Landschaftsschutzgebiet*" eingebürgert.

Nach § 13 der zum Reichsnaturschutzgesetz ergangenen Durchführungsverordnung vom 31.10.1935 werden die unter Schutz gestellten Landschaftsteile in eine „Landschaftsschutzkarte" eingetragen. Die Anordnungen sind von den Höheren Naturschutzbehörden zu erlassen; als solche bestimmte § 1 der Durchführungsverordnung in Preußen die Regierungspräsidenten, den Polizeipräsidenten in Berlin und den Präsidenten des Siedlungsverbandes Ruhrkohlenbezirk; heute ist die Landesbaubehörde Ruhr die Höhere Naturschutzbehörde für den räumlichen Bereich des Siedlungsverbandes Ruhrkohlenbezirk. Nur mit Ermächtigung der Höheren Naturschutzbehörden können auch die Unteren Naturschutzbehörden (in Preußen zunächst die Kreispolizeibehörden, heute in Nordrhein-Westfalen die Landkreisverwaltungen sowie die kreisfreien Städte) Anordnungen zum Schutze von Landschaftsteilen treffen.

Große Möglichkeiten bot vor allem auch der § 20 des Gesetzes, wodurch alle Behörden verpflichtet werden, „vor Genehmigung von Maßnahmen oder Planungen, die zu wesentlichen Veränderungen der freien Landschaft führen können, die zuständigen Naturschutzbehörden rechtzeitig zu beteiligen." Es wurde dadurch der *allgemeine Landschaftsschutz* für die freie Landschaft außerhalb der besonders geschützten Teile begründet. Mit seiner Hilfe sowie durch Auflagen bei Ausnahmegenehmigungen in Landschaftsschutzgebieten ergibt sich auch die Möglichkeit zu

---

308 Abgedruckt in den „Heimatblättern der Roten Erde", Münster, 1925, Heft 10.

309 Nach den Akten der Bezirksstelle für Naturschutz und Landschaftspflege im Bereich der Landesbaubehörde Ruhr.
Die Vorträge bzw. Auszüge aus ihnen sind in den „Mitteilungen der Bezirksstelle für Naturdenkmalpflege im Gebiet des Ruhrsiedlungsverbandes zu Essen und der Interessengemeinschaft für Heimatschutz im Industriegebiet zu Essen", Jg. 2, Nr. 3/4 vom Januar 1930 abgedruckt.

310 Vgl. S. 119.

311 Nach H. KLOSE: Der Weg des deutschen Naturschutzes; Egestorf, 1949, S. 12.
Der Artikel 150, Abs. 1 der Reichsverfassung vom 11. August 1919 lautete: „Die Denkmäler der Kunst, der Geschichte und der Natur sowie die Landschaft genießen den Schutz und die Pflege des Staates."
Auch in Zeitschriften-Aufsätzen wurde in den 20er Jahren auf die Dringlichkeit einer wirksamen Naturschutz-Gesetzgebung hingewiesen. So schrieb A. OCHS in Heft 1/1927 der Zeitschrift „Die Natur am Niederrhein" in einem Aufsatz „Der Kampf um das Bislicher Eiland" u.a.: „Wieder einmal hat es sich gezeigt, daß die Gesetzgebung zur Erhaltung der Natur vollständig unzureichend ist und es die höchste Zeit ist, daß endlich einmal das Naturschutzgesetz, dessen Entwurf seit Jahren den Ministerien vorliegt, zur Wirklichkeit wird."

312 Vgl. dazu im einzelnen A. LORZ (1961), W. PETER (1964). Auf Grund der Entscheidung des Bundesverfassungsgerichts vom 14.10.1958 (BGBl. 1959 I S. 23) gilt das Reichsnaturschutzgesetz (RNG) nicht als Bundesrecht fort; nach dieser Entscheidung, die Gesetzeskraft hat, ist das RNG Landesrecht, auch in Nordrhein-Westfalen (vgl. W. PETER, a.a.O., S. 7).

gestalterischen Maßnahmen, die über den Rahmen des Landschaftsschutzes hinausgehen und in den Bereich der Landschaftspflege fallen. Bei unvermeidlichen landschaftlichen Veränderungen lassen sich auf Grund dieser Handhaben die im Interesse der Landschaft erforderlichen Pflegemaßnahmen durchsetzen.

Wichtig war vor allem, daß nach den Vorschriften des Gesetzes jede Naturschutzbehörde eine besondere Naturschutzstelle einzusetzen hat, zu deren Aufgaben außer der fachlichen Beratung der Behörde u.a. auch die „Ermittlung, wissenschaftliche Erforschung, dauernde Beobachtung und Überwachung der in § 1 genannten Teile der heimatlichen Natur" sowie die „Förderung des allgemeinen Verständnisses für den Naturschutzgedanken" gehören.

Die Naturschutzstellen sind nicht Teile oder Organe der Naturschutzbehörden. Vorsitzende sind nach der Durchführungsverordnung zum Reichsnaturschutzgesetz grundsätzlich die Leiter der Behörden, bei denen sie errichtet sind. Verantwortliche Träger der Arbeit der Naturschutzstellen und ihre Vertreter sind die (haupt- oder ehrenamtlichen) Geschäftsführer, die „Beauftragten", die von der nächsthöheren Naturschutzbehörde ernannt werden.[313]

Das Reichsnaturschutzgesetz, das heute als Landesrecht auch in Nordrhein-Westfalen weiterhin gültig ist, brachte für das Ruhrgebiet wesentlich verbesserte Möglichkeiten. Hier waren inzwischen weitere Teilräume von Wirtschaft, Siedlung und Verkehr in Anspruch genommen. Der Erholungsverkehr hatte weiter zugenommen; am Sonnabend-Nachmittag und am Sonntag brachten jetzt auch die neu eingerichteten Autobuslinien und die privaten Kraftfahrzeuge einen Zustrom von Menschen in die noch naturnahen Teile der engeren Umgebung. Vor allem die inzwischen an der unteren Ruhr entstandenen großen Stauseen (Hengsteysee 1928 und Harkortsee 1931 am Nordrand des Hagener Beckens, Baldeneysee 1933 im Süden von Essen) und der Halterner Stausee an der Stever im Norden des Ruhrgebiets (1927/30) zogen bei gutem Wetter an den Sommersonntagen Tausende von Besuchern an. Auch der Siedlungsdruck auf die noch naturnahen Landschaftsräume verstärkte sich allmählich. Hier entstanden um diese Zeit an geeigneten Stellen die ersten Wochenendhäuser. Hinzu kamen die Gefahren, die sich in den 30er Jahren aus den Ideen der autarken Wirtschaft und aus dem Wirken des Arbeitsdienstes für die Landschaften im engeren Umkreis des Reviers ergaben.

So war es ein dringendes Erfordernis, für diese Bereiche einen noch wirksameren Schutz einzurichten, als dies auf Grund der bisherigen Bestimmungen möglich war. Unter der Initiative des ersten „Bezirksbeauftragten für Naturschutz und Landschaftspflege" K. OBERKIRCH wurde im Ruhrgebiet von den neuen gesetzlichen Möglichkeiten sofort Gebrauch gemacht.

Die Listen der *Naturdenkmale,* die bisher nur aus Bäumen, Alleen und Baumgruppen bestanden hatten, wurden rasch durch vielfältige andere Landschaftselemente erweitert. In einer Bestandsaufnahme des späteren Bezirksbeauftragten H. WEFELSCHEID[314] waren im Bereich des Siedlungsverbandes bis 1952 insgesamt 1306 Naturdenkmale erfaßt, die größtenteils bereits vor dem Kriege geschützt wurden. Unter den 914 Bäumen standen die Rotbuchen mit 180 an der Spitze, es folgten 112 Linden, 110 Eichen, 73 Hülsen, 73 Roßkastanien, 72 Edelkastanien und 60 Eiben; alle übrigen Baumarten umfaßten je weniger als 50 Exemplare. Außer den Bäumen, zu denen verschiedene Hecken und Alleen traten, waren aber auch Quellen, Teiche und allein 361 Steinblöcke als Naturdenkmale geschützt. Von den letzteren waren 293 nordische Findlinge und 60 tertiäre Quarzite, die durch Verkieselung von Wurzelböden entstanden sind.

In den Jahren 1936 bis 1940 wurden im Bereich des Siedlungsverbandes Ruhrkohlenbezirk 9 weitere *Naturschutzgebiete* durch Verordnungen geschützt. Zu ihnen gehörten allein 5 Wacholderheiden: die Holtwicker Wacholderheide (S 5), die Westruper Heide (S 9) und die Wacholderdüne Sebbelheide (S 13) in der Umgebung von Haltern, die Testerberge am Rand der Hauptterrasse bei Dinslaken (S 12) und die Loosenberge in den Drevenacker Dünen (S. 14). Es wurden ferner geschützt: Kluterthöhle und Bismarckhöhle an der Ennepe bei Milspe (S 8), der Lippe-Auewald westlich Dorsten (S 7), die Hülsen-Haine im Schellenberger Wald bei Essen (S 11), sowie die Vogelfreistätte Xantener Altrhein (S 15).

1940 waren also im Bereich der Höheren Naturschutzbehörde Essen bereits insgesamt 13 Naturschutzgebiete gesichert. Zwei Gebiete hatten eine Flächengröße von mehr als 50 ha, nämlich die Westruper Heide (62,6 ha) und der Xantener Altrhein (117,1 ha). Auch in der engeren Umgebung wurden nach dem Inkrafttreten des Reichsnaturschutzgesetzes von den dort zuständigen Behörden mehrere Naturschutzgebiete gesichert.[315]

Vor allem wurden schon Ende der 30er Jahre erhebliche Teile der freien Landschaft als *Landschaftsschutzgebiete* unter den Schutz des Gesetzes gestellt. Allein bis zum Jahre 1940 wurden für 20 der 27 beteiligten Stadt- und Landkreises bzw. Kreisteile Landschaftsschutzverordnungen herausgebracht; die restlichen Verordnungen folgten noch während des Krieges und die letzte kurz nach dem Kriege. Die auf diese Weise begründeten Landschaftsschutzgebiete umfaßten 1073 qkm = 23,4% der Gesamtfläche des Ruhrkohlenbezirks (vgl. Tab. 5).[316]

---

313 Vgl. dazu im einzelnen A. LORZ (1961), S. 69 ff.

314 Enthalten im Jahresbericht für das Jahr 1952 (Akten der Bezirksstelle für Naturschutz und Landschaftspflege im Bereich der Landesbaubehörde Ruhr).

315 Vgl. im einzelnen die Abb. 24 und Anmerkung 307.

316 Nach den Akten der Bezirksstelle für Naturschutz und Landschaftspflege im Bereich der Landesbaubehörde Ruhr.
Die im Naturschutzgesetz verwendeten Begriffe Naturdenkmal, Naturschutzgebiet und Landschaftsschutz-

Tabelle 5

Landschaftsschutzgebiete im Ruhrkohlenbezirk um 1950

| Stadt- bzw. Landkreis | Landschaftsschutzgebiete | | |
|---|---|---|---|
| | qkm | qkm | % |
| Stadtkreise: | | | |
| Bochum | 121 | 12 | 10 |
| Bottrop | 42 | 6 | 14 |
| Castrop-Rauxel | 44 | 7 | 16 |
| Dortmund | 271 | 34 | 13 |
| Duisburg | 143 | 17 | 12 |
| Essen | 188 | 31 | 16 |
| Gelsenkirchen | 104 | 15 | 14 |
| Gladbeck | 36 | 9 | 25 |
| Hagen | 87 | 32 | 37 |
| Hamm | 25 | 1 | 4 |
| Herne | 30 | 2 | 7 |
| Lünen | 37 | 7 | 19 |
| Mülheim | 88 | 16 | 18 |
| Oberhausen | 77 | 9 | 12 |
| Recklinghausen | 66 | 13 | 20 |
| Wanne-Eickel | 21 | 0,4 | 2 |
| Wattenscheid | 24 | 1 | 4 |
| Witten | 46 | 9 | 20 |
| Landkreise: | | | |
| Dinslaken | 221 | 62 | 28 |
| Ennepe-Ruhr | 414 | 104 | 25 |
| Geldern | 509 | 163 | 32 |
| Moers | 563 | 106 | 19 |
| Recklinghausen | 715 | 219 | 31 |
| Unna | 453 | 105 | 23 |
| Rees (Teil) | 194 | 71 | 37 |
| Iserlohn (Teil) | 51 | 14 | 27 |
| Düsseldorf-Mettmann (Teil) | 16 | 8 | 50 |
| | 4590 | 1073 | 23,4 |

gebiet sind im Jahre 1969 vom Forschungsausschuß „Raum und Landespflege" der Akademie für Raumforschung und Landesplanung wie folgt definiert worden:
*Naturdenkmale* sind natürliche Bestandteile der Landschaft (z.B. Einzelbäume, Baumgruppen, Felsen, Quellen, erdgeschichtliche Aufschlüsse, Lebensstätten seltener Pflanzen und Tiere), deren Erhaltung wegen ihrer wissenschaftlichen, kulturgeschichtlichen oder ökologischen Bedeutung oder wegen ihrer Schönheit oder Eigenart im öffentlichen Interesse liegt. Naturdenkmale werden im allgemeinen uneingeschränkt geschützt. Sie können in der freien Landschaft wie im Siedlungsbereich ausgewiesen werden.
*Naturschutzgebiete* sind Landschaftsräume oder Teile von diesen, in denen die Natur in ihrer Ganzheit (Vollnaturschutzgebiet) oder in einzelnen ihrer Teile (Teil-

Während der prozentuale Anteil im Innern des Reviers sich im allgemeinen etwa zwischen 5 und 20% der Fläche bewegte, erreichte er in den randlichen Teilen höhere Werte, z.B. im Ennepe-Ruhr-Kreis 25%, in der kreisfreien Stadt Hagen 37%, im Kreis Dinslaken 28%, im Kreis Geldern 32%, im Landkreis Recklinghausen 31% und im südlichen Teil des Kreises Rees 37%. In die Landschaftsschutzgebiete waren die Talzüge und Siepen mit ihren Baum- und Waldbeständen einbezogen, die vielfach als wichtige Zugänge zu der großräumigen freien Landschaft im Umkreis des eigentlichen Reviers dienen. Auch so gut wie alle Waldflächen und viele Niederungs- und Auenlandschaften an den Flüssen und Bächen waren gesichert. Bei der großen Ausdehnung der Landschaftsschutzflächen in den Randzonen war insbesondere auch dem Gesichtspunkt der Sicherung dieser Flächen als Erholungsgebiete für die Bevölkerung der Großstädte Rechnung getragen; hier waren manche Teile der bäuerlichen Kulturlandschaften, die zwischen den Waldflächen eingelagert waren, in die Landschaftsschutzkarte aufgenommen.

Bis 1955 erhöhte sich die Gesamtfläche der Landschaftsschutzgebiete auf 1250 qkm; sie verteilten sich auf mehr als 1350 Einzelflächen, deren Größe sich zwischen 1 ha und 50 qkm bewegte. Die kleinsten Flächen galten als „Landschaftsbestandteile", die einzelne Baumgruppen, bewachsene Hügel, Quellen, Landwehren oder Hecken umfaßten.[317]

Auch von den neuen, im Gesetzestext allerdings nicht stark fundierten Möglichkeiten, die das Reichsnaturschutzgesetz auf dem Gebiet der *Landschaftspflege* bot, wurde im Ruhrgebiet stellenweise Gebrauch gemacht, insbesondere, wenn in

---

naturschutzgebiet) uneingeschränkt geschützt ist. Dies geschieht im öffentlichen Interesse aus wissenschaftlichen, ökologischen, geschichtlichen oder kulturellen Gründen oder wegen der landschaftlichen Schönheit oder Eigenart. In Naturschutzgebieten soll der derzeitige Zustand erhalten oder die natürliche Entwicklung sich selbst überlassen bleiben. Naturschutzgebiete werden in der Regel nicht wirtschaftlich genutzt. Sie können in der freien Landschaft und im Siedlungsbereich ausgewiesen werden und müssen in ihren Grenzen eindeutig festgelegt sein.
*Landschaftsschutzgebiete* sind Landschaftsräume oder Teile von diesen, die im öffentlichen Interesse vor Eingriffen, die Struktur und Naturhaushalt der Landschaft schädigen oder den Naturgenuß beeinträchtigen oder das Landschaftsbild verunstalten, geschützt sind, jedoch nicht den strengen Schutzbestimmungen wie für Naturschutzgebiete unterliegen. Dies geschieht aus landschaftsökologischen Gründen und zur Sicherung von Erholungsgebieten. Die bestehende wirtschaftliche Nutzung, insbesondere die ordnungsgemäße land- und forstwirtschaftliche Nutzung, wird hierdurch nicht behindert. Landschaftsschutzgebiete können z.Zt., außer in den Stadtstaaten, nur in der freien Landschaft ausgewiesen werden und müssen in ihren Grenzen eindeutig festgelegt sein. (Rundschreiben des Forschungsausschusses Raum und Landespflege vom 1.11.1968.)
317 H. WEFELSCHEID (1955).

den neu begründeten Landschaftsschutzgebieten die Chance der Auflagen bei Ausnahmegenehmigungen genutzt wurde. Eingriffe, wie sie die Erfordernisse von Wirtschaft, Siedlung und Verkehr in diesem bedeutendsten deutschen Verdichtungsraum immer wieder mit sich brachten, konnten so immerhin an manchen Stellen gemildert werden.

In einem Bericht des Bezirksbeauftragten K. OBERKIRCH vom 4.8.1946 ist für die Jahre 1939 bis 1942 auch von Gestaltungsmaßnahmen zur Wiedereinfügung von Halden und Steinbrüchen und von ersten Versuchen einer Wiederbepflanzung der Ufer des Niederrheins die Rede.[318] Von einem Erfolg der letztgenannten Maßnahme ist allerdings nichts bekannt. Auch bei der Begrünung der Halden dürfte es sich zunächst nur um kleinere Einzelmaßnahmen gehandelt haben. Die Schwierigkeiten auf diesem Gebiete hatte der Siedlungsverband Ruhrkohlenbezirk bereits in den 20er Jahren kennengelernt; und im Verwaltungsbericht des Jahres 1927 heißt es dazu: „Die vom Verband angestrebte Bepflanzung der Bergehalden hat bisher leider keine Erfolge gezeigt, scheint auch im übrigen wenig aussichtsvoll zu sein, da fast sämtliche Zechenverwaltungen erklären, daß sie die Halden als Bergeversatz demnächst benötigen . . ."[319]

Überhaupt ist festzustellen, daß sich die Arbeiten zur Landschaftspflege bis zum 2. Weltkrieg meist auf kleinere Maßnahmen beschränkt haben, so positiv sich diese auch an manchen Stellen bereits ausgewirkt haben. Aus den erhaltenen Jahresberichten des Bezirksbeauftragten für die Jahre 1935/36 und 1936/37[320] ist über Einzelmaßnahmen auf dem Gebiet der Landespflege nicht viel zu entnehmen, so interessant es wäre, über die Anfänge dieser Bemühungen Näheres zu erfahren. An einer Stelle ist allerdings in diesen Jahren auch schon eine umfassende und systematische Landschaftspflege-Maßnahme durchgeführt worden, nämlich bei der Gestaltung und Bepflanzung der Böschungen der neuen, durch das Revier geführten Autobahn, für die G. ERXLEBEN zuständig war; auch sie ist in den erhaltenen Jahresberichten des Bezirksbeauftragten nur randlich erwähnt.[321]

Zu den Pflegemaßnahmen gehörten auch die Umwandlungen gefährdeter oder geschädigter Wälder, für die der Siedlungsverband Ruhrkohlenbezirk bereits seit 1924 verlorene Zuschüsse zur Verfügung stellte. Die Mittel wurden insbesondere für die Pflanzenbeschaffung verwendet, so daß damit die Möglichkeit bestand, bei Wiederaufforstungen und Umwandlungen auf die Auswahl und Qualität der Pflanzen als Voraussetzung für die Entwicklung eines gesunden Baum- und Strauchbestandes Einfluß zu nehmen; die Pflanzen stammten z.T. sogar aus verbandseigenen Baumschulen (W. VON BORCKE 1964, S. 210). Die für waldbauliche Maßnahmen aufgebrachten Mittel beliefen sich bis 1945 schon auf insgesamt 3/4 Mill. RM.[322] Auf die Bedeutung dieser Aufgaben wurde schon 1927 in einer besonderen Denkschrift „Walderhaltung im Ruhrkohlenbezirk", die vom Verbandsdirektor herausgegeben wurde, hingewiesen.

Insgesamt ging allerdings der Waldbestand auch in dieser Zeit immer noch weiter zurück. Manche Waldparzellen wurden zur Rodung freigegeben, um der Landwirtschaft Ersatz für Flächen zu bieten, die sie für Industrie- und Siedlungszwecke verlor. So stimmte der Siedlungsverband im Jahre 1928 der Umwandlung von 63 ha Wald in landwirtschaftliche Nutzfläche zu.[323]

---

318 Akten der Bezirksstelle für Naturschutz und Landschaftspflege im Bereich der Landesbaubehörde Ruhr, Essen.
319 W. PFLUG, a.a.O., S. 95.
320 Jahresberichte des Bezirksbeauftragten K. OBERKIRCH für 1935/36 und 1936/37 (Akten der Bezirksstelle).

321 Die Gestaltung und Bepflanzung erfolgte nach den von A. SEIFERT aufgestellten Grundsätzen, der damals die landschaftliche Eingliederung der Autobahnen entscheidend beeinflußt hat. Vgl. A. SEIFERT: Ein Leben für die Landschaft; Düsseldorf/Köln, 1962; insbes. S. 89.
322 Grüne Arbeit im Ruhrgebiet; herausgeg. vom Siedlungsverband Ruhrkohlenbezirk, Essen, 1966, S. 20.
323 W. PFLUG, a.a.O., S. 88.

## 2 ENTWICKLUNGSTENDENZEN, ERHOLUNGSVERKEHR UND LANDESPFLEGE NACH DEM 2. WELTKRIEG

### 2.1 Überblick über die Entwicklungstendenzen und den Funktionswandel in den Randzonen des Ruhrgebiets

In der nach der Währungsreform von 1948 beginnenden Zeit des Wiederaufbaus und des wirtschaftlichen Aufschwungs waren die im Ruhrgebiet und in seinen Randzonen verbliebenen Frei- und Grünflächen einem wachsenden Druck ausgesetzt und wurden für vielfältige Zwecke, die sich aus der wirtschaftlichen Entwicklung der Nachkriegszeit ergaben, in Anspruch genommen.

Im Innern des Ruhrgebiets wurden die zwischen den Siedlungs-, Bergbau- und Industriekomplexen und den Verkehrsanlagen verbliebenen Flächen noch weiter verengt. Es kam hinzu, daß sich ja in dieser Zeit noch einmal eine Einwanderungswelle bemerkbar machte, die zu einem starken Wachstum der Einwohnerzahlen führte.

Insbesondere aber kam es nun auch zu mannigfachen Einwirkungen auf die Randzonen des Ruhrgebiets, die deren Struktur und Funktion in vielfältiger Hinsicht veränderten.

Einige Teilgebiete wurden hier seit 1950 durch eine besonders intensive wirtschaftliche Entwicklung unmittelbar in das Revier einbezogen (z.B. außer Teilen des linksrheinischen Raumes die Abschnitte Emmelsum/Bucholtwelmen und Uentrop/Schmehausen am Lippe-Seiten-Kanal). Aber auch in anderen Teilbereichen der Randzonen vollzog sich eine wenn auch schwächere gewerbliche Entwicklung, die mit Veränderungen der wirtschaftlichen und sozialen Struktur verbunden war. Vor allem konnten sich, begünstigt durch die zunehmende Motorisierung, auch in kleineren Ortschaften abseits der Eisenbahnen oder sogar in bisher landwirtschaftlich bestimmten Bereichen kleine und mittlere Gewerbebetriebe ansiedeln. Solche Vorgänge verstärkten sich mit der schwieriger werdenden Lage der Landwirtschaft und wurden auch von den Gemeinden und vom Staat zur Verbesserung der wirtschaftlichen Struktur und der finanziellen Situation der Gemeinden gefördert.

Außerdem gewannen im Zuge der neuen wirtschaftlichen Entwicklung die in einigen Gebieten vorkommenden Bodenschätze und Gesteine erhebliche Bedeutung.

In der südlichen Randzone war es im Bereich des Produktiven Karbons zunächst noch die Steinkohle, die in vielen Teilgebieten das wirtschaftliche Leben bestimmte. Seit dem Beginn der Kohlenkrise vollzog sich aber hier eine rückläufige Bewegung; und die vielen Kleinzechen und Schürfbetriebe, die nach dem Kriege zunächst auch in abgelegenen Teilen des Hügellandes entstanden waren, sind heute bis auf wenige Reste verschwunden.[324] Im Bereich des Produktiven Karbons gewann stellenweise auch die Gewinnung der Ruhrsandsteine eine gewisse Bedeutung, die beim Haus- und Brückenbau und bei der Anlage von Gärten und städtischen Parkflächen vielfache Verwendung finden.

In den Massenkalkgebieten des Südens erlebte die Kalkstein- und Dolomitgewinnung in den 50er und 60er Jahren eine starke Ausweitung.[325] Es entstanden riesige Tagesbrüche und umfangreiche Abraumhalden, die vor allem bei Wülfrath und Dornap[326], im Osten des Hagener Stadtgebiets, bei Letmathe und im Hönnetal das Landschaftsbild stark veränderten.

In der nördlichen Randzone wurden im Halterner Raum bei Flaesheim und Sythen-Hausdülmen die dort vorkommenden fast reinen Quarzsande in zunehmendem Maße für die Glas- und chemische Industrie gewonnen. Hinzu kam in der nördlichen und westlichen Randzone, aber auch im Süden von Duisburg, der Abbau von Sand und Kies für Bauzwecke verschiedenster Art, insbesondere auch für

---

324 Vgl. dazu Abschnitt B 2.5, S. 99.
325 Im Wülfrather Raum hat sich die Produktion der Kalkindustrie allein von 1949 bis 1960 verdreifacht (H. W. HAHN 1966, S. 53).
326 H. W. HAHN (1966, S. 52) spricht in diesem Zusammenhang von der „geradezu zerstörerischen Beanspruchung von Grund und Boden, der alle anderen Funktionen, wie Siedlung und Landwirtschaft, ausnahmslos zu weichen haben. Tiefe, steilwandige Ausräume mit riesigen Felspfeilern und Türmen, aufgestauten Schlammteichen, aber auch hohen Betontürmen, Silos und Batterien von Schachtöfen werfen ähnliche Probleme auf wie die Schwerindustrie und der Kohlenbergbau des Ruhrgebiets oder der Braunkohlentagebau des Kölner Raumes."

den Straßenbau und in der Nähe des Rheins für die großen Deichbauten; mancherorts wurden den Sandgruben Kalksandsteinwerke angefügt. Die ausgebaggerten Flächen haben inzwischen einen erheblichen Umfang angenommen; und das Landschaftsbild ist durch diese Maßnahmen stellenweise stark umgestaltet.

In Verbindung mit der wirtschaftlichen Entwicklung der Randzonen kam es mancherorts auch zu einer erheblichen Vergrößerung der Städte und Siedlungskomplexe. Vor allem aber siedelten sich hier in zunehmendem Maße Personengruppen an, die ihre wirtschaftliche Existenz im Innern des Ruhrreviers hatten, aber einen Wohnsitz im Grünen und in weniger stark von Immissionen belasteten Gebieten vorzogen, auch wenn damit eine längere Anfahrt zur Arbeitsstätte verbunden war. Der Anteil der Revier-Pendler ist in den Siedlungen des südlichen Hügellandes ebenso wie in Teilen der nördlichen Randzone (z.B. in Obrighoven, Hünxe, Haltern, Sythen und Lavesum) im Laufe der letzten 15 Jahre stark angestiegen; der Ausbau der Straßen und die zunehmende Motorisierung breitester Schichten der Bevölkerung haben diese Entwicklung begünstigt.

Zugleich gewannen Teile der Randzonen für die Wasserwirtschaft erhebliche Bedeutung. Im Ruhrtal wurden die Wasserwerksanlagen mit Filterbecken und Brunnengalerien stark ausgeweitet. Auch in der Rheinebene entstanden neue Anlagen; und im Norden erlangte der Bereich der Halterner Sande, die einen hervorragenden Grundwasserträger darstellen, eine Schlüsselposition für die Wasserversorgung des nördlichen Ruhrgebiets und des Münsterlandes. Der Halterner Stausee wurde in den letzten Jahren wesentlich erweitert und zugleich vertieft und das dabei anfallende Material auf Halden am Rande der Westruper Heide und am Ufer der unteren Stever aufgeschüttet. Die Anlage weiterer Becken ist geplant, insbesondere bei Hullern. Auch die zugehörigen Filterbecken und Brunnenanlagen nehmen inzwischen weite Flächen ein.

Zu den wesentlichsten Faktoren aber gehörte der von Jahr zu Jahr zunehmende *Ausflugs- und Erholungsverkehr* aus den Städten des Reviers und des bergisch-märkischen Kernraumes im Süden. Infolge des steigenden Wohlstandes, der zunehmenden Motorisierung und der verlängerten Freizeit zeigte die Zahl der Erholungsuchenden, vor allem der Wochenend-Ausflügler, eine rasche Zunahme. Der im Innern des Ballungsraumes, im Kern des Reviers, zur Verfügung stehende Grün- und Erholungsraum ist ja durch die vielfältigen Maßnahmen, wie sie die wirtschaftliche Entwicklung, die Umstrukturierung, der umfangreiche Wohnungsbau und der Ausbau des Verkehrsnetzes mit sich brachten, seit 1950 noch weiter beschnitten worden.[327] Die sonntäglichen Ströme der Erholungsuchenden ins Grüne, und das heißt in erster Linie in die grünen Randzonen des Reviers, sind dementsprechend immer stärker geworden, und es entstanden hier auch Wochenendhaussiedlungen und Campingplätze (vgl. Anlage A 9a u. b). Den in Frage kommenden Landschaften der Randzonen wurde so immer mehr der Stempel von Ausgleichs- und Naherholungsgebieten aufgeprägt. Diese Entwicklung hat inzwischen für die Randzonen in mancher Hinsicht auch wirtschaftliche Bedeutung erlangt. Gaststätten und Ausflugslokale, z.T. mit vielfältigen Erholungseinrichtungen und Spielmöglichkeiten im Freien, werden ausgebaut oder neu angelegt.

Die Wandlungen, die mit dem zunehmenden Erholungsverkehr in den Randzonen verknüpft sind, können beispielhaft an den Kartenausschnitten für den Halterner Raum im Norden (Abb. 21) und für das Heilenbeceltal an der Südflanke des Verdichtungsraumes (Abb. 22) abgelesen werden. Es handelt sich in beiden Fällen um den gleichen Kartenausschnitt, der für die Darstellung kennzeichnender Strukturen in früheren Entwicklungsstadien gewählt wurde (vgl. Abb. 19 bzw. 17).

Vor allem im *Halterner Raum* haben sich seit den 1890er Jahren starke Veränderungen vollzogen, die hier — abgesehen von der Aufforstung der früheren Heideflächen — mit der Anlage des Stausees in Verbindung standen. Der flache Stausee, der zunächst nur die Aue der unteren Stever ausfüllte und mit seinen Umrissen den Rand der von Flugsand und Dünen bedeckten Niederterrasse nachzeichnete, hatte als besondere Attraktion des Ausflugsverkehrs die Entstehung verschiedener Dienstleistungseinrichtungen zur Folge (Gaststätten, Kioske, Bootsbetriebe). Es wurden auch Freibäder und Campingplätze angelegt. In der Nähe des Ostrandes wurde eine Jugendherberge erbaut, und etwas weiter steveraufwärts fügte sich ein Wochenendhausgebiet an. In den letzten Jahren ist der Stausee durch Abbaggerung von Teilen der Niederterrasse wesentlich erweitert worden; nach Abschluß der zur Zeit noch laufenden Maßnahmen soll er

---

[327] Allerdings wurden auch im Innern des Reviers einige der verbliebenen Frei- und Grünflächen in den letzten Jahrzehnten verstärkt für die Erholung nutzbar gemacht und erfreuen sich nach den umfangreichen und oft recht kostspieligen Pflege- und Ausgestaltungsmaßnahmen steigender Besucherzahlen. Sie spielen als Zielpunkte des Erholungsverkehrs inmitten des Verdichtungsraumes nicht nur am Wochenende, sondern in steigendem Maße auch an den Werktagen, vor allem zum Feierabend, eine erhebliche Rolle. Vgl. dazu Abschnitt E 1.2, S. 218.

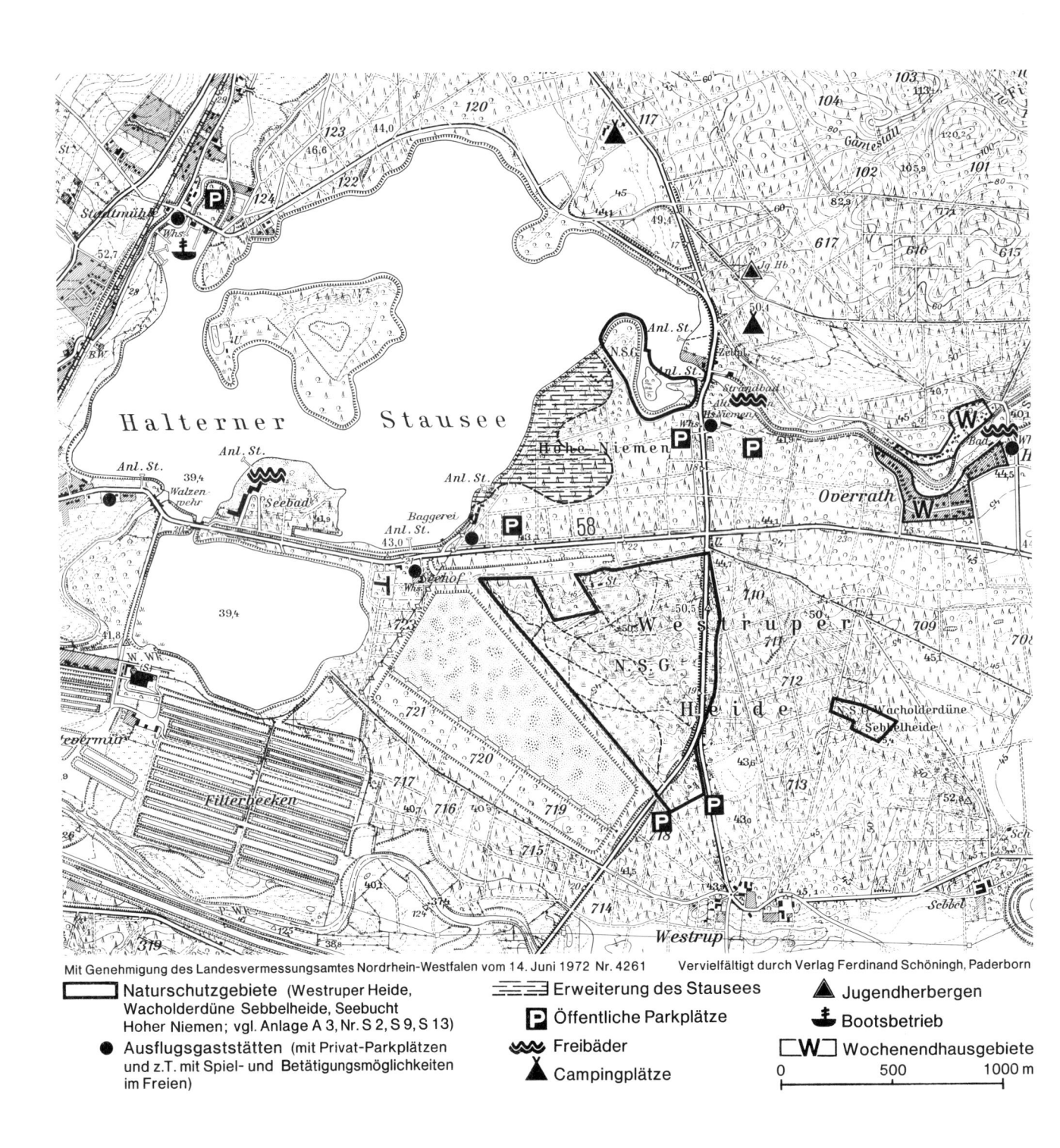

Abb. 21
Einrichtungen für den Ausflugs- und Erholungsverkehr
im Gebiet des Halterner Stausees

eine Fläche von 360 ha überdecken und bei maximal 7 m Wassertiefe ein Fassungsvermögen von 23,5 Mill. cbm erhalten.[328] Von den Naturschutz- und Landschaftspflege-Stellen ist von Anfang an auf eine abwechslungsreiche Ausformung der neuen Ufer und ihre standortgerechte Bepflanzung und auf die Einfügung einer die Seefläche gliedernden Insel besonderer Wert gelegt worden. In Verbindung mit diesen Maßnahmen werden zur Zeit von dem Planungsverband „Seegebiet Haltern" Teilbebauungspläne entwickelt, die sowohl den Belangen der Wasserwirtschaft als auch dem starken Ausflugsverkehr, der stellenweise die typischen Erscheinungen des Massenbetriebs aufweist, Rechnung tragen sollen. In der Umgebung des Stausees sind Reste der ehemals so ausgedehnten Heideflächen schon seit längerer Zeit als Naturschutzgebiete gesichert; und neuerdings ist die ornithologisch bedeutsame Seebucht im Südosten ebenfalls unter den Schutz des Gesetzes gestellt worden.

Im *Heilenbecketal* und in seiner Umgebung haben sich nur Wandlungen geringeren Ausmaßes vollzogen. Lediglich im Bereich der noch in den 1890er Jahren gebauten Heilenbecke-Talsperre sind stärkere Veränderungen eingetreten. Die Talsperre mit ihrer engeren Umgebung stellt heute ein kleines Zentrum des Ausflugsverkehrs dar, und in der Nähe der Sperrmauer ist in den letzten Jahren ein öffentlicher Parkplatz entstanden. Im übrigen Teil des Kartenausschnitts haben sich hinsichtlich der grundlegenden vertikalen Dreigliederung der Kulturlandschaft (landwirtschaftlich geprägte Hochflächen, bewaldete Hangzonen, schmale Talsohlen mit punkthaft verteilten kleinen Siedlungen[329]) keine entscheidenden Veränderungen vollzogen. Zwar sind die in den 1890er Jahren vorhandenen Wassertriebwerke an der Heilenbecke inzwischen aufgegeben oder (vorwiegend im unteren Teil) durch kleine Fabrikbetriebe ersetzt. Doch sind ihre Reste, auch manche der früheren Teiche mit ihren Ober- und Untergräben, erhalten; einer von ihnen wird heute als Kahnteich genutzt. An den Durchgangsstraßen hat sich außerdem eine neue Schicht von Einrichtungen, die dem zunehmenden Erholungsverkehr Rechnung tragen, über die alte Raumstruktur gelagert (Reitsportanlage, Campingplatz und vor allem Ausflugsgaststätten). Die abseits der Straßen gelegenen Bereiche aber sind ruhige Wanderzonen, die nur ein Minimum an besonderen Einrichtungen erfordern (gekennzeichnete Wanderwege).

Der Erholungsverkehr vollzieht sich in den Randzonen des Ruhrgebiets ganz überwiegend in der Form des halb- oder ganztägigen Ausflugsverkehrs am Wochenende, vor allem des Kraftfahrzeug-Ausflugsverkehrs. Stellenweise, vor allem in den dicht am Rand der verstädterten Gebiete gelegenen Zonen, kommt ein allmählich stärker werdender Feierabend-Ausflugsverkehr hinzu. Demgegenüber ist eine länger dauernde, sich mindestens über mehrere Tage erstreckende Urlaubs- oder Ferienerholung bisher in den engeren Randzonen des Ruhrgebiets nur schwach entwickelt. Eigentliche Fremdenverkehrsorte mit größeren Übernachtungszahlen fehlen so gut wie ganz; sie treten erst jenseits der hier betrachteten Zonen, vor allem im südlich angrenzenden Gebirgsland, auf.

Die Zahl der in Hotels, Gasthöfen und vereinzelten Fremdenpensionen verfügbaren Betten[330] beläuft sich im Norden z.B. für den gesamten, 147 qkm großen Amtsbezirk Schermbeck nur auf 50, für das südlich angrenzende Amt Gahlen (98 qkm) auf 49. In den Gemeinden Lembeck, Rhade und Marbeck erreicht sie insgesamt nur 20. In Raesfeld steigt sie auf 41, in Heiden auf 48. Nur in Groß Reken, wo die Bettenzahl sich auf 126 beläuft, zeichnen sich stärkere Tendenzen in Richtung auf die Entwicklung zum Fremdenverkehrsort ab.

Auch im Süden machen sich derartige Erscheinungen erst in größerem Abstand vom Ruhrgebiet bemerkbar. In den kleinen Ortschaften zwischen Ruhr und Iserlohner Mulde bleibt die Bettenzahl durchweg unter 25. Im Hügelland zwischen Ruhr und Wupper-Ennepe-Mulde weisen Nieder-Elfringhausen und Bredenscheid-Stüter Werte von 22 bzw. 19 auf. Erst im Gebiet der Märkischen Hochflächen steigen die Zahlen ein wenig an (Frönsberg/Kesbern/Ihmert südl. Iserlohn 88, Dahl/Priorei/Rummenohl im Volmetal 100, Breckerfeld/Zurstraße 60, südlicher Teil von Ennepetal 92). Aber erst noch weiter im Süden und Südosten tritt in den Ortschaften der Charakter des Fremdenverkehrsortes stärker in Erscheinung; so hat z.B. das Amt Balve mit seinen östlich der Märkischen Hochflächen gelegenen Orten (117 qkm) bereits eine Bettenzahl von 369 aufzuweisen; und hier nimmt auch die Zahl der Fremdenpensionen im Vergleich zu derjenigen der Hotels und Gasthöfe beträchtlich zu.

Alle gekennzeichneten Entwicklungen der letzten Jahrzehnte haben mannigfache Struktur- und Funktionsänderungen in den Randzonen des Ruhrreviers ausgelöst. Vielfach wurden die einzelnen Teilräume von mehreren dieser Entwicklungsfaktoren gleichzeitig beeinflußt; und es prallten manchmal die verschiedensten Interesssen aufeinander. Es war für die Behörden nicht immer eine leichte Aufgabe, die wirtschaftlichen Interessen, das Streben der Wohnungsuchenden in die noch grünen Randgebiete, die Belange der Wasserwirtschaft, die Erholungsfunktionen des Raumes und die damit verbundenen Aufgaben des Naturschutzes und der Landschaftspflege gegeneinander abzuwägen bzw. miteinander in Einklang zu bringen; und an manchen Stellen ergaben sich für die planenden Stellen echte Zielkonflikte.

Die in den vergangenen Jahren aufgetretenen Probleme sollen an einigen Beispielen dargelegt werden. Zuvor aber ist es erforderlich, einen der we-

---

328 Nach Angaben des Wasserwerks für das nördliche westfälische Kohlenrevier in Gelsenkirchen.
329 Vgl. Abschnitt B 1.31, S. 75.

330 Nach Auskünften der Kreis-, Amts- und Gemeindeverwaltungen vom Sommer 1968 und Prospekten mit Unterkunftsverzeichnissen.

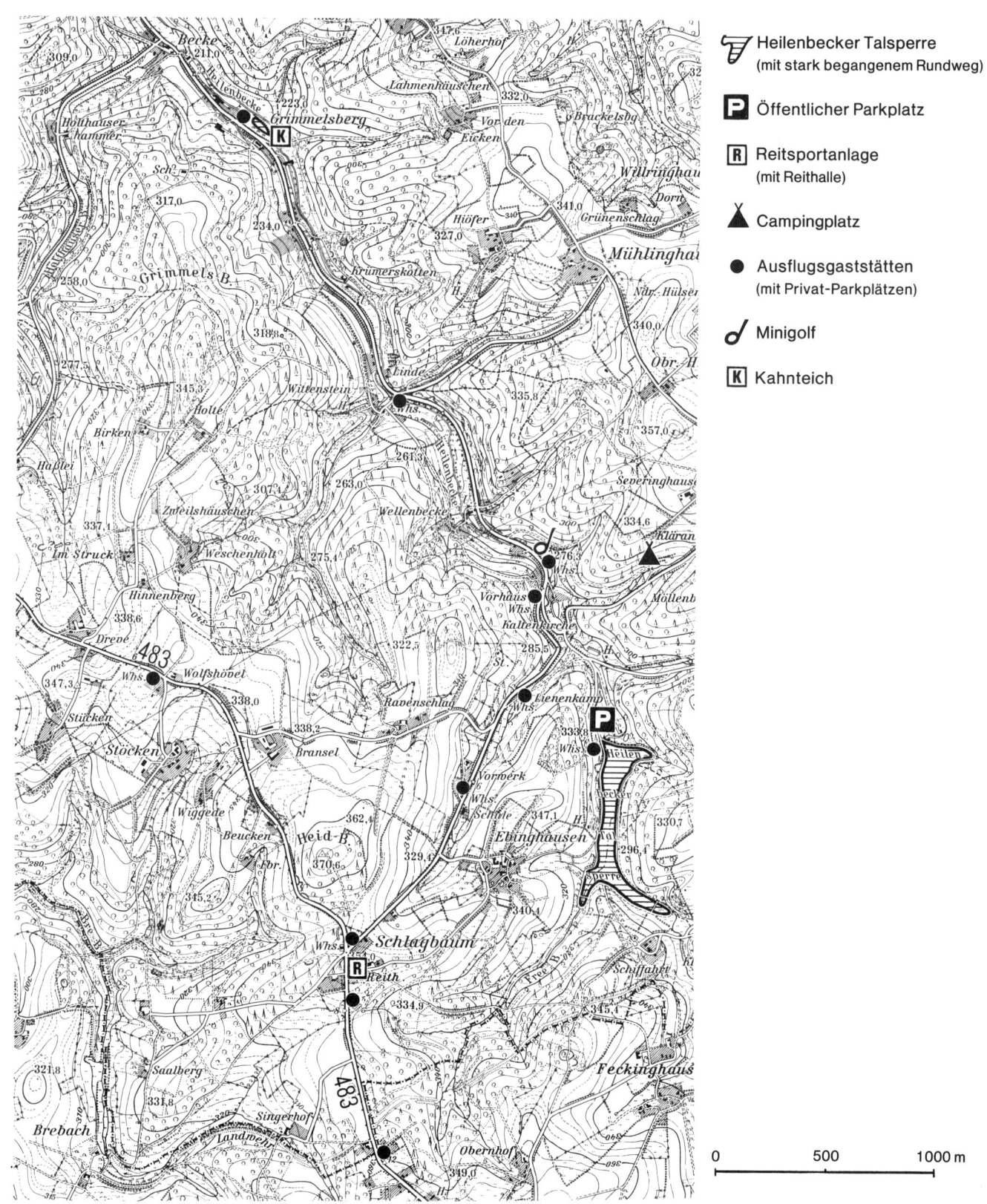

130  C Entwicklung des Erholungsverkehrs und der Landespflege

Abb. 22
Einrichtungen für den Ausflugs- und Erholungsverkehr
im Heilenbecketal und in seiner Umgebung

sentlichsten Faktoren für die Weiterentwicklung der Randzonen, den Wochenend-Erholungsverkehr, in seinen Entwicklungen und Strukturen noch näher zu beleuchten.

## 2.2 Der sonntägliche Ausflugsverkehr in den Randzonen des Ruhrgebiets

Im Sommerhalbjahr 1968 wurde eine *Analyse des sonntäglichen Ausflugsverkehrs* in den Randzonen des Ruhrgebiets vorgenommen.

An zwei Zähltagen (Sonntag, 26. Mai, und Sonntag, 30. Juni) wurden im Rahmen eines Praktikums des Geographischen Instituts der Ruhr-Universität Bochum Erhebungen in ausgewählten Naherholungsgebieten durchgeführt, wobei insbesondere auch bei jeweils einmaliger Zählung zu bestimmten Tageszeiten (10.45–11.45, 12.30–13.30 und 15.30–17.00 Uhr) Zahl und Herkunftsbereiche der abgestellten Pkw und Autobusse festzustellen waren.[331]

Am 30. Juni war das Wetter für den Ausflugs- und Erholungsverkehr sehr günstig. Es war heiter bis wolkenlos, und die Temperatur stieg bis zum Nachmittag auf etwa 25–28°C an. Die Ergebnisse dieses Tages liegen den folgenden Ausführungen und Darlegungen im wesentlichen zugrunde. Die Zählungsergebnisse des 26. Mai, eines kühlen, regnerischen Tages, sind nur zum Vergleich herangezogen, vermögen aber bei Gegenüberstellungen zum 30. Juni ebenfalls interessante Aufschlüsse zu liefern. Einige ergänzende Zählungen wurden vom Verfasser noch an zwei weiteren geeigneten Sonntagen vorgenommen, und zwar am 28. Juli und am 11. August.

Tab. 6 enthält zunächst die Zählergebnisse des 30. Juni 1968 für die angegebenen Teilbereiche; sofern in diesen Gebieten auch am 26. Mai 1968 Zählungen erfolgten, sind ihre Ergebnisse ebenfalls aufgeführt.[332]

Die Zählergebnisse liefern zunächst interessante Aufschlüsse über die Besucherzahlen in den einzelnen Teilgebieten in ihrer *Abhängigkeit von der Wetterlage*.

Am sonnigen, warmen 30. Juni war der stärkste Besuch an den Stauseen mit Bade- und Wassersportmöglichkeiten zu verzeichnen (Beispiele: Baldeneysee, Hengsteysee, Glörtalsperre im Süden, Halterner Stausee im Norden). Schon gegen Mittag wurden hier sehr hohe Zahlen erreicht, die sich dann bis zum Nachmittag im allgemeinen noch ein wenig erhöhten. Am kühlen und regnerischen 26. Mai war die Besucherzahl an den Seen wesentlich geringer; sie betrug nachmittags am Baldeneysee und am Halterner Stausee nur etwa 1/6 bis 1/8 der Zahlen vom 30. Juni. Besonders kraß war der Unterschied an der Glörtalsperre.

Hohe Besucherzahlen hatten am 30. Juni aber auch einige Ausflugsziele in der Nähe des Kern-Reviers zu verzeichnen, in deren Bereich sich größere Gaststätten und Ausflugslokale befinden und auch vielfältige Betätigungs- und Unterhaltungsmöglichkeiten im Freien geboten werden (Spielwiesen und Kinderspielplätze, Minigolf, Ponyreiten u.a.; Beispiele: Hohensyburg, Hohenstein, Grafenmühle, Haard-Südrand). Hier stieg der Besuch nachmittags besonders stark an, was darauf hinweist, daß die Zeitdauer des Besuchs gegenüber den Bade- und Wassersportgebieten im allgemeinen geringer ist. Lediglich die Hohensyburg mit ihren großen Gaststätten hatte auch mittags schon sehr hohe Zahlen aufzuweisen. Auch in diesen Gebieten lagen die Besucherzahlen am 26. Mai bedeutend niedriger. Doch war der Unterschied nicht so groß wie an den Seen. Viele Menschen aus den benachbarten Städten machten trotz des schlechten Ausflugswetters ihre Sonntags-Ausfahrt und kehrten in den Gaststätten zum Mittagessen oder zum Nachmittags-Kaffee ein. So betrugen die Besucherzahlen mittags etwa 1/2 bis 1/3, nachmittags 1/3 bis 1/5 der Werte vom 30. Juni. In einigen der weiter vom Ruhrgebiet entfernt liegenden Gaststätten waren am Vormittag und Mittag des 26. Mai sogar fast genau so viele Besucher zu verzeichnen wie am 30. Juni (Beispiele: Spreeler Mühle, Heilenbecketal, Rekener Berge).

Niedrigere Zahlen wiesen an beiden Tagen die reinen Wandergebiete auf, die überhaupt nicht oder nur von vereinzelten, verstreuten Gaststätten durchsetzt sind. Auf den öffentlichen Parkplätzen und Parkstreifen an den Straßen dieser Bereiche waren am trüben, regnerischen 26. Mai nur vereinzelte Wagen abgestellt (Beispiele: Glörtal, Düwelsteene/Steinberg, Parkstreifen Freudenberger Wald). An den Sonntagen mit gutem Ausflugswetter wurden in den vom Ruhrgebiet und von anderen Städten weiter entfernt liegenden Teilgebieten nur relativ niedrige Pkw-Zahlen ermittelt (Beispiele: Düwelsteene/Steinberg, Wessendorfer Wald, Rekener Berge, Haard-Dachsberg, Branten/Landwehr, Burg/Schweflinghausen).

Wie die Zählungen und Feststellungen gezeigt haben, werden die *Erholungsgebiete am Rande der Städte* am Sonntag-Vormittag bei günstigem Wetter vielfach von Einzelwanderern durchstreift, die sich in der Stille und ungestört von größeren Besucherzahlen von dem Lärm und der Hast des Alltags erholen und auf sich selbst besinnen wollen. Auch Väter mit Kindern unternehmen hier einen Morgenspaziergang. In manchen Gaststätten wird auch ein Frühschoppen eingenommen. Diese Besucher kehren zum Mittagessen nach Hause zurück. In einigen Teilgebieten ist der Rückgang der Besucherzahl in der Mittagszeit deutlich an den Zahlen der abgestellten Pkw abzulesen (Beispiele: Hohenstein, Heilenbecke-Talsperre, Grafenmühle). Nachmittags kommen dann vor allem Familien mit Kindern, die vielfach nach einem Waldspaziergang die Gaststätten mit ihren Attraktionen und Kinderspielplätzen aufsuchen. Auch ältere Ehepaare kehren nach kurzen Spaziergängen in den Ausflugslokalen und Kaffeeterrassen ein. An der Heilenbecke-Talsperre wird oft ein Rundgang, um die Wasserfläche unternommen, der etwa 1 Stunde er-

---

331 Vgl. dazu im einzelnen die Zusammenstellung in Anlage A 5.
332 Die in einfachen bzw. doppelten Klammern stehenden Zahlen wurden am Nachmittag des 28. Juli bzw. 11. August 1968 ermittelt.

Tabelle 6

Zahl der abgestellten Pkw bei jeweils einmaliger Zählung
in ausgewählten Erholungsgebieten Sommer 1968

| Kenn-Nr. des Teilgebiets | Teilgebiet | 26. Mai 1968 | | | 30. Juni 1968 | | |
|---|---|---|---|---|---|---|---|
| | | 10.45–11.45 | 12.30–13.30 | 15.30–17.00 | 10.45–11.45 | 12.30–13.30 | 15.30–17.00 |
| 1 | Duisburg-Mülheimer Wald (Sammelparkplatz Mülheimer Straße) | 58 | 44 | 114 | 151 | 233 | 343 |
| 2 | Baldeneysee | | | | | | |
| a | Nordufer Stauwehr bis Haus Baldeney | 299 | 222 | 160 | 824 | 1577 | 1969 |
| b | Südufer Stauwehr bis Haus Scheppen | 206 | 196 | 110 | 252 | 258 | 284 |
| c | Nordhang (östl. Teil) | 38 | 46 | 46 | 60 | 97 | 162 |
| 3 | Elfringhauser Hügelland | 33 | 54 | 94 | | | ((222)) |
| 4 | Hohenstein bei Witten | 32 | 41 | 54 | 195 | 85 | 258 |
| 5 | Hengsteysee/Hohensyburg | | | | | | |
| a | Hengsteysee – Standbadbereich | 85 | 126 | 129 | 242 | 348 | 443 |
| b | Hengsteysee – Brückenbereich | 37 | 32 | 76 | 312 | 352 | 373 |
| c | Hohensyburg (Dorf – Peterskirche – Denkmal) | 56 | 95 | 116 | 107 | 339 | 306 |
| d | Freilichtbühne und Campingplatz | | | | 91 | 128 | 121 |
| e | Brandskopf | | | | 16 | 41 | 27 |
| 6 | Wupperstausee/Spreeler Mühle | | | | | | |
| a | Wupperstausee – Brücke | 18 | 14 | 12 | 53 | 49 | 64 |
| b | Spreeler Mühle | 31 | 17 | 17 | 22 | 23 | 71 |
| c | Hochfläche Hölzerne Klinke/Hillringhausen | 0 | 2 | 0 | 17 | 11 | 17 |
| 7 | Heilenbecke/Ennepe | | | | | | |
| a | Heilenbecke-Talsperre | 32 | 52 | 41 | 104 | 68 | 153 |
| b | Heilenbecketal unterhalb Talsperre | 13 | 26 | 19 | 18 | 34 | 54 |
| c | Burg/Schweflinghausen | 9 | 17 | 23 | 14 | 21 | 20 |
| 8 | Glörtalsperre/Branten | | | | | | |
| a | Glörtalsperre | 27 | 24 | 10 | 152 | 273 | 276 |
| b | Glörtal unterhalb Talsperre | 0 | 0 | 0 | 9 | 11 | 268 |
| c | Branten/Landwehr | | | | 11 | 7 | 4 |
| 9 | Nahmertal | | | | 50 | 49 | 119 |
| 10 | Danzturm/Lägertal | | | | | | |
| a | Danzturm | 10 | 9 | 47 | 14 | 16 | 63 |
| b | Lägertal | 15 | 6 | 11 | 15 | 20 | 36 |
| 11 | Kohlberg | 11 | 23 | 70 | 63 | | 101 |
| 12 | Cappenberger Höhen | | | | 71 | 33 | 55 |
| 13 | Haard | | | | | | |
| a | Haard-Südrand (Waldfrieden – Mutter Wehner) | 28 | 26 | 44 | 50 | 50 | 171 |
| b | Haard-Dachsberg | | | | 8 | 13 | 15 |
| 14 | Halterner Stausee/Westruper Heide | | | | | | |
| a | Westruper Heide | | | | 32 | 77 | 55 |
| b | Seestern bis Seehof | 51 | 28 | 36 | 446 | 794 | 760 |
| c | Stadtmühle-Stockwiese | 104 | 153 | 135 | 174 | 268 | 416 |
| d | Niemen-Heimingshof | 58 | 78 | 99 | 177 | 359 | 469 |

| | | | | | | | | |
|---|---|---|---|---|---|---|---|---|
| 15 | Hohe Mark | | | | | | | |
| | a | Südwestliche Hohe Mark | | | | 28 | 35 | 138 |
| | b | Zentrale Hohe Mark | 13 | 5 | 13 | | | ((142)) |
| | c | Ontrup | 31 | 21 | 47 | | | ((155)) |
| | d | Granat | 49 | 52 | 66 | | | ((291)) |
| 16 | Rekener Berge | | 28 | 30 | 34 | 26 | 33 | 60 |
| 17 | Düwelsteene/Steinberg | | | | | | | |
| | a | Düwelsteene | 2 | 3 | 3 | 6 | 19 | 27 |
| | b | Steinberg | 0 | 0 | 0 | 3 | 8 | 16 |
| 18 | Wessendorfer Wald | | | | | 29 | 45 | 35 |
| 19 | Römersee bei Borken | | | | | 19 | 34 | 109 |
| 20 | Schloß Raesfeld | | 12 | 8 | 10 | 36 | 77 | 190 |
| 21 | Freudenberger Wald | | | | | | | |
| | a | Forsthaus Freudenberg | 19 | 23 | 25 | 56 | 61 | 169 |
| | b | Parkstreifen B 58 | | | | 40 | 55 | 83 |
| | c | Parkstreifen B 224 | 3 | 2 | 2 | 17 | 21 | 48 |
| 22 | Hiesfeld-Bottroper Wald | | | | | | | |
| | a | Sträterei/Franzosenstraße | 18 | 4 | 27 | 64 | 52 | 169 |
| | b | Grafenmühle | 63 | 34 | 55 | 135 | 82 | 264 |
| | c | Bischofssondern | 8 | 7 | 12 | 28 | 14 | 22 |
| | d | Forsthaus Specht | 6 | 28 | 7 | 32 | 37 | 42 |
| 23 | Brüner Höhen/Pohlsche Heide | | | | | | | (17) |
| 24 | Diersfordter Wald | | | | | | | |
| | a | Ellersche Heide | | | | | | |
| | b | Flürener Heide | | | | | | (122) |
| 25 | Leucht | | | | | | | (187) |
| 26 | Rheinufer Götterswickerhamm | | | | | | | (148) |

fordert. Sehr groß ist auch die Zahl der Nur-Gaststättenbesucher, die vom abgestellten Pkw bis zum Kaffeetrinken und zurück nur wenige Schritte zurücklegen. Insgesamt steigt in den stadtnahen Ausflugsgebieten die Zahl der Besucher am frühen Nachmittag schnell an. Zur Zeit des Nachmittags-Kaffees erreichte sie z.B. am 30. Juni in den drei oben genannten Beispielsbereichen etwa das 2—3fache der Mittagszahlen und das 1 1/2—2fache der Vormittagswerte. Gegen Abend läßt der Besuch wieder nach; immerhin nehmen aber viele Familien, Ehepaare und kleine Reisegruppen auch das Abendessen noch in den Gaststätten ein. Zwischen 19 und 20 Uhr werden die Ausflugsgebiete allmählich leer.

Auch in den dicht am Stadtrand liegenden Erholungsgebieten reisen heute die meisten Besucher mit dem Wagen an. Meist kommt nur ein relativ kleiner Teil zu Fuß, am Nordrand des Ruhrgebiets mit seinen geringeren Straßensteigungen und den am Rande der Straßen vielfach angelegten Radwegen auch mit dem Fahrrad. Lediglich in den Wald- und Parkgebieten, die mit ihren Ausläufern tief in die Städte hineinreichen, ist der Anteil derjenigen, die unmittelbar von ihrer Wohnung zu Fuß die Erholungsgebiete aufsuchen, relativ groß. Zum Teil, wie etwa im Beispielsgebiet Danzturm südlich Iserlohn oder im Duisburg-Mülheimer Wald und im Essener Stadtwald, benutzt man den Wagen nur zu einer kurzen Anfahrt, stellt ihn dann am Rande der Waldgebiete ab und tritt vom Parkplatz aus eine 1—2stündige Wanderung an. Im Anschluß an den Fußmarsch wird vielfach in einer benachbarten Gaststätte Kaffee getrunken oder das Abendessen eingenommen.

Die stadtnahen Waldflächen und Ausflugsziele dienen häufig auch als Feierabenderholungsgebiete. Sie werden an den Werktagen spätnachmittags und gegen Abend ebenfalls von den Menschen aus den benachbarten Städten aufgesucht. Die Minigolfanlagen und Spielplätze erfreuen sich in den letzten Jahren auch werktags steigender Beliebtheit; vollends gilt dies natürlich von den Stauseen im unteren Ruhrtal mit ihren Bade- und Wassersportmöglichkeiten. An den Samstagen ist in diesen stadtnahen Erholungsgebieten heute schon vielfach ein ähnlicher Betrieb festzustellen wie an den Sonn- und Feiertagen.

*In den weiter von den Städten entfernt liegenden Erholungsgebieten* ist die Besucherzahl über den Sonntag im allgemeinen gleichmäßiger verteilt. Vor allem fehlt der für die Stadtrandzonen auffällige Rückgang in der Mittagszeit, da sich ja wegen der größeren Entfernung eine Rückkehr zum häuslichen Mittagstisch nicht lohnt. Oft steigt hier die Zahl der Besucher vom Vormittag an laufend an, um nachmittags ihren Höhepunkt zu erreichen (typische Beispiele: Glörtalsperre mit dem unterhalb gelegenen Glörtal, Düwelsteene/Steinberg, Römersee bei Borken, Schloß Raesfeld, Freudenberger Wald).

Die Besucher kommen hier fast ausschließlich mit dem Pkw. Viele haben ihre festen Stammziele, an die sie immer wieder zurückkehren, vor allem Familien mit Kindern.[333] Oft lagert man sich dann in der Nähe des Parkplatzes, vielfach an Wald- und Wegrändern, auf Lichtungen und Kahlschlägen, wo die Kinder ausgelassen herumtoben. Es wird Federball gespielt, oder man setzt ein Kofferradio in Gang. Man sonnt sich oder sammelt Beeren, und in der Mittagszeit sitzt man beim gemütlichen Picknick. Etwa die Hälfte der Ausflügler bleibt so in der Nähe der abgestellten Pkw, und oft kann man beobachten, daß der Wagen nur verlassen wird, um sich ganz in der Nähe wieder in mitgebrachte Liegestühle niederzulassen. Die andere Hälfte der Besucher unternimmt Spaziergänge, wobei Wege, die für den Autoverkehr gesperrt sind, bevorzugt werden. Allmählich werden auch die inzwischen an vielen Stellen angelegten Rundwanderwege angenommen, die nach etwa 1–2stündigem Fußmarsch wieder zum Parkplatz zurückführen. Auch einige Wald- und Naturlehrpfade erfreuen sich steigender Beliebtheit.[334]

Unter den Wanderwegen sind diejenigen relativ stark begangen, die auf kurze Entfernung möglichst viel Abwechslung bieten. Ein bergiges oder hügeliges Gelände wird gegenüber der Ebene bevorzugt, insbesondere wenn sich von den Höhen Ausblicke in die vorgelagerten Landschaften bieten. Auch ein häufiger Wechsel zwischen Wald, Acker und Grünland trägt zur Belebung bei. Hier spielt auch der Überraschungsfaktor eine Rolle. Vor allem die Kontaktzonen zwischen den großen Waldkomplexen und den vorgelagerten und vielfach bucht- oder inselartig eingreifenden bäuerlichen Kulturlandschaften bieten sich in diesem Zusammenhang als Wandergebiete an. Ganz besondere Anziehungskraft aber besitzen die Uferwege an Seen und Flüssen.

Es zeigt sich also auch in den Erholungsgebieten des Ruhrgebiets, daß vor allem die Grenzzonen, insbesondere Wald- und Gewässerränder, die Menschen anlocken. Sie bieten Kontrast und Abwechslung und geben dem Raum Gliederung. An ihnen prägt sich der Wechsel von Licht und Beleuchtung stark aus, und oft besitzen sie auch günstige kleinklimatische Bedingungen. Den Randzonen kommt daher ein besonders hoher Erholungswert zu.[335]

Die stärkste Konzentration der Besucher ist innerhalb der bevorzugten Räume im Bereich der Gaststätten mit ihren Nebenanlagen und Spielflächen festzustellen. Auch einige historisch oder kunstgeschichtlich bedeutsame Bauwerke locken viele Besucher an (Schloß Raesfeld, Schloß Lembeck, Schloß Cappenberg u.a.). Sammellinien von geringerer Stärke stellen die mit Parkstreifen oder Parkplätzen ausgestatteten Durchgangsstraßen durch die Erholungsgebiete dar, in deren Nähe sich viele der Ausflügler niederlassen und z.T. auch aus mitgebrachten Lebensmitteln selbst versorgen. Von diesen Konzentrationspunkten und -linien aus nimmt die Zahl der Besucher mit wachsender Entfernung

---

333 Auch bei niederländischen Untersuchungen ist festgestellt worden, daß die Ausflügler oft an denselben Platz zurückkehrten und diesen geradezu als für sich reserviert betrachteten (A. COOPS: De recreatie in Meyendel-Beplanting en Recreatie in de Haagse Duinen; Mededeling ITBON Nr. 39, 1958, S. 47–93; zitiert nach H. KIEMSTEDT 1967, S. 15).

334 Man schätzt, daß z.B. jeder der im Duisburger Stadtwald angelegten Waldlehrpfade jährlich von 10 000–12 000 Menschen „abgewandert" wird (Informationsdienst Ruhr Nr. 59/68 vom 17.9.1968).
Auf einem bezeichneten Rundweg von 4,5 km Länge, der von einem Parkplatz beim Schloß Raesfeld ausgeht, sind schon Anfang der 60er Jahre von dem dortigen Förster an einem schönen Sonntag in 100 Minuten 2400 Fußgänger gezählt worden (nach R. KLÖPPER 1962, S. 19).

335 Vgl. dazu H. KIEMSTEDT (1967), S. 19 ff. – In den Niederlanden wird in diesem Zusammenhang vom „Randeffekt" gesprochen. A. COOPS (a.a.O.) und E. C. M. RODERKERK (Recreatie, Recreatieverzorging en Natuurbescherming in de Kennemerduinen; Delft, 1961) haben an ausgewählten Beispielen Untersuchungen über die Anziehungskraft von Flächen mit unterschiedlichen Eigenschaften angestellt. Dabei wird die Bedeutung von Waldrändern, von Baum- und Buschgruppen und insbesondere von Gewässerrändern mehrfach betont.

rasch ab. Besonders in den großen Waldkomplexen sind die abseits der Gaststätten und Straßen liegenden weiten Teilgebiete auch heute noch, selbst an den wettermäßig begünstigten Sonntagen, ruhige Zonen, in denen man nur wenige Menschen antrifft.

Auf Grund der Zählungen[336] lassen sich die Stauseen an der Ruhr (Baldeneysee, Kettwiger See, Harkortsee, Hengsteysee) und an der Stever (Halterner Stausee) als die wichtigsten *Erholungsschwerpunkte*[337] am Rande des Ruhrgebiets ermitteln. In den Uferstreifen des Baldeneysees vom Stauwehr bis Haus Baldeney bzw. Haus Scheppen wurden am Nachmittag des 30. Juni 1968, an dem auf dem See Kanu-Meisterschaften ausgetragen wurden, bei einmaliger Zählung allein 2253 Pkw und 2 Autobusse gezählt, im Bereich des Halterner Stausees zwischen Stadtmühle und Stockwiese, Heimingshof, Seehof und Seestern an demselben Nachmittag 1645 Pkw und 1 Autobus. Zur Zeit der Zählungen dürften sich also im Bereich des Halterner Stausees rund 5000 Menschen befunden haben, am Baldeneysee noch erheblich mehr (hier ist auch die Zahl derjenigen zusätzlich zu berücksichtigen, die mit öffentlichen Verkehrsmitteln angereist waren). Diese Erholungsschwerpunkte zeichnen sich durch besonders vielfältige Erholungseinrichtungen, mit Gaststätten und Kiosken, Spiel- und Unterhaltungsmöglichkeiten, insbesondere aber auch mit Bade- und Wassersportmöglichkeiten, aus.

Darüber hinaus gibt es in der engeren Randzone um den Kernraum des Reviers und auch in der Nähe der bergisch-märkischen Kernzone im Süden viele *kleinere Zentren des Erholungsverkehrs*. Sie bleiben zwar im Umfang und in der Reichhaltigkeit des Angebots an Attraktionen, an Betätigungs- und Unterhaltungsmöglichkeiten hinter den eigentlichen Erholungsschwerpunkten zurück, locken aber trotzdem noch relativ viele Besucher an. Dazu gehören unter den erfaßten Zielbereichen u.a. die Hohensyburg (mit 306 gezählten Pkw bei einmaliger Zählung am Nachmittag des 30. Juni 1968), die Glörtalsperre (544 Pkw einschl. Talabschnitt unterhalb der Sperre; Badebetrieb, nur bei gutem Wetter), die Heilenbecke-Talsperre (174 Pkw einschl. Talabschnitt unterhalb der Sperre), der Hohenstein bei Witten (258 Pkw), die Grafenmühle (264 Pkw) oder der Haard-Südrand (Waldfrieden bis Mutter Wehner; 171 Pkw). Auch in etwas größerer Entfernung von den Dichtezonen stellen oft einzelne Ausflugsziele, die eine besondere Attraktion darstellen, oder bekannte Gaststätten kleinere Zentren des Erholungsverkehrs dar, wie etwa das Schloß Raesfeld (190 Pkw) oder der Kohlberg im östlichen Teil der Märkischen Hochflächen (101 Pkw).

Die Zahl der Besucher in den *Wanderbereichen,* in denen sich keine Gaststätten befinden, ist demgegenüber meist erheblich geringer. In einigen der erfaßten Teilgebiete ist es möglich, mit hinreichender Genauigkeit Zuordnungen der auf den Parkplätzen oder an den Straßen abgestellten Kraftfahrzeuge zu einem bestimmten Wandergebiet vorzunehmen.

So sind etwa die Parkplätze am Rande der Westruper Heide unmittelbar der von vielen Wanderwegen und Trampelpfaden durchzogenen Heidefläche zugeordnet. Die im Norden vorüberführende Durchgangsstraße bildet eine ebenso klare Begrenzung wie die südwestlich vorgelagerte große Sandaufschüttung; und in die Kiefernwälder am Ost- und Südostrand wandern nur sehr wenige Besucher. Wenn auf den Parkplätzen am Rande der Heide am Nachmittag des 30. Juni also 55 abgestellte Pkw gezählt wurden, so kann man die Zahl ihrer Insassen ziemlich eindeutig dem Heidegebiet mit seiner engsten Umgebung (ca. 1,0 qkm) zuordnen; dazu kommen noch einige Besucher, die ihre Wagen im benachbarten Seehof-Bereich abgestellt hatten, so daß die Besucherzahl hier insgesamt auf knapp 200 zu veranschlagen ist.

Zu den relativ stark besuchten Bereichen gehört außer der offenen und landschaftlich reizvollen Westruper Heide, die man kreuz und quer durchstreifen kann, auch z.B. die südwestliche Hohe Mark mit ihren Kontaktzonen zwischen größeren Wäldern und offenen, von kleineren Gehölzen durchsetzten bäuerlichen Kulturlandschaften. Von den Waldrändern bietet sich hier immer wieder ein guter Überblick über die wellige, abwechslungsreiche Landschaft, in der sich an vielen Stellen auch geeignete Lagerplätze befinden. Es kommt hinzu, daß dieses Gebiet ebenso wie die Westruper Heide durch eine Straße mit Parkplätzen und Parkstreifen gut erschlossen ist. Bei den Zählungen am Nachmittag des 30. Juni waren hier einem etwa 3,5 qkm großen Wanderbereich 138 abgestellte Pkw, also rund 400 Besucher, zuzuordnen. An diesem Beispiel mag insbesondere auch die Bedeutung des „Randeffekts" zum Ausdruck kommen.[338]

Demgegenüber weisen andere Teilbereiche wesentlich geringere Zahlen auf. Dazu gehören etwa die Zählbezirke Wessendorfer Wald (35 Pkw), Düwelsteene (27 Pkw) und Brüner Höhen/Pohlsche Heide (17 Pkw am Nachmittag des 28. Juli 1968) an der Nordflanke des Ruhrgebiets. Im Süden wurden für den Zählbereich Burg/Schweflinghausen, in dem sich nur zwei weit voneinander entfernte Gaststätten befinden, nur 20 abgestellte Pkw am Nachmittag des 30. Juni 1968 ermittelt. In einem großen abgeschlossenen Waldgebiet der nördlichen Haard, das nicht von einer Durchgangsstraße durchquert wird, wurden am Rande einer von Norden hereinführenden Stichstraße nur 15 abgestellte Pkw gezählt.

---

336 Vgl. dazu im einzelnen die Aufstellungen und Einzelangaben in Anlage A 5.

337 Nach einer Definition des Forschungsausschusses „Raum und Landespflege" der Akademie für Raumforschung und Landesplanung von 1968 versteht man unter einem *Erholungsschwerpunkt* die Konzentration mehrerer Erholungsanlagen und -einrichtungen, die ein vielfältiges Angebot von Erholungsmöglichkeiten auf engerem Raum darstellen (z.B. Halterner Stausee, Wintersportplätze). – *Erholungseinrichtungen* sind alle für die Erholung geschaffenen Einzelelemente und Veranstaltungen (z.B. Spiel- und Lagerflächen, Wanderwege, Bänke, Führungen). – Eine *Erholungsanlage* umfaßt mehrere Einrichtungen, die auf bestimmte Erholungsmöglichkeiten ausgerichtet sind (z.B. Grünflächen, Badeanstalten, Tiergärten). (Rundschreiben vom 1.11.1968.)

338 Vgl. Anmerkung 335.

Es sei im folgenden noch der Versuch unternommen, für einige größere Teilgebiete an der Nordflanke des Ruhrreviers auf Grund der Zählergebnisse Gesamtzahlen der Besucher zu ermitteln.

Es bietet sich dafür zunächst ein etwa 16 qkm großer Ausflugs- und Erholungsbereich dicht nördlich des Revier-Kernraumes an, der von der Sträterei in der Gemeinde Dinslaken über den Hiesfelder Wald, die westlichen Teile der Kirchheller Heide und die Grafenmühle bis zum Köllnischen Wald und zum Vöingholz im Norden von Bottrop reicht. Dieser Raum bildet ein Mosaik von ruhigen Wanderzonen sowie Gaststätten- und Parkplatz-Bereichen; und an der Grafenmühle ist ein kleineres Erholungszentrum eingefügt. Für diesen Gesamtraum kann man zur Zeit der Zählungen am Nachmittag des 30. Juni rund 1500 bis 2000 und für den Nachmittag des trüb-regnerischen 26. Mai immerhin 300–350 Besucher veranschlagen. Es konnte hier wie auch in anderen Erholungsräumen festgestellt werden, daß manche Besucher auch bei schlechtem Wetter nicht auf ihren Spaziergang verzichteten, sondern im Regenmantel die Wälder durchstreiften.[339]

Auch für einen großen Teilbereich der Hohen Mark mit etwa 22 qkm Flächengröße, von Ontrup und Granat im Norden über die zentrale Hohe Mark bis zum Zählbezirk der südwestlichen Hohen Mark reichend, lassen sich ungefähre Gesamtzahlen der Besucher überschlägig errechnen, da in den zwischen den Zählbezirken liegenden Teilräumen nur an vereinzelten Stellen Wagen abgestellt werden können. Es zeigt sich, daß man bei gutem Ausflugswetter an Sonntag-Nachmittagen für diesen Gesamtraum, der verkehrsmäßig gut aufgeschlossen ist und außer ruhigen Waldgebieten Gaststätten-Bereiche mit vielfältigen Attraktionen sowie reichliche Parkgelegenheiten bietet, mit rund 2000 bis 3000 Besuchern zu rechnen hat.

Betrachten wir schließlich noch den etwa 25 qkm messenden Raum vom Römersee östlich Borken über die Düwelsteene bis zu den Rekener Bergen einschließlich der zwischen den Zählbezirken gelegenen, weniger stark besuchten Zonen. In diesem Gesamtraum, der in größerer Entfernung vom Ballungsraum des Ruhrgebiets liegt, dürfte auf Grund der Zählergebnisse die Besucherzahl am Nachmittag des 30. Juni etwa zwischen 700 und 1000 gelegen haben.

Betrachten wir abschließend noch einmal den *Landschaftscharakter der Erholungsgebiete*, so ist allgemein festzustellen, daß es sich um Landschaften handelt, die in starkem Maße von biotischen Elementen geprägt werden. Immer hat in ihnen der Wald einen größeren Anteil, oder sie sind doch wenigstens von kleineren Gehölzen und Baumgruppen in reichlichem Maße durchsetzt. Menschliche Siedlungen und gewerbliche Anlagen treten demgegenüber zurück und sind auf keinen Fall für den betreffenden Raum bestimmend. Außer Wald, Busch und Heide und landwirtschaftlichen Flächen spielt vielfach auch das Wasser in den Erholungslandschaften eine maßgebliche Rolle.

Von psychologischer und medizinischer Seite ist mehrfach betont worden, daß der menschliche Organismus durch die Anforderungen unseres technisierten Daseins überfordert wird und als Ausgleich die Einflüsse natürlicher Umweltfaktoren braucht.[340]

Das gilt insbesondere für den Verdichtungsraum des Ruhrreviers mit seiner durch Immissionen belasteten Luft. Während der Zeit der Regeneration braucht der Mensch eine Umwelt, die eine Kompensation zu der Überflutung mit technischen Reizen zu bieten vermag. Die naturnahe Landschaft muß geradezu als ein Heilmittel, als ein Gegengewicht gegen die Anforderungen der Großstädte und Ballungskerne, gegen ihre Hast, ihre Unrast und ihre physische und psychische Überforderung betrachtet werden (K. BUCHWALD 1965, S. 21). Wesentliche Erholungswerte liegen auch im irrationalen Erlebnis der Natur. „Die Bedeutung einer immer wiederholten Kontaktaufnahme des modernen Menschen zur außermenschlichen Natur muß um so höher bewertet werden, je naturferner unsere Wohn- und Arbeitsumwelt wird." (K. BUCHWALD 1965, S. 22).[341]

Durchmustert man nun die einzelnen Naherholungsgebiete im Umkreis des Ruhrgebiets genauer, so stellt man fest, daß sie zwar alle einen gewissen Grad von „Naturnähe" besitzen, daß aber doch nicht etwa diejenigen Landschaftsteile am meisten aufgesucht werden, in denen die menschlichen Einwirkungen am stärksten zurücktreten. Vielfältig gestaltete, von gepflegten bäuerlichen Kulturlandschaften und von Waldkomplexen abwechselnd bestimmte und mosaikartig zusammengesetzte Räume üben oft eine größere Anziehungskraft aus als große, geschlossene Waldflächen. Auch einzelne

---

339 Vgl. hierzu und zu den folgenden Abschnitten im einzelnen Anlage A 5.

340 Vgl. z.B. HEISS-FRANKE (1964), BUCHWALD-ENGELHARDT (1968), Bd. 1, S. 87 ff.; ferner J. BODAMER: Der Mensch ohne Ich; 6. Aufl.; Freiburg, 1964; A. PORTMANN: Wir sind ein Stück Natur – eine notwendige Besinnung; Hannoversche Allgemeine Zeitung vom 15/16. Januar 1966.

341 In einem AVA-Gutachten über die landwirtschaftliche Nutzung von Erholungsgebieten in Ballungsräumen (Lit.-Verz. 195) werden besonders herausgestellt (S. 65 u. 66): Psychologische Wirkung der Grünflächen, Ergänzung und Kontrast zur Stadtlandschaft, natürlicher Bodenkontakt, Frischluft, Staubfreiheit, Bewegung, Erleben der freien Landschaft im Gegensatz zur Stadt, unmittelbarer Kontakt mit dem Rhythmus der Jahreszeiten.

eingefügte menschliche Bauwerke und Anlagen, etwa kunstgeschichtlich bedeutsame Schlösser, Bauerngehöfte oder hervorragende technische Anlagen, vermögen oft den Reiz einer Landschaft zu erhöhen. Besonders stark lockt immer wieder das Wasser die Menschen an, das fließende Wasser eines Flusses oder Baches ebenso wie die zum Baden und zum Wassersport einladenden Wasserflächen der natürlichen und künstlichen Seen.

*Kontrast, Abwechlungsreichtum und Vielfalt* sind offensichtlich wichtige Kriterien für die Anziehungskraft der einzelnen Erholungslandschaften.

H. KIEMSTEDT (1967) hat die Bedeutung der Vielfältigkeit einer Landschaft für die Erholung besonders stark herausgestellt. Auf der Grundlage ausgewählter Merkmale (Anteil der Wald- und Gewässerränder, Relief, Nutzungsarten und Klima) hat er mit dem sogenannten „Vielfältigkeitswert" (V-Wert) einen Bewertungsmaßstab der Landschaften für die Erholung aufgestellt.

In der engeren Umgebung des Ruhrgebietes gibt es eine ganze Reihe von Teilgebieten, die noch einen gewissen Grad von Naturnähe aufweisen und sich zugleich auch durch Abwechslungsreichtum und Vielfalt auszeichnen. Entsprechend den Abwandlungen des naturräumlichen Gefüges mit den verschiedenen Komplextypen (vgl. Karte K 1) und deren wechselnder Nutzung und Ausgestaltung durch den Menschen ergeben sich in dieser Hinsicht im einzelnen erhebliche Unterschiede zwischen den im Südosten an das Ruhrgebiet grenzenden Landschaften des Bergisch-Sauerländischen Gebirges und den Tieflandzonen im Norden und Westen.

In den vorderen Teilen des Gebirgslandes sind es zunächst die wellig-flachhügeligen und die hügeligen Teilräume mit den schmalen Härtlingsrücken und oft scharf eingeschnittenen Nebentälchen, mit Waldparzellen und von Hecken, Gehölzen und locker verstreut liegender Bebauung durchsetzten landwirtschaftlichen Nutzflächen, welche die genannten Vorbedingungen erfüllen. (Zu diesen hügeligen Teilräumen des Gebirgslandes gehören die Teilgebiete Nr. 2–5 der Tabelle 6). Im Bereich des Hochflächenlandes (Teilgebiete Nr. 6–11 der Tabelle 6) kommen außer den bewaldeten Hangzonen weite Teile der vorwiegend in Grünlandnutzung stehenden, von vielen Hecken, Baumgruppen und Gehölzen gegliederten Hochflächen mit ihren verstreuten landwirtschaftlichen Betrieben als Erholungsräume in Betracht. Auch manche der schmalen Wiesentälchen, die das unterste Stockwerk dieses Raumes bilden und z.T. noch Reste der früheren gewerblichen Anlagen (Hammerwerke, Mühlen, Stauteiche) aufweisen, spielen in dieser Hinsicht heute eine erhebliche Rolle. Und besonders beliebte Zielpunkte stellen die in das Hochflächenland eingefügten Talsperren dar. In diesen Landschaften des Gebirgslandes schafft vor allem auch das lebhaft gegliederte Relief reizvolle Kontraste und trägt erheblich zum Abwechslungsreichtum der Landschaft bei. Selbst in den geschlossenen Waldkomplexen der Hangzonen im Hochflächenland bieten sich von Lichtungen und Schonungen aus immer wieder wechselnde und oft überraschende Ausblicke. Mit der weitgehenden Anpassung der Bodennutzung an Relief und Wasserhaushalt und mit der den Standortbedingungen noch weitgehend entsprechenden Zusammensetzung der Ufergehölze an den Bächen und der kleineren Waldparzellen und Gehölze inmitten der landwirtschaftlich genutzten Fluren sowie mit dem beachtlichen Anteil der Rotbuche in den Hangwäldern des Hochflächenlandes und auf den Härtlingsrücken des Hügellandes haben viele Teile dieser Bereiche auch noch das Gepräge naturnaher Kulturlandschaften (vgl. Anm. 9, S. 14).

Im Tiefland des Nordens sind vor allem die ebenen bis flachwelligen, vorwiegend sandigen Geländeteile des Westmünsterlandes mit den darin eingefügten flachen, von Grünland eingenommenen Tälern und Niederungen zu nennen, mit ihren wechselnden Anteilen von Waldparzellen und landwirtschaftlichen Bereichen. (Zum Westmünsterland gehören die Teilgebiete Nr. 13–19 der Tabelle 6). Auch auf den westlich angrenzenden Hauptterrassenplatten des Rheins sind ähnlich strukturierte Teilräume ausgebildet, die sich ebenfalls für Erholungszwecke eignen (Teilgebiete Nr. 20–23 der Tabelle 6). Es handelt sich auch in diesen Tieflandzonen des Nordens noch weithin um naturnahe Kulturlandschaften. Ihre Waldparzellen stehen mancherorts noch den bodenständigen Eichen-Birken- und Buchen-Eichen-Wäldern nahe, und in die landwirtschaftlich genutzten Flächen sind viele naturnahe Gehölze und Wallhecken mit standortgerechten Baum- und Straucharten eingefügt. Die verstreut liegenden oder zu lockeren, drubbelartigen Gruppen vereinigten landwirtschaftlichen Betriebe, oft noch mit mächtigen Backsteinbauten vom Typ des niederdeutschen Hallenhauses, sind von Eichengruppen umgeben. So entsteht der Typ einer reich gegliederten „Parklandschaft", die sich vom Charakter der Erholungslandschaften im Gebirgsland des Südostens erheblich unterscheidet, aber ebenfalls gute Vorbedingungen für die Erholung bietet. Teilräume besonderen Gepräges stellen in den nördlichen Tieflandzonen die kleinkuppigen Dünenlandschaften dar (Teilgebiet Nr. 24 der Tabelle 6), sowie die wellig-flachhügeligen Bereiche der Halterner Sand-Höhen mit ihren Trockentälchen, die außer Kiefernforsten noch naturnahe Eichen-Birkenwälder und stellenweise auch noch Heidereste aufweisen und die von den Erhebungen weite Ausblicke bieten (Teilgebiete Nr. 13, 15 und 16 der Tabelle 6).

Im Westen kommen außer den Rheinuferstrecken (Teilgebiet Nr. 26 der Tabelle 6) und Teilen der von Hecken und Gehölzen gegliederten Rheinauen vor allem die Stauchmoränenwälle mit den angrenzenden Sanderflächen als Erholungsräume in Betracht, die neben geschlossenen Waldkomplexen auch buchtartig eingreifende landwirtschaftliche Bereiche umfassen und von den Waldrändern weite Überblicke ermöglichen (Teilgebiet Nr. 25 der Tabelle 6).

In den übrigen Teilräumen des Untersuchungsgebietes kommen insbesondere solche Flächen als Naherholungsgebiete in Frage, die sich durch größere Waldanteile, geringe Besiedlung und vielfach auch durch lebhaftere Reliefgestaltung von der Umgebung unterscheiden (Beispiel aus dem Kernmünsterland: Teilgebiet Nr. 12 der Tabelle 6; Beispiel aus den Niederbergischen Sandterrassen: Teilgebiet Nr. 1).

Es muß allerdings betont werden, daß Naturnähe, Abwechslungsreichtum und Vielfalt einer Landschaft allein noch nicht die Stärke des Besuches bestimmen. Die gute *Erreichbarkeit* und die *Ausstattung mit besonderen Erholungseinrichtungen* (Parkplätze, Gaststätten, Spiel- und Unterhaltungsmöglichkeiten) spielen dabei ebenfalls eine wesentliche Rolle. Im Umkreis des Ruhrgebiets kann festgestellt werden, daß die in dieser Hinsicht besser aufgeschlossenen und ausgestatteten Teilräume auch einen stärkeren Besuch von Erholungsuchenden aufweisen als andere Bereiche, die sich sonst in ihrer landschaftlichen Gestaltung von jenen kaum unterscheiden. Es ist vielfach ein Mosaik von stark besuchten Teilräumen und „Oasen der Ruhe" ausgebildet, das für die Gesamtstruktur der Erholungsräume im Umkreis des Reviers kennzeichnend ist und das sich auch in den Zählergebnissen des Sommers 1968 mit den von Teilraum zu Teilraum stark wechselnden Besucherzahlen widerspiegelt.[342]

---

342 L. CZINKI (1968, S. 151) schätzt, daß der Anteil der Erholungsuchenden, die sich im wesentlichen an attraktiven Schwerpunkten aufhalten (z.T. mit ausgesprochenem Massenbetrieb, vor allem an den Stauseen mit Bade- und Wassersportmöglichkeiten), sich auf rund 75% beläuft. Zweifellos gibt es dabei viele, die je nach Bedingungen und Stimmung zwischen der Massenerholung und den ruhigen Erholungsformen wechseln.
Für den Erholungsflächenbedarf bzw. die Belastbarkeit der Flächen werden von PILON (zitiert nach L. CZINKI 1967, S. 992) folgende Werte angegeben:
 Segeln: 1 Boot/ha Wasserfläche,
 Kanu: 10 Boote/ha Wasserfläche,
 Campingplatz für Zelte: 80–100 Personen/ha,
 Campingplatz für Wohnw.: 60–70 Personen/ha,
 Wald: 10–25 Personen/ha,
 Waldränder bis 50 m: 100 Personen/ha.
L. CZINKI (1968, S. 993) hat bei der Berechnung des Flächenbedarfs für das Erholungsgebiet um den geplanten Bochumer Stausee folgende Grenzwerte für die Flächenbelastung genannt:

| | |
|---|---|
| Wandern | 25 Pers./ha |
| Liegewiesen, Waldränder | 100 Pers./ha |
| Freibäder | 1000 Pers./ha |
| Wochenendhäuser | 66 Häuser/ha |
| Campingplatz | 40 Zelte/ha |
| Spiel, Sport, Unterhaltung, Besichtigung, Promenieren | 275 Pers./ha |
| Wasserfläche | 5 Pers./ha |
| Golf | 6 Pers./ha |

Die bisher angegebenen Zahlen für Wandergebiete gehen jedoch weit auseinander. So geben K. EICK und F. DAHMEN (zitiert nach L. CZINKI 1967, S. 992) hierfür Werte von 8 Wanderern/ha bzw. von 40–120 Wanderern/qkm an. Und L. CZINKI (1968, S. 151) setzt für 150 000–200 000 Menschen eine benötigte Fläche von 100 bis 200 qkm gut ausgestattetes Wandergebiet an, woraus sich eine Dichte von rund 1000 Wanderern/qkm ergeben würde. Solche hohen Werte wurden bei den Zählungen vom Sommer 1968 in keinem der erfaßten Wandergebiete auch nur annähernd erreicht. Es ist auch darauf hinzuweisen, daß sich gerade unter der Gruppe der Wanderer und Spaziergänger jener anspruchsvolle Teil der Erholungsuchenden befindet, die der Masse entrinnen möchten und die Stille und Einsamkeit suchen. Bei der Ausweisung von Erholungsgebieten durch die Landesplanung werden auch diese Gesichtspunkte zu berücksichtigen sein. „Man wird als Planer geduldig und weitherzig sein müssen und sollte besonders darauf sehen, daß die jeweiligen Anhänger von miteinander schlecht verträglichen Erholungsarten sich aus dem Wege gehen können." (R. KLÖPPER 1962, S. 3). Speziell bemerkt R. KLÖPPER (1962), daß sich für den Wanderer bei Gang oder Rast in ebenem Land, wo man „den großräumigen Wechsel von Feld und Wald, von Buckeln und Senken, über allem den weiten Himmel, auf sich wir-

Die im Sommer durchgeführten Zählungen haben auch aufschlußreiche Ergebnisse hinsichtlich der *Herkunftsbereiche der Besucher* in den einzelnen Erholungsgebieten erbracht. Die Herkunftsgebiete wurden auf Grund der polizeilichen Kennzeichen der abgestellten Kraftfahrzeuge ermittelt. Die folgende Tabelle enthält die wichtigsten Resultate (vgl. dazu auch Abb. 23).[343]

Prüft man die Besucherströme, wie sie sich aus dieser Aufstellung ergeben, im einzelnen, so stellt man zunächst fest, daß von den Großstädten des Ruhrreviers aus immer vor allem diejenigen Ausflugs- und Erholungsgebiete aufgesucht werden, die man möglichst ohne Durchfahren anderer städtischer Siedlungsräume erreichen kann (vgl. Abb. 23). Man sucht also den kürzesten Weg nach außen, um möglichst rasch ins Grüne zu kommen. Selbst etwas weiter entfernt liegende Ziele in der den einzelnen Städten zugeordneten vorherrschenden Radialrichtung werden oft stärker aufgesucht als näher liegende Punkte, die man nur über andere Revierteile hinweg erreichen kann.

So überwiegen bei den von Dortmund ausgehenden Besucherströmen die Richtungen nach Süden und Südosten. Außer den nahegelegenen Zielen der Hohensyburg, des Hengsteysees und des Hohensteins sind es unter den ausgewählten Erholungsgebieten diejenigen der Märkischen Hochflächen (Glörtalsperre, Nahmertal, Danzturm, Kohlberg), die einen hohen Prozentsatz Dortmunder Besucher aufweisen. Im Norden lockt vor allem der Halterner Stausee die Dortmunder an. Insgesamt wurden bei den in Tab. 7 zugrundegelegten Zählungen 173 Dortmunder Wagen im Norden, dagegen aber 593 im Süden festgestellt.

Von Bochum aus fahren ebenfalls die meisten Ausflügler nach Süden und Südosten; in der Nähe sind es außer den Ruhrstauseen die Ausflugsziele im Hügelland beiderseits der Ruhr und in größerer Entfernung wiederum die Märkischen Hochflächen, die für Bochum hauptsächlich in Betracht kommen. In der nördlichen Randzone werden der Halterner Stausee und die Halterner Sand-Hügelländer der Haard und der Hohen Mark ebenfalls von einem Teil der Bochumer aufgesucht.

Demgegenüber fahren die Wochenend-Ausflügler von Gelsenkirchen aus ganz überwiegend nach Norden. Hier dominieren der Halterner Stausee und die Hohe Mark, die einen erheblichen Anteil von Gelsenkirchener Besuchern aufweisen. Aber auch weiter nach Norden stoßen die Gelsenkirchener mit hohen Anteilen vor (Schloß Raesfeld, Römersee bei Borken, Düwelsteene, Rekener Berge), ganz im Gegensatz zu den Bochumern, die hier kaum vertreten sind. Der Anteil der nach Süden fahrenden Gelsenkirchener ist dagegen relativ gering.

Von den insgesamt in Tab. 7 erfaßten 650 Gelsenkirchener Wagen wurden 521 im Norden, dagegen nur 129 im Süden gezählt. Demgegenüber waren von den 483 Bochumer Wagen 222 im Norden, aber 261 im Süden anzutreffen. Wie die Gelsenkirchener verhalten sich auch die Einwohner der übrigen Emscher-Städte.

Von Essen gehen wiederum die überwiegenden Besucherströme nach dem Süden. Hier ist es vor allem der Baldeneysee mit seiner Umgebung, der für Essen als Ausflugsgebiet eine dominierende Stellung einnimmt. Auch im Elfringhauser Raum sind die Essener relativ stark vertreten. Im Norden reicht der Ausstrahlungsbereich bis zum Halterner Stausee und zur Hohen Mark und über Hiesfeld – Bottroper und Freudenberger Wald wiederum auch bis in die weit nördlich gelegenen Ausflugsziele hinein. In den Gesamtzahlen aber zeigt sich doch deutlich, daß die Hauptrichtungen des Erholungsverkehrs zum Süden führen; während dort in den für Tab. 7 ausgewählten Bereichen insgesamt 980 Essener Wagen festgestellt wurden, waren es im Norden nur 333.

Charakteristisch ist in dieser Hinsicht auch wieder der Unterschied zwischen Mülheim und Oberhausen. Von den Mülheimer Pkw wurden 57 im Norden und 137 im Süden festgestellt. Für Oberhausen ist dagegen der Anteil des Nordens mit 275 doppelt so hoch wie derjenige des Südens mit 137 Pkw.

Von Duisburg aus schließlich werden im Süden vor allem der Duisburg/Mülheimer Wald und der Baldeneysee aufgesucht, während Duisburger Wagen weiter östlich im Hügelland beiderseits der Ruhr kaum noch zu finden sind. Den insgesamt im Süden festgestellten 118 Duisburger Pkw stehen 242 im Norden und Nordwesten gegenüber. Von Schloß Raesfeld und vom Hiesfeld-Bottroper Wald an nach Westen ist der Duisburger Anteil relativ groß, bis in das linksrheinische Gebiet (Leucht) hinüber. In den genannten Anteilzahlen dürften sich auch die besseren Verkehrsverbindungen nach Norden (Autobahn einschl. Hollandlinie) widerspiegeln.

---

ken lassen will" (S. 3), eher eine Störung durch den Nachbarn ergibt als im Gebirge. Eine mittlere Distanz von 100 m zwischen den einzelnen Familien und kleinen Gruppen – „das ist eben noch ausreichend, bestimmt aber nicht zu viel, wenn man bedenkt, daß hier der Erholungswert nicht im Erleben imposanter Eindrücke bestehen kann, sondern in möglichst ungestörter weiträumiger Naturbetrachtung liegt." (S. 6). A. BLOCH (1968, S. 79) hat außerdem darauf hingewiesen, daß es darauf ankommt, auch „mit dem Blick auf zukünftige Erfordernisse heute schon weitere Teilräume in ihrer Eignung als Ausgleichsräume zu erhalten". Gerade für die als Ruhe- und Wandergebiete zu kennzeichnenden Erholungsflächen sollte man deshalb entsprechend große Räume in Ansatz bringen.

[343] Die Kennziffern der Erholungsgebiete entsprechen denjenigen der Tab. 6 und der Aufstellung in Anlage A 5. Eine weitere Unterteilung der Erholungsgebiete ist hier nicht erfolgt.
Im Erholungsgebiet Nr. 21 beziehen sich die Prozentzahlen nur auf die Teilgebiete b und c, da die Herkunftsbereiche für das Teilgebiet a nicht festgestellt wurden.
Die Zählungen erfolgten im allgemeinen am 30. Juni 1968, jedoch in den Erholungsgebieten Nr. 23–26 am 28. Juli, in den Erholungsgebieten Nr. 3 und 15 (teilweise) am 11. August 1968.

Legende zur Abbildung 23

Kennziffern der kreisfreien Städte im Kernraum des Ruhrgebiets:

| | | | |
|---|---|---|---|
| 1 | Duisburg | 9 | Wanne-Eickel |
| 2 | Oberhausen | 10 | Bochum |
| 3 | Mülheim/Ruhr | 11 | Herne |
| 4 | Bottrop | 12 | Recklinghausen |
| 5 | Gladbeck | 13 | Castrop-Rauxel |
| 6 | Essen | 14 | Witten |
| 7 | Gelsenkirchen | 15 | Dortmund |
| 8 | Wattenscheid | | |

Kennziffern der ausgewählten Erholungsgebiete (vgl. auch Tab. 6 und 7 und Anlage A 5):

| | | | |
|---|---|---|---|
| 1 | Duisburg-Mülheimer Wald | 14 | Halterner Stausee/Westruper Heide |
| 2 | Baldeneysee | 15 | Hohe Mark |
| 3 | Elfringhauser Hügelland | 16 | Rekener Berge |
| 4 | Hohenstein b. Witten | 17 | Düwelsteene/Steinberg |
| 5 | Hengsteysee/Hohensyburg | 18 | Wessendorfer Wald |
| 6 | Wupperstausee/Spreeler Mühle | 19 | Römersee b. Borken |
| 7 | Heilenbecke/Ennepe | 20 | Schloß Raesfeld |
| 8 | Glörtalsperre/Branten | 21 | Freudenberger Wald |
| 9 | Nahmertal | 22 | Hiesfeld-Bottroper Wald |
| 10 | Danzturm/Lägertal | 23 | Brüner Höhen/Pohlsche Heide |
| 11 | Kohlberg | 24 | Diersfordter Wald |
| 12 | Cappenberger Höhen | 25 | Leucht |
| 13 | Haard | 26 | Rheinufer Götterswickerhamm |

Die Flächengröße der Kreise entspricht der Anzahl der am Sonntag-Nachmittag bei einmaliger Zählung abgestellten Pkw (Termine: vgl. Tab. 6 und 7 und Anlage A 5).

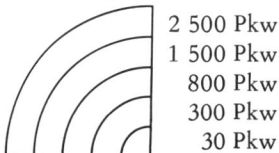

    2 500 Pkw
    1 500 Pkw
      800 Pkw
      300 Pkw
       30 Pkw

Der schwarz dargestellte Kreissektor entspricht dem Anteil des Ruhrgebiets an der Gesamtzahl der abgestellten Pkw (vgl. Tab. 7; dabei wurden, um eine statistische Grundlage zu erhalten, alle Pkw aus den folgenden Stadt- und Landkreisen berücksichtigt: Stadtkreise Duisburg, Oberhausen, Mülheim, Essen, Bottrop, Gladbeck, Gelsenkirchen, Recklinghausen, Wanne-Eickel, Herne, Castrop-Rauxel, Wattenscheid, Bochum, Witten, Dortmund, Lünen, Hamm; Landkreise Moers, Dinslaken, Recklinghausen, Unna).

Die Breite der Strahlenbalken entspricht etwa der Anzahl der aus den einzelnen kreisfreien Städten des inneren Ruhrgebiets stammenden Pkw:

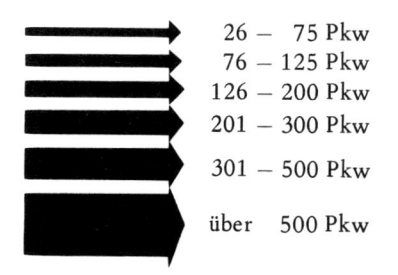

     26 –  75 Pkw
     76 – 125 Pkw
    126 – 200 Pkw
    201 – 300 Pkw
    301 – 500 Pkw
    über  500 Pkw

Wenn die Anteile der einzelnen Städte unter 26 bleiben, sind sie entsprechend Tab. 7 zu Gruppen zusammengefaßt. Außerdem sind die Ausflüglerströme zu den Ausflugszielen 6 und 7, 10 und 11, 16 und 17, 18 und 19, 23 und 24 zusammengefaßt.

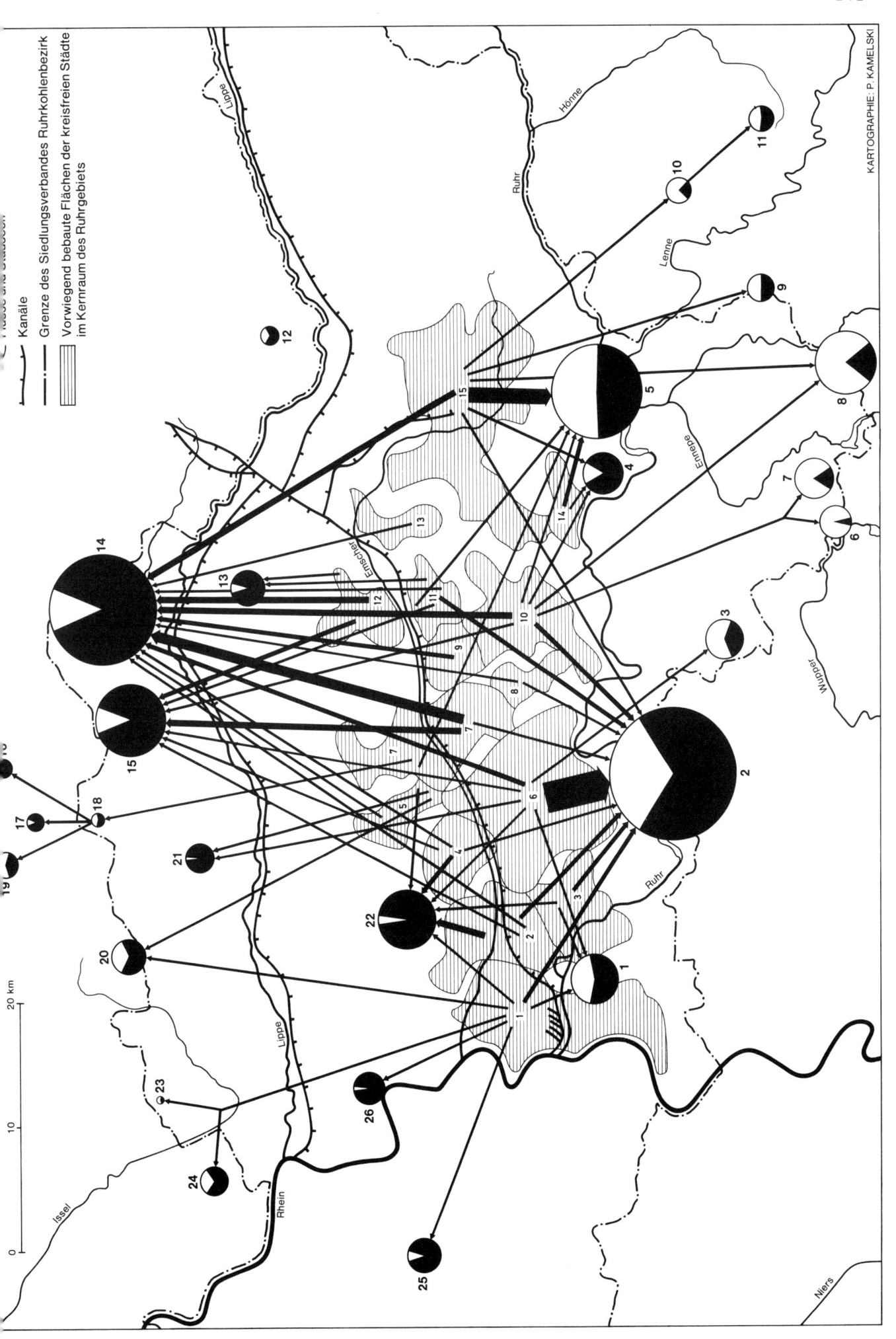

Abb. 23: Richtungen und Ziele des sonntäglichen Ausflugsverkehrs Sommer 1968

Tabelle 7

Zahl der abgestellten Pkw bei einmaliger Zählung an einem wetterbegünstigten Sonntag-Nachmittag im Sommer 1968 in ausgewählten Erholungsgebieten

| Erholungsgebiete (vgl. Tab. 6) | 1 | 2 | 3 | 4 | 5 | 6 | 7 | 8 | 9 |
|---|---|---|---|---|---|---|---|---|---|
| Herkunftsbereich: | | | | | | | | | |
| Landkreis Moers | 31 | 37 | – | – | – | – | – | – | – |
| Landkreis Dinslaken | 7 | 10 | – | – | – | – | – | – | – |
| Duisburg | 32 | 80 | 2 | 1 | 1 | – | – | 1 | – |
| Oberhausen | 16 | 115 | – | – | 3 | – | 1 | 2 | – |
| Mülheim | 18 | 113 | 2 | – | – | – | – | 1 | 2 |
| Essen | 32 | 849 | 51 | 5 | 18 | 2 | 5 | 11 | 1 |
| Bottrop | 7 | 42 | – | – | 2 | – | – | 1 | – |
| Gladbeck | 5 | 15 | 1 | 1 | 2 | – | – | – | – |
| Gelsenkirchen | 6 | 73 | 5 | 6 | 24 | – | 1 | 9 | 2 |
| Recklinghausen (Stadt u. Landkr.) | 11 | 20 | – | 2 | 19 | – | – | 2 | 2 |
| Wanne-Eickel | 2 | 31 | 1 | 4 | 11 | 2 | 1 | 4 | – |
| Herne | 2 | 11 | – | 3 | 11 | 1 | – | 5 | 1 |
| Castrop-Rauxel | 1 | 20 | – | 8 | 8 | – | 1 | 2 | – |
| Wattenscheid | 3 | 59 | 3 | 6 | 8 | – | 2 | 2 | 1 |
| Bochum | 5 | 81 | 17 | 71 | 40 | 3 | 15 | 22 | 1 |
| Witten | 1 | 24 | – | 71 | 77 | 1 | 6 | 7 | 4 |
| Dortmund | 11 | 43 | 1 | 38 | 364 | 1 | 7 | 41 | 45 |
| Lünen | 1 | 7 | – | – | 4 | 1 | – | 1 | – |
| Landkreis Unna | 3 | 9 | – | – | 22 | – | 2 | 4 | – |
| Hamm | – | 12 | – | – | 8 | – | – | – | 1 |
| Ruhrgebiet | 194 = 56,6% | 1651 = 68,4% | 83 = 37,4% | 216 = 83,7% | 622 = 49,0% | 11 = 7,2% | 41 = 18,1% | 115 = 21,0% | 60 = 50,4% |
| Ausgewählte Kreise der Nachbarräume | D 30 | D 198 | W 81<br>EN 31<br>D 19 | EN 16 | HA 316<br>IS 104 | W 84<br>EN 22<br>RS 9 | EN 70<br>W 56<br>HA 24<br>OP 13 | HA 142<br>EN 132<br>AL+ LÜD 55<br>W 33 | HA 24<br>IS 22<br>EN 6 |
| Übrige | 119 | 566 | 8 | 26 | 228 | 26 | 23 | 71 | 7 |
| Summe | 343 | 2415 | 222 | 258 | 1270 | 152 | 227 | 548 | 119 |

D Düsseldorf + Landkr. Düsseldorf-Mettmann, W Wuppertal, HA Hagen, EN Landkreis Ennepe-Ruhr, IS Iserlohn + Landkreis Iserlohn, AL Landkreis Altena, LÜD Lüdenscheid, RS Remscheid, OP Rhein-Wupper-Kreis

Tabelle 7

Zahl der abgestellten Pkw bei einmaliger Zählung an einem wetterbegünstigten Sonntag-Nachmittag im Sommer 1968 in ausgewählten Erholungsgebieten

| Erholungsgebiete (vgl. Tab. 6) | 10 | 11 | 12 | 13 | 14 | 15 | 16 | 17 | 18 |
|---|---|---|---|---|---|---|---|---|---|
| Herkunftsbereich: | | | | | | | | | |
| Landkreis Moers | – | 1 | – | – | 6 | 1 | – | – | 1 |
| Landkreis Dinslaken | – | – | 1 | – | 10 | 6 | 1 | 1 | – |
| Duisburg | – | 1 | – | – | 25 | 8 | 2 | 2 | – |
| Oberhausen | – | – | 1 | – | 36 | 29 | – | 6 | 1 |
| Mülheim | – | 1 | – | – | 11 | 3 | 1 | – | – |
| Essen | – | 6 | – | 3 | 122 | 65 | 5 | 11 | 4 |
| Bottrop | – | – | – | 2 | 26 | 14⎫ | 6 | 2 | 1 |
| Gladbeck | – | – | – | – | 34 | 22⎭ | – | – | – |
| Gelsenkirchen | – | 3 | – | 12 | 276 | 137 | 9 | 10 | – |
| Recklinghausen (Stadt u. Landkr.) | – | 1 | 1 | 84 | 371 | 220 | 6 | 4 | 5 |
| Wanne-Eickel | – | – | – | 12⎫ | 90 | 28⎫ | 1 | – | – |
| Herne | 1 | 1 | 1 | 21⎬ | 68 | 21⎬ | 1 | – | 2 |
| Castrop-Rauxel | – | 1 | 3 | 15⎭ | 33 | 10⎭ | – | – | – |
| Wattenscheid | – | 3 | – | 1 | 39 | 8⎫ | – | 1 | 2 |
| Bochum | 1 | 5 | 5 | 12 | 161 | 36⎬ | 1 | 1 | 1 |
| Witten | – | – | 1 | 1 | 25 | 1⎭ | – | – | – |
| Dortmund | 20 | 22 | 9 | 4 | 133 | 22 | 2 | – | 2 |
| Lünen | 1 | 3 | 15 | 4 | 9 | 7 | – | – | 1 |
| Landkreis Unna | 2 | 6 | – | – | 7 | 3 | – | – | – |
| Hamm | – | – | – | – | 5 | – | – | – | – |
| Ruhrgebiet | 25 = 25,3% | 54 = 53,5% | 37 = 67,3% | 171 = 91,9% | 1487 = 87,5% | 641 = 88,3% | 35 = 58,3% | 38 = 88,4% | 20 = 57,1% |
| Ausgewählte Kreise der Nachbarräume | IS 66 | AL+ LÜD 12 W 9 EN 7 | LH 14 | | | | BOR 10 COE 6 | | COE 5 BOR 4 |
| Übrige | 8 | 19 | 4 | 15 | 213 | 85 | 9 | 5 | 6 |
| Summe | 99 | 101 | 55 | 186 | 1700 | 726 | 60 | 43 | 35 |

IS Iserlohn + Landkreis Iserlohn, AL Landkreis Altena, LÜD Lüdenscheid, W Wuppertal, EN Landkreis Ennepe-Ruhr, LH Landkreis Lüdinghausen, BOR Landkreis Borken, COE Landkreis Coesfeld

Tabelle 7

Zahl der abgestellten Pkw bei einmaliger Zählung an einem wetterbegünstigten Sonntag-Nachmittag im Sommer 1968 in ausgewählten Erholungsgebieten

| Erholungsgebiete (vgl. Tab. 6) | 19 | 20 | 21 | 22 | 23 | 24 | 25 | 26 |
|---|---|---|---|---|---|---|---|---|
| Herkunftsbereich: | | | | | | | | |
| Landkreis Moers | – | 1 | 1 | 10 | – | 8 | 129 | 3 |
| Landkreis Dinslaken | – | 12 | 7 | 55 | 1 | 24 | 4 | 54 |
| Duisburg | – | 41 | 6 | 55 | 3 | 27 | 32 | 41 |
| Oberhausen | 1 | 9 | 14 | 144 | – | 15 | 1 | 18 |
| Mülheim | 1 | 5 | 3 | 29 | – | 2 | – | 2 |
| Essen | 4 | 15 | 30 | 63 | 1 | 6 | 1 | 3 |
| Bottrop | 4 | 5 | 6 | 76 | – | – | – | 5 |
| Gladbeck | 1 | 7 | 6 | 20 | – | 2 | – | 4 |
| Gelsenkirchen | 17 | 16 | 29 | 9 | 1 | – | – | 5 |
| Recklinghausen (Stadt u. Landkr.) | 15 | 6 | 13 | 10 | 1 | – | – | 6 |
| Wanne-Eickel | – | 1 | 5 | – | – | 1 | – | 1 |
| Herne | 1 | – | – | – | – | – | – | 1 |
| Castrop-Rauxel | – | 4 | – | – | – | – | – | – |
| Wattenscheid | – | – | 2 | 3 | – | – | – | – |
| Bochum | – | – | 4 | 1 | – | – | – | – |
| Witten | – | – | – | – | – | – | – | – |
| Dortmund | – | – | 1 | – | – | – | – | – |
| Lünen | – | – | – | – | – | – | – | – |
| Landkreis Unna | – | – | – | 1 | – | – | – | – |
| Hamm | – | 1 | – | – | – | – | – | – |
| Ruhrgebiet | 44 = 40,4% | 123 = 64,7% | 127 = 96,9% | 476 = 95,8% | 7 = 41,2% | 85 = 69,7% | 167 = 89,3% | 143 = 96,6% |
| Ausgewählte Kreise der Nachbarräume | BOR 47 COE 6 AH 6 | BOR 19 WES 13 | | | WES 10 | WES 23 | | |
| Übrige | 6 | 35 | 4 | 21 | – | 14 | 20 | 5 |
| Summe | 109 | 190 | 131 | 497 | 17 | 122 | 187 | 148 |

BOR Landkreis Borken, COE Landkreis Coesfeld, AH Landkreis Ahaus, WES Landkreis Rees

Der Überblick liefert die folgenden charakteristischen Ergebnisse: Die mit ihren Schwerpunkten in der Hellweg-Zone gelegenen kreisfreien Städte des Ruhrgebietes (Essen, Wattenscheid, Bochum, Witten, Dortmund) senden den überwiegenden Teil ihrer Wochenend-Ausflügler in den Süden, in das Bergisch-Sauerländische Gebirgsland (bei den in Tab. 7 erfaßten Zählungen waren es 2112 von 2924 Wagen, d.h. 72%). Demgegenüber weisen die stark auf die Emscher bezogenen Städte (Bottrop, Gladbeck, Gelsenkirchen, Wanne-Eickel, Herne, Castrop-Rauxel) einen ähnlich hohen Prozentsatz von nordwärts fahrenden Ausflüglern auf (1084 von 1422 Wagen, d.h. 76%), obwohl die Luftlinien-Entfernungen zum Ruhr-Hügelland meist nicht größer sind als diejenigen zu den beliebtesten Zielen im Norden. Man müßte von der Emscher aus aber bei der Fahrt nach Süden die dichtbesiedelte Hellweg-Zone durchstoßen; und es fehlt ja gerade in dieser Richtung noch an leistungsfähigen, durchgehenden Autobahnen bzw. Schnellstraßen.[344] Da fährt man lieber in den Norden, wo man schneller die naturnahen Landschaften am Rande des Reviers erreichen kann; und wenn man einmal die ländlich geprägte, dünn besiedelte Randzone erreicht hat, fährt man unter Umständen auch ganz gern noch ein Stück weiter hinaus.

Die beiden am Westrand der Hellweg- bzw. Emscher-Zone liegenden Städte Mülheim und Oberhausen fügen sich mit dem gegensätzlichen Verhalten der Ausflügler ebenfalls noch diesen charakteristischen Wochenend-Verkehrsbeziehungen ein.

Die auf kürzesten Wegen nach außen strebenden Ausflügler aus dem Kern-Revier gehören heute zum sonntäglichen Aspekt des Ruhrgebiets und spiegeln die engen Verflechtungen dieses Kernraumes mit den beiderseitigen Randzonen im Norden und im Süden wider.

Betrachten wir die nach außen gerichteten Besucherströme nun umgekehrt vom Gesichtspunkte der Ausflugsziele und Erholungsgebiete, so ist zunächst festzustellen, daß in den einzelnen Bereichen jeweils der Anteil der nächstgelegenen Großstädte des Ruhrreviers besonders hoch ist, während Ausflügler aus entfernteren Teilen des Reviers oft überhaupt nicht in Erscheinung treten.

So dominieren in den östlichen Teilen der Märkischen Hochflächen unter den Ruhrgebiets-Ausflüglern eindeutig die Dortmunder (Nahmertal 37,8%, Danzturm/Lägertal 20,2%, Kohlberg 21,8% aller Besucher). Weiter nach Westen treten auch Bochumer und Wittener Wagen in größerer Zahl auf, während Besucher aus Duisburg und Oberhausen im Gesamtbereich der Märkischen Hochflächen kaum anzutreffen sind. In der Nähe der bergisch-märkischen Großstädte Hagen und Wuppertal ist natürlich deren Anteil noch höher als derjenige aus den Ruhrgebiets-Städten (Anteil der Hagener an der Glörtalsperre 25,9%, im Nahmertal 20,2%, Anteil der Wuppertaler im Bereich Heilenbecke/Ennepe 24,7%, im Bereich Wupperstausee/Spreeler Mühle sogar 55,3%).

Im Hügelland beiderseits der Ruhr spielen am Hengsteysee und an der Hohensyburg die Dortmunder mit 28,7% aller Besucher die Hauptrolle. An zweiter Stelle stehen die Hagener mit 24,9%. Aus dem westlichen Ruhrgebiet sind hier kaum Wagen zu finden. Auch auf den Campingplätzen dieses Bereiches hatten am Nachmittag des 30. Juni 1968 die Dortmunder und Hagener das Übergewicht (von 206 abgestellten Fahrzeugen stammten 63 aus Hagen und 57 aus Dortmund). An den Wochenendhäusern östlich des Hengsteysees waren von 33 Wagen 28 aus Dortmund, am Golfplatz nördlich der Hohensyburg 15 von 22. Diese Zahlen zeigen, wie stark diese Erholungsgebiete in jeder Hinsicht auf das Ruhrgebiet, und zwar speziell auf die nächstgelegenen Großstädte zugeschnitten sind.

Etwas weiter westlich am Hohenstein dominieren die Wittener und Bochumer Besucher mit je 27,5%, im Elfringhauser Hügelland neben den Wuppertalern (36,5%) die Essener mit 23,0%. Der Baldeneysee ist dann mit seiner Umgebung das eigentliche Erholungsgebiet von Essen; die Essener Wagen erreichten hier am 30.6.1968 einen Anteil von 35,2%.

An der Nordflanke des Ruhrgebiets ist – abgesehen von den Cappenberger Höhen, wo 27,3% der Besucher aus Lünen kamen – im allgemeinen nicht eine so spezielle Zuordnung der Erholungsgebiete zu einer oder zu einigen wenigen Städten zu konstatieren. Aber auch hier dominieren jeweils die Besucher aus ganz bestimmten Teilbereichen des Reviers.

In der Haard dominieren außer den RE-Wagen (Stadt- und Landkreis Recklinghausen) die Kraftfahrzeuge aus den östlichen Emscher-Städten (Wanne-Eickel, Herne und Castrop-Rauxel) mit insgesamt 25,8%. Am Halterner Stausee und in der Hohen Mark ist eine breitere Streuung festzustellen, jedoch mit deutlichem Schwerpunkt in der Emscher-Zone, auf die insgesamt etwa 30–40% aller Besucher entfallen. Auf einem Campingplatz bei Stockwiese kamen am Nachmittag des 26. Mai von 40 Pkw 23 aus Gelsenkirchen.

Weiter im Nordwesten weisen die in größerer Entfernung vom Ruhrgebiet liegenden Erholungsgebiete relativ hohe Anteile von Besuchern aus Gelsenkirchen, Gladbeck und Bottrop auf (Rekener Berge, Düwelsteene/Steinberg, Wessendorfer Wald und Römersee bei Borken insgesamt 20,2%). Im Freudenberger Wald erreicht der Anteil dieser drei Städte 32,3%, derjenige von Essen 22,9%. Und im Hiesfeld-Bottroper Wald liegt Oberhausen mit 29,0% an der Spitze.

Im Nordwesten dominieren dann schließlich unter den Besuchern aus dem Kernraum des Reviers diejenigen aus Duisburg (Schloß Raesfeld 21,6%, Diersfordter Wald 22,1%, Leucht 17,1%, Rheinufer Götterswickerhamm 27,7%). Aus dem Osten des Ruhrgebiets wurden hier überall nur ganz vereinzelte Wagen festgestellt.

Bei den zu verschiedenen Terminen vorgenommenen Zählungen zeigte es sich, daß in manchen Teilbezirken am Sonntag-Vormittag der Anteil der aus den nächstgelegenen Orten kommenden Besucher erheblich höher war als am Nachmittag. Das hängt damit zusammen, daß zu dieser Zeit manche Einzelwanderer oder Väter mit Kindern aus der engsten Umgebung die Ausflugsgebiete aufsuchen, die dann zum Mittagessen nach Hause fahren.

So stammten z.B. im Bereich des Hohenstein am Vormittag

---

344 Die erste leistungsfähige, vierspurige Nord-Süd-Schnellstraße durch den mittleren Teil des Reviers (Autobahn A 77 Wuppertal–Bochum–Recklinghausen) ist erst seit November 1971 durchgehend befahrbar.

des 30. Juni 1968 61,0% aller abgestellten Pkw aus Witten, am Nachmittag nur 27,5%. Auch am Nachmittag des regnerischen 26. Mai 1968 war der Anteil der Wittener mit 37,1% ein wenig erhöht. Am Kohlberg betrug der Anteil des Kreises Altena am Vormittag des 30. Juni 19,0%, am Nachmittag nur 10,9%. Die gleiche Erscheinung auch im Norden: In der Haard sank der Prozentsatz der Wagen aus dem Stadt- und Landkreis Recklinghausen von 65,5% am Vormittag auf 45,2% am Nachmittag ab, ebenso in den weit vom Ruhrgebiet entfernten Rekener Bergen von 34,6% auf 16,7%.

Auch bei einigen Zählungen an Werktag-Nachmittagen zeigte sich ein ähnliches Bild. Während der Anteil des Ruhrgebiets am Nachmittag des 30. Juni 1968 im Zählbezirk Heilenbecke/Ennepe 18,1% betrug, waren es an der Heilenbecke-Talsperre und in dem unterhalb gelegenen Abschnitt des Heilenbecketals am Nachmittag des 8. August 1967 (Dienstag) nur 6% (3 von 49) und am Nachmittag des 13. November 1967 (Montag) nur 4% (2 von 52). Dagegen war an den beiden Werktagen der Anteil der aus dem Ennepe-Ruhr-Kreis stammenden Wagen deutlich erhöht (49% bzw. 56% gegenüber 30,8% am 30. Juni 1968).[345]

Der Gesamtanteil des Ruhrgebiets sinkt nach außen hin allmählich ab, besonders dort, wo sich die Konkurrenz anderer Ballungskerne bemerkbar macht.

Um eine statistische Grundlage zu gewinnen, sind die Stadtkreise Duisburg, Oberhausen, Mülheim, Essen, Bottrop, Gladbeck, Gelsenkirchen, Recklinghausen, Wanne-Eickel, Herne, Castrop-Rauxel, Wattenscheid, Bochum, Witten, Dortmund, Lünen und Hamm sowie die Landkreise Moers, Dinslaken, Recklinghausen und Unna als zum Ruhrgebiet gehörig betrachtet worden (vgl. dazu im einzelnen Tab. 7).

Die Sonntagnachmittags-Ausflügler aus dem Ruhrgebiet erreichen in der Nahzone an der Nordflanke mit mehr als 80% oder sogar 90% ihre höchsten Anteile. Selbst in größerer Entfernung werden bei Borken, Heiden und Gr. Reken noch vielfach Anteile von 50% überschritten. Im Süden macht sich die Nähe des Düsseldorfer Raumes und der Städte des bergisch-märkischen Kernraumes deutlich bemerkbar. Hier ist der Anteil des Ruhrgebiets streckenweise stärker zurückgedrängt, z.B. im Elfringhauser Hügelland auf 37,4%, im Bereich Danzturm/Lägertal unmittelbar bei Iserlohn auf 25,3%, und ganz besonders in der Nahzone von Hagen und Wuppertal (Glörtalsperre 21,0%, Heilenbecke/Ennepe 18,1% und Wupperstausee/Spreeler Mühle 7,2%). Es zeugt aber von der weitreichenden, im Osten gewissermaßen durch die Nahzone der bergisch-märkischen Städte hindurchgreifenden Einwirkung des Ruhrgebiets, wenn sich bis tief in die Märkischen Hochflächen hinein noch Bereiche finden, in denen der Anteil des Ruhrgebiets einen Wert von 50% übersteigt (Beispiele: Nahmertal 50,4%, Kohlberg 53,5%).

2.3 Aufgaben und Maßnahmen der Landespflege unter besonderer Berücksichtigung der Erholungsgebiete.

In Anbetracht des von Jahr zu Jahr zunehmenden Erholungsverkehrs aus dem Innern des Ruhrgebiets in die ländlich geprägten Teilgebiete der Randzonen gehört eine Sicherung und zweckentsprechende Weiterentwicklung dieser Räume mit ihrer landschaftlichen Eigenart, Vielfalt und Schönheit zu den vordringlichsten Aufgaben der Landesplanung und der Landespflege.[346]

---

345 Zählungen des Verfassers.
346 Vom Forschungsausschuß „Raum und Landespflege" der Akademie für Raumforschung und Landesplanung sind die grundlegenden Begriffe aus dem Gebiet der Landespflege im Jahre 1969 wie folgt definiert worden:
*Landschaftspflege* erstrebt den Schutz, die Pflege und die Entwicklung von Landschaften mit optimaler nachhaltiger Leistungsfähigkeit für den Menschen. Sie soll insbesondere Schäden im Naturhaushalt und im Bild der Landschaft vorbeugen und bereits eingetretene Schäden ausgleichen oder beseitigen. Die Arbeit der Landschaftspflege setzt Grundlagenuntersuchungen vorwiegend landschaftsgeschichtlicher, biologischer und ökologischer, gesellschaftlicher und wirtschaftlicher Art voraus. Sie umfaßt die Landschaftsplanung auf der Grundlage der Landschaftsanalyse und -diagnose, den Landschaftsbau und die pflegliche Nutzung des Naturpotentials („natürliche Hilfsquellen"). Die Tätigkeit der Landschaftspflege erstreckt sich auf die freie Landschaft.
*Naturschutz* hat die Aufgabe, aus kulturellen, wissenschaftlichen, sozialen und wirtschaftlichen Gründen schutzwürdige Landschaften und Landschaftsbestandteile einschließlich seltener und gefährdeter Tier- und Pflanzenarten sowie deren Lebensstätten zu sichern. Dies kann erreicht werden durch einen allgemeinen Landschaftsschutz, Landschaftsschutz- und Naturschutzgebiete, geschützte Landschaftsbestandteile, Naturdenkmale und Artenschutz. Die Tätigkeit des Naturschutzes erstreckt sich auf die freie Landschaft und den Siedlungsbereich.
*Grünordnung* erstrebt die Sicherung und die räumliche und funktionelle Ordnung aller Grünflächen und Grünelemente zueinander und zu den baulichen Anlagen im Zusammenhang mit der städtebaulichen Entwicklung, wie es zum geistigen und körperlichen Wohlbefinden des Menschen erforderlich ist. Die Grünordnung fußt auf der Untersuchung und Feststellung naturräumlicher und siedlungsbedingter Gegebenheiten. Sie entwickelt ihre Aufgaben auf Grund gesellschaftlicher, biologisch-ökologischer, technischer und wirtschaftlicher Erkenntnisse und löst sie im Rahmen der städtebaulichen Ordnung. Die Grünordnung umfaßt die Grünplanung auf der Grundlage der Grünanalyse und -diagnose, den Grünflächenbau und die Grünflächenpflege. Ihre Aufgaben berühren sich im Stadtumland mit denen der Landschaftspflege.
Die bei der Definition der Landschaftspflege verwendeten Begriffe der Landschaftsanalyse und -diagnose werden folgendermaßen erläutert: *Landschaftsanalyse* ist die Bestandsaufnahme der Landschaft im Rahmen der Landschaftsplanung. Sie umfaßt sowohl die abiotischen und biotischen Landschaftselemente und deren

## 2.31 Natur- und Landschaftsschutz

Es geht zunächst darum, diese Erholungsgebiete vor Fehlentwicklungen zu bewahren, die sie ihrer wichtigen Ausgleichs- und Erholungsfunktionen berauben könnten. Dazu können u.a. die Sicherungsmaßnahmen des Natur- und Landschaftsschutzes beitragen.

Zur Sicherung besonders wertvoller Landschaftsteile sind seit den 1950er Jahren noch weitere *Naturschutzgebiete* begründet worden (vgl. Abb. 24).

Es waren teilweise wiederum kleinere Reservate, die letzte Reste natürlicher Pflanzengesellschaften umfassen und zugleich Standorte seltener Pflanzenarten und Rückzugsgebiete für die Kleintierwelt sind; in biologisch verarmten Landschaftsteilen stellen sie oft wichtige Regenerationszentren dar.[347]

Zu den kleineren Flächen, die in den 1950er Jahren neu unter den Schutz des Gesetzes gestellt wurden, gehören das Lasthauser Moor in einem Flugsand- und Dünengelände der Lembecker Sandplatten (S 17), das Quelltal „Im deipen Gatt" bei Gelsenkirchen, am Südrand des Vestischen Höhenrückens gelegen (S 18), der Hülsenwald in der Hacheneyer Mark am Nordrand des West-Ardey (S 19) und die devonischen Massenkalkflächen „Weißenstein-Hünenpforte" im südlichen Teil des Hagener Beckens (S 6).[348] Alle diese kleinen Bezirke sind ebenso wie die schon früher gesicherten Naturschutzgebiete auch als Anschauungs- und Studienobjekte für Wissenschaft und Schulen unentbehrlich.

Seit den 1950er Jahren sind aber auch einige größere Bereiche zu Naturschutzgebieten erklärt worden, die eine Anzahl charakteristischer, natürlicher oder wenigstens sehr naturnaher Erscheinungen in sich vereinigen. Um die ungestörte Entwicklung solcher bemerkenswerten Elemente sicherzustellen, wurden größere Streifen umliegender Bereiche in die geschützten Flächen einbezogen. Es war notwendig, auch die Umgebung vor einschneidenden Veränderungen zu bewahren, weil sonst Rückwirkungen auf die wertvollsten Geländeteile befürchtet werden mußten.

So entstanden in den 50er Jahren zunächst drei großräumige Naturschutzgebiete: „Alte Ruhr und Katzenstein", ein 83 ha großes Gelände in der Ruhraue bei Blankenstein und in der südlich angrenzenden Hangzone (S 16), die 110 ha große „Caenheide" in der mittleren Niersniederung im Landkreis Geldern, ein Wald- und Parkgelände mit dendrologisch bemerkenswerten Beständen (S 4), und vor allem der 397 ha große Staatsforst „Hiesfelder Wald" im Norden von Oberhausen mit seinen naturnahen Partien, um deren Erhaltung und Pflege die Forstverwaltung bemüht ist (S 20).[349]

In den 60er Jahren wurden weitere großräumige Flächen gesichert. An die Stelle des kleinen Naturschutzgebiets „Seeufer Hoher Niemen" trat das vergrößerte, vor allem ornithologisch bedeutsame Gebiet „Seebucht Hoher Niemen" am Halterner Stausee (S 2). Das kleine Gelände des „Brosthausener Wiesenmoors" wurde in das 85 ha große neue Naturschutzgebiet „Witte Berge und Deutener Moore" einbezogen (S. 3). Die „Vogelfreistätte Xantener Altrhein" wurde durch Einbeziehung der durch Ausbaggerung auf der Bislicher Insel entstandenen, ornithologisch bedeutsamen Wasserflächen mit ihren Uferzonen auf insgesamt 223 ha vergrößert (S 15). Ebenso wurde das Naturschutzgebiet „Alte Ruhr und Katzenstein" durch Hinzunahme benachbarter Flächen wesentlich vergrößert und auf eine Gesamtfläche von 134 ha gebracht (S 16). Und schließlich entstand in der Randzone des Östlichen Wupper-Engtals bei Wuppertal-Beyenburg ein weiteres großräumiges Naturschutzgebiet von 102,5 ha Größe unter der Bezeichnung „Wupperschleife Bilstein-Deipenbecke" (S 21).

Gerade im Ruhrgebiet, in dem durch die Eingriffe des Menschen eine so starke Umwandlung der Landschaft erfolgte, ist es wichtig, daß — vor allem in den Randzonen — einige Landschaftsausschnitte einem verstärkten Schutz unterworfen werden. Es kommen dafür in erster Linie solche Teilräu-

---

Wirkungsgefüge in ihrer räumlichen Anordnung, als auch deren reale Nutzung, vorgesehene Nutzungsänderungen und damit verbundene Maßnahmen. *Landschaftsdiagnose* ist die Beurteilung der Ergebnisse der Grundlagenuntersuchungen und der Landschaftsanalyse im Rahmen der Landschaftsplanung.

Die drei Begriffe Landschaftspflege, Naturschutz und Grünordnung werden zu dem umfassenden Begriff der Landespflege zusammengefaßt: *Landespflege* hat die Aufgabe des Schutzes, der Pflege und der Entwicklung aller natürlichen Lebensgrundlagen des Menschen in Wohn-, Industrie-, Agrar- und Erholungsgebieten. Sie erstrebt hierzu den Ausgleich zwischen dem Naturpotential des Landes und den Erfordernissen der Gesellschaft. Landespflege umfaßt die Landschaftspflege einschließlich der pfleglichen Nutzung des Naturprotentials („natürliche Hilfsquellen"), den Naturschutz mit verwandten Schutzmaßnahmen und die Grünordnung. Landespflege ist integrierender Bestandteil der Raumordnung mit Schwerpunkt im ökologisch-gestalterischen Bereich.

Diese Begriffsdefinitionen wurden in einigen Fachzeitschriften veröffentlicht (z.B. Natur und Landschaft, Heft 5/1969, S. 129–31). Im Handwörterbuch der Raumforschung und Raumordnung (Hannover, 2. Aufl., 1970, Sp. 982 ff.) und im Handbuch für Landschaftspflege und Naturschutz (München, 1968/69 I, S. 132–134) sind die Begriffe im gleichen Sinne erläutert und verwendet.

347 Zur Zweckbestimmung und Abgrenzung der Natur- und Landschaftsschutzgebiete vgl. im einzelnen: W. VON KÜRTEN: Landschaftsentwicklung, Naturschutz und Landschaftspflege im Ruhrgebiet; Natur und Heimat, Münster, Heft 4/1967, S. 137–166.

348 Vgl. im einzelnen das Verzeichnis der Anlage A 3 und Abb. 24; außerdem sei auf die folgende Arbeit verwiesen: W. VON KÜRTEN: Die Naturschutzgebiete im Ruhrgebiet und in seinen Randzonen, in: Natur und Landschaft im Ruhrgebiet, 6, Schwelm, 1970; S. 82–110.

349 Um die Sicherung dieser großräumigen Gebiete, die z.T. auch als Erholungsgebiete Bedeutung besitzen, hat sich vor allem der seinerzeitige Bezirksbeauftragte für Naturschutz und Landschaftspflege, H. WEFELSCHEID, bemüht.

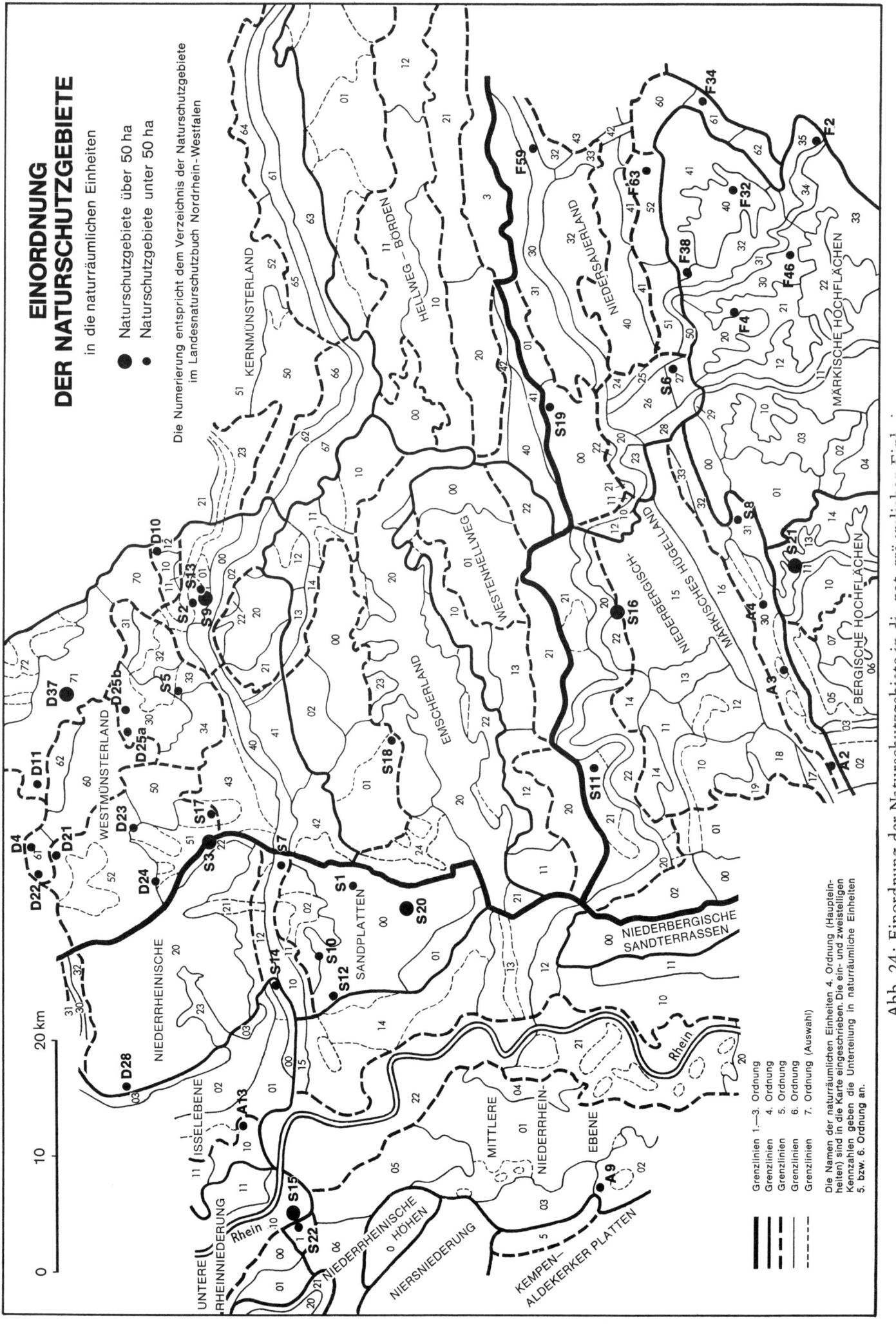

# EINORDNUNG DER NATURSCHUTZGEBIETE
in die naturräumlichen Einheiten

● Naturschutzgebiete über 50 ha
• Naturschutzgebiete unter 50 ha

Die Numerierung entspricht dem Verzeichnis der Naturschutzgebiete im Landesnaturschutzbuch Nordrhein-Westfalen

Grenzlinien 1.–3. Ordnung
Grenzlinien 4. Ordnung
Grenzlinien 5. Ordnung
Grenzlinien 6. Ordnung
Grenzlinien 7. Ordnung (Auswahl)

Die Namen der naturräumlichen Einheiten 4. Ordnung (Haupteinheiten) sind in die Karte eingeschrieben. Die ein- und zweistelligen Kennzahlen geben die Unterteilung in naturräumliche Einheiten 5. bzw. 6. Ordnung an.

me in Betracht, die noch charakteristische naturräumliche Erscheinungen enthalten, daneben vielleicht auch einige kulturgeschichtlich bemerkenswerte Elemente. Solche Teilgebiete, die insgesamt nicht mehr als 1% der Gesamtfläche zu umfassen brauchen[350], sind gerade in der Zeit des zunehmenden Ausflugs- und Erholungsverkehrs geeignet, den Menschen der Städte einen Einblick in die natürlichen Grundlagen des Raumes und in wichtige Stadien der wirtschafts- und kulturlandschaftlichen Entwicklung zu vermitteln.

Für die Sicherung der Erholungsgebiete im ganzen sind vor allem die *Landschaftsschutzgebiete* von erheblicher Bedeutung. Es erwies sich deshalb als erforderlich, auch im Hinblick auf den von Jahr zu Jahr an Bedeutung gewinnenden Erholungsverkehr, das System der geschützten Landschaftsteile[351] den neuen Erfordernissen anzupassen.

Von der Bezirksstelle für Naturschutz und Landschaftspflege wurden zunächst Leitsätze für die Festlegung der Landschaftsschutzgebiete erarbeitet und auf einer Naturschutz-Tagung in Xanten am 8. Juni 1960 festgestellt; als „Xantener Richtlinien" sind sie inzwischen veröffentlicht.[352] Nachdem sie im Jahre 1963 auch für den benachbarten Bereich des Regierungsbezirks Düsseldorf im wesentlichen übernommen worden sind[353], bilden sie heute im größten Teil des rheinisch-westfälischen Verdichtungsraumes die Grundlage für die Neuausweisung der Landschaftsschutzgebiete. Der wesentliche Inhalt der Richtlinien wurde auch in die 1964 erschienene Denkschrift eines durch Kabinettsbeschluß beauftragten interministeriellen Ausschusses über die Grundlagen zur Strukturverbesserung der Steinkohlenbergbaugebiete in Nordrhein-Westfalen (I. Teil: Ruhrgebiet) aufgenommen.[354]

Der Schutz erstreckt sich nach dem Reichsnaturschutzgesetz, das heute als Landesrecht weiterhin gültig ist, darauf, „verunstaltende, die Natur schädigende oder den Naturgenuß beeinträchtigende Änderungen" von den geschützten Landschaftsteilen (Landschaftsschutzgebieten) fernzuhalten (§ 19, Abs. (2) RNG). „Es kann nicht davon die Rede sein, daß diese Bereiche, die Ausschnitte aus den vom Menschen gestalteten Kulturlandschaften darstellen, in einem bestimmten Entwicklungszustand konserviert werden sollen. Es kommt aber darauf an, Disharmonien fernzuhalten, vermeidbare Schäden zu verhüten und dafür Sorge zu tragen, daß sich die Weiterentwicklung im Einklang mit den natürlichen Gegebenheiten und mit dem Ziel der Erhaltung und Sicherung eines gesunden Landschaftshaushaltes vollzieht."
Vor allen Dingen muß in diesem Zusammenhang betont werden, daß „die landwirtschaftliche Nutzung in den Landschaftsschutzgebieten keinen Beschränkungen unterworfen wird, auch nicht bei einer Umstellung auf moderne Betriebsverfahren und bei einer Verbesserung der Agrarstruktur".[355]

Im Zuge der augenblicklich laufenden Maßnahmen sollen etwa 30% der Gesamtfläche des Siedlungsverbandes Ruhrkohlenbezirk unter Landschaftsschutz gestellt werden. Ein Teil dieser Flächen liegt in unmittelbarer Nähe der Siedlungsräume. Sie stellen hier nahegelegene Ausgleichgebiete dar, die außer ihren Feierabend- und Wochenend-Erholungsfunktionen vielfältige weitere Aufgaben, z.B. in lufthygienischer und kleinklimatischer Hinsicht, zu erfüllen haben.[356] Die Grünzungen sollen möglichst tief in die Kerne der Siedlungen hineingezogen (vgl. Abb. 25) und entsprechend ihren ökologischen, sozialhygienischen und ästhetischen Aufgaben ausgestaltet werden.

Viele Landschaftsschutzgebiete im Innern des Ruhrgebiets sind heute zugleich Bestandteile des *regionalen Grünflächensystems*, dessen Gefüge vom Siedlungsverband Ruhrkohlenbezirk ausgearbeitet wurde, inzwischen seine Verankerung im Gebietsentwicklungsplan erfahren hat (vgl. Abb. 26) und nunmehr bei den städtebaulichen Konzeptionen Berücksichtigung findet.

Ausgedehnte Landschaftsschutzgebiete werden in den Randzonen des Reviers ausgewiesen, wo sie vor allem für die Wochenenderholung besondere Bedeutung besitzen. Es wird hier angestrebt, möglichst große, geschlossene Flächen unter Schutz zu stellen, um u.a. einer Zersiedlung der Landschaft und einer zu weitgehenden Ausuferung der bestehenden Siedlungen vorzubeugen.

Es wird dabei die Notwendigkeit einer gesunden wirtschaftlichen Fortentwicklung der Ortschaften berücksichtigt. Es werden daher die Ortslagen aus der Landschaftsschutzkarte ausgespart, und zwar in einem solchen Umfange, daß für die weitere Entwicklung genügend Spielraum bleibt (vgl. Abb. 27).

Den landschaftlichen Besonderheiten wird bei der Abgrenzung der Landschaftsschutzgebiete Rechnung getragen. So wurden etwa im Bereich des Kreises Moers vor allem viele der zwischen den Donkenplatten liegenden Kendel-Niederungen in die Landschaftsschutzkarte einbezogen, zumal sie

---

350 Die zur Zeit im Bereich der Landesbaubehörde Ruhr als Höherer Naturschutzbehörde, d.h. im Gebiet des Siedlungsverbandes Ruhrkohlenbezirk bestehenden Naturschutzgebiete umfassen insgesamt knapp 13 qkm; das sind rund 0,3% des Verbandsgebietes.
351 Vgl. zu den bisherigen Landschaftsschutzgebieten Abschnitt C 1.4, S. 122 ff.
352 Natur und Landschaft im Ruhrgebiet, Heft 1, 1964; S. 19–20. Wortlaut der „Xantener Richtlinien": Anlage A 4b.
353 Mitteilungen der Bezirksstelle für Naturschutz und Landschaftspflege im Regierungsbezirk Düsseldorf, Folge 2, 1964.
354 Schriftenreihe des Ministers für Landesplanung, Wohnungsbau und öffentliche Arbeiten des Landes Nordrhein-Westfalen, Heft 19; Düsseldorf, 1964; S. 47.
Nach den Mitteilungen der Landesstelle für Naturschutz und Landschaftspflege in Nordrhein-Westfalen, Band 2, Heft 6, vom August 1971, S. 170, sollen die Xantener Richtlinien für das Land Nordrhein-Westfalen übernommen werden.

355 W. VON KÜRTEN (1967 b), S. 270–271. Vgl. auch Vortrag auf dem Deutschen Geographentag Bochum 1965; Tagungsbericht und wissenschaftliche Abhandlungen, S. 193 ff.
356 Vgl. dazu als Beispiel die Beschreibung der Landschaftsschutzgebiete von Herne: W. VON KÜRTEN (1964), S. 55–69.

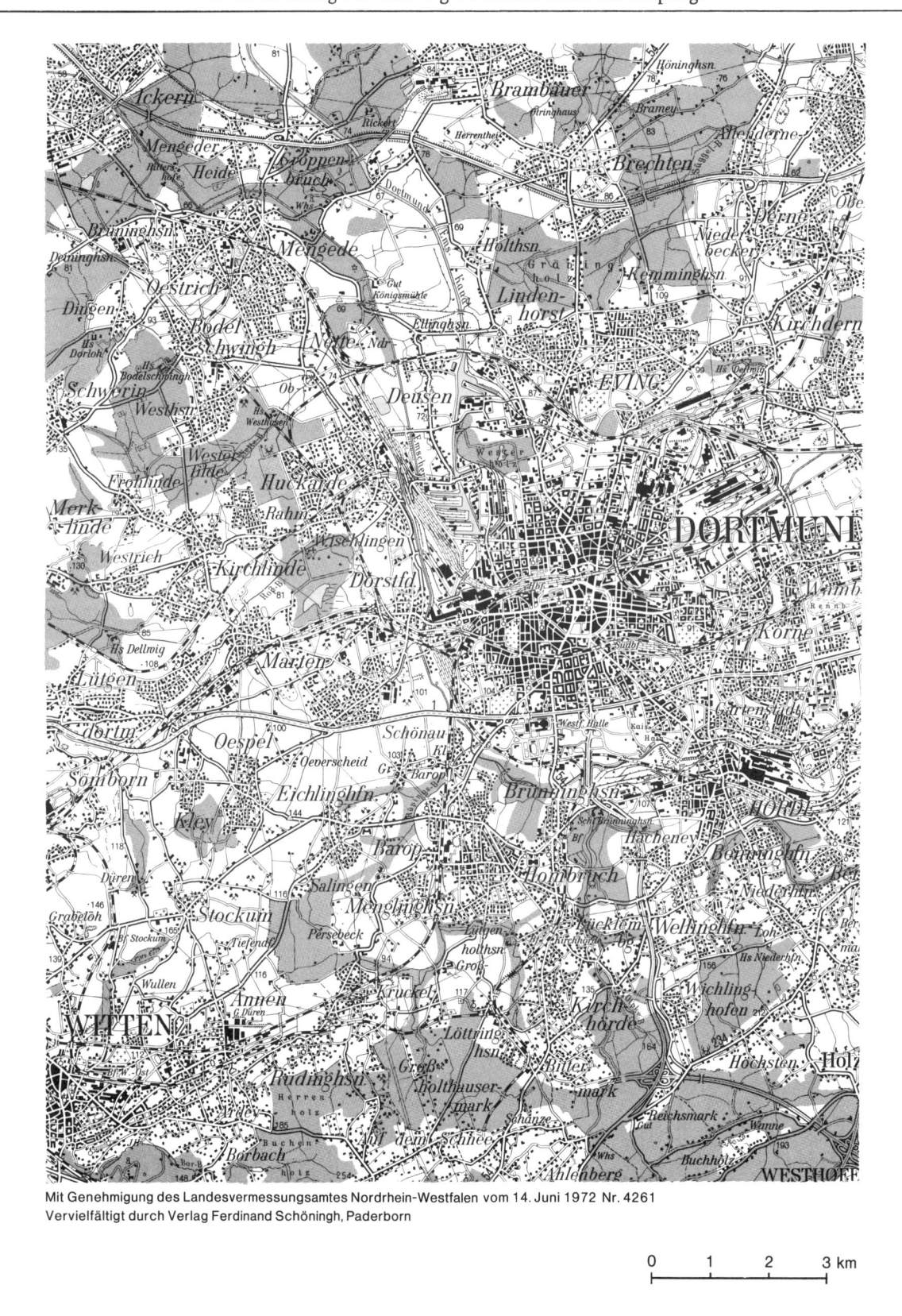

Mit Genehmigung des Landesvermessungsamtes Nordrhein-Westfalen vom 14. Juni 1972 Nr. 4261
Vervielfältigt durch Verlag Ferdinand Schöningh, Paderborn

Abb. 25

Projektierte Landschaftsschutzgebiete im Raum Dortmund-Witten

(Einstweilige Sicherstellung vom 12.6.1967 für den Stadtkreis Dortmund, Verordnung vom 7.4.1965 für den Stadtkreis Lünen, Entwurf nach Abstimmung mit den Ortsbehörden für die Stadtkreise Witten und Castrop-Rauxel und für die Landkreise Ennepe-Ruhr und Iserlohn)

■ Regionales Grünflächensystem
▨ Städtische Grünflächen
— Kreisgrenzen

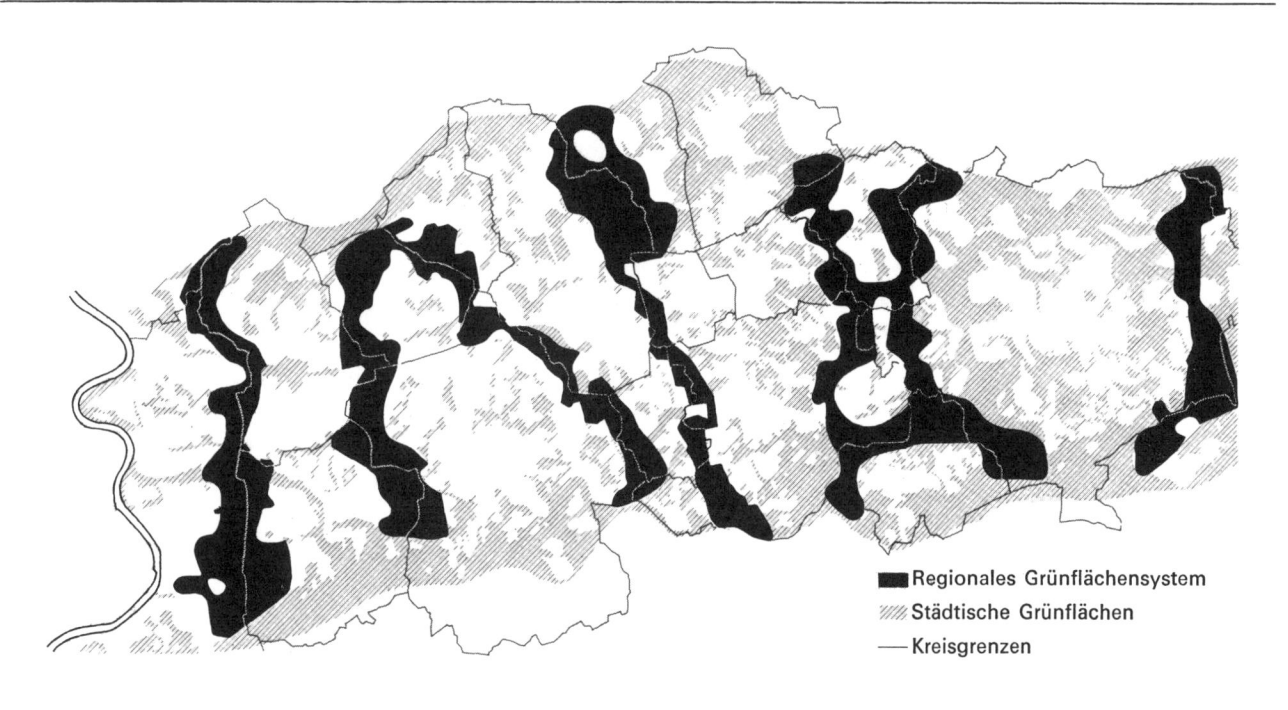

Abb. 26

Regionales Grünflächensystem

(Gebietsentwicklungsplan 1966
Siedlungsverband Ruhrkohlenbezirk, Abb. 22)
(Maßstab: etwa 1:420 000)

für die Ökologie dieser Landschaft von besonderer Bedeutung sind. Im Osten wurden große Teile der Rheinaue und im Westen zusammenhängende Bereiche der Stauchmoränen mit den angrenzenden Sander-Zonen und z.T. mit den vorgelagerten Bruchgebieten erfaßt. Schon auf den ersten Blick spiegeln sich so in Ausdehnung und Gestalt der Landschaftsschutzgebiete des Kreises Moers die verschiedenartigen Raumstrukturen wider.

Das Bestreben, möglichst geschlossene Flächen unter Landschaftsschutz zu stellen und dem kulturlandschaftlichen Gefüge bei der Auswahl der Gebiete Rechnung zu tragen, zeigt sich z.B. auch in dem Entwurf der neuen Landschaftsschutzkarte für die Stadt Herbede (vgl. Abb. 28). Im Bereich der künftigen Gewerbe- und Wohnsiedlungsentwicklung ist auf lange Zeit genügend Spielraum gegeben; und in den südlichen Teilen sind die Streusiedlungsgebiete, die sich in den Konzentrationszonen der ehemaligen Bergmannskotten entwickelt haben, ausgespart. Hingegen wurden die Waldflächen mit den Waldrandzonen und angrenzenden bäuerlichen Kulturlandschaften zu mehreren großen Landschaftsschutzgebieten zusammengefaßt.

Mit der Auswahl und Abgrenzung der geschützten Flächen betreibt der Landschaftsschutz aktive Raumpolitik. Es werden hier – in engster Zusammenarbeit mit den Dienststellen der Landesplanung – auf lange Zeit Räume festgelegt, die von einer nicht standortgebundenen Bebauung und anderen vermeidbaren Eingriffen freigehalten werden sollen.

Auch bei der Erarbeitung der ,,Ziele der Landesplanung" geht man heute in den dicht besiedelten Landschaften und an ihrem Rande vielfach gerade von den noch erhaltenen Grünzonen und Grünzungen aus, da sie wesentliche Leitlinien für die Sicherung und Wiedergewinnung einer gesunden landschaftlichen Struktur der Ballungsräume darstellen. N. LEY (1961, S. 9) bemerkt für den sogenannten ,,Sicherungs- und Gestaltungsraum", zu dem er auch die dem Kern des inneren Ruhrgebiets vorgelagerten Gebiete zählt:

,,Es stellt sich hier also die Aufgabe, frühzeitig Flächen auszuweisen und auch auf lange Zeit zu sichern, die eine Ordnung in diesem im ganzen gesehen noch aufgelockerten Raum gewährleisten, z.B. Gebiete, die der Landwirtschaft vorbehalten bleiben sollen, Erholungsgebiete, Landschafts- und Naturschutzgebiete, wasserwirtschaftlich bedeutsame Gebiete usw. Es handelt sich also primär um die Planung und Festlegung von Zonen, die von der wirtschaftlichen Entwicklung unberührt bleiben sollen, um eine sog. Negativplanung, die aber trotzdem der selbständigen Entfaltung der wirtschaftlichen Kräfte in den nicht festgelegten Gebietsteilen genügend Raum läßt: Entwicklung von Industrie und Gewerbe, Unterbringung der vielen Folgemaßnahmen (Siedlungen, Gemeinschaftseinrichtungen und Verkehrswege)."

Die Landschaftsschutzgebiete haben sich vor allem dort, wo bisher schon größere, geschlossene Flächen erfaßt waren, als recht wirksam erwiesen. Im Bereich der Höheren Naturschutzbehörde Essen, der sich mit dem Gebiet des Siedlungsverbandes Ruhrkohlenbezirk deckt, waren die geschützten Landschaftsteile überdies fast durchweg in das

Mit Genehmigung des Landesvermessungsamtes Nordrhein-Westfalen vom 14. Juni 1972 Nr. 4261
Vervielfältigt durch Verlag Ferdinand Schöningh, Paderborn

0  1  2  3 km

Abb. 27

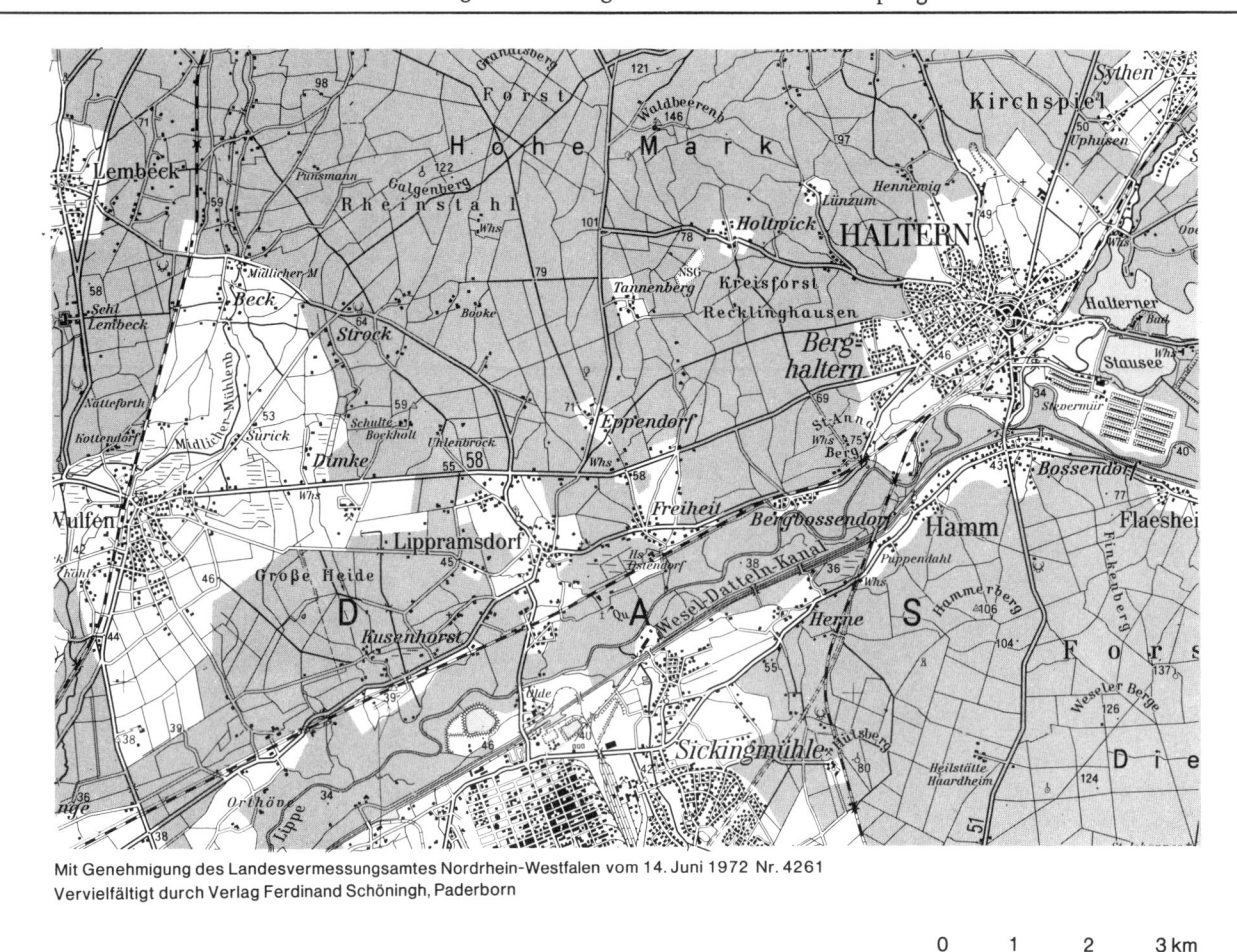

Projektierte Landschaftsschutzgebiete im Raum Haltern-Wulfen

(Einstweilige Sicherstellung vom 12. Juni 1967
für den Landkreis Recklinghausen)

System der *Verbandsgrünflächen* einbezogen und damit doppelt gesichert. So konnten einschneidende und zerstörende Eingriffe und Verunstaltungen im allgemeinen (von bedauerlichen Einzelfällen abgesehen) abgewehrt, Landschaftshaushalt, Erscheinungsbild und Struktur weithin intakt gehalten werden. Das ausgewogene Verhältnis von Wald und landwirtschaftlichen Nutzflächen blieb erhalten; und der grundsätzliche Landschaftscharakter mit seinen engen Verflechtungen zu den naturräumlichen Gegebenheiten wurde bewahrt. Vor allem trug der Landschaftsschutz vor dem Inkrafttreten des Bundesbaugesetzes und der Landesbauordnung von Nordrhein-Westfalen auch die Hauptlast im Kampfe gegen die unerwünschte Zersiedlung der Landschaft mit all ihren Folgeerscheinungen. Damit wurden zugleich wesentliche Beiträge geleistet, um den Charakter dieser Räume als Erholungsgebiete zu sichern. H. W. HAHN (1966) ist bei seiner Untersuchung der Wandlungen der Raumfunktionen im Gebiet zwischen der Ruhr im Norden und der Wupper-Ennepe-Mulde im Süden auch auf diese Zusammenhänge eingegangen (z.B. S. 32, 38 und 42).

In dem inzwischen veröffentlichten Muster für die Verkündung der neuen Landschaftsschutzverordnungen in Nordrhein-Westfalen (vgl. Anlage A 4a)[357] ist für die geschützten Landschaftsteile die Errichtung von baulichen Anlagen unzulässig (§ 2, Abs. (1), 1), sofern es sich nicht um Bauwerke handelt, die unmittelbar land- oder forstwirtschaftlichen oder erwerbsgartenbaulichen Betrieben dienen (§ 3, Abs. (1), 1). Eine Ausnahme kann in besonderen Fällen zugelassen werden, wenn dies mit dem Wohl der Allgemeinheit vereinbar ist (§ 3, Abs. (2)).

Diese Bestimmungen gehen von der Erkenntnis aus, daß die Siedlungen auch einen dichtbevölkerten Raum und seine Randzonen im Interesse einer ausgewogenen Raumordnung nicht wahllos durchsetzen dürfen. Es ist verständlich, daß ein starker Siedlungsdruck auf die grünen Teilräume in der Nähe der Ballungskerne besteht. Mancher möchte dort wohl ein Wohnhaus oder Landhaus errichten, und nirgends ist die Gefahr der Zersiedlung so groß wie hier. Aber die Errichtung derartiger Bauwerke würde zu einer Zweckentfrem-

---

357 Ministerialblatt für das Land Nordrhein-Westfalen, Ausgabe A, 20. Jg., Nr. 95 vom 2.8.1967.

dung dieser Teilbereiche und damit zu einer starken Störung des funktionalen Raumgefüges führen. „Gerade die landschaftlich reizvollen und noch im naturnahen Zustand erhaltenen Randbereiche müssen in einem Zustand belassen werden, der sie befähigt, auch weiterhin ihre außerordentlich bedeutungsvollen sozialhygienischen Funktionen zu erfüllen und der Naherholung der Bevölkerung des inneren Ballungsraumes zu dienen. Die Erholung der Bevölkerung der benachbarten Großstädte hat hier den Vorrang vor den privaten Interessen Einzelner." (W. VON KÜRTEN 1965, S. 202).

Das für Nordrhein-Westfalen zuständige Oberverwaltungsgericht Münster hat zu diesen Fragen in ähnlichem Sinne Stellung genommen: „Die Schönheit einer dichtbesiedelten Landschaft ... wird wesentlich dadurch bestimmt, daß in ihr eine Ordnung zwischen den bebauten und den unbebauten Flächen gewahrt ist. Die offenkundige Gefahr für die Schönheit dieser Landschaft ist ihre „Zersiedelung", d.h. die planlose Bebauung bisher unbebauter Flächen, so daß das bisher erhalten gebliebene ausgewogene und geordnete Verhältnis zwischen Baugebieten und unbebauten Flächen der freien Natur, die Harmonie des Raumes, gestört wird. Diese Ordnung und damit die Schönheit der Landschaft zu erhalten, ist eine wesentliche Aufgabe des Landschaftsschutzes."[358]

Diese Gesichtspunkte sollten auch bei der Ausweisung von Wochenendhausgebieten in den Randzonen des Reviers beachtet werden; sie sollten nach Möglichkeit immer an bestehende Siedlungen angegliedert werden, um eine weitere Zersiedlung der Landschaft zu vermeiden (vgl. Anlage A 9b).

Für die Randzonen ist es in diesem Zusammenhang besonders wichtig, daß bei allen Planungen neuer Wohn- und Gewerbegebiete die für den Gesamtraum so wertvollen Naherholungsgebiete ausgespart bleiben. In Teilbereichen mit kleinen, räumlich eng begrenzten Gemeinden stößt die Beachtung dieses Grundsatzes in der Praxis oft auf große Schwierigkeiten. „Daß die bestehende kommunale Kleingliederung eine denkbar schlechte Grundlage für alle landesplanerischen Bemühungen ist, beweist der Trend der gegenwärtigen Entwicklung, beweisen vor allem die Flächennutzungspläne und Leitskizzen, die zur Zeit vorliegen. Die hier sichtbaren Tendenzen der Zersiedlung der Landschaft, der funktionalen Zersplitterung[359], der kleinräumig-unkoordinierten Flächenplanung ohne bestimmende Zuordnung auf ein Eigenzentrum stellen eine Fehlentwicklung dar." (P. SCHÖLLER 1968, S. 18/19). Die Sicherung der Naherholungsgebiete dürfte unter diesen Aspekten am besten bei großzügigen Lösungen der zur Zeit anstehenden kommunalen Neugliederungsprobleme zu verwirklichen sein.

### 2.32 Landschaftspflege, Grünordnung

Auf dem Wege über die Bedingungen und Auflagen, die mit den Ausnahmegenehmigungen von den Landschaftsschutzverordnungen verbunden werden können, bieten sich vielfach gute Ansätze für eine aktive Landschaftspflege und Landschaftsgestaltung.

Beispielhaft mögen in diesem Zusammenhang die Probleme betrachtet werden, die mit den *Aussandungen und Auskiesungen* verbunden sind. Vor allem in der nördlichen Randzone des Ruhrgebiets haben die Abgrabungsflächen nach dem letzten Kriege immer größere Ausdehnung gewonnen (vgl. z.B. Abb. 29). Es geht nun darum, einen Ausgleich zu finden zwischen dem volkswirtschaftlichen Interesse an der Ausbeutung dieser Vorkommen und den Belangen der Ruhr-Bevölkerung, insbesondere ihrem Bedarf an naturnahen, gut gestalteten Erholungsflächen.

Für manche landschaftlichen Kleinodien (z.B. Naturschutzgebiet Kletterpoth in der Kirchheller Heide) ist von den Naturschutzbehörden die Forderung erhoben worden, daß sie von den Störungen und Schädigungen, die mit der Sand- und Kiesgewinnung verbunden sind, verschont bleiben. Leider ist an manchen anderen Stellen die Landschaft durch die Abbau-Maßnahmen stark verunstaltet und verwüstet worden; inzwischen wurden Pläne erarbeitet, die es ermöglichen sollen, auch in diesen Teilgebieten nachträglich eine ansprechende Gestaltung des Geländes zu erreichen. In Zukunft muß der Abbau überall so gelenkt werden, daß im Endergebnis bei wirksamer Überwachung durch die beteiligten Behörden wieder eine gut gestaltete, wenn auch vielleicht in manchen Zügen veränderte Landschaft entsteht. Eine Handhabe dazu bietet, sofern es sich um Landschaftsschutzgebiete handelt, § 3, Abs. 2 des neuen Verordnungsmusters (vgl. Anlage A 4a). Richtlinien für eine zweckmäßige Rekultivierung der Abgrabungsflächen bzw. für die Wiederherstellung oder Neugestaltung der Landschaft sind seit Jahren entwickelt worden (vgl. Anlage A 7).[360]

---

358 Urteil des OVG Münster vom 12.12.1961 (VII A 561/61 – 4 K 325/57 Köln).
 Auch in einem vom Verwaltungsbericht Arnsberg am 9.1.1970 (4 K 338/69) wird diese Auffassung noch einmal nachdrücklich gestützt: „Schließlich gehört auch die Erhaltung unbebauter Flächen in den Ballungsrandzonen ... unter Berücksichtigung der in § 1 Abs. 1, 4 und 5 BBauG enthaltenen allgemeinen städtebaulichen Leitsätze zu den öffentlichen Belangen im Sinne des § 35 Abs. 3 BBauG. Für eine geordnete städtebauliche Gliederung des hier in Rede stehenden Gebietes sind Flächen, die von einer Bebauung frei sind und land- oder forstwirtschaftlich genutzt werden, von großer Bedeutung, weil sie nicht nur als dringend erforderliche Erholungsflächen für die Bevölkerung des nahen Ruhrgebietes dienen, sondern auch einen positiven Einfluß auf das Klima, die Reinhaltung der Luft und den Wasserhaushalt haben. Es entspricht deshalb einer guten städtebaulichen Ordnung, das hier in Rede stehende Gebiet von einer weiteren Bebauung freizuhalten."

359 H. BLOCH (1968), S. 80, hat für die Entstehung von industriellen Agglomerationen im Nahraum der Verdichtungsgebiete die Gefahr aufgezeigt, „daß sich eine Arbeitslandschaft ausbildet, deren Freiräume vielleicht noch als Grünzonen anzusprechen sind, sicher aber nicht den Erfordernissen einer wirklichen Erholung genügen".

360 Vgl. ferner H. WEINZIERL (1966). Vgl. auch P. VAN TREECK (1968). Beispiel für die Auflagen: Anlage A 6b.

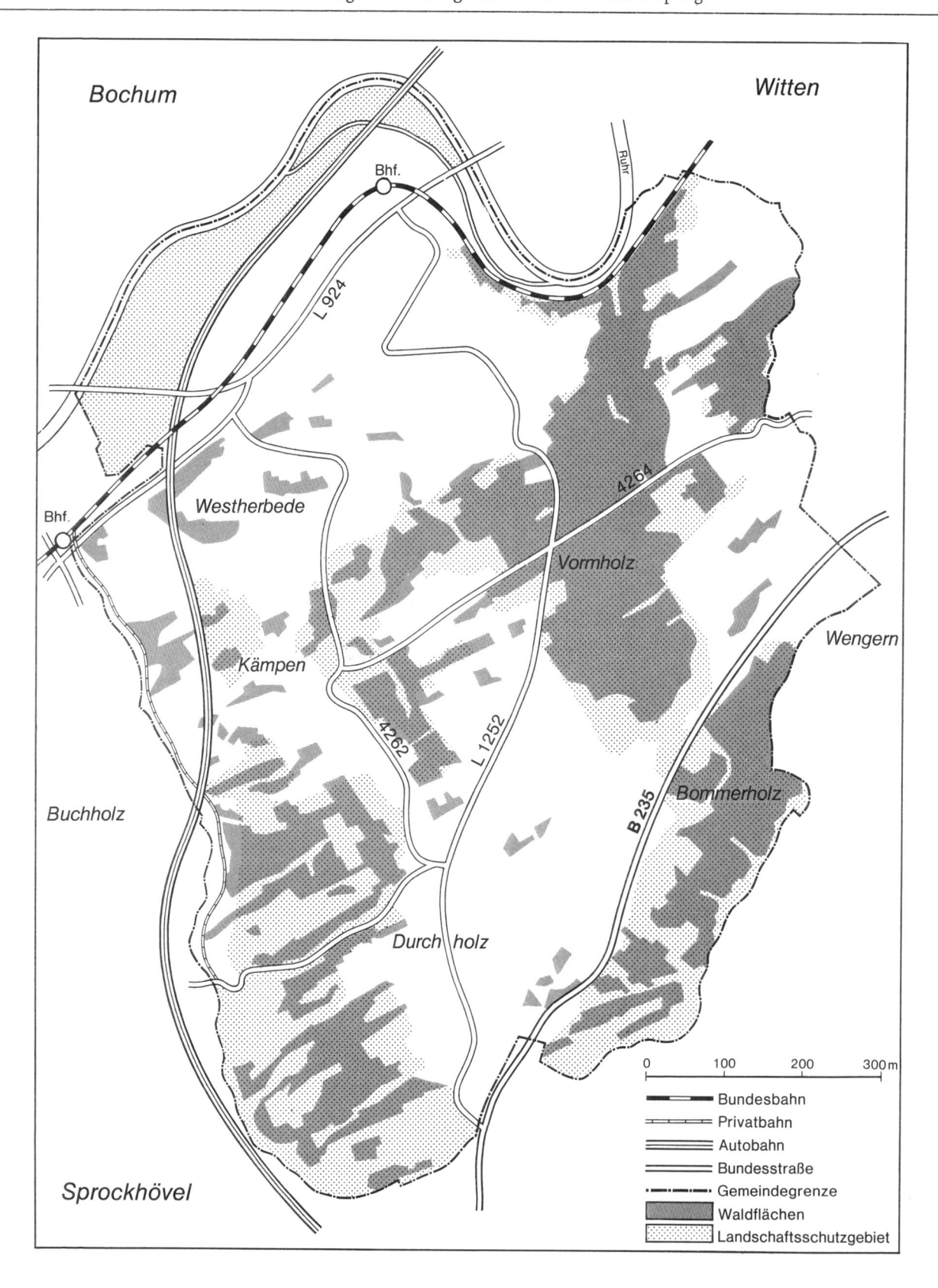

Abb. 28

Waldflächen und projektierte Landschaftsschutzgebiete in Herbede

(nach dem Erläuterungsbericht zum Flächennutzungsplan der Stadt Herbede vom 16. Mai 1967)

2 Entwicklungstendenzen, Erholungsverkehr und Landespflege nach dem 2. Weltkrieg        155

Offene Gruben

Gruben, verfüllt

Gruben, verfüllt und rekultiviert
(land- oder forstwirtschaftlich)

K   Kalksandsteinwerk

T   Teermischanlage

NSG  Naturschutzgebiet
»Kletterpoth«

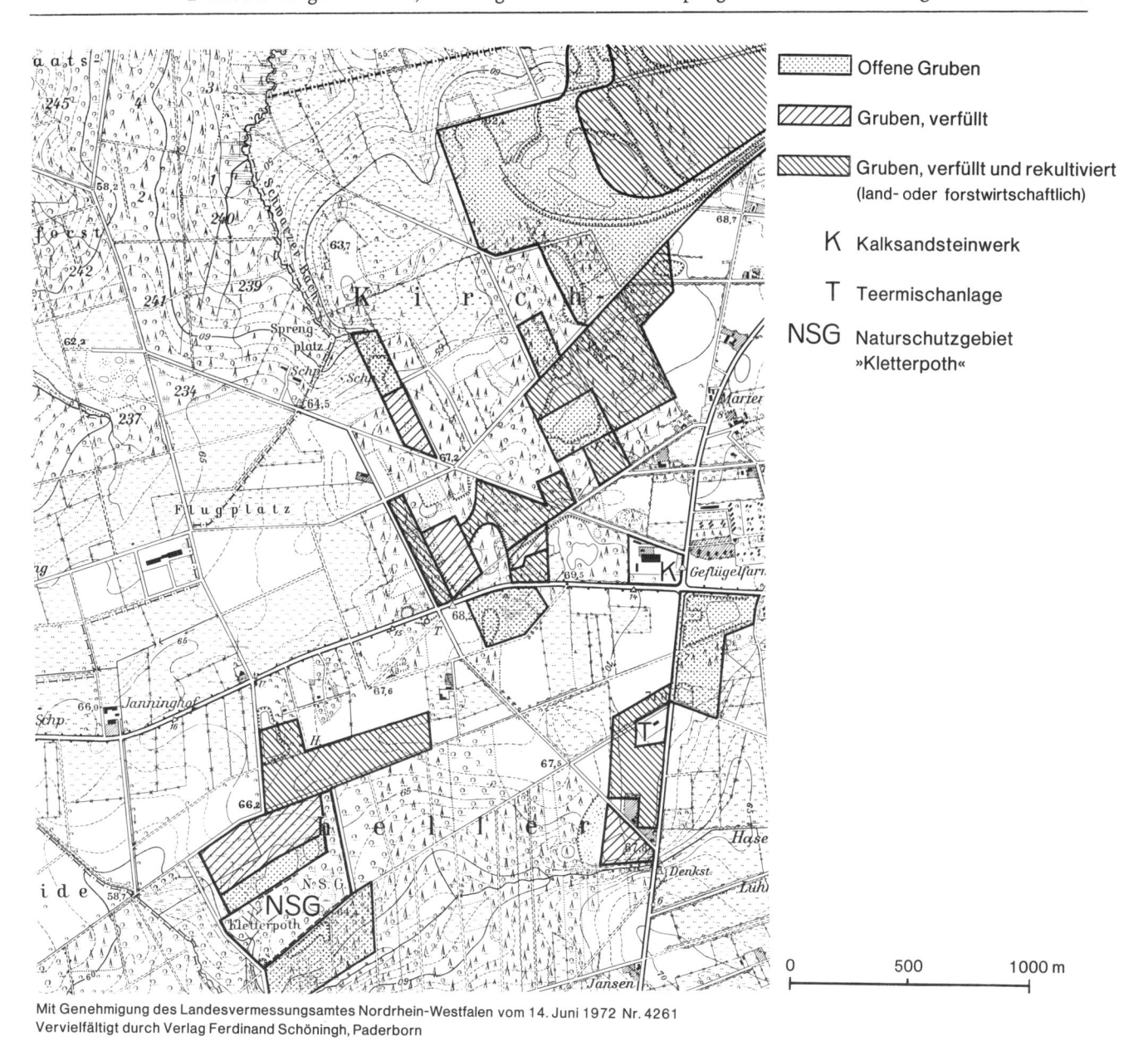

Mit Genehmigung des Landesvermessungsamtes Nordrhein-Westfalen vom 14. Juni 1972 Nr. 4261
Vervielfältigt durch Verlag Ferdinand Schöningh, Paderborn

Abb. 29

Sand- und Kiesgruben in der Kirchheller Heide
Frühjahr 1968

(nach Unterlagen der Gemeinde Kirchhellen und
eigenen Feststellungen)

In besonderen Fällen kann die Gewinnung von Sand und Kies mit der Anlage und allmählichen Ausgestaltung einer für die Erholung besonders geeigneten Wald-Seen-Landschaft verbunden werden. Ansätze dazu sind vor allem im Gebiet der Halterner Sande zwischen Sythen und Hausdülmen, ferner in Teilbezirken der Kirchheller Heide vorhanden. Die Ausarbeitung von Landschaftsplänen, die auch geeignete, vor allem wasserbezogene Erholungseinrichtungen und Wanderwege vorsehen, ist für diese Teilräume im Gange. Am weitesten ist die Anlage einer Wald-Seen-Landschaft auf der Rhein-Niederterrasse des südlichen Duisburger Raumes gediehen, im nördlichen Teil der naturräumlichen Einheit des Wedau-Tiefenbroicher Bruches. Das für die Ausbaggerung vorgesehene Gelände befindet sich im Eigentum der Stadt Duisburg, und die Rekultivierungs- und Gestaltungsarbeiten werden vom Garten- und Grünflächenamt der Stadt Duisburg nach festgelegtem Plan fortlaufend durchgeführt. Die nördlichen Teile dieser Sechs-Seen-Platte werden mit mannigfachen Erholungseinrichtungen ausgestattet (Freibad, Gelände für Wassersportvereine, Parkplätze u.a.). Ein dichtes Wanderwegenetz mit Sitzgruppen und Aussichtspunkten ist zum Teil schon fertiggestellt. Nach Süden sollen die besonderen Erholungseinrichtungen allmählich spärlicher werden; die Wasserflächen sollen hier nur noch von Wanderwegen umgeben sein, die dann in die angrenzenden großen Waldgebiete überleiten.

Im Bereich der Weseler Aue sind die Auflagen von den Naturschutzbehörden und -beauftragten so formuliert worden (vgl. Anlage A 6a), daß die Auskiesungen mit der Schaffung neuer Erholungseinrichtungen verbunden werden können. Die hier seit einigen Jahren laufenden Maßnahmen werden den Auflagen entsprechend durchgeführt. Es wird im Endzustand, nach dem für 1979 vorgesehenen Abschluß der Baggerarbeiten, eine etwa 120 ha große Wasserfläche von maximal 10 m Tiefe vorhanden sein. Inzwischen ist im Auftrage der Stadt Wesel und in Verbindung mit der auskiesenden Firma ein Gestaltungsplan entwickelt worden, der die Anlage eines Strandbades, einer Gaststätte sowie weiterer Erholungseinrichtungen im Umkreis des Baggersees vorsieht. Für Wassersportveranstaltungen wird eine 2,5 km lange Strecke in Ost-West-Richtung zur Verfügung stehen; und an den Uferböschungen sollen Spazierwege von insgesamt 12 km Länge angelegt werden. Ein 500 m langer Badestrand mit flachem Böschungswinkel ist bereits angelegt, mit einer 2 m mächtigen Aufschüttung von gesiebtem, feinkörnigem Sand. Ein größerer Teil der übrigen Uferböschungen ist inzwischen unter Anleitung und Überwachung durch die Abteilung Forsten und Landespflege des Siedlungsverbandes Ruhrkohlenbezirk bepflanzt. Es kann erwartet werden, daß sich hier in Kürze ein neuer Erholungsschwerpunkt entwickelt.

Landschaftspflegemaßnahmen sind heute nicht nur in Verbindung mit den Sand- und Kiesgruben, sondern auch an vielen anderen Stellen notwendig geworden.

Von vielen Stellen wird heute an dieser Aufgabe gearbeitet.[361] In der letzten Zeit sind von den Garten- und Grünflächenämtern der Ruhr-Städte und vom Siedlungsverband Ruhrkohlenbezirk viele derartige Maßnahmen in Angriff genommen. Für Gehölzpflanzungen stellt der Siedlungsverband verlorene Zuschüsse bereit, die in der Regel 1/3 bis 1/4 der Gesamtkosten betragen. Auch von einigen Bergbau- und Industrieunternehmen sind im Umkreis der Werke Begrünungsaktionen durchgeführt worden, so z.B. im Bereich der August-Thyssen-Hütte in Duisburg-Schwelgern und des Mannesmann-Werkes in Duisburg-Huckingen.

Die Aufforstung und Bepflanzung von *Zechen- und Industriehalden* wird seit 1951 vom Land Nordrhein-Westfalen finanziell gefördert. Schon im ersten Jahre erfolgte die Aufforstung von rund 90 ha Haldenfläche. 1952 wurde die sogenannte „*Begrünungsaktion Ruhrkohlenbezirk*" ins Leben gerufen, bei der nun außer den Halden auch Müll- und Schuttkippen, Straßen- und Eisenbahndämme, Ödland-Flächen und Wasserläufe in die Bepflanzungsaktion einbezogen werden. Ferner werden Mittel für Pflanzungen im Umkreis der Industrie- und Siedlungsgebiete bereitgestellt. Von 1951 bis 1968 sind auf diese Weise 453 ha Halden (Berge-, Schlacken-, Aschehalden u.a.), 211 ha Böschungen (an Straßen, Eisenbahnen und Wasserläufen), 162 ha Abfallkippen (aus Müll, Trümmer- und Industrieschutt), 646 ha Ödland aller Art (Zechengelände, Brachland, durch Bergsenkungen vernäßte Flächen, durch Straßen, Bahnlinien, Gräben, Kanäle entstandene, schwer zugängliche oder nicht mehr zu bewirtschaftende Restflächen u.a.) und 23 ha verwahrloste Waldgrundstücke, insgesamt 1495 ha begrünt und bepflanzt worden.[362] An der Begrünungsaktion war anfangs auch der Landesverband der „Schutzgemeinschaft Deutscher Wald" maßgeblich beteiligt; seit 1957 liegen Planung und Lenkung in den Händen des Siedlungsverbandes Ruhrkohlenbezirk.

Neben diesen zentral gesteuerten Aktionen spielen auch örtliche Bepflanzungsmaßnahmen eine erhebliche Rolle. So wurden beispielsweise bis 1963 vom Landkreis Unna 130 ha Flächen (einschl. Ödland) neu aufgeforstet; Windschutzpflanzungen sind dabei nicht berücksichtigt.[363]

Auch bei der Anlage der *Autobahnen* und beim Ausbau der *Straßen* haben sich inzwischen die als richtig erkannten Grundsätze für die Gestaltung und Einbindung in das Landschaftsbild mehr und mehr durchgesetzt (vgl. Anlage A 8), wenn auch andrerseits beim Neubau mancher Straßen die Durchschneidung bisher ruhiger Waldgebiete zu beklagen ist.

Die Landesstraßenbauverwaltungen führen die Bepflanzungen heute in eigener Regie aus. An der im Süden des Ruhrgebiets verlaufenden Autobahn von Wuppertal-Ost bis zum Kamener Kreuz, der „Ruhr-Tangente", sind durch die Landesstraßenbauverwaltung Münster von 1956 bis 1962 etwa 2,5 Millionen Gehölzpflanzen eingebracht worden.[364] Es ist hier eine vorbildliche Einfügung dieses technischen Bauwerks in die Landschaft gelungen.

Auch beim Ausbau kleinerer Straßen werden heute regelmäßig Böschungen und Straßenränder bepflanzt und an geeigneten Stellen Parkplätze eingefügt, die in den Randzonen vor allem dem Naherholungsverkehr dienen. Im Ennepe-Ruhr-Kreis wurden z.B. an der 6 km langen Strecke von Silschede bis Wengern 36 000 und an der 4,6 km langen Kreisstraße im Raume Nierenhof-Bredenscheid über 31 000 Büsche, Heister und Hochstämme gepflanzt, wobei aus-

---

361 Eine Liste der im Ruhrgebiet in den letzten Jahren durch die Oberste Naturschutzbehörde mit-finanzierten Landschaftspflege-Maßnahmen ist vor kurzem veröffentlicht worden: W. VON KÜRTEN: Förderung von Landschaftspflege-Maßnahmen im Ruhrgebiet durch die Oberste Naturschutzbehörde. In: Mitt. d. Landesstelle f. Naturschutz u. Landschaftspflege in NRW; 2,5, Jan. 1971; S. 134–139.

362 W. PFLUG: Landespflege durch den Siedlungsverband Ruhrkohlenbezirk. In: Siedlungsverband Ruhrkohlenbezirk 1920–1970; Essen, 1970; S. 77–113; insbes. S. 99.
363 Mitteilung der Kreisverwaltung des Landkreises Unna.
364 Nach Unterlagen der Straßenbauverwaltung beim Landschaftsverband Westfalen-Lippe in Münster.

schließlich den jeweiligen Standortbedingungen entsprechende Arten Verwendung fanden.[365]

Zur Gewinnung von Einstellplätzen für den Erholungsverkehr sind vom Landkreis Recklinghausen an einigen durch die Hohe Mark führenden Straßen die Straßengräben verrohrt und verfüllt und die so gewonnenen Flächen z.T. asphaltiert worden, jedoch unter Schonung der vorhandenen Bäume. Auch an anderen geeigneten Stellen wurden inzwischen derartige Einstellflächen oder auch besondere Waldparkplätze, meist mit Sitzbänken und Papierkörben ausgestattet, unter weitgehender Schonung der Baumbestände und oft mit zusätzlicher, standortgerechter Bepflanzung, angelegt. Am Wochenende werden sie von den Besuchern, denen sich von hier aus Wandermöglichkeiten in die Umgebung bieten, stark ausgenutzt.

Von besonderer Bedeutung sind auch die *Bepflanzungen an Flüssen und Wasserstraßen*.[366] Als Beispiel seien hier die ersten Versuche und Maßnahmen zur Wiederbegrünung der Ufer des Niederrheins erwähnt.

Bei allen Anpflanzungen am Rhein sind die starken Wasserschwankungen zu beachten (Mittelwasser bei Duisburg-Ruhrort 2000 m$^3$/sec, niedrigstes Niedrigwasser 550 m$^3$/sec, höchstes Hochwasser 12 000 m$^3$/sec), der Wasserstand schwankt um maximal mehr als 11 m.[367] Mit ungeheurer Gewalt reißt der Rhein bei höchstem Hochwasser alles, was ihm im Wege steht, mit. Es muß deshalb ein ausreichend geräumiges Bett zur Verfügung stehen; und es muß dafür Sorge getragen werden, daß sich im Hochwasser-Abflußbereich keine Hindernisse befinden, die zu einem Aufstau und damit zu einer Gefährdung der Deiche führen könnten. Alle Bepflanzungen im Hochwasser-Abflußbereich müssen diese Forderungen berücksichtigen.

Nach ersten Versuchspflanzungen durch das Duisburger Garten- und Grünflächenamt auf einer 4 km langen Strecke im Jahre 1955 sind inzwischen im Zusammenwirken verschiedener Behörden auf größeren Abschnitten im Duisburger und Rheinhausener Gebiet, also im Bereich der hochindustriellen Rheinfront, weitere systematische Bepflanzungen durchgeführt worden, und zwar meist in tropfenförmigen Gruppen unter Berücksichtigung des Stromstriches. Die inzwischen herangewachsenen Bestände haben schon jetzt zu einer Verbesserung des Landschaftsbildes geführt.

Die beiderseits des Rheins von Nordwesten her tief in das Ruhrgebiet vorstoßende Grünzunge besitzt heute stellenweise auch erhebliche Bedeutung für die Naherholung (Uferbereiche mit Gaststätten und Promenaden in Orsoy und Götterswickerhamm). Sie enthält mancherorts noch einige der für den Niederrhein typischen Auenlandschaften mit ihrem von Hecken, Baumreihen und Gebüschgruppen durchsetzten Grünland. Auch in diesen als Landschaftsschutzgebiet gesicherten Teilräumen, im Walsumer Grind ebenso wie in der Momm-Niederung bei Löhnen und Mehrum, wurden im Laufe der letzten Jahre Pflegemaßnahmen durchgeführt. Die Baumbestände und Hecken wurden ergänzt und Teile dieser Räume durch Wege besser als bisher erschlossen. Die Bedürfnisse der Landwirtschaft wurden dabei berücksichtigt, zugleich aber dafür Sorge getragen, daß bei aller Abwandlung im einzelnen das grundsätzliche Gepräge dieser charakteristischen Auenlandschaften, die sich gerade hier in der Nähe des Ballungsraumes als Naherholungsgebiete anbieten, gesichert wurde.

Ein wesentliches Hilfsmittel für die Maßnahmen der Landschaftspflege kann ein *Landschaftsplan* sein, mit einem Diagnose-Teil, der die Ergebnisse landschaftsanalytischer und landschaftsökologischer Untersuchungen wiedergibt, und einem Entwicklungsteil, der Vorschläge für erhaltende, vorbeugende und gestaltende Maßnahmen enthält.[368] Auch im Ruhrgebiet gelangte dieses Planungsmittel in den letzten Jahren verschiedentlich zur Anwendung. So wurde z.B. vom Siedlungsverband Ruhrkohlenbezirk ein Landschaftsplan für das wichtige Erholungsgebiet der Ruhraue zwischen Mülheim und Kettwig entwickelt (vgl. Abb. 30).[369] Alle Gestaltungspläne müssen die landschaftliche Struktur des Raumes in umfassender Weise berücksichtigen und von ihr ausgehen. Die erhaltenden, pflegenden und gestaltenden Maßnahmen können nur auf dieser Grundlage entwickelt werden.

Als Beispiel sei hier die Planung für das Gelände der *Ruhr-Universität Bochum* herangezogen. Unmittelbar nach dem Landtagsbeschluß vom 18. Juli 1961 über die Errichtung einer Universität in Bochum wurde vom Bezirksbeauftragten für Naturschutz und Landschaftspflege im Bereich der Landesbaubehörde Ruhr nach Beratung mit anderen Dienststellen eine Denkschrift vorgelegt, die auf der Grundlage der landschaftlichen Struktur des Raumes Vorschläge für die Gestaltung des Gesamtbereiches bis hinüber zum Ruhrtal und zum Ölbachtal enthielt (vgl. Anlage A 10).[370] Auf dieser Basis wurde vom Garten- und Grünflächenamt der Stadt Bochum eine erste Konzeption für das vielfältig verzweigte Netz der Grün- und Waldstreifen im Universitätsgelände und in seiner engeren Umgebung entworfen; und auch bei den weiteren Planungen haben diese Gesichtspunkte Berücksichtigung gefunden. Ebenso hat die Beachtung des naturräumlichen und kulturlandschaftlichen Gefüges bei der Bewertung der in einem Wettbewerb für die Landschaftsgestaltung dieses Raumes eingereichten Arbeiten im Jahre 1966 eine maßgebliche Rolle gespielt.

---

365 Nach Unterlagen der Kreisverwaltung des Ennepe-Ruhr-Kreises.

366 Zur Ufergestaltung an den westdeutschen Wasserstraßen vgl. insbesondere H. M. KNIESS (1965).

367 H. M. KNIESS: Über die Landschaftsgestaltung am Niederrhein; in: Der Niederrhein, 25, Heft 3, 1958; S. 81–85.

368 Vgl. dazu „Der Landschaftsplan"; Schriftenreihe für Landschaftspflege und Naturschutz, Heft 1, herausgeg. v. d. Bundesanstalt für Vegetationskunde, Naturschutz und Landschaftspflege, Bad Godesberg, 1966.

369 Zur Bedeutung dieses Ruhrtal-Abschnitts für die Erholung vgl. H. BURCKHARDT (1964).

370 Nach den Akten der Bezirksstelle für Naturschutz und Landschaftspflege im Bereich der Landesbaubehörde Ruhr.

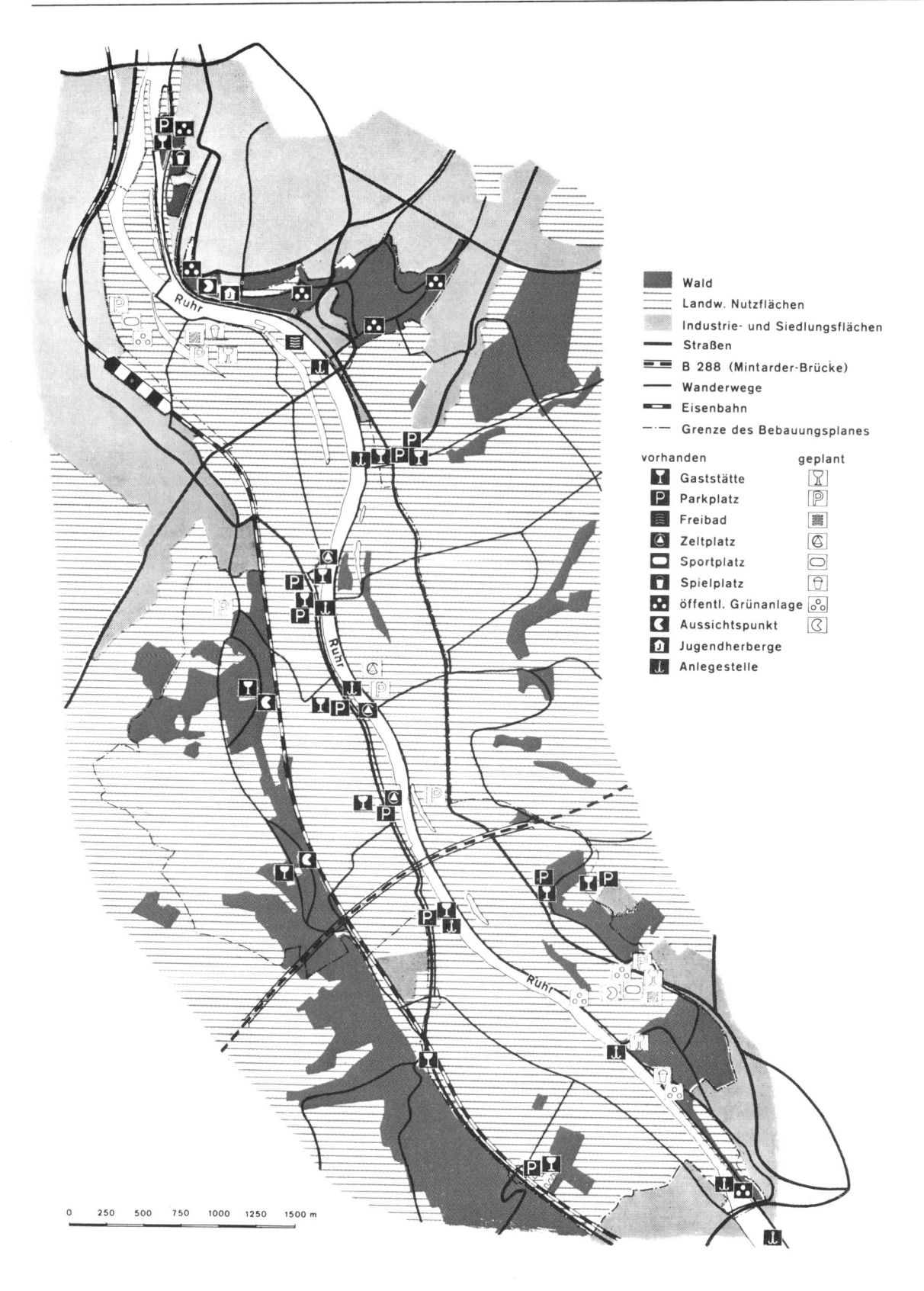

Abb. 30
Landschaftsplan des Siedlungsverbandes Ruhrkohlenbezirk
für die Ruhraue Mülheim-Kettwig

(Grüne Arbeit im Ruhrgebiet, Siedlungsverband Ruhrkohlenbezirk, Essen, 1966, S. 43)

Zur Zeit laufen die Verhandlungen über die Gründung einer gemeinnützigen Gesellschaft mbH „Kemnader Stausee". Vertragspartner sind der Siedlungsverband Ruhrkohlenbezirk, der Ruhrverband und die beteiligten Städte Bochum, Witten, Blankenstein und Herbede. Die Hälfte der Gesamtkosten von 89 Mill. DM für die Anlage des 140 ha großen Stausees und der damit im Zusammenhang stehenden Sport- und Erholungseinrichtungen will das Land Nordrhein-Westfalen übernehmen. Das Programm ist inzwischen in groben Umrissen festgelegt. Im Ostteil soll der Schwerpunkt für den Wasser- und Badesport entstehen, mit Restaurationsbetrieb und den erforderlichen Einstellplätzen für die Kraftfahrzeuge. Für den westlichen Seebereich ist ein zweiter Schwerpunkt vorgesehen, dessen Kernstück ein großes Freizeithaus sein würde; außerdem werden hier Spiel- und Sportplätze und ein Campingplatz entstehen, und auch die alte Wasserburg Kemnade wird in dieses Freizeitzentrum einbezogen. Zwischen den Schwerpunkten sollen ruhige Zonen verbleiben, und um den See wird ein Wanderweg geführt.[371]

### 2.33 Waldschutz und Waldpflege

Der Wald ist im Ruhrgebiet, vor allem im Kernraum, im Laufe der Zeit stark zurückgedrängt worden. Im Gebiet der heutigen Stadtkreise (ohne Hagen und Hamm) bedeckte er[372]

| | | |
|---|---|---|
| 1820 | 271,94 qkm = | 20,8% |
| 1893 | 214,91 qkm = | 16,0% |
| 1927 | 144,47 qkm = | 10,8% |
| 1952 | 121,13 qkm = | 9,0% |
| 1960 | 109,68 qkm = | 8,2% |

Auch in den Randzonen ist die Waldfläche bis 1960 laufend zurückgegangen; der Wald beschränkt sich hier heute meist auf die für eine landwirtschaftliche Nutzung ungünstigen Böden. Im Gesamtraum des Siedlungsverbandes Ruhrkohlenbezirk umfaßte die Waldfläche:

| | | |
|---|---|---|
| 1893 | 933,80 qkm = | 20,3% |
| 1927 | 854,21 qkm = | 18,6% |
| 1952 | 713,61 qkm = | 15,5% |
| 1960 | 698,90 qkm = | 15,2% |

Eine Übersicht über die *Waldflächen* für das Jahr 1960 gibt die folgende Tabelle, die nach der „Forsterhebung 1961" zusammengestellt wurde (vgl. auch Abb. 31).[373]

---

371 Informationsdienst Ruhr Nr. 51/68 vom 20.8.1968.
372 Zahlen für 1820 bis 1952 nach W. VON BORCKE (1964), Tabelle 4, S. 265, auf Grund verschiedener Quellen. Zahlen für 1960 aus Tabelle 8 entnommen.
373 Beiträge zur Statistik des Landes Nordrhein-Westfalen, Sonderreihe Landwirtschaftszählung 1960, Heft 7: Die Forsten in Nordrhein-Westfalen — Ergebnisse der Forsterhebung 1961; Düsseldorf, 1965. Als Stichtag galt der 1.10.1960. Es sind alle Waldflächen von mehr

Tabelle 8

Forstbetriebsflächen 1960 nach der Belegenheit

| Verwaltungsbezirk | Fläche in qkm | Forstbetriebsfläche qkm | % |
|---|---|---|---|
| **Kreisfreie Städte:** | | | |
| Duisburg | 143,32 | 15,05 | 10,5 |
| Mülheim | 88,20 | 10,95 | 12,4 |
| Oberhausen | 77,02 | 9,97 | 12,9 |
| Essen | 188,39 | 13,14 | 7,0 |
| Bottrop | 42,09 | 5,65 | 13,4 |
| Gladbeck | 35,88 | 2,90 | 8,1 |
| Gelsenkirchen | 104,41 | 4,09 | 3,9 |
| Recklinghausen | 66,23 | 4,18 | 6,3 |
| Wattenscheid | 23,88 | 0,03 | 0,1 |
| Bochum | 121,35 | 5,09 | 4,2 |
| Witten | 46,48 | 6,15 | 13,2 |
| Wanne-Eickel | 21,31 | 0,13 | 0,6 |
| Herne | 30,04 | 1,14 | 3,8 |
| Castrop-Rauxel | 44,19 | 7,16 | 16,2 |
| Dortmund | 271,49 | 21,24 | 7,8 |
| Lünen | 37,30 | 2,81 | 7,5 |
| Hamm | 24,80 | 0,15 | 0,6 |
| Hagen | 87,42 | 25,45 | 29,1 |
| **Landkreise:** | | | |
| Geldern | 508,82 | 70,32 | 13,8 |
| Moers | 563,44 | 49,57 | 8,8 |
| Dinslaken | 220,60 | 47,99 | 21,8 |
| Recklinghausen | 714,64 | 188,77 | 26,4 |
| Unna | 453,27 | 30,54 | 6,7 |
| Ennepe-Ruhr | 413,78 | 125,01 | 30,5 |
| **Landkreis-Teile:** | | | |
| Düsseldorf-Mettmann | 16,09 | 2,97 | 18,5 |
| Iserlohn | 50,99 | 8,96 | 17,6 |
| Rees | 194,50 | 39,49 | 20,3 |
| Siedlungsverband Ruhrkohlenbezirk | 4589,93 | 698,90 | 15,2 |
| **Landkreise und kreisfreie Städte der Randzonen:** | | | |
| Rees (insgesamt) | 510,38 | 69,49 | 13,6 |
| Borken | 631,25 | 91,80 | 14,5 |
| Coesfeld | 612,00 | 71,90 | 11,7 |
| Lüdinghausen | 697,67 | 106,27 | 15,2 |
| Bockum | 688,25 | 69,86 | 10,2 |
| Soest | 531,86 | 79,07 | 14,9 |
| Iserlohn (insgesamt) | 351,20 | 121,04 | 34,5 |
| Iserlohn-Stadt | 28,33 | 11,68 | 41,2 |
| Lüdenscheid-Stadt | 12,66 | 4,79 | 37,8 |
| Altona | 652,44 | 319,87 | 49,0 |
| Wuppertal-Stadt | 148,84 | 27,21 | 18,3 |
| Düsseldorf-Mettmann (insgesamt) | 433,55 | 62,38 | 14,4 |

Das Gebiet des Siedlungsverbandes Ruhrkohlenbezirk hat also immer noch einen Waldanteil von rund 15% (Durchschnitt von Nordhrein-Westfalen rund 23%, Bundesrepublik 28%). Allerdings sinkt der Prozentsatz in Teilen des Kernraumes unter 5% (Bochum, Gelsenkirchen, Herne), z.T. sogar unter 1% ab (Wattenscheid, Wanne-Eickel). Während das Land Nordrhein-Westfalen noch rund 470, die Bundesrepublik im Durchschnitt sogar noch 1200 qm Wald pro Einwohner aufzuweisen hat, sind es im Siedlungsverband Ruhrkohlenbezirk nur 125 und im Bereich der kreisfreien Städte ohne Hagen und Hamm gar nur 30 qm pro Kopf der Bevölkerung.[374]

Gerade die im Innern des Reviers noch erhaltenen Waldparzellen tragen in erheblichem Maße zur Regeneration, Entstaubung und Entgiftung der Luft bei.[375] Besonders wirkungsvoll sind sie, wenn sie quer zur vorherrschenden Windrichtung verlaufen. Wohnviertel hinter den Waldgürteln werden von der Luftverschmutzung nicht so stark betroffen wie die vor den Waldstreifen liegenden Bereiche. Vor allem sind stufig aufgebaute Wälder, die den Luftstrom durchwirbeln und den Eintritt der Luft ins Innere fördern, zur Ausfilterung geeignet. Die im Gebietsentwicklungsplan des Siedlungsverbandes verankerten, von Nord nach Süd verlaufenden Grünzonen des regionalen Grünflächensystems (vgl. Abb. 26) sind auch aus diesem Grunde für das Innere des Ruhrgebiets von erheblicher Bedeutung. Die von außen her ins Innere vorstoßenden Grünzungen, etwa entlang der Tälchen und Siepen des Südens, tragen ferner zum Luftaustausch bei. Auch für den Lärmschutz sind sie von erheblicher Bedeutung.[376]

Vor allem aber spielen die Wälder im System der Erholungsgebiete eine ausschlaggebende Rolle. Es ist mehrfach betont worden, daß die vielfältigen Belastungen, denen der Mensch heute in seiner Umwelt ausgesetzt ist, den kurzfristigen, täglichen und wöchentlichen Ausgleich erfordern. Entspannung und Erholung am Feierabend und am Wochenende sind von stärkstem Einfluß auf die Arbeitskraft und Arbeitsfreude und auf das Wohlbefinden der Menschen. Gerade in diesem Zusammenhang ist auch die Wirkung des Waldes zu sehen. Der Wald regt zum Spazierengehen in relativ wenig mit Immissionen belasteter Luft an. „Die dort herrschende Ruhe sowie die rhythmischen Bewegungen des Gehens wirken sich auf die Erholung besonders günstig aus." „Die Würzigkeit der Waldluft reizt den Besucher zum tiefen Einatmen und bewirkt damit eine verbesserte Atemtechnik, eine bessere Durchblutung der Lunge und eine höhere Sauerstoffaufnahme des Körpers... In der Stille des Waldes kommt der gehetzte Mensch zur Ruhe; hier kann er wieder zu sich finden..." (P. DÜRK 1968, S. 102). Größere Waldgebiete, aber auch schmale Waldstreifen und Grüngürtel erlangen unter diesen Aspekten gerade in den Ballungskernen und in ihrer engeren Umgebung erhebliche Bedeutung für die Landesplanung und die städtebaulichen Konzeptionen.

Zur Sicherung der Waldbestände beschloß der Landtag von Nordrhein-Westfalen am 31. März 1950 ein *Gesetz zum Schutze des Waldes*. Nach § 3 dieses Gesetzes bedarf jede Umwandlung von Wald oder von mit Holz bestockten Flächen in eine andere Nutzungsart der Genehmigung durch die untere Forstbehörde, die nach einer Verordnung des Ministers für Ernährung, Landwirtschaft und Forsten vom 15.1.1968 im Benehmen mit dem Amt für Flurbereinigung und Siedlung, der unteren Naturschutzbehörde, der unteren Wasserbehörde und der Bezirksplanungsstelle entscheidet.

Seit dieser Zeit unterliegen die Waldflächen einem zusätzlichen Schutz. Die Verringerung der Waldbestände konnte nun in Verbindung mit den Landschaftsschutzverordnungen und den Bestimmungen über die Verbandsgrünflächen noch wirksamer als bisher unterbunden werden. Trotzdem war bis etwa 1960 immer noch ein gewisser Verlust an Waldfläche zu verzeichnen, insbesondere in Verbindung mit den Entwicklungen der 50er Jahre im Kernraum des Reviers, vor allem durch den Bau von Autobahnen und Straßen, durch Wohnsiedlungen und neue Gewerbeflächen.

---

als 0,5 ha erfaßt. Die Flächengrößen der kreisfreien Städte und Landkreise wurden dem Heft 2a der Beiträge zur Statistik des Landes Nordrhein-Westfalen, Sonderreihe Volkszählung 1961, Düsseldorf, 1962, entnommen.

374 Grüne Arbeit im Ruhrgebiet, herausgeg. vom Siedlungsverband Ruhrkohlenbezirk, Essen, 1966, S. 15.

375 Vgl. dazu im einzelnen W. VON BORCKE (1964), S. 118 ff., M. DOMRÖS (1966), S. 36–38, E. KIRWALD in BUCHWALD/ENGELHARDT (1968), Bd. 2, S. 103/104, P. DÜRK (1968), S. 101.
K. F. WENTZEL (1965, S. 204/05) bemerkt dazu: „Die Grünflächen sind nicht etwa in der Lage, technische Reinigungsanlagen in den Industriebetrieben zu ersetzen. Aber Wälder, Parkbestände und Baumreihen vermögen:
1. den Zutritt von Immissionen bis zu einem gewissen Grade abzuhalten (Abschirmwirkung),
2. Stäube vermehrt zum Ausfall aus der Luft und Gase durch die Gitterwirkung und Adsorption von Stämmen, Ästen, Zweigen und Blattorganen schneller zu unschädlichen Konzentrationen zu verwirbeln (Reinigungswirkung) und
3. die ausgefilterten Immissionen nachhaltig in den Boden einzubauen und damit unschädlich zu machen (Festhaltewirkung)."

376 Vgl. im einzelnen W. VON BORCKE (1964), S. 126–128, ferner E. KIRWALD, a.a.O., S. 104/105, P. DÜRK (1968), S. 101/102.

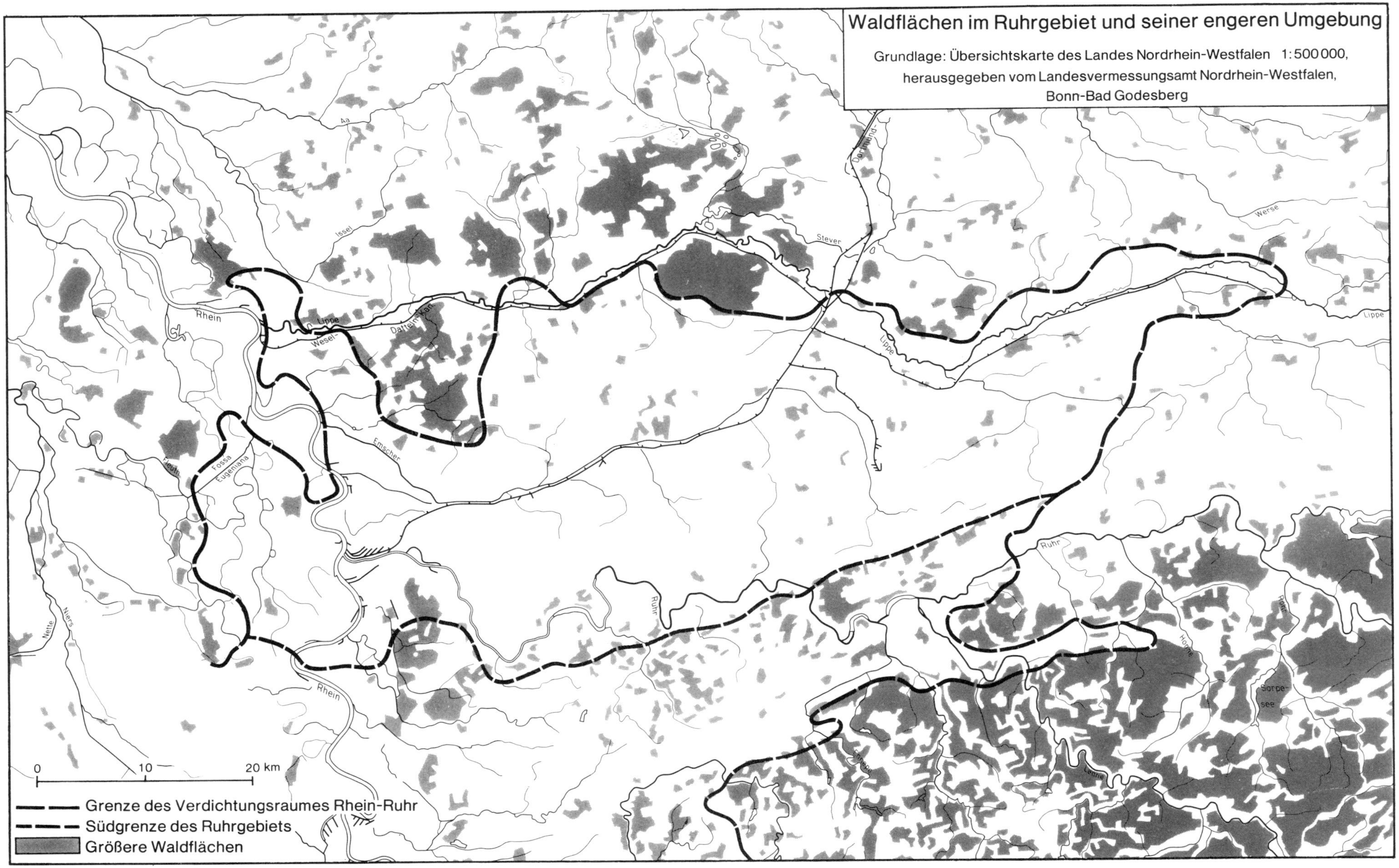
Waldflächen im Ruhrgebiet und seiner engeren Umgebung
Grundlage: Übersichtskarte des Landes Nordrhein-Westfalen 1:500000, herausgegeben vom Landesvermessungsamt Nordrhein-Westfalen, Bonn-Bad Godesberg
Aa
Issel
Stever
Dortmund-
Werse
Lippe
Rhein
Wesel-
Datteln-Kan.
Emscher
Fossa
Eugeniana
Ruhr
Niers
Nette
Hönne
Röhr
Sorpe-
see
Lenne
0
10
20 km
Grenze des Verdichtungsraumes Rhein-Ruhr
Südgrenze des Ruhrgebiets
Größere Waldflächen

Abb. 31

Erst seit etwa 1960 vollzog sich ein gegenläufiger Prozeß. Durch die Aufgabe kleiner landwirtschaftlicher Betriebe und durch die Aufforstung von Grenzertragsböden und von schlecht zu bewirtschaftenden Hangflächen, vor allem im Hügel- und Hochflächenland des Südens, nahm nun die Waldfläche allmählich wieder ein wenig zu. Bedauerlicherweise wurden dabei auch einige Wiesentäler, die manchen Teilräumen des Gebirgslandes ihren besonderen Reiz verleihen, von den Aufforstungen erfaßt — ein Vorgang, der in noch wesentlich stärkerem Umfange in den höheren Teilen des Sauerlandes zu beobachten ist. Es ist außerdem anzuerkennen, daß in den reviernahen Teilen bei der Bepflanzung der Talzonen eine stärkere Berücksichtigung des Laubholzes, vor allem Pappel und Erle, sowie je nach den Standortverhältnissen Esche, Kirsche und Bergahorn, erfolgt.

So stieg z.B. im Landkreis Iserlohn die Waldfläche von 1960 bis 1967 um mehr als 300 ha.[377] Im Landkreis Geldern nahm die Waldfläche von 1949 bis 1967 um insgesamt 80 ha zu, während sich gleichzeitig die landwirtschaftlich genutzte Fläche um 611 ha verminderte, hauptsächlich für Straßenbau und Wohnsiedlungen.[378] Am waldreichsten sind heute die Gebiete des südlichen Gebirgslandes, wo schon dicht südlich des Ruhrgebiets Waldanteile von 30% überschritten werden (Ennepe-Ruhr-Kreis 30,5%, Landkreis Iserlohn 34,5%).[379]

Es muß in diesem Zusammenhang betont werden, daß die Wälder des Ruhrgebiets mannigfachen *Gefährdungen und Belastungen* ausgesetzt sind.

Die durch den Abbau der Steinkohle entstehenden Bergsenkungen sind stellenweise so stark, daß Wälder unter Wasser gesetzt und zum Absterben gebracht werden. Das gilt insbesondere für Teile der in der Emscher-Niederung noch erhaltenen Wälder.

Viel schwerwiegender sind die Verunreinigungen der Luft durch Zechen, Industrieanlagen und Kleingewerbe, durch Hausbrand und Kraftverkehr.[380] Im Ruhrgebiet, wo erst in den letzten Jahren stellenweise durch Staub- und Abgasrückhalteanlagen eine Verringerung der Immissionen erzielt wurde, sind nach K. F. WENTZEL (1967) etwa 31 000 ha Waldfläche betroffen (vgl. Abb. 32). Besonders gefährdet sind Fichte und Kiefer, die auch im Winter ihre Nadeln nicht abwerfen; sie sind das ganze Jahr über dem Einfluß schädlicher Schwefeldioxydmengen, die in erster Linie die Pflanzenschäden verursachen, ausgesetzt. Krüppelwuchs, Kronendeformationen, Verminderung der Wuchsleistungen und bei starken Belastungen das Absterben der Bäume sind die Folge.[381] Die unter dem Begriff der „Rauchschäden" zusammengefaßten Einwirkungen der Luftverunreinigung auf die Vegetation haben im Ruhrgebiet daher zu einer Umwandlung von Nadelwaldbeständen in Laubwald und zu einer Beschränkung der Holzartenwahl geführt; und es ist damit zugleich eine Verminderung der Wirtschaftlichkeit des Waldes verbunden.

„In den Zonen starker chronischer oder gar akuter Immissionseinwirkung erreichen unsere Fichten- oder Kiefernbestände kaum das Stangenholzalter vor der völligen Auflösung. Hier fällt auch die sowohl waldbaulich sehr wünschenswerte wie wirtschaftlich recht günstige Nutzung von Weihnachtsbäumen aus, weil sich die schütteren Jungfichten für diesen Zweck nicht eignen. Die Nachzucht von Fichten und Kiefern in den Industriegebieten ist daher schon seit Jahrzehnten eingestellt worden ... Wo Immissionsschäden den Wald belasten, vermag die Forstwirtschaft bei der heutigen holzwirtschaftlichen Situation in Mitteleuropa keine Rendite mehr zu erzielen. Selbst mäßige chronische Raucheinwirkungen, die noch ein Fichten- und Kiefernwachstum in begrenztem Umtrieb zulassen, mindern den Zuwachs so weit herab, daß die Wirtschaftlichkeit unter die Rentabilitätsgrenze sinkt." (K. F. WENTZEL 1967).

Mannigfache Beeinträchtigungen erfahren die Wälder im Ruhrgebiet und in seinen Randzonen auch durch den starken Ausflugsverkehr. Von den Waldbesitzern wird immer wieder über die zahlreichen Wald- und Flurschäden geklagt. Es werden Bäume beschädigt und Abfälle hinterlassen. Vor allem sind durch Unvorsichtigkeit und Leichtsinn wiederholt Waldbrände verursacht worden.[382]

Der Siedlungsverband Ruhrkohlenbezirk hatte schon 1926, einige Jahre nachdem ihm besondere Befugnisse auf Grund des Preußischen Gesetzes zur Erhaltung des Baumbestandes (1922) übertragen worden waren, Gutachten über die Rauchschadengefährdung, die waldbaulichen Folgerungen und die sich ergebenden Aufgaben der öffentlichen Hand eingeholt und 1927 eine Denkschrift über die „Walderhaltung im Ruhrkohlenbezirk" vorgelegt. Schon in dieser Zeit wurde erkannt, daß zu den

---

377 Beiträge zur Statistik des Landes Nordrhein-Westfalen, Heft 230; Statistische Berichte des Statistischen Landesamts von Nordrhein-Westfalen — zitiert nach der 1968 herausgebrachten Sammlung statistischer Unterlagen des Landkreises Iserlohn.

378 Nach mdl. Mitteilung der Landwirtschaftskammer Geldern vom 5.4.1967.

379 Vgl. Anm. 377.

380 Über die Quellen der Luftverunreinigung, Art und Ausmaß vgl. W. VON BORCKE (1964), S. 98–107, K. F. WENTZEL (1962 u. 1967), M. DOMRÖS (1966). Nach Untersuchungen von M. DOMRÖS (1966) drückt sich in der Verbreitung der Flechten und in ihrem Deckungsgrad auf den Baumrinden der mittlere, langjährige Grad der Luftverunreinigung aus. Eine Karte der Flechtenzonen (Flechtenwüste, Kampfzone, Normalzone) „liefert ein repräsentatives Bild über den relativen Grad der Luftverunreinigung" (S. 106). So deckt sich bei Mülheim, Essen und Bochum der Südrand der „Flechtenwüste" etwa mit der Südgrenze der auf andere Weise ermittelten stark- und hochgradig-luftverunreinigten Gebiete; die Kampfzone entspricht im wesentlichen den schwach-luftverunreinigten Gebieten.

381 Vgl. im einzelnen M. DOMRÖS (1966), S. 44–45; W. VON BORCKE (1964), S. 110–115.

382 Im Landkreis Recklinghausen sind z.B. von 1946 bis 1956 1737 ha Wald durch Brand vernichtet worden. Die Höhe des Schadens wurde mit 8 Mill. DM angegeben (W. VON BORCKE 1964, S. 168).

#### Abb. 32

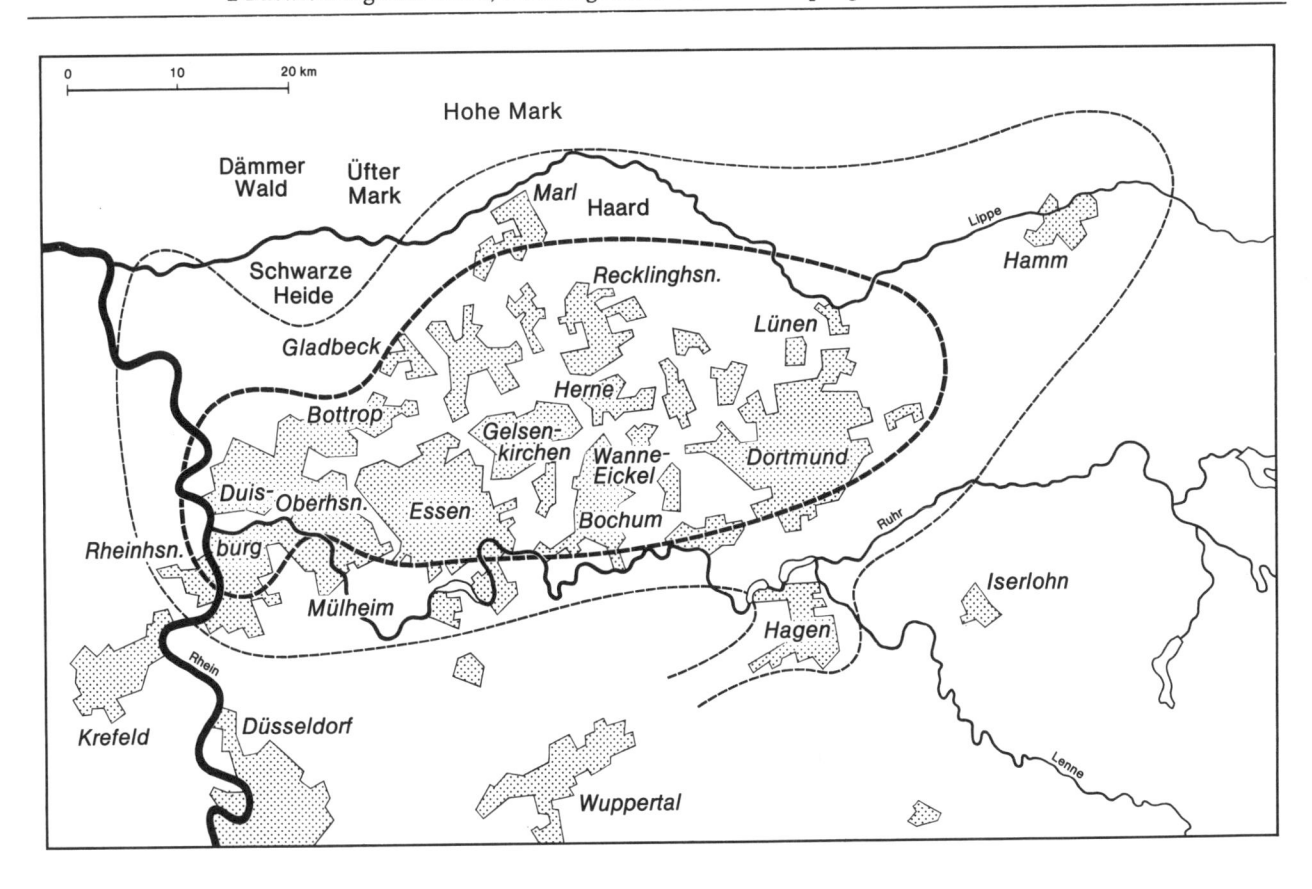

Imissionsbelastung der Wälder des Ruhrgebiets

(Nach K. F. WENTZEL 1967)

Im inneren Ring, wo auf 1400 qkm Fläche noch 6200 ha Wälder vorhanden sind, verbieten die Rauchschäden eine forstliche Nachzucht von Fichte und Kiefer. Die Bestände sterben oder lösen sich bereits bis zum Stangenholzalter auf. Der äußere Ring, in welchem auf ca. 3000 qkm weitere 25 000 ha Waldflächen liegen, begrenzt etwa den Hauptschadbereich für Nadelholz.

Schutzmaßnahmen gerade im Industriegebiet angesichts der schweren Belastungen und Gefährdungen eine *Waldpflege* treten muß und daß es dazu außer ideeller Begründung und fachlicher Beratung auch eines Anreizes durch materielle Hilfe bedarf. 1924 wurden zum ersten Mal im Haushalt des Siedlungsverbandes verlorene Zuschüsse für die Förderung von Aufforstungsmaßnahmen vorgesehen. Bis 1945 wurden aus der Verbandsumlage rund 3/4 Mill. RM und von 1948 bis 1966 weitere 3,5 Mill. DM für diese Zwecke aufgebracht.[383]

Die Bereitstellung der Mittel erfolgt mit dem Ziele eines zweckmäßigen, d.h. den Bedingungen im Ruhrgebiet entsprechenden Waldaufbaus, um damit die Voraussetzung für die dauernde Erhaltung der wegen ihrer hygienischen und landeskulturellen Funktionen und ihres Erholungswertes so wichtigen Wälder zu schaffen. Vor allem werden die Zuschüsse für die Pflanzenbeschaffung sowie für die Begründung, Pflege und Nachbesserung der Kulturen verwendet, um so auf Auswahl und Qualität der Pflanzen einwirken zu können. In den Rauchschadensgebieten spielt die Auswahl rauchharter Laubhölzer eine besondere Rolle. Es handelt sich im einzelnen durchweg um Gemeinschaftsmaßnahmen, an denen die zuständigen Forstbehörden und die Waldbesitzer beteiligt sind.

In einem Runderlaß des Ministers für Ernährung, Landwirtschaft und Forsten von Nordrhein-Westfalen sind am 1.8.1967 Richtlinien für die Gewährung von Landeszuschüssen zur Umwandlung rauchgeschädigter Waldbestände in Körperschafts- und Privatwald festgelegt worden. In einem bestimmten, genau umschriebenen Gebiet werden danach Zuschüsse für Begründung, Pflege und Schutz von Forstkulturen der relativ rauchharten Baumarten Buche, Ahorn, Kirsche, Ulme, Roteiche, Stiel- und Traubeneiche, Erle, Pappel und Schwarzkiefer gewährt, und zwar vorrangig für die Umwandlung der am stärksten geschädigten Bestände.

---

383 „Grüne Arbeit im Revier", herausgegeben vom Siedlungsverband Ruhrkohlenbezirk, Essen, 1966, S. 19—20.

Für Buchen-, Ahorn-, Kirschen-, Ulmen- oder Eichen-Kulturen werden Zuschüsse bis zu DM 2800,– je ha, für Pappelkulturen mit Füllholz bis zu DM 1200,–, ohne Füllholz bis zu DM 1000,–, für Erlenkulturen bis zu DM 800,–, für Schwarzkiefernkulturen bis zu DM 750,– je ha gewährt, außerdem weitere Beträge für die Pflege der Kulturen, für Forstdüngung und Bodensanierung, für die Errichtung von Schutzzäunen und sonstige Schutzmaßnahmen. Die Zuschüsse werden durch die Regierungspräsidenten bzw. die Landwirtschaftskammern bewilligt.

Nach dem Stand vom Frühjahr 1966 (Ministerialblatt für das Land Nordrhein-Westfalen vom 16. Mai 1966) wird das Gebiet für die Umwandlung rauchgeschädigter Waldbestände in rauchhärtere Bestockung im wesentlichen etwa durch die äußere Linie der Karte von K. F. WENTZEL (vgl. Abb. 32) begrenzt. Nördlich der Lippe ist über die Linie der WENTZEL'schen Karte hinaus noch ein Streifen bis zur Bundesstraße B 58 und zwischen Schermbeck und Haltern noch ein Geländeteil nördlich dieser Straße einbezogen.

Schon vor dem Kriege wurden in einigen geschlossenen Waldgebieten der nördlichen Randzone Feuerwachttürme gebaut, die in manchen Fällen die Bekämpfung von Waldbränden noch im Stadium des Entstehens ermöglicht haben.

Der Siedlungsverband Ruhrkohlenbezirk hat ferner den Ankauf existenzbedrohter Wälder durch die Gemeinden finanziell gefördert und auch auf diese Weise dazu beigetragen, die Wälder in ihrem Bestand zu sichern. Einige der Ruhr-Großstädte haben auslaufende Höfe und Kotten aufgekauft und ihre Flächen teilweise aufgeforstet oder parkartig gestaltet. Im Jahre 1960 befanden sich 4711 ha = 34,1% aller in den 18 kreisfreien Städten des Siedlungsverbandes vorhandenen Wälder im Eigentum der Gemeinden; von den Park- und Grünanlagen, Spiel- und Sportplätzen und Friedhöfen waren es sogar 73,2% (3718 ha).[384]

Ein erheblicher Teil der Wälder befindet sich auch im Besitz von Bergbau und Industrie. Die Wandlungen in den Eigentumsverhältnissen zeigen sich beispielhaft an der folgenden Aufstellung über den Waldbesitz im Landkreis Recklinghausen[385].

|  | 1890 | 1956 |
|---|---|---|
| Großprivatwald | 12 569 ha | 2 176 ha |
| Bauernwald | 9 306 ha | 6 122 ha |
| Staatswald | 350 ha | – |
| Stiftungen | 215 ha | 117 ha |
| Kommunalwald | 170 ha | 1 632 ha |
| Industriewald | – | 9 387 ha |
| Gesamtwaldfläche | 22 610 ha | 19 434 ha |

Die Kommunalwälder und die Wälder der Bergbau- und Industrieunternehmen haben also auf Kosten des Privatwaldes stark zugenommen.

---

384 Statistisches Jahrbuch deutscher Gemeinden, 48, 1960, S. 25 ff. (zitiert nach W. VON BORCKE 1964, S. 271).
385 Nach K. F. WENTZEL (1967), S. 425.

Die *Waldbilder* sind heute im Ruhrgebiet und in seinen Randzonen recht unterschiedlich.

Im Kernraum sind die Laubhölzer vorherrschend, und zwar vornehmlich Eiche und Rotbuche. So entfallen z.B. von dem schlagweisen Hochwald die folgenden Anteile auf die Laub- und Nadelhölzer[386]:

| | Schlagweiser Hochwald | Laubholz | davon Eiche | davon Rotbuche | Nadelholz | davon Fichte (und Douglasie) | davon Kiefer |
|---|---|---|---|---|---|---|---|
| | ha | ha | ha | ha | ha | ha | ha |
| Bochum | 200 | 199 | 103 | 78 | 1 | 0 | 1 |
| Herne | 592 | 378 | 182 | 50 | 213 | 21 | 174 |
| Castrop-Rauxel | 626 | 598 | 243 | 116 | 28 | – | 27 |
| Gelsenkirchen | 325 | 208 | 88 | 94 | 117 | 83 | 30 |
| Bottrop | 212 | 196 | 90 | 30 | 16 | 5 | 9 |

Von besonderer Bedeutung für die Feierabenderholung sind hier außer den parkartig gestalteten Flächen einige Buchenhochwälder. Im südlichen Teil des Kernraumes greifen Waldzungen stellenweise in den Tälchen und Siepen weit in die lößbedeckte Hellwegzone hinein; sie bieten günstige Zugänge in die weiter südlich gelegenen Erholungsgebiete. Bei Neu- und Wiederaufforstungen finden vor allem Rotbuche, Roteiche, Bergahorn, Wildkirsche und auf geeigneten Standorten die üblichen Wirtschaftspappeln sowie Grau- und Balsampappeln und Erlen Verwendung.

Nach außen hin werden die Möglichkeiten für eine wirtschaftliche Waldnutzung umso größer, je mehr diese Flächen den nachteiligen Wirkungen des Verdichtungsraumes, insbesondere der Luftverunreinigung, entzogen sind. Auf den Sandböden des Nordens überwiegt heute die Kiefer; sie hat die ursprünglich vorherrschenden Eichen-Birken- und Buchen-Eichenwälder zurückgedrängt, wie die folgenden Zahlen beispielhaft zeigen[387]:

| | Schlagweiser Hochwald | Laubholz | davon Eiche | davon Rotbuche | Nadelholz | davon Fichte (und Douglasie) | davon Kiefer |
|---|---|---|---|---|---|---|---|
| | ha | ha | ha | ha | ha | ha | ha |
| Landkreis Recklinghausen | 14991 | 5089 | 2308 | 678 | 9902 | 1076 | 6548 |
| Landkreis Borken | 9684 | 3205 | 1829 | 839 | 6479 | 1000 | 5272 |

---

386 Diese und die folgenden Zahlen sind den Beiträgen zur Statistik des Landes Nordrhein-Westfalen entnommen; Sonderreihe Landwirtschaftszählung 1960, Heft 7: Die Forsten in Nordrhein-Westfalen; Düsseldorf 1965.
387 In Teilbereichen, z.B. in der Haard, sind auch größere Flächen mit Roteiche bepflanzt worden. Vgl. M. LINCKE: Die Umwandlung der reinen Nadelholzbestände Nordwestdeutschlands in Mischwald; Hannover 1946.

In der südlichen Randzone haben sich noch Niederwälder mit hohem Eichen- und Birkenanteil erhalten; diese Reste früherer Wirtschaftsformen werden erst allmählich in schlagweisen Hochwald überführt. 1960 nahm z.B. im Ennepe-Ruhr-Kreis der Mittel- und Niederwald (einschl. des in Überführung stehenden Mittel- und Niederwaldes) noch 4288 ha ein (gegenüber 6564 ha schlagweisem Hochwald). Bei dem schlagweisen Hochwald steht im Süden die Fichte an erster Stelle; die früher herrschenden Baumarten Rotbuche und Eiche sind zurückgedrängt, wie die folgenden Zahlen zeigen:

| | Schlagweiser Hochwald | Laubholz | davon Eiche | davon Rotbuche | Nadelholz | davon Fichte (und Douglasie) | davon Kiefer |
|---|---|---|---|---|---|---|---|
| | ha | ha | ha | ha | ha | ha | ha |
| Ennepe-Ruhr-Kreis | 6564 | 2040 | 656 | 997 | 4524 | 3962 | 265 |
| Hagen | 2375 | 1208 | 345 | 602 | 1167 | 761 | 214 |
| Landkreis Iserlohn | 8415 | 2434 | 1136 | 1015 | 5981 | 5377 | 461 |
| Landkreis Altena | 19949 | 3650 | 1202 | 1816 | 16299 | 15299 | 405 |

Es ergibt sich, daß der Anteil der Fichte nach Südosten hin immer stärker wird, während der Laubholzanteil in den dem Ruhrgebiet benachbarten Teilen, vor allem in der Nähe der größeren Städte, noch recht beachtlich ist. Bei Neu- und Wiederaufforstungen wird den Laubhölzern neben der Lärche in den reviernahen Teilen ebenso wie am Rande des bergisch-märkischen Kernraumes auch heute noch breiter Raum gegeben, vor allem in den Kommunalwäldern, bei deren Bewirtschaftung der Erholungswert dieser Gebiete Beachtung findet.

Für die Zukunft ist es von großer Bedeutung, gerade in der Nähe der Städte und Ballungsräume die vielfältigen Wohlfahrtswirkungen des Waldes, insbesondere ihren Erholungswert, bei den waldbaulichen Maßnahmen zu berücksichtigen. Optimal sind in dieser Hinsicht artenreiche Waldgebiete, die eine Vielgestaltigkeit hinsichtlich ihrer Bestandsformen und ihrer Altersklassenzusammensetzung aufweisen, die vielleicht plenterartig gestaltet sind. Auch auf die Gestaltung der Waldränder, auf die Erhaltung mächtiger Einzelbäume und auf die Anlage und Führung von Wanderwegen und Naturpfaden kommt es dabei an. In solchen Wäldern stehen sehr verschiedenartige Baumgestalten nebeneinander; es gibt vielfachen Wechsel von Baum und Strauch, Licht und Schatten.

Schon oft ist die Frage diskutiert worden, wie diese Gesichtspunkte mit den wirtschaftlichen Belangen in Einklang zu bringen sind. Auf einer Tagung des Forstvereins für Nordrhein-Westfalen am 12.6.1968 in Hattingen wurden die Zusammenhänge zwischen *Wirtschaftswald und Erholungswald* deutlich herausgestellt.[388]

H. MUDRICH betonte, vor allem im Hinblick auf die stadtnahen öffentlichen Wälder, daß der stadtnahe Erholungswald nicht als Alternative zum Wirtschaftswald anzusehen sei, „sondern nur als eine besondere Betriebsform, bei der den speziellen Erfordernissen entsprechend die Akzente in Waldbau und Forstnutzung anders gesetzt sind als im Holzproduktionswald. Richtet sich nämlich hier das Wirtschaftsziel auf die Holzerträge, die bei der Ernte anfallen, so liegt es dort auf dem Waldbestand vor der Holznutzung" (S 390). „Nicht der Waldbesitzer, sondern die raumgebundene Gesellschaft setzt die Maßstäbe für die Funktionsharmonie. Diese fordert in Stadtnähe die Öffnung aller Wälder als Erholungsflächen für die Stadtbevölkerung. Wir entsprechen — wenigstens im öffentlichen Wald — dieser Forderung durch die Ausweisung unseres Waldes als wirtschaftlich genutzter stadtnaher Erholungswald" (S. 393).

F. TÄGER erläuterte die Entwicklung und die Erfordernisse der modernen bäuerlichen Forstwirtschaft in der Ballungsrandzone am Beispiel des Hattingen-Sprockhöveler Raumes. Die Buche ist hier die natürliche Hauptholzart, unter Beimengung von Eiche und Birke. Noch in den 20er Jahren erfolgte die Nutzung der Laubholzbestände (schlechte, vielfach breitkronige Buchen aus Stockausschlag mit eingemischten Eichen und Birken) meist regel- und ziellos. In erster Linie wurde der Hofbedarf an Werk- und Brennholz geschlagen, darüber hinaus auf Bestellung das sogenannte Backholz, teilweise manchmal ein ganz einträgliches Geschäft. Einzelne Höfe hatten auch wertvolle Eichenbestände. Zu Beginn der 20er Jahre wurde auf größeren Flächen der Anbau der Fichte vorgenommen, daneben auch von Weymouthskiefer und Roteiche. In der Nachkriegszeit kam es zunächst zu starken Anforderungen von Brennholz für die Bevölkerung der umliegenden Städte und Siedlungen. Etwa 1953 begann dann die Periode verstärkter Niederwaldumwandlung, wobei sich im Zusammenhang mit dem starken Holzbedarf die Nähe des Ruhrgebiets und seines damals noch auf vollen Touren laufenden Bergbaus günstig auswirkte. Bei einer Gesamtwaldfläche von etwa 1075 ha wurden in den Jahren von 1953 bis 1959 214 ha Nieder- und Brennholzwald umgewandelt; und auch im Waldwegebau wurden die ersten Erfolge erzielt. Infolge Rückgangs des Laubholzmarktes hat sich seit 1960 die Überführung des Niederwaldes verlangsamt; bis 1967 wurden aber immer noch 131 ha umgewandelt. Dazu traten jetzt weitere 68 ha, die als Grenzertragsböden aus der landwirtschaftlichen Nutzung ausschieden und aufgeforstet wurden. Der Waldwegebau wurde verstärkt fortgesetzt. Die Aufforstungen von 1953 bis 1967 gliederten sich wie folgt: Laubholz 25%, Nadelholz 19%, Mischholz 56%. Im Laufe der Zeit ging man bei den Aufforstungen von der Großfläche zu kleineren und mittleren Kulturgrößen über mit einer weitgehenden Differenzierung in der Holzartenwahl, nicht zuletzt bedingt durch die Erkenntnisse aus den Folgen des Trockenjahres 1959.

---

388 Die Vorträge von H. MUDRICH und F. TÄGER sind inzwischen in der Zeitschrift „Der Forst- und Holzwirt", Heft 19/1968 vom 8. Oktober 1968 abgedruckt (vgl. Lit.-Verz. Nr. 220 und 318).

Nach den bisherigen Ergebnissen muß festgestellt werden, daß die Fichte in diesem Raum „keine zukunftsträchtige Holzart ist und deshalb für die Aufforstung mit Ausnahme ganz weniger gedeckter nordhängiger Unterhanglagen praktisch ausscheidet. Die ältesten Fichtenreinbestände, wie sie in den 20er Jahren hier erstmals begründet wurden, zeigen bereits in der Altersspanne 35—45 einen deutlich erkennbaren Zuwachsrückgang, äußerlich sichtbar am Nachlassen jedweden Höhenwachstums, an schütterer Kronenbildung und einem im Verhältnis hohen Trocknisabgang, bes. an den exponierten Bestandsrändern. Zweifellos sind die zu große Sommerwärme sowie die zu schnelle Austrocknung durch die ständige Windbewegung infolge der hügelig offenen Geländeausformung dem Wachstum sehr abträglich. Ganz eindeutig beschleunigend wirken sich dabei aber noch die Rauch- und Staubschäden besonders bei ungünstigen Wetterlagen aus dem nahen Ruhrgebiet und dem Industriebereich um Hattingen aus." (S. 396). Von den sonstigen Nadelhölzern werden besonders die japanische und die europäische Lärche angepflanzt, vielfach in Mischung mit Buche, Bergahorn und Kirsche.

Ein Beispiel für die Verbindung zwischen den Wirtschaftsinteressen der Eigentümer und den Belangen der erholungsuchenden Menschen aus den benachbarten Städten bildet der vor kurzem ausgebaute, 12 km lange Wanderweg von Nierenhof bis Herzkamp. Ausbauart und Trassenführung haben sich nach rein forstwirtschaftlichen Gesichtspunkten gerichtet; der Weg bietet aber zugleich gute Wandermöglichkeiten in einer abwechslungsreichen, reizvollen Umgebung. Der Ausbau dieses Weges ist daher finanziell maßgeblich durch den Siedlungsverband Ruhrkohlenbezirk und die Kreisverwaltung des Ennepe-Ruhr-Kreises gefördert worden.

In den Kommunal- und Körperschaftswäldern, die in den Randzonen des Ruhrgebiets relativ stark vertreten sind, wird von den Forstverwaltungen der Laub- und Mischwald besonders begünstigt. Inzwischen sind hier an vielen Stellen gepflegte und abwechslungsreiche Bestände herangewachsen. Die den Städten unmittelbar benachbarten Teile, die in stärkstem Maße der Feierabenderholung dienen, sind oft von kleinen Teichen, Spielwiesen, Wildgehegen und parkartig gestalteten Teilen durchsetzt, von vielen Wanderwegen durchzogen und in reichem Maße mit Bänken ausgestattet. Auch einige Aussichtstürme sind hier errichtet, von denen aus sich ein weiter Blick über die Waldzonen und die Bereiche des Vorlandes bietet.

An vielen Stellen des Ruhrgebiets und seiner Randzonen sind im Laufe der letzten Jahre *Wanderwege* ausgebaut worden.[389] Besondere Bedeutung haben inzwischen die Rundwanderwege erlangt, die von bestimmten, für den Erholungsverkehr wichtigen Parkplätzen ausgehen und wieder zum Ausgangspunkt zurückführen. Sie erschließen den Wanderern und Spaziergängern oft landschaftlich besonders schöne Teilgebiete, vor allem auch die dem Kraftfahrzeugverkehr unzugänglichen „Oasen der Stille" in den Waldgebieten. Diese ruhigen Bezirke, von denen der Verkehrsstrom ferngehalten wird, sind nicht nur für jene anspruchsvolle Minderheit von Erholungsuchenden nötig, die sich in der Abgeschiedenheit der Natur auf sich selbst besinnen wollen, sondern auch zum Schutze der Landschaft und insbesondere des Waldes, der durch ungesteuerte Besucherströme in seiner Substanz gefährdet würde.

Die Kennzeichnung und Beschilderung der schönsten und wichtigsten Wanderwege liegt im rechtsrheinischen Ruhrgebiet einschließlich seiner Randzonen in den Händen des Sauerländischen Gebirgsvereins (SGV), der hier vorbildliche Arbeit geleistet hat.[390] Er zählt mit seinen rund 35 000 Mitgliedern auch heute noch zu den bedeutendsten deutschen Gebirgs- und Wandervereinen. Zu seinen größten Abteilungen gehören diejenigen in den Großstädten des Ruhrgebiets und der bergisch-märkischen Kernzone; und seine Mitglieder haben ebenso wie die Heimatbünde auch die Bestrebungen des Naturschutzes immer wieder tatkräftig unterstützt.[391]

### 2.4 Zusammenfassende Betrachtung

Die Untersuchungen dieses Kapitels haben gezeigt, daß die vielfältigen Aufgaben und Maßnahmen der Landespflege erhebliche Bedeutung für die Naherholungsgebiete eines Verdichtungsraumes besitzen.

Die Zählungen und Feststellungen über den Wochenendverkehr ließen zunächst einmal erkennen, daß sich ein erheblicher Teil der Ausflügler auf relativ kleine, attraktive Zielgebiete konzentriert (Stauseen und Talsperren mit Bade- und Wassersportmöglichkeiten, Aussichtspunkte und Sehenswürdigkeiten mit Gaststätten und Unterhaltungsmöglichkeiten). In diesen stark besuchten Erholungsschwerpunkten und -zentren sind Landschaftspflege- und Gestaltungsmaßnahmen, nach Möglichkeit in Verbindung mit der Aufstellung von Landschaftsplänen, besonders vordringlich, wobei auch die Fragen der Belastbarkeit geprüft werden müssen. Es geht hier darum, den Ansprüchen der Bevölkerung im Hinblick auf die Schaffung von Erholungseinrichtungen in einer reizvollen und erho-

---

389 So werden z.B. die 2250 ha umfassenden Waldflächen im Stadtgebiet von Dortmund (davon 975 ha im städtischen Besitz und 78 ha im Besitz der Dortmunder Stadtwerke) von etwa 100 km Wanderwegen durchzogen; an ihnen stehen 460 Ruhebänke und 300 Papierkörbe; es gibt ferner 2 Waldlehrpfade, 12 Schutzhütten und 10 Spielplätze und an den häufig begangenen Waldeingängen Parkplätze für Pkw. (Nach freundl. Mitteilung von Städt. Obergartenbaurat Spies vom 4.9.1970.)

390 Vgl. dazu im einzelnen W. HOSTERT (1966).

391 Im linksrheinischen Gebiet werden die Wanderwege vom Verein Linker Niederrhein beschildert und gezeichnet.

lungswirksamen, landschaftsökologisch gesunden Umgebung zu genügen. Wir haben ferner gesehen, daß sich an einer Reihe weiterer Stellen die sich aus den natürlichen Voraussetzungen ergebenden Möglichkeiten ausnutzen lassen, um für die Zukunft ähnlich attraktive Zielgebiete zu entwickeln (z.B. Baggerseen in einer durch Landschaftspflege-Maßnahmen speziell für Erholungszwecke gestalteten Umgebung).

In den ruhigeren Teilgebieten, die den größten Teil der Naherholungsgebiete umfassen, kommt es zunächst darauf an, unerwünschte Entwicklungen, die den Charakter dieser Teilräume als Erholungsgebiete beeinträchtigen würden, zu verhindern, eine bei dem vielfältigen Druck auf diese Gebiete nicht leichte Aufgabe. In diesen Bereichen kommt dem Landschaftsschutz auch heute noch erhebliche Bedeutung zu, der darauf abgestellt sein muß, die Ausgleichs- und Erholungsfunktionen auch für die Zukunft zu sichern. Aus den Beobachtungen in den Ausflugsgebieten haben sich Hinweise darauf ergeben, daß es gerade die abwechslungsreich gestalteten, oft aus Wäldern und landwirtschaftlich genutzten Flächen mosaikartig zusammengesetzten Räume sind, welche die Erholungssuchenden anziehen. Es gilt also, diese Landschaften mit ihrem abwechslungsreichen Mosaik und mit ihren vielfältigen, der jeweiligen Landschaftsstruktur entsprechenden Komponenten und Erscheinungen auch für die Zukunft zu sichern und funktionsfähig zu halten und sie vor Fehlentwicklungen zu bewahren. Auch der Sicherung existenzfähiger landwirtschaftlicher Betriebe, die ja für die Aufrechterhaltung und funktionsgerechte Weiterentwicklung des landschaftlichen Kleinmosaiks und für die Erhaltung und Pflege seiner einzelnen Bestandteile von größter Bedeutung sind, kommt hier ein besonderes Gewicht zu. In manchen Teilen der nahegelegenen Erholungsgebiete dürfte auch die Anlage von aus öffentlichen Mitteln unterstützten Landschaftspflege-Höfen zu diskutieren sein, die speziell dazu dienen, die Landschaft für die Besucher aus den Städten zu pflegen und ihre jeweilige Eigenart, ihre charakteristischen Bestandteile und Erscheinungen auch für die Zukunft zu sichern.

Ein verstärkter Schutz ist für die landschaftlichen Kleinodien erforderlich, etwa für Bau- und Kunstdenkmale, Naturdenkmale von Rang und für Naturschutzgebiete, die gerade in der Umgebung des Ruhrgebiets entsprechend der wechselnden landschaftlichen Struktur im einzelnen recht vielfältig sind.

Besondere Sorgfalt in Auswahl und Anlage erfordern die Wanderwege, die Spiel- und Lagerplätze und die Parkplätze an den Straßen, die der Erschließung der Erholungsgebiete dienen. Auch hier sollten die Gestaltungs- und Bepflanzungsmaßnahmen noch stärker als bisher die jeweiligen landschaftlichen Besonderheiten berücksichtigen. Das gilt auch für die Pflege der Wälder, deren Gestaltung und Erschließung, wie sich gezeigt hat, die Erholungseignung maßgeblich beeinflußt.

Wie Eignung und Attraktivität der Erholungsgebiete weitgehend von der landschaftlichen Struktur abhängig sind, so sollten auch die Erschließungs-, Pflege- und Ausgestaltungsmaßnahmen die jeweilige Eigenart berücksichtigen. Die Wirksamkeit aller Maßnahmen der Landespflege wird in erheblichem Maße davon abhängig sein, wie weit die individuellen Gegebenheiten bei der Ausgestaltung der einzelnen Kulturlandschaften berücksichtigt werden. In den Sandgebieten des Westmünsterlandes sind in dieser Hinsicht andere Anforderungen zu stellen und andere Gesichtspunkte zu berücksichtigen als in den Stromauen-Landschaften am Rhein und dort wiederum ganz andere als im Hügelland oder gar auf den Hochflächen des Bergisch-Sauerländischen Gebirgslandes. An Beispielen sind diese Unterschiede zwischen den einzelnen Teilgebieten in den voranstehenden Abschnitten erläutert worden (z.B. Unterschiede in Art und Zusammensetzung der Wälder, verschiedenartige Typen der Naturschutzgebiete, Gestaltungsmaßnahmen im Bereich von Sand- und Kiesgruben, Bepflanzungen an den Flußufern und in den Flußauen, Unterschiede bei der Festlegung der Landschaftsschutzgebiete). Gerade die sich aus der landschaftlichen Entwicklung und Struktur ergebenden speziellen Charakterzüge und Eigenarten der einzelnen Naherholungsgebiete (vgl. auch Abschnitt C 2.2, S. 137–138) sollten bei den Planungs- und Landespflege-Stellen in Zukunft besondere Beachtung finden.

Im folgenden Kapitel sollen nun die auch als Grundlage für die Ausgestaltung der Naherholungsgebiete wichtigen strukturellen Unterschiede der Kulturlandschaft, wie sie sich uns heute auf Grund der bisherigen landschaftlichen Entwicklung darstellen, in einem Gesamtüberblick für das Ruhrgebiet und seine Randzonen aufgezeigt werden. Es wird danach noch einmal auf die Einordnung, Weiterentwicklung und künftige Stellung der Naherholungsgebiete im größeren Rahmen, vor allem auch in Abhängigkeit von den strukturellen Verschiedenheiten, zurückzukommen sein.

# D Grundzüge der kulturlandschaftlichen Struktur

Bei den Untersuchungen in diesem Kapitel soll die kulturlandschaftliche Struktur der Gegenwart und die Abgrenzung der sich dabei herausschälenden Raumeinheiten erörtert werden. Es kommt also hier nicht auf die Herausarbeitung funktionaler Beziehungen zwischen verschiedenen Teilräumen an oder auf den Wirkungsbereich bestimmter Kräfte und Funktionen und die dadurch ausgelösten dynamischen Vorgänge. Es geht hier vielmehr um die Herausschälung von Strukturräumen, also von Raumeinheiten, die hinsichtlich ihrer gegenwärtigen kulturlandschaftlichen Struktur in sich weitgehend homogen sind bzw. sich durch eine charakteristische Kombination verschiedener Grundeinheiten und Teilkomplexe von ihrer Umgebung abheben. Dabei besteht hier nun die Aufgabe darin, die Gesamtheit der Erscheinungen zu erfassen (vgl. Einleitung, S. 14). Es geht um eine „Totalbetrachtung des Zusammenbestehenden im Raum"; es wird „die räumliche Gesamtwirklichkeit als solche zum Forschungsgegenstand gemacht." (J. SCHMITHÜSEN 1964, S. 10). Die Untersuchung bezieht sich auf alle Elemente und Erscheinungen in den jeweils abgegrenzten Teilgebieten, nicht nur die natürlichen, sondern auch die vom Menschen beeinflußten und geschaffenen Elemente; sie bezieht sich auf alle dort beobachtbaren Phänomene, ihr räumliches Gefüge, ihre Zuordnung zueinander. Es werden unter vielen anderen Elementen und Erscheinungen natürlich auch diejenigen, die mit dem Erholungswesen im Zusammenhang stehen, speziell die durch den Ausflugsverkehr bedingten Strukturelemente, in den einzelnen Teilräumen zu berücksichtigen sein.

Es wird dann nach der Herausarbeitung der verschiedenen räumlichen Einheiten auf Grund der kulturlandschaftlichen Struktur das Augenmerk auch auf die Korrelation zwischen ihnen zu richten sein, gerade auch unter Berücksichtigung der besonderen Zielsetzung dieser Arbeit. Speziell im Hinblick auf die Naherholung der Bevölkerung befindet sich das Ruhrgebiet ja zu Teilen seiner Umgebung in einer Polarität, die auf der unterschiedlichen, ja in mancher Hinsicht gegensätzlichen kulturlandschaftlichen Struktur dieser Bereiche beruht.[392]

## 1 DAS RUHRGEBIET IN SEINER GEOGRAPHISCHEN BEGRENZUNG

### 1.1 Bisherige Abgrenzungen – Abgrenzungskriterien

Eine erste und sehr eingehende Untersuchung über die geographischen Grenzen des Ruhrgebietes in der Nachkriegszeit stammt von H. CHRISTOFFELS (1949).

Es wird in der Arbeit zunächst betont, daß es bei der Gliederung in „Lebensbezirke (Kulturgebiete)" darum gehe, Landteile mit einer gewissen Gleichartigkeit der Lebensverhältnisse des Menschen auszusondern und abzugrenzen, bzw. Landteile, die innerhalb einer Mannigfaltigkeit innige Zusammenhänge aufweisen und sich daher von den Nachbarbezirken abheben (S. 2). Die Grenzziehung für den Kulturraum des Ruhrgebiets erfolgt im wesentlichen auf Grund des Erscheinungsbildes (S. 4), jedoch unter Berücksichtigung der wirtschaftlichen Orientierung, der Verwaltungszugehörigkeit und der Nahverkehrsverhältnisse (S. 24). Als besondere Charakterzüge, welche die Eigenart des Ruhrgebiets kennzeichnen, werden herausgestellt:

die Kombination des Steinkohlenbergbaus mit der Großeisenindustrie, in zweiter Linie mit anderen Industrien,

das engmaschige Verkehrsnetz,

die besondere Siedlungsstruktur, mit dem starken Anteil der Arbeiterhäuser, insbesondere der werkseigenen Arbeiterkolonien.

---

[392] Vgl. S. 15, S. 109 und S. 119. H. KLOSE (1919, S. 114/15) sprach in seiner Zukunftsschau von dem „Industrieland" einerseits, welches das Arbeitskleid, und von dem anderen Land „vor den Toren des Industrielandes", das Feiertagsgewand trägt.

Erwähnt werden ferner die hohe Bevölkerungsdichte und der starke Anteil des Kleingärtnertums.[393]

Auf Grund dieser Kennzeichen entwickelt H. CHRISTOFFELS die geographische Abgrenzung des Ruhrgebiets. Im Süden wird der größte Teil des alten Steinkohlenreviers bis zur Südgrenze des Produktiven Karbons, in dem zu dieser Zeit noch viele Steinkohlenzechen existierten und die Kleinzechen gerade den Höhepunkt ihrer Blüte erlebten, noch zum Ruhrgebiet gerechnet.[394] Die Grenzlinie wird nördlich von Mündelheim, Angermund und Lintorf gezogen, dann über Hösel nach Heiligenhaus und nördlich an Velbert vorbei; sie quert zwischen Nierenhof und Langenberg den Deilbach, kommt nordöstlich Nierenhof bei Homberge nahe an die Ruhr und zieht dann über Oberstüter nach Südosten. Gennebreck bleibt außerhalb des Ruhrgebiets. Die Grenzlinie verläuft dicht südlich der Ortskerne von Haßlinghausen und Silschede; zwischen Grundschöttel und Volmarstein biegt sie wieder nach Nordosten ab, weist Wetter dem Süden zu und verläuft ruhrabwärts bis Gedern. Teile des Ardey (mit Kirchende und Bittermark) werden noch dem Ruhrgebiet zugerechnet. während Herdecke, Westhofen und Schwerte beim Süden verbleiben. Die Grenze verläuft etwa über die höchsten Erhebungen des Ost-Ardey und wendet sich bei Opherdicke nordostwärts nach Ringebrauck bei Unna.

Es wird von H. CHRISTOFFELS betont, daß der südliche Teilraum ein Mischgebiet darstellt, in dem weite Teilräume durch Wald, Acker, Wiese und Weide geprägt sind. Doch wird dieser von älteren und jüngeren Zechenanlagen und Bergarbeiterwohnungen durchsetzte südliche „Vorhof" noch zum Ruhrgebiet gerechnet, zumal die meisten Teile verkehrsmäßig stark nach Norden orientiert sind. Der eigentliche Kernraum des Ruhrgebiets beginnt allerdings erst weiter nördlich; zu ihm rechnet H. CHRISTOFFELS Huckingen, Großenbaum, Wedau, Bissingheim Mülheim, Frillendorf, Steele, Kray, Wattenscheid, Bochum, Langendreer, Witten und Hörde (S. 43).

Zwischen Unna und Hamm ist die Grenze von H. CHRISTOFFELS so gezogen, daß die letzten Zechen und ausgesprochenen Arbeiterwohnsitze beim Ruhrgebiet verbleiben. Sie umschließt Unna im Osten, verläuft über Kessebüren, zwischen Stockum und Lünern nach Lenningsen in nordöstlicher Richtung. Altenbögge-Bönen gehört noch zum Ruhrgebiet, während Weetfeld außerhalb bleibt. Bei Selmigerheide biegt die Grenze wieder nach Osten ab, weist Westtünnen und Ostwennemar dem Revier zu und stößt östlich Werries auf den Lippe-Seiten-Kanal.

Im Norden von Hamm, dem nordöstlichen Schwerpunkt, werden Heessen und Bockum-Hövel noch zum Revier gerechnet; dagegen wird Ahlen, das als Industrieinsel inmitten weiter Ackerlandschaft gekennzeichnet ist, ausgeschlossen. Weiter westlich werden Werne, Lünen, Waltrop und Datteln als vorderste Pionierstädte bezeichnet; doch wird eine nach Norden vorspringende Zunge bei Bork und Selm mit der ehemaligen Zeche und der Kolonie Hermann noch dem Ruhrgebiet zugeordnet. Von Haus Dahl an folgt die Grenze ungefähr der Lippe, umschließt dann das Hafengebiet und die Stadt Datteln und schmiegt sich bei Oer-Erkenschwick, Sinsen und Sickingmühle dem Südrand der Haard an. Die Grenze umgreift Marl und weiter im Westen Dorsten mit Hervest und Holsterhausen, während die dazwischen liegende Frentroper Mark ausgeschlossen bleibt. Von Holsterhausen verläuft die Grenze nach Süden zur Zeche Zweckel nordwestlich Gladbeck, weiter nach Südwesten durch den Köllnischen Wald bei Bottrop, dicht nördlich an der Zeche Franz Haniel vorbei, umschließt dann die Siedlungen Königshardt und Walsumer Mark. Über den Franzosenweg wird die Linie bis Grafschaft gezogen; dann verläuft sie westwärts zur Zeche Lohberg bei Dinslaken, umschließt noch die Kolonie Bruckhausen und stößt bei Möllen auf den Rhein.

H. CHRISTOFFELS bemerkt, daß sich das Einzugsgebiet der Zechen und der Ruhrindustrie über die genannte Linie noch weit in nördlicher Richtung erstreckt und insbesondere in einem bis 15 km breiten Raum, der noch die Ortschaften Olfen, Haltern, Gahlen, Gartrop, Hünxe und Bucholtwelmen umfaßt, ein reger Pendlerverkehr anzutref-

---

[393] Auch A. LANGE (1945) hat in ähnlicher Weise die besonderen Kennzeichen der industrie- und siedlungsgeographischen Struktur herausgestellt. Er weist auf die Weiträumigkeit des industriellen Aufbaues hin und bezeichnet das große Werk als vorherrschende Betriebsform; er nennt als charakterisitische Wirtschaftszweige den Steinkohlenbergbau, die Eisen- und Stahlgewinnung, die Metallhütten und Halbzeugwerke, den Maschinen-, Stahl- und Fahrzeugbau, die Elektrotechnik und die chemische Industrie. Für die Siedlungsstruktur nennt A. LANGE außer der hohen Bevölkerungsdichte die „nicht übermäßig großstädtische Bauweise" mit dem hohen Anteil von Häusern mit nur wenigen Wohnungseinheiten als besonderes Kennzeichen des Ruhrgebiets. Durchschnittlich kamen im Ruhrgebiet 1925 nur 2,9 Haushaltungen auf ein Wohngebäude. Von den gezählten Wohnungen des Siedlungsverbandes Ruhrkohlenbezirk im Jahre 1927 befanden sich nur 3,4% in Wohngebäuden mit 11 und mehr Wohnungen (in Berlin dagegen 62,0%), aber 56,9% in Wohngebäuden mit 1 bis 4 Wohnungen (in Berlin nur 7,1%) (S. 67). Bis zum Kriege hat sich daran wenig geändert; von 1935 bis 1940 betrug z.B. in den Groß- und Mittelstädten des Ruhrgebiets der Zugang an Wohngebäuden 23 444; sie umfaßten 66 138 Wohnungen, so daß also auch die neu erbauten Wohngebäude nur durchschnittlich 2,8 Wohnungen aufwiesen (S. 67). Besonders hingewiesen wird auch auf den starken Anteil der Haushaltungen mit Bodenbewirtschaftung und Kleinviehhaltung. 1933 betrieben von den 1 138 777 nichtlandwirtschaftlichen Haushaltungen des Siedlungsverbandes Ruhrkohlenbezirk 471 051 eine Bodenbewirtschaftung (41,4%). Die Prozentzahlen betrugen in den Großstädten 32,9%, in den kreisfreien Mittelstädten 50,2% und in den Landkreisen 66,6%, während die entsprechenden Zahlen des damaligen Reichsgebietes ohne Ruhrgebiet, Württemberg, Baden und Hessen mit 18,9%, 28,5% und 55,7% weit niedriger lagen. Von den Haushaltungen des Ruhrgebiets hatten 21% eine nichtlandwirtschaftliche Viehhaltung, im Deutschen Reich dagegen nur 14,5% (S. 66).

[394] Vgl. dazu die Karte K 2.

fen ist. Doch wird dieser „nördliche Vorhof" mit seiner dem Revier fremden Physiognomie dem Ruhrgebiet nicht eingeordnet. Die geographische Grenze ist dort gezogen, wo Ortschaften mit Zechen und Ruhrindustrie sowie Ruhrarbeitersiedlungen rein bäuerlichen Siedlungen gegenüberstehen (S. 50/51).

In der nördlichen Abgrenzung fallen vor allem zwei Einbuchtungen auf, die das Waldland der Haard und die Kirchheller Heide mit dem Hünxer Wald umfassen; diese Teilräume, zu denen H. CHRISTOFFELS auch noch das engere Gebiet um Kirchhellen zählt, sind weder nach ihrer wirtschaftlichen noch nach ihrer verkehrs- und siedlungsgeographischen Struktur dem Ruhrgebiet zuzurechnen (S. 50).

Im Westen greift das Ruhrgebiet in den linksrheinischen Raum hinein. Die Westgrenze ist durch H. CHRISTOFFELS so gezeichnet, daß sie von Möllen aus zunächst in südlicher Richtung verläuft; das Walsumer Grind und die Rheinaue bei Orsoy, Binsheim und Woltershof bleiben außerhalb. Erst bei Baerl überschreitet die Grenze den Rhein, umschließt Rheinkamp und verläuft über Rossenray nach Kamperbruch und Kamp, dann nach Süden zum Eyllschen und Rayer Berg. Weiter südwärts bleibt Vluyn noch außerhalb. Über Kapellen und Kaldenhausen wird nördlich von Uerdingen wieder der Rhein erreicht.

Rheinberg wird von H. CHRISTOFFELS nicht zum Ruhrgebiet gezählt, ebensowenig Borth und Wallach mit den Schächten der Deutschen Solvay-Werke. Dieser Raum wird ähnlich wie Ahlen als Industrieinsel vor der geschlossenen Ruhrgebiets-Grenze betrachtet; es wird jedoch erwartet, daß diese Inseln bald in das eigentliche Revier eingefügt werden (S. 21–23).

In der Zwischenzeit haben sich mannigfache Strukturwandlungen vollzogen.[395] Manche Besonderheiten, wie sie früher von den Autoren herausgestellt wurden, spielen infolge der modernen städtebaulichen Entwicklungen, der Verschiebungen im wirtschaftlichen Gefüge und der zunehmenden Mobilität und Fluktuation der Bevölkerung nicht mehr die gleiche Rolle wie damals. Dazu gehören z.B. die früher hervorgehobenen Kennzeichen der relativ geringen Wohnungszahl pro Wohngebäude und des starken Kleingärtnertums, die heute kaum noch als Abgrenzungskriterien herangezogen werden können.

Im wirtschaftlichen Gefüge haben Steinkohlenbergbau und Eisenschaffende Industrie zwar ihre ehemals dominierende Rolle weithin verloren, besitzen jedoch nach wie vor eine starke Stellung[396] und bilden immer noch ein besonders kennzeichnendes Element der Ruhrwirtschaft. Die räumliche Verteilung dieser Werke und ihrer Betriebsanlagen muß daher auch heute noch bei der Abgrenzung des Ruhrgebiets berücksichtigt werden.

So reicht nach G. VOPPEL (1961, S. 12) der „Großwirtschaftsraum Ruhrrevier" als in erster Linie auf der Steinkohle basierendes Bergbau- und Industriegebiet so weit, wie Kohle abgebaut werden kann. H. KNÜBEL (1965) bezeichnet das Ruhrgebiet als einen „Wirtschaftsraum, dessen Umfang durch die Ruhrindustrie bestimmt wird. Um die Grenzen zu benennen, müssen daher kennzeichnende Industrien gefunden werden, deren Verbreitung die Ausdehnung des Ruhrgebiets angeben. Da Kohleabbau und Eisengewinnung die ersten und auch heute noch bestimmenden Kennzeichen des Reviers sind, dienen sie als Kriterien zur Feststellung, wie weit das Ruhrgebiet reicht." (S. 180). In seinen weiteren Ausführungen bezeichnet H. KNÜBEL die Verbreitung der heutigen Kohlenzechen als das wichtigste Kriterium zur Abgrenzung des Ruhrgebiets, und die sich daraus ergebende Grenzlinie ist in die von ihm erarbeiteten Karten eingetragen. Im Süden des Reviers wählt er die Grenze des Flözführenden Karbons und weist darauf hin, daß in diesem südlichen Randgebiet 1960 noch 64 Kleinzechen und Stollenbetriebe in Tätigkeit waren. Im Gegensatz zu H. CHRISTOFFELS, die 1949 schon den Raum um Herzkamp mit seinen still liegenden Zechen ausschließt, vertritt H. KNÜBEL die Auffassung, daß, wenn auch der Bergbau im Süden des Reviers erlischt, doch dieses Gebiet von ihm überformt ist und ihm als „Altrevier" zugehörig bleibt, das neue Funktionen im Rahmen des Ganzen aufnimmt (S. 181).

Man wird der Auffassung, daß die Verbreitung der Zechen und der durch sie unmittelbar verursachten landschaftlichen Gestaltelemente nach wie vor für die Abgrenzung des Ruhrgebiets eine bedeutsame Rolle spielt, beipflichten müssen. Auch W. DÄBRITZ (1959) stellt heraus, daß im Ruhrgebiet „die in der Tiefe der Erde ruhenden Steinkohlen seine naturgegebene Grundlage bilden und daß ihm der gesamte Bereich zuzurechnen ist, innerhalb dessen die Kohle zutage gefördert wird, so daß man wohl sagen kann, das Ruhrgebiet erstrecke sich so weit, als sich die Fördertürme seiner Zechen im Panorama dieser Landschaft herausheben" (S. 54). W. DÄBRITZ betont dabei, daß das Ruhrgebiet als Wirtschaftsraum ein dynamisches Gebilde ist und daß die Ruhr inzwischen im wesentlichen zur südlichen Grenze des Reviers geworden ist; „daß sie trotzdem noch immer diesem größten Industriebezirk den Namen gibt, ist mithin eine Reminiszenz an längst vergangene Zeiten" (S. 54). Hier wird also im Gegensatz zu H. KNÜBEL der Raum südlich des Ruhrtals heute schon nicht mehr zum Ruhrgebiet gerechnet. Man wird sich dieser Auffassung anschließen müssen, wenn man berücksichtigt, daß die noch vor einigen Jahren in diesem Raum bestehenden Zechen inzwischen verschwunden sind. Auch die nach dem letzten Kriege wie Pilze aus der Erde geschossenen Kleinzechen sind mit ihren ober-

---

395 Vgl. Abschnitt B 2.5, S. 99 ff.
396 Vgl. Tab. 3a und 3b, S. 103 und 104.

irdischen Anlagen fast völlig beseitigt.³⁹⁷ In überraschend kurzer Zeit hat sich der Bergbau nach seiner letzten Blütezeit aus diesem Raum so gut wie ganz zurückgezogen. Die Flächen der ehemaligen Zechenanlagen und Halden wurden rekultiviert, d.h. landschaftspflegerisch gestaltet und wieder in land- oder forstwirtschaftliche Nutzung überführt. Mag dieser Raum in seinen Funktionen nach wie vor eng mit dem Norden verbunden sein, wobei heute seine Erholungsfunktion eine immer bedeutsamere Rolle spielt, so ist er doch auf Grund seines gegenwärtigen Landschaftscharakters, seiner Physiognomie und Struktur, nicht mehr dem Ruhrgebiet zuzurechnen.

Anders ist es mit dem Raum des nördlich angrenzenden Ruhrtals. Hier gibt es immer noch einzelne fördernde Zechen (Herbede, südlich Essen). Darüber hinaus gibt es gerade hier noch vielerlei Reste aus der Zeit des früheren Bergbaus.³⁹⁸ Bei Witten und Hattingen/Welper liegen Großbetriebe der Eisen- und Stahlindustrie. Weite Teile dieses Raumes sind in die nördlich angrenzenden Ruhr-Großstädte eingemeindet. Auch in der Bevölkerungsdichte und in der Engmaschigkeit des Verkehrsnetzes gliedert sich das Ruhrtal dem Norden an. Diese Landschaft ist immer noch unmittelbar dem „Revier" zugehörig, wenn auch nicht seinem Kernraum.

Wenn eben herausgestellt wurde, daß die räumliche Verbreitung der Steinkohlenzechen als Abgrenzungskriterium für das Ruhrgebiet nach wie vor bedeutsam ist, so muß doch bemerkt werden, daß man nicht schematisch alle Außenposten der heutigen Zechenanlagen durch eine Linie verbinden kann, um die Außengrenze des Ruhrgebiets zu erhalten. Schon H. CHRISTOFFELS (1949) hat mit Recht betont, daß die von weiten Agrargebieten umgebene Bergbauinsel Ahlen noch nicht dem Ruhrgebiet zugeordnet werden kann, sondern als vorgeschobener Posten in einer anders strukturierten Landschaft liegt. Dasselbe dürfte heute noch für die neue Zeche in Wulfen gelten und ebenso im linksrheinischen Raum für die Solvay-Schachtanlage in Wallach und für die Zechenanlagen bei Hoerstgen und Tönisberg. Sie alle liegen in einer noch durchaus ländlich geprägten und relativ dünn besiedelten Umgebung, die im ganzen nach ihrer wirtschaftlichen und siedlungsgeographischen Struktur noch nicht die Charakterzüge des „Reviers" aufweist. Der Gesamtcharakter der Kulturlandschaft ist hier wichtiger als das einzelne, auf den Bergbau bezogene Landschaftselement.

So ist von Fall zu Fall über die Zugehörigkeit der einzelnen Gebietsteile zum Ruhrgebiet nach der Gesamtstruktur des Raumes zu entscheiden. Das Ruhrgebiet reicht so weit, wie sich die für diesen Raum charakteristische, „in sich einheitliche Vergesellschaftung von dominierenden Gestaltelementen erstreckt" (H. UHLIG 1956, S. 94). [So war schon für H. CHRISTOFFELS die typische Physiognomie, die sich aus der Gesamtheit der angegebenen dominierenden Züge im Landschaftsbild ergibt, maßgeblich für die Abgrenzung des Ruhrgebiets. Zu diesen dominierenden Zügen im Erscheinungsbild der Kulturlandschaft des heutigen Ruhrgebiets gehören nach wie vor außer den Anlagen der Steinkohlenzechen und charakteristischer Industriezweige, zu denen heute auch die Kraftwerke und die großen Werke der chemischen Industrie zu zählen sind, die Agglomeration der mehr oder weniger dicht über den Raum verteilten Ortschaften und Siedlungen mit den eingefügten Werkskolonien und das besonders engmaschige Verkehrsnetz mit seinen vielfältigen, oft weitläufigen Anlagen und dem hohen Anteil der Zechen- und Werksbahnen.]

Zu erwähnen sind auch die starke Mobilität und Fluktuation der Bevölkerung, die sich u.a. in dem immer stärker werdenden Pendelverkehr bemerkbar macht, sowie die geringe Bedeutung der Land- und Forstwirtschaft im wirtschaftlichen Gefüge des Raumes. Mögen auch immer noch manche Flächen, insbesondere auf den Lößplatten, landwirtschaftlich genutzt werden, so tritt doch im Ruhrgebiet die Land- und Forstwirtschaft in ihrer Bedeutung und in ihren Anteilen an der Gesamtzahl der Erwerbspersonen gegenüber dem sekundären und tertiären Erwerbssektor völlig zurück. Es sind dies jedoch Kriterien, die nicht nur für das Ruhrgebiet, sondern in ähnlicher Weise auch für andere stark besiedelte Räume und Industriegebiete gelten. Zur Abgrenzung können sie aber überall mit herangezogen werden, wo sich nach außen hin ruhigere, in sich gefestigte und relativ dünn besiedelte Räume anschließen, die noch wesentlich von der Land- und Forstwirtschaft geprägt sind.

---

397 Nach Angaben des Oberbergamts Dortmund gab es im Frühjahr 1968 insgesamt nur noch 3 Kleinzechen, davon eine in Witten, eine im südlichen Bochumer Raum und eine in Herbede südlich der Ruhr.
398 Vgl. Abb. 20.

P. SCHÖLLER (1960) hat speziell die Grenze zwischen Ruhrgebiet und Münsterland in sozialgeographischer Hinsicht näher untersucht. Auf der beigefügten Karte ist eine Anzahl von sozialgeographischen Grenzlinien eingezeichnet, „die in ihrer Bündelung an der Lippe den Übergang zur eigenen Welt des Münsterlandes kennzeichnen" (S. 163 und Karte 2).

Ausgewählt wurden die folgenden Grenzlinien: Grenze des Bereichs mit einer Bevölkerungszunahme von weniger als 100% zwischen 1818 und 1958; Grenze des Bereichs mit mehr als 25% Berufszugehörigen der Land- und Forstwirtschaft; Grenze des Bereichs mit weniger als 25% Auspendlern, bezogen auf die in den Gemeinden wohnenden Erwerbspersonen, Stichjahr 1950; Grenze des Bereichs mit mehr als 70% CDU + Zentrum-Wählern, bezogen auf die Zahl der gültigen Stimmen, im Mittel der Wahlen von 1949 bis 1956.

Die Linien sind vor allem nördlich von Hamm und Werne, nördlich von Bork und Selm, südlich von Olfen und südlich von Haltern stark gebündelt, während sich weiter westwärts, etwa zwischen Dorsten und Lembeck, eine stärkere Fächerung zeigt.

In dem nördlich gelegenen Raum des Münsterlandes bieten „Sozial- und Wirtschaftsstruktur, Geschichte, Konfession und politische Verhaltensweisen ... wenig Ansatz für das Wirken industrieller Umformungskräfte." Der vom Ruhrgebiet wirkende Arbeitereinzug „springt punktförmig vor, wie nach Dülmen und Borken, erreicht aber damit Gebiete, in denen das alte Lebensgefüge noch besonders gefestigt ist. ... Die Lebensbedingungen sind zentriert in eigenen kleinen Verwaltungsmittelpunkten, Kirch- und Marktzentren und eingefächert in die höheren Funktionen des alten Zentrums Münster." (S. 163).

Gerade gegenüber dem Kernmünsterland hat sich die sozialgeographische Grenze als besonders fest erwiesen. Sie ist hier jedenfalls viel fester als am Niederrhein im Raum Dinslaken – Wesel – Rheinberg, wo sich in der letzten Zeit mannigfache Wandlungen vollzogen haben.

Das Beispiel der Grenze gegen das Münsterland zeigt, daß auch die sozialgeographischen Verhältnisse ebenso wie die wirtschaftliche Struktur bei der Grenzziehung berücksichtigt werden müssen. Zu diesem Zweck sind einige Sonderkarten entworfen worden.

Zur Erfassung wesentlicher Unterschiede in der wirtschaftlichen Struktur sind diejenigen Teilgebiete dargestellt, in denen die in der Land- und Forstwirtschaft Tätigen mehr als 25% aller Erwerbspersonen umfassen. Diese Gebiete sind in ihrer Physiognomie noch überwiegend durch die Land- und Forstwirtschaft geprägt, auch wenn hier und da einzelne kleine Gewerbebetriebe und Wohnhausgruppen für Pendler eingefügt sind (vgl. Abb. 33). In einer weiteren Karte ist die Verteilung der Waldflächen zur Darstellung gebracht (Abb. 31).

Bei den Untersuchungen zur sozialgeographischen Struktur stellte sich heraus, daß außerhalb des Verdichtungsraumes die konfessionellen Verhältnisse der Territorialzeit noch stark nachwirken. Hier herrscht noch heute entweder die römisch-katholische oder die evangelische Konfession (Landes- und Freikirchen) in weiten Teilbereichen mit mehr als 75%, und nur schmale Zwischenstreifen in den Grenzbereichen der ehemaligen Territorien bilden den Übergang (z.B. zwischen der evangelischen Grafschaft Mark und dem katholischen Herzogtum Westfalen, zwischen dem katholischen Fürstbistum Münster und dem evangelischen Südteil des Herzogtums Kleve). In diesen ländlichen Zonen sind trotz der auch hier in gewissem Umfange inzwischen aufgetretenen Bevölkerungsverlagerungen, wie sie insbesondere mit dem Zustrom der Flüchtlinge aus dem Osten verbunden waren, noch starke Anklänge an die alte Sozialstruktur festzustellen. Es haben sich hier keine sehr starken Wandlungen vollzogen, was sich eben auch in der noch einseitigen konfessionellen Struktur widerspiegelt. Demgegenüber sind im Verdichtungsraum die Konfessionen heute fast überall stark gemischt; und bezeichnenderweise haben sich Inseln einer mehr einseitig ausgerichteten konfessionellen Struktur im Innern nur dort erhalten, wo noch kleine Reste von stärker agrarisch geprägten Bezirken vorhanden sind (z.B. nördlich Recklinghausen oder im Hügelland zwischen Ruhr und Ennepe; vgl. Abb. 34).

In diese Sonderkarten, die bei der Beschreibung der Grenzlinien des Ruhrgebiets im einzelnen erörtert werden (vgl. Abschnitt D 1.3), sind dann jeweils die Grenze des Rhein-Ruhr-Verdichtungsraumes und die Südgrenze des Ruhrgebiets eingetragen, wie sie sich aus den Einzelbetrachtungen ergeben.

Unter Zugrundelegung der aus den folgenden Untersuchungen gewonnenen räumlichen Gliederung nach der kulturlandschaftlichen Struktur ist ferner eine Karte der Bevölkerungsdichte nach dem Stande von 1961 gezeichnet worden (Abb. 38).

## 1.2 Methodische Bemerkungen zur Abgrenzung räumlicher Einheiten nach der kulturlandschaftlichen Struktur

Schon in früheren Untersuchungen des Verfassers (W. VON KÜRTEN 1952 und 1954) ist bei der Erarbeitung der räumlichen Gliederung des Ennepe-Ruhr-Kreises nach der kulturlandschaftlichen Struktur von kleinen, in sich möglichst einheitlichen und homogenen Grundeinheiten ausgegangen worden; diese wurden damals als „kulturlandschaftliche Zellen" bezeichnet. Es wurde betont, daß es in dem wechselvollen Raum des Ennepe-Ruhr-Kreises nicht angängig sei, die Gemeinden als kleinste kulturlandschaftliche Zellen zu wählen, weil ihre Teilbezirke oft sehr unterschiedlich seien; man müsse vielmehr zu kleineren Einheiten hinabschreiten (1952, S. 54; 1954, S. 24). Es wurde auch die Begrenzung dieser kleinen Grundeinheiten in ihren Beziehungen zur naturräumlichen Feinstruktur erörtert (1954, S. 24). Danach wurde das Mosaik dieser kleinen Grundeinheiten in seinen räumlichen Wandlungen ins Auge gefaßt. Auf der Grundlage dieses Zellenmosaiks wurde dann unter zusätzlicher Beachtung großräumiger Strukturen und Beziehungen die Abgrenzung der „kulturlandschaftlichen Raumeinheiten" vorgenommen (1954, S. 43–55).

Die in der vorliegenden Untersuchung vorgenommene Abgrenzung räumlicher Einheiten nach der kulturlandschaftlichen Struktur knüpft in mancher Hinsicht an das Verfahren von 1952 und 1954 an. Auch hier sind bestimmte Er-

174  D Grundzüge der kulturlandschaftlichen Struktur

Land- und Forstwirtschaft
im Ruhrgebiet und seiner engeren Umgebung

Entwurf: Wlh. von Kürten

Unterlagen: Amtl. Statistik der Wohnplätze nach der Volkszählung
vom 6. Juni 1961 (Stat. Landesamt NRW, Heft 2 b)

— Grenze des Verdichtungsraumes Rhein-Ruhr
-- Südgrenze des Ruhrgebiets
▓ Teilgebiete, in denen mehr als 25 % der Erwerbspersonen unter der
  Wohnbevölkerung im Wirtschaftsbereich Land- und Forstwirtschaft tätig sind

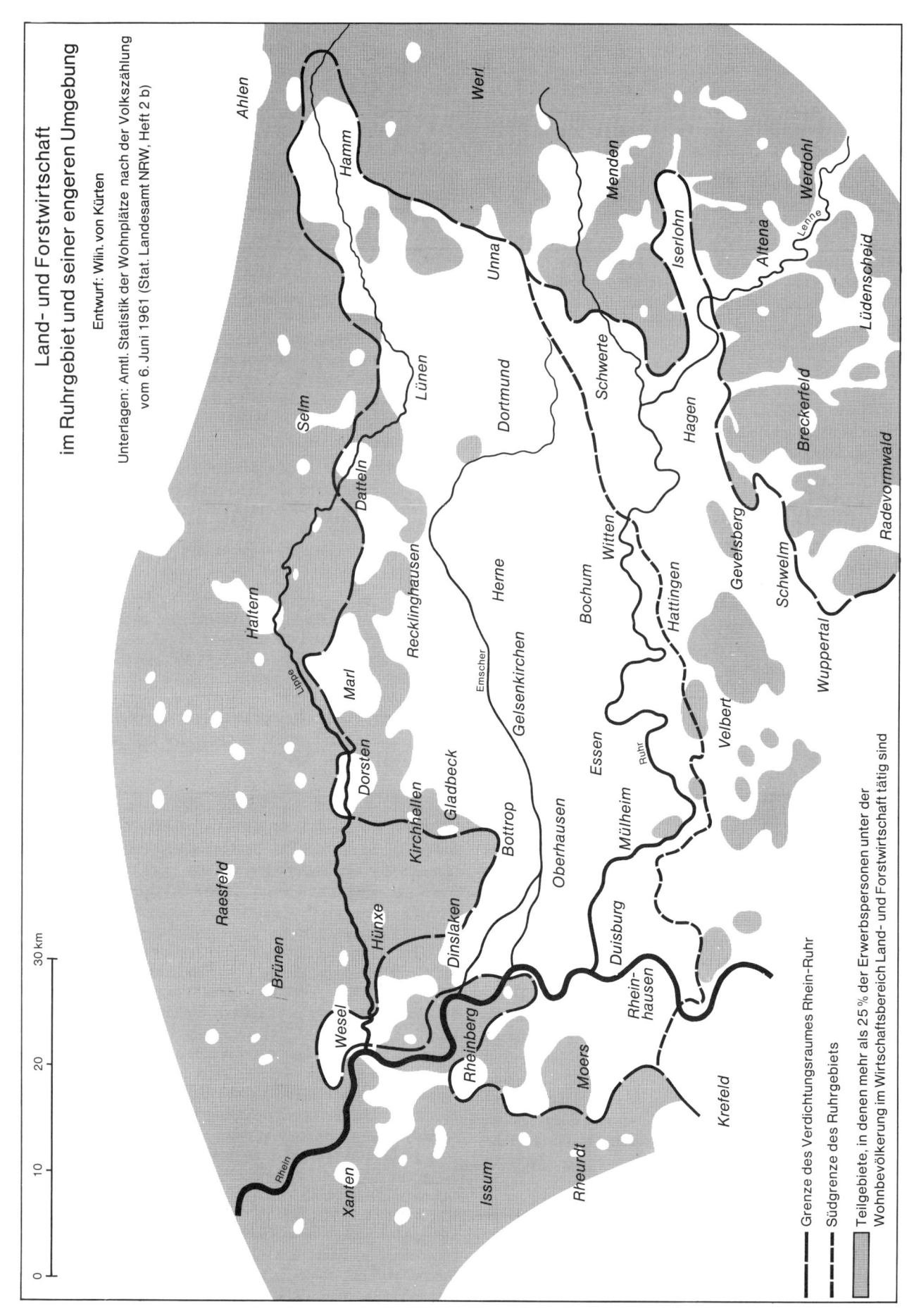

Abb. 33

scheinungen, die als Indikatoren für großräumige, strukturelle Verschiedenheiten betrachtet werden können, einer besonderen analytischen Untersuchung unterzogen worden (Teilgebiete mit mehr als 25% Erwerbspersonen in Land- und Forstwirtschaft, Teilgebiete mit mehr als 75% Anteil der römisch-katholischen bzw. evangelischen Religion, u.a.)[399]. Sie werden später bei der Festlegung der Außengrenzen des Ruhrgebiets und des übergeordneten Verdichtungsraumes Rhein-Ruhr mit herangezogen.

Die Basis der Untersuchungen aber bilden wieder kleine Grundeinheiten, die dann in ihrer räumlichen Anordnung und Kombination das verschiedenartige Mosaik der einzelnen Kulturlandschaften kennzeichnen. Bei diesen Grundeinheiten sind nicht nur die Landesnatur (wie bei der naturräumlichen Gliederung), sondern auch die vom Menschen bewirkten Erscheinungen zu berücksichtigen; es geht also um das Zusammenwirken aller Geofaktoren.

In den 60er Jahren sind von verschiedenen Autoren in anderen Bereichen Gliederungen der Kulturlandschaft vorgenommen worden, die ebenfalls von kleinen Raumeinheiten ausgehen, von J.H. SCHULTZE (1966, Spalte 1054) als „Landschaftszellen" bezeichnet. Es wird betont, daß „ein Landschaftsindividuum sich in der Regel aus einem Mosaik kleinerer Raumeinheiten zusammensetzt. Die kleinsten Raumeinheiten sind die Landschaftszellen, das sind kleinste, in sich fast homogene Raumeinheiten (z.B. ein Steppenheidehang, ein Gebäude oder Gebäudekomplex), die innerhalb einer Landschaft oft mehrfach, u.U. aber auch nur einmal als Singularitäten auftreten und sich aus Geofaktoren der verschiedenen Kategoriengruppen zusammensetzen." „Bestimmte Gruppen von Landschaftszellen bilden Landschaftszellenkomplexe. Der Verfasser versteht darunter eine Gruppe von zusammenliegenden Zellen, die funktional eng miteinander verbunden und physiognomisch einander sehr ähnlich zu sein pflegen. Die innerhalb einer Zelle eng bestimmte Ausprägung von Geofaktoren lockert sich beim Komplex für mindestens einen Geofaktor." (J.H. SCHULTZE 1966, Spalte 1054).[400]

---

399 Vgl. Abschnitt D 1.1, S. 173.
400 Im Handwörterbuch für Raumforschung und Raumordnung (2. Auflage, Hannover, 1970) sind einige Beispiele von H. HECKLAU und J. H. SCHULTZE aus dem Jahr 1964 zur Darstellung gebracht (Spalten 1831–1835).
Von H. HECKLAU (1964) sind im Zellenkomplex Wilhelmsfeld (im Odenwald) die folgenden „Kulturlandschaftszellen und -zellentypen" ausgeschieden: Ackerlandflachhang; Ackerlandsteilhang; Ackerlandflachhang bzw. -steilhang, durchsetzt mit Grünland und Brache, weitständig und regellos besiedelt; Grünlandflachhang; Grünlandsteilhang; Grünlandsteilhang, durchsetzt mit Brache, weitständig und regellos besiedelt; Dauergrünlandgrund; Ortsteile. Der ringsum gelegene Komplex Hochwald umfaßt Forstkuppen, Forstrücken, Forstflachhänge, Forststeilhänge und Forstgründe.
Nach einem Entwurf von J. H. SCHULTZE vom Jahre 1964 ist ferner der „Aufbau einer Landschaft aus Zellenkomplexen" dargestellt, und zwar am Beispiel des Pottery-Districts in England. Es sind dort 5 „Komplex-

Aus dem Mosaik der Zellen und Zellenkomplexe baut sich dann das System der kulturlandschaftlichen Raumeinheiten auf: „Das Landschaftsindividuum setzt sich in einer nur bei ihm vorkommenden Weise aus Zellen und Zellenkomplexen, vielleicht außerdem aus Komplexgruppen, zusammen. Die Landschaft hat damit ihre eigene räumliche Struktur (Landschaftsmosaik, pattern)." (J.H. SCHULTZE 1966, Spalte 1061).

Auch in der hier durchgeführten Gliederung nach der kulturlandschaftlichen Struktur wird auf der Basis kleiner Grundeinheiten und sich daraus ergebender kulturlandschaftlicher Komplexe das Gefüge der einzelnen kulturlandschaftlichen Raumeinheiten entwickelt.

Die Aufgabe besteht zunächst in der Herausschälung kleiner Bezirke, die nach ihrer gesamten geographischen Struktur, also unter Berücksichtigung aller Geofaktoren, weitgehend homogen und als kleinste, nicht mehr weiter aufgliederbare Einheiten zu betrachten sind. Bei einer Überschau ergeben sich dann zusammengehörige Gruppen eng miteinander verbundener Grundeinheiten, und es ergeben sich so bestimmte kulturlandschaftliche Komplexe.

Aus dem Gefüge dieser kulturlandschaftlichen Komplexe baut sich dann (wie bei der naturräumlichen Gliederung) das System der kulturlandschaftlichen Raumeinheiten auf. Wo die spezifische Kombination der einzelnen Komplextypen von einer anderen Anordnung abgelöst wird bzw. wo ganz neue Komplexe auftreten, beginnt eine andere kulturlandschaftliche Raumeinheit.

Es zeigt sich im einzelnen, daß in ländlich geprägten Räumen die charakteristischen Kombinationen der Grundeinheiten, die kulturlandschaftlichen Komplexe, sich in ihren Abgrenzungen häufig an die der entsprechenden naturräumlichen Komplexe anlehnen, ja sich vielfach mit ihnen decken. An manchen Stellen kommt es aber zu Verschiebungen in der Grenzführung, was damit zusammenhängt, daß bei der naturräumlichen und der kulturlandschaftlichen Gliederung unter Umständen verschiedenartige Dominanten (leitende Merkmale) zu berücksichtigen sind. Während bei der naturräumlichen Gliederung etwa der Reliefgestaltung, insbesondere dem Neigungswinkel der Flächen, besonderes Gewicht beizumessen ist (vgl. Abschnitt A 3.1, S. 39), fällt bei einer Betrachtung der kulturlandschaftlichen Verhältnisse mancherorts etwa die Bebauung, beispielsweise durch größere Siedlungskomplexe, die über den Hangfuß eines Tales hinweggreifen, stärker ins Gewicht; die gesamte Bebauung ist dann in den Talraum mit einzubeziehen. An manchen Stellen sind auch naturräumliche Komplexe in

typen" unterschieden: Städtische und vorstädtische Wohnviertel; Binnenstädtische Geschäftsviertel („City"); Industrie- und Abwässerflächen; Aktive und aufgelassene Bergbauflächen; Ländliche Gebiete (landwirtschaftlich-gärtnerische Siedlung, Wiesen, Weiden, Felder, Gehölze, Estates).
Bei einer Rückschau auf die Gliederung des Ennepe-Ruhr-Kreises durch den Verfasser im Jahre 1954 wären die damals so bezeichneten „kulturlandschaftlichen Zellen" im Sinne der neueren Auffassung von J. H. SCHULTZE (1970) ebenfalls vielfach eher als „Landschaftszellenkomplexe" aufzufassen.

176 D Grundzüge der kulturlandschaftlichen Struktur

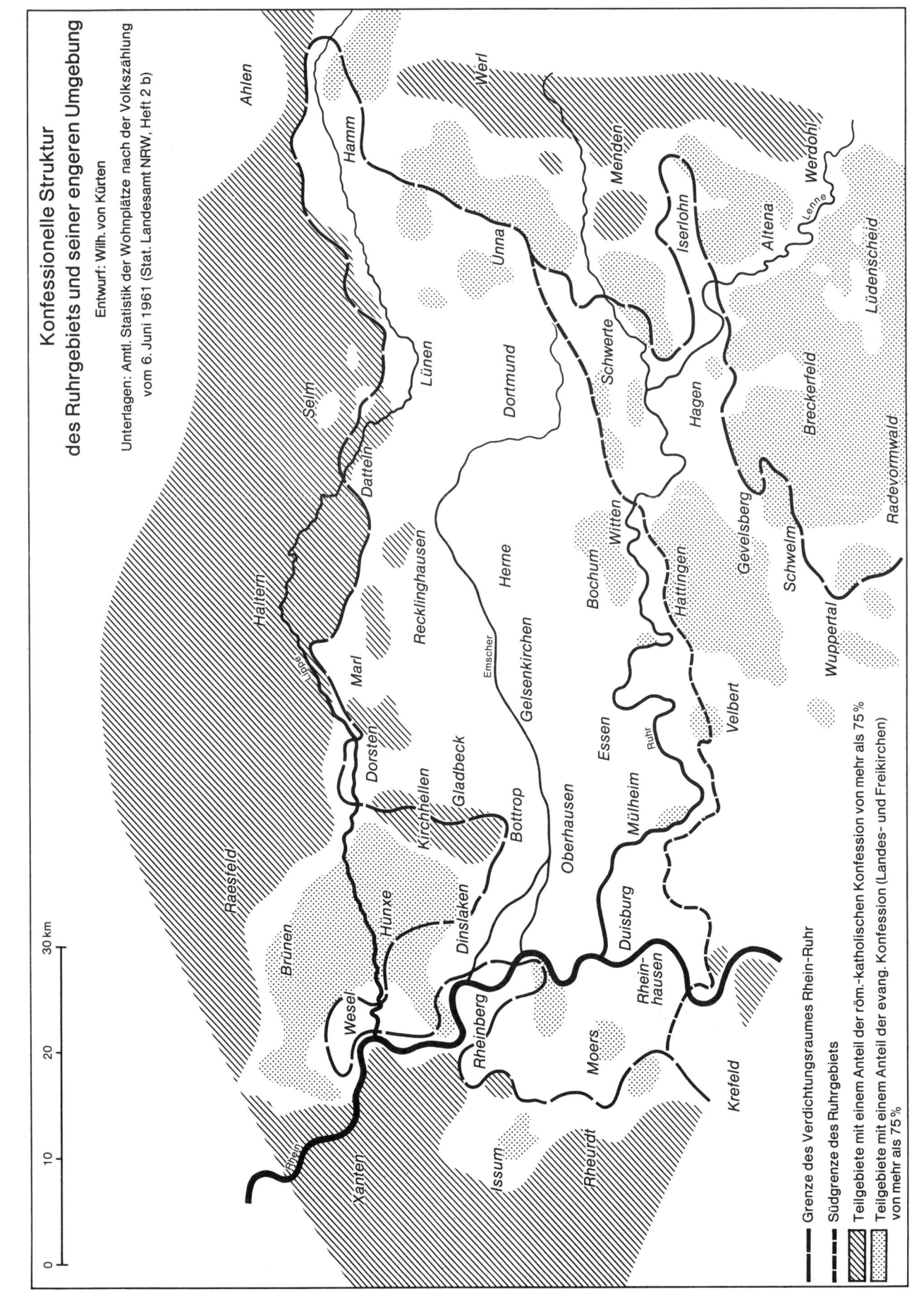

**Konfessionelle Struktur des Ruhrgebiets und seiner engeren Umgebung**

Entwurf: Wilh. von Kürten

Unterlagen: Amtl. Statistik der Wohnplätze nach der Volkszählung vom 6. Juni 1961 (Stat. Landesamt NRW, Heft 2 b)

Legende:
- —·—·— Grenze des Verdichtungsraumes Rhein-Ruhr
- – – – Südgrenze des Ruhrgebiets
- ▨ Teilgebiete mit einem Anteil der röm.-katholischen Konfession von mehr als 75 %
- ▩ Teilgebiete mit einem Anteil der evang. Konfession (Landes- und Freikirchen) von mehr als 75 %

Abb. 34

mehrere kulturlandschaftliche Komplexe zu unterteilen, etwa im Falle geschlossener Waldflächen, die sich in einen sonst vorwiegend landwirtschaftlich genutzten Raum einfügen.

Die kulturlandschaftliche Feinstruktur ist nun zunächst für zwei Teilräume von je rund 25 qkm Flächengröße erarbeitet worden. Es sind dazu dieselben Teilräume aus den Randzonen des Ruhrgebiets ausgewählt, für die auch die naturräumlichen Grundeinheiten dargestellt wurden (vgl. Abschnitt A 3.1, S. 39).

Aus dem sehr wechselvollen Mosaik der kulturlandschaftlichen Grundeinheiten schälen sich auf den beiden Karten wieder zusammengehörige Gruppen oder Komplexe von Grundeinheiten heraus; sie sind durch stärkere Grenzlinien voneinander abgesetzt.

So schälen sich z.B. in Abb. 35 (in der Kartentasche beigefügt) die Komplexe der Hangzonen heraus, überwiegend von Wald bedeckt, der nur randlich oder inselartig von landwirtschaftlichen Nutzflächen mit vorherrschendem Grünland, z.T. auf schmalen Hochflächenausläufern oder in eingelagerten Nebentälern, durchsetzt ist. Nur ganz vereinzelt sind Wohnhäuser und außerdem einige Ausflugsgaststätten eingelagert. Es ergibt sich so ein charakteristischer Komplex-Typ, der im bergisch-märkischen Hochflächenland häufig wiederkehrt. Alle Komplexe dieses Typs sind auf der Karte K 2 in einheitlicher Flächensignatur zur Darstellung gebracht; in der Legende zu dieser Karte ist der beschriebene Komplex-Typ (80 W) wie folgt charakterisiert: „Hangzonen am Rande der Hochflächen (im Bereich der Bergischen und Märkischen Hochflächen); Neigungswinkel vielfach mehr als 10°; oft stark zerschnitten; meist flachgründige, steinig-lehmige Verwitterungsböden; einschl. der in die Hangzonen eingelagerten kleinen Hochflächenreste und Riedel — vorherrschende oder geschlossene Waldflächen; mit vielen Wanderwegen; meist unbesiedelt oder nur von vereinzelter Bebauung durchsetzt (Gasthäuser, Jagdhütten und Wochenendhäuser, Aussichtstürme, Heilstätten, verstreute Wohnhäuser, vereinzelt eingelagerte landwirtschaftliche Siedlungen)." Die Bezeichnung 80 W soll darauf hinweisen, daß dieser Komplex-Typ in seiner räumlichen Ausdehnung weitestgehend dem naturräumlichen Komplex-Typ 80 weitestgehend entspricht (vgl. Abschnitt A 3.1, S. 40) und in seiner kulturlandschaftlichen Struktur außerdem wesentlich durch die vorherrschenden und vielfach geschlossenen Waldflächen mitbestimmt ist.

Die Hangzonen werden nach unten durch den Waldrand gegen die meist schmalen Talsohlen abgegrenzt, die das Hochflächenland von Südosten nach Nordwesten durchziehen. Die Siedlungsgruppen in den Tälern mit den kleinen Gewerbebetrieben, Wasserausgleichsbecken und Resten ehemaliger Hammerteiche, mit verstreuten Ausflugsgaststätten und mit den vorwiegend als Grünland genutzten landwirtschaftlichen Kulturflächen geben diesen Bereichen gegenüber den Hangzonen ein ganz anderes Gepräge (vgl. Abb. 35). Die gesamte Bebauung, die dem Tal zugeordnet ist, muß auch dann noch in diesen Komplex eingeordnet werden, wenn sie den Hangfuß oder die an die Talsohle grenzenden unteren Flachhänge ein wenig überschreitet. Auch alle mit dem Talraum zusammenhängenden landwirtschaftlichen Kulturflächen müssen insgesamt einbezogen werden; die Grenze des geschlossenen Waldes stellt in der Kulturlandschaft die physiognomisch wirksame Grenze gegen die Hangkomplexe dar. Daraus ergeben sich stellenweise geringfügige Verschiebungen der Grenzen gegenüber der naturräumlichen Gliederung. Insgesamt bilden auch diese kulturlandschaftlichen Komplexe der Talzonen einen Komplex-Typ von unverwechselbarem Gepräge, der wiederum auf der Karte K 2 durch eine einheitliche Flächensignatur gekennzeichnet ist. Die Bezeichnung dieses Komplex-Typs (34 T) weist darauf hin, daß diese Flächen sich in ihrer räumlichen Ausdehnung im wesentlichen in die naturräumlichen Komplexe vom Typ 34e einfügen.

Der dritte auf unserem Kartenausschnitt (Abb. 35) hauptsächlich vorkommende Komplex-Typ umfaßt die vielfältig zerlappten Hochflächen mit den vorherrschenden landwirtschaftlichen Nutzflächen (mit hohem Grünlandanteil) und mit den eingefügten Einzelhöfen und kleinen, ursprünglich agrarischen Siedlungsgruppen (oft in Quellmuldenlage), aber auch mit verstreuten Wohnhäusern und Ausflugsgaststätten. Die Bezeichnung 88 G für diesen Komplex-Typ (vgl. Karte K 2) kennzeichnet den engen Zusammenhang mit dem naturräumlichen Komplex-Typ 88 und weist außerdem auf den hohen Grünland-Anteil in den landwirtschaftlichen Nutzflächen hin.

Auch auf dem Kartenausschnitt aus der Hohen Mark (Abb. 36; in der Kartentasche beigefügt) ergeben sich charakteristische kulturlandschaftliche Komplexe. So ist z.B. der große westliche Teilbereich durch fast geschlossenen Wald auf ärmsten Sandböden und durch eingelagerte, ebenfalls bewaldete Trockentälchen mit ihren Hangzonen gekennzeichnet; die Parkplätze an den Straßen weisen auf die Bedeutung dieses Teilraumes für die Naherholung hin. Es handelt sich hier um einen Komplex-Typ, der auch in anderen Teilbereichen des Westmünsterlandes wiederkehrt; er entspricht in seiner räumlichen Ausdehnung im wesentlichen dem naturräumlichen Komplex-Typ mit der Kennzahl 61; in der Legende zur Karte K 2 trägt er die Kennzahl 61 W und ist wie folgt charakterisiert: „Wellig-flachhügelige Teilgebiete im Bereich der Kreidesande (hauptsächlich „Halterner Sande") mit nährstoffarmen, trockenen Sandböden; z.T. mit Dünenbildungen; in den höchsten Kuppen und Rücken auf mehr als 100 m ansteigend; mit vielen Trockentälchen; Bodenwertzahlen meist unter 22 — mit vorherrschenden, vielfach geschlossenen Waldflächen (vielfach Kiefernforste, z.T. auch noch naturnahe Eichen-Birkenwälder); z.T. eingefügte Heidereste; mit vielen Wegen und Pfaden; an den Straßen Parkplätze für den Ausflugsverkehr; Ausflugslokale hauptsächlich in den Randzonen, sonst fast unbesiedelt."

Nach Osten schließt sich ein Bereich mit etwas anderem Gefüge an. Hier tritt Sandlöss an die Stelle der nährstoffarmen Sande des Westens; die Bodenwertzahlen steigen nach Osten hin an (bis über 40); und hier und da sind etwas größere landwirtschaftliche Nutzflächen mit verstreut liegenden Gehöften eingefügt (Komplex-Typ 65 W).

Noch weiter nach Osten (im Nordostteil des Kartenausschnitts und inselartig auch weiter im Süden) folgt dann ein fast ausschließlich landwirtschaftlich genutztes Teilgebiet auf Sandlöss, der stellenweise schon lössartig ist; die Höhenlage bleibt in diesem flachwelligen Gebiet unter 100 m. Hier schalten sich nun auch Gruppensiedlungen mit altem agrarischen Kern ein (auf der inselartigen Fläche Lünzum, im Nordosten Lochtrup und östlich des Kartenrandes Lavesum; dort auch stärkerer Anteil nichtlandwirtschaftlicher Bebauung). Es handelt sich um den Komplex-Typ 55 (vgl. Legende zur Karte K 2).

Am Südrand der Karte tritt der Komplex-Typ 52 auf. Es sind flachwellige Teilgebiete mit leichten, nicht allzu armen Böden, die meist aus Flugdecksanden, die z.T. über Geschiebelehm liegen, entstanden sind. Die landwirtschaftlichen Nutzflächen überwiegen; doch sind Gehölze, Hecken und kleine Waldparzellen eingestreut. Die landwirtschaftlichen Gehöfte liegen verstreut oder sind zu kleinen, lockeren Gruppen vereinigt.

Die auf diese Weise durch vergleichende Betrachtung gewonnenen Typen der kulturlandschaftlichen Komplexe sind auf der Karte K 2 mit zweiziffrigen Zahlen gekennzeichnet, wozu dann teilweise noch Indizes und Zusatzbuchstaben zur näheren Charakterisierung hinzutreten (vgl. dazu im einzelnen die Legende zur Karte K 2).

Im Kernraum des Ruhrgebiets sowie im Wuppertaler und Hagener Ballungskern, wo die von den biotischen Komponenten (Wälder, Parkanlagen, landwirtschaftliche Nutzflächen u.ä.) geprägten Teilgebiete nur einen relativ kleinen Raum einnehmen, ist auf eine Zuordnung zu bestimmten naturräumlichen Typen verzichtet worden. Es wurden hier nur die größeren Waldflächen von den übrigen Freiflächen unterschieden.

In allen bisher betrachteten Beispiels-Bereichen waren es — außer der Reliefgestaltung (und evtl. noch den hydrologischen Gegebenheiten) — in erster Linie die biotischen Komponenten (Wälder, landwirtschaftliche Nutzflächen, Parkanlagen u.ä.), welche die landschaftlichen Dominanten der jeweiligen Kulturlandschaft bildeten. Alle diese Bereiche sind vom Menschen in vielfältigster Weise beeinflußt, genutzt und gestaltet, aber eben unter weitgehender Verwendung biotischer Komponenten, und zwar unter starker, meist vom Menschen gewollter Anpassung an die jeweiligen naturräumlichen Gegebenheiten; ihnen gegenüber treten die menschlichen Bauwerke zurück.

Daneben stehen nun diejenigen Teilräume, in denen gerade die menschlichen Bauwerke (Wohnsiedlungen, Gewerbe- und Dienstleistungsanlagen, Verkehrsflächen) die Dominanten bilden (vgl. dazu im einzelnen die Legende zur Karte K 2). Auch die hier unterschiedenen Komplexe stellen im einzelnen bereits ein jeweils charakteristisches Gefüge kleinerer, vielfältig miteinander verbundener Teileinheiten dar.[401]

Aus dem Gefüge aller dieser auf der Karte dargestellten Komplexe ergeben sich dann, wie bereits vermerkt, die einzelnen kulturlandschaftlichen Raumeinheiten.

---

401 So umfassen z.B. die Bergbau-Komplexe außer den Fördertürmen und Aufbereitungsanlagen vielfach Brikettfabriken, Kokereien, Gaswerke und Kraftwerke sowie Anlagen zur Gewinnung der Kohlenwertstoffe. Dazu kommen ausgedehnte Lagerplätze, Zechenhalden und Flotationsbecken, Werksbahnen, Rohrleitungen, Verkehrsflächen und Verladeeinrichtungen, Waschkauen, Verwaltungs- und Nebengebäude mannigfacher Art.

Bei der hier für einen größeren Raum vorgenommenen Gliederung werden wiederum verschiedene Ordnungsstufen (entsprechend dem System bei der naturräumlichen Gliederung; vgl. Anm. 25) festgelegt. Es soll hier allerdings die Frage der hierarchischen Stufen bei den kulturlandschaftlichen Raumeinheiten nicht im Grundsätzlichen erörtert werden, da dies nicht der eigentlichen Zielsetzung dieser Arbeit entspricht. Es liegt jedoch nahe, so zu verfahren, weil bei der Herausarbeitung der Raumeinheiten aus den kulturlandschaftlichen Komplexen ein ähnliches Verfahren wie bei der naturräumlichen Gliederung zugrundegelegt wird, und vor allem weil zumindest in den ländlichen Zonen außerhalb der Verdichtungsräume die naturräumliche Gliederung auch als Grundgerüst für die Gliederung in kulturlandschaftliche Raumeinheiten übernommen werden kann. „In großen Zügen bleiben auch in der kulturgeprägten Landschaft im allgemeinen die räumlichen Grenzen ... erhalten .... Sofern es nicht überhaupt für die räumliche Ordnung in der Landschaft bestimmend bleibt, schimmert das naturgegebene Fliesengefüge in den meisten Kulturlandschaften zum mindesten stark durch .." (H. BOBEK und J. SCHMITHÜSEN 1949, S. 119).

Im einzelnen ist bei der Abgrenzung der Raumeinheiten an manchen Stellen auch ein gewisses Maß an subjektiven Entscheidungen mit im Spiel, etwa dort, wo die verstädterten Gebiete (vgl. Legende zur Karte K 2) nach außen nicht scharf abgesetzt sind, sondern mehr oder weniger gleitende Übergänge mit allmählich immer lockerer werdender Besiedlung zu beobachten sind. Die in dieser Arbeit vorgenommenen Abgrenzungen beruhen u.a. auf vielfältigen Ortsbegehungen und Geländebesichtigungen des Verfassers (vgl. Abschnitt A 3.1, S. 37).

Im Innern des Ruhrgebiets, wo die naturräumlichen Grenzen manchmal völlig von der Bebauung überlagert und verdeckt sind (vgl. dazu Abschnitt D 2.3), wurde die Untergliederung auf der Grundlage der seit Jahrzehnten immer wieder herausgestellten „Entwicklungs- und Strukturzonen" (vgl. Abschnitt D 2.1) und des Gegensatzes zwischen dem Kernraum und den in der Bebauung wesentlich stärker aufgelockerten äußeren Teilen (vgl. Abschnitt E 1.1) vorgenommen.

Aus dem Wechsel in dem mosaikartigen Gefüge der einzelnen Komplexe (Karte K 2) läßt sich in Verbindung mit den großräumigen Strukturen, wie sie sich aus den Sonderkarten (vgl. S. 173) entwickeln lassen, auch die Außengrenze des Ruhrgebiets im einzelnen festlegen. Die Grenze ist dort zu ziehen, wo die oben näher herausgestellten, für das Ruhrgebiet charakteristischen Elemente und Komponenten (vgl. S. 171–172) dominierend werden und prägende Bedeutung für den Charakter der Landschaft gewinnen.

## 1.3 Die geographische Begrenzung des Ruhrgebiets in der Gegenwart

### Nordgrenze des Ruhrgebiets

Beginnen wir unsere Einzeluntersuchungen im Norden mit der Grenze gegen das Münsterland!

Es erweist sich hier zunächst im äußersten Norden der schon von H. CHRISTOFFELS (1949) herausgestellte inselartige Charakter des vorgeschobenen Bergbaubezirks von Ahlen auch für die Gegenwart noch als zutreffend. Ein Gürtel von relativ dünn besiedelten, agrarisch geprägten Teilgebieten mit mehr als 75% katholischem Bevölkerungsanteil schiebt sich zwischen Ahlen und den Raum Bockum-Hövel/Heeßen/Hamm (vgl. Abb. 33, 34). Die Grenze des Ruhrgebiets ist hier daher an den Nordrand der Siedlungskomplexe von Bockum-Hövel (mit Zeche Radbod) und Heeßen (mit Zeche Sachsen) und weiter östlich am besten an den Nordrand der Lippe-Talaue zu legen (vgl. zu den folgenden Ausführungen auch die Karte K 2 und die Abb. 37 und 38).

So waren z.B. am 6.6.1961 in den beiden das Stadtgebiet von Ahlen umgebenden Bauerschaften Altahlen und Neuahlen noch 71% bzw. 73% aller Erwerbspersonen der Wohnbevölkerung im Wirtschaftsbereich Land- und Forstwirtschaft tätig.[402] In den im Norden von Heeßen gelegenen Bauerschaften Dasbeck, Frielick, Enniger und Westhusen waren es 59%, 68%, 60% und 64%, in der etwas weiter östlich am Nordrand der Lippeaue gelegenen Gemeinde Dolberg 31%. Demgegenüber weisen die Stadt Ahlen und der Hauptteil der Gemeinde Heeßen (ohne die genannten Bauerschaften) nur je 2% auf. Ähnlich war es in Bockum-Hövel; während in den im Norden gelegenen Bauerschaften Holsen, Barsen, Hölter und Geinegge die in der Land- und Forstwirtschaft Beschäftigten Anteile von 39%, 56%, 40% und 29% erreichten, waren es im übrigen Stadtgebiet nur 1,5%.

Ebenso charakteristisch waren am gleichen Stichtag die konfessionellen Verhältnisse. Während der katholische Anteil in Neuahlen 80%, in Altahlen 68%, in Dolberg 77%, in den vier nördlichen Bauerschaften von Heeßen 82% und in den vier nördlichen Bauerschaften von Bockum-Hövel 84% betrug, waren es im übrigen Stadtgebiet von Bockum-Hövel nur 51%, im Hauptteil von Heeßen 55% und in der in den nördlichen Bereich eingelagerten Stadt Ahlen 61%.

Auch weiter westlich, wo sich die Grenze gegen das Münsterland in den letzten Jahrzehnten ebenfalls als recht stabil erwiesen hat, kann die von H. CHRISTOFFELS (1949) gekennzeichnete Linie noch heute im wesentlichen als gültig betrachtet werden. Sie verläuft am Nordrand der Siedlungskomplexe von Stockum (mit den weiträumigen Anlagen des Gersteinwerks) und Werne (mit der gleichnamigen Zeche). Von hier aus führt sie nach Südwesten und umschließt dann die Siedlungskomplexe von Lünen und Altlünen (mit der Hütte Westfalia und der Zeche Victoria nördlich der Lippe, dem STEAG-Kraftwerk und der Aluminiumhütte bei Lippholthausen südlich der Lippe). Die Höhen um Cappenberg mit ihren großen Waldflächen weisen ein dem Revier fremdes Gepräge auf und bleiben nördlich der Grenze.

Auch hier wird die Grenze durch die Unterschiede in der wirtschaftlichen Struktur und im konfessionellen Gefüge der Bevölkerung bestätigt. In den Bauerschaften Horst und Wessel nördlich von Stockum haben die in Land- und Forstwirtschaft Tätigen Anteile von 40% bzw. 59%, dagegen im Ortsteil Stockum-Dorf nur 15%. Im Stadtgebiet von Werne belaufen sich die entsprechenden Zahlen in den nördlichen und nordwestlichen Bauerschaften Holthausen, Schmintrup, Ehringhausen, Varnhövel und Langern auf 59%, 78%, 37%, 36% und 31%, dagegen im übrigen Teilgebiet nur auf knapp 4%. Auch weiter im Westen bleibt der Anteil in der Gemeinde Altlünen mit ihren sich unmittelbar an die Stadt Lünen anschließenden Siedlungskomplexen bei etwa 4%; nur in der Bauerschaft Alstedde im Nordwesten, am Nordrand der Lippeaue gelegen, erreicht er 27%. Weiter nördlich weisen der Ortsteil Cappenberg und die Bauerschaft Hassel, die zur Gemeinde Bork gehören, je 24%, die Bauerschaft Netteberge sogar 58% auf.

Im konfessionellen Gefüge sinken auch hier die katholischen Anteile in den verstädterten und industrialisierten Teilgebieten deutlich ab, wie die folgenden Reihen zeigen:

| | | | |
|---|---|---|---|
| Hassel u. Netteberge | 82% | Nördl. Bauersch. | |
| Cappenberg | 69% | v. Werne | 89% |
| Alstedde | 78% | Übr. Teil v. Werne | 73% |
| Altlünen o. Alstedde | 55% | | |
| Stadt Lünen | 41% | Bauersch. Horst | |
| | | u. Wessel | 98% |
| | | Stockum-Dorf | 75% |

Wie soll man die Grenze nun westlich von Lünen und Cappenberg ziehen? H. CHRISTOFFELS (1949) hatte hier noch eine zwischen Alstedde und Haus Dahl nach Norden vorspringende, schmale Zunge, die Selm mit der Kolonie der ehemaligen Zeche Hermann umfaßte, in das Ruhrgebiet einbezogen. Gewiß ist dieser Teilraum von Arbeiterhäusern und Industriesiedlungen durchsetzt. Doch schiebt sich im Kernbereich der alten Bauerschaften Altenbork und Hassel ein noch stark ländlich-agrarisch geprägter Streifen ein, in den der alte Dorfkern von Bork als kleines örtliches Zentrum eingelagert ist. Es kommt hinzu, daß sich dieser Streifen, der zu der naturräumlichen Einheit 6. Ordnung der Cappenberger Höhen zu rechnen ist, deutlich aus dem südlich angrenzenden Lippetal heraushebt. An diesem Geländeanstieg kann zweckmäßigerweise die Grenze des Ruhrgebiets gezogen

---

[402] Die Anteilzahlen der im Wirtschaftsbereich Land- und Forstwirtschaft tätigen Erwerbspersonen und der evangelischen bzw. katholischen Bevölkerung für den 6. Juni 1961 sind dem Amtlichen Verzeichnis der Gemeinden und Wohnplätze (Ortschaften) in Nordrhein-Westfalen entnommen (Beiträge zur Statistik des Landes Nordrhein-Westfalen, Sonderreihe Volkszählung 1961, Heft 2b; Düsseldorf, 1963).
Das gilt für alle diesbezüglichen Zahlenangaben in diesem Abschnitt.

werden, so daß die naturräumliche Einheit der Cappenberger Höhen, die zugleich auch als Einheit 6. Ordnung im kulturlandschaftlichen Gefüge zu betrachten ist, insgesamt außerhalb des Ruhrgebiets verbleibt. Der Bereich um Selm mit der Hermannsiedlung stellt dann ähnlich wie Ahlen einen Vorposten des Ruhrgebiets dar, der inselartig in die ringsum noch gefestigte Welt des Münsterlandes eingefügt ist. Die Grenze des Ruhrgebiets verläuft südlich des alten Dorfkerns von Bork und umfaßt noch das stark von Arbeiterhäusern durchsetzte Teilgebiet am Südrand der Gemeinde Bork. Weiter westlich folgt die Grenze zwischen Haus Dahl und der Ruine Rauschenburg etwa dem Nordrand der Lippeaue und schließt sich hier wieder der von H. CHRISTOFFELS (1949) gekennzeichneten Linie an. Die der Abwasserbeseitigung dienenden Dortmunder Rieselfelder auf der Südseite der Lippe sind trotz der relativ schwachen Besiedlung dem Ruhrgebiet noch eingeordnet. Von der Ruine Rauschenburg, wo auch die naturräumliche Einheit des Mittleren Lippetals endet, verläuft die Grenzlinie des Ruhrgebiets dann entlang der B 235 nach Südwesten, wo der Siedlungskomplex von Datteln mit den Hafenanlagen und der Zeche Emscher-Lippe selbstverständlich in das Ruhrgebiet einbezogen wird.

Es ergibt sich somit, daß die naturräumliche Einheit des Mittleren Lippetals, die südlichste Teileinheit des Kernmünsterlandes, in dem Abschnitt von der Westgrenze bis über Hamm hinaus im kulturlandschaftlichen Gefüge nach Süden umgepolt und dem Ruhrgebiet zugeordnet werden muß. In den Siedlungskomplexen von Heeßen, Bockum-Hövel, Stockum und Werne greift das Ruhrgebiet noch ein wenig über das Mittlere Lippetal nach Norden hinaus und umfaßt hier noch schmale randliche Streifen der nördlich angrenzenden Teilgebiete. Westlich von Werne bis zur Ruine Rauschenburg deckt sich die Grenze dann genau mit der durch den deutlichen Geländeanstieg gekennzeichneten Grenze zwischen dem Lippetal und den Cappenberger Höhen. Insgesamt hat sich in diesem gesamten Bereich die Grenze des Ruhrgebiets gegen die in sich gefestigte Landschaft des Münsterlandes in den letzten Jahrzehnten als auffallend stabil erwiesen.

Die konfessionellen Verhältnisse, die in diesem Raum als Indikator für die sozialgeographische Struktur betrachtet werden können, bestätigen die Berechtigung der beschriebenen Grenzlinie im Raum Datteln/Olfen/Bork. Der katholische Anteil beträgt in dem zum Industriegebiet gehörigen Datteln nur 53% und auch in dem gegen das Lippetal vorgeschobenen Ortsteil Pelkum nur 58%, in dem weiter südöstlich gelegenen Hauptteil von Waltrop ebenfalls nur 59%, um hier gegen das Lippetal hin in den in die Dortmunder Rieselfelder eingreifenden Ortsteilen Holthausen und Lippe auf 75% anzusteigen. Nördlich der Lippe beträgt der Anteil im Gebiet von Altenbork, dessen von Arbeiterhäusern durchsetzte südliche Teile noch zum Ruhrgebiet gerechnet wurden, nur 61%. Nördlich der Grenze steigen die Prozentzahlen dann aber zunächst kräftig an; sie erreichen in der Bauerschaft Hassel 82%, in der Bauerschaft Netteberge 84% und in dem kleinen örtlichen Zentrum des Dorfkerns von Bork sogar 86%. Weiter westlich und nordwestlich haben Olfen-Stadt und Olfen-Kirchspiel, ebenfalls nördlich der Grenze gelegen, katholische Bevölkerungsanteile von 88% und 84%. In diesen Bereich mit den für das Münsterland typischen Zahlenwerten ist Selm mit einem Anteil von nur 60% als isolierter Vorposten des Ruhrgebiets eingelagert, durch den Streifen von Bork und Hassel vom eigentlichen Ruhrgebiet getrennt.

Auch in dem Anteil des Wirtschaftsbereichs Land- und Forstwirtschaft prägt sich zwischen Datteln und Olfen die Grenze sehr deutlich aus. Er steigt von 1,5% im Hauptteil von Datteln über 24% in den nördlichen, gegen die Lippe vorgeschobenen Ortsteilen Natrop und Pelkum auf 46% im Kirchspiel Olfen. Auch die Feldmark des Stadtgebiets von Olfen hat einen Anteil von 42%, und nur der kleine Stadtkern mit seinem ländlichen Gewerbe und den zentralörtlichen Funktionen unterer Stufe einen solchen von 10%.

Vom Nordrand von Datteln verläuft die Grenze des Ruhrgebiets zunächst, wie schon von H. CHRISTOFFELS (1949) beschrieben, nach Westen und umschließt den Siedlungskomplex von Oer-Erkenschwick (mit Zeche Ewald Fortsetzung). Die nördlich gelegenen Bockumer Hügelwellen als naturräumliche Einheit 6. Ordnung sind bis auf schmale südliche Randstreifen noch vorwiegend agrarisch geprägt. Weiter im Westen muß die Grenze am Südrand des Waldgebietes der Haard gezogen werden. Der große Siedlungs- und Industriekomplex von Marl (mit den Chemischen Werken Hüls und den Zechen Brassert und Auguste-Victoria) wird im Norden umschlossen, wobei die Talaue der Lippe bis nach Hervest hinüber noch außerhalb des Ruhrgebiets bleibt. Dann wird auch Dorsten einschl. der nördlich der Lippe gelegenen Siedlungskomplexe bei Hervest, Hochfeld und Holsterhausen (mit Zeche Fürst Leopold) von der Grenzlinie im Norden umrahmt. Bei Holsterhausen biegt die Grenze scharf nach Süden ab in Richtung auf Kirchhellen.

Nördlich der beschriebenen Grenzlinie schließt sich der noch relativ dünn besiedelte, vorwiegend agrarisch geprägte und von mehreren großen Waldkomplexen durchsetzte Hauptteil des Westmünsterlandes an. Auch hier ist, nachdem schon vor dem 1. Weltkrieg Datteln, Oer-Erkenschwick, Marl und

Dorsten vom Bergbau erreicht waren, die Grenze in den letzten Jahrzehnten ziemlich stabil geblieben. Die neue Schachtanlage östlich Wulfen liegt vorläufig noch isoliert in einer revierfremden Umgebung und kann nur als vorgeschobener Vorposten des Ruhrgebiets gewertet werden.

Der Anteil der Land- und Forstwirtschaft liegt nördlich der beschriebenen Grenzlinie fast durchweg über 25%, und nur inselartig wird im Bereich der kleinen örtlichen Zentren, der Kleinstädte und Kirchdörfer, dieser Wert unterschritten (vgl. Abb. 33). So beträgt der Anteil z.B. im Ortskern von Ahsen 8%, im Ortskern von Flaesheim 15%, in der Stadt Haltern 1%, in Sythen/Lehmbraken 16%, in Uphusen/-Stockwiese 13%, im Dorf Wulfen 6%, während er in den umliegenden Bereichen der ausgedehnten Bauerschaften oft über 40 und 50% ansteigt. Auch bei Bockum/Redde/Klostern/Hachhausen unmittelbar nördlich von Datteln und Oer-Erkenschwick werden schon 60% erreicht.

Südlich der Grenzlinie ist in diesem Bereich besonders auffällig, daß sich zwischen die städtischen Siedlungskomplexe von Dorsten, Marl, Oer-Erkenschwick und Datteln im Norden und dem Raum Bottrop – Gladbeck – Gelsenkirchen – Herten – Recklinghausen im Süden eine Grün- und Agrarzone einschiebt, in der auch der landwirtschaftliche Anteil relativ stark ansteigt. So weist der Ortsteil Siepen der Stadtgemeinde Oer-Erkenschwick südlich der Haard 25%, die Ortsteile Essel, Speckhorn und Bockholt im Norden von Recklinghausen, auf der Schichtlehne des Vestischen Höhenrückens gelegen, 34%, 30% und 24% auf. Weiter im Westen schließen sich die südlichen Ortsteile Löntrop und Frentrop der Stadt Marl mit 40% und 30%, die Polsumer Ortsteile Kotten, Hülsdau/Heiken, Beckhöfen und Rennebaum/Höfen mit 27%, 21%, 23% und 28% an. Die westlich angrenzende Gemeinde Altendorf-Ulfkotte hat insgesamt noch einen Anteil von 45%. Und auch im Raum von Kirchhellen sind in den Ortsteilen Ekel und Overhagen noch 59% bzw. 25% der Erwerbspersonen in der Landwirtschaft tätig. Diese Zahlen kennzeichnen den stark aufgelockerten Charakter des nördlichen Ruhrreviers. Es ist hier eine etwa 3–4 km breite, durchgehende Grün- und Agrarzone vorhanden, welche die großen Komplexe von Dorsten, Marl und Oer/Datteln deutlich von dem südlichen Kernraum des Reviers isoliert. Auch voneinander sind die genannten städtisch-industriellen Komplexe durch die Frentroper Mark und den Raum bei Siepen, welche die Verbindung des Grünstreifens nach Norden herstellen, getrennt. Weiter ostwärts verschmälert sich die Agrar- und Grünzone. Hier ist ihr Horneburg mit insgesamt 17% landwirtschaftlichem Anteil zuzuordnen, ebenso die nördlichen Teile der Gemeinde Henrichenburg, wo der Ortsteil Beckum einen Anteil von 40% erreicht, und die westlichen und südwestlichen Teile von Waltrop (mit 26% Landwirtschaft in Oberwiese). Zwischen Waltrop und Datteln besteht wiederum eine etwa 3 km breite Grünverbindung zum Norden. Die Grünzone läßt sich, allmählich schmaler werdend, noch bis über das Grävingholz im Norden von Dortmund hinaus verfolgen und trennt hier den Raum Waltrop – Brambauer – Brechten vom Kernraum des Reviers ab. Insgesamt erstreckt sich diese vorwiegend im Bereich des alten Vests Recklinghausen liegende Grün- und Agrarzone über etwa 40 km von Westen nach Osten (von Kirchhellen bis zum Grävingholz) und bildet ein wichtiges Strukturelement im Norden des Ruhrreviers.

Es ist sehr bezeichnend, daß sich in dieser Vestischen Grünzone im Kleinen noch einmal das charakteristische Strukturbild des Nordens mit den stark landwirtschaftlich geprägten Bereichen, die von kleinen örtlichen Zentren durchsetzt sind, wiederholt.

Auch die konfessionellen Verhältnisse, die hier wiederum als Indikator für die sozialgeographische Struktur betrachtet werden können, kennzeichnen die Vestische Grünzone als einen Reliktraum innerhalb des nördlichen Reviers. Während der katholische Bevölkerungsanteil in Dorsten nur 61%, in Oer-Erkenschwick 53% und in der Stadt Marl sogar nur 47% beträgt, steigt er innerhalb des südlich angrenzenden, noch stark agrarisch geprägten Streifens auf wesentlich höhere Werte an. In der Gemeinde Kirchhellen beträgt der katholische Anteil 80%, in Altendorf-Ulfkotte 88%. In Polsum beläuft er sich, wenn man von dem unmittelbar an Gelsenkirchen-Buer angrenzenden Ortsteil Bertlich absieht, auf 79%, in den nördlichen Recklinghauser Ortsteilen Bockholt, Speckhorn und Essel auf 80%, in Horneburg auf 89%. Das sind Werte, wie sie auch im nördlichen Raum außerhalb des Reviers kaum übertroffen werden (Stadt Haltern 80%, Kirchspiel Haltern 84%, Ahsen 87%, Flaesheim 86%, Teilraum Bockum/Redde/Klostern/Hachhausen im Nordwesten von Datteln 84%, Hullern 91%, Lippramsdorf 91%, Wulfen 85%, Lembeck 95%, Rhade 96%, Marbeck 87%, Heiden 93%, Borken 83%, Groß-Reken 91%, Klein-Reken 88%, Hülsten 95%, Dülmen 83%). Kreuze und Bildstöcke mit Baumgruppen und kleinen Grünanlagen an Wegrändern und Wegkreuzungen gehören in der Vestischen Grünzone ebenso wie im Raum nördlich der Lippe immer noch zu den kennzeichnenden Landschaftselementen.

Bei der großräumigen Gliederung muß die Vestische Agrar- und Grünzone in das Ruhrgebiet einbezogen werden, da die Industrie- und Siedlungskomplexe von Dorsten, Marl, Oer-Datteln und Waltrop-Brechten sie im Norden flankieren und die Verbindungslinien zwischen diesen Komplexen und dem Kernraum des Ruhrgebiets die Grünzone in dichtem Netz durchziehen.

Weiter im Westen schiebt sich von Norden her im Bereich der Niederrheinischen Sandplatten eine Grünzone tief in das Innere des Ruhrgebiets vor. Sie ist vor allem südlich der Lippe von mehreren großen, geschlossenen Waldkomplexen durchsetzt, die bis in die nördlichen Teile der Stadtgebiete von Oberhausen und Bottrop hineingreifen.

Die Außengrenze des Ruhrgebiets ist hier zweckmäßigerweise von Dorsten aus zunächst an den Ostrand der naturräumlichen Einheit der Königshardter Sandplatten zu legen, wobei allerdings der genau auf der Grenze gelegenen Ortskern von Kirchhellen noch dem östlichen Bereich einzuordnen ist. Südlich Grafenwald muß der Gesamtbereich des Köllnischen Waldes außerhalb des Ruhrgebiets verbleiben. Die Grenze umschließt dieses Waldgebiet und den westlich angrenzenden Rest des Sterkrader Venns im Süden und verläuft dann nördlich der Siedlungskomplexe von Königshardt und Walsumer Mark nach Westen. Die Grenze schließt sich dann zunächst etwa dem Rand der Hauptterrasse gegen die vorgelagerte Mittelterrasse an und stößt nördlich Hiesfeld wieder auf die markante Begrenzung der Königshardter Sandplatten, der sie nach Norden bis zur Lippe folgt.

Von den Königshardter Sandplatten ist also nur im äußersten Süden ein Teilgebiet mit Sterkrade und Osterfeld und mit den nördlich anschließenden Siedlungskomplexen in das Ruhrgebiet einzubeziehen. Der Nordrand des Industriegebiets wird auf der Höhe der Hauptterrassenplatte durch die Zeche Franz Haniel markiert, an die sich weiter im Norden fast unvermittelt ruhige, waldreiche und sehr dünn besiedelte Landstriche anfügen. Auch unmittelbar westlich des vor einigen Jahren abgeteuften Schachtes Nordlicht südlich Grafenwald beginnt mit eindrucksvoll scharfer Abgrenzung eine revierfremde, weithin durch den Wald geprägte, stille Welt, die heute zu den wichtigsten Naherholungsgebieten des Ruhrreviers gehört. Weiter nach Norden gewinnen neben den Waldkomplexen auch die agrarisch geprägten Teile innerhalb dieser von Norden vorstoßenden Grünzunge einen maßgeblichen Anteil.

Wiederum ist der Anteil des Wirtschaftsbereichs Land- und Forstwirtschaft in dieser Grünzunge gegenüber den zum Ruhrgebiet zu rechnenden Randzonen wesentlich erhöht. Er beträgt z.B. im östlichen Teil des Stadtgebiets von Dinslaken (Strätere) 34%, in Gahlen 37%, in Gartrop-Bühl 51% und in den östlich der Hauptterrassenkante liegenden Teilen der Gemeinde Hünxe 36%. Nördlich der Lippe wird außerhalb der kleinen örtlichen Zentren fast überall mehr als 40 oder 50% erreicht. Inselartig sind auch hier wie im angrenzenden Westmünsterland die kleinen Ortskerne mit niedrigeren Werten eingefügt (Ortskern Brünen mit 15%, Schermbeck mit 9%, Dorf Raesfeld mit 11%).

Auch die konfessionellen Verhältnisse spiegeln die von stärkerer industrieller Entwicklung und von größeren Bevölkerungsverschiebungen unbeeinflußt gebliebene Struktur dieses Raumes wider. Da die südlichen Teile des ehemaligen Herzogtums Kleve einst evangelisch waren, ist nun im Raum um Brünen, Hünxe und Gahlen der evangelische Bevölkerungsanteil weit überwiegend (Brünen 88%, Drevenack 90%, Krudenburg 93%, Damm 96%, Dämmerwald 76%, östl. Teile von Hünxe 90%, Ortsteil Strätere von Dinslaken 76%, Gartrop-Bühl 81%, Gahlen 87%). In den stark von Industrie und städtischer Besiedlung beeinflußten Teilgebieten des südlichen Herzogtums Kleve sinken die evangelischen Bevölkerungsanteile typischerweise wieder beträchtlich ab; sie betragen in Voerde 60% und im Hauptteil von Dinslaken nur 55%; schon in dem westlich der Hauptterrassenkante liegenden Teil von Hünxe sinken sie auf 70% ab.

In dem ehemals zum Fürstbistum Münster gehörenden Norden der Niederrheinischen Sandplatten überwiegt wiederum noch heute bei weitem der katholische Bevölkerungsanteil (z.B. Erle 95%, Altschermbeck 90%, Raesfeld 91%, Homer 99%, Krommer 97%). Nur ein ganz schmaler Saum an der Grenze zwischen dem ehemaligen Fürstbistum Münster und dem Herzogtum Kleve vermittelt zwischen den noch heute in konfessioneller Hinsicht extrem strukturierten Teilbereichen innerhalb der Niederrheinischen Sandplatten; zu ihm gehört der ehemalige klevische Grenzort Schermbeck. Diese Verhältnisse zeigen zugleich die außerordentlich starke Konstanz in der Bevölkerung, die aus der Territorialzeit bis in die Gegenwart hinein in diesem agrarisch geprägten Raum fortwirkt; und sie sind zugleich ein Zeichen dafür, wie stark sich dieser Raum vom Ruhrgebiet mit seiner starken Fluktuation und Mobilität unterscheidet.

Nordwestgrenze des Ruhrgebiets.

Im Bereich der naturräumlichen Haupteinheiten der Mittleren Niederrhein- und Issel-Ebene haben sich im Laufe der letzten Jahrzehnte im Vergleich zur Nordgrenze des Ruhrgebiets gegen das Münsterland stärkere Veränderungen und Verschiebungen vollzogen.

Auf der rechten Rheinseite ist die Großindustrie inzwischen bis zur Lippe vorgedrungen. Zwar stellt hier die Zeche Lohberg bei Dinslaken immer noch den äußersten Vorposten des Steinkohlenbergbaus dar. Aber weiter im Norden und Nordwesten hat sich im Bereich des Wesel-Datteln-Kanals inzwischen ein neuer Schwerpunkt mit Industrie- und Hafenanlagen entwickelt (BP-Raffinerie in Bucholtwelmen, Babcock-Werk in Friedrichsfeld, Gelsenberg-Ölhafen bei Emmelsum, dazu neuerdings ein großes Aluminiumwerk). Die angrenzenden Siedlungskomplexe sind in schneller Ausdehnung begriffen. Dieser heute schon dem Ruhrgebiet zuzuordnende Teilraum ist durch einen schmalen Grünstreifen (von Bucholt durch den nördlichen Teil des Dinslakener Bruchs zum Wohnungswald) vom Dinslakener Raum getrennt.

Weiter im Norden vollzieht sich auch in Wesel neuerdings eine stärkere Entwicklung. Über seine Zuordnung zum Ruhrgebiet kann man im Zweifel sein. Allerdings ist festzustellen, daß sich erst jenseits von Wesel als des letzten Dichtezentrums (vgl. Abb. 38) nach Westen, Norden und Nordosten hin der Übergang in das relativ dünn besiedelte ländliche Gebiet vollzieht. Auch im Landesentwicklungsplan I der nordrhein-westfälischen Landesplanung ist Wesel bereits in die Ballungszone des Verdichtungsraumes Rhein-Ruhr einbezogen; im Landesentwicklungsplan II ist es als Entwicklungsschwerpunkt 1. Ordnung gekennzeichnet.[403] Aus

---

[403] Nordrhein-Westfalen-Programm 1975; herausgeg. v.

diesen Gründen ist Wesel hier noch mit in den Gesamtraum des Ruhrgebiets einbezogen worden. Die Grenze ist von der Hauptterrassenkante bei Bucholt zunächst in westlicher Richtung am Südrand der unteren Lippeaue gezogen. Bei Welmen biegt sie nach Norden ab und umfaßt außer dem Weseler Stadtkern auch die inzwischen relativ stark besiedelten Randzonen von Obrighoven-Lackhausen und Flüren. Am östlichen Rheinufer bei Wesel entlang verläuft die Grenze dann über die Büdericher Insel südwärts und schließt sich zwischen Emmelsum und Ork der östlichen Grenze der Rheinaue an; sie folgt dem weitgeschwungenen Außenrand der Momm-Niederung bis Haus Ahr, verläuft bei dem neuen, großen Steinkohlen-Kraftwerk wieder direkt am Rheinufer und schließt sich dem Ostrand der Rheinaue bis Walsum an.

Weiter im Westen und Süden hat die Rheinaue bei Büderich, Borth/Wallach, Mehrum/Löhnen, Eversael und Orsoy bis nach Binsheim/Woltershof und bis zur Niederterrassenkante bei Baerl noch ausgeprägt niederrheinischen Charakter[404]. Die Anlagen des Solvay-Schachtes bei Wallach sind zur Zeit als einziger größerer Werkskomplex inselhaft in diesen sonst noch stark agrarisch bestimmten Raum eingefügt. Größere Arbeitersiedlungen fehlen ebenso wie ein engmaschiges Verkehrsnetz, und der starke Schiffsverkehr auf dem Rhein durchzieht eine ringsum noch ruhig gebliebene Landschaft. Auch im Landesentwicklungsplan I ist dieser Teilraum noch als ländliche Zone gekennzeichnet.[405]

Der Anteil der Landwirtschaft betrug 1961 in Löhnen/Mehrum/Götterswickerhamm auf der rechten Rheinseite 33%, im Ortsteil Binsheim der Gemeinde Rheinkamp 56%, im Bereich Driessen/Milchplatz/Orsoy-Land 52%, in der Gemeinde Budberg 28%. Weiter im Norden hatten die Gemeinden Borth und Menzelen, die mit Teilen auf die angrenzende, stärker von kleinen Wohnsiedlungen durchsetzte Niederterrasse hinaufgreifen, Anteile von 14% und 16%. In der ganz auf den Auenbereich (mit Inselterrassen) beschränkten Gemeinde Büderich waren weithin Anteile von mehr als 40% zu verzeichnen, während der Wert im Ortskern auf 15% absank. Die weiter nordwestlich anschließenden Auenbereiche der Unteren Rheinniederung wiesen ebenfalls hohe Anteile auf (Wardt 40%, Ortsteile Vynen und Obermörmter der Gemeinde Marienbaum 32% und 38%, Bislich 39%, Diersfordt 48%, Haffen-Mehr 32%).

---

Ministerpräsidenten des Landes Nordrhein-Westfalen; Düsseldorf, 1970; S. 80–81 (Abb. 22 und 23).
404 Das könnte sich — jedenfalls für den südlichen Teil — rasch ändern, wenn mit dem geplanten Ausbau eines Industriehafens nördlich von Orsoy begonnen wird und wenn die Ansiedlungspläne eines großen chemischen Werkes bei Rheinberg verwirklicht werden.
405 Vgl. S. 217 und Anm. 403.

Der stark durch Land- und Forstwirtschaft geprägte Bereich greift auf der Nordseite dicht um Flüren und Wesel herum. Östlich der rechtsrheinischen Niederterrassenkante folgt zunächst der große Waldkomplex des Diersfordter Waldes. Dann schließen sich Hamminkeln und Ringenberg mit 37% bzw. 17% an. Und auch in Obrighoven-Lackhausen, dessen westliche und südwestliche Teile allerdings in den letzten Jahren von Wesel her stark von Wohnsiedlungen durchsetzt sind, waren 1961 noch insgesamt 25% aller Erwerbspersonen im Wirtschaftsbereich Land- und Forstwirtschaft tätig. In der weiter östlich gelegenen Gemeinde Drevenack steigt die Zahl dann sogar auf 46%. So ist Wesel noch fast ringsum von einem stark agrarisch geprägten Gürtel umgeben.

An verschiedenen Stellen des beschriebenen Bereichs, der außerhalb des Ruhrgebiets verbleibt, treten typischerweise wiederum auch Teilgebiete mit weit überwiegenden Anteilen einer der beiden Konfessionen auf (vgl. Abb. 34). In den ehemals katholischen Gebieten haben z.B. Borth, Menzelen und Büderich noch einen Katholiken-Anteil von 74%, 84% und 79%. Weiter im Norden steigen die Zahlen auf 88% in Wardt, 91% in Vynen und Obermörmter und 84% in Bislich. Demgegenüber erreicht in der unmittelbar benachbarten Gemeinde Diersfordt der evangelische Bevölkerungsanteil einen Prozentsatz von 91%. Wiederum ein Zeichen bemerkenswerter Bevölkerungskonstanz in diesem abseits der Verkehrslinien gelegenen und von industriellen Impulsen bisher unberührten Bereich. Auf der stärker vom Verkehr beeinflußten Isselebene um Hamminkeln und Obrighoven-Lackhausen sind solche einseitig konfessionell geprägten Gebiete nur in kleineren Teilräumen erhalten, und erst nach Osten im abseits gelegenen Isselbruch und mit Annäherung an die fast rein bäuerlichen Sandplatten nehmen sie wieder größere Flächen ein. Wesel und Flüren aber sind konfessionell gemischt (50% bzw. 47% Katholiken).

Konfessionell recht einseitig ausgerichtete Gebiete sind weiter im Süden auch die abseits der Verkehrslinien gelegenen Bereiche um Mehrum/Löhnen/Götterswickerhamm und um Binsheim mit 94% bzw. 85% Evangelischen. Sie kennzeichnen die entlang des Rheins nach Süden vorgreifende Grünzunge, die von der industriellen Entwicklung bisher so gut wie unberührt geblieben ist und gerade deshalb als Ausgleichs- und Naherholungsgebiet eine bedeutsame Rolle spielt. Der starke Ausflugsverkehr bei Götterswickerhamm — an der Außengrenze des Ruhrgebiets — ist für die Polarität zwischen Verdichtungsraum und Umland wieder besonders bezeichnend.

Westgrenze des Ruhrgebiets

Zwischen Baerl und Uerdingen greift das Ruhrgebiet 10–15 km weit über den Rhein nach Westen vor. Hier hat sich im Laufe der letzten Jahrzehnte ähnlich wie nordwestlich von Dinslaken eine starke Entwicklung vollzogen, die es geboten erscheinen läßt, gegenüber der von H. CHRISTOFFELS (1949) gezogenen Linie die Grenze an einigen Stellen noch etwas weiter hinauszuschieben. So dürfte es heute angebracht sein, den Rheinberger Industrie- und Siedlungskomplex mit den neuen Anlagen in der Rheinberger Heide und mit dem weiträumigen Komplex der Solvay-Werke im Norden in das Ruhrgebiet einzubeziehen und die Grenze von Baerl bis Rheinberg an den Ostrand der linksrheinischen Niederterrassenebene zu legen. Von hier ab nach Süden bestimmen heute die weiträumig über das ebene Land verstreuten Anlagen der Großbetriebe, insbesondere der Zechen und Aufbereitungsanlagen, stellenweise auch umfangreiche Halden, die Silhouette der Landschaft. Dazwischen fügen sich große Siedlungskomplexe ein, die durch ein engmaschiges Verkehrsnetz miteinander und mit den Werksanlagen verbunden sind. Auch von den noch eingeschalteten Resten der einstigen Agrarlandschaft sieht man ringsum die Werksanlagen und städtischen Siedlungskomplexe.

Nach Westen reicht die Industrielandschaft bis an die vorderste Kette der inselartig aus der Ebene aufsteigenden Stauchwallreste und weiter südlich etwa bis Vluyn, wo die westlich vorgelagerten Waldflächen eine klare Abgrenzung liefern. Die inzwischen weit darüber hinaus nach Westen vorgeschobenen Schachtanlagen bei Hoerstgen und Tönisberg müssen zur Zeit noch als kleine inselartige Vorposten des Ruhrgebiets im ländlich geprägten Raum betrachtet werden.

Die beschriebene Westgrenze wird wieder durch charakteristische Anteilzahlen der in der Land- und Forstwirtschaft tätigen Erwerbspersonen bestätigt, wie die folgenden Reihen zeigen:

| | | | |
|---|---|---|---|
| Rheinberg–Kern | 3% | Moers | 2% |
| Rheinberg-Bauerschaft | 14% | Neukirchen-Ortskern | 5% |
| Alpen-Außenbezirk | 28% | Vluyn-Dorf | 6% |
| (Ortskern 6%) | | Schaephuysen | 24% |
| Veen | 46% | | |
| Sonsbeck-Außenbezirk | 63% | | |
| (Ortskern 7%) | | | |

Der Rand des Industriegebiets wird durch die folgenden Anteilzahlen unmittelbar westlich vorgelagerter Teilgebiete gekennzeichnet: Alpsray 38%, Saalhoff 45%, Altfeld 44%, Nierkamp/Hoerstgen 27%, Noppick/Wickrath 52%, Rayen 39%, Luit 65%.

In dem inzwischen stark industrialisierten Bereich der ehemals evangelischen Grafschaft Moers hat sich ein Anteil von mehr als 75% Evangelischen nur noch in kleinen Restbezirken erhalten; die Städte Moers, Rheinhausen und Homberg weisen heute nur noch 60%, 54% und 54% Evangelische auf. Dagegen hat sich im wenig industrialisierten Westen um Sevelen und Aldekerk das ehemals im geldrischen Raum herrschende katholische Bekenntnis noch wesentlich stärker und großflächig mit hohen Anteilzahlen erhalten. Sevelen hat z.B. noch 86%, Aldekerk 87% und Stenden 89% Katholiken.

Südgrenze des Ruhrgebiets

In dem bisher beschriebenen Abschnitt zwischen Hamm und Krefeld ist die Grenze des Ruhrgebiets zugleich die Grenze des größeren Verdichtungsraumes Rhein-Ruhr. Hier überall sind nach außen hin ruhigere, relativ dünn besiedelte, noch stark durch Land- und Forstwirtschaft geprägte Räume vorgelagert. Das ändert sich vom Krefelder Raum ab. An den jetzt zu beschreibenden Abschnitt der Grenze an der Südseite des Ruhrgebiets schließen sich nach außen hin Räume an, die ebenfalls vielfach stark industrialisiert sind, wenn sie auch in dieser Hinsicht nicht das gleiche kompakte Bild bieten wie der Kernraum des Ruhrreviers. Die auf der Südseite vorgelagerten Gebiete, die streifen- bzw. schwerpunktartig dicht besiedelte, stark industrialisierte Teilräume umfassen, sind nach ihrem kulturlandschaftlichen Gefüge mit dem Ruhrgebiet in den größeren, übergeordneten Verdichtungsraum Rhein-Ruhr einzubeziehen.

Die Südgrenze des Ruhrgebiets muß zunächst am Rande des Duisburger Industrie- und Siedlungskomplexes gezogen werden. Das Hüttenwerk in Huckingen markiert, weithin sichtbar, den Südrand des Reviers. Die Grenze verläuft dann zunächst in östlicher Richtung nach Rahm, umschließt den Siedlungskomplex von Großenbaum und biegt am Südrand der durch umfangreiche Auskiesungen in Umgestaltung begriffenen Huckinger Mark („Sechs-Seen-Platte") wieder nach Osten ab. Am südlichen Ende der umfangreichen Anlagen des Verschiebebahnhofs Wedau vorbei verläuft sie dann südlich von Haus Rott zum Südrand der Siedlungskomplexe von Saarn, um nördlich des Auberges auf das untere Ruhrtal zu stoßen.

Wie schon in der ebenen Landschaft der linksrheinischen Niederterrasse, so durchschneidet die Grenze des Ruhrgebiets auch hier die verschiedenen naturräumlichen Einheiten. Etwa entlang der B 288 verlaufend, trennt sie auf der rechtsrheinischen Niederterrassenebene zunächst den stark industrialisierten und besiedelten Norden von dem noch stärker landwirtschaftlich geprägten Teilraum um Serm, Wittlaer und Angermund. In Serm weist der Wirtschaftsbereich Land- und Forstwirtschaft einen Anteil von 23% der Erwerbspersonen auf; in der Gesamtgemeinde Wittlaer 8%, wobei einzelne Teilgebiete höhere Werte aufweisen, und in Angermund 7%.

Auch die östliche Randzone der Niederterrassenebene, die naturräumliche Einheit des Wedau-Tiefenbroicher Bruches, wird von der Grenze des Ruhrgebiets quer durchzogen, wobei der stärker umgestaltete Teilraum um Wedau im Norden noch dem Revier zugeteilt ist. Ebenso ist von den östlich angrenzenden Lintorfer Sandterrassen der nördlich des Wambachs gelegene Teil, der von den großen Duisburger und Mülheimer Siedlungskomplexen im Westen und Osten flankiert wird, noch dem Ruhrgebiet zugeordnet. Der Duisburger Stadtwald und der südlich angrenzende Speldorfer und Broicher Wald sind von mehreren west-östlich verlaufenden Verkehrslinien, die Duisburg und Mülheim miteinander verbinden, durchzogen.

Von der zum Niederbergisch-Märkischen Hügelland gehörenden naturräumlichen Einheit der Selbecker Terrassen ist nur der nördliche, stark besiedelte Zipfel um Saarn in das Ruhrgebiet einzubeziehen.

In den Hauptteil der Selbecker Terrassen und den südlichen Teil der Lintorfer Sandterrassen sind zwar auch Siedlungen verschiedener Größe eingefügt, die aber schon stark nach Düsseldorf tendieren. Es ist hier deutlich zu erkennen, daß sich an der Südflanke des Reviers Räume anschließen, die band- und schwerpunktartig von Siedlungs- und Industriekomplexen durchsetzt und mit einem relativ dichten Verkehrsnetz ausgestattet sind. Sie sind insgesamt noch dem Rhein-Ruhr-Verdichtungsraum zuzuordnen.

Südöstlich von Mülheim ist das Witten-Kettwiger Ruhrtal, wie schon oben näher begründet, noch in das Ruhrgebiet einzubeziehen, also entgegen der naturräumlichen Gliederung nach Norden umzupolen. Es ist nach seiner ganzen Struktur dem Ruhrgebiet unmittelbar zugeordnet und auch heute noch von einigen fördernden Zechen durchsetzt. Einen industriellen Schwerpunkt bildet ferner die Henrichshütte bei Hattingen. Außerdem hat hier die Entwicklung des „Ruhrreviers" ihren entscheidenden Ausgang genommen, und das Landschaftsbild ist durch den Bergbau und alle damit im Zusammenhang stehenden Erscheinungen wie den Bau des Ruhr-Schiffahrtsweges und die Entstehung der Bergmannskotten, maßgeblich beeinflußt worden.

Die Grenze folgt im wesentlichen dem Südrand der naturräumlichen Einheit des Witten-Kettwiger Ruhrtals. Doch müssen an einigen Stellen südlich angrenzende schmale Streifen des Hügellandes, die noch stark von auf das Ruhrtal bezogenen und mit ihm eng verbundenen Siedlungen durchsetzt sind, ebenfalls dem Ruhrgebiet zugeordnet werden.

Von Mülheim-Saarn verläuft die Grenze zunächst am Südwestrand des Ruhrtals an Mintard vorbei nach Kettwig v.d. Brücke. Das untere Vogelsangbachtal und die Laupendahler Siedlungen werden ebenso wie die Umgebung von Haus Öfte zum Ruhrtal genommen. Weiter östlich müssen die unmittelbar an Werden angrenzenden Siedlungskomplexe von Heidhausen eingeschlossen werden. Da auch Rodberg und Dilldorf sowie das untere Deilbachtal und die Höhen östlich von Kupferdreh mit der Winzermark stellenweise von Siedlungskomplexen, die enge Verbindungen zum Ruhrtal aufweisen, durchsetzt sind, ist es zweckmäßig, diese Teilgebiete der naturräumlichen Einheit der Ruhr-Eggen ebenfalls noch in den Norden einzufügen. Westlich des Deilbachs folgt die Linie auf diese

Weise in ihrem großzügigen Verlauf der Essener Stadtgrenze. Östlich von Hattingen kann im wesentlichen die naturräumliche Südgrenze des Witten-Kettwiger Ruhrtals übernommen werden, da sie auch die größeren Siedlungskomplexe des Ruhrtals umfaßt; nur im unteren Hammertal und bei Witten-Bommern müssen darüber hinaus noch die weiter nach Süden vorgeschobenen Siedlungen einbezogen werden.

Die sich so ergebende Linie trennt das Ruhrgebiet von dem Selbeck-Mettmanner Terrassenland und dem stark industriell durchsetzten Hügelland des Ostniederbergischen, dem Niederbergischen Industriegebiet, weiter im Osten von dem ruhigeren Westmärkischen Hügelland, dessen nördliche Teile heute nicht mehr zum Ruhrrevier gerechnet werden können.[406]

In Teilen des südlichen Raumes steigt der Anteil der Land- und Forstwirtschaft deutlich an. Im Niederbergischen Industriegebiet um Velbert, Langenberg und Wülfrath ist dies nur in inselartigen, kleinen Flächen der Fall, z.B. in den schon mit besseren Böden ausgestatteten, zum Mettmanner Lößgebiet überleitenden Teilgebieten um Leubeck/Rützkausen (29%) und Erbach-Nord (24%) und auf dem Höhenrücken des Voßnacken zwischen Velbert und Langenberg (Voßnacken/Rottberg 38%). Weiter westlich sind die Mettmanner Lößterrassen am stärksten von der Landwirtschaft geprägt (im nordöstlichen Randsaum z.B. Meiersberg 26%, Homberg 20%, Bellscheidt 29%, Niederschwarzbach/Obschwarzbach/Obmettmann 24%). Im Westmärkischen Hügelland ist vor allem zwischen Langenberg, Wuppertal, Haßlinghausen und Sprockhövel eine größere Fläche mit hohem landwirtschaftlichen Anteil festzustellen (Nordrath/Wallmichrath/Windrath/Dönberg 23%, Niederelfringhausen 42%, Oberelfringhausen 35%, Oberstüter 38%). Weiter östlich treten wieder nur inselhaft ähnlich hohe Anteile auf.

Stellenweise hebt sich das südliche Hügelland auch durch seine größeren Waldbestände deutlich von dem nördlichen Raum des Ruhrgebiets ab (vgl. Abb. 31). Dies gilt insbesondere von den an das Ruhrtal angrenzenden Höhen bei Mintard und Kettwig und von Teilen des Westmärkischen Hügellandes, wo vor allem die Elfringhauser Höhen, das Elbschetal und Teile von Vormholz stark bewaldet sind.

Die Zuordnung des Westmärkischen Hügellandes, auch des vom Produktiven Karbon eingenommenen Teils, zum Süden wird dadurch noch einmal unterstrichen, daß hier auf einer größeren Fläche südlich der gewählten Grenzlinie gegenüber dem gemischt-konfessionellen Ruhrgebiet zum ersten Mal wieder eine konfessionell stark einseitig ausgerichtete Fläche auftritt. In Linderhausen und Bredenscheid-Stüter erreicht der evangelische Anteil 77%, in Volmarstein 78%, in Esborn, Haßlinghausen und Dönberg/Windrath 79%, in Holthausen 80%, in Sprockhövel und Gennebreck 81%, in Hiddinghausen, Nieder- und Oberelfringhausen 82%, in Oberstüter 83%, in Asbeck und Silschede 84%. Die Zahlen

---

406 Vgl. Abschnitt D 1.1, S. 171–172.

bestätigen die geringere Fluktuation der Bevölkerung in diesem relativ dünn besiedelten Bereich zwischen dem Ruhrtal im Norden und der Wupper-Ennepe-Mulde im Süden.

Verfolgen wir nun vom Wittener Raum die Südgrenze des Ruhrreviers weiter nach Osten! Sie schließt sich zunächst auf 30 km langer Strecke etwa dem Nordrand der naturräumlichen Einheit des Ardey an, wobei die von Witten und vom Dortmunder Süden an den Hängen hinaufgreifenden großen Siedlungskomplexe noch eindeutig dem Ruhrgebiet zuzuweisen sind. Nach Süden hin fügen sich vielfach große, geschlossene Waldflächen an, die im Verein mit den sich markant heraushebenden Höhen den Rand des Reviers recht eindrucksvoll kennzeichnen. Naturräumliche und landschaftsräumliche Grenze fallen hier, wenn auch nicht in allen Einzelheiten, aber doch im großzügigen Verlauf zusammen! Das Hügelland des Ardey mit seinen ausgeprägten Härtlingsrücken und mit seinem hohen Waldanteil weist zwar noch viele aufgelockerte Siedlungen, darunter ältere mit den für das Alte Revier typischen Bergmannskotten, auf. Doch hat sich der Bergbau, der südlich der gekennzeichneten Grenze auch früher keine große Rolle gespielt hat, völlig aus dem Ardey zurückgezogen, und es fehlen auch größere Industriebetriebe. Insgesamt weist dieser Raum nicht die charakteristischen Züge des Reviers auf und ist trotz seiner engen funktionalen Beziehungen (starker Pendelverkehr vom Ardey nach Norden, umgekehrt starker Ausflugsverkehr vom Dortmunder und Wittener Raum nach Süden) auf Grund seiner Raumstruktur nicht mehr dem Ruhrgebiet zuzuweisen.

Ostgrenze des Ruhrgebiets

Östlich Holzwickede stößt die Südgrenze des Ruhrgebiets auf den Haarstrang. Während der außen vorgelagerte Raum bis hierhin noch mit in den größeren Rhein-Ruhr-Verdichtungsraum einzubeziehen ist, fällt dessen Grenze zwischen Holzwickede und der Lippe wieder mit der des Ruhrgebiets zusammen. Sie ist in dem folgenden Abschnitt dementsprechend wieder sehr klar ausgebildet und spiegelt sich auch in dem Anteil der in der Landwirtschaft Beschäftigten sowie in der konfessionellen Struktur deutlich wider (vgl. Abb. 33 und 34).

Die Grenze folgt bis Kessebüren zunächst dem Nordrand des Haarstrangs, verläuft westlich Mühlhausen nach Norden und schließt sich streckenweise der von Unna nach Hamm führenden Eisenbahn an; der Siedlungskomplex von Altenbögge-Bönen gehört dabei noch ganz zum Ruhrgebiet. Nördlich von Weetfeld biegt die Grenzlinie über Berge nach Osten ab und weist den Siedlungskomplex von Westtünnen noch dem Ruhrrevier zu. Weiter im Osten muß neuerdings der in starker industrieller Entwicklung begriffene Raum am Lippe-Seiten-Kanal um Uentrop (mit einem großen Chemiefaserwerk) und Schmehausen (mit Großkraftwerk Westfalen der VEW) als äußerste Ausbuchtung des Reviers betrachtet werden, wenn sich auch westlich von Uentrop noch stärker landwirtschaftlich geprägte Teilgebiete und einige Waldflächen einfügen. Der Lippe-Seiten-Kanal stellt heute die große West-Ost-Achse im Norden des Ruhrgebiets dar. Mit Ausnahme der Abschnitte um Hünxe-Gahlen und Haltern-Ahsen ist er heute insgesamt ebenso wie die an ihm liegenden industriellen Großkomplexe in das Revier einzubeziehen.

Auf der gekennzeichneten Strecke schließt sich nach außen hin überall ein noch vorwiegend agrarisch geprägter Raum an. In Billmerich beträgt der Anteil des Wirtschaftsbereichs Land- und Forstwirtschaft an der Gesamtzahl der Erwerbspersonen 19%, in Frömern 24% und in Kessebüren 58%. In Mühlhausen dicht östlich von Unna sind es ebenfalls schon 21%, und nach Osten steigen die Werte am Hellweg dann rasch weiter an; sie erreichen in Stockum schon 31%, in Siddinghausen 45% und in Westhemmerde 64%. Weiter im Norden weisen Bramey-Lenningsen 27%, Flierich 32%, Osterflierich und Westerbönen 44%, Osterbönen und Freiske 64% auf. In der Bauerschaft Rhynern beträgt der Anteil 67% und sinkt nur im Ortskern auf 9% ab. In Osttünnen sind es 32%, in Süddinker 56%, in Vöckinghausen 72%, in Norddinker 52%, in Frielinghausen 73%, in Eilmsen 48% und in Vellinghausen 45%. An der Grenze des Ruhrreviers sinken diese Zahlen rasch, manchmal geradezu sprunghaft ab; sie betragen z.B. in Werries nur 4%, in Braam-Ostwennemar 9%, in Westtünnen 11% und in Berge 8%. Im äußersten Ostzipfel des Reviers bei Uentrop und Schmehausen traten 1961 noch recht hohe Anteilzahlen auf (Uentrop 30%, Schmehausen 39%, Haaren 38%); doch sind die Verhältnisse hier mit der Ansiedlung der neuen großen Industriewerke am Lippe-Seiten-Kanal in rascher Änderung begriffen. Südwestlich von Hamm herrschen im Bereich des Reviers niedrige Anteilzahlen vor (z.B. Wiescherhöfen 3%, Pelkum 8%, Herringen 3%, Altenbögge-Bönen 2%, Heeren-Werve 3%, Unna 2%); nur inselartig treten in ruhig gebliebenen Teilen höhere Werte auf (Lerche 41%, Rottum 60%, Derne 54%, Sandbochum 41%).

Auch in der konfessionellen Struktur tritt in diesem Bereich die Außengrenze des Ruhrreviers noch einmal eindrucksvoll in Erscheinung. Fast überall schließt sich zunächst ein Streifen mit mehr als 75% evangelischer Bevölkerung an (Vellinghausen 86%, Eilmsen 75%, Frielinghausen und Norddinker 76%, Vöckinghausen 78%, Weetfeld 87%, Osterbönen und Westerbönen 91%, Osterflierich 81%, Flierich 90%, Bramey-Lenningsen 83%, Lünern 88%, Mühlhausen 86%, Stockum 80%, Frömern 88%, Billmerich 86%). Wo etwas weiter östlich die Grenze der ehemaligen Grafschaft Mark gegen das kurkölnische Herzogtum Westfalen überschritten wird, treten dann sehr rasch entsprechend hohe Anteilzahlen des katholischen Bevölkerungsteils auf (z.B.

Süddinker 78%, Illingen 93%, Wambeln 86%); oft liegen die extrem evangelischen bzw. katholisch bestimmten Teilgebiete ganz dicht nebeneinander (z.B. Norddinker—Süddinker). Diese aus der Territorialzeit bis heute in auffallend starkem Maße erhaltenen Unterschiede erweisen erneut die geringe Fluktuation der Bevölkerung in den agrarisch geprägten Landstrichen, die sich auf der Ostseite unmittelbar an das Ruhrgebiet anschließen.

Die beschriebene Ostgrenze des Ruhrgebiets schneidet vom Nordrand des Haarstrangs bis zur Lippe die einzelnen Streifen der naturräumlichen Haupteinheit der Hellweg-Börden. Wieder werden hier, wie wir es in ähnlicher Form insbesondere schon in der Mittleren Niederrheinebene beobachten konnten, Räume, die von den natürlichen Gegebenheiten her ein weitgehend einheitliches Gepräge aufweisen, von wichtigen kulturlandschaftlichen Grenzen geschnitten; die östlichen Teile verharren noch in ihrem agrarischen Gepräge, der Westen ist in das Ruhrgebiet und damit in den Verdichtungsraum Rhein-Ruhr eingegliedert und zu einer Industrielandschaft umgeformt!

## 2 DIE INNERE GLIEDERUNG DES RUHRGEBIETS

### 2.1 Entwicklungs- und Strukturzonen

In der Literatur ist schon seit längerer Zeit auf die zonale Struktur des Ruhrgebiets hingewiesen worden. Nach den grundlegenden Untersuchungen von H. SPETHMANN (1933 ff.) hat A. LANGE (1945) die Industriezonen und Städtereihen, die sich östlich des Rheins von West nach Ost erstrecken, näher charakterisiert. Außer der südlich vorgelagerten Wupper-Ennepe-Zone unterschied er Ruhr-Zone, Hellweg-Zone, südliche und nördliche Emscher-Zone und Lippe-Zone (S. 17/19).

In den Untersuchungen von W. BREPOHL (1948), der sich insbesondere mit der Bevölkerungsstruktur des Ruhrgebiets befaßt hat, wurde außer den genannten Zonen zwischen Emscher und Lippe noch der Vestische Landrücken als besondere Zone herausgestellt.

K. HOTTES (1955) hat auch bei der Erarbeitung der wirtschaftsräumlichen Einheiten die verschiedenen Zonen des Ruhrgebiets berücksichtigt. Er unterscheidet hier außer den Rhein-Ruhr-Häfen im Westen das Ruhrtal im Süden und dann weiter nach Norden die Einheiten des Hellweg-Ruhrreviers, des Emscher-Ruhrreviers und des Lippe-Ruhrreviers.

Bei der Darstellung der Entwicklungs- und Strukturzonen des Ruhrgebiets durch P. SCHÖLLER (1960) werden die funktionalen Beziehungen besonders berücksichtigt. Außer der im Süden vorgelagerten „Bergisch-Märkischen Kernzone" um Wuppertal – Hagen – Iserlohn und der nördlich angrenzenden „Niederbergisch-Märkischen Zone" werden im eigentlichen Ruhrgebiet von Süden nach Norden 6 Zonen unterschieden: die Ruhrtal-Zone, die Hellweg-Zone, dann die südliche und nördliche Emscher-Zone, und schließlich weiter im Norden die Vestische Zone und die Lippe-Zone.

Die verschiedenen, von West nach Ost sich erstreckenden Zonen des Ruhrgebiets sind vor allem auf das in mehreren Schritten erfolgte Vorrücken des Bergbaus und der Industrie nach Norden zurückzuführen, wobei die jeweiligen natürlichen Voraussetzungen und Entwicklungsmöglichkeiten, die sich an die Naturgegebenheiten anlehnenden Verkehrswege und die Betriebsformen des Steinkohlenbergbaus nach dem jeweiligen Stand der Technik zur Zeit der Inbesitznahme eines neuen Bereiches mitgewirkt haben (vgl. dazu Abschnitt B 2.1 bis 2.3). Die in den einzelnen Zonen liegenden Städte haben dabei einen in wesentlichen Charakterzügen ähnlichen Siedlungsaufbau erhalten.[407]

Im Süden liegt „das Ruhrtal mit der Kette der alten Kornmärkte, Austausch- und Gewerbezentren, vom Bergbau erfaßt, aber nicht bestimmt, funktional abhängig, aber noch voll stationären Eigenlebens" (P. SCHÖLLER 1960, S 161). Hier war bis zur Mitte des vorigen Jahrhunderts die Achse des Reviers. Dann aber verlagerte sich das Schwergewicht nach Norden; und heute ist die Ruhrtalzone in Umwandlung zu einem Wohn- und Erholungsraum begriffen. Von der Fülle der einst engmaschig über den Raum verteilten, meist relativ kleinen Zechen und Stollenbetriebe sind heute nur noch vereinzelte Magerkohlenzechen erhalten.

Nach Norden folgt am Hellweg die bestimmende Achse des Reviers mit ihren alten bürgerlich-städtischen Traditionen und den für das heutige Revier bedeutendsten Verwaltungs- und Zentralfunktionen.[408] Am Hellweg liegen mit Essen, Dortmund Duisburg und Bochum die vier wichtigsten Zentren des Ruhrgebiets.[409] Durch den stadtautobahnähnlich ausgebauten Ruhrschnellweg, den modernen Nachfolger des Hellwegs, miteinander verbunden, sind diese Städte mit ihren Kaufhäusern und Fachgeschäften zu den wichtigsten Einkaufsorten des Reviers geworden, und auch Geld- und Versicherungswesen, Wirtschaftsverwaltung, Planungs- und Wasserwirtschaftsverbände haben hier ihre wichtigsten Zentren.

In der nördlich angrenzenden Emscherzone mit ihren vor allem für die Koksgewinnung wichtigen Fettkohlenvorräten liegt heute das Schwergewicht des Steinkohlenbergbaus. Die Anlagen zur Gewinnung der Kohlenwertstoffe und große chemische Werke gehören ebenfalls zu den kennzeichnenden Strukturelementen dieses Raumes. Die südlich und nördlich der Emscher in zunächst ungeordneter Entwicklung entstandenen Agglomerationen mit ihren starken Anteilen ostdeutschen Volkstums haben in ihren zentralen Funktionen stets im Schatten der Hellweg-Städte gestanden; und nur langsam machen sich hier auch die neuen Planungsideen im städtebaulichen Bild bemerkbar. Dies ist

---

407 Zur historischen Entwicklung der einzelnen Zonen vgl. Abschnitt B 2.

408 Vgl. dazu im einzelnen TH. KRAUS (1961), S. 10 ff.
409 Vgl. Anmerkungen 242, 243, 246, 247.

die Zone, die in vielfacher Hinsicht die schwierigsten Probleme für die angestrebte Strukturverbesserung bietet. Die stärksten Siedlungsverdichtungen gruppieren sich südlich der Emscher noch heute um die Bahnhöfe der Köln-Mindener Bahn, während sich der Rhein-Herne-Kanal mit seinen in dichter Folge entstandenen Hafenanlagen zur wichtigsten Kristallisationsachse der Industrie entwickelt hat. Der im Bau befindliche Emscher-Schnellweg im Süden und die vom Oberhausener Kreuz nach Osten führende Autobahn im Norden bilden die wichtigsten Linien des auch hier wieder vorwiegend west-östlich gerichteten Straßenverkehrs.

Erst im Bereich des Vestischen Höhenrückens machen sich die älteren Strukturen mit den ehemaligen Siedlungskernen, unter denen Recklinghausen hervorragt, wieder stärker in der Landschaft bemerkbar. Hier beginnt der Norden des Reviers, der sich bis zu den von Industrie und Bergbau erfaßten Teilen des Lippetals erstreckt, mit seinen weit verstreuten Groß-Schachtanlagen im Bereich der Gas- bis Flammkohlenzone und mit den weiträumigen Anlagen der chemischen Werke. Industrie- und Siedlungskomplexe liegen oft wie große Inseln innerhalb einer noch stark ländlich geprägten Umgebung.

Im östlichen Teil, östlich von Dortmund und Lünen, lockert sich die Besiedlung immer mehr auf, bis jenseits des oben beschriebenen Ostrands des Ruhrgebiets der ländlich-agrarische Charakter das Übergewicht erhält. Im Westen laufen die gekennzeichneten Strukturzonen gegen den Rhein hin aus; beiderseits des Rheins herrscht dann die Nord-Süd-Richtung im Strukturbild vor, die vor allem durch den Rhein selbst mit seiner hochindustriellen Uferzone und durch die parallel zu ihm verlaufenden wichtigen Verkehrslinien unterstrichen wird.

## 2.2 Die Gliederung im einzelnen

Die beschriebenen Entwicklungs- und Strukturzonen bilden die Grundlage für die Gliederung des Ruhrgebiets (vgl. Abb. 37, in der Kartentasche beigefügt).[410]

Die südlichste Teileinheit bildet die *Ruhr-Zone*. Sie umfaßt vor allen Dingen die naturräumliche Einheit des Witten-Kettwiger Ruhrtals und dazu einige Randstreifen des südlich angrenzenden Hügellandes.[411] Dieser Raum, der nach seiner naturräumlichen Struktur zum Bergisch-Sauerländischen Gebirge gerechnet werden muß, ist im kulturlandschaftlichen Gefüge nach Norden umzupolen und in die Haupteinheit des Ruhrreviers einzuordnen.[412]

Hier lag bis zur Mitte des vorigen Jahrhunderts die Achse des Reviers, und die in dieser Zeit entstandenen Bergmannskotten beiderseits der Ruhr stellen ebenso wie die noch erhaltenen Schleusen und Buhnen, Hafenbecken und Magazinreste aus der Zeit der Ruhrschiffahrt kennzeichnende Landschaftselemente dar. Charakteristisch ist auch die auf die Zeit der Eisenerzförderung zurückgehende Henrichshütte bei Hattingen. Fördernde Zechen gibt es hier heute nur noch vereinzelt. Aber ein Teil der ehemaligen Förderschächte ist erhalten; manche stehen unter Baudenkmalschutz, wie der wuchtige, aus Ruhr-Sandsteinen erbaute Förderturm der Zeche „Brockhauser Tiefbau" in einem nördlichen Seitentälchen der Ruhr bei Bochum. An vielen Stellen findet man auch noch die Mundlöcher der ehemaligen Stollenbetriebe und Trassenreste der alten Schienenbahnen (vgl. auch Abb. 20).

---

410 Vgl. dazu im einzelnen die Karte K 2, ferner die Übersichtskarte Abb. 37.
 Auf der letztgenannten Karte ist eine Übersicht über die sich ergebenden Raumeinheiten bis zur 6. Ordnung und stellenweise bis zur 7. Ordnung gegeben. Die Namen der Haupteinheiten sind direkt in die Karte eingetragen.
 Innerhalb der Haupteinheit des Ruhrgebiets sind die Untereinheiten durch ein kombiniertes System von Buchstaben (für die Einheiten 5. Ordnung) und einstelligen Zahlen (für die Einheiten 6. Ordnung) festgelegt. Außerhalb des Ruhrgebiets, wo vielfach eine starke Anlehnung der Grenzen an diejenigen der naturräumlichen Gliederung festzustellen ist (vgl. S. 258d), weisen die eingetragenen Kurzbezeichnungen der jeweiligen Untereinheiten auf diejenigen naturräumlichen Einheiten hin, die ihnen in ihren Abgrenzungen im wesentlichen entsprechen; der Buchstabe kennzeichnet die naturräumliche Haupteinheit, die folgende bzw. die beiden folgenden Ziffern die Einheiten 5. und 6. Ordnung. Sofern keine räumliche Deckung mit der betreffenden naturräumlichen Einheit vorliegt, sind noch kleine Zusatz-Buchstaben angefügt.
 Diese Kurzbezeichnungen, die in Abb. 37 eingetragen sind, werden auch bei den folgenden Beschreibungen der einzelnen Einheiten erwähnt; außerdem sind sie in der Anlage A 2, die ein Verzeichnis aller Einheiten nach der kulturlandschaftlichen Struktur bis zur 6. Ordnung enthält, aufgeführt. In den folgenden Beschreibungen der einzelnen Einheiten werden auch die Begründungen für die gewählten Abgrenzungen und Unterteilungen im einzelnen gegeben.
411 Zur Fixierung der Südgrenze dieser Einheit, die mit der Südgrenze des Ruhrgebiets zusammenfällt, vgl. Abschnitt D 1.1, S. 172, und Abschnitt D 1.3, S. 185.
412 Vgl. Abschnitt D 1.1, S. 172.

Die Mitte dieser Zone bildet die Talsohle der Ruhr, im westlichen Teil mit den angrenzenden Flächen der nur wenig höher liegenden Niederterrasse. Ihre beiden Abschnitte, die Steele-Kettwiger Ruhrtalebene (Ru 1) und die Witten-Hattinger Ruhrtalsohle (Ru 2) mit den 10—14 m mächtigen Flußschottern im Untergrund erhalten heute weithin ihr Gepräge durch die ausgedehnten Anlagen der Wasserwerke mit ihren Versickerungsbecken und Brunnengalerien, aus denen ein großer Teil des Ruhrgebiets mit Trink- und Brauchwasser versorgt wird. Andere Teile werden wegen der nährstoffreichen, über den Schottern liegenden Hochflutbildungen noch landwirtschaftlich genutzt und sind von Wiesen und Viehweiden bedeckt, weisen auch stellenweise noch Einzelbäume und Baumgruppen auf. Bei Blankenstein ist ein in Verlandung begriffenes Altwasser der Ruhr als Naturschutzgebiet gesichert. Bei Heisingen entsteht durch Bergsenkungen ein sekundäres Bruchgebiet, das von kleinen Wasserflächen durchsetzt ist und sich ebenfalls durch eine reiche Vogelwelt auszeichnet. An einigen Stellen bestimmen die großen Wasserflächen der Ruhr-Stauseen das Bild des Tales. Der Kettwiger Stausee und der Baldeneysee im Süden von Essen haben sich immer mehr zu Erholungsschwerpunkten entwickelt. Bootshäuser und Badeanstalten, Gaststätten und Campingplätze sind hier zu kennzeichnenden Strukturelementen geworden. Die Anlage eines dritten Stausees, des Kemmader Stausees in der Nähe der Bochumer Universität, ist geplant. Für die Außenränder der Talsohle sind auch einzelne punkthaft verteilte Industrie- und Zechenkomplexe charakteristisch.

Die Streifen beiderseits der Ruhrtalsohle sind morphologisch wesentlich durch die in verschiedenen Stufen übereinander liegenden, oft von Löß bedeckten Terrassen und Höhenterrassen geprägt. Reste der Mittel- und Hauptterrassen haben sich insbesondere innerhalb der weit geschwungenen Ruhrbögen erhalten, während an den Außenseiten oft steile Prallhänge auftreten. Stellenweise sind in die Terrassenflächen noch höher aufragende Gebiete eingeschachtelt oder schließen sich ihnen nach außen hin an, in denen die im Streichen der Schichten verlaufenden Härtlingsrücken den Charakter der Landschaft bestimmen. Auf den größeren Terrassenflächen liegen die meisten Siedlungen. Den Kern bilden die alten Städte, Flecken und Burgfreiheiten, die z.T. noch Schiefer- und Fachwerkhäuser und mittelalterliche Kirchen aufweisen (insbesondere Hattingen, Blankenstein, Kettwig und Werden mit der kulturgeschichtliche und kunsthistorisch bedeutsamen Abteikirche). Viele neue Wohnviertel, meist mit aufgelockerter Bebauung, lagern sich rings um die alten Kerne oder ziehen sich an den benachbarten Hängen hinauf. Mehrere Eisenbahnen begleiten die Talränder und kreuzen mehrfach die Aue. Der ganze Raum ist aber — und das hebt ihn deutlich von den inneren Kernzonen des Ruhrreviers ab — auch heute noch von Wäldern und Gehölzen durchsetzt. Die größeren unter ihnen, die vor allem die steileren Hangpartien und die Bereiche der scharf eingeschnittenen Seitentälchen und Siepen bedecken und oft im Eigentum der benachbarten Städte stehen, sind beliebte Wandergebiete und von vielen Wegen durchzogen. An aussichtsreichen Stellen der Hangzonen haben sich mancherorts stark besuchte Gaststätten und Ausflugslokale entwickelt. Auch die erhaltenen Burgruinen auf den beiderseitigen Felsspornen und die Wasserburgen an den Talrändern sind zu beliebten Zielpunkten des Ausflugsverkehrs geworden.[413] Die überaus enge Verzahnung der Siedlungskomplexe und der Erholungsgebiete und Ausflugsziele ist für die Ruhr-Zone heute besonders charakteristisch.

Diese Bereiche zu beiden Seiten der Ruhrtalsohle sind insgesamt in 5 verschiedene Einheiten 6. Ordnung zu gliedern. Die Ickten-Bredeneyer Ruhrhöhen (Ru 3), die Steeler Ruhrterrassen (Ru 4) und die auf der Südseite der Ruhr gelegenen Kupferdreh-Werdener Ruhrhöhen (Ru 6) sind heute stellenweise stark von Essen her besiedelt und größtenteils in das Essener Stadtgebiet einbezogen. Nur Teile des Westens gehören zu Mülheim, und im Südwesten hat sich Kettwig bisher seine kommunalpolitische Unabhängigkeit bewahren können. Die Querenburg-Lindener Ruhrterrassen im Nordosten (Ru 5) gehören größtenteils zu Bochum und sind ebenfalls heute von größeren Siedlungskomplexen durchsetzt. Der östliche Teil dieser Einheit gehört zum Stadtgebiet von Witten. Von den Herbede-Hattinger Ruhrterrassen auf der Südseite (Ru 7) ist dagegen bisher nur ein kleiner Zipfel bei Bommern nach Witten eingemeindet; die übrigen Teile gehören zu Hattingen und Herbede, zwei Mittelstädten des nördlichen Ennepe-Ruhr-Kreises, deren Kerne auf den Ruhrterrassen liegen.

Die Nordgrenze der Ruhr-Zone kann an die naturräumliche Nordgrenze des Bergisch-Sauerländischen Gebirges gelegt werden. Bis zu dieser Linie schieben sich immer wieder Waldparzellen und stärker landwirtschaftlich geprägte Teilräume zwischen die Siedlungskomplexe, während die verstädterten Bereiche weiter im Norden den bei weitem größten Teil des Raumes bedecken.[414] Wenn man etwa vom Essener Stadtkern aus bei Bredeney diese Grenze überschreitet, prägt sich der Übergang in die andere strukturierte, wesentlich stärker aufgelockerte und von Wald durchsetzte Zone des Südens mit ihrem lebhaft gestalteten Hügelland-Relief deutlich aus.

Die Ruhr-Zone umfaßt heute auf etwa 210 qkm 250 000 Menschen. Während dabei die Talaue mit ihren Wiesen und Viehweiden, Wasserwerksanlagen und Stauseen nur wenig besiedelt ist, ergibt sich für die beiderseitigen Terrassenbereiche eine Bevölkerungsdichte von etwa 1300—1600 Einwohnern pro qkm (vgl. Abb. 38).[415]

---

413 Vgl. dazu auch Karte K 3.
414 Der Kernraum des Ruhrgebiets beginnt erst an dieser Nordgrenze der Ruhr-Zone.
Typisch ist auch die Ausdehnung der „Kampfzone" bei der Untersuchung der Flechtenvegetation an Bäumen. Diese Kampfzone zwischen dem am stärksten immissionsbelasteten Gebiet der „Flechtenwüste" im Norden und der „Normalzone" im Süden erstreckt sich, im groben betrachtet, etwa im Grenzbereich zwischen Kernraum und Ruhr-Zone (M. DOMRÖS 1966, Abb. 17 und Hauptkarte). Vgl. auch Anm. 380.
415 Diese und die auf den folgenden Seiten angegebenen

2 Die innere Gliederung des Ruhrgebiets 191

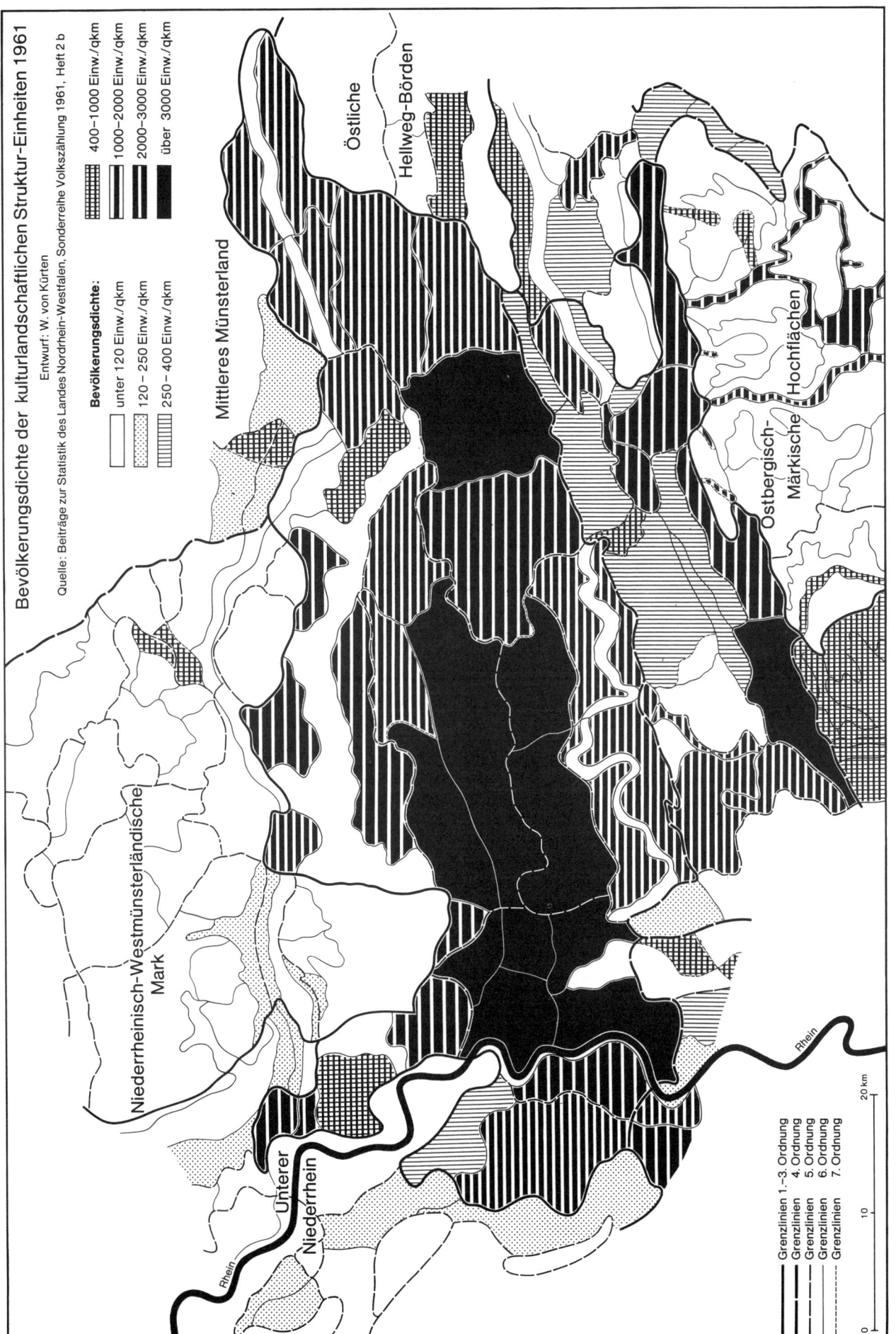

Abb. 38

Nach Norden schließt sich die *Hellweg-Zone* an. Sie umfaßt die drei großen Zentren Essen, Bochum und Dortmund. Mülheim hingegen ist schon stark auf die Ruhrmündung und damit auf den Rhein hin ausgerichtet[416] und ist daher zu der um die Ruhrmündung gelagerten Einheit des Ruhr-Emscher-Mündungsreviers gerechnet worden. Im Osten ist der Raum um Unna, der sich durch seine aufgelockerte Struktur und geringere Bevölkerungsdichte von dem Raum um Essen – Bochum – Dortmund abhebt, ebenfalls nicht mehr in diese Kernzone einbezogen. Auch im Norden bleibt die Einheit der Hellweg-Zone hinter der naturräumlichen Grenze des Westenhellwegs zurück; die nördlichen Partien des Lößstreifens, die bis in die Kerne der Emscherstädte hineingreifen, sind im kulturlandschaftlichen Gefüge eindeutig in die Emscher-Zone einzubeziehen und zeigen auch hinsichtlich ihrer städtebaulichen Entwicklung und Struktur ein anderes Gepräge als die Zone um Essen – Bochum – Dortmund.

Nicht alle am alten Hellweg gelegenen Städte sind also auch in die eigentliche Hellweg-Zone einzuordnen, und ebensowenig ist die Lößgrenze für die Einbeziehung der Teilräume zu verwenden. Nur die Südgrenze schließt sich einer wichtigen naturräumlichen Grenzlinie, nämlich der Grenze des Gebirgslandes, an. Wo aber soll man nach den anderen Seiten hin die genauen Grenzen ziehen?

Im Osten verläuft die Grenze dort, wo sich die Siedlungsstruktur merklich auflockert. Das ist östlich von Aplerbeck, Brackel und Derne der Fall; in den östlich angrenzenden Gebieten um Sölde, Holzwickede, Asseln, Wickede und Kurl schieben sich noch große landwirtschaftliche Komplexe und Grünflächen zwischen die Siedlungen. In diesem Bereich werden von der landschaftsräumlichen Grenze die streifenförmig von West nach Ost verlaufenden naturräumlichen Einheiten der Hellweg-Börden quer durchschnitten.

Im Norden ist die Grenze ebenfalls zunächst dort zu ziehen, wo der kompakte Siedlungskomplex von Dortmund zu Ende ist, d.h. am Südrand des Grävingholzes und der landwirtschaftlich genutzten Flächen um Ellinghausen und Gut Königsmühle. Mengede mit seinem Köln-Mindener Bahnhof ist bereits dem Emscherraum zuzuordnen. Weiter westlich bildet der Nordrand der Castroper Höhen eine deutliche Abgrenzung. Zwar greift hier nach Nordwesten hin bei Herne, Eickel und Riemke das Lößgebiet noch in das Vorland hinein. Doch müssen die städtischen Siedlungskomplexe von Herne und Wanne-Eickel vollständig dem Emscherraum zugeordnet werden. Buchenwälder und kleinere Gehölze bedecken noch weithin den Rand der Castroper Höhen und markieren hier die Grenze des unmittelbar auf die Emscher bezogenen Raumes; die Höhen weisen in ihrer Besiedlung noch eine mehr aufgelockerte Struktur mit größeren Ackerflächen auf, während das nordwestliche Vorland ohne größere Lücken von Siedlungs-, Bergbau- und Industriekomplexen bedeckt ist. Westlich der Castroper Höhen bietet dann zunächst der Südrand des Hofsteder Bachtals eine brauchbare Grenze.

Auch Gelsenkirchen gehört ganz in den Norden. Weiter im Westen müssen alle im Bereich der Bahnhöfe der Köln-Mindener Bahn entstandenen Siedlungskomplexe in die Emscher-Zone eingefügt werden; hier kann die naturräumliche Grenze zwischen Westenhellweg und Emscherland auch als Grenzlinie zwischen Hellweg- und Emscher-Zone gewählt werden.

Wenn man von einem höher gelegenen Punkt südlich der Grenzlinie, etwa vom Stoppenberger Kirchhügel im Norden von Essen oder vom Castroper Hellweg am Rande der Castroper Höhen, nach Norden blickt, hat man das typische Panorama der Emscher-Zone mit ihrem Gewirr von bunt durcheinandergewürfelten Industrie-, Bergbau- und Siedlungskomplexen vor sich.

Im Westen schließlich bietet sich der in den Höhenverhältnissen deutlich hervortretende Rand der Hauptterrassenplatte bei Frintrop als Grenze des Hellweg-Ruhrreviers an. Hier verläuft die Grenze nach Süden, so daß der Mülheimer Kernbereich dem westlichen Raum des Ruhr-Emscher-Mündungsreviers zugeordnet wird.

Der so abgegrenzte Raum der Hellweg-Zone ist durch starke Bebauung und durch besonders hohe Werte der Bevölkerungsdichte charakterisiert. Dabei ist eine deutliche Zentrierung auf die Stadtkerne von Essen, Bochum und Dortmund festzustellen. Die alten Stadtkerne haben sich zu Geschäfts- und Verwaltungsvierteln entwickelt; in Essen hat sich nach dem letzten Kriege die City mit Verwaltungsgebäuden und Hochhäusern nach Süden ausgeweitet. Um die Stadtkerne legen sich Ringe mit vorwiegend dichter, geschlossener, mehrgeschossiger Bebauung, die großenteils der wilhelminischen Zeit ihre Entstehung verdanken. An der Größe dieser Ringe kann man noch heute die relative Bedeutung der Städte vor dem 1. Weltkrieg ablesen; Essen, das im Jahre 1913 schon 319 000 Einwohner erreicht hatte, steht an der Spitze; dann folgt Dortmund (1913: 241 000 Einwohner), während Bochum (1913: 145 000 Einwohner) deutlich zurücksteht. Die Flächen der geschlossenen, mehrgeschossigen Bebauung werden von den großen Werkskomplexen unterbrochen, die sich schon früh am Rande der alten Städte angesiedelt

---

Einwohnerzahlen und Werte der Bevölkerungsdichte sind aus den Beiträgen zur Statistik des Landes Nordrhein-Westfalen, Sonderreihe Volkszählung 1961, Heft 2b, berechnet. Die Flächen wurden mit Hilfe eines Planimeters ermittelt.

416 TH. KRAUS (1961, S. 11) betont, daß Mülheim als Endpunkt der Ruhrschiffahrt den Rheinuferorten gleichsteht und daß es als industrielle Agglomeration Teil eines viel größeren Stadtbereichs ist, den man als „Ruhrmünde" bezeichnen könnte. Vgl. auch S. 195.

hatten (insbesondere Krupp in Essen, Bochumer Verein in Bochum, Union und Westfalenhütte in Dortmund). Erst nach außen hin schließen sich stärker aufgelockerte Siedlungskomplexe an, die von verstreut liegenden Zechen- und Industrieanlagen unterbrochen sind. Ausfallstraßen führen von den Stadtkernen nach allen Richtungen, so daß auch im Verkehrsnetz die Zentrierung auf die Stadtkerne gut zum Ausdruck kommt. Südlich der beiden Stadtkerne von Essen und Dortmund liegen heute die beiden bedeutendsten Park-, Ausstellungs- und Erholungsanlagen im Innern des Ruhrgebiets, die Gruga und der Westfalenpark.

Die gesamte Hellweg-Zone hat heute in den beschriebenen Grenzen rund 1 500 000 Einwohner auf 410 qkm, so daß die Bevölkerungsdichte einen Wert von mehr als 3500 Einwohnern pro qkm erreicht.

Am dichtesten ist die Besiedlung in der Essener Hellweg-Zone (He 1) und im Dortmunder Ballungskern (He 3). Die Mittlere Hellweg-Zone (He 2) ist nicht ganz so dicht besiedelt; hier schieben sich noch vielfach landwirtschaftlich genutzte Flächen zwischen die Siedlungs- und Industriekomplexe, und die Bevölkerungsdichte erreicht stellenweise „nur" Werte von etwa 2500 Einwohnern pro qkm (Durchschnittszahl von der Wittener Mulde bis zu den Castroper Höhen). Durch diese mehr aufgelockerten Teilgebiete ist Dortmund deutlich von den westlichen Teilräumen abgesetzt.

Die nördlich anschließende *Emscher-Zone* umfaßt zwei unterschiedliche Teilbereiche, die in der Literatur als südliche und nördliche Emscherzone bezeichnet worden sind. Der südliche Streifen, der sich von der nördlichen Lößebene über die sandigen Randplatten bis in die Emscher-Niederung hineinzieht, wurde schon Ende der 1840er und in den 1850er Jahren von dem nach Norden vorrückenden Bergbau erfaßt, die nördliche Emscherzone dagegen erst von den 1870er Jahren an.[417]

Südlich der Emscher wurde die Köln-Mindener Bahn zur wichtigsten Konzentrationsachse; um ihre Bahnhöfe entwickelten sich die bedeutendsten Verdichtungszentren im Gefüge der neu entstehenden Bergbau-, Industrie- und Siedlungskomplexe. Das in dieser Zeit angelegte Strukturbild wirkt bis in die Gegenwart nach, und die heute hier bestehenden Groß- und Mittelstädte sind schlecht und recht aus alten Dorfkernen, Zechen- und Bahnhofssiedlungen zusammengewachsen. Höhere zentrale Funktionen hat nur Gelsenkirchen erreicht. Die entscheidende Siedlungsentwicklung hat sich in einer Zeit vollzogen, als es noch keine Gesamtkonzeption unter Beachtung städtebaulicher Ordnungsprinzipien gab. Darin liegt die besondere Strukturschwäche dieses Raumes, die durch die starke Zerschneidung im Zusammenhang mit dem engmaschigen Netz der Schienenwege noch verstärkt wird. Auch die elektrischen Freileitungen mit ihren riesigen Masten gehören zum typischen Erscheinungsbild dieses Raumes. Am Nordrand der südlichen Emscherzone hat sich inzwischen mit dem Rhein-Herne-Kanal eine weitere, heute besonders wichtige Achse für die Industrie entwickelt, und die hier entstandenen Werkskomplexe, Häfen und Verladeeinrichtungen fügen weitere charakteristische Elemente bei.

In dem heute dicht bebauten Raum der südlichen Emscherzone (Em 1) sind nur wenige Grünflächen erhalten geblieben[418], und es ist bezeichnend, daß gerade hier mit der Einrichtung der ersten „Revierparke" mit ihren mannigfachen Sport-, Spiel- und Erholungsmöglichkeiten in einer landschaftspflegerisch gestalteten Umgebung begonnen wird (Gysenberg in Herne und Nienhausen im Grenzgebiet von Essen und Gelsenkirchen). Eine Strukturverbesserung und die Schaffung gepflegter Park- und Grünflächen mit entsprechenden Erholungseinrichtungen sind hier besonders vordringlich.

Als nach 1870 die nördliche Emscherzone (Em 2) vom Steinkohlenbergbau erfaßt wurde, wählte man von vornherein einen größeren Zechenabstand. Auch die Besiedlung konzentrierte sich auf Teilkomplexe, während dazwischen, vor allem in den Feuchtzonen, größere Freiflächen erhalten blieben. Manche von ihnen sind inzwischen zu städtischen Grünanlagen umgeformt (z.B. die Flächen um Haus Wittringen im Süden von Gladbeck, um Haus Berge im Süden von Buer). Andere blieben in land- oder forstwirtschaftlicher Nutzung (z.B. die Brandheide südlich Recklinghausen, die Niederung beim Schloß Herten und der großräumige Rest des Emscherbruchs südlich Herten). Vor allem im östlichen Teil um Ickern und Groppenbruch blieben weite Flächen von städtischer Besiedlung unberührt und behielten bis heute ihr ländlich-agrarisches Gepräge.

---

417 Vgl. Abschnitte B 2.1 und 2.2, S. 82 ff. bzw. 86 ff.

418 Die Hellwegstädte sind hinsichtlich der nahegelegenen Erholungsmöglichkeiten wesentlich besser gestellt als die Städte der südlichen Emscherzone. „Die landschaftlichen Vorzüge der Hellwegstädte, die, je weiter die Entwicklung fortschreitet, desto sichtbarer werden, können nicht wettgemacht werden." (Th. KRAUS 1961, S. 10).

Die Nordgrenze der Emscherzone ist am besten an den Nordrand des Emschertales zu legen. Von der Höhe der Schichtstufe bei Recklinghausen oder am Paschenberg bei Herten bietet sich ein weiter Überblick über die Emscherzone bis hinüber zum Rand der Castroper Höhen. Im Westen ist auch das Siedlungsgebiet im Südzipfel der Königshardter Hauptterrassenplatte noch in die nördliche Emscherzone einzureihen.

Insgesamt umfaßt die Emscher-Zone heute 1 050 000 Einwohner auf 330 qkm, so daß auch hier die Bevölkerungsdichte im Durchschnitt einen Wert von mehr als 3000 Einwohnern pro qkm erreicht. Es ist aber festzustellen, daß nach Osten hin, vor allem nördlich der Emscher, geringere Dichtewerte auftreten. Im gesamten östlichen Teil der Emscher-Zone (Em 3) liegen sie im Durchschnitt bei etwa 1650 Einwohnern pro qkm (östlich von Röllinghausen und Börnig).

Am Nordrand des Emschertals beginnt das *Nord-Revier*. Zu ihm gehört zunächst, sich unmittelbar an die nördliche Emscherzone anlehnend und mit ihr eng verbunden, die Vestische Zone, die den Kernraum des Vestischen Höhenrückens umfaßt und von Gladbeck über Buer nach Recklinghausen und Suderwich hinüberreicht. Zwischen den weiträumig verstreuten Industrie- und Zechenanlagen erstrecken sich die meist aufgelockerten und von einigen größeren Frei- und Grünflächen unterbrochenen Siedlungskomplexe, die in den alten Kernen von Gladbeck und Buer und vor allem in Recklinghausen ihre Zentren besitzen. Auf diese alten Mittelpunkte, vor allem auf Recklinghausen, ist noch heute das Straßennetz des Vestischen Raumes ausgerichtet. In die Vestische Zone ist auch die alte Freiheit Westerholt mit ihrem noch gut erhaltenen Kern eingelagert. An anderen Stellen sind inselhaft noch die Siedlungskerne der ehemaligen Agrarlandschaft erhalten, wie in dem am Quellhorizont der Schichtstufe gelegenen lockeren Drubbel Hochlar mit seinen weiträumigen Hofanlagen und reichen Baumbeständen.

Weiter nach Norden und Nordosten lockert sich das Siedlungsgefüge stark auf, und es schalten sich große Agrar- und Grünflächen ein. Vor allem ist eine durchgehende Vestische Grünzone ausgebildet, die an mehreren Stellen mit dem ländlich geprägten Vorland des Reviers in Verbindung steht.[419] Ihre Teilgebiete stellen wichtige Zugänge von den inneren Teilen des Reviers zu den Erholungsräumen in den vorgelagerten Bereichen dar. Sie sind größtenteils landwirtschaftlich genutzt, dabei aber von vielen Baumgruppen und Gehölzen und stellenweise auch von größeren Wäldern durchsetzt. Einige Teile gewinnen als Naherholungsgebiete zunehmende Bedeutung (z.B. Vöingholz nördlich Bottrop, Feldhausen mit Märchenwald und Haus Beck, Loemühlental, Mollbecktal mit Freibad und Waldgebiet Burg, Grävingholz nördlich Dortmund). In den Feuchtzonen südlich von Dorsten nimmt das Grünland große Flächen ein, und im östlichen Teil stellt Horneburg mit seinen noch erhaltenen Fachwerkhäusern ein Zentrum des Garten- und Gemüsebaus dar.

Das nördliche Ruhrrevier hat insgesamt etwa 500 000 Einwohner auf 435 qkm, so daß die Bevölkerungsdichte im Durchschnitt einen Wert von 1000 Einwohnern pro qkm übersteigt. Im einzelnen ergeben sich aber entsprechend der aufgezeigten Struktur starke Unterschiede.

Die Vestische Zone (No 1) um Gladbeck, Buer und Recklinghausen, die als nördlichster Streifen noch zum Kernraum des Reviers zu rechnen ist, zählt fast 3000 Einwohner pro qkm. In den nach Norden vorgeschobenen Komplexen von Dorsten (No 3), Marl (No 4), Oer-Datteln (No 5) und Lünen (No 7) liegt die Bevölkerungsdichte zwischen 1700 und 2200, im Teilgebiet Waltrop-Brechten (No 6) knapp unter 1000. Demgegenüber zählen die langgestreckte Vestische Grünzone (No 2) ebenso wie die Horst-Markfelder Lippeterrasse (No 8) nördlich von Waltrop nur wenig mehr als 100 Einwohner pro qkm. Noch niedriger liegen die Werte in der Horst-Rauschenburger Lippeaue (No 9), und erst in dem vorgeschobenen Bereich der Borker Lippeterrasse (No 10) nördlich der Lippe steigt die Bevölkerungsdichte noch einmal auf knapp 500 an.

Östlich von Dortmund ist dem Kernraum im *Ost-Revier* ebenfalls ein aufgelockerter Raum vorgelagert, der nur schwerpunktartig von größeren Werks- und Siedlungskomplexen durchsetzt ist. Zur wichtigen Achse hat sich hier in den letzten Jahrzehnten das Lippetal bis nach Schmehausen hinauf entwickelt, wo an der Lippe bzw. am Datteln-Hamm-Kanal neue große Werkskomplexe entstanden sind, darunter mehrere Kraftwerke auf Steinkohlenbasis. Die Werkskomplexe liegen ebenso wie im südlich anschließenden Teilbereich weit voneinander entfernt, bestimmen aber mit ihren umfangreichen Anlagen und Bauwerken weithin die Silhouette des Raumes.

---

419 Vgl. S. 181. Diese Grünzone wird im Gebietsentwicklungsplan des Siedlungsverbandes Ruhrkohlenbezirk als wichtiges Strukturelement für den nördlichen Teil des Reviers betrachtet (vgl. insbesondere Abb. 23: Grundelemente der räumlichen Struktur).

In enger Nachbarschaft zu den verstreuten Zechen- und Werksanlagen erstrecken sich die Siedlungsgebiete, die sich zu mehreren, deutlich voneinander getrennten Komplexen zusammenfügen. Diesen Gegebenheiten hat die zum 1.1.1968 erfolgte kommunalpolitische Neugliederung Rechnung getragen. Die trennenden Grünstreifen, die auch einige größere Waldflächen enthalten (z.B. Großes Holz bei Bergkamen, Wälder an der Nord-Süd-Autobahn bei Gut Reck und am Beverbach) gewinnen zunehmende Bedeutung als nahe gelegene Erholungs- und Ausgleichsgebiete.

Die bedeutendsten Zentren des Raumes stellen noch heute die Kerne der aus dem Mittelalter stammenden Städte Unna, Kamen und Hamm dar. Vor allem hat sich Hamm zum wichtigen Schwerpunkt entwickelt, dessen zentrale Funktionen weit über die Grenze des Reviers hinausreichen. Der gesamte Raum des östlichen Ruhrreviers zählt etwa 350 000 Einwohner auf 350 qkm, so daß sich eine durchschnittliche Bevölkerungsdichte von 1000 Einwohnern pro qkm ergibt.

Die Untergliederung des Raumes kann sich zum Teil an naturräumliche Grenzen anlehnen. So trennen die beiden fast unbesiedelten Abschnitte der Lippeaue, die Werner und die Hamm-Uentroper Lippeaue (Os 4 und OS 7) die nördlichen Bereiche von Werne-Stockum (Os 5) und Heeßen-Bockum-Hövel (Os 8) von der südlich der Lippe gelegenen Heil-Pelkumer Lippeterrasse (Os 3), die noch relativ dünn besiedelt ist, und vom Raum Hamm-Uentrop (Os 6). Weiter nach Süden folgen das Kamener Revier (Os 2) und die Unnaer Hellweg-Zone (Os 1).

Im Westen wird der auf den Rhein ausgerichtete Bereich des Ruhrgebiets als besondere Einheit 5. Ordnung unter der Bezeichnung *Ruhr-Emscher-Mündungsrevier* ausgeschieden. Zwar machen sich die west-östlich gerichteten „Zonen" des inneren Ruhrreviers mit ihrem unterschiedlichen Entwicklungsgang und Strukturgefüge in mancher Hinsicht auch noch im Duisburger und Oberhausener Bereich bemerkbar.[420] Doch gewinnen hier nach Westen, im Bereich der naturräumlichen Einheit der Mittleren Niederrhein-Ebene, mancherlei neue Erscheinungen und Strukturelemente zunehmende Bedeutung.[421] Hier konzentriert sich heute der größte Teil der Eisenschaffenden Industrie des Ruhrgebiets, mit dem Schwerpunkt im Bereich der „industriellen Rheinfront" von Rheinhausen und vor allem von Duisburg. Ihre Werkskomplexe bestimmen weithin die Physiognomie dieses Raumes, und die großen Anlagen nördlich der unteren Ruhr stehen auch betriebswirtschaftlich in engem Zusammenhang (Thyssen-Konzern).[422] Die Friedrich-Wilhelm-Hütte in Mülheim und das Hüttenwerk Oberhausen liegen am äußersten Ostrand der Rheinebene und markieren die Grenze dieses stark durch die Eisenschaffende Industrie geprägten Raumes.[423] Es kommt hinzu, daß die großen Werke in diesem Teil der Rheinebene bis nach Mülheim und Oberhausen eigene Hafenanlagen besitzen. Die zum Werkshafen bei Walsum führende Anschlußbahn des Hüttenwerks Oberhausen ist für die Ausrichtung auf den Rhein besonders charakteristisch.

Ein eigenes Gepräge besitzt das Ruhr-Emscher-Mündungsrevier vor allem auch in verkehrsgeographischer Hinsicht. Hier erfolgt der Anschluß des vorwiegend west-östlich gerichteten Verkehrs aus dem inneren Ruhrgebiet an die von Nord nach Süd verlaufenden Verkehrsachsen der Rheinebene. Die unterschiedliche naturräumliche Struktur wirkt sich in diesen Verkehrsbeziehungen deutlich aus. Die Umpolung beginnt schon am Ostrand der Rheinebene. Die großen Verschiebebahnhöfe am Westausgang des Emschertales bei Osterfeld und Frintrop sind dafür ebenso bezeichnend wie der Knotenpunkt des Oberhausener Hauptbahnhofs und das Oberhausener Autobahnkreuz im Sterkrader Wald. Auch das riesige Kreuzungsbauwerk der Nord-Süd-Autobahn mit dem Ruhrschnellweg entsteht bezeichnenderweise weit im Osten, nämlich vor der Nordostspitze des Duisburger Kaiserberges; und sogar schon im Mülheimer Raum biegt die von Osten kommende Bundesstraße 1 nach Süden in Richtung auf Breitscheid, Lintorf und Düsseldorf um.[424]

---

420 Vgl. dazu die eingehenden Untersuchungen von G. MERTINS (1964), insbesondere S. 126 ff. und Karte 8 (Kulturräumliche Gliederung des westlichen Ruhrgebiets).
421 TH. KRAUS (1961, S. 14) betont: „In das Revier des niederrheinischen Tieflandes projizieren sich die Zonen des Reviers nur bedingt. Natürlich nehmen auch hier die Bergbauteufen nordwärts zu, liegen die alten Zechen im Süden ... Im übrigen ist eher der Gegensatz von Stromufer (links und rechts) und Hinterland charakteristisch."
422 Neuerdings bahnt sich ein Verbund zwischen dem Thyssenkonzern, der die wirtschaftliche Entwicklung des Mülheimer und Hamborner Raumes maßgeblich geprägt hat, und dem Hüttenwerk Oberhausen an.
423 Vgl. die Karte IV/1 (Industriestruktur des Ruhrgebiets) im Atlas „Regionalplanung" des Siedlungsverbandes Ruhrkohlenbezirk.
424 Vgl. auch die Karte IV/3 (Verkehrserschließung) im Atlas „Regionalplanung" des Siedlungsverbandes Ruhrkohlenbezirk.

So wird die Ostgrenze des Ruhr-Emscher-Mündungsreviers markiert durch das Oberhausener Autobahnkreuz, die Verschiebebahnhöfe am Ausgang des Emschertals östlich des Hüttenwerks Oberhausen und durch Mülheim mit der Friedrich-Wilhelm-Hütte am Ende des Ruhr-Schiffahrtskanals. Auf weiten Strecken bieten sich dabei die Ränder der Hauptterrassenplatten als Grenzlinien an. Die Südgrenze entspricht der Südgrenze des Ruhrgebiets, die oben bereits beschrieben wurde.[425]

Im Westen wird noch der linksrheinische Uferstreifen um Rheinhausen und Homberg mit seinen auf den Strom bezogenen Werkskomplexen in das Ruhr-Emscher-Mündungsrevier hineingenommen. Die Grenze kann hier entlang der Westgrenze der naturräumlichen Einheit der Uerdinger Rheinaue gezogen werden.

Bei der Unterteilung des Ruhr-Emscher-Mündungsreviers in Einheiten 6. Ordnung zeigt sich die Überschneidung der durch die natürliche Ausstattung und insbesondere durch den Rheinstrom weithin vorgezeichnete Nord-Süd-Richtung mit den aus dem inneren Ruhrgebiet herüberreichenden, aber nach Westen allmählich ausklingenden, auf den unterschiedlichen Entwicklungsgang zurückzuführenden West-Ost-Streifen. Unmittelbar dem Rhein zugeordnet sind der Rheinhausen-Homberger Uferstreifen auf der linken Rheinseite (Mü 7) und die Bereiche Duisburg-Süd und Duisburg-Nord auf der Ostseite (Mü 5 und Mü 6). Weiter vom Strom entfernt schalten sich im Osten in der Fortsetzung der Hellweg-, der südlichen und nördlichen Emscher-Zone die Bereiche Mülheim-Kern (Mü 1; mit der Mülheimer Ruhraue), Oberhausen-Süd (Mü 3) und Oberhausen-Sterkrade (Mü 4) ein. Als besondere Einheit 6. Ordnung muß der Duisburg-Mülheimer Wald gewertet werden, der von Süden her 7 km weit vorgreift und eine wichtige Grünzone im westlichen Ruhrgebiet darstellt (Mü 2).

Die Bevölkerungsdichte liegt in den rechtsrheinischen Einheiten des Ruhr-Emscher-Mündungsreviers, vom Duisburg-Mülheimer Wald und von der Mülheimer Ruhraue abgesehen, überall weit über 3000 und sinkt im linksrheinischen Teil auf etwa 2050 Einwohner pro qkm ab.

Insgesamt hat das Ruhr-Emscher-Mündungsrevier etwa 1 000 000 Einwohner auf 280 qkm, so daß die durchschnittliche Bevölkerungsdichte sich auf mehr als 3500 Einwohner pro qkm beläuft.

Im Norden schließt sich jenseits der Walsumer Häfen und der Anlagen der Ruhrchemie in Holten ein in seinem Siedlungsgefüge noch stärker aufgelockerter Raum an. Dieses *Nordwest-Revier* wird im Westen vom Rand der noch landwirtschaftlich geprägten Rheinaue, im Osten von der Hauptterrassenkante am Rande der Niederrheinischen Sandplatten begrenzt und reicht nach Norden bis zu der bereits im einzelnen beschriebenen Grenzlinie des Ruhrgebiets bei Wesel.[326] Die Grenze gegen das Ruhr-Emscher-Mündungsrevier wird durch die z.T. waldparkartig gestalteten Flächen des Mattlerbusches und der Hühnerheide gekennzeichnet.

Das Dinslakener Revier (Nw 1) mit den eingefügten Bergbau- und Industrieflächen bildet den südlichen Schwerpunkt des Nordwest-Reviers. Mit einer Bevölkerungsdichte von etwa 2200 Einwohnern pro qkm muß dieses Teilgebiet noch zum Kernraum des Ruhrgebiets gezählt werden. Dann folgt zunächst eine ruhigere, noch ländliche Zone, die Bucholt-Dinslakener Grünzone (Nw 2), die in mancher Hinsicht mit der Vestischen Grünzone im Innern des Nordreviers verglichen werden kann. Im Norden des Nordwest-Reviers liegt der Siedlungskomplex von Voerde (Nw 3) mit den eingefügten großen Hafen- und Werksanlagen, dem sich dann weiter nordwärts die Weseler Lippeaue (Nw 4) und der Bereich von Wesel (Nw 5) anschließen. Während der engere Weseler Raum noch einmal eine Bevölkerungsdichte von etwa 2300 Einwohnern pro qkm aufzuweisen hat, sinkt der Dichtewert im Raum Voerde auf etwa 550 und in der Bucholt-Dinslakener Grünzone unter 120 ab (vgl. Abb. 38).

Insgesamt umfaßt das Nordwest-Revier knapp 150 000 Einwohner auf etwa 120 qkm.

Die am weitesten nach Westen vorgeschobene Teileinheit des Ruhrgebiets bildet das *Linksrheinische Revier*. Auch hier zeigt sich wieder die Erscheinung der stärkeren Auflockerung im wirtschafts- und siedlungsgeographischen Gefüge, wie wir sie schon in den anderen Randteilen im Nordwesten, Norden, Osten und Süden feststellen konnten. Weit verstreut liegen die Zechen- und Werksanlagen in der flachen Landschaft, und in ihrer Umgebung erstrecken sich die meist stark aufgelockerten Siedlungskomplexe, die vielfach von größeren und kleineren Freiflächen unterbrochen sind. Manche Teilgebiete südlich von Moers, dem alten Zentrum dieses Raumes, sowie zwischen Neukirchen-Vluyn, Rheinkamp und Kamp-Lintfort sind noch ländlich geprägt; und die naturräumliche Struktur des Moerser Donkenlandes wirkt sich hier auch im kulturlandschaftlichen Gefüge noch stark aus, mit den Ackerflächen auf den Donkenplatten, dem von Gräben und kanalisierten Bächen durchzogenen, von Pappelreihen und einzelnen Schopfweiden durchsetzten Grünland in den Kendel-Niederungen und den am Niederungsrand liegenden Gehöften. Noch deutlicher ist dieses Gefüge südlich Rheinberg ausgeprägt. Doch steht der Rheinberger Siedlungs- und Industriekomplex, der sich neuerdings nach Nordwesten in die Rheinberger Heide ausgeweitet

---

425 Vgl. Abschnitt D 1.3, S. 184.

426 Vgl. Abschnitt D 1.3, S. 182–183.

hat, schon heute über Budberg in lockerer Verbindung mit dem Süden.

Insgesamt umfaßt das West-Revier 150 000 Einwohner auf 140 qkm, so daß die Bevölkerungsdichte knapp über 1000 liegt.

Bei der Unterteilung in Einheiten 6. Ordnung muß hier das Rheinberger Gebiet (mit den südlich anschließenden, noch stark landwirtschaftlich geprägten Teilräumen), in dem die Bevölkerungsdichte nur einen durchschnittlichen Wert von knapp 400 Einwohnern pro qkm erreicht, von dem bereits dichter besiedelten Moerser Revier (Dichte ca. 1300) getrennt werden.

Das gesamte Ruhrgebiet umfaßt in den hier beschriebenen Grenzen eine Fläche von 2275 qkm. Auf ihr leben etwa 4 950 000 Menschen.

Die Teileinheiten des Hellweg-, Emscher- und Ruhr-Emscher-Mündungsreviers bilden zusammen mit der Vestischen Zone des Nordreviers und mit dem Dinslakener Revier (südl. Teil des Nordwest-Reviers) den *Kernraum des Ruhrgebiets;* er umfaßt insgesamt 3 850 000 Bewohner auf etwa 1130 qkm. Der Kernraum ist von den stärker aufgelockerten Randzonen mit rund 1 100 000 Einwohnern auf 1145 qkm fast ringförmig umgeben.

Die Einflußzonen des Ruhrgebiets greifen weit über diesen Raum, der nach seiner landschaftlichen Struktur zum Revier gehört, hinaus. Weite Teile der vorgelagerten Bereiche sind ihm in ihren funktionalen Beziehungen zugeordnet, insbesondere auch die an seinem Rande liegenden Naherholungsräume, die sich in einen äußeren Ring einordnen.[427] Der Intensitätsabfall von innen nach außen, wie er von E. OTREMBA (1951/52) herausgestellt worden ist[428], ist beim Ballungsraum des Ruhrgebiets klar ausgeprägt.[429]

2.3 Vergleich mit der naturräumlichen Gliederung

Wenn man die Gliederung des Ruhrgebiets, wie sie auf den letzten Seiten entwickelt wurde, noch einmal überblickt, so ist festzustellen, daß sie an vielen Stellen von der naturräumlichen Gliederung abweicht.

---

427 Vgl. Abb. 1, S. 17.
428 E. OTREMBA: Der Bauplan der Kulturlandschaft. Die Erde, 3, 1951/52, S. 233–245.
429 Besonders deutlich ist der Intensitätsabfall vom Ruhrgebiet in nördlicher Richtung ausgebildet, wo das dem Revier unmittelbar vorgelagerte Erholungsgebiet des Naturparks Hohe Mark nur eine Bevölkerungsdichte von knapp 90 Einwohnern pro qkm besitzt (90 000 Einwohner auf 1009 qkm; vgl. W. VON KÜRTEN 1967b).

Die von mehreren Autoren am Beispiel anderer Landschaften herausgestellte Anpassung des kulturlandschaftlichen Gefüges an die naturräumlichen Voraussetzungen[430] ist für das Ruhrgebiet nur in beschränktem Umfange zutreffend.[431] Seit der Mitte des vorigen Jahrhunderts hat sich hier an vielen Stellen ein so starker Umbruch vollzogen, daß die natürlichen Gegebenheiten überformt und die Unterschiede, die in der vorindustriellen Landschaft in Anpassung an die natürliche Ausstattung noch deutlich zu erkennen waren, stark verwischt wurden. Bergbau und Industrie und die mit ihnen zusammenhängenden Bevölkerungsballungen prägten diesen Räumen ihren Stempel auf, über die naturräumlichen Grenzen hinweg. Gerade in diesem bedeutendsten Ballungsraum Mitteleuropas tritt „die Dominanz bestimmter Züge im Erscheinungsbild der Landschaft" (BOBEK-SCHMITHÜSEN 1949, S. 115) klar hervor; und es ist eine „Industrielandschaft" entstanden, die trotz verschiedenartiger natürlicher Ausstattung ein in vielfältiger Hinsicht einheitliches kulturlandschaftliches Gepräge besitzt. So ist das Ruhrgebiet, wie G. MERTINS (1964, S. 11) mit Recht feststellt, „kraft des besonders starken Einwirkens des Menschen eine ziemlich einheitliche und geschlossene Kulturlandschaft, die seit der „Industriellen Revolution" über die Grenzen der ihr innewohnenden natürlichen Raumeinheiten und der diesen korrespondierenden primären agrarischen Erschließung hinausgewachsen ist."

Innerhalb des Ruhrgebiets macht sich allerdings der unterschiedliche Entwicklungsgang der einzelnen Teilräume, der vor allem in seinen frühen Stadien stark von der natürlichen Ausstattung abhängig war, auch in der heutigen Kulturlandschaft bemerkbar. Immer sind ja „das Tun und die Werke des Menschen und ist daher die Kulturlandschaft von historischer Einmaligkeit" (TH. KRAUS 1960, S. 62). So hat jeder Teilraum neben den dominierenden Elementen, die ihn der Haupteinheit des Ruhrgebiets zuweisen, auch individuelle Züge, die bei der Beschreibung der Untereinheiten dargestellt wurden. Besonders in den Randzonen mit ihrer mehr aufgelockerten Struktur gewinnen dabei die Elemente aus den früheren Entwicklungsphasen

---

430 Vgl. z.B. W. MÜLLER-WILLE (1942b, S. 539) für das Rheinische Schiefergebirge, F. HUTTENLOCHER (1949) für Württemberg und K. DAHM (1960) für das Innerste-Bergland.
431 Ähnliches gilt nach H. UHLIG (1956, S. 43/44) auch für Nordostengland.

und damit auch die naturräumlichen Gegebenheiten ein stärkeres Gewicht für das kulturlandschaftliche Gefüge.

Wenn man die Verhältnisse im einzelnen untersucht, zeigt sich, daß einige naturräumliche Grenzlinien für die Kulturlandschaft der Gegenwart nur noch geringe Bedeutung besitzen. Das gilt z.B. für Grenzlinien, die in erster Linie pedologischen Faktoren ihre Bedeutung verdanken. So sind etwa die Lößgrenzen im Emscherraum heute völlig überbaut; sie machen sich nur in der Siedlungsstruktur noch darin bemerkbar, daß die ehemaligen Dörfer im Lößgebiet sich im Gegensatz zu den Einzel- und lockeren Gruppensiedlungen der Sandgebiete teilweise zu Verdichtungs- und Kristallisationszentren entwickeln konnten.[432] Grenzlinien, die im wesentlichen auf den natürlichen hydrologischen Gegebenheiten beruhen, haben teilweise ihre Bedeutung völlig verloren, wie etwa im Emschergebiet, wo sich durch stärkste anthropogene Einwirkungen (Bergsenkungen, Tieferlegung und Begradigung der Vorfluter, Grundwasserabsenkungen und künstliche Trockenhaltung) die Verhältnisse grundlegend geändert haben. Auch kleine, niedrige Geländestufen, etwa zwischen Nieder- und Mittelterrasse (z.B. bei Oberhausen und Sterkrade) können bei starker Überbauung ihren Rang einbüßen.

Anders liegen im allgemeinen die Verhältnisse, wenn die naturräumlichen Grenzlinien ihren Rang in erster Linie auffälligen morphologischen Gegebenheiten verdanken. So bildet z.B. die Nordgrenze des Bergisch-Sauerländischen Gebirges im wesentlichen auch die Nordgrenze der stark aufgelockerten Ruhr-Zone des Reviers gegen den angrenzenden Kernraum. Auch scharfe Terrassenkanten mit größeren Niveauunterschieden beeinflussen oft nachhaltig die kulturlandschaftliche Struktur eines stark besiedelten Raumes.[433] Solche Linien können im kulturlandschaftlichen Gefüge sogar stärker in Erscheinung treten als benachbarte naturräumliche Linien höherer Ordnung, die etwa in erster Linie auf pedologischen oder hydrologischen Gegebenheiten basieren. So sind im Gefüge der Kulturlandschaft die Hauptterrassenkanten bei Frintrop und östlich von Sterkrade mit ihrem erheblichen Höhenunterschied wichtiger als die westlich vorgelagerte Ostgrenze der Mittleren Niederrheinebene, die im naturräumlichen Gefüge eine höhere Ordnung besitzt, in der Kulturlandschaft aber heute so gut wie überhaupt nicht mehr in Erscheinung tritt.

---

432 Vgl. dazu für das Gebiet von Herne W. VON KÜRTEN (1964).

433 So weist z.B. der vielfach gebuchtete, insgesamt 9,3 km lange Rand der Castroper Höhen im Stadtgebiet von Herne noch heute 4,9 km Waldbestände auf, die sich hauptsächlich aus Buchen zusammensetzen und das Landschaftsbild maßgeblich mitbestimmen.

# 3 KULTURLANDSCHAFTLICHE STRUKTUR UND GLIEDERUNG IN DER ENGEREN UMGEBUNG DES RUHRGEBIETS

Es wurde bereits darauf hingewiesen, daß sich im Westen, Norden und Osten ruhigere, relativ dünn besiedelte, noch stark von der Land- und Forstwirtschaft geprägte Räume an das Ruhrgebiet anschließen, daß aber nach Süden hin Gebiete vorgelagert sind, die mit dem Ruhrgebiet zusammen in die größere Einheit des Verdichtungsraumes Rhein-Ruhr einzuordnen sind.[434] Diese Bereiche sind getrennt zu behandeln.

## 3.1 Die südlich angrenzenden Teile des Verdichtungsraumes Rhein-Ruhr

Zum Verdichtungsraum Rhein-Ruhr mit seinen insgesamt mehr als 10 Millionen Einwohnern gehören außer dem Ruhrgebiet weitere Gebiete, die ihm südlich und westlich vorgelagert sind und mit ihren Spitzen am Rhein entlang weit nach Süden vorgreifen.

Nach Südwesten schließt sich zunächst das Düsseldorfer Niederrheingebiet an, das im Norden und Süden u.a. von wichtigen kulturräumlichen Linien begrenzt wird.[435] Es wird im Rahmen dieser Arbeit nicht näher behandelt.

Weiter östlich sind dem Ruhrgebiet das Bergisch-Märkische Hügelland und die Mittelbergischen Hochflächen vorgelagert, die ebenfalls in den größeren Verdichtungsraum Rhein-Ruhr einbezogen werden müssen.

### 3.11 Bergisch-Märkisches Hügelland

Der Raum bis zum Hagener Becken und weiter darüber hinaus bis nach Schwerte bzw. bis nach Iserlohn – Hemer – Deilinghofen erhält sein kulturlandschaftliches Gepräge durch die Einlagerung verschiedener, voneinander mehr oder weniger isolierter Industrie- und Siedlungskomplexe in das bis wenig über 300 m ansteigende Hügelland; nur an seinem Südrand verdichtet sich die Besiedlung zu einem fast ununterbrochenen Band, das von Wuppertal über Hagen bis Iserlohn und Deilinghofen hinüberreicht. Insgesamt ergibt sich ein abwechslungsreiches Mosaik, das sich in seiner Gesamtstruktur deutlich vom Ruhrgebiet abhebt und im Süden an einer ebenso markanten Grenze von dem wiederum anders geprägten Hochflächenland abgelöst wird.

Der gekennzeichnete Raum umfaßt die naturräumliche Haupteinheit des Niederbergisch-Märkischen Hügellandes (außer dem Witten-Kettwiger Ruhrtal und schmalen angrenzenden Streifen) und dazu den westlichen Teil des Niedersauerlandes. In der hier zu besprechenden Gliederung nach der kulturlandschaftlichen Struktur können diese Bereiche angesichts ihrer kulturlandschaftlichen Verwandtschaft als Bergisch-Märkisches Hügelland zu einer Haupteinheit zusammengefaßt werden.

Das Gesamtgebiet des Bergisch-Märkischen Hügellandes zählt auf rund 800 qkm etwa 1 100 000 Einwohner. Die durchschnittliche Bevölkerungsdichte beläuft sich also auf knapp 1400 Einwohner pro qkm, ein Wert, der die Zugehörigkeit zum Verdichtungsraum Rhein-Ruhr kennzeichnet, andrerseits aber auch eine Bestätigung für die gegenüber dem Kernraum des Ruhrgebiets wesentlich stärkere Auflockerung der Siedlungsstruktur darstellt. Die enge Verzahnung von stark industrialisierten und besiedelten Teilräumen mit ruhig gebliebenen, noch relativ stark von der Landwirtschaft geprägten und von größeren Wäldern durchsetzten Bereichen ist charakteristisch für diesen in das vordere Gebirgsland eingreifenden Teil des Verdichtungsraumes.

Die Unterteilung ergibt sich im wesentlichen aus der naturräumlichen Struktur. Die vornehmlich nach morphologischen Gesichtspunkten festgelegten naturräumlichen Einheiten 5. Ordnung prägen sich auch im kulturlandschaftlichen Gefüge stark

---

434 Vgl. Abschnitt D 1.3, S. 184.
435 Vgl. die Darstellung der Grenzlinien wichtiger kulturlandschaftlicher Faktoren (Dorf-/Hofsiedlung; Hausgrenze; Erbsitte; Mundarten, insbes. Uerdinger und Benrather Linie) auf der Karte 2 von K. KAYSER 1959, S. 128/129. Vgl. ferner G. WIEGELMANN: Der Kölner Raum im kulturräumlichen Gefüge der Rheinlande; in: Köln und die Rheinlande, Festschrift 33. Deutscher Geographentag Köln; Wiesbaden, 1961; S. 32–42, insbes. Karte S. 39.

aus; und nur in Teilgebieten mit stärkerer Bebauung ist stellenweise eine Grenzverschiebung erforderlich.

Die am weitesten nach Westen vorgeschobene Einheit 5. Ordnung wird vom *Selbeck-Mettmanner Terrassenland* gebildet (vgl. dazu auch Anlage A 2 und Übersichtskarte Abb. 37, dazu die in der Kartentasche beigefügte Karte K 2). Es ist ein relativ dünn besiedeltes und noch stark agrarisch geprägtes Gebiet, in das nur Mettmann als bedeutendes örtliches Zentrum eingelagert ist. Es umfaßt die zum Niederbergisch-Märkischen Hügelland (im Folgenden mit der Kurzbezeichnung H gekennzeichnet) gehörenden naturräumlichen Einheiten der Selbecker Terrassen (ohne den äußersten nördlichen Zipfel) und der Mettmanner Lößterrassen. Dagegen ist das Gebiet um Heiligenhaus, das in der naturräumlichen Gliederung zu den Niederbergischen Höhenterrassen gerechnet wird, im kulturlandschaftlichen Gefüge in das stärker industrialisierte und besiedelte *Niederbergische Industriegebiet* einzubeziehen. Die Zahlen der Bevölkerungsdichte bestätigen die Berechtigung dieser Zuordnung. Während die Bevölkerungsdichte im Selbeck-Mettmanner Terrassenland – abgesehen von dem engeren Mettmanner Raum – fast überall unter 200 bleibt, beläuft sie sich im Niederbergischen Industriegebiet (ohne Vossnacken) auf etwa 1400 Einwohner pro qkm.

Der Anteil der in der Land- und Forstwirtschaft Beschäftigten bleibt im Niederbergischen Industriegebiet fast überall unter 5% (Gemeindegebiete von Velbert 1%, Heiligenhaus 3%, Wülfrath 3%, Neviges 5%, Langenberg 3%), steigt aber im Selbeck-Höseler Terrassenland und vor allem auf den Mettmanner Lößterrassen auf höhere Werte an (Breitscheid 9%, Hösel 5%, Eggenscheidt 11%, Homberg-Bracht-Bellscheid 14%, Meiersberg 26%, Hasselbeck-Schwarzbach 32%, Hubbelrath 33%, Metzkausen 13%).

Das Selbeck-Höseler Terrassenland (H 02a)[436], der äußerste Nordwestzipfel des Bergisch-Märkischen Hügellandes, weist entsprechend seiner naturräumlichen Ausstattung (hoher Anteil von oberkarbonischen Tonschiefern mit schweren Verwitterungsböden) eine hohe Grünlandquote auf; in Breitscheid umfaßt das Dauergrünland 37% der landwirtschaftlichen Nutzfläche. Ferner ist ein hoher Waldanteil zu verzeichnen (Breitscheid 40%, Hösel 24%). Der Wald bedeckt vor allem die östlichen Höhen am Rande des Ruhrtals mit den Stauchwallresten und die zur Ruhr hinabführenden, von Erosionsrissen gegliederten Hänge; gerade dieser Teil erhält dadurch eine große Bedeutung als Naherholungsgebiet für die benachbarten Großstädte. Auch der einzige größere Siedlungskomplex (Hösel) ist weithin von Wald umschlossen.[437]

Die südlich angrenzenden Mettmanner Lößterrassen (H 00) mit ihren fruchtbaren Böden stellen dagegen vornehmlich ein Getreideanbaugebiet dar. Die Getreidefläche beträgt hier mehr als 50% der landwirtschaftlichen Nutzfläche (Homberg-Bracht-Bellscheidt, Hasselbeck-Schwarzbach und Hubbelrath 55%, Meiersberg 56%, Mettmann 58% und Metzkausen 59%). Dabei umfaßt der Weizenanteil mehr als 30%.[438] Der Hackfruchtanbau tritt hinter dem Getreideanbau stark zurück; im gesamten Kreis Düsseldorf-Mettmann haben die Hackfruchtflächen allein zwischen 1956 und 1960 um 4% der landwirtschaftlichen Nutzfläche abgenommen (H. DITT 1965, S. 102). Hinsichtlich der Betriebsgrößengliederung herrscht das Groß- und Mittelbauerntum vor; der Anteil des Kleinbauerntums mit weniger als 10 ha landwirtschaftlicher Nutzfläche betrug 1960 nicht einmal 5% (in Homberg-Bracht-Bellscheidt, Hasselbeck-Schwarzbach und Meiersberg nur 1%). Die Erhaltung geschlossenen bäuerlichen Besitzes wurde vor allem durch eine dem Niederrhein ähnliche Form des Anerbenrechts bewirkt (H. DITT 1965, S. 102). Die Einzelhöfe und Hofgruppen liegen am Rand flacher Nebentäler oder schmiegen sich den Quellmulden und Dellen ein. Der Waldanteil ist sehr gering; nur an steileren Hangpartien der Täler sind Waldreste erhalten.

Das östlich angrenzende Niederbergische Industriegebiet umfaßt mehrere Einheiten 6. Ordnung. Im Nordwesten liegt zunächst das Velberter Industriegebiet (H 10a), das die Heiligenhauser Terrassen, den Velberter Höhenrücken und nördlich angrenzende schmale Teile des Langenhorst-Langenberger Hügellandes umfaßt. Nach Süden folgt das Wülfrath-Dornaper Kalkindustriegebiet (H 18a) mit den naturräumlichen Einheiten des Dornaper und Wülfrather Kalkgebiets und des Düssel-Hügellandes sowie angrenzenden Teilen des Wupper-Ennepe-Hügellandes nördlich von Vohwinkel. Diese Flächen sind von Kalkgebieten durchsetzt, die große wirtschaftliche Bedeutung erlangt und zur Entstehung großer Kalkwerke mit riesigen Kalksteinbrüchen und Abraumhalden, vor allem bei Dornap und Wülfrath, geführt haben. Die Bereiche um Velbert, Heiligenhaus und Tönisheide sind durch Kleinmetallwarenfabrikation, insbesondere Schloß- und Beschlagindustrie, charakterisiert. Von den älteren Siedlungszentren reicht die Bebauung heute weit in die Umgebung hinein. Doch sind die einzelnen Komplexe deutlich voneinander getrennt; und in den Zwischenstreifen mit ihren relativ fruchtbaren Böden, die vielfach noch Lößanteile enthalten, wird das Erscheinungsbild der Landschaft immer noch durch die Landwirtschaft bestimmt, vor allem in der Umgebung von Heiligenhaus und Wülfrath. Nach Osten hin ändert sich dabei allmählich die Struktur der Landwirtschaft. Der Anteil der Betriebe mit weniger als 10 ha landwirtschaftlicher Nutzfläche nimmt zu (Wülfrath 9%, Heiligenhaus 11%, Velbert 20%, Neviges 23%). Mit zunehmenden Niederschlägen steigt auch der Anteil des Dauergrünlandes rasch an (in Mettmann nur 16% der landwirtschaftlichen Nutzfläche, in Wülfrath 22%, in Heiligenhaus 27%, in Velbert 33% und in Neviges bereits 48%). Entsprechend sinkt der Anteil des Getreidebaus (in Wülfrath noch 52%, in Heiligenhaus 49%, in Velbert 45% und in Neviges nur noch 37%). Auch der Waldanteil nimmt allmählich zu, entsprechend den ansteigenden Höhen und dem wachsenden Anteil stärker geböschter Hangflächen. Als Er-

---

436 Vgl. Anm. 410.

437 Statistische Angaben zur Struktur der Landwirtschaft und zum Anteil der Waldflächen nach den Beiträgen zur Statistik (Lit.-Verz. Nr. 16), Heft 3b.
Zu den übrigen statistischen Angaben vgl. Anm. 402 und 415.

438 Vgl. A. SCHÜTTLER (1952), Karte 51, und H. DITT (1965), S. 102.

holungsflächen haben sie jedoch bis über Velbert hinaus nur örtliche Bedeutung.

Zum Niederbergischen Industriegebiet müssen auch noch die Gebiete um das alte Textilzentrum Langenberg und um Neviges, das kleine Zentrum der ehemaligen bergischen Unterherrschaft Hardenberg, das auch als Wallfahrtsort Bedeutung besitzt, gerechnet werden. Das von Eisenbahn und Straße durchzogene Tal des Hardenberger Baches verbindet die beiden Orte miteinander, und Langenberg hat am Unterlauf des Deilbachs entlang Anschluß an Nierenhof. Die schmale, stark besiedelte Zone am Hardenberger Bach und Deilbach mit Neviges, Langenberg und Nierenhof kann zu der Einheit des Hardenberger Industrietals (H 11b) zusammengefaßt werden.

Der nordwestlich vorgelagerte, noch stark landwirtschaftlich geprägte Voßnacken (H 11a) ist als besondere Einheit im Rahmen des Niederbergischen Industriegebiets anzusprechen. Nur von Langenberg her ziehen sich neuerdings einige Siedlungsausläufer an seinen Hängen hinauf, die sonst entlang der kleinen Seitentälchen noch größere Waldbestände aufweisen. Die Bevölkerungsdichte bleibt hier unter 120, und in dem zu Langenberg gehörigen Teil des Voßnacken besitzen die in der Land- und Forstwirtschaft Beschäftigten noch einen Anteil von 32%. Auf Grund seiner landschaftlichen Struktur ist der Voßnacken neben dem Selbeck-Höseler Terrassenland im Nordwesten der einzige Teil des niederbergischen Raumes, der überörtliche Bedeutung als Erholungsraum besitzt.

Weiter im Osten schließt sich im Rahmen des Bergisch-Märkischen Hügellandes das *Westmärkische Hügelland* als Einheit 5. Ordnung an. Im Gegensatz zum Niederbergischen Industriegebiet ist dieser Teilraum in wesentlich geringerem Maße von der Industrie durchsetzt; und inzwischen hat sich auch der Steinkohlenbergbau, der früher großen Teilen des Raumes das Gepräge gab, fast ganz zurückgezogen. Gerade das Westmärkische Hügelland hat im Laufe der letzten Zeit einen starken Funktionswandel erlebt, indem es als Naherholungsgebiet für die stark besiedelten Bereiche der Umgebung immer größere Bedeutung erlangte. Die lebhafte morphologische Gestaltung mit Härtlingsrücken, Geländemulden und Quertälchen und der relativ starke Anteil des Waldes mit den noch erhaltenen Buchenwäldern auf den Rücken und an den Talhängen haben besonders dazu beigetragen, daß dieser Raum vor allem am Wochenende von vielen Ausflüglern und Erholungsuchenden aufgesucht wird.

Die Bevölkerungsdichte erreicht im mittleren und östlichen Hauptteil des Westmärkischen Hügellandes einen Wert von 350 und sinkt im westlichen Teil sogar auf etwa 65 ab (3000 Einwohner auf 47 qkm).

Entsprechend erreicht der Anteil der in der Land- und Forstwirtschaft Tätigen in den Gemeinden des Westmärkischen Hügellandes wesentlich höhere Werte als in der Umgebung (z.B. Esborn 16%, Silschede 9%, Berge 9%, Asbeck 19%, Hiddinghausen 12%, Haßlinghausen 6%, Gennebreck 13%, Obersprockhövel 15%, Bredenscheid-Stüter 14%, die höchsten Werte werden in dem dünn besiedelten westlichen Teil erreicht: Oberstüter 38%, Oberelfringhausen 35%, Niederelfringhausen 42%).

Im Gegensatz zu den westlichen Teilen des Hügellandes ist hier entsprechend den höheren Niederschlägen und den schlechteren Böden der Anteil des Grünlandes und des Waldes wesentlich erhöht. Der Prozentsatz des Dauergrünlandes an der landwirtschaftlichen Nutzfläche beträgt fast überall mehr als 50% und erreicht in den feuchtesten Teilen um Haßlinghausen mehr als 60%. Die Milchwirtschaft ist vorherrschend, wobei die Intensität der Bewirtschaftung noch sehr unterschiedlich ist. „Neben intensiver Portionsweide liegt oft ungepflegtes Grünland, wenn sich dem Besitzer andere Verdienstmöglichkeiten, unter anderem durch den starken Ausflugs- und Erholungsverkehr der nahen Städte, erschlossen haben." (H. DITT 1965, S. 85). Die Milchviehhaltung wird z.T. durch Kartoffelhackfruchtanbau ergänzt. Der Anteil des Hackfruchtbaus belief sich 1960 auf etwa 8–10%, der Anteil des Getreidebaus auf 20–30% der landwirtschaftlichen Nutzfläche.

Die Forstbetriebsfläche hat fast in allen Teilen des Westmärkischen Hügellandes einen Anteil von mindestens 15% der Gesamtfläche und erreicht in einigen Teilgebieten wesentlich höhere Prozentzahlen (Esborn 25%, Hiddinghausen 24%, Bredenscheid-Stüter 31%, Niederelfringhausen 36%, Oberelfringhausen 44%, Oberstüter 38%).

Den nördlichen Teil des Westmärkischen Hügellandes bildet das Sprockhöveler Eggenland (H 15a), das den größten Teil der naturräumlichen Einheit des Märkischen Eggenlandes umfaßt. Hier sind noch an vielen Stellen die Relikte des Bergbaus in Gestalt von abgedeckten Schächten und Stollenmundlöchern, Pingenreihen und Abraumhalden, ehemaligen Zechen- und Nebengebäuden und Trassen der früheren Kohlenabfuhrbahnen erhalten. Auch das Straßennetz geht auf die ehemaligen Kohlenwege zurück, ebenso wie sich in den Namen der an diesen Straßen liegenden Gasthäuser noch die ihnen von den Kohlentreibern verliehenen Bezeichnungen erhalten haben. Aus der Zeit des Steinkohlenbergbaus stammen auch die verstreuten, mancherorts zu Gruppen zusammengefaßten Bergmannskotten. Noch um die Jahrhundertwende war hier die Nutzung stark auf die Selbstversorgung ausgerichtet, mit intensivem Ackerbau und allseitiger Viehwirtschaft (H. DITT 1965, S. 85). Die in Verbindung mit dem Bergbau und den Bergmannskotten entstandene starke Besitzzersplitterung wirkt noch heute in dem relativ starken Anteil der Kleinbetriebe mit weniger als 10 ha landwirtschaftlicher Nutzfläche nach. Noch 1960 nahmen sie z.B. in Sprockhövel 47%, in Bredenscheid-Stüter 42%, in Esborn und Hiddinghausen 41% der landwirtschaftlichen Nutzfläche ein. Demgegenüber lag der Anteil der Betriebe mit mehr als 30 ha meist unter 10%. In letzter Zeit ist allerdings verstärkt die Tendenz zur Vergrößerung der Betriebseinheiten festzustellen. Das wichtigste Zentrum bildet Sprockhövel, wo die Bergbauzulieferungsbetriebe in der gewerblichen Struktur immer noch eine erhebliche Rolle spielen. An anderen Stellen des Eggenlandes sind im Laufe der Zeit kleinere Arbeiter-Siedlungskomplexe entstanden, die aber nur sehr weiträumig und locker verstreut sind. In anderen, ruhigeren Teilen wird die Siedlungsstruktur noch durch die Fachwerkbauten der Einzelhöfe bestimmt, von denen aus die umgebenden Flächen bewirtschaftet werden. Das Gefüge der Kulturlandschaft ist durch eine Kleinkammerung geprägt, die mit den rasch aufeinanderfolgenden, von WSW nach ONO streichenden, meist noch von Laubwald bestandenen Härtlingsrücken im Zusammenhang steht. Auch die vielfach erhaltenen Ufergehölze an den Bächern tragen zur Gliederung der Landschaft bei. Die rasch wechselnden Landschaftsbilder mit den vielfältig gestalteten Kontaktzonen zwischen Wald, Wiese, Viehweide und Acker verleihen diesem Raum seine Anziehungskraft auf die Erholungsuchenden. Eine Vielzahl von inzwischen ausgebauten Gaststätten und Ausflugslokalen und auch einige Erholungsheime kennzeichnen den im Gange befindlichen und zum Teil bereits vollzogenen Funktionswandel.

Der westliche Teil des Westmärkischen Hügellandes, das quer über die rheinisch-westfälische Grenze gelagerte Hardenberg-Elfringhauser Hügelland (H 13a), ist noch ein ganz ruhiger, landwirtschaftlich geprägter Raum geblieben, der von vielen Waldparzellen durchsetzt ist. Außerhalb des Produktiven Karbons gelegen, ist dieser Raum nicht vom Bergbau und auch nicht von stärkerer Besiedlung erfaßt worden. Die verstreuten schwarz-weißen Fachwerkhäuser kennzeichnen noch heute weithin das Siedlungsbild. Stellenweise haben sich kleine Bandwirkerwerkstätten an die Einzelhöfe und Hofgruppen angelagert. Dieser dünn besiedelte Raum ist inzwischen zu einem besonders stark aufgesuchten Erholungsgebiet geworden. Die das Gebiet in nördlicher Richtung durchziehenden Täler des Deilbaches und des Felderbaches, an ihren Flanken von abwechslungsreichen Hangzonen mit lebhafter Reliefgestaltung und hohem Waldanteil begleitet, haben sich mit ihren Gaststätten, Kaffeeterrassen, Spiel- und Sportanlagen zu Leitlinien des Ausflugsverkehrs entwickelt.

Die dritte Einheit 6. Ordnung im Westmärkischen Hügelland bilden die Herzkamp-Hasslinghauser Höhen (H 15b). Sie umfassen bei Herzkamp, Hasslinghausen und Silschede noch Teile des Märkischen Eggenlandes und damit des Produktiven Karbons. Doch ist der Steinkohlenbergbau, der einst diesem Raum das Gepräge gegeben hat, schon seit Jahrzehnten verschwunden (abgesehen von einigen Kleinzechen, die noch einmal nach dem letzten Krieg entstanden waren). Inzwischen ist auf den Höhen stellenweise eine stärkere Siedlungstätigkeit zu beobachten; der Pendlerstrom geht von hier aus vorwiegend nach Wuppertal und Gevelsberg. Nach Süden schließt sich das ruhigere Ennepe-Hügelland (H 16a) an, das mit weiten Flächen von vorwiegend ländlich-agrarischem Gepräge in Teilbereichen wieder den Charakter eines Erholungsgebietes besitzt, vor allem für die benachbarte Wupper-Ennepe-Mulde. Im Osten greift diese Einheit mit dem stark bewaldeten Rücken der Halle tief in die Hagener Siedlungskomplexe hinein; sie findet in den Steilhängen an der Phlippshöhe ihr Ende.

Im äußersten Norden ist an der Grenze zum Ruhrgebiet westlich von Hattingen schließlich mit dem Bonsfelder Eggenland (H 14a) noch eine letzte Teileinheit ausgebildet, die durch markante, steil gegen das Ruhrtal abbrechende Härtlingsrücken ihr besonderes Gepräge erhält. Auf einem dieser Rücken liegt die Burgruine der Isenburg.

Das Westmärkische Hügelland grenzt im Nordosten an das *Wengerner Ruhrtal* (N 1), das im wesentlichen der zum Niedersauerland (N) gehörenden naturräumlichen Einheit der Ardey-Pforte entspricht. Diese Quertalstrecke der Ruhr, welche die von WSW nach ONO streichenden Schichten des Karbons durchbricht, stellt mit je einer Straße und Eisenbahnlinie an den beiderseitigen Rändern der Talaue die wichtigste Verbindung vom Ruhrgebiet zum Süden dar.

Dennoch hat sich hier bisher noch kein kompaktes, geschlossenes Siedlungsband zwischen Witten-Bommern und Wetter-Volmarstein entwickelt. Bewaldete Ausläufer der beiderseitigen Höhenrücken greifen vielmehr gegen die Talaue vor und geben diesem Talabschnitt noch weithin sein Gepräge. Auch die Bevölkerungsdichte bleibt mit etwa 600 Einwohnern pro qkm weit unter den Werten des Wittener Raumes und des Hagener Beckens.

Von Nordosten her grenzen an das Wengerner Ruhrtal die umfangreichen Wälder des *Ardey,* der nächsten Einheit 5. Ordnung, die in ihrer Abgrenzung im wesentlichen der gleichnamigen naturräumlichen Einheit entspricht. Die Flanken dieses sich fast allseitig deutlich aus dem Vorland erhebenden Hügellandes weisen umfangreiche, geschlossene Waldflächen auf[439], die vielfach zu großen Wirtschaftseinheiten zusammengefaßt sind und sich zu einem erheblichen Teil im Eigentum der angrenzenden Städte befinden.[440] Sie sind inzwischen zu Erholungswäldern ausgestaltet worden und von vielen Wanderwegen durchzogen. Historische Stätten und Aussichtspunkte mit Türmen und gut ausgebauten Gaststätten (Hohensyburg, Harkortturm bei Wetter, Hohenstein bei Witten) sind besonders beliebte Ausflugsziele. Teile des Ardey sind von aufgelockerten Siedlungskomplexen durchzogen, die im Ansatz mit der Entstehung von Arbeiter- und Bergmannskotten zusammenhängen und heute durch Autobuslinien mit den benachbarten Kernsiedlungen, vor allem mit Dortmund, verbunden sind. Im Zusammenhang mit dieser Siedlungsentwicklung ist auch hier der Anteil der landwirtschaftlichen Kleinbetriebe noch sehr hoch; sie nahmen z.B. in Herdecke 1960 noch 45% der landwirtschaftlichen Nutzfläche ein. Die Bevölkerungsdichte des Ardey ist infolge der Siedlungsentwicklung trotz der großen Waldkomplexe im Durchschnitt auf mehr als 250 Einwohner pro qkm angewachsen. Durch die an den Hangzonen vorhandenen umfangreichen und gut gepflegten Wälder hebt sich aber die Einheit des Ardey doch recht scharf von den dicht besiedelten Vorland-Bereichen ab. Besonders eindrucksvoll tritt der landschaftliche Unterschied z.B. an der Autobahn-Zufahrt im Süden von Dortmund in Erscheinung. Wenn man vom Kreuzungsbauwerk nördlich Gut Reichsmark die Hangwaldzone am Nordrand des Ardey passiert hat, bietet sich plötzlich der Ausblick auf das Panorama des inneren Ruhrgebiets mit dem vielfältigen Gefüge der Industrie- und Siedlungskomplexe, überragt vom Florianturm des Westfalenparks und meist überlagert von der Dunstglocke des Reviers.

Auch in der kulturlandschaftlichen Raumgliederung kann das Ardey-Hügelland in zwei Einheiten 6. Ordnung unterteilt werden; das durchschnittlich 4 km breite Gebiet des West-Ardey (N 00a) und den wesentlich schmaleren, nur aus einem beherrschenden Höhenrücken bestehenden Bereich des Ost-Ardey (N 01a).

---

439 Im Stadtgebiet von Herdecke, das im wesentlichen zum Ardey gehört, nimmt der Wald z.B. 32% der Gesamtfläche ein.

440 Von den Wäldern im Stadtgebiet von Dortmund, die zu einem erheblichen Teil im Ardey liegen, waren 1960 43% Kommunalforsten; auch in Witten betrug der entsprechende Anteil 43%.

Östlich schließt sich an das Ardey-Hügelland das *Schwerter Ruhrtal* an, das den westlichen Teil der naturräumlichen Einheit des Schwerte-Fröndenberger Ruhrtals umfaßt. Beiderseits der von Wasserwerks-Anlagen eingenommenen Schwerter Ruhraue (N 30a) sind die Terrassenflächen, die Schwerter Terrassenbucht im Norden (N 31a) und die Ergste-Villigster Ruhrterrassen im Süden (N 32a), von städtischen Siedlungskomplexen und von kleineren Ortschaften durchsetzt.

Die Orte der Schwerter Terrassenbucht sind von der Eisen- und Metallindustrie bestimmt; die Bevölkerungsdichte steigt in dieser Teileinheit auf etwa 1350 Einwohner pro qkm an. Der Anteil der in der Land- und Forstwirtschaft Beschäftigten steigt hier nur randlich über 5% an (Geisecke, Lichtendorf, Wandhofen etwa 8–9%); auch auf der südlichen Ruhrseite liegen die Anteilzahlen nicht viel höher (Ergste 12%, Villigst 11%).

Am Südrand des Bergisch-Märkischen Hügellandes zieht sich eine Folge von besonders stark industrialisierten und dicht besiedelten Teilräumen entlang, die von P. SCHÖLLER (1960) mit Recht als „Bergisch-Märkische Kernzone" bezeichnet worden ist. Die Abhängigkeit von den naturräumlichen Gegebenheiten, insbesondere von den morphologischen Verhältnissen, ist bei ihr besonders augenfällig. Sie folgt der langgestreckten Längsmulde vor dem markanten Anstieg zu den Bergisch-Märkischen Hochflächen, die aus der Wupper-Ennepe-Mulde und der Iserlohner Kalkmulde mit dem sie verbindenden Hagener Becken besteht.

Auch im kulturlandschaftlichen Gefüge ergeben sich drei Einheiten 5. Ordnung, die im wesentlichen den genannten naturräumlichen Einheiten entsprechen. Die *Iserlohner Industriezonen* (N 5) im Osten greift heute aus der Iserlohner Mulde im mittleren Teil ein Stück nach Norden vor. Hier ist in der Iserlohner Heide an Eisenbahn und Straße in letzter Zeit eine stärkere Besiedlung erfolgt.

Im *Hagener Becken* nimmt der Hagener Ballungskern (N 26a) den größten Teil der Fläche ein. Ihm fügen sich im Nordosten die Garenfelder Terrassen an (N 24), die vielfach noch agrarisches Gepräge aufweisen; der Anteil der in der Land- und Forstwirtschaft Beschäftigten erreichte 1961 in Garenfeld noch 14%, in Berchum 18%. Den nördlichen Teil nimmt das Hagener Ruhrtal ein (N 20a), in das mit Hengstey- und Harkort-See zwei Erholungsschwerpunkte unmittelbar vor dem bewaldeten Steilhang des Ardey eingelagert sind. Es ist auch hier wieder die enge Verzahnung der Erholungsflächen mit den Industrie- und Siedlungskomplexen kennzeichnend, wie wir sie schon im Bereich des unteren Ruhrtals kennengelernt haben. Von der Hohensyburg bietet sich ein guter Überblick über diesen intensiv und vielfältig genutzten Raum, der außerdem mit seinen sich mehrfach verzweigenden Eisenbahnlinien und den Bändern der Autobahn-Strecken (Ruhr-Tangente und Sauerland-Linie) hervorragende verkehrsgeographische Bedeutung besitzt.

Die *Wupper-Ennepe-Industriezone* im Westen entspricht im wesentlichen der Wupper-Ennepe-Mulde; doch greifen die Siedlungskomplexe an einigen Stellen, am stärksten im Norden von Wuppertal, in die benachbarten Geländestreifen, insbesondere das Wupper-Ennepe-Hügelland, hinein. Auf Grund der unterschiedlichen Wirtschaftsstruktur und im Zusammenhang mit der im Bewußtsein der Bevölkerung noch lebendigen und in mancherlei Hinsicht wirksamen rheinisch-westfälischen Grenze[441] ist die bandartige Wupper-Ennepe-Industriezone in die beiden Einheiten des Wuppertaler Ballungskerns (H 30a) und der Ennepe-Industriezone (H 32a) zu unterteilen.[442]

Der aus den drei Einheiten der Iserlohner Industriezone, des Hagener Beckens und der Wupper-Ennepe-Industriezone bestehende langgestreckte Streifen, der schon um 1840 als Dichtezone in Erscheinung trat (vgl. Abb. 15), hat heute insgesamt 800 000 Einwohner auf stark 230 qkm. Der westliche Teil hat dabei sein schon früher vorhandenes Übergewicht, wenn auch in etwas abgeschwächter Form, bewahren können. Im Wuppertaler Ballungskern steigt die Bevölkerungsdichte über 5000 an, während sie in den östlicheren Teilabschnitten zwischen 2300 und 2800 Einwohnern pro qkm liegt.

Die Wirtschaftsstruktur dieser langgestreckten Zone ist im einzelnen unterschiedlich. Wuppertal, die größte Industrie- und Handelsstadt des Bergischen Landes, erhält trotz der inzwischen emporgewachsenen anderen Industriezweige (vor allem Maschinenbau, Metallindustrie, chemisch-pharmazeutische und elektrotechnische Industrie) sein eigentliches Gepräge immer noch durch die Textilindustrie (einschließlich Textilchemie). Die Enge des Tales erforderte mannigfache Anstrengungen zur Lösung der Verkehrsprobleme (Schwebebahn, 35 m breite Talstraße, Treppenzüge zu den an den Hängen terrassenförmig aufsteigenden Wohnvierteln). In Schwelm, Ennepetal und Gevelsberg (Ennepe-Industriezone) herrscht eine vielfältige eisenverarbeitende Industrie vor, die sich in Hagen, dem wichtigen Eisenbahnknotenpunkt und Zentrum des märkischen Wirtschaftsraumes, mit der Eisenschaffenden Industrie mischt (Hasper Hüttenwerk). Nach Hohenlimburg zu tritt die Kalk- und Dolomitindustrie stark in Erscheinung, und auch im Letmather Raum prägen die Kalkbrüche weithin das Gesicht der Landschaft. Im übrigen ist die Iserlohner Industriezone durch das Eisen- und Metallgewerbe geprägt, wobei in Hohenlimburg der hohe Anteil der Ziehereien und Kaltwalzwerke und in Iserlohn die Herstellung von Drahtwaren aller Art, Nähnadeln und Schreibfedern besonders charakteristisch ist.

Die Siedlungsflächen aller Orte haben sich in den letzten Jahrzehnten stark ausgedehnt und greifen inzwischen z.T. an den benachbarten Hängen hinauf. Vor allem nach Süden hin aber schließen sich dann rasch ausgedehnte Wälder an, die den größten Teil der zu den Hochflächen hinaufführenden Hangzone überkleiden und den bandartigen Siedlungsstreifen nach Süden wirkungsvoll abschließen. Die unmittelbare Nähe dieser ausgedehnten Wald- und Erholungsgebiete, die sich vielfach im Eigentum der angrenzenden Städte befinden, ist für die Bewohner von großem Wert.

So ist innerhalb des Bergisch-Märkischen Hügellandes insgesamt eine Zweiteilung zu erkennen. Die dem Ruhrgebiet nächstgelegenen Teile haben eine stark aufgelockerte Struktur. Sie sind nur punkt-

---
441 Vgl. insbesondere P. SCHÖLLER (1953).
442 Auch K.H. HOTTES (1955) unterscheidet hier zwischen wirtschaftsräumlichen Einheiten „Wuppertal" und „Ennepe-Tal", wobei er die Grenze zwischen Wuppertal und Schwelm zieht.

haft von größeren Industrie- und Siedlungskomplexen durchsetzt; und manche Teilgebiete sind auf Grund ihrer landschaftlichen Eigenart und Lage als Erholungsräume für das Ruhrgebiet prädestiniert. Ihnen steht die bandartige Kernzone im Süden gegenüber, die einen in das Gebirgsland vorgeschobenen, zusammenhängenden Dichtestreifen darstellt. Sie liegt unmittelbar vor dem markant in Erscheinung tretenden Rand des Hochflächenlandes, der das Bergisch-Märkische Hügelland im Süden scharf abgrenzt.

### 3.12 Mittelbergische Hochflächen

Der westliche Teil des Hochflächenlandes, die in der naturräumlichen Gliederung zu den Bergischen Hochflächen (B) zu rechnenden Mittelbergischen Hochflächen umfassend, ist stark industrialisiert und von großen Siedlungskomplexen durchsetzt. Vom Rand des Wuppertaler Ballungskerns erstreckt sich dieses Gebiet südwärts bis über Solingen und Remscheid hinaus. Wie im Bergisch-Märkischen Hügelland liegt auch hier die Bevölkerungsdichte im Gesamtdurchschnitt über 1000, so daß dieses Gebiet als selbständige Haupteinheit in den Rhein-Ruhr-Verdichtungsraum einbezogen werden muß. Allerdings weist der auf unserer Karte noch erfaßte nördliche Teil nicht ganz so hohe Dichtewerte auf (vgl. Abb. 38).

Entsprechend ihrer naturräumlichen Ausstattung heben sich die Mittelbergischen Hochflächen deutlich vom Bergisch-Märkischen Hügelland ab. Vor allem tritt hier die vertikale Dreiteilung in Hochflächen, Talhänge und Talsohlen auch im kulturlandschaftlichen Gefüge in Erscheinung. In den schmalen, engen Tälern reihen sich vielfach noch die Wassertriebwerke aneinander, die für die Entwicklung des Gewerbelebens in diesem Raum eine besondere Rolle gespielt haben[443] und heute meist in kleine Fabrikbetriebe umgewandelt sind. Die angrenzenden Hangzonen sind noch zu einem erheblichen Teil von Wald bedeckt; manche Teile, vor allem beiderseits des Westlichen Wupper-Engtals und auf der Nordseite der Lichtscheider Höhen, sind mit dem engmaschigen Wegenetz, den Aussichtspunkten und eingefügten Gaststätten beliebte Ausflugsgebiete geworden. Die Höhen aber sind weithin von städtischen Siedlungskomplexen eingenommen, in die sich die zahlreichen, meist kleinen oder mittelgroßen Werkstätten der Industriebetriebe einfügen. Nur kleinere Teile der Hochflächen stehen noch in landwirtschaftlicher Nutzung.

Die wirtschaftliche Struktur ist im größten Teil des Raumes durch ein hochspezialisiertes Eisengewerbe, vor allem durch die Fabrikation von Kleineisenwaren und Werkzeugen (Remscheid, Wuppertal-Cronenberg), insbesondere auch Schneidewerkzeugen (Solingen) gekennzeichnet. In den nach Remscheid eingemeindeten Orten Lennep und Lüttringhausen spielt ebenso wie in dem Wuppertaler Ortsteil Ronsdorf die z.T. auf alte Traditionen zurückgehende Textilindustrie noch eine erhebliche Rolle.

Auf den noch in landwirtschaftlicher Nutzung stehenden Restflächen nimmt entsprechend den hohen Niederschlägen im Luvgebiet des Bergischen Landes das Dauergrünland besonders große Flächen ein (Solingen 49%, Remscheid 61%). Infolge der starken Beeinflussung durch das Gewerbeleben ist auch der Anteil der Kleinbetriebe recht hoch; sie umfassen in Solingen 39%, in Remscheid 31% der landwirtschaftlichen Nutzfläche.

Der Waldanteil nimmt nach Osten hin zu; er beträgt in Solingen 13%, in Remscheid schon 25%. Auch im Stadtgebiet von Wuppertal, das im Süden tief in das Hochflächenland hineingreift, umfaßt der Wald immerhin 18% der Gesamtfläche.

Die Mittelbergischen Hochflächen sind in Anlehnung an die naturräumliche Gliederung, die infolge der vertikalen Dreiteilung auch im kulturlandschaftlichen Gefüge deutlich durchschlägt, in mehrere Einheiten 6. Ordnung zu unterteilen. Die stark besiedelte Solinger Höhe (B 02a) ist durch die bewaldeten Solinger Wupper-Hänge (B 02b) vom Westlichen Wupper-Engtal (B 03) getrennt. Auf der Ostseite des Tales schließen sich die wiederum stark bewaldeten Burgholzberge (B 05a) an. Der angrenzende langgestreckte Siedlungskomplex Cronenberg-Küllenhahn-Lichtenplatz (B 05d) auf der Hochfläche ist durch die Küllenhahner Wupper-Hänge (B 05b) und die Lichtenplatzer Wupper-Hänge (B 05c), die wiederum einen starken Waldanteil aufweisen, vom Wuppertaler Ballungskern getrennt. Weiter nach Süden folgt das Morsbachtal (B 06a) und dann der Remscheider Ballungskern (B 06b). Der Ostteil mit Ronsdorf (B 07a) und Lennep-Lüttringhausen (B 07b) wird von den auf den Hochflächen sich ausbreitenden städtischen Siedlungskomplexen bestimmt.

Überblicken wir nun noch einmal die Gliederung nach der kulturlandschaftlichen Struktur in den zuletzt betrachteten Gebieten auf der Südseite des Ruhrgebiets, die noch zum Verdichtungsraum Rhein-Ruhr gehören, so stellen wir fest, daß hier im Unterschied zum inneren Ruhrgebiet die Zusammenhänge mit den naturräumlichen Einheiten weit stärker in Erscheinung treten. Das hängt vor allem mit der Lage dieses Raumes im Gebirgsland zusammen, wo die vornehmlich aus den Reliefverhältnissen resultierenden Verschiedenheiten sich auch auf die kulturlandschaftliche Entwicklung bis zur Gegenwart hin stark ausgewirkt haben. Auch die Überformung dieses Raumes durch Industrie und Besiedlung hat die morphologischen Grundzüge nicht verwischen können, was besonders deutlich in der Schärfe der südlichen Begrenzung des Bergisch-Märkischen Hügellandes und in der kulturlandschaftlichen Vertikalgliederung im Bereich der Mittelbergischen Hochflächen zum Ausdruck kommt.

---
443 Vgl. Abschnitt B 1.31, S. 69 ff.

Allerdings stimmen die Grenzen nicht in allen Fällen überein. Grenzverschiebungen gegenüber den naturräumlichen Einheiten waren an mehreren Stellen erforderlich. Es ergaben sich auch einige Abwandlungen im Rang der einzelnen Grenzlinien, und für Teileinheiten mußte eine von der naturräumlichen Gliederung abweichende Einordnung vorgenommen werden. In vielen Fällen aber blieben doch naturräumliche Einheiten und kulturlandschaftliche Raumeinheiten in ihrer wesentlichen Substanz einander zugeordnet. Dem ist auch bei der Namengebung Rechnung getragen. Wenn sich die Einheiten zwar im groben, aber nicht in allen ihren Abgrenzungen decken, wurde für die kulturlandschaftliche Raumeinheit nach Möglichkeit eine Bezeichnung gewählt, die wesentliche Elemente des Namens für die naturräumliche Einheit enthält (z.B. Wupper-Ennepe-Mulde und Wupper-Ennepe-Industriezone).

Wenn wir uns nun denjenigen Teilräumen in der Umgebung des Ruhrgebiets zuwenden, die nicht zum Rhein-Ruhr-Verdichtungsraum zu rechnen sind, so werden wir feststellen, daß dort die Zusammenhänge zwischen naturräumlichen Einheiten und kulturlandschaftlichen Raumeinheiten noch enger sind.

## 3.2 Die angrenzenden Raumeinheiten außerhalb des Verdichtungsraumes Rhein-Ruhr

Von den südöstlich an den Verdichtungsraum Rhein-Ruhr angrenzenden Landschaften wird im Rahmen dieser Arbeit vor allem das Gebiet südlich von Schwelm, Hagen und Iserlohn behandelt, da es als Zielgebiet für Wochenendausflügler aus dem Ruhrgebiet immer stärkere Bedeutung erlangt und heute bereits zu den wichtigsten Naherholungsgebieten des Reviers gezählt werden muß.

### 3.21 Ostbergisch-Märkische Hochflächen

Der östlich von Lennep und Lüttringhausen liegende Teil des Hochflächenlandes ist nur punkt- und linienhaft von Industrie und stärkerer Besiedlung durchsetzt. Der Gegensatz dieser Ostbergisch-Märkischen Hochflächen zu den nördlich und westlich vorgelagerten Räumen des Bergisch-Märkischen Hügellandes und der Mittelbergischen Hochflächen, die noch zum Verdichtungsraum gerechnet werden müssen, kommt zunächst schon in der durchschnittlichen Bevölkerungsdichte zum Ausdruck, die für den auf der Karte erfaßten Teil bei rund 200 000 Einwohnern auf 635 qkm nur noch knapp über 300 liegt.

Die westlichen Teile dieses Raumes, die *Wupper-Hochflächen*, bleiben in ihrer Höhenlage unter 400 m und sind in der naturräumlichen Gliederung noch zu den Bergischen Hochflächen (B) gerechnet worden. Im kulturlandschaftlichen Gepräge unterscheiden sie sich aber stark von dem wesentlich dichter besiedelten Westen. Sie werden deshalb ebenso wie die östlich angrenzenden *Märkischen Hochflächen* (M), die im Osten stellenweise über 500 m ansteigen, als landschaftsräumliche Einheit 5. Ordnung betrachtet und mit ihnen zusammen zur Haupteinheit der Ostbergisch-Märkischen Hochflächen gezählt.

Die auf alter Tradition beruhende Eisenindustrie dieses Raumes[444] beschränkt sich heute im wesentlichen auf die wichtigeren Täler, die von Eisenbahn und Straße durchzogen sind. Hier haben sich auch im Zusammenhang mit den aus den alten Hammerwerken, Schleifkotten und Drahtrollen entstandenen Fabriken größere Siedlungsverdichtungen (Altena, Werdohl, Schalksmühle) oder langgestreckte Siedlungsbänder entwickelt, vor allem im Lenne- und Volmetal, in Teilabschnitten des Östlichen Wupper-Engtals sowie in den früher von Kleinbahnen durchzogenen Tälern der Verse und Rahmede. Sonst sind nur stellenweise stärkere Konzentrationen festzustellen, etwa in den unteren Abschnitten kleiner Nebentäler, die in das Volme- oder Lennetal einmünden.

Im übrigen weisen die Nebentäler vielfach noch Reste der alten Wassertriebwerke und der mit ihnen verbundenen Teiche, Ober- und Untergräben auf. Es hat sich hier auch das charakteristische frühere Siedlungsgefüge mit den punkthaft verteilten Hausgruppen in der Nähe der Wassertriebwerke erhalten (z.B. an der Heilenbecke und oberen Ennepe); zwischen ihnen stehen die Talauen beiderseits der von Ufergehölzen begleiteten Bäche noch vielfach in Grünlandnutzung.

Außerhalb der Täler haben sich auf den Hochflächen nur an wenigen Stellen größere Industrie- und Siedlungskomplexe von städtischem Gepräge entwickeln können (Lüdenscheid, Radevormwald); die übrigen Hochflächenorte sind kleine örtliche Zentren und Siedlungsverdichtungen in einem noch überwiegend ländlich geprägten Raum. Weite Teile werden hier noch von der Landwirtschaft bestimmt.[445] Grünlandnutzung und Rinderhaltung bilden dabei die Haupterwerbsquellen. Viele Betriebe haben schon den Übergang zur reinen Grünlandwirtschaft vollzogen. Der Anteil des Dauergrünlandes an der landwirtschaftlichen Nutzfläche betrug schon 1960 in den Gemeinden der Bergisch-Märkischen Hochflächen etwa 50–60%. Er erreichte in den feuchtesten Teilen um die Ennepe-Talsperre und Beyenburg sein Maximum mit 60–62% in Schwelm, Ennepetal, Radevormwald und Halver. Nimmt man noch den Futterpflanzenanbau hinzu, so erreichte der Futterbau insgesamt Prozentzahlen

---
444 Vgl. Abschnitt B 1.31, S. 69ff.
445 Vgl. dazu im einzelnen Abb. 33. So hatte z.B. die so gut wie ganz auf der Hochfläche gelegene Gemeinde Waldbauer unmittelbar südlich des Stadtgebiets von Hagen 1961 einen Anteil des Wirtschaftsbereichs Land- und Forstwirtschaft von 36%.

bis zu 70%. Nach Osten nahmen die Werte allmählich ab. Der Anteil des Getreidebaus lag im westlichen Teil um 20% und stieg in den östlichen Teilen auf etwa 30% an. Der Hackfruchtbau schwankte um 8–11%.

Die Betriebe mit weniger als 10 ha landwirtschaftlicher Nutzfläche erreichten im Westen die relativ höchsten Anteile (z.B. Radevormwald 29%, Ennepetal 27%, Waldbauer 35%, Breckerfeld 25% der gesamten landwirtschaftlichen Nutzfläche). Nach Osten nahmen die Werte ab (Lüdenscheid-Land 20%, Hülscheid 23%, Nachrodt-Wiblingwerde 20%, Ihmert 18%, Kesbern 17%). Es muß dabei betont werden, daß die vollbäuerliche Schicht hier im Gegensatz zu den Realteilungsgebieten trotz der Industrialisierung nie entscheidend zurückgedrängt worden ist (vgl. H. DITT 1965, S. 88). Weithin bestimmen auf den Hochflächen noch heute die in die Quellmulden eingefügten Einzelhöfe und kleine weilerartige Gruppen das Siedlungsbild; und mancherorts findet man noch die früher hier herrschenden niederdeutschen Hallenhäuser, in Fachwerk- oder Bruchsteinbauweise aufgeführt.

Die steileren Hangpartien, die gegen die Täler vorspringenden schmalen Riedel und z.T. auch die mit geringwertigen, flachgründigen Böden ausgestatteten höchsten Kuppen sind bewaldet. Vor allem in den stark zerschnittenen Hangzonen der größeren Täler breiten sich große, geschlossene Waldflächen aus, deren Anteil an der Gesamtfläche nach Osten immer höher wird. Schon in den westlichen Teilen nimmt der Wald mehr als ein Viertel der Fläche ein (Radevormwald 27%, Halver 33%, Schwelm 26%). Nach Osten steigt der Anteil rasch an (Ennepetal 41%, Breckerfeld 43%, Waldbauer und Dahl 49%, Schalksmühle 45%, Hülscheid 47%). Im östlichen Teil der Märkischen Hochflächen bedeckt der Wald mehr als die Hälfte der Fläche (Lüdenscheid-Land 51%, Nachrodt-Wiblingwerde 57%, Altena 59%, Werdohl 58%, Evingsen/Frönsberg/Ihmert/Kesbern 51%). Nimmt man die großen Waldflächen der Randgemeinden hinzu, steigt der Waldanteil im Hochflächenland zwischen Lenne und Hönne sogar auf mehr als 2/3 des Gesamtareals an.

Aus der gekennzeichneten landschaftlichen Struktur schält sich das Mosaik der Untereinheiten 6. Ordnung heraus. Diese stimmen in ihren Abgrenzungen fast völlig mit den naturräumlichen Einheiten überein. Nur bei Lüdenscheid ergeben sich infolge der starken Besiedlung Abweichungen. Hier müssen die Einheit Lüdenscheid-Kern (M 22a) und die schmalen Bänder des Rahmede-Industrietals (M 30b) und des Verse-Industrietals (M 33b) abgetrennt werden. Sie erreichen ebenso wie das Altenaer und Werdohler Lenne-Engtal (M 31 und M 34) und das Volme-Engtal (M 11) Werte der Bevölkerungsdichte von etwa 1000 bis 2500. In den übrigen Gebieten treten solche Werte nur in ganz kleinen Teilflächen auf (Hasperbach, Selbecke, untere Nahmer); und von Altena zieht sich über Evingsen und Dahle zum Ihmerter Bach ein Streifen mit Werten um 600 hinüber. Im Östlichen Wupper-Engtal (B 11) liegt die Dichte knapp unter 1000. Alle übrigen Flächen haben eine Bevölkerungsdichte von weniger als 120 Einwohner pro qkm. Im einzelnen sind dabei die noch stark agrarisch geprägten Hochflächen von den bewaldeten Hangzonen zu unterscheiden. So wird im Bereich der Wupper-Hochflächen das Östliche Wupper-Engtal (B 11) von den bewaldeten Zonen der Beyenburg-Krebsöger Wupper-Hänge (B 10) im Westen und der Ehrenberg-Radevormwalder Wupper-Hänge (B 13) im Osten begleitet. Dann folgt die Ehrenberg-Radevormwalder Hochfläche (B 14), an deren Ostrand dann die Märkischen Hochflächen beginnen. Die Deerth-Jellinghauser Höhen (M 00), die Ennepetaler Hochflächen und Schluchten (M 01) und das Obere Ennepetal (M 02) sind wieder in starkem Maße durch die bewaldeten Hangzonen geprägt, ebenso wie die Volme-Westhänge (M 10). Dazwischen liegen die Hochflächen-Bereiche der Breckerfelder und der Halverer Hochfläche (M 03 und M 04). Östlich des Volme-Engtals (M 11) folgen die durch die Hangwälder bestimmten Dahl-Schalksmühler Volme-Osthänge (M 12a) und der Südliche Teil der Volme-Osthänge (M 12b), durch die von Osten bis zum Volmetal vorgreifende Einheit Lüdenscheid-Kern (M 22a) voneinander getrennt. Es folgen im Norden die stark zerlappte Hülscheid-Wiblingwerder Hochfläche (M 21) und der die ausgeprägte Hangzone am Nordrand einnehmende Hohenlimburger Höhenrand (M 20) mit dem Nahmertal. Zur Lenne hinüber schließen sich die Lenne-Rahmede-Westhänge (M 30a), das Rahmede-Verse-Bergland (M 33a) und das Südliche Verse-Bergland (M 33c) an, in denen wiederum die bewaldeten Hangzonen den größten Teil des Raumes einnehmen. Dazwischen fügen sich die bereits genannten stark industrialisierten und besiedelten Industrietäler der Rahmede und der Verse ein (M 30b und M 33b). Östlich der Lenne schließlich werden die Ihmerter Hochflächen (M 40) mit den darin eingelagerten Hochmulden ringsum von stark bewaldeten Hangzonen umgeben: den Altenaer Lenne-Osthängen im Westen (M 32), dem Iserlohn-Balver Höhenrand im Norden und Osten (M 41). Weiter nach Süden fügt sich das ebenfalls stark bewaldete Falkenlei-Bergland an (M 35).

### 3.22 Ostniedersauerland

Von der naturräumlichen Haupteinheit des Niedersauerlandes ist nur der westliche Teil in den Verdichtungsraum Rhein-Ruhr einbezogen und mit dem weiter westlich liegenden Hügelland zum Bergisch-Märkischen Hügelland zusammengefaßt worden. Der verbleibende östliche Teil, der außerhalb des Verdichtungsraumes liegt, bildet dann im kulturlandschaftlichen Gefüge eine selbständige Haupteinheit, die als Ostniedersauerland bezeichnet werden kann.

Der auf den beigefügten Karten erfaßte Teil des Ostniedersauerlandes weist etwa 90 000 Einwohner auf 225 qkm auf; das entspricht einer Bevölkerungsdichte von etwa 400 Einwohnern pro qkm. Bei der Untergliederung ergeben sich wiederum enge Korrelationen zu den naturräumlichen Einheiten.

Schon im *Fröndenberger Ruhrtal* im Norden zeigt sich der Unterschied gegenüber dem zum Verdichtungsraum gehörenden Schwerter Ruhrtal, mit dem zusammen es eine naturräumliche Einheit 5. Ordnung bildet. Beiderseits der Fröndenberger Ruhraue (N 30b) mit ihren ausgedehnten

Grünland-Flächen, die auch hier noch von Wasserwerksanlagen unterbrochen sind, erstrecken sich die vielfach von Löß bedeckten Flächen der Ruhrterrassen: auf der Südseite die Hennen-Halinger und die Schwittener Ruhrterrassen (N 32b und N 32c), auf der Nordseite die Fröndenberger Ruhrterrassen (N 31b), die nördlich Fröndenberg noch einmal von einem wechselvollen Hügelland des Produktiven Karbons mit Härtlingsrücken durchsetzt sind. Hier steigen die Anteile der in der Land- und Forstwirtschaft Beschäftigten stellenweise schon deutlich höher an als im Schwerter Gebiet (Halingen 18%, Sümmern 17%, Hennen 20%). Auf den lößbedeckten Flächen hat sich bei dem relativ warmen, trockenen Klima[446] eine andere Produktionsrichtung der bäuerlichen Betriebe als etwa im Westmärkischen Hügelland westlich von Hagen entwickelt. Der Getreidebau nimmt vielfach mehr als 50% der landwirtschaftlichen Nutzfläche ein (Halingen 50%, Altendorf 50%, Dellwig 58%, Ardey/Langschede 59%). Der Weizenanbau hat dabei zwar nicht ganz die gleiche Bedeutung wie im Mettmanner Gebiet, erreichte aber 1965 nördlich der Ruhr im Raum Dellwig/Langschede/Ardey immerhin einen Anteil von 28% der gesamten Getreidefläche.[447] Auch der Gerstenanbau ist relativ stark.[448] Der Anteil des Dauergrünlandes ist dementsprechend gegenüber dem Westmärkischen Hügelland wesentlich verringert und beläuft sich auf etwa 30–40%, nördlich der Ruhr im Raum Dellwig/Langschede/Ardey sogar nur auf 24%. Auch die agrarsozialen Verhältnisse unterscheiden sich in diesem Gebiet wesentlich von denjenigen des Westmärkischen Hügellandes. Während dort die kleinbäuerlichen Betriebe mit weniger als 10 ha landwirtschaftlicher Nutzfläche noch stark vertreten sind, umfaßten sie im Fröndenberger Ruhrtal 1960 fast überall weniger als 15%, nördlich der Ruhr bei Geisecke und Langschede sogar nur etwa 5–7% der landwirtschaftlichen Nutzfläche.

Im Bereich des unteren Hönnetals erstrecken sich heute die städtischen Siedlungskomplexe von Menden (N 33a). Eine vielseitige Industrie (darunter insbesondere auch elektrotechnische Industrie) hat sich hier angesiedelt, und nach Süden folgen im Hönnetal die ausgedehnten Anlagen der Kalkwerke. In diesem Bereich erreicht die Bevölkerungsdichte inselartig noch einmal Werte von mehr als 1500 Einwohnern pro qkm.

Südlich schließt sich an das Fröndenberger Ruhrtal das *Niedersauerländer Hügelland* an. Zu ihm gehört das Sümmerner Hügelland im Nordwesten (N 40), dessen Untergrund aus Flözleerem Oberkarbon besteht (Schiefer mit eingelagerten Quarzit- und Grauwackenbänken). Die Bodenwertzahlen liegen hier niedriger als in dem nördlich angrenzenden Terrassenland, und die nach Norden gerichteten Täler sind bis zu 100 m tief eingeschnitten. Weiter südlich folgen die Iserlohner Vorhöhen (N 41), mit wechselvollen oberdevonischen und unterkarbonischen Schichten, deren härtere Partien die bis zu 300–340 m ansteigenden Rücken und Kuppen bilden. Östlich der Hönne liegt das Luerwald-Hügelland (N 43).

Das Niedersauerländer Hügelland ist nur dünn besiedelt; es erreicht in dem auf unserer Karte erfaßten Teil im Gesamtdurchschnitt eine Bevölkerungsdichte von etwa 70 Einwohnern pro qkm. Dementsprechend gewinnt es auch trotz der größeren Entfernung von den Großstädten allmählich steigende Bedeutung als Erholungsgebiet. Dazu trägt außer dem lebhaft gestalteten Relief insbesondere der hohe Waldanteil bei. Die Flächen der mit ihren Kernen rings um das Hügelland gelagerten Gemeinden reichen in das waldreiche Gebiet des Innern hinein. Je größer diese Anteile sind, desto stärker wachsen die auf die Gesamtfläche der Gemeinden bezogenen Prozentzahlen des Waldes. So erreicht Berchum insgesamt 32%, Ergste 38% und die im wesentlichen auf das Hügelland beschränkte Gemeinde Becke 47%.

Weiter südöstlich greift dann die ebenfalls noch zum Ostniedersauerland gehörende *Hönne-Mulde* tief in das südliche Gebirgsland hinein. Sie besteht in den Brockhausen-Beckumer Kalkplatten im Norden (N 60) aus der östlichen, bogenförmig verlaufenden Verlängerung des Iserlohner Massenkalkstreifens; das etwa 240–300 m hoch gelegene Plateau ist von dem Engtal der Hönne mit stellenweise senkrechten Talwänden und bizarr geformten Felsgruppen und mit einer großen Anzahl von Höhlen unterbrochen. Weiter südlich folgen die Balver Mulde (N 61), in der außer Kalken auch Diabase an die Oberfläche treten, und die flache Neuenrader Mulde (N 62), die in ihrem südlichen Zipfel über 300 m Höhe erreicht. Die zum Teil mit relativ günstigen Böden ausgestattete Hönne-Mulde ist von mehreren Ortschaften durchsetzt und erreicht insgesamt eine Bevölkerungsdichte von mehr als 300 Einwohnern pro qkm.

### 3.23 Östliche Hellweg-Börden

Von den im südwestlichen Teil der Westfälischen Bucht gelegenen naturräumlichen Einheiten gehören heute erhebliche Partien zum Ruhrgebiet. Von den außerhalb des Verdichtungsraumes verbleibenden Teilgebieten werden im Rahmen dieser Arbeit die angrenzenden Streifen der Hellweg-Börden und des Kernmünsterlandes nur knapp behandelt. Dagegen verdient der südliche Teil des Westmünsterlandes wegen seiner besonderen Bedeutung als Naherholungsraum an der Nordflanke des Reviers eine ausführliche Untersuchung.

Von der naturräumlichen Haupteinheit der Hellweg-Börden (H) liegt der Abschnitt östlich von Unna, Altenbögge-Bönen und Hamm-Uentrop außerhalb des Ruhrgebiets. Es ist hier, wie im einzelnen gezeigt wurde[449], eine recht scharfe kulturlandschaftliche Grenze ausgebildet, welche die von

---

446 Vgl. Abschnitt A 1.3 und Abb. 7.
447 Nach Angaben der Statistischen Abteilung des Landkreises Unna vom 7.9.1967.
448 1965 hielten sich im Gebiet des Landkreises Iserlohn Roggen-, Weizen- und Gerstenanbau etwa die Waage; sie nahmen 21,3%, 19,8% bzw. 22,3% des Ackerlandes ein (nach „Landkreis Iserlohn – Entwicklung, Struktur", herausgeg. vom Oberkreisdirektor des Landkreises Iserlohn; Iserlohn, 1967, S. 33).

449 Vgl. Abschnitt D 1.3, S. 186–187.

West nach Ost verlaufenden Streifen der Hellweg-Börden quert.

Nur der *Haarstrang* (H 3) als natur- und landschaftsräumliche Einheit 5. Ordnung ist ganz dem Osten zuzuweisen. Dieser relativ dünn besiedelte Streifen (Bevölkerungsdichte unter 100) ist noch ein ganz ländlich-agrarisch geprägter Raum, der größtenteils auf die an seinem nördlichen Saum liegenden Orte am Hellweg ausgerichtet ist. Von dem Streifen des *Östlichen Oberen Hellwegs* sind auf unseren Karten nur noch die Werl-Lünerner Börde (H 21a), vom angrenzenden *Östlichen Unteren Hellweg* im wesentlichen nur die Bramey-Lenningser Flachwellen (H 11a; als Teil der naturräumlichen Kamener Flachwellen) erfaßt. Der nördliche Streifen schließlich gehört zu den *Oestinghauser Höhen* (H 0; östlicher Teil der naturräumlichen Einheit der Derne-Oestinghauser Höhen). Von allen diesen Einheiten hat nur der zum Östlichen Oberen Hellweg gehörende Teil eine höhere Bevölkerungsdichte aufzuweisen, während die übrigen weniger als 100 Einwohner pro qkm haben. An der alten Hellweg-Achse reihen sich die alten städtischen Zentren der Östlichen Hellweg-Börden auf, östlich von Werl vor allem Soest als Zentrum der Soester Börde. So hat sich das grundlegende kulturlandschaftliche Gefüge in diesem Raum östlich des Ruhrgebiets gegenüber der ersten Hälfte des 19. Jahrhunderts[450] kaum geändert, eine Tatsache, die schon bei der Betrachtung der konfessionellen Verhältnisse und des Anteils der in der Land- und Forstwirtschaft Beschäftigten deutlich in Erscheinung trat.[451] Welch ein Gegensatz zu dem westlich angrenzenden Raum des Ruhrgebiets, der auf weiten Strecken im wesentlichen die gleiche naturräumliche Ausstattung aufweist – bis auf das Vorkommen des Produktiven Karbons im Untergrund, das sich für die unterschiedliche Entwicklung in den beiden Teilen als entscheidend erwiesen hat!

In der Karte der Bodennutzung, wie sie von H. DITT für das Jahr 1956 entworfen worden ist, heben sich die Östlichen Hellweg-Börden scharf von den umliegenden Landschaften ab. Es ist ein Raum, der sich durch einen starken Getreidebau auszeichnet. Er gehört zu den „Getreidebörden, deren Bodennutzung stets durch die Getreidesysteme geprägt wurde ... Obgleich die großflächigen Lößlehmböden auch Hackfruchtsysteme und gärtnerische Nutzung erlauben würden, war und ist das Interesse des Bauern in der Soester Börde stets mehr dem Körnerbau zugewandt, dem er die höchsten Erträge in Westfalen abgewinnt. Der Weizen steht mit knapp einem Drittel der Getreidefläche an erster Stelle, ihm folgt dichtauf der Roggen und an dritter Stelle die Gerste. ... Dem Hackfurchtbau kommt dagegen geringere Bedeutung zu. Mit durchschnittlich 18% Anteil an der landwirtschaftlichen Nutzfläche im Kerngebiet um Soest (1956) ist der Hackfruchtbau für eine Börde relativ gering geblieben..." (H. DITT 1965, S. 64). Auch die gärtnerischen Kulturen spielen – insbesondere im Vergleich zum Rheinland – trotz der Nähe des Ruhrgebiets nur eine sehr geringe Rolle (etwa 1–2% Anbau von Gartengewächsen auf dem Ackerland).

Im Jahre 1960 lag auch in den dem Ruhrgebiet unmittelbar benachbarten Teilen der Östlichen Hellweg-Börden der Anteil des Getreidebaus an der landwirtschaftlichen Nutzfläche über 50% (Gemeinden des Haarstrangs und des oberen Hellweggebiets 57%, des unteren Hellweggebiets 53%, der Oestinghauser Höhen 50%). Der Hackfruchtbau belief sich auf etwa 12–16%. Der Anteil des Dauergrünlandes betrug meist 18–25% und stieg nur im Nordosten stellenweise über 30% an.

Das Siedlungsbild wird durch die von Laub- und Obstbäumen durchgrünten Dörfer bestimmt, in denen das Mittel- und Großbauerntum die tragende Sozialschicht bildet. Der Anteil der Betriebe mit weniger als 10 ha landwirtschaftlicher Nutzfläche belief sich im allgemeinen auf 5–15% der Gesamtfläche; er erreichte nur im Nordosten um Rhynern – Welver – Vellinghausen höhere Werte (etwa 20–33%). Die Feldflur ist nur durch wenige größere Waldflächen, jedoch teilweise noch, vor allem in den Talauen und Niederungen, durch Feldgehölze und Baumgruppen gegliedert. Insgesamt bleibt der Anteil des Waldes an der Gesamtfläche sehr gering (fast immer unter 10%, in weiten Teilen sogar unter 5%).

### 3.24 Mittleres Münsterland

Auch die an das Ruhrgebiet angrenzenden Teile des Mittleren Münsterlandes, das den Hauptteil der naturräumlichen Haupteinheit des Kernmünsterlandes (ohne den in das Ruhrgebiet einbezogenen Südstreifen) umfaßt (K), sind in ihrer maßgeblichen Struktur Bauernlandschaften geblieben.[452]

Auch hier wird die agrarsoziale Struktur durch ein traditionsbewußtes Mittel- und Großbauerntum bestimmt. Im Unterschied zur Soester Börde herrschen hier aber auf den meist schweren, mineralreichen Böden Futterbau (Grünland und Feldfutterpflanzen etwa 40–55% der landwirtschaftlichen Nutzfläche) und Viehwirtschaft vor. Rinder- und Pferdezucht spielen eine große Rolle. Der Getreidebau erreicht Anteile von 35–45% der landwirtschaftlichen Nutzfläche.[453]

Schon unmittelbar nördlich der Lippe bei Heeßen, Werne und Lünen ist die für das Mittlere Münsterland typische Verteilung der Bodennutzungsarten festzustellen. Dauergrünland und Feldfutterpflanzen erreichten 1960 in Dolberg und Heeßen 49%, in Bockum-Hövel 47%, in Stockum 49%, in Werne und Altlünen 46%. Der Anteil des Getreidebaus lag hier überall einheitlich zwischen 38 und 40%.

Weiter nach Westen sinkt der Anteil des Futterbaus (Dauergrünland und Feldfutterpflanzen) bei Olfen, Selm und Bork auf 41–43% ab. Den gleichen Anteil hat hier der Getreidebau, und der Hackfruchtbau steigt im Olfener Gebiet auf 15%.

Der Waldanteil ist im Mittleren Münsterland erheblich höher als in den Östlichen Hellweg-Börden. Er beträgt zum Beispiel im Landkreis Lüdinghausen durchschnittlich 15%. Ein

---

450 Vgl. Abschnitt B 1.2, S. 64 ff. und Abb. 15.
451 Vgl. Abschnitt D 1.3, S. 186–187.
452 Vgl. die Ausführungen im Abschnitt D 1.3, S. 179 ff., insbesondere die Zahlenangaben über den Anteil der in der Land- und Forstwirtschaft Beschäftigten.
453 Karte der Bodennutzung in Westfalen 1956, entworfen von H. DITT (1965).

Teilgebiet mit besonders hohem Anteil stellen die zu den *Lippe-Höhen* gehörenden Cappenberger Höhen (K 50) dar. In den wesentlich in diesen Raum hineinreichenden Gemeinden Altlünen und Bork nimmt der Wald 20–21% des Gesamtareals ein. Die gut gepflegten Wälder der Cappenberger Höhen locken in Verbindung mit den durch Schichtstufen, Tälchen und Erosionsrissen recht abwechslungsreich gestalteten Geländeformen im Bereich des Schlosses Cappenberg heute viele Ausflügler aus dem Ruhrgebiet herbei.

### 3.25 Niederrheinisch-Westmünsterländische Mark

Westlich von Olfen und Dülmen beginnt die naturräumliche Haupteinheit des Westmünsterlandes (W). Von ihr sind bisher nur einige südliche Randstreifen bei Marl und Dorsten in das Ruhrgebiet einbezogen. In seinem kulturlandschaftlichen Gepräge, vor allem in wirtschafts- und sozialgeographischer Hinsicht[454], weist der außerhalb des Ruhrgebiets verbleibende südwestliche Teil des Münsterlandes heute enge Verwandtschaft mit der naturräumlichen Haupteinheit der Niederrheinischen Sandplatten (S) auf, von der ebenfalls nur schmale südliche Randstreifen dem Ruhrgebiet unmittelbar einzuordnen sind.[455] Auch bei der wirtschaftsräumlichen Gliederung sind Teile der Niederrheinischen Sandplatten mit den östlich angrenzenden Teilen des Westmünsterlandes zu einem Bezirk vereinigt worden; K. HOTTES (1955, S. 117 und Karte) verwandte für diesen Raum die Bezeichnung „Die Mark".[456] Dieser Bereich, dessen wesentliche Teile heute zum „Naturpark Hohe Mark" zusammengeschlossen sind, hebt sich vor allem auch durch seine im Landschaftscharakter begründeten günstigen Voraussetzung für eine Ausgestaltung zum bevorzugten Erholungsgebiet von den benachbarten Gebieten ab. Es erscheint deshalb berechtigt, seine einzelnen Teile im kulturlandschaftlichen Gefüge zu einer Haupteinheit zusammenzufassen.[457] Da die einst ausgedehnten Markengründe die Kulturlandschaft dieses Raumes in entscheidenden Zügen geprägt haben und die „Mark"-Bezeichnungen heute noch in vielen Teilen lebendig sind und durch die Benennung des Naturparks noch stärker in das Bewußtsein der Öffentlichkeit gedrungen sind, mag für diesen Raum die Bezeichnung „Niederrheinisch-Westmünsterländische Mark" gewählt werden, die zugleich den Lagebeziehungen Rechnung trägt.

Bei der Unterteilung dieser Haupteinheit können die naturräumlichen Einheiten 5. und 6. Ordnung fast überall auch als entsprechende kulturlandschaftliche Raumeinheiten übernommen werden (vgl. Karten K 1 und K 2).

In den südlichen Randzonen, wo Teile der naturräumlichen Einheiten im kulturlandschaftlichen Gefüge in das Ruhrgebiet einbezogen sind, treten einige Änderungen auf. Die außerhalb des Ruhrgebiets verbleibenden Teile der Königshardter Sandplatten können dabei zu der Einheit 5. Ordnung des Hünxe-Kirchheller Waldes zusammengefaßt werden. Weiter im Norden bilden die großen, zusammenhängenden Waldflächen der Brünen-Schermbecker Sandplatten eigene Einheiten 6. Ordnung (Freudenberger Wald, Dämmerwald).

In die Niederrheinisch-Westmünsterländische Mark ist auch der einzige Teilbezirk der naturräumlichen Haupteinheit des Emscherlandes (E) einzubeziehen, der bislang nicht in das Ruhrgebiet einbezogen ist. Es sind dies die ruhig gebliebenen, noch stark ländlich geprägten Bockumer Hügelwellen, die sich östlich unmittelbar an das bewaldete Sand-Hügelland der Haard anschließen.

Entsprechend den im einzelnen wechselnden natürlichen Voraussetzungen innerhalb dieser ausgedehnten Haupteinheit (Halterner Sand-Hügelländer, Terrassenplatten, feuchte Niederungen, Geschiebelehm-Flächen, Sandlöß-Inseln, Flugsand- und Dünenfelder) hat sich ein Mosaik von bäuerlichen Kulturlandschaften und großen Waldkomplexen herausgebildet; auf den ärmsten Sandböden sind auch Reste von Calluna-Heiden und Wacholderfluren, in den Niederungen kleine Reste von Moorflächen erhalten geblieben.

Die bäuerlichen Landschaften weisen nur wenige Dörfer und Ortschaften mit Kleingewerbe und etwas Industrie auf. Die bäuerliche Einzelsiedlung

---

454 Vgl. Abschnitt D 1.3, S. 180 ff und Abb. 31, 33, 34 u. 38.
455 So hatten W. MÜLLER-WILLE und E. BERTELSMEIER in einer Stellungnahme vom 26.7.1962 zur Benennung des geplanten Naturparks am Nordwestrand des Ruhrgebiets keine Bedenken, den Namen „Westmünsterland" auch auf den niederrheinischen Anteil, der im wesentlichen zu den Niederrheinischen Sandplatten gehört, auszudehnen. Es wird dazu betont, daß das gesamte Naturpark-Gebiet (also einschl. des Anteils auf den Niederrheinischen Sandplatten) regional zur niederdeutsch-ostholländischen Geest gehört, daß es hinsichtlich seiner Siedlungs- und Wirtschaftsformen eine einheitliche Entwicklung aufweist und daß die aufgeforsteten Heideflächen heute einen großen Teil der Waldflächen des Naturparks ausmachen.
456 Bei den Diskussionen um die Benennung des Naturparks (vgl. Anm. 455) tauchte für diesen über die Grenze der Niederrheinischen Sandplatten und des Westmünsterlandes hinübergreifenden Raum u.a. auch der Vorschlag „Niederrheinisch-Westfälische Grenzmark" (bzw. „Heidemark" oder „Waldmark") auf.

457 Es mag daran erinnert werden, daß W. MÜLLER-WILLE (1941/66, Abb. 16a) bei der Abgrenzung der „Landschaftsgebiete" bereits das „Südwestmünsterland" vom „Nordwestmünsterland" abgetrennt hat.

ist weithin erhalten. Breitgelagerte Einzelhöfe aus dunkelroten Backsteinen und kleine, lockere Siedlungsgruppen, in Obsthöfe und lichte Eichenhaine eingebettet, bestimmen auf weiten Strecken das Siedlungsbild. Die Hausformen kennzeichnen die Zugehörigkeit zum Bereich des niederdeutschen Hallenhauses. Auch die umgebende Flur ist durch Busch, Waldstücke, Flurgehölze und Wallhecken vielfach durchsetzt und fein gegliedert. Durch jahrhundertelange Pflege ist dieses Bauernland mit seinen überwiegend mittelbäuerlichen Betrieben zu einer Parklandschaft geworden.

Der Prozentsatz des Futterbaus (Dauergrünland und Feldfutterbau) belief sich 1960 im Halterner Raum mit dem hohen Anteil der bodentrockenen Flächen nur auf 35–40%. Weiter im Norden und Nordwesten stieg er mit der Zunahme der bodenfeuchten Flächen bei Wulfen, Lembeck, Rhade und Heiden auf 45–50% und in Merfeld sogar auf 60% an. Der Getreidebau umfaßte bei Haltern 40–45%, bei Wulfen, Lembeck, Rhade und Heiden etwa 30–35% der landwirtschaftlichen Nutzfläche. Dabei erreichte der Anteil des Weizens auf den vorwiegend sandigen Böden wesentlich geringere Prozentzahlen als im Mittleren Münsterland; er betrug im Halterner Raum weniger als 10%.[458]

Kennzeichnend ist für das südwestliche Münsterland (im Gegensatz auch zum nordwestlichen Münsterland) ein verstärkter Hackfruchtanbau, der 1960 durchweg 17–20% der landwirtschaftlichen Nutzfläche einnahm. Die landwirtschaftliche Intensivierung ist durch die Nähe der Verbrauchszentren im Revier begünstigt worden. Der Kartoffelanbau ist zu einem erheblichen Teil auf den Verkauf ins Industriegebiet ausgerichtet.

Auf den westlichen Sandplatten bestehen hinsichtlich der landwirtschaftlichen Produktionsrichtung manche Ähnlichkeiten mit dem östlich angrenzenden Bereich. Entsprechend dem starken Anteil bodenfeuchter Bereiche ist dabei der Anteil des Futterbaus noch höher als dort. Er liegt meist zwischen 50 und 55% und steigt mancherorts über 55% an (z.B. Brünen, Dämmerwald, Overbeck, Raesfeld, Damm, Bricht und Gartrop-Bühl 57–59%). In den Teilgebieten mit dem geringsten Anteil bodenfeuchter Zonen östlich Schermbeck sinkt er typischerweise am stärksten ab (Altschermbeck 46%). Der Rindviehbesatz erreicht mit teilweise 115 bis 140 Stück je 100 ha landwirtschaftlicher Nutzfläche sehr hohe Werte. Auch die Ziehbrunnen auf den Viehweiden gehören mit ihren emporragenden Hebebäumen zu den typischen Merkmalen der Landschaft. Die Anteile des Getreidebaus und des Hackfruchtbaus liegen bei etwa 28–33% bzw. 12–17%.

---

458 Vgl. Karte 3 von H. DITT 1965, S. 43. H. DITT nennt das Westmünsterland als Beispiel für die nachwirkende Kraft historischer Lagebeziehungen. „Seine geschichtliche Verkehrsverflechtung mit dem Niederrhein und dem niederländischen Ijsselgebiet erklärt die in Kulturgeographie und Sozialaufbau bis auf den heutigen Tag spürbare Eigenständigkeit des Westmünsterlandes, welche auch die territoriale Zugehörigkeit zu dem in seinen Kerngebieten andersartigen Oberstift Münster nicht aufzuheben vermochte" (S. 119).

Der Anteil des Waldes ist relativ hoch. Im Osten sind vor allem die Halterner Sand-Hügelländer von großen Wäldern bedeckt (Haard, Borkenberge, Hohe Mark, Rekener Berge, Borkener Berge).[459] Im Westen weisen die Sandplatten auf den nach außen hin deutlich in Erscheinung tretenden Hangflächen mit ihren Tälchen und Erosionsrissen größere Waldbestände auf (Tester Berge, Steinberge, Brüner Höhen). Aber auch in ihren inneren Teilen sind weite, geschlossene Waldflächen erhalten (Dämmerwald, Freudenberger Wald, Gartroper Busch, Hünxer Wald, Hiesfelder Wald, Köllnischer Wald). An den Rändern der Wälder ist durch die unregelmäßigen Waldvorsprünge und durch viele vorgelagerte Waldparzellen eine enge Verzahnung mit den landwirtschaftlichen Nutzflächen festzustellen. Sind es dabei in den trockenen Teilen der Halterner Sand-Hügelländer vor allem die Kontaktzonen zwischen Wald und Acker, die dem Raum das Gepräge geben, so ist für die feuchten Teile der westlichen Sandplatten der Wechsel von Wald und Grünland bezeichnend; und auch in weiteren Abständen von den großen Waldkomplexen sind die Grünlandflächen immer wieder von kleinen Gehölzen, Baumgruppen und Hecken durchsetzt.

Die Niederrheinisch-Westmünsterländische Mark ist noch ein ruhiges, stilles Gebiet geblieben, dessen Bevölkerungsdichte im weitaus größten Teil um etwa 50–60 liegt. Nur der Teilraum um Haltern und Sythen und schmale Streifen dicht südlich und nördlich der Lippeaue um Hünxe-Gahlen und um Damm-Schermbeck erreichen höhere Werte. Aber auch in diesen Teilräumen ist die Industrie nur spärlich vertreten (trotz des Lippe-Seiten-Kanals); im Schermbecker Raum sind einige Dachziegelwerke vorhanden. Insgesamt leben in dem auf den Karten erfaßten Gebiet weniger als 100 000 Einwohner auf rund 1100 qkm. Ein krasser Gegensatz zu dem unmittelbar südlich angrenzenden Raum des Ruhrgebiets!

Betrachten wir nun die Einheiten im einzelnen!

Im Süden des *Halterner Tals* liegen die schmalen Streifen der Flaesheimer Terrassen (W 02), die von Einzelhöfen, Hofgruppen und einigen kleineren Ortschaften (Bossendorf, Flaesheim-Dorf, Flaesheim-Stift) durchsetzt sind. Bei Flaesheim befinden sich Sandgruben, in denen die für die chemische und Glasindustrie geeigneten Quarzsande gewonnen werden. Am Nordrand der Terrassen, stellenweise in das

---

459 Die Waldflächen erreichen im Raum Haltern/Hullern/Ahsen/Flaesheim/Hamm/Lippramsdorf 35%, in den Gemeinden Lembeck/Rhade/Wulfen 33% und in den Gemeinden Groß Reken/Hülsten/Klein Reken/Heiden/Marbeck 19% des Gesamtareals.

Terrassengelände hineingreifend, zieht sich der Lippe-Seiten-Kanal (Wesel-Datteln-Kanal) entlang, der hier noch eine von Industrie fast unberührte Landschaft durchzieht.

Die nördlich angrenzende Ahsener Lippeaue (W 00) steht größtenteils in Grünlandnutzung; in ihr liegt auf der Inselterrasse der alte Schiffer- und Fischerort Ahsen. In der Nähe von Haltern, bei der ehemaligen bäuerlichen Einzelsiedlung Stevermür, befinden sich heute die umfangreichen Anlagen des Wasserwerks Haltern, mit den Versickerungsbecken und Brunnengalerien. Nördlich schließt sich im Bereich der Hullerner Sandplatten (W 01) der Halterner Stausee an. Er ist am Unterlauf der in die Lippe einmündenden Stever angelegt und wird zur Zeit wesentlich erweitert. Das gespeicherte Wasser des Stausees dient zur Anreicherung des Grundwassers. Bei dem vier bis zehn Wochen dauernden Versickerungsvorgang durch die Sandschichten wird das Wasser so gereinigt, daß es bei der Einleitung in das Versorgungsnetz keiner Chlorung bedarf. Mit einer Jahresproduktion von 72 Millionen cbm ist das Halterner Wasserwerk zum größten Einzel-Trinkwasser-Pumpwerk Europas angewachsen.[460] Die Anlage eines steveraufwärts bei Hullern gelegenen Vorbeckens ist geplant. Der Halterner Stausee (mit Freibadeanstalten, Motorbootverkehr, Segelsport und mehreren Gaststätten an seinen Ufern) ist inzwischen zu einem der wichtigsten Erholungsschwerpunkte im Umkreis des Ruhrgebiets geworden. Auch seine Umgebung, die sich durch große Wälder und Reste der hier ehemals weit verbreiteten Heiden (Westruper Heide, Sebbelheide) auszeichnet, wird von Ausflüglern aus dem Ruhrgebiet häufig aufgesucht.

Am West- und Nordwestrand des Halterner Tals haben sich die Stadt Haltern als wichtigstes örtliches Zentrum und das Kirchdorf Sythen in den letzten Jahren durch angelagerte neue Siedlungen erheblich vergrößert. Dagegen haben die Gebiete östlich des Halterner Stausees bis zur Ruine der Rauschenburg hinüber ihr ruhiges, ländlich-agrarisches Gepräge bewahrt. Ein besonders schöner Einblick in die landschaftliche Gestaltung dieses Raumes bietet sich von der Kreisstraße, die von Ahsen am Südrand der Hullerner Sandplatten zur Westruper Heide hinüberführt. Nach Süden hin überblickt man hier die breite Talaue der Lippe; im Norden liegen die Waldgebiete, Heideflächen und Feldfluren der Hullerner Sandplatten, und an der Terrassenkante liegen in größeren Entfernungen voneinander die alten, mächtigen Einzelhöfe (Eversum, Antrup, Westrup), z.T. in der Nähe vorgeschichtlicher Fundstellen.

Die Umgebung des Halterner Tals ist durch die aus Halterner Sanden aufgebauten und mit lebhaften Oberflächenformen ausgestatteten Hügelländer der *Haard* (W 2), der *Hohen Mark* (W 30–34) und der *Borkenberge* (W 1) mit ihren niedrigeren Vorländern geprägt. Sie sind von großen, geschlossenen Wäldern bedeckt. Kiefernforste herrschen vor. Die Laubwälder zeigen zum Teil noch starke Anklänge an die den landschaftsökologischen Gegebenheiten entsprechenden Eichen-Birken- und Buchen-Eichenwälder. Von den Höhen bieten sich teilweise weite Fernblicke über die wechselvollen Waldbestände bis zu den bäuerlichen Landstrichen der Umgebung.

Im Nordosten der Borkenberge befindet sich ein großes, stark frequentiertes Segel- und Sportfluggelände. In der Hohen Mark sind randlich einige Teile von bäuerlichen Kulturlandschaften (W 32, W 34) eingenommen; sie haben die mit etwas besseren Böden ausgestatteten Partien besetzt. Im Innern liegt eine Rodungsinsel bei Holtwick und Lünzum. Den südöstlichen Eckpfeiler der Hohen Mark bildet der Annaberg (mit Wallfahrtskapelle). Auf ihm und auf dem nordöstlich angrenzenden Gelände sind mehrere Römerlager und dazu ein Uferkastell an der Lippe festgestellt worden, die von 11 v. Chr. bis 16 n. Chr. benutzt wurden. Im äußersten Nordosten der Hohen Mark sind umfangreiche Sandgewinnungen im Bereich der hier vorkommenden Quarzsande im Gange; sie haben stellenweise schon zur Entstehung großer Grundwasserseen geführt.

Die der Haard östlich vorgelagerten, mit besseren Böden ausgestatteten *Bockumer Hügelwellen* (E 1) stellen heute noch eine bäuerliche Landschaft dar, die durch weite Feldfluren und eingelagerte, von Grünland eingenommene Niederungen geprägt ist. Auch einige Waldparzellen durchsetzen diesen Raum, an dessen Südrand dann unvermittelt das Industriegebiet beginnt.

Westlich der Haard gehört der südliche Teil der naturräumlichen Einheit der Dorstener Talweitung heute zum Ruhrgebiet; die Siedlungskomplexe von Marl und Dorsten stellen hier die nördlichen Eckpfeiler dar. Die *Nördliche Dorstener Talweitung* ist demgegenüber noch ein ruhiger Raum geblieben, der westmünsterländisches Gepräge besitzt. Er beginnt mit der hauptsächlich von Grünland eingenommenen, aber auch von einigen Wald- und Buschparzellen durchsetzten Dorsten-Marler Lippeaue (W 40a). Dann folgen die Hervest-Wulfener Sandplatten (W 43), die ein Mosaik von breiten Niederungsgebieten mit hohem Grünlandanteil, trockenen Ackerplatten und größeren Waldgebieten darstellen. Zentrum dieses Raumes ist Wulfen, in dessen Nähe inzwischen eine Steinkohlenzeche entstanden und mit dem Bau der „Neuen Stadt Wulfen" im freien Gelände begonnen worden ist. Doch bilden diese Ansätze einer künftigen Entwicklung bisher nur inselartige Erscheinungen in einem sonst noch weithin ländlich-bäuerlich geprägten Raum.

Nördlich von Wulfen schließen sich die *Lembecker Sandplatten* als weitere Einheit 5. Ordnung an. Charakteristisch ist hier der Wechsel zwischen den trockenen, sandigen und lehmig-sandigen Platten, die vorwiegend von Feldfluren, z.T. auch von Wäldern bedeckt sind, und den breiten, grundwassernahen Niederungen an den Nebenbächen von Lippe und Bocholter Aa, mit vorherrschendem Grünland und vielen Baumgruppen und Ufergehölzen. Auch einige waldbestandene Dünengebiete sind eingelagert. Von Gräften umschlossene Gehöfte und feste Häuser sind stellenweise in die Talniederungen eingefügt. Die bedeutendste Anlage ist das Schloß Lembeck, das Zentrum der ehemaligen „Herrlichkeit Lembeck", einer Unterherrschaft mit Gerichtshoheit im Bereich des Fürstbistums Münster. In der Umgebung des Schlosses haben sich große Waldgebiete erhalten, darunter der weithin aus Buchenhochwald bestehende „Hagen", der auf einer Geschiebelehmfläche stockt. Die Kirchdörfer Lembeck und Rhade sind die Zentren der beiden südlichen Teileinheiten, der Lembecker Flachwellen (W 50) und der

---

[460] Nach Angaben des Wasserwerks für das nördliche westfälische Kohlenrevier in Gelsenkirchen. Vgl. auch W. DEGE (1967). Vgl. ferner Abschnitt C 2.1, S. 127, und Abb. 21.

Rhader Sandplatten (W 51). Die große nördliche Teileinheit wird von den Heiden-Marbecker Sandplatten (W 52) gebildet, an deren Ostrand das Kirchdorf Heiden liegt.

Östlich von Heiden beginnt die Einheit der *Rekener Kuppen*. Sie ist in weiten Teilen, insbesondere im Bereich der Hülsten-Rekener Kuppen (W 60), durch die aus dem flachwelligen Gelände herausragenden Kuppen mit einem Kern aus Halterner Sanden charakterisiert. Im nördlichen Teil ragen die aus Halterner Sanden aufgebauten Hügelländer der Borkener Berge (W 61) und der Rekener Berge (W 62) besonders markant aus ihrer ebenen bis flachwelligen Umgebung heraus; auch durch ihren Waldreichtum heben sie sich deutlich ab. Das Gebiet der Hülsten-Rekener Kuppen ist demgegenüber vorwiegend von Feldfluren eingenommen, und nur im westlichen Teil, im Bereich des Brennerholts, steigt der Waldanteil stärker an. Die Ortschaften Klein Reken, Bahnhof Reken und vor allem Groß Reken sind die örtlichen Zentren dieses Raumes; und am Ostrand hat sich in vorgeschobener Lage am Rande der früheren weiten Moorflächen um das Kloster Maria-Veen ein kleines Siedlungszentrum entwickelt.

Den weiten Raum im Nordosten nimmt die *Merfelder Niederung* ein. Ihr Hauptteil, die Venn-Niederung (W 71), war noch vor wenigen Jahrzehnten weithin von Moor- und Bruchgebieten bedeckt. Durch Torfabstich und Melioration sind die Hochmoore inzwischen fast ganz in landwirtschaftliche Nutzfläche umgewandelt, und nur kleine Reste blieben als Naturschutzgebiete erhalten. An einzelnen Stellen lassen sich die typischen Sukzessionsfolgen des austrocknenden Hochmoores über die Stadien der nassen und feuchten Heide bis zur trockenen Heide und zum Birkenbusch verfolgen. Die ehemaligen Niedermoore in den weiten Talebenen werden heute fast überall als Wiesenland genutzt. Auch einige Waldparzellen sind eingefügt, und an einzelnen Stellen sind die weiten, ebenen Flächen von kleinen Dünenbildungen durchsetzt. Eine Besonderheit bildet das Wildpferd-Gehege des Herzogs von Croy, das am letzten Maisonntag eines jeden Jahres, wenn die einjährigen Hengste eingefangen werden, Tausende von Menschen anlockt. Weiter südöstlich sind bei Hausdülmen ausgedehnte Fischteiche angelegt worden. In der Hausdülmener Niederung (W 70), einer südlichen Ausbuchtung, die bis an den Rand der Borkenberge reicht, ist die stille, einsame Landschaft der „Süskenbrocks Heide" von vielen Waldstücken und Baumgruppen gegliedert; nur vereinzelte Gehöfte, Kotten, Schuppen und Ställe sind über den weiten Raum verstreut. Im äußersten Südwesten schließt der abwechslungsreiche Hochwald des „Linnert", in dem noch Reiherhorste vorkommen, die Merfelder Niederung ab. Die nordöstliche Teileinheit bilden die Stevede-Merfelder Flachrücken (W 72), die insel- und halbinselartig in das weite Niederungsgelände vorgreifen und ein stilles Bauernland mit einigen größeren Waldflächen darstellen. Hier liegt am Rande einer trockenen Platte das kleine örtliche Zentrum Merfeld.

Die Sandplatten des Westens werden auf größeren Strecken von der alten Grenze zwischen dem Fürstbistum Münster und dem Herzogtum Kleve durchzogen, die heute in der rheinisch-westfälischen Grenze fortlebt. Diese spiegelt sich nicht nur in der Verteilung der Konfessionen wider[461], sondern sie wirkt sich auch bis heute in den funktionalen Raumbeziehungen und im Bewußtsein der Bevölkerung aus.

Südlich der Lippe liegt das Gebiet des *Hünxe-Kirchheller Waldes*, das dem nördlichen Teil der naturräumlichen Einheit der Königshardter Sandplatten entspricht. Dieser dem Ruhrgebiet nächstgelegene Raum ist sehr waldreich und als tief ins Innere des Reviers vorstoßende Grünzunge ein besonders bedeutungsvolles Ausgleichsgebiet. In den von außen her in diesen Raum vorgreifenden Gemeinden steigt der Waldanteil zum Teil auf recht hohe Werte an. So erreicht schon Bottrop (mit dem Köllnischen Wald) 13%. In Hünxe sind es 17%, in Kirchhellen 25%, in Dinslaken 32%. Die höchsten Anteile haben die beiden kleinen Gemeinden Gahlen mit 36% und Gartrop-Bühl mit 64%. Die größten geschlossenen Waldflächen gehören zu den Untereinheiten des Gartroper Busches (S 02b) und des Hünxe-Hiesfeld-Bottroper Waldes (S 00a). Sie trennen die kleinen, randlich gelegenen, stark landwirtschaftlich geprägten Einheiten der Hünxer und der Gahlener Flachwellen (S 02a und S 02c) voneinander. Im Nordosten (Hardt – Schwarze Heide) spielt heute die Gewinnung von Kiesen und Sanden eine besondere Rolle; außerdem ist hier auf einem früher sehr feuchten Gelände ein Sportflugplatz angelegt worden („Schwarze Heide").

Nach Norden folgt das *Hünxe-Gahlener Lippetal*. Die von Grünland eingenommene Krudenburger Lippeaue (S 10) ist noch von vielen Baumgruppen und kleinen Gehölzen durchsetzt. Im westlichen Teil liegt die kleine, alte Fischersiedlung Krudenburg. Bei Gartrop treten am Rande der Aue einige starke artesische Quellen auf. Die südlich angrenzenden Hünxe-Gahlener Terrassen (S 11) beschränken sich auf schmale Randstreifen. In ihrem westlichen Teil liegt Hünxe als kleines örtliches Zentrum, von dem aus sich in letzter Zeit aufgelockerte Siedlungen in das nach Süden ansteigende Gelände vorgeschoben haben. Etwas breiter sind die Damm-Emmelkämper Terrassen im Norden (S 12), die vorwiegend in landwirtschaftlicher Nutzung stehen, jedoch südlich Schermbeck auch von einigen kleinen und mittleren Industriebetrieben (insbesondere Dachziegelwerken) durchsetzt sind.

Zwischen Lippe und Bocholter Aa liegt die ausgedehnte Einheit der *Brünen-Schermbecker Sandplatten*. In ihrer südlichen Untereinheit, den Schermbecker Flachwellen (S 21), hat sich neuerdings um das kleine örtliche Zentrum Schermbeck auf beiden Seiten der hier durchlaufenden rheinisch-westfälischen Grenze eine stärkere Siedlungsentwicklung (mit weit aufgelockerten, vornehmlich aus Ein- und Zweifamilienhäusern bestehenden Siedlungen) vollzogen. Sonst ist dieser Raum ein stilles, ruhiges Bauernland geblieben, in das nur nordwestlich Schermbeck einige wenige Dachziegelwerke eingelagert sind. Von der nördlich angrenzenden naturräumlichen Einheit der Brünen-Freudenberger Hauptterrassenplatte müssen die großen, abwechslungsreichen Waldgebiete des Dämmerwaldes (S 20c) und des Freudenberger Waldes (S 20d) als besondere Einheiten im kulturlandschaftlichen Gefüge ausgesondert werden. Die dann verbleibenden Teile, die Brünen-Raesfelder Hauptterrassenplatte (S 20a) und die Mahlberg-Platte (S 20b) sind bäuerlich geprägt, aber von vielen kleinen Waldparzellen und Gehölzen durchsetzt. Raesfeld mit der alten Freiheit und dem kunstgeschichtlich bedeutsamen Wasserschloß,

---

461 Vgl. Abschnitt D. 1.3, S. 182.

sowie Erle und Brünen sind als kleine zentrale Ortschaften unterer Stufen in diesen ausgedehnten Raum eingefügt. Die stark von Grünland eingenommene, von der oberen Issel durchflossene Marienthaler Ebene (S 23) ist ebenfalls bäuerlich geprägt. In ihr liegt die alte kleine Klostersiedlung Marienthal.

### 3.26 Unterer Niederrhein

Die sich westlich der Niederrheinisch-Westmünsterländischen Mark anschließenden naturräumlichen Haupteinheiten der Issel-Ebene (I), der Unteren Rheinniederung (U) und der Niederrheinischen Höhen (H) stehen zusammen mit dem nordwestlichen Randsaum der Mittleren Niederrheinebene (M) und westlich angrenzenden Einheiten, insbesondere auch den Kempen-Aldekerker Platten (A), in ihrem kulturlandschaftlichen Gepräge als vorwiegend ländlicher, nur von einzelnen städtischen Verflechtungsgebieten und Industrieorten durchsetzter Raum dem Ruhrgebiet gegenüber. In ihrer Polarität zu diesem Verdichtungsraum weisen sie mancherlei verwandte Züge auf. Insel- und schwerpunktartig sind sie alle auch von Erholungsflächen durchsetzt, die allmählich größeres Gewicht für das Ruhrgebiet und die südlich angrenzenden Großstädte erhalten. In ihrem charakteristischen Mosaik von grünlandbedeckten Auen und Niederungen, ackerbaulich genutzten Terrassenplatten und vielfach waldbedeckten Stauchwällen und Dünengebieten geben sie insgesamt der Landschaft am unteren Niederrhein das Gepräge. Die genannten Bereiche werden daher zu einer einzigen Haupteinheit zusammengeschlossen, die den Namen „Unterer Niederrhein" erhält. Ihre Unterteilung in Einheiten 5. und 6. Ordnung schließt sich eng an die naturräumliche Gliederung an.

Die auf den Karten erfaßten Teile des Unteren Niederrheins wiesen 1961 auf knapp 600 qkm etwa 60–65 000 Einwohner auf.

Die nördlich der unteren Lippe gelegene *Obere Isselebene* weist in manchen Teilräumen eine Durchsetzung mit kleinen Wohnsiedlungsgruppen auf. Sie haben sich zum Teil an die kleinen örtlichen Zentren Hamminkeln, Ringenberg und Drevenack angelagert.

Abseits der Ortschaften ist aber das agrarische Gepräge noch weitgehend erhalten geblieben. Die Bevölkerungsdichte liegt in der Drevenacker und in der Hamminkelner Rheinebene (I 01a und I 01b) etwa zwischen 150 und 200. Im Isselbruch (I 02) und auf den Dingdener Flugsandleisten (I 03) bleibt sie weit unter 100.

Die Landwirtschaft der Isselebene ist durch besonders hohe Anteile des Dauergrünlandes (50–60% der landwirtschaftlichen Nutzfläche) und durch eine sehr intensive Viehhaltung, vor allem Rinderzucht, charakterisiert. Die höchsten Anteile des Dauergrünlandes sind bezeichnenderweise in dem feuchten Gebiet des Isselbruchs zu verzeichnen (Ringenberg 66%). Der Hackfruchtanbau umfaßt etwa 10–15% der landwirtschaftlichen Nutzfläche.

Größere Waldgebiete gibt es nur in der südlichsten Teileinheit der Oberen Isselebene, den Drevenacker Dünen (I 00). Hier findet man auf den Dünenfeldern, die in den Sternenbergen bei Schloß Schwarzenstein und in den Loosenbergen östlich Drevenack ihren größten Formenreichtum entfalten, außer Kiefernforsten Mischwälder aus Eichen, Birken und Kiefern, die mit ihrer Begleitflora auf den hier ursprünglich verbreiteten trockenen Stieleichen-Birkenwald hinweisen. Auch einige Heide- und Wacholderfluren sind erhalten. Bemerkenswert ist die stellenweise reiche Strauchentwicklung der Edelkastanie (Castanea sativa), die sich im Laufe der letzten Zeit auf den warmen Sandböden und bei dem atlantischen, wintermilden Klima stark vermehrt hat. Südlich fügt sich die Vinkeler Lippeaue an (M 15a).

Im übrigen ist die Obere Isselebene ziemlich waldarm. So erreichen z.B. die Gemeinden Hamminkeln und Ringenberg nur einen Waldanteil von 6% bzw. 8%. Das Grünland des Isselbruchs ist jedoch von vielen kleinen Gehölzen und Baumgruppen durchsetzt und dadurch reich gegliedert.

Einen großen Waldkomplex stellt aber der nördlich von Wesel gelegene, zur Einheit der *Diersfordt-Wittenhorster Sandplatten* gehörende Bereich des von vielen Wegen durchzogenen, abwechslungsreichen Diersfordter Waldes (I 10) dar. Er ist früher teilweise wahrscheinlich plenterartig bewirtschaftet worden.[462] Später wurde daraus ein mittelwaldartiger Eichen-Lohwald entwickelt. Die Eichenlohe wurde zu einem erheblichen Teil an die Mülheimer Gerbereien geliefert; die Lieferungen nach Mülheim hörten um 1905 auf. Nur in geringem Umfang blieben damals Laubhochwaldbestände, außerdem zahlreiche Überhälter, in den Schälwaldbeständen erhalten. Weite Teile hatten im vorigen Jahrhundert aber auch Heidecharakter und wurden als Schafweide genutzt.

Weit verbreitet sind heute Eichen-Stockausschlagbestände mit einer ganzen Reihe von 100–200jährigen Eichenüberhältern. Fast stets ist eine Birkenbeimischung festzustellen. Typisch für diese Revierteile ist der oft übermannshohe Adlerfarn. Die Buchen-Altholzbestände haben durch Beschußwirkungen im letzten Krieg und durch Zwangseinschläge in den Nachkriegsjahren starke Einbußen erlitten. Zum Teil zeigen die Buchenbestände, die auf etwas lehmigeren Böden stocken, jedoch eine starke Verjüngungsfreudigkeit. Bei den Nadelhölzern steht die Kiefer an erster Stelle. In vielen Teilbereichen sind heute Kiefernforsten zwischen die Laubholzbestände eingestreut. In lichteren Teilbereichen tritt häufig die Heidelbeere auf, oder es breitet sich die Drahtschmiele aus.

In feuchteren Teilen, vor allem in den Mulden zwischen den Dünen, findet man ausgedehnte Bestände des Preifengrases, zum Teil auch Bruchwälder. In einer das Waldgebiet in mehrfachen Windungen durchziehenden Niederung – Kurze

---

462 Nach dem Forsteinrichtungswerk des Forstreviers Diersfordt und der Standortskarte aus den Jahren 1951/52.

und Lange Laake – treten zum Teil noch offene Wasserflächen auf. Im südöstlichen Teil liegt zwischen den Dünenhügeln ein Heideweiher, der den Namen „Schwarzes Wasser" führt und als Naturschutzgebiet gesichert ist. Auf den Böden des „Veen" im südwestlichen Teil des Waldgebietes zeigt die Weymouthskiefer guten Wuchs und eine bemerkenswerte Verjüngungsfreudigkeit. Unter einem lichten Überhalt von Resten des Vorbestandes, bestehend aus etwa 75jährigen Kiefern, Weymouthskiefern, Lärchen und Douglasien, ist hier heute eine lockere bis dicht geschlossene Naturverjüngung zu beobachten, in der Hauptsache Weymouthskiefer, aber gemicht mit Lärche, Douglasie, Kiefer, Fichte und Tanne. Bei dem „Veen" handelt es sich um eine frühere parkartige Anlage, die nach dem Auswerfen von Gräben in dem moorigen und anmoorigen Gelände entstanden ist. Der hier heute vorhandene Mischwald besitzt zum Teil plenterartigen Charakter.

Die Tierwelt des Waldgebiets ist durch das Vorkommen von Rot- und Schwarzwild besonders gekennzeichnet. Auch Hase, Kaninchen, sowie Fuchs, Dachs, Marder und Iltis sind in normalem Besatz vertreten. Die eingestreuten Wasserflächen und Bruchgebiete bedingen das Vorkommen von Schnepfen und Entenarten.

Wie oben näher erläutert, endet das Ruhrrevier heute im linksrheinischen Raum bei Rheinberg und Kamp-Lintfort. Von der naturräumlichen Haupteinheit der Mittleren Niederrheinebene verbleibt also ein Streifen im Norden und Westen, der noch nicht in stärkerem Maße von Bergbau und Industrie erfaßt ist: Dieser Raum hat noch vorwiegend agrarisches Gepräge, und die Bevölkerungsdichte liegt zwischen 100 und 130 Einwohnern pro qkm.

Weit greift die *Orsoy-Weseler Aue* (M 2) nach Süden vor. Ein Mosaik von Inselterrassen und bodenfeuchten Auenlandschaften liegt hier in unmittelbarer Nachbarschaft der hochindustriellen Rheinzone von Walsum und Duisburg-Hamborn. Von dem kleinen Dünengelände bei Spellen blickt man weit über dieses bisher noch ruhig gebliebene, stark durch Grünlandnutzung geprägte Land bis hinüber zu den modernen Anlagen der Industrie, deren Silhouette sich im Süden am Horizont abzeichnet. Überraschend auch der Gegensatz zwischen dem pulsierenden Leben auf dem Strom und an seinen Ufern (Kiesbaggereien) und dem sich jenseits der Deiche ausbreitenden stillen Bauernland, das abseits der großen Verkehrswege liegt! Selbst noch südlich von Orsoy, der von Obstwiesen umgebenen alten klevischen Zollstätte am Rhein, in deren Umgebung sich neuerdings einige Industriebetriebe angesiedelt haben, ist der Charakter der Agrarlandschaft unmittelbar gegenüber dem großen Komplex der August Thyssen-Hütte erhalten geblieben. Im Walsumer Grind und in der Momm-Niederung bei Löhnen und Mehrum sind Niederungslandschaften mit reicher Gliederung durch Hecken, Baumreihen und Baumgruppen (vor allem Pappeln und Schopfweiden) vorhanden; und stellenweise werden die kleinen Agrarsiedlungen hier noch durch Warften-Höfe gekennzeichnet. Götterswickerhamm und die Niederterrassenkante bei Haus Ahr sind mit ihren unmittelbar am Rhein gelegenen Gaststätten zu beliebten Ausflugszielen geworden.

Westlich der Rheinaue schließt sich im *Nordwestsaum der Mittleren Niederrheinebene* die Alpener Rheinebene (M 05a) an, die von vielfach gewundenen Niederungen mit Schopfweiden-Beständen durchsetzt ist. Weiter im Westen folgt das von vielen Feuchtzonen eingenommene Veen-Sonsbecker Bruch (M 06). Und im Süden erstreckt sich das von einzelnen bewaldeten Stauchmoränenkuppen („Inselbergen") durchsetzte Hüls-Schaephuysener Bruch (M 03a) mit hohem Grünlandanteil und größeren Waldflächen.

Bei Niep und Rayen sind einige Niederungen infolge früherer Torfgewinnung von ganzen Ketten wassergefüllter „Kuhlen" besetzt. Ihre Ränder weisen abwechslungsreiche Baumbestände auf; und an manchen Stellen sind hier im Laufe der letzten Jahrzehnte Wochenendhäuser und Fischerhütten errichtet worden, meist von Interessenten aus dem westlichen Ruhrgebiet.

In den Gemeinden der genannten Teilgebiete, die aber zum Teil auch in die bodentrockenen Bereiche der angrenzenden Stauchwälle hineingreifen, liegt der Anteil des Dauergrünlandes etwa zwischen 30 und 40%. Dazu kommt ein erheblicher Anbau von Futterpflanzen (durchschnittlich 10%), so daß der Futterbau insgesamt 40–50% der landwirtschaftlichen Nutzfläche einnimmt. In der Orsoy-Weseler Aue erreicht der Futterbau einen ähnlichen oder einen noch etwas höheren Anteil; dabei ist der Prozentsatz des Dauergrünlandes erhöht, der des Feldfutterbaus erniedrigt. In beiden Bereichen spielt auch der Hackfruchtanbau mit 15–20% der landwirtschaftlichen Nutzfläche eine erhebliche Rolle.

Bleibt der Anteil der in Land- und Forstwirtschaft Beschäftigten in den Gemeinden der Orsoy-Weseler Aue und im Nordwestsaum der Mittleren Niederrheinebene bei etwa 15–25%, so erreicht er weiter rheinabwärts vielfach höhere Werte (z.B. Labbeck 57%, Wardt 40%, Marienbaum 26%, Bislich 39%, Haffen-Mehr 32%). Dabei sind Agrarstruktur und Landschaftsbild hier in starkem Maße durch die Vieh- und Weidewirtschaft geprägt, wobei die Rinderzucht eine erhebliche Rolle spielt.

In der *Xantener Bucht* mit der Xanten-Marienbaumer Rheinebene (U 00) und dem Labbecker Bruch (U 01) sind vor allem die sich in vielfachen Windungen durch die Niederterrassen ziehenden Niederungen von Grünland erfüllt. Reihen von Schopfweiden und Pappelanpflanzungen gliedern die Flächen. Auf dem Ackerland der trockenen Terrassenplatten mit ihren Hochflutlehmen erreicht der Weizen vielfach einen Anteil von mehr als 30% der Getreidefläche. Einzelne Flugsandaufwehungen tragen Waldbestände. Im Siedlungsbild sind auch hier die sich an den Terrassenkanten aufreihenden Einzelhöfe charakteristisch, und mancherorts findet man schöne Beispiele des niederrheinischen T-Hauses (Längshaus mit vorgesetztem Querflügel als Wohnteil).

Im Südostzipfel der Xantener Bucht liegt die traditionsreiche Kleinstadt Xanten mit ihrem die Umgebung weithin beherrschenden Dom. Um die Zeitenwende bildete das Legionslager Vetera Castra auf dem südlich vorgelagerten Fürstenberg einen Schwerpunkt der römischen Operationslinie gegen das rechtsrheinische Germanien.[463] In einer

---

463 Vgl. dazu im einzelnen H. HINZ: Xanten zur Römerzeit; und H. BORGER: Xanten – Entstehung und Geschichte einer mittelalterlichen Stadt. Beiträge zur

Lagervorstadt auf der Südseite befand sich das Amphitheater (Holz-Erde-Anlage), das heute als Freilichtbühne dient. Nördlich des heutigen Xanten, wo in den letzten Jahren Industriebetriebe angesiedelt wurden, sind durch Ausgrabungen Reste einer Cugerner-Siedlung mit Fachwerkhäusern aufgedeckt worden. Um 105 n. Chr. hat der Kaiser Ulpius Traianus der Siedlung das Stadtrecht verliehen; seitdem führte sie den Namen Colonia Traiana. In ihrer Südostecke lag das wieder aufgedeckte Amphitheater, etwas weiter nördlich an der Pistley, einem schiffbaren Nebenarm des Rheins, eine Hafenanlage. Südlich der Stadt erstreckte sich das Gräberfeld, auf dem die Anfänge der heutigen Stadt Xanten (864 „Sanctos") entstanden sind. W. BADER entdeckte unter dem Chor des Domes ein Märtyrer-Doppelgrab, das zum Kern der späteren mittelalterlichen Entwicklung aller Kirchenbauten bis zum heutigen Dom geworden ist; und um sie herum entstand die Stadt.

Östlich der Xantener Bucht liegt die breite *Reeser Rheinniederung* mit der Appeldorner und Rees-Bislicher Rheinniederung (U 10 und U 11). Nach Süden hin bildet der weitgeschwungene Xantener Altrhein mit seinen Verlandungszonen und die sich östlich anschließende Bislicher Insel mit den durch Auskiesung entstandenen großen Wasserflächen den Abschluß. Auch an den Ufern des Rheins sind umfangreiche Ausbaggerungen im Gange.

Der Groß-Schiffahrtsweg des Rheins durchzieht hier ein stilles Bauernland, das sich jenseits der schützenden Deiche erstreckt. Die trockeneren Teile der Inselterrassen, an deren Rändern meist die Siedlungen liegen, gliedern die von Grünland eingenommenen und von vielen Gräben durchzogenen Bereiche der eigentlichen Niederung. Auch hier ist die Landschaft durch Hecken, Baumreihen und Einzelbäume, vornehmlich Pappeln und Schopfweiden, vielfach gegliedert.

In den Gemeinden steigt der Anteil des Dauergrünlandes vielfach über 40% und der Prozentsatz des Futterbaus überall auf mehr als 45% an; in Bislich erreicht das Dauergrünland 55% der landwirtschaftlichen Nutzfläche. Der Rindviehbesatz erreicht ebenso wie in der östlich angrenzenden Isselebene und in Teilen der Hauptterrassenplatten mit etwa 115–140 Stück auf 100 ha landwirtschaftlicher Nutzfläche sehr hohe Werte. Viele Molkereien sind über das Land verteilt, und der jährliche Milchanfall erreicht Werte von mehr als 1200 kg pro ha landwirtschaftlicher Nutzfläche.[464] Der Anteil des Getreidebaus bewegt sich um 30–37%, derjenige des Hackfruchtbaus um 11–17%.

Der Waldanteil ist gering; er bleibt in allen Gemeinden, die nicht auf die angrenzenden Dünen- oder Stauchwallgebiete übergreifen, unter 5%.

Im äußersten Westen sind auf den Karten noch einige der niederrheinischen Stauchwälle mit den angrenzenden Sanderflächen erfaßt. Sie ragen deutlich aus ihrer Umgebung heraus und heben sich vor allem durch ihren Waldanteil ab. Teile von ihnen tragen große, geschlossene, vielfach im Staatsbesitz befindliche Forsten. Die Bevölkerungsdichte bleibt in dem hier erfaßten Teil der Niederrheinischen Höhen weit unter 100.

Der *Balberger Höhenrücken* (H 2) hat vor allem im nördlichen und mittleren Teil gut gepflegte, von vielen Wegen durchzogene, heute vielfach aus Nadelholzbeständen zusammengesetzte Staatsforsten (Hochwald, Tüschenwald). Bei Labbeck und nördlich von Sonsbeck ist das wellig-kuppige Gelände hauptsächlich landwirtschaftlich genutzt, und die Höfe und Kotten greifen weit in das Innere vor. Der Ackerfutterbau spielt hier teilweise eine erhebliche Rolle. Immer aber sind auch hier einige Waldflächen und Gehölze eingestreut, vor allem in den von Tälchen zerschnittenen Hangzonen. Die Hangwälder grenzen im Osten unmittelbar und mit scharfer Kante an die vorgelagerte, von Grünland erfüllte Niederung am Westrand der Xantener Bucht.

Die *Hees* (H 1) südlich von Xanten ist ebenfalls in ihrem westlichen Teil von größeren Waldflächen bedeckt. An dem recht steilen Osthang mit seinen V-förmigen Erosionstälchen sind ebenfalls geschlossene Waldbestände ausgebildet, die sich scharf gegen das vorgelagerte Niederungsgelände des Xantener Altrheins absetzen. Auf der Höhe des Fürstenberges lag nordwestlich von Birten das bereits erwähnte römische Legionslager Vetera Castra.

Balberger Höhenrücken und Hees umgrenzen in weitgeschwungenen Bogen, der nur bei Grenzdick auf einer Strecke von 1,5 km unterbrochen ist, die Xantener Bucht. Im Osten grenzt die Hees am Steilhang des Fürstenbergs ferner unmittelbar an die Niederungslandschaft des Xantener Altrheins und der Bislicher Insel, so daß im Xantener Raum die für den Unteren Niederrhein charakteristischen Landschaftselemente auf engem Raum nebeneinanderliegen.

Weiter im Süden liegt die weniger hoch emporsteigende *Bönninghardt* (H 0). Auch sie hebt sich aber deutlich aus den umgehenden Niederterrassenebenen und Niederungen heraus und zeichnet sich wiederum besonders durch ihren höheren Waldanteil aus. Das größte geschlossene Waldgebiet bildet der Staatsforst der Leucht im Südosten. Auch im mittleren und westlichen Teil (Winkelscher Busch) treten größere Waldflächen auf, die sich vielfach mit den eingestreuten landwirtschaftlichen Nutzflächen eng verzahnen. Am Nordrand ist vor allem die relativ steile Hangzone am Haagschen Berg von Wald bedeckt. Westlich von Alpen sind neuerdings auch einige weit aufgelockerte Nebenerwerbs- und Wohnsiedlungen entstanden.

Durch die 5 km breite Lücke bei Hoerstgen von der Bönninghardt getrennt, erstreckt sich weiter im Süden der *Schaephuysener Höhenzug* (A 5) als weiteres Glied der Stauchwallzone von Norden nach Süden. Mit seinen z.T. aus Lößlehm bestehenden Böden ist er weitgehend in landwirtschaftliche Nutzung genommen, weist aber doch auf seinen Kuppen und stellenweise an den Hängen einige Waldbestände auf. Der über die Höhen verlaufende Wanderweg bietet weite Ausblicke nach beiden Seiten, auf die baumlose Aldekerker Platte im Westen und auf die östlich gelegene Niederterrassenlandschaft, die – abgesehen von einem schmalen westlichen Randstreifen – heute weitgehend von Bergbau, Industrie und Besiedlung überformt ist. Der Schaephuysener Höhenzug tritt in der Landschaft eindrucksvoll in Erscheinung und gehört noch mit zu den Nah-

---

Geschichte und Volkskunde des Kreises Dinslaken am Niederrhein, Beihefte 1 und 2; Duisburg, 1963, und Xanten, 1960.
464 Vgl. K. PAFFEN (1958), S. 224.

erholungsgebieten, die sich in eine gürtelartige Zone rings um das Ruhrgebiet einfügen.

Überblicken wir abschließend noch einmal die Raumeinheiten nach der kulturlandschaftlichen Struktur, wie sie im Bereich außerhalb des Rhein-Ruhr-Verdichtungsraumes erarbeitet und beschrieben wurden, und vergleichen sie mit den naturräumlichen Einheiten, so ist ein enger Zusammenhang festzustellen (vgl. die Karten K1 und K2 und die Aufstellungen der Anlagen A1 und A2). Auch die Grenzen der Untereinheiten decken sich in den meisten Fällen (Ausnahmen: vgl. etwa Abschnitt 3.25, S. 209–213). Das Komplex-Gefüge der Kulturlandschaft ändert sich in starkem Maße gerade an den Stellen, wo auch die wichtigen naturräumlichen Grenzen liegen.

Als Beispiel sei die naturräumliche Westgrenze der Niederrheinischen Sandplatten herausgegriffen, die in der kulturlandschaftlichen Struktur nördlich der Lippe mit der Grenze zwischen der Niederrheinisch-Westmünsterländischen Mark und dem Unteren Niederrhein zusammenfällt. Östlich dieser Grenze wird das kulturlandschaftliche Komplex-Mosaik vor allem durch die wechselnde Anordnung der Komplex-Typen 42, 42W, 44G und 44W bestimmt; und die Komplexe 24G beschränken sich auf kleinere Streifen, die das Gebiet der Hauptterrassenplatten durchziehen (vgl. Karte K2). Westlich der Grenze nehmen dagegen die Typen 22 und vor allem 23R und 24G den größten Teil des Raumes ein (nur vereinzelt auch 22W), wozu erst weiter im Westen und unmittelbar nördlich der Lippe ausgedehnte 01 W-Flächen hinzutreten. Die Grenzlinie am Westrand der 40er Typen wird noch durch einen fast geschlossenen Streifen der bewaldeten 42 W-Flächen, die im Landschaftsbild eine wirkungsvolle Trennzone im Hangbereich bilden, besonders markiert. Die naturräumliche Grenze wird hier also insbesondere durch die großräumige Verteilung der Haupt-Bodennutzungsarten verschärft.

# E Verdichtungsraum und Naherholungsgebiete

## 1 DIE NAHERHOLUNGSGEBIETE DES RUHRREVIERS

### 1.1 Überblick über die kulturlandschaftliche Struktur des Gesamtraumes

Überschauen wir noch einmal das kulturlandschaftliche Gefüge, wie es sich seit der Mitte des vorigen Jahrhunderts entwickelt und insbesondere in den letzten Jahrzehnten Gestalt gewonnen hat, so ergibt sich eine deutliche Polarität zwischen dem Kernraum des Ruhrgebiets einerseits und den in Industrialisierung und Besiedlung stärker aufgelockerten Teilen außerhalb dieses Kernraums. Bei den letzteren ist dann noch einmal zu unterscheiden zwischen den Räumen, die, wenn sie sich auch von dem kompakten Kernraum des Reviers deutlich absetzen, doch schon in stärkerem Maße von Industrie- und Siedlungskomplexen durchsetzt sind, und den im wesentlichen noch im ländlichen Gepräge verharrenden, ruhigeren Außenzonen, in die sich nur inselartig kleine und mittlere Zentren einfügen.

Es ist also ein zweigestufter Intensitätsabfall nach außen hin festzustellen, der auch durch die Durchschnittszahlen der Bevölkerungsdichte bestätigt wird. Im Kernraum des Ruhrgebiets liegen die über größere Teilräume hinweg ermittelten durchschnittlichen Dichtezahlen fast durchweg über 2000 und größtenteils über 3000 Einwohnern pro qkm (vgl. auch Abb. 38):

| | | |
|---|---|---|
| Hellweg-Zone | ca. | 1 500 000 Einw. auf 410 qkm |
| Emscher-Zone | ca. | 1 050 000 Einw. auf 330 qkm |
| Ruhr-Emscher-Mündungsrevier | ca. | 1 000 000 Einw. auf 280 qkm |
| Vestische Zone (des Nordreviers) | ca. | 220 000 Einw. auf 75 qkm |
| Dinslakener Revier (des Nordwest-Reviers) | ca. | 80 000 Einw. auf 35 qkm |
| Kernraum des Ruhrgebiets insgesamt | ca. | 3 850 000 Einw. auf 1130 qkm |

Nach außen sinken die Dichtezahlen dann in dem zweiten Gürtel auf Werte ab, die etwa um 1000 herum pendeln. Dazu gehören einmal die Randteile des Ruhrgebiets, die sich an den Kernraum anfügen, außerdem aber auch die sich südlich an das Ruhrrevier anschließenden Gebiete, die als selbständige Raumeinheiten dem Verdichtungsraum Rhein-Ruhr einzuordnen sind und in die sich mit Wuppertal und Hagen zwei kleinere Ballungskerne einfügen:

Randteile des Ruhrgebiets:

| | | |
|---|---|---|
| Ruhr-Zone | ca. | 250 000 Einw. auf 210 qkm |
| Nord-Revier ohne Vestische Zone | ca. | 280 000 Einw. auf 360 qkm |
| Ost-Revier | ca. | 350 000 Einw. auf 350 qkm |
| Nordwest-Revier ohne Dinslakener Revier | ca. | 70 000 Einw. auf 85 qkm |
| Linksrheinisches Revier | ca. | 150 000 Einw. auf 140 qkm |
| Randteile des Ruhrgebiets insgesamt | ca. | 1 100 000 Einw. auf 1145 qkm |
| Bergisch-Märkisches Hügelland | ca. | 1 100 000 Einw. auf 800 qkm |

Im Außengürtel mit seinen ländlichen Zonen sinken die Werte dann noch einmal beträchtlich ab und bleiben hier im Durchschnitt unter 400, häufig sogar unter 200. Die folgenden Zahlen beziehen sich auf die auf den beigefügten Karten erfaßten Teilräume:

| | | |
|---|---|---|
| Ostbergisch-Märkische Hochflächen | ca. | 200 000 Einw. auf 635 qkm |
| Ostniedersauerland | ca. | 90 000 Einw. auf 225 qkm |
| Niederrheinisch-Westmünsterländische Mark | ca. | 100 000 Einw. auf 1100 qkm |
| Unterer Niederrhein | ca. | 65 000 Einw. auf 600 qkm |

Dieser grundlegenden Dreigliederung ist auch im Landesentwicklungsplan I der nordrhein-westfälischen Landesplanung Rechnung getragen, der am 28. November 1966 aufgestellt und mit Erläuterungsbericht im Ministerialblatt Nr. 186/1966 vom 27. Dezember 1966 bekanntgegeben wurde. Darin wird das Landesgebiet in Ballungskerne, Ballungsrandzonen und Ländliche Zonen eingeteilt. Die nach Bevölkerungsstruktur und Entwicklungstendenzen unterschiedenen Zonen sind in dem am 7. Mai 1962 aufgestellten und am 7. August 1964 im Ministerialblatt Nr. 107/1964 vom 31. August 1964 bekanntgemachten Landesentwicklungsprogramm wie folgt definiert:

> „a) Ballungskerne sind Gebiete städtischer Siedlungsstruktur, deren Bevölkerungsdichte 2000 Einwohner je qkm übersteigt oder in absehbarer Zeit übersteigen wird und deren Flächengröße wenigstens 50 qkm beträgt.
>
> b) Ballungsrandzonen sind Gebiete, die sich an die Ballungskerne anschließen und im Gesamtdurchschnitt eine Bevölkerungsdichte von etwa 1000 bis 2000 Einwohnern je qkm aufweisen oder in absehbarer Zeit aufweisen werden.
>
> c) Ländliche Zonen sind Gebiete, die in ihrer Gesamtheit überwiegend land- und forstwirtschaftlich genutzt werden. Sie umfassen auch städtische Verflechtungsgebiete sowie Industrie- und Zentralorte."

Als städtische Verflechtungsgebiete sind im Landesentwicklungsplan I solche Gebiete innerhalb der Ländlichen Zonen dargestellt, „die 50 000 und mehr Einwohner haben oder in absehbarer Zeit haben werden und zentralörtliche Bedeutung für einen über ihre Grenzen hinausgehenden Versorgungsbereich haben."

Die im Landesentwicklungsplan I erfolgte Abgrenzung der drei unterschiedenen Zonen[465] entspricht im wesentlichen der oben angegebenen und im vorigen Kapitel im einzelnen erläuterten Gliederung, wenn man davon absieht, daß sich im Landesentwicklungsplan gewisse Verschiebungen dadurch ergeben, daß dort jeweils die Gemeindegrenzen für alle Abgrenzungen zugrundegelegt sind. Die Ballungsrandzone endet dort auch östlich von Schwerte und Hemer, während dazwischen der Keil einer Ländlichen Zone bis an den Ostrand des Hagener Ballungskerns vorgreift; der im Landesentwicklungsplan I gewählte Ostrand der Ballungsrandzone südlich des Ruhrgebiets entspricht also im Grundsätzlichen der in dieser Abhandlung näher beschriebenen Ostgrenze des Bergisch-Märkischen Hügellandes. Weiter im Norden ist der Außenrand der Ballungsrandzone östlich von Unna und Hamm-Uentrop gezogen und deckt sich also mit der hier beschriebenen Ostgrenze des Ruhrgebiets. Auch die Nordgrenze der Ballungsrandzone nördlich des Ruhrgebiets zeigt im Grundsätzlichen eine Übereinstimmung mit der hier gewählten und begründeten Grenzlinie. Allerdings ergeben sich im Kartenbild dadurch gewisse Verschiebungen, daß jeweils die Gemeinden noch mit ihrer gesamten Fläche einbezogen sind, auch wenn sie mit umfangreichen Teilen in benachbarte geschlossene Waldgebiete eingreifen, wie bei den südlichen und westlichen Randgemeinden der Haard und des Hünxe-Kirchheller Waldes. Darüber hinaus liegt eine Abweichung im Falle von Wulfen vor, das im Landesentwicklungsplan bereits in die Ballungsrandzone eingeordnet ist, obwohl dies der oben gegebenen Definition nicht entspricht. Weiter westlich ist auch Wesel noch in die Ballungsrandzone eingeordnet, während ein schmaler Streifen am Rhein entlang bei Orsoy als Ländliche Zone dargestellt ist; hier entspricht also die Wahl des Randes der Ballungsrandzone wieder der auch in dieser Abhandlung gewählten und im einzelnen begründeten Grenzführung.

## 1.2 Erholungsanlagen und Erholungsgebiete in ihren Beziehungen zu den Strukturgürteln

Wenn wir nun die Erholungsanlagen und Erholungsgebiete (vgl. Abschnitt C2) in die eben skizzierten großen Strukturgürtel einordnen, so ergeben sich bezeichnende Zusammenhänge.

Das innere Ruhrrevier, der oben näher beschriebene Kernraum des Reviers, ist wesentlich erfüllt von den Bergbau-, Industrie- und Siedlungskomplexen und von dem dichten, vielverzweigten Netzwerk der Verkehrsanlagen. Der Anteil größerer Freiflächen, die sich vorwiegend in den Nord-Süd-Streifen des regionalen Grünflächensystems konzentrieren (vgl. Karte K 2), ist relativ gering. Manche dieser Freiflächen, die nicht rein landwirtschaftlich genutzt werden, haben die Funktion nahegelegener kleiner Erholungsräume, die in starkem Maße auch an Wochentagen genutzt werden. Zu ihnen gehören auch einige Waldflächen, die erhalten geblieben sind und als Spazier- und Wandergebiete dienen. Dazu kommen parkartig gestaltete Flächen, oft mit besonderen Erholungseinrichtungen mannigfacher Art ausgestattet (vgl. zu den folgenden Ausführungen auch die Karte K 3). Zu den bedeutendsten, mit den höchsten Besucherfrequenzen, gehören einige spezifische Großanlagen, die weit über das Ruhrgebiet hinaus bekannt geworden sind (Gruga-Park Essen, Westfalenpark Dortmund, Sportpark Duisburg-Wedau, Romberg-Park Dortmund mit Botanischem Garten, Ruhr-Zoo Gelsenkirchen, Tierpark Duisburg).

Die Gruga ist im Jahre 1929 entstanden („Große Ruhrländische Gartenbau-Ausstellung"). Zur „Reichsgartenschau" 1938 wurde die Fläche fast verdoppelt, nach dem Kriege völlig umgestaltet und in den letzten Jahren erneut wesentlich verändert und vergrößert. Sie umfaßt jetzt 80 ha.[466]

Der Dortmunder Westfalenpark entstand zur Bundesgartenschau 1959 und bildet ein Glied in dem vom Ardey bis zur Stadtmitte reichenden Grünzug. Er wird im Süden von der Hörder Hütte begrenzt und vom Florian-Turm mit dem in

---

465 Vgl. auch Nordrhein-Westfalen-Programm 1975; herausgegeben vom Ministerpräsidenten des Landes Nordrhein-Westfalen; Düsseldorf, 1970; S. 80 (Abdruck des Landesentwicklungsplans I).

466 Nach freundl. Mitteilung des Essener Gartendirektors Klausch vom 30.4.1970.

135 m Höhe eingebauten rotierenden Restaurant überragt. Der Westfalenpark umfaßt heute 70 ha.[467]

Zu den genannten Großanlagen treten weitere Parkflächen, die ebenfalls von den städtischen Gartenämtern betreut werden. Die öffentlichen Park- und Erholungsanlagen umfaßten 1968/70 in Dortmund 468 ha, in Essen 300 ha, in Bochum 181 ha, in Gelsenkirchen 368 ha (einschl. Waldparks und Zoo).[468]

Zur Zeit sind mehrere „Revierparke" im Aufbau begriffen, Freizeitparke im Innern des Ruhrgebiets, Sport- und Spielparke inmitten einer landschaftspflegerisch gestalteten Umgebung. Sie sollen Kontaktraum und „Freizeitkombinat für alle Altersklassen darstellen, eine Kombination von zahlreichen und vielfältigen Freizeiteinrichtungen für die aktive und passive, sonderlich aber für die aktive Freizeitgestaltung, d.h. für die spielerische bis sportliche, für die experimentelle bis produktive, d.h. schöpferische Freizeitgestaltung." (H. A. MITTELBACH 1969b, S. 349). Außerdem sollen die Parke aber auch den Ruhebedürftigen Entspannungsmöglichkeiten bieten. Die Anlagen werden durch den Siedlungsverband Ruhrkohlenbezirk gemeinsam mit den jeweiligen Städten gebaut und betrieben.

Der erste Revierpark, Gysenberg in Herne, wurde am 4.6.1970 eröffnet. Er hat eine Flächengröße von 21 ha und umfaßt u.a. 20 Spielfelder für Hand-, Faust-, Fuß-, Basket- und Volley-Ball, 7 Freiplätze für Großschach, Mühle, Dame, Boccia, 3 Kinderspielplätze, 1 großen Wasserspielplatz, 1 Sportfestanlage, 1 Rollschuhbahn mit Tribünen, Geselligkeitszone für Konzert und Tanz, Hobby- und Sondergärten, Spiel- und Liegewiesen, außerdem ein temperiertes Frei- und Wellenbad, ein Freizeithaus mit Hobby-, Spiel- und Vortragsräumen und komb. Gymnastik- und Veranstaltungssaal, eine Mehrzweck-Sporthalle, eine gewerbliche Sportzone mit Go-cart-Bahn, Kinderautobahn, Gartenkegelbahn, Tischtennisplätzen und Minigolfanlage, und mehrere Restaurants. In der Nähe befindet sich ein Tierpark und der Stadtwald Gysenberg mit 53 ha zusammenhängender Waldfläche, von 16 km Waldwegen durchzogen.[469] Nach Stichprobenzählungen der Stadt Herne wird die Gesamt-Besucherzahl im ersten Jahr auf etwa 1 Million geschätzt.[470]

Weitere Anlagen dieser Art sind geplant bzw. schon im Aufbau begriffen. Am weitesten fortgeschritten ist der Aufbau des Revierparks Nienhausen in Gelsenkirchen, dicht an der Essener Stadtgrenze gelegen. Weiter westlich sollen entsprechende Anlagen im Mattlerbusch (im Norden von Duisburg) und in Vonderort (im Emschertal zwischen Oberhausen und Bottrop) entstehen, weiter im Osten ein fünfter Revierpark in Wischlingen (im Westen von Dortmund – vgl. dazu Abb. 39). Die Revierparke sollen im Zentrum des Ballungsraumes liegen, in der Regel etwa 25 bis 30 ha groß sein und nach Möglichkeit an eine größere Grünzone anschließen, so daß ein Erholungsraum von etwa 75 ha innerhalb des stark besiedelten Gebietes entsteht (H. A. MITTELBACH 1969 b, S. 346).

Zu den im Aufbau begriffenen größeren Freizeitanlagen gehört auch die Sechs-Seen-Platte im Südosten von Duisburg, am Außenrand des Kernraumes des Ruhrreviers gegen die südlich anschließenden großen Waldgebiete gelegen.[471]

Die Sechs-Seen-Platte leitet damit bereits zu den umfangreicheren Erholungsflächen über, die sich in die stärker aufgelockerten Außengürtel des Ruhrgebiets einfügen. Hier gibt es auch schon größere Waldflächen, und es bieten sich Möglichkeiten zu längeren Wanderungen in weniger immissionsbelasteten Gebieten. Vor allem spielen Teilflächen der Ruhr-Zone im Süden des Kernraums in dieser Hinsicht eine sehr bedeutsame Rolle. Hier liegen an den Ruhr-Stauseen einige der wichtigsten Erholungsschwerpunkte mit ihren vielfältigen Erholungseinrichtungen, insbesondere auch mit Bade- und Wassersportmöglichkeiten. Ein weiterer Stausee ist südlich der Ruhr-Universität Bochum geplant und soll ebenfalls mit attraktiven Erholungsanlagen versehen werden (vgl. dazu Abb. 39).[472] Im Norden konzentrieren sich verschiedene wertvolle Erholungsflächen in der Vestischen Grünzone; sie verzahnen sich hier wie auch im Süden eng mit den benachbarten Städten und Siedlungskomplexen (vgl. Karte K 3).

Neuerdings sind gerade in diesen aufgelockerten Außenzonen des Ruhrgebiets und auch im angrenzenden Bergisch-Märkischen Hügelland, das ja ebenfalls größtenteils eine Ballungsrandzone darstellt, mehrere kleinere Freizeitstätten geplant oder im Aufbau begriffen (vgl. Abb. 39).

Als Beispiel sei die inzwischen bereits eröffnete „Freizeitstätte Stimbergpark" in Oer-Erkenschwick genannt, die am Außensaum des Ruhrgebiets, unmittelbar vor dem großen Waldgebiet der Haard, errichtet wurde. Es ist eine großzügige Anlage, mit Freibad, Wellenbad und Springerbecken, mit Spiel- und Bolzplätzen, Minigolfanlage, Bocciabahnen u.a. Die Anlage, die für 10–15 000 Besucher Platz bietet, ist in die Hangflächen des Haardrandes eingefügt, wobei die

---

467 Nach freundl. Mitteilung des Städt. Obergartenbaurats Spies vom 4.9.1970.
468 Nach Mitteilungen der städtischen Garten- und Friedhofsämter vom 4.9.1970 (Dortmund), 30.4.1970 (Essen), 10.3.1970 (Bochum) und 3.4.1970 (Gelsenkirchen).
469 Nach Kurzinformation über den Revierpark Gysenberg, herausgegeben von der Revierpark Gysenberg in Herne GmbH am 1.6.1970.
470 Angaben der Revierpark Gysenberg in Herne GmbH.

---

471 Vgl. Abschnitt C 2.32, S. 155–156.
472 Vgl. Abschnitt C 2.32, S. 157–158.

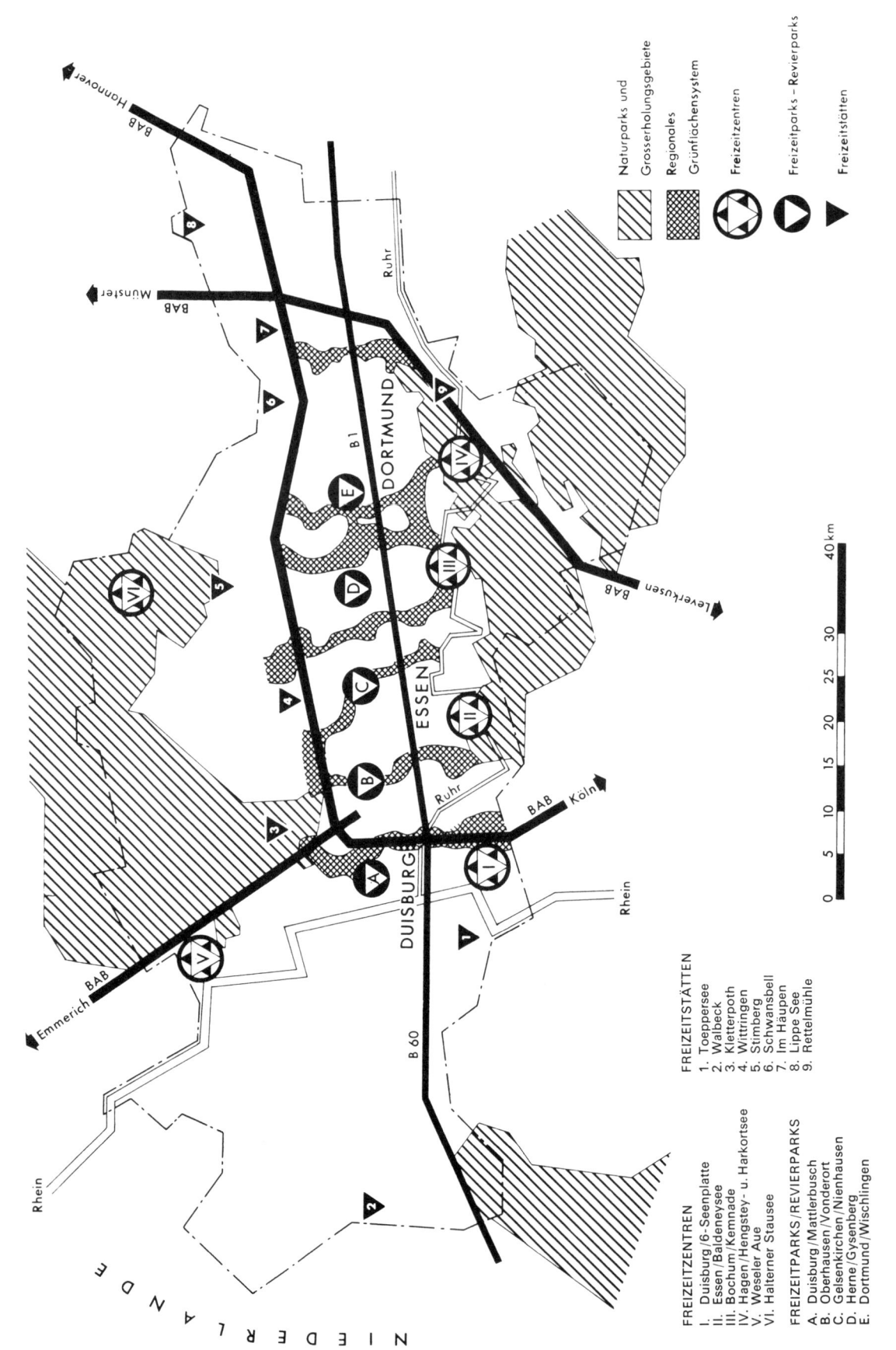

220  E Verdichtungsraum und Naherholungsgebiete

FREIZEITZENTREN
I. Duisburg/6-Seenplatte
II. Essen/Baldeneysee
III. Bochum/Kemnade
IV. Hagen/Hengstey- u. Harkortsee
V. Weseler Aue
VI. Halterner Stausee

FREIZEITPARKS/REVIERPARKS
A. Duisburg/Mattlerbusch
B. Oberhausen/Vonderort
C. Gelsenkirchen/Nienhausen
D. Herne/Gysenberg
E. Dortmund/Wischlingen

FREIZEITSTÄTTEN
1. Toeppersee
2. Walbeck
3. Kletterpoth
4. Wittringen
5. Stimberg
6. Schwansbell
7. Im Häupen
8. Lippe See
9. Rettelmühle

Abb. 39

Schwerpunkte der Erholungsplanung

(Siedlungsverband Ruhrkohlenbezirk 1920–1970: Schriftenreihe Siedlungsverband Ruhrkohlenbezirk, 29, Essen, 1970; Abb. 6 zum Beitrag von W. PFLUG: Landespflege durch den Siedlungsverband Ruhr-Kohlenbezirk)

ausgelichtete Waldzone den Besuchern schattige Liegewiesen bietet.⁴⁷³

Von diesen Verzahnungsgebieten in den äußeren Teilräumen des Ruhrreviers, in denen die Grün- und Erholungsflächen immer wieder von größeren Industrie- und Siedlungskomplexen durchsetzt und begrenzt werden, bestehen dann Verbindungen nach außen, d.h. zu den außerhalb des Ruhrgebiets gelegenen Räumen, die heute zum Teil stark von den Erholungsfunktionen geprägt werden. Die Erholungsgebiete bilden in diesem Außengürtel vielfach größere, zusammenhängende Bereiche; und Ausbuchtungen von ihnen reichen randlich in die aufgelockerten Randzonen des Ruhrgebiets hinein. In diesen inneren, dem Kernraum des Ruhrgebiets zugewandten Bezirken der großen Erholungsgebiete des Außengürtels spielt sich am Wochenende ein besonders starker Erholungsverkehr ab; und diese Teile besitzen heute vielfach zugleich bereits Feierabend-Erholungsfunktionen (vgl. Karte K 3). Erst nach außen setzt sich dann der Charakter der eigentlichen Wochenend-Erholungsgebiete mehr und mehr durch. Eine interessante Zwischenstellung nehmen Teilgebiete in der Nähe des bergisch-märkischen Kernraumes ein, die Feierabend-Erholungsgebiete für die benachbarten Städte darstellen, zugleich aber auch für den Wochenend-Erholungsverkehr des Ruhrgebiets Bedeutung besitzen.⁴⁷⁴

In den hier betrachteten Räumen spielt die Ferien-Erholung bislang eine untergeordnete Rolle. Nur sporadisch fügen sich einige Hotels, Gasthöfe und Fremdenpensionen in den Grünen Ring des Reviers ein. Eigentliche Fremdenverkehrsorte gibt es nicht; ihr Bereich beginnt erst weiter außerhalb, vor allem im Süden und Südosten im Bergisch-Sauerländischen Gebirgsland.⁴⁷⁵

Die beschriebenen Flächen außerhalb des Kernraumes des Ruhrreviers stellen im einzelnen recht verschiedenartige Typen von Erholungsanlagen bzw. Erholungsgebieten dar. Es gibt zunächst einmal die eigentlichen Erholungsschwerpunkte an den großen Stauseen des unteren Ruhrtals (Hengsteysee, Harkortsee, Baldeneysee, Kettwiger See) und am Halterner Stausee. Sie besitzen Einrichtungen, die auf eine massierte Inspruchnahme und z.T. auf „Rummel" abgestimmt sind, wie Badeanstalten und Wassersporteinrichtungen, Campingplätze und vielfältige andere Einrichtungen für Spiel- und Betätigungsmöglichkeiten im Freien. Sie dienen in starkem Maße der „Massenerholung". Für die Zukunft zeichnen sich an einzelnen Stellen Möglichkeiten für die Entstehung weiterer Erholungsschwerpunkte ab (Weseler Aue, Schwarze Heide zwischen Dinslaken und Kirchhellen, Hausdülmener Seenplatte, Kemnader See südlich der Ruhr-Universität Bochum); Ansätze sind hier z.T. schon vorhanden. Daneben gibt es kleinere Zentren des Erholungsverkehrs, die ebenfalls an wettermäßig begünstigten Wochenenden viele Menschen anlocken; auch sie weisen außer Gaststätten meist ein Angebot verschiedenartiger Erholungsmöglichkeiten auf, wenn auch nicht im gleichen Umfange wie an den großen Schwerpunkten (vgl. dazu im einzelnen Abschnitt C2.2). Weitere Konzentrationen des Erholungsverkehrs zeigen sich an den Freibädern, in den Gaststätten- und Einkehrbereichen, an bekannten Ausflugszielen und an den mit öffentlichen Parkplätzen und Parkstreifen ausgestatteten Durchgangsstraßen im Bereich der Erholungsgebiete.

Abseits dieser Schwerpunkte und Konzentrationsbereiche liegen die Wander- und Ruhezonen. Außer mehr oder weniger geschlossenen Waldkomplexen kommen hierfür auch agrarisch geprägte Bereiche in Betracht, sofern sie von Waldparzellen, Baum- und Buschgruppen, Hecken und Einzelbäumen durchsetzt sind; besonders ihre Kontaktzonen zu den Waldgebieten erfreuen sich großer Beliebtheit. (vgl. dazu im einzelnen Abschnitt C 2.2, S. 136–137). Dabei ist das Mosaik der kulturlandschaftlichen Komplexe in den einzelnen Erholungsgebieten entsprechend dem unterschiedlichen Charakter der kulturlandschaftlichen Raumeinheiten in der Umgebung des Ruhrgebiets recht verschiedenartig.

Die großräumigen Erholungsgebiete im Bereich der Niederrheinisch-Westmünsterländischen Mark sind durch die wechselvolle Gruppierung von Waldflächen und landwirtschaftlich genutzten Gebieten, meist mit sandigen Böden, gekennzeichnet. Auch die in ackerbaulicher oder Grünlandnutzung stehenden Flächen sind von Hecken, Gehölzen und kleinen Waldparzellen durchsetzt und werden von verstreut liegenden oder zu lockeren Gruppen vereinigten landwirtschaftlichen Betrieben aus bewirtschaftet. Die vorherrschenden ebenen bis flachwelligen Platten sind von breiten Talauen und Niederungen umgeben und werden ihrerseits im östlichen

---

473 Nach dem Prospekt „Oer-Erkenschwick – Freizeitstätte Stimbergpark", herausgegeben von der Stadt Oer-Erkenschwick; Recklinghausen, 1968.
474 Vgl. Zählergebnisse S. 145–146.
475 Vgl. Abschnitt C 2.1, S. 129.

und nordöstlichen Teil von meist bewaldeten wellig-flachhügeligen Komplexen durchsetzt.

Ein anderes Gepräge zeigen die Erholungsgebiete des Unteren Niederrheins. Die oft von Grünland eingenommenen Rheinauen und die feuchten, von Baumgruppen und z.T. von Wäldern durchsetzten Niederungen und Bruchzonen, die den Niederterrassenebenen eingefügt sind, stehen hier den bewaldeten Dünenkomplexen und den flachkuppig-welligen Stauchmoränen mit den angrenzenden Sanderflächen gegenüber.

Im Bergisch-Märkischen Hügelland und im Ostniedersauerland sind die Erholungsgebiete durch die hügeligen Oberflächenformen geprägt, in weiten Bereichen speziell durch die schmalen Höhenrücken (Härtlingsrücken, Eggen), die vielfach noch bewaldet sind oder Waldreste tragen. In das stellenweise von Tälern relativ stark zerschnittene Gebiet fügen sich in einigen Teilbereichen auch größere Waldflächen ein.

Die Erholungsgebiete der Ostbergisch-Märkischen Hochflächen erhalten ihr spezifisches Gepräge durch die vertikale Dreigliederung in die noch stark agrarisch bestimmten Hochflächen (mit hohem Grünlandanteil), die bewaldeten, breiten Hangzonen mit den eingeschnittenen Nebentälchen und Siepen, und die schmalen, von Gebäudegruppen durchsetzten Wiesenbänder der Talsohlen. Im Bereich der stark industrialisierten und besiedelten Mittelbergischen Hochflächen beschränken sich die Erholungsgebiete dagegen im wesentlichen auf die bewaldeten Hangzonen.

Durchmustern wir die bei der Untersuchung der kulturschaftlichen Struktur erarbeiteten Komplex-Typen (vgl. Karte K 2) im einzelnen im Hinblick auf ihre Erholungseignung!

In der Niederrheinisch-Westmünsterländischen Mark und in kleineren östlich und südöstlich angrenzenden Teilbereichen sind es außer den Wald-Komplexen 01 W, 22 W, 24 W, 41 W, 42 W, 44 W, 51 W, 52 W, 53 W, 54 W, 61 W und 65 W insbesondere diejenigen Komplex-Typen, die sich durch viele eingestreute Gehölze, Hecken und kleine Waldparzellen und durch fehlende oder nur in geringem Maße eingefügte nichtlandwirtschaftliche Bebauung auszeichnen: 14 G, 24 G, 42, 44 G, 51, 52, 54 G, 61, ferner z.T. auch 22, 25, 53, 55 und 65. Diese Bereiche erfüllen — abgesehen von den Teilgebieten, die von stärkerer nichtlandwirtschaftlicher Bebauung durchsetzt sind — weithin die in Abschnitt C 2.2, S. 136–137 herausgestellten Vorbedingungen für die Erholungseignung. Besonders günstig sind wechselnde Kombinationen der Wald-Typen W mit den mit hohem Grünland-Anteil ausgestatteten G-Typen und den übrigen, vorwiegend ackerbaulich genutzten Flächen — Kombinationen, wie sie gerade in der Niederrheinisch-Westmünsterländischen Mark häufig vorkommen.

Im Bereich des Unteren Niederrheins kommen vor allem die Komplex-Typen 01 W (Dünenwälder), 52$_S$ W und 55$_S$ W, dazu teilweise 52$_S$ und 55$_S$ (Stauchmoränen und Sanderflächen), ferner kleinere Teile der Typen 13$_R$, 14$_R$ G (Rheinauen) sowie 23$_R$ und 24 G (Niederterrassenebenen mit eingefügten Niederungen) in Betracht.

Im Haarstrang beschränken sich die für die Erholung geeigneten Flächen auf kleine Teile des Komplex-Typs 66. In den vorderen Hügelland-Zonen des Bergisch-Sauerländischen Gebirges (Bergisch-Märkisches Hügelland und Ostniedersauerland) sind vor allem größere Teile der Komplex-Typen 73, 73 W, 77, 77 G, 77 W, 78 W und 34 T, vereinzelt auch Teile von 75, 76, 76 G, 23 und 24 T für die Naherholung geeignet.

Im südlichen Hochflächenland sind es schließlich wiederum andere Komplex-Typen, außer 34 T vor allem 80 W, 88 G und 89 G, dazu stellenweise auch 87 G und 76 G. Im Bereich der Ostbergisch-Märkischen Hochflächen ist die vielfältige Aufeinanderfolge der Typen 88 G bzw. 89 G, 80 W und 34 T besonders kennzeichnend; diese Typen sind es, die in diesem Raum — von kleineren, stärker besiedelten Teilräumen abgesehen — den Bedingungen für die Erholungseignung voll entsprechen (vgl. Abschnitt C 2.2, S. 136–137).

So läßt sich auf der Grundlage der Einzeluntersuchungen zur kulturlandschaftlichen Struktur (Kapitel D, Karte K 2) nun auch das Gefüge der Erholungsgebiete mit ihrem von Raum zu Raum wechselnden Komplex-Mosaik schärfer erfassen. Die in Betracht kommenden Komplexe bzw. Komplex-Teile sind in der Karte K 3 dargestellt; die dort eingetragenen Typen-Bezeichnungen beziehen sich auf die in Karte K 2 angegebenen Komplex-Typen.

Bei einem Gesamtüberblick schälen sich drei große, mehr oder weniger zusammenhängende Erholungsgebiete besonders heraus (vgl. auch Abb. 1). Im Norden ist es das beiderseits der unteren Lippe gelegene Gebiet, das vom Weseler Raum bis über Haltern hinausreicht und vor allem die Sandgebiete der Niederrheinisch-Westmünsterländischen Mark umfaßt. Im Süden sind es, dem Revier dicht benachbart, zunächst Teile des Bergisch-Märkischen Hügellandes und des Ostniedersauerlandes. Etwas weiter entfernt liegt dann ein geschlossener Bereich südlich der bergisch-märkischen Kernzone, vor allem im Raum der Märkischen Hochflächen.

Daneben sind Flächen kleineren Umfanges im Bereich der Cappenberger Höhen des Mittleren Münsterlandes zu nennen, ferner Teilbereiche des Unteren Niederrheins, (Diersfordt–Wittenhorster Sandplatten, Xantener Bucht mit Umrahmung, Bönninghardt und Schaephuysener Höhenzug mit benachbarten Flächen, sowie Teile der Auenlandschaften des Rheins).

## 1.3 Naturparke und Großerholungsgebiete in ihrer Stellung zu den Verdichtungsräumen (insbesondere zum Ruhrgebiet)

Als im Laufe der 50er Jahre der Erholungsverkehr immer größere Ausmaße erreichte, trat das Problem der Schaffung und Sicherung von Erholungsmöglichkeiten stärker in den Blickpunkt des öffentlichen Interesses.

Der Gedanke der Sicherung und Ausgestaltung von Erholungsräumen für breiteste Bevölkerungsschichten liegt auch den vom Verein Naturschutzpark seit der Mitte der 50er Jahre entwickelten Ideen, die auf die Schaffung großräumiger *Naturparke* abzielten, zugrunde. Nachdem schon vor dem 1. Weltkrieg der „Naturschutzpark Lüneburger Heide" begründet worden war, wurde am 6. Juni 1956 in der Universität Bonn anläßlich der Jahreshauptversammlung des Vereins Naturschutzpark von dem 1. Vorsitzenden A. TOEPFER ein großzügiges Programm zur Schaffung und zum Ausbau von rund 30 Naturparken in der Bundesrepublik vorgelegt. Es sollten großräumige Erholungslandschaften von hohem Rang und Reiz sein, die allen frei zugänglich sind und nach den Bestimmungen des Reichsnaturschutzgesetzes als Natur- und Landschaftsschutzgebiet geordnet und betreut werden. Nach G. ISBARY (1959, S. 6–7) sollte es sich bei den Naturparken um ausgewählte Landschaften handeln, die mit Hilfe der Öffentlichkeit für den Menschen gestaltet werden, Landschaften, „in denen der Stadtbewohner Schönheit, Freude, Frieden und Entspannung und in denen der Landbewohner sein volles Auskommen findet." H. OFFNER definierte 1961[476]:

> „Naturparke sind bevorzugte, in sich geschlossene, weithin durch ihre besondere Schönheit bekannte und daher schützenswerte, großräumige Landschaften, die für die gesamte Landeskultur von entscheidender Bedeutung sind und durch die Pflege ihrer Naturschönheiten sich in hervorragender Weise für die Erholung eignen, wofür geeignete Maßnahmen zur Vermeidung und Beseitigung von Verunstaltungen notwendig oder wünschenswert sind."

Nach den ursprünglichen Plänen des Vereins Naturschutzpark waren für Nordrhein-Westfalen Naturparke in der Nordeifel und im Sauerland (mit den Kerngebieten Arnsberger Wald, Ebbe-Homert und Rothaar) vorgesehen; außerdem sollte der Naturpark Rhein-Westerwald mit dem Siebengebirge noch auf nordrhein-westfälisches Gebiet übergreifen. Alle diese vorgeschlagenen Bereiche liegen vom Ruhrgebiet verhältnismäßig weit entfernt.

Schon bald wurde auf die Notwendigkeit der Ausrichtung der zu schaffenden Naturparke und Großerholungsgebiete auf die Ballungsräume nachdrücklich hingewiesen. So erklärte Staatssekretär TH. SONNEMANN vom Bundesministerium für Ernährung, Landwirtschaft und Forsten am 10. Juni 1958 in einem Vortrag in Frankfurt[477]: „Naturparke erfüllen ihren wichtigsten Zweck als Stätten der Erholung und Ausspannung am besten, wenn sie in möglichst dichter Streuung in der Nähe der sogenannten Ballungsräume angelegt werden."

Auch speziell für das Ruhrgebiet wurden schon 1958 großräumige Erholungsflächen in enger Nachbarschaft gefordert. „Wir brauchen großräumige, zusammenhängende Erholungsflächen, die wie ein grüner Ring den Kernraum des Reviers umgeben, Auffangräume, die nach allen Richtungen hin den Ballungsraum des Innern umkleiden und mit ihm in jeder Hinsicht in polarer Wechselbeziehung stehen. Hier berühren sich die Forderungen des Naturschutzes und der Landschaftspflege mit den Zielen der Planung und der Raumordnung." Es wurde die Schaffung und Sicherung eines Grünen Ringes gefordert, „der nach außen hin in ruhigere Landschaften überleitet und insbesondere im Südosten in breiter Verbindung mit dem wald- und wasserreichen Sauerland steht. Im Innern dieses Ringes aber müssen die grünen Zungen tief in die Ballungsräume hinein vorstoßen und sie in durchgreifenden Linien durchsetzen."[478]

Auf Anforderung der Bundesregierung wurde im März 1959 vom Institut für Raumforschung in Bad Godesberg ein Gutachten erstattet, das sich mit der Frage der Naturparke vom Standpunkt der Raumordnung befaßte. Darin ist eine Reihe von Grundsätzen („Leitlinien") zusammengestellt, von denen in diesem Zusammenhang die folgenden besonders wichtig sind:

Leitlinie 2: Naturparke sind in ihrer Lage und Ausstattung auf die großen Städte und die Ballungsgebiete auszurichten.

Leitlinie 3: Die Ausrichtung der Naturparke auf die großen Städte und Ballungsgebiete erfordert nicht nur die Errichtung von Fern- oder Ferienparken, sondern mindestens gleichrangig auch die von Nah- oder Wochenendparken.

Die Grenze der Nahbereiche der Ballungsräume wurde durch eine Straßenentfernung von 50 km festgelegt. Es wurde außerdem bemerkt, daß „vom Standpunkt der Raumordnung aus Wochenendparke im engeren Umkreis der Bevölkerungsballungen den absoluten Vorrang in der Flächenbestimmung der Randzonen verdienen." (S. 21). Von den innerstädtischen Parkanlagen sollten über mehr

---

476 H. OFFNER (1961/1967), S. 15. Weitere Definitionen: vgl. W. VON KÜRTEN (1963), S. 8–11.

477 Veröffentlicht in der vom Verein Naturschutzpark e.V. herausgebrachten Schrift „Naturparke – eine soziale Verpflichtung".

478 Vortrag W. VON KÜRTEN am 29.10.1958 in Essen; veröffentlicht in „Natur und Landschaft", Mainz, Heft 4/1959.

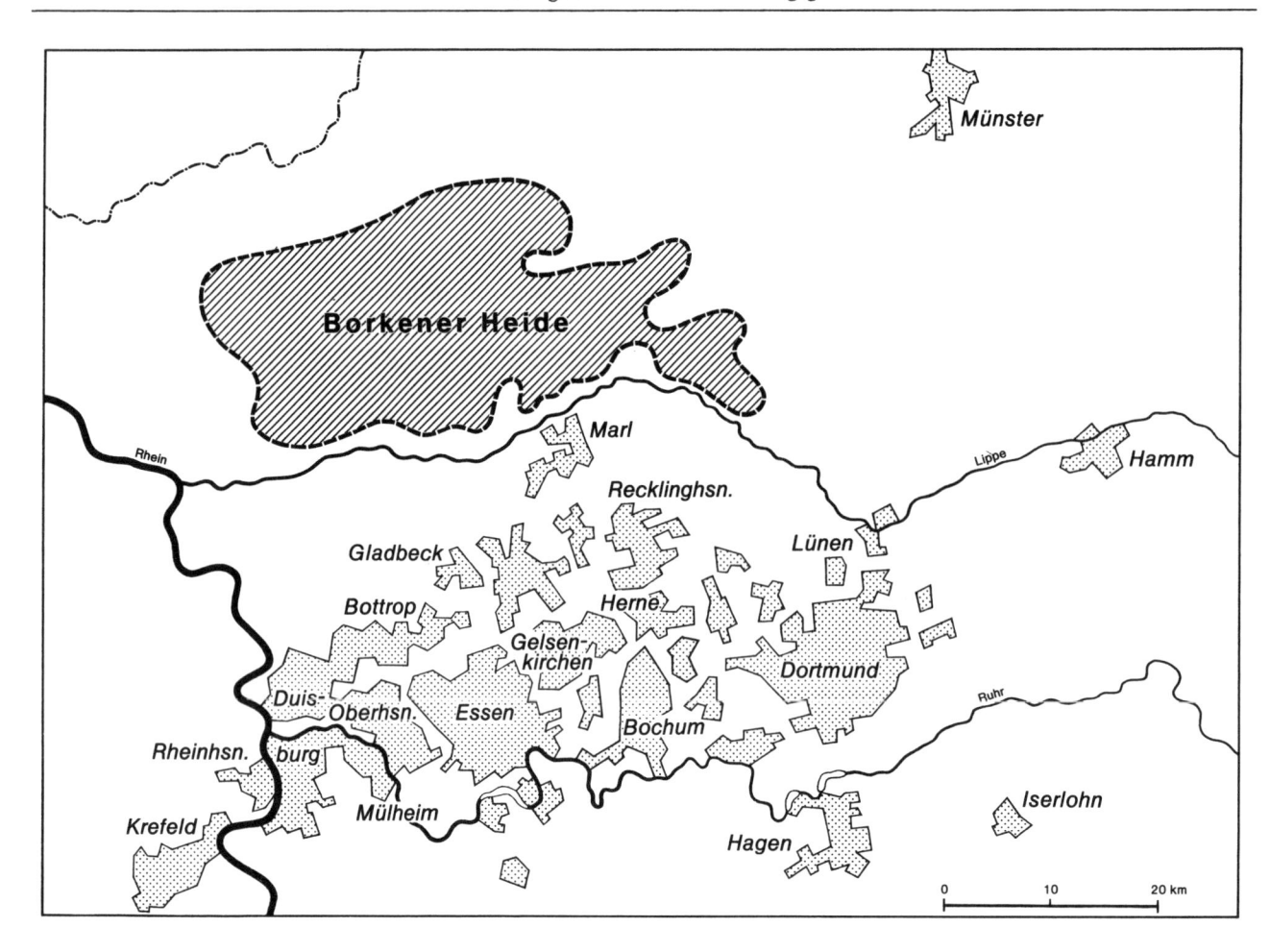

Abb. 40

Naturpark „Borkener Heide"

nach einem Vorschlag des Instituts für Raumforschung 1959

oder weniger breite, keilförmig vom Zentrum ausstrahlende Grünbänder Verbindungen zu den Stadtranderholungsgebieten und nahe gelegenen Naturparken hergestellt werden (S. 13).

Unter den vom Institut für Raumforschung vorgelegten konkreten Plänen für die Einrichtung von Naturparken tauchte nun auch über die ersten Vorschläge des Vereins Naturschutzpark hinaus neben der „Gelderschen Schwalm" und dem „Oberbergischen Land" die „Borkener Heide" an der Nordflanke des Ruhrgebiets nördlich der unteren Lippe auf (vgl. Abb. 40). Während die beiden erstgenannten etwa 60–80 km Luftlinienentfernung von Essen aufweisen, ist das Gebiet jenes Parkes im Norden ganz auf das Ruhrgebiet zugeschnitten.

Auch auf einer von der Arbeitsgemeinschaft Deutscher Beauftragter für Naturschutz und Landschaftspflege einberufenen Tagung in Hamburg wurde am 14.1.1960 u.a. festgestellt: „Die Schaffung von Naturparken ist heute ein Teil des Aufgabenbereiches des Naturschutzes. Hierbei muß der Schwerpunkt auf die Einrichtung von Parken in der Nähe der Ballungsräume (Nahparke) gelegt werden ..."

In den Jahren 1960/61 wurde dann eine Konzeption von *großräumigen Erholungsgebieten bzw. Naturparken* in einem „Grünen Ring" in der engeren Umgebung des Ruhrgebiets mit den Schwerpunkten an der unteren Lippe, im Ruhr-Hügelland und im Bereich der Märkischen Hochflächen entwickelt.[479]

---

[479] Vortrag von W. VON KÜRTEN auf einer Tagung der Beauftragten für Naturschutz und Landschaftspflege aus den deutschen Ballungsräumen am 5. und 6. Mai 1960 in Berlin; wesentlicher Inhalt veröffentlicht in der Zeitschrift „Natur und Landschaft", Heft 11/1960 – Denkschriften W. VON KÜRTEN zur Frage eines Naturparks im unteren Lipperaum (6. September 1960) und betr. Vorschläge für die Einrichtung von Naturparken im engeren Umkreis des Ruhrgebiets (Jan. 1962).
Außer den Naturparken bzw. Erholungsgebieten „Untere Lippe", „Ruhr-Hügelland" und „Märkische Hochflächen" wurden in der Denkschrift vom Januar 1962 auch der Naturpark „Schwalm-Nette" an der holländischen Grenze und ein Gebiet „Niederrhein"

An der Nordflanke kamen die Sicherungs- und Ausgestaltungsmaßnahmen in den folgenden Jahren rasch voran, zumal vom Amt für Landespflege beim Landschaftsverband Westfalen-Lippe in Münster und vom Oberkreisdirektor des Landkreises Borken für den nördlich des Siedlungsverbandes gelegenen Teilraum die Einrichtung eines Naturparks ebenfalls stark betrieben wurde; am 21.3.1963 konnte der Verein Naturpark Hohe Mark begründet werden. Im Süden hat sich die Einleitung entsprechender Maßnahmen verzögert. Aber auch hier wurden die Forderungen und Anregungen des Naturschutzes und der Landschaftspflege grundsätzlich akzeptiert und in die „Grundlagen zur Strukturverbesserung der Steinkohlenbergbaugebiete in Nordrhein-Westfalen (I. Teil: Ruhrgebiet)"[480] übernommen. Es heißt dort u.a.:

„Für die Nah- und Wochenenderholung bedeutsame Gebiete liegen in einer ringförmigen Zone um den Kernraum des Reviers. Viele großräumige Teilgebiete dieses Grünen Ringes sind als Landschaftsschutzgebiete sichergestellt, erfordern jedoch in den nächsten Jahren erhebliche Pflege- und Ausgestaltungsmaßnahmen. Die waldreichen Gebiete beiderseits der unteren Lippe und im Raum Haltern sind inzwischen mit nördlich angrenzenden Teilen des Westmünsterlandes zum Naturpark „Hohe Mark" zusammengefaßt. Dieses wichtige Erholungsgebiet, den Städten des nördlichen Reviers dicht benachbart, umfaßt eine Fläche von ca. 900 qkm ... Weitere wichtige Erholungsgebiete für die Ruhrbevölkerung liegen an der Südflanke des Reviers. Dazu gehören die abwechslungsreichen Landschaften des Ruhr-Hügellandes. Sie reichen vom Duisburger Stadtwald über Kettwig und Werden mit seinen Baudenkmälern, über die Elfringhauser Schweiz und die Kette der Ruhrstauseen bis zum waldreichen Gebiet des Ardeygebirges mit der historisch bedeutsamen Hohensyburg. Das südlich der Städtereihe Wuppertal – Hagen – Iserlohn gelegene, als Naturpark geeignete, gut erschlossene und stark besuchte Erholungsgebiet der Märkischen Hochflächen zeichnet sich durch sein lebhaft gegliedertes Relief mit tief eingeschnittenen Tälern, Wasser- und Waldreichtum und zahlreiche Talsperren aus. Die genannten Grünflächen und Erholungsgebiete sollten durch eine systematische Landschaftspflege in ihrem harmonischen Landschaftscharakter bewahrt, ihrer Funktion entsprechend ausgestaltet und vor unorganischer Bebauung geschützt werden."

Auch in dem am 1.7.1966 vom Siedlungsverband Ruhrkohlenbezirk als Landesplanungsgemeinschaft aufgestellten und am 28.11.1966 von der Landesplanungsbehörde genehmigten Gebietsentwicklungsplan wird der Sicherung, Ausgestaltung und Erschließung der drei gekennzeichneten Großerholungsbereiche im engen Umkreis des Kernreviers (Naturpark Hohe Mark, Ruhr-Hügelland, Märkische Hochflächen) besonderer Wert beigemessen.[481] Es wird dazu bemerkt:

„Alle Erholungsgebiete sind mit vielseitigen Erholungseinrichtungen auszustatten. Neben Zonen größerer Betriebsamkeit sollen Ruhezonen vorgesehen werden. Der Ausbau eines dichten Rad- und Wanderwegenetzes, von Spiel-, Sport- und Zeltplätzen ist anzustreben. Besonders Badegelegenheiten (Freibäder) sind vermehrt zu schaffen. Es ist eine ausreichende Zahl von Parkplätzen anzulegen."

Die für die Erholung in Betracht kommenden Gebiete in der engeren Umgebung der Verdichtungsräume sind heute mannigfachen Gefährdungen und Belastungen ausgesetzt. Die Gefahr der Zersiedlung wurde bereits an anderer Stelle aufgezeigt (Abschnitt C 2.31). Angesichts der augenblicklich verstärkten Ansiedlungstendenzen in den Randzonen der Verdichtungsräume (vgl. Abschnitt B 2.5, S. 106) besteht die ständige Gefahr einer weiteren Einengung oder störenden Durchsetzung auch der besonders wichtigen Naherholungsgebiete. Es muß hier auch auf die Zerstückelung mancher bedeutsamer und bisher noch ruhiger Grün- und Erholungsbereiche in den Randzonen hingewiesen werden, die durch den Ausbau von Autobahnen erfolgt. Naturgemäß sind die neuen großen Verkehrsstraßen auf die Ballungsräume ausgerichtet, und sie verdichten sich gerade in den Ballungsrandzonen in besonderer Weise; gerade hier entstehen auch die größten Kreuzungsbauwerke. Es ist dabei zu bedenken, daß durch die von den Straßen ausgehenden Immissionsbelastungen, insbesondere durch Luftverunreinigung und Lärm, ausgedehnte Flächen betroffen werden. Es ist daher ein wichtiges Anliegen, bei der künftigen Planung der Fernstraßen dafür Sorge zu tragen, daß die wertvollen Naherholungsgebiete, und zwar mit ausreichenden Flächengrößen, geschont werden, weil sie sonst in ihrem Charakter und in ihrer Funktionsfähigkeit zu stark beeinträchtigt würden.

---

im Nordwesten (mit den Stauchwällen und Sanderflächen, mit bewaldeten Dünenflächen und mit den Flußauen und Altwässern beiderseits des Rheins unterhalb von Wesel bis hinüber nach Kalkar und Rees angesprochen (vgl. auch Abb. 1).

480 Heft 19 der Schriftenreihe des Ministers für Landesplanung, Wohnungsbau und öffentliche Arbeiten des Landes Nordrhein-Westfalen, Düsseldorf, 1964 (Denkschrift des durch Kabinettsbeschluß vom 4.10.1960 beauftragten interministeriellen Ausschusses).

481 Vgl. insbesondere Abb. 21 des Gebietsentwicklungsplanes – Erläuterungsbericht, S. 64.

## 1.4 Der Naturpark Hohe Mark im Norden des Ruhrgebiets

### 1.41 Werdegang, Schutz- und Ausbaumaßnahmen.

In dem Vorschlag des Instituts für Raumforschung in Bad Godesberg vom März 1959 wurde für den Naturpark „Borkener Heide" ein Gebiet vorgeschlagen (vgl. Abb. 40), das im Norden bis vor die Tore der westmünsterländischen Städte Bocholt, Borken und Dülmen reichte, im Süden bis zur Eisenbahnlinie Wesel – Dorsten – Haltern und im Osten noch die Borkenberge, nicht aber das Waldgebiet südlich der Lippe umfaßte. Es wurde dazu festgestellt, daß die Einrichtung eines Naturparks hier besonders erwünscht wäre, „ehe diese für die Erholung dringend benötigte Landschaft von anderen Interessen zerstückelt wird."

Nach einer im Auftrage des Vereins Naturschutzpark von F. WEHOFSICH verfaßten landeskundlichen Beschreibung[482] umfaßte das Gebiet des projektierten Naturparks „Borkener Heide", unter Verzicht auf Halterner Stausee und Borkenberge jetzt noch ein wenig weiter nach Norden verschoben und auch noch Borken, Gemen und Velen umfassend, eine Fläche von 556 qkm. Als besonderes Kennzeichen des Raumes wurde der Wechsel zwischen größeren, geschlossenen Waldgebieten und offenen bäuerlichen Kulturlandschaften, die durch jahrhundertelange Pflege zu Parklandschaften geworden sind und durch ihre Weite und Ruhe den Wanderer erfreuen, herausgestellt.

In einer Denkschrift vom September 1960[483] wurde von W. VON KÜRTEN dann besonders die Abgrenzung des Naturparks nach Süden hin untersucht. Es wurde vorgeschlagen, in den Naturpark den Halterner Stausee, die Borkenberge, die Haard und die wichtigen Grün- und Waldzungen des Hünxe-Kirchheller Waldes südlich der Lippe und der Drevenacker Dünen östlich von Wesel einzubeziehen, da gerade diese Bereiche für das Ruhrgebiet als eng benachbarte Erholungsräume von besonderem Wert seien und vorrangig eine entsprechende Sicherung und Ausgestaltung verdienten.

Schon wenige Monate später, im Frühjahr 1961, wurden auf der Grundlage der Denkschrift von der für den südlichen Teil zuständigen Landesplanungsgemeinschaft, dem Siedlungsverband Ruhrkohlenbezirk, diejenigen Teilgebiete gekennzeichnet, die auf Grund von planerischen Überlegungen nicht in die Landschaftsschutzgebiete einbezogen werden sollten; zugleich wurden geringfügige Korrekturen an den Außengrenzen vorgeschlagen, wie sie sich auf Grund landesplanerischer Überlegungen als zweckmäßig erwiesen. Für den südlichen und mittleren Teil des künftigen Naturparks wurden dann auf dieser Basis am 16. Mai 1961 auf einem Termin bei der Landesplanungsbehörde in Düsseldorf die endgültigen Grenzen festgelegt. Die nach Süden bis dicht an den Kernraum des Reviers vorgreifenden waldreichen Grünzungen wurden in das Naturpark-Gebiet einbezogen (vgl. Abb. 41).

---
482 Zusammengestellt vom Institut für Landeskunde in der Bundesanstalt für Landeskunde und Raumforschung in Bad Godesberg, Juli 1960.
483 Vgl. Lit.-Verz. Nr. 180.

In den folgenden Monaten wurde von der Bezirksstelle für Naturschutz und Landschaftspflege in Verbindung mit den Naturschutzbehörden und den Kreisbeauftragten der Entwurf für die Landschaftsschutzgebiete in dem zum Bereich der Landesbaubehörde Ruhr gehörigen Teilgebiet fertiggestellt und im Oktober 1961 den zuständigen Behörden und Stellen überreicht.

Im nördlichen Teil des Naturparks, der zum Bereich der höheren Naturschutzbehörde Münster und der Landesplanungsgemeinschaft Westfalen gehört, wurde ebenfalls in den folgenden Jahren die Abgrenzung festgelegt und die Konzeption der Landschaftsschutzgebiete entworfen.

Im Januar 1962 wurde im Auftrage des Siedlungsverbandes Ruhrkohlenbezirk ein Gutachten von R. KLÖPPER über „Das Erholungswesen im Gebiet des Lippe-Naturparkes – Voraussetzungen – Beobachtungen – Folgerungen" erstattet, in dem insbesondere auch Vorschläge für die Ausgestaltung der einzelnen Teile des Naturpark-Gebiets gemacht wurden.

Als Namen für den Naturpark wählte man die Bezeichnung „Hohe Mark", entlehnt von dem Teilgebiet nordwestlich Haltern, das ein wichtiges Glied im Gesamtraum darstellt.

Am 21. März 1963 wurde der Verein Naturpark Hohe Mark e.V. mit dem Sitz in Haltern gegründet. Er hat den Zweck, „im Zusammenwirken mit den interessierten Stellen im Rahmen der Landesplanung den Naturpark Hohe Mark mit dem Ziel zu fördern, in diesem als Erholungsgebiet besonders geeigneten Raum die Landschaft zu erhalten und zu pflegen, die heimische Tier- und Pflanzenwelt zu schützen und durch geeignete Maßnahmen eine naturnahe Erholung zu ermöglichen" (§ 2 Abs. 1 der Satzung vom 1. Oktober 1964). Bei der Durchführung dieser Aufgaben sollen insbesondere die Belange der Land- und Forstwirtschaft, der Flurbereinigung, der Wasserwirtschaft, der Jagd und Fischerei sowie des Natur- und Landschaftsschutzes berücksichtigt werden (§ 2 Abs. 2). Der Verein soll sich verwenden für den Waldschutz, einen wirksamen Waldbrandschutz und den Schutz vor Übergriffen durch die Besucher, für den Abschluß einer Waldbrandversicherung für die besonders gefährdeten Gebiete, sowie für den Schutz von Gebieten innerhalb des Naturparks mit besonders schutzwürdigen Objekten (§ 2 Abs. 3).

Der Vorstand des Vereins besteht aus dem Regierungspräsidenten in Münster, dem Leiter der Landesbaubehörde Ruhr in Essen, sowie je einem Vertreter des Siedlungsverbandes Ruhrkohlenbezirk, der Landschaftsverbände Westfalen-Lippe und Rheinland, der beteiligten Landkreise Borken, Coesfeld, Dinslaken, Lüdinghausen, Recklinghausen und Rees, sowie des Waldbauernverbandes Nordrhein-Westfalen. Die beiden erstgenannten Vorstandsmitglieder üben in jährlichem Wechsel das Amt des Vorsitzenden und des 1. stellvertretenden Vorsitzenden des Vorstandes aus (§ 9 der Satzung).

Abb. 41

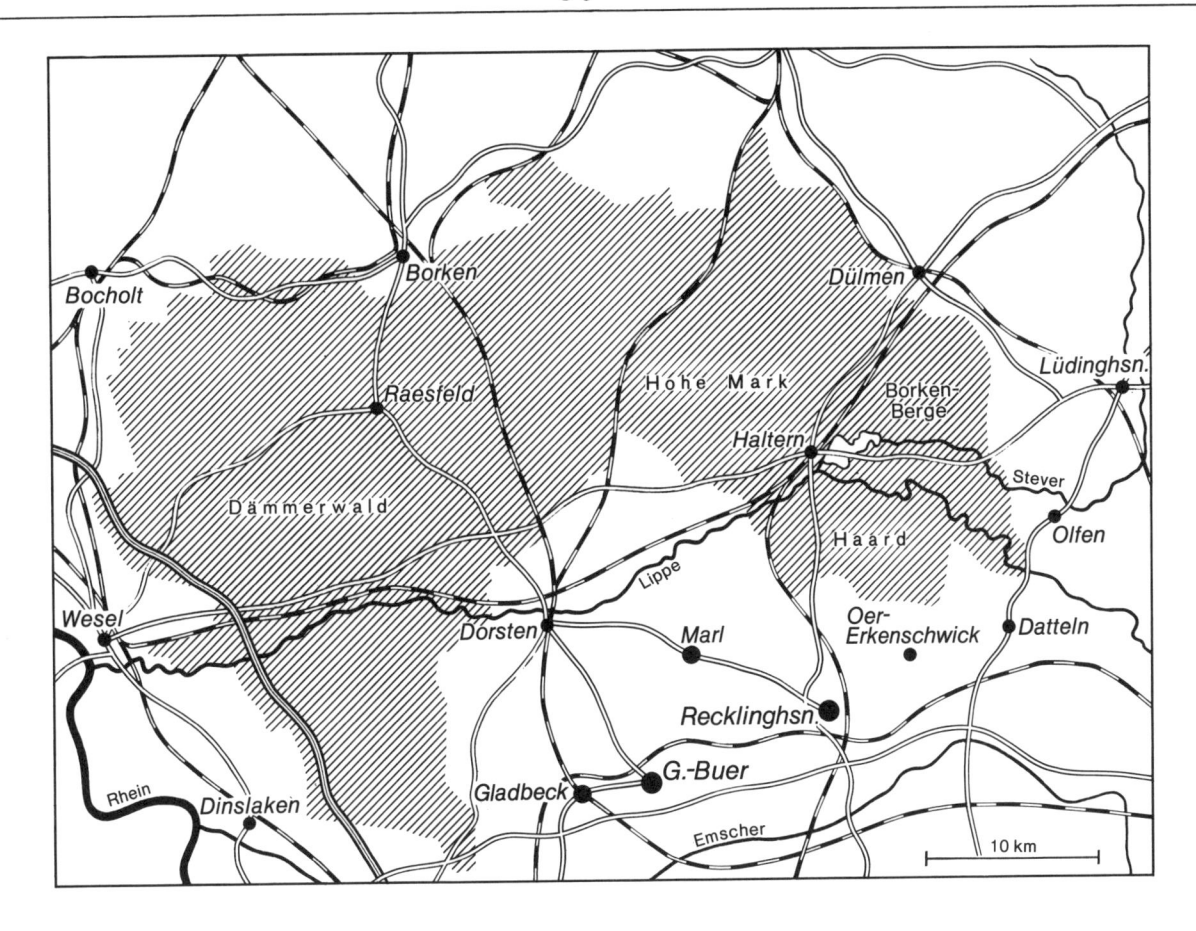

Naturpark Hohe Mark

Besonderes Verwaltungs- und Aufsichtspersonal ist nicht eingesetzt. Die Geschäftsstelle des Vereins Naturpark Hohe Mark e.V. befindet sich bei der Kreisverwaltung des Landkreises Recklinghausen.

Im März 1966 wurde ein Bestands- und Maßnahmenplan aufgestellt. Er beruht für den nördlichen Teil auf Unterlagen der Bezirksplanungsstelle Münster vom März 1965, wobei auch ein vom Amt für Landespflege in Münster durch W. MRASS aufgestellter Landschaftsplan berücksichtigt wurde, und für den südlichen Teil auf Unterlagen des Siedlungsverbandes Ruhrkohlenbezirk aus den Jahren 1962 bis 1964. Dieser Plan bildet die Grundlage für die weiteren Ausbaumaßnahmen.

Die Finanzierung der Ausbaumaßnahmen erfolgt im wesentlichen durch Zuschüsse des Bundes und des Landes Nordrhein-Westfalen, durch Eigenleistungen der im Bereich des Naturparks liegenden Gebietskörperschaften und durch Mitgliedsbeiträge und Spenden von Förderern und Freunden des Naturparks. Über die bisher aufgewendeten Mittel gibt die folgende Tabelle Auskunft[484].

Tabelle 9

Für den Ausbau des Naturparks Hohe Mark aufgewendete Mittel in DM

| Ausbau-Jahr | Aufw. insgesamt | Ausbau-Jahr | Aufw. insgesamt |
| --- | --- | --- | --- |
| 1963 | 144 000 | 1968 | 292 000 |
| 1964 | 363 000 | 1969 | 369 000 |
| 1965 | 473 000 | 1970 | 395 000 |
| 1966 | 326 000 | 1971 | 400 000 |
| 1967 | 117 000 | 1972 | 383 000 |

Aus den Mitteln wurden insbesondere Park- und Rastplätze in den am meisten aufgesuchten Teilen des Naturparks an-

---

484 Nach Angaben der Geschäftsführung des Vereins Naturpark Hohe Mark e.V. vom 13.9.1972.

gelegt und durch geeignete Bepflanzungsmaßnahmen in die Umgebung eingebunden. Es wurden Hinweisschilder, Bänke und Papierkörbe aufgestellt und Wanderwege ausgebaut. Insbesondere wurden in Verbindung mit dem Sauerländischen Gebirgs-Verein, Bezirk Emscher-Lippe, Rundwanderwege von etwa zwei bis zehn Kilometer Länge angelegt, ausgebaut und gezeichnet, die von den Parkplätzen ausgehen und wieder zu ihnen zurückführen; sie stoßen in die landschaftlich besonders wertvollen Teile vor und erschließen den Fußwanderern auch die Oasen der Stille. Ebenso sind für die Beseitigung von Verunstaltungen und für die Bepflanzung von Böschungen und Wegrändern sowie für Pflegemaßnahmen in den eingelagerten Naturschutzgebieten bereits erhebliche Mittel aufgewendet.[485]

In der Aufstellung sind Aufwendungen für die Anlage von Parkstreifen an einigen Landstraßen des Naturpark-Gebiets nicht berücksichtigt, die von den beteiligten Landkreisen aus eigenen Mitteln bestritten wurden. Der Landkreis Borken hat außerdem aus Mitteln des Grenzlandfonds Einrichtungen geschaffen, die dem Naturpark zugute kommen.

### 1.42 Das Gebiet des Naturparks

Der Naturpark Hohe Mark umfaßt Gebietsteile, die sich beiderseits der unteren Lippe vom Niederrheinischen Tiefland bis in die Westfälische Bucht hineinziehen (vgl. Abb. 41). Die maximale West-Ost-Erstreckung, gemessen an der Lippe vom Ostrand der Stadt Wesel bis zur Ruine Rauschenburg zwischen Datteln und Olfen, beträgt 50 Kilometer. Im Norden reicht der Naturpark bis vor die Tore der westmünsterländischen Städte Dülmen, Borken und Bocholt. Mit seinen südlichen Spitzen greift er in das innere Ruhrgebiet vor, und zwar mit seiner südöstlichen Ausbuchtung bis an den Rand der Städte Marl, Oer-Erkenschwick und Datteln, mit seinen südwestlichen Spitzen bis in die Stadtgebiete von Dinslaken, Oberhausen und Bottrop.

Der westliche Teil des Naturparks umfaßt den Hünxe-Kirchheller Wald, das Hünxe-Gahlener Lippetal und die Brünen-Schermbecker Sandplat-

---

[485] Aus Bundesmitteln können nach H. OFFNER (1967, S. 46/47) in den Naturparken folgende Maßnahmen gefördert werden:
a) Bau und Instandhaltung von Wanderwegen,
b) Errichtung und Pflege von Zeltplätzen für Jugendliche und von Parkplätzen einschl. der notwendigen sanitären Anlagen,
c) Beschilderung der Naturparke,
d) Erstellung von Schutzhütten,
e) Landschaftsschutzmaßnahmen (Bepflanzung, Schutz gegen Erosionsschäden, Sicherungen, Absperrungen und Einzäunungen an Steilhängen und Felspartien, Beseitigung von Verunstaltungen, Quellfassungen u.a.),
f) Planungen für Naturparke in besonderen Fällen.

ten so gut wie vollständig, außerdem im Norden noch randliche Teile der Rhede-Krechtinger Talebene und der Vardingholter Sandplatten. Nach Westen sind über die Sandplatten hinaus Randsäume der Oberen Isselebene einbezogen, vor allem die Drevenacker Dünen sowie Teile der Dingdener Flugsandleisten und des Isselbruchs. Viele dieser westlichen Teilgebiete zeichnen sich durch einen hohen Grünlandanteil in den bäuerlichen Kulturlandschaften aus. Dies gilt insbesondere für das Isselbruch und für die Krudenburger Lippeaue, aber auch für große Teile der Brünen-Schermbecker Sandplatten mit ihren wasserstauenden tertiären Tonen und Feinsanden im Untergrund. Ein recht trockenes Gebiet stellt demgegenüber außer den Drevenacker Dünen der im östlichen Teil der Brünen-Schermbecker Sandplatten liegende Freudenberger Wald dar, der im Untergrund aus Halterner Sanden besteht. Auch die weiter östlich liegenden Teile des Naturparks erhalten ihr Gepräge vornehmlich durch die Halterner Sande. Der Wechsel zwischen den bewaldeten oder ackerbaulich genutzten trockenen Platten und wellig-hügeligen Partien und den eingelagerten feuchten Talauen und Niederungen mit ihrem ausgedehnten Grünland gehört weithin zu den besonderen Kennzeichen dieses Raumes. Das Halterner Tal, die Haard, die Borkenberge, die Hohe Mark und die Rekener Kuppen sind wiederum fast ganz in den Naturpark einbezogen, außerdem große Teile der Merfelder Niederung und der Lembecker Sandplatten. Im äußersten Südosten sind auch randliche Teile der Bockumer Hügelwellen erfaßt. Im Osten und Nordosten findet der Naturpark etwa dort seine Grenze, wo das Mittlere Münsterland beginnt.

So erfüllt der Naturpark Hohe Mark wesentliche Teile der Niederrheinisch-Westmünsterländischen Mark. Im Süden bleibt nur die Nördliche Dorstener Talweitung, in der sich mit der neuen Stadt Wulfen in jüngster Zeit eine verstärkte Entwicklung vollzieht, ausgespart. Im Westen greift der Naturpark nur mit relativ schmalen Streifen über die Grenze der Niederrheinisch-Westmünsterländischen Mark in den Bereich des Unteren Niederrheins vor.

Es zeigt sich somit, daß gerade die Niederrheinisch-Westmünsterländische Mark, die selbst größerer städtischer Zentren entbehrt, im Laufe der letzten Zeit in ihren funktionalen Beziehungen eine sich allmählich verstärkende Umpolung auf das Ruhrgebiet erfährt, die durch den zunehmenden Wochenend-Erholungsverkehr und insbesondere durch die

Einrichtung des auf das Ruhrgebiet zugeschnittenen Naturparks Hohe Mark gekennzeichnet wird.

Der ländliche Grundcharakter hat sich in der Kulturlandschaft des Naturpark-Gebiets erhalten. In die vorwiegend bäuerlich bestimmte Landschaft sind nur wenige Dörfer und Ortschaften mit Kleingewerbe und etwas Industrie eingefügt, und viele Wälder verteilen sich in unregelmäßiger Streuung über den Raum. Der Waldanteil beträgt heute insgesamt knapp 35% der Gesamtfläche. Die aus Laub- und Nadelwald gemischten Bestände spiegeln die oft auf kurze Entfernung wechselnden natürlichen Voraussetzungen wider. Auch innerhalb der landwirtschaftlich genutzten Teile schaffen die vielen kleinen Busch- und Waldparzellen, Flurgehölze und Wallhecken abwechslungsreiche Landschaftsbilder. Insbesondere stellen die Kontaktzonen des Acker- und Weidelandes mit den angrenzenden Wäldern und ihren vielen unregelmäßigen Vorsprüngen beliebte Wanderbereiche dar; und von den Höhen und Terrassenkanten bietet sich vielfach ein weiter Ausblick über die vorgelagerten Bereiche mit dem typischen Charakter der „Parklandschaft".

Über die Aufteilung der Gesamtfläche des Naturparks auf die beteiligten Kreise, über den Waldanteil und die Eigentumsverhältnisse um 1965 gibt die folgende Tabelle Auskunft[486]:

Tabelle 10

Der Wald im Naturpark Hohe Mark

| Land-/ Stadtkreise | Größe qkm | Waldanteil qkm | % | Von der Gesamtfläche stehen im Eigentum | | | | | |
|---|---|---|---|---|---|---|---|---|---|
| | | | | des Staates qkm | Wald | der Gemeinden qkm | Wald | von Privaten qkm | Wald |
| Borken | 285,00 | 63,17 | 22,2 | 4,18 | 1,18 | 6,00 | 2,20 | 274,82 | 59,79 |
| Dinslaken | 105,40 | 39,20 | 32,5 | 9,33 | 8,60 | 1,16 | 0,94 | 94,91 | 29,66 |
| Rees | 174,81 | 37,06 | 21,2 | 13,48 | 12,36 | 2,67 | 0,60 | 158,66 | 24,10 |
| Recklinghausen | 318,16 | 168,35 | 52,9 | 7,70 | 5,40 | 14,59 | 7,39 | 295,87 | 155,56 |
| Lüdinghausen | 29,48 | 17,99 | 61,0 | 8,18 | 7,60 | 4,25 | 3,07 | 17,05 | 7,32 |
| Bottrop | 2,96 | 2,90 | 74,3 | – | – | 0,83 | 0,81 | 2,13 | 2,09 |
| Oberhausen | 6,33 | 4,00 | | 3,83 | 3,83 | – | – | 2,50 | 0,17 |
| Coesfeld | 87,06 | 13,63 | 15,7 | 0,58 | – | 1,19 | – | 85,29 | 13,63 |
| Naturpark | 1009,20 | 346,30 | 34,3 | 47,28 | 38,97 | 30,69 | 15,01 | 931,23 | 292,32 |

Infolge der meist geringwertigen Böden ist die Bevölkerungsdichte niedrig geblieben. Das gesamte Naturpark-Gebiet umfaßt heute rund 90 000 Einwohner. Das ergibt eine durchschnittliche Bevölkerungsdichte von etwa 90 Einw. pro qkm, eine Zahl, die so recht die strukturellen Unterschiede gegenüber dem Ruhrgebiet und die im Erholungsverkehr sichtbar werdende Polarität zum Ballungsraum widerspiegelt. Eine Übersicht über Einwohnerzahl und Bevölkerungsdichte in den einzelnen Teilgebieten des Naturparks nach dem Stand vom 30.6.1966 gibt die folgende Tabelle[487]:

Tabelle 11

Größe, Einwohnerzahl und Bevölkerungsdichte im Naturpark Hohe Mark

| Land-/ Stadtkreis | Größe in qkm | Einwohner am 30. 6. 1966 | Bevölkerungsdichte Einw./qkm |
|---|---|---|---|
| Borken | 285,00 | 30 000 | 105 |
| Dinslaken | 105,40 | 10 000 | 95 |
| Rees | 174,81 | 9 000 | 52 |
| Recklinghausen | 318,16 | 37 000 | 116 |
| Lüdinghausen | 29,48 | 300 | 10 |
| Bottrop | 2,96 | 400 | 43 |
| Oberhausen | 6,33 | | |
| Coesfeld | 87,06 | 3 000 | 34 |
| Naturpark | 1009,20 | 89 700 | 89 |

---

486 Nach Angaben der Geschäftsführung des Vereins Naturpark Hohe Mark e.V. in Recklinghausen.

487 Im wesentlichen nach Angaben der Geschäftsführung des Vereins Naturpark Hohe Mark e.V.; die Einwohnerzahl in den Gemeinden, die nur mit Teilbereichen innerhalb des Naturpark-Gebietes liegen, wurde geschätzt.

Besonders bemerkenswerte Elemente sind einige kunstgeschichtlich bedeutsame Wasserburgen und -schlösser, die zu den stark besuchten Ausflugszielen gehören (vor allem Raesfeld, Lembeck, ferner am Nordrand Gemen und Velen). Auch einige andere historisch bedeutsame Bauwerke zählen, wenn auch nicht so stark besucht wie die hervorragenden Wasserschlösser, zu den Sehenswürdigkeiten des Naturparks. Dazu gehören z.B. die ehemalige Klosterkirche Marienthal (ältestes Augustiner-Eremitenkloster auf deutschem Boden), die Kirche des ehemaligen Klosters bzw. Damenstifts Flaesheim, einige Dorfkirchen, z.T. mit romanischen Kirchtürmen, die Michaelskapelle bei Lembeck, die Wallfahrtskapelle auf dem Annaberg bei Haltern, das Kohlhaus an der Lippe (am Ende des Gahlenschen Kohlenweges), mehrere als Baudenkmale sichergestellte Wasser- und Windmühlen, vor allem die Küningsmühle bei Dingden, Reste ehemaliger Lippeschleusen, insbesondere bei Horst. Auch einige frühe Burgplätze und Landwehren sind zu nennen, z.B. bei Raesfeld, Hünxe und Gartrop. Gut erhalten ist noch die Erdhügelburg (Motte) des Hauses Döring seitlich der Straße Borken — Raesfeld, und in Haus Engelrading bei Marbeck ist noch der Ringwall in bemerkenswerter Höhe vorhanden. „So hat der Naturpark kulturell beachtenswerte Zielpunkte, und die Denkmalpflege weiß ihre Objekte hier vor dem sonst allüberall feststellbaren Umbruch gerettet und doch mit Nutzen erfüllt. Die Zusammenarbeit zwischen der Landschaftspflege im Naturpark und der Denkmalpflege zeigt mannigfaltige fruchtbringende Ansatzpunkte."[488]

Viel besucht werden auch die Düwelsteene bei Heiden, der Römersee bei Borken, die Femeiche in Erle, die Wacholderfluren und Heiderelikte, vor allem die Westruper Heide und die Loosenberge, das Hochwildgehege Granat und der Wildpark Frankenhof. Eine Besonderheit im östlichen Teil ist das Wildpferd-Gehege des Herzogs von Croy.

Der Naturpark Hohe Mark ist unter allen in der Bundesrepublik bisher eingerichteten Naturparken derjenige, der wohl am stärksten das Gepräge eines Nah- und Wochenenderholungsparkes besitzt. Seine Besucher kommen in weit überwiegender Zahl aus dem Ruhrgebiet. Einige seiner Großstädte grenzen unmittelbar an die südlichen Ausbuchtungen des Naturparks, der damit Gelegenheit bietet, im Sommer ein bis zwei Stunden nach Feierabend in einer naturnahen Landschaft zu verbringen. Das Netz der Gaststätten und Ausflugslokale ist überwiegend auf den Wochenend-Erholungsverkehr, in seinen südlichen Randzonen aber auch schon auf den Feierabend-Verkehr abgestellt.

## 1.5 Die Erholungsgebiete Ruhr-Hügelland und Märkische Hochflächen an der Südflanke des Ruhrgebiets

Die an der Südflanke des Ruhrgebiets liegenden Erholungsgebiete unterscheiden sich insofern von dem Bereich des Naturparks Hohe Mark im Norden, als hier die ruhigen, naturnahen Flächen immer wieder punkt- oder linienhaft von stärker besiedelten und industrialisierten Komplexen durchsetzt sind. Es schließen sich hier ja an das Ruhrgebiet Bereiche an, die bis hinüber zum bergisch-märkischen Kerngebiet insgesamt noch dem Rhein-Ruhr-Verdichtungsraum zuzuordnen sind. Erst südlich der Linie Schwelm — Hagen — Iserlohn wird der Anteil der stark besiedelten und industrialisierten Teilgebiete wesentlich geringer; und erst hier fügen sich die ländlich geprägten Flächen wieder zu größeren, mehr oder weniger zusammenhängenden Bereichen aneinander.

Im Zusammenhang mit dieser unterschiedlichen Struktur der Erholungsgebiete ist schon früher die Frage erörtert worden, welchen Erholungsgebieten der Rang eines Naturparks zugebilligt werden kann. Es wurde als nicht angängig betrachtet, etwa alle Naherholungsgebiete der Ballungsräume zu Naturparken zu erklären; als eigentliche Naturparke dürften unter ihnen nur solche in Betracht kommen, die „jeweils mehrere von wesentlichen Störelementen unbeeinträchtigte Oasen der Ruhe als bevorzugte Wander- und Erholungszellen mit einer bestimmten Mindestgröße enthalten." Als unterer Grenzwert für die Größe dieser ruhigen Kernzonen wurde für Nahparke eine Fläche von je mindestens 50 qkm bei einem Minimal-Durchmesser von 6 km, für Fernparke eine Fläche von 75—100 qkm bei einem Minimal-Durchmesser von 8 km genannt.[489] Es ist dabei aber zugleich zu betonen, daß auch die nicht in den Rang eines Naturparks erhobenen Naherholungsgebiete wirksam geschützt und gesichert und aus öffentlichen Mitteln gefördert und ausgestaltet werden müssen.

### 1.51 Das Erholungsgebiet Ruhr-Hügelland

Die den südlichen Kernteilen des Ruhrgebiets dicht benachbarten Erholungsgebiete beiderseits der unteren Ruhr bilden ein System von Einzelflächen, die immer wieder von Industrie- und Siedlungskomplexen unterbrochen sind und oft nur über schmale Brücken miteinander in Verbindung stehen. Insgesamt können sie unter dem Namen „Ruhr-Hügelland" zusammengefaßt werden (vgl. Kartenbeilage K 3).

Wegen dieser besonderen Gestaltung, die der Lage innerhalb des Verdichtungsraumes Rhein-Ruhr entspricht, hat das Ruhr-Hügelland nicht den Charakter eines Naturparks. Seine einzelnen Teile stellen aber besonders wichtige Wochenend- und zugleich Feierabend-Erholungsgebiete dar, die, wie die

---

488 Gutachten von F. MÜHLEN über „die Bau- und Kunstdenkmale im Bereich des Naturparks Hohe Mark im Spiegel der geschichtlichen Entwicklung dieses Raumes", 1962 — Manuskript bei der Landesbaubehörde Ruhr in Essen.
489 W. VON KÜRTEN (1963), S. 15.

Zählungen gezeigt haben, außerordentlich stark besucht werden. Einige der bedeutendsten Erholungsschwerpunkte des Ruhrgebiets liegen in dieser Zone; und mit dem geplanten Kemnader Stausee soll hier in Kürze noch ein weiterer nach modernsten Gesichtspunkten entwickelt werden.[490]

Der größte Teil der für das Erholungsgebiet Ruhr-Hügelland in Betracht kommenden Flächen gehört zum Bergisch-Märkischen Hügelland, ein kleinerer östlicher Teil auch zum Ostniedersauerland.

Es sind dies im äußersten Nordwesten wesentliche Teile des Selbeck-Höseler Terrassenlandes, die ihrerseits Verbindung mit den weiter westlich liegenden großen Waldflächen besitzen. Daran schließen sich schmale nördliche Randsäume des Niederbergischen Industriegebiets um Isenbügel und um den Voßnacken. Der mittlere Teil des Hardenberger Tales (zwischen Langenberg und Schloß Hardenberg) leitet dann zum Westmärkischen Hügelland über, das den größten Block innerhalb des Erholungsgebietes darstellt. Im Nordosten sind das Wengerner Ruhrtal und der größte Teil des Ardey einzubeziehen, ebenso schmale Randteile des Hagener Ruhrtals (um Harkort- und Hengsteysee). Schließlich bildet zwischen unterer Lenne und Hönne das Sümmerner Hügelland mit den Iserlohner Vorhöhen und dem größten Teil der anschließenden Hennen-Halinger Ruhrterrassen noch einmal einen zusammenhängenden Block.

Im Nordwesten greift das Erholungsgebiet des Ruhr-Hügellandes an mehreren Stellen in die Ruhr-Zone des Ruhrreviers vor.

Vor allem sind hier wesentliche Teile der Steele-Kettwiger Ruhrtalebene (mit Kettwiger Stausee und Baldeneysee und dem Mintarder Talabschnitt) sowie der nördlichen Ickten-Bredeneyer und der südlichen Kupferdreh-Werdener Ruhrhöhen einzubeziehen. Weiter im Osten greift das Erholungsgebiet bei Blankenstein, Stiepel und Herbede in die Witten-Hattinger Ruhrtalsohle bzw. die südlich und nördlich angrenzenden Terrassen vor.

Auch innerhalb der so umrissenen Grenzen fügen sich wiederholt, stellenweise bandartig in den Tälern, Industrie- und Siedlungskomplexe ein, die vielfach die für die Erholung geeigneten Flächen in Einzelbereiche auflösen. Diese Kleingliederung, ja stellenweise Zerstückelung gehört ebenso wie der hügelige Charakter des Gesamtgebietes, oft mit der charakteristischen Streifen- und Eggenstruktur, zu den besonderen Kennzeichen des Ruhr-Hügellandes. Es ist gerade die enge Verknüpfung der noch relativ dünn besiedelten, naturnahen, mit lebhaft gegliedertem Relief und rasch wechselnder Bodennutzung ausgestatteten, insbesondere auch von vielen Wäldern durchsetzten Flächen mit den von Siedlungen, Verkehrswegen und gewerblichen Anlagen, vor allem mit den Zeugen und Relikten einer langen Kultur- und Wirtschaftsgeschichte

---
490 Vgl. Abschnitt C 2.32, S. 159.

durchsetzten Teilgebieten, die diesem Raum seine besondere Note gibt.

Als Elemente der Erholungslandschaft spielen im Norden, im Bereich des unteren Ruhrtals, vor allem die Stauseen und die Kette der Wasser- und Höhenburgen eine besondere Rolle. Sie gehören zu den wichtigsten Zentren des Erholungsverkehrs und zu den am stärksten besuchten Ausflugszielen des Reviers. Von den Burgruinen, Felsklippen und Aussichtspunkten am Rande des Tals bietet sich immer wieder ein schöner Überblick über den Raum. In den südlichen Teilen des Ruhr-Hügellandes schließen sich dann ruhigere Landschaften an, die vor allem durch die Verzahnung größerer Waldkomplexe mit den fein gegliederten, offenen, von Streusiedlung und einigen Ortschaften durchsetzten, aber sonst noch ländlich geprägten Bereichen bestimmt sind.

In den von der Landesplanungsbehörde bei der Landesregierung in Düsseldorf vorbereiteten Karten für den Landesentwicklungsplan III (Infrastruktur der Freiflächen) ist der Vorschlag des Erholungsgebietes Ruhr-Hügelland berücksichtigt.

Inzwischen ist vom Siedlungsverband Ruhrkohlenbezirk für den zu seinem Zuständigkeitsbereich gehörenden Teilraum ein Bestands- und Maßnahmenplan erarbeitet worden. Ohne die bereits von Spezialplanungen erfaßten Bereiche des Mintarder Ruhrtals und des Kemnader Stausees[491] ist eine Gesamtfläche von 215 qkm berücksichtigt. Es sind die vorhandenen Einrichtungen, die der Erholung zu dienen geeignet sind, sowie Standortvorschläge für neue derartige Anlagen aufgezeigt (vor allem Park- und Picknick-Plätze, Rundwanderwege, Spiel- und Liegewiesen, Campingplätze). Es wird dazu u.a. ausgeführt[492]:

„Das gesamte Planungsgebiet ist durch Nahverkehrsmittel gut erschlossen... Das Planungsgebiet ist umschlossen von 13 Städten mit einer Einwohnerzahl von ca. 3 Millionen. Die Stadtzentren dieser angrenzenden Städte sind nur 5—10 km vom Erholungsgebiet entfernt, eine Entfernung, die sich z.T. sogar zu Fuß, zumindest aber mit öffentlichen Verkehrsmitteln ohne mehrfaches Umsteigen, ohne lange Fahrzeiten und ohne hohe Fahrpreise überbrücken läßt. Und gerade dieser Umstand prädestiniert das Ruhr-Hügelland für die alltägliche Feierabend-Erholung. Das „Ruhr-Hügelland" ist dasjenige Erholungsgebiet, das nicht nur mit Teilgebieten, sondern in seiner Gesamtheit am dichtesten an die Siedlungszentren des Ballungsraumes heranreicht."

In dieser Kennzeichnung spiegeln sich noch einmal deutlich die besonderen Verhältnisse wider, die sich aus der Lage innerhalb des Verdichtungsraumes Rhein-Ruhr ergeben.

---
491 Vgl. Abschnitt C 2.32, S. 159.
492 Erläuterungsbericht zur Planungskonzeption des Siedlungsverbandes Ruhrkohlenbezirk vom Juli 1967 (6 — L 2489/66).

### 1.52 Das Erholungsgebiet Märkische Hochflächen

Noch eindeutiger als der Naturpark Hohe Mark im Norden fügt sich das Erholungsgebiet „Märkische Hochflächen" einer einzigen kulturlandschaftlichen Haupteinheit ein, den Ostbergisch-Märkischen Hochflächen. Und zwar ist es speziell der Teilraum der Märkischen Hochflächen, zu dem der bei weitem größte Teil dieses Erholungsgebietes gehört, so daß sich von daher seine Bezeichnung rechtfertigt. Nur im äußersten Westen greift das Gebiet in den strukturell verwandten Teilbereich der Wupper-Hochflächen über.

Schon außerhalb des Verdichtungsraumes Rhein-Ruhr gelegen, grenzt das Erholungsgebiet der Märkischen Hochflächen doch unmittelbar an die südöstliche Achse des Ballungsraumes, die bergisch-märkische Kernzone, an. Den in ihr gelegenen Städten ist es daher unmittelbar benachbart. Der landschaftlich eindrucksvoll in Erscheinung tretende Nordhang des Hochflächenlandes mit seinem geschlossenen Waldgürtel bildet zugleich die Grenze des Erholungsgebietes; auch im Osten folgt sie der Grenze des Hochflächenlandes gegen die Hönne-Mulde. Im Süden ist die Grenze am Nordrand von Radevormwald, Halver, Brügge, Lüdenscheid und Werdohl gezogen.

Mit der Lage außerhalb des Verdichtungsraumes hängt es zusammen, daß dieses Erholungsgebiet nach seinen Außengrenzen wieder — im Gegensatz zu dem stärker zerfaserten und aufgelösten Bereich des Ruhr-Hügellandes — einen großen Block bildet, der zudem eine recht einheitliche landschaftliche Struktur aufweist (vgl. Kartenbeilage K 3). Immerhin sind aber doch die Märkischen Hochflächen im Vergleich zum Naturpark Hohe Mark in stärkerem Maße von Industrie- und Siedlungsbändern durchsetzt, die an Volme, Lenne und Rahmede sogar durch die ganze Breite des Erholungsgebietes hindurchgreifen.

Die Frage, ob man diesen Raum der Märkischen Hochflächen in den gekennzeichneten Grenzen als echten Naturpark ausweisen sollte, ist angesichts dieser Gegebenheiten schwer zu beantworten. Manches spricht dafür[493]:

> „Die Märkischen Hochflächen liegen unmittelbar am Rande des größten deutschen Verdichtungsraumes.

Zunächst ist dem Rand der Hochflächen im Norden und Nordwesten die wichtigste Industrie-, Siedlungs- und Verkehrsachse des bergisch-märkischen Raumes vorgelagert. Die hier liegenden Städte ... zählen zusammen mit dem am Westrand unmittelbar angrenzenden Stadtgebiet von Remscheid rund 1 Million Einwohner ...

Diesem ersten dichtbesiedelten Streifen fügt sich im Westen und Norden, zum Teil durch weniger dicht besiedelte Bezirke (insbesondere „Ruhr-Hügelland") von ihm getrennt, eine noch breitere und bedeutungsvollere Agglomerations-Zone an. Sie bildet, im groben betrachtet, einen nach Südosten geöffneten Viertelkreis, dessen Zentren sich im Westen um den Rhein, im Nordwesten und Norden um Hellweg und Emscher gruppieren. Die Luftlinien-Entfernungen von diesen Ballungszentren bis zu den jeweils nächstgelegenen Teilen der Märkischen Hochflächen betragen 20–45 km. In dem 1959 erstatteten Gutachten des Instituts für Raumforschung werden die Nahbereiche der Ballungsräume durch 50 km-Entfernungslinien abgegrenzt. Nach den oben angegebenen Entfernungen ordnen sich die Märkischen Hochflächen also eindeutig in die Nah- und Wochenenderholungsgebiete für den großen westdeutschen Ballungsraum ein. Im übrigen wird dies auch durch die am Wochenende auf den Parkplätzen abgestellten Wagen bestätigt, deren amtliche Kennzeichen darauf hinweisen, daß ein erheblicher Teil der Besucher aus den großen Städten an Rhein, Hellweg und Emscher kommt.[494] Dieser äußere Einzugsbereich der Märkischen Hochflächen ... umfaßt etwa 7 Millionen Einwohner.

Für den westdeutschen Ballungsraum werden die Märkischen Hochflächen in Zukunft noch steigende Bedeutung als Naherholungsgebiet gewinnen, wenn der im Gange befindliche Ausbau der in diese Richtung führenden Schnellstraßen abgeschlossen sein wird ...

Gerade im Hinblick auf die zu erwartende künftige Verkehrsentwicklung befinden sich die Märkischen Hochflächen in einem entscheidenden Stadium ihrer Geschichte. Es ist damit zu rechnen, daß auch ihre bisher noch ziemlich ruhigen Kernbereiche in Zukunft in vielfältiger Hinsicht einem verstärkten Druck ausgesetzt sein werden. Schon jetzt müssen daher die Prinzipien für die künftige Weiterentwicklung dieses Raumes festgelegt und die sich daraus ergebenden Folgerungen gezogen werden. Es wäre verhängnisvoll, wenn die Märkischen Hochflächen im Zuge der künftigen Entwicklung ihre für den Gesamtraum so bedeutsamen Ausgleichs- und Erholungsfunktionen allmählich verlieren würden. Das könnte eintreten, wenn man hier eine verstärkte Industrialisierung und Wohnbesiedlung zulassen oder gar fördern würde. Es kommt darauf an, die Funktionsfähigkeit dieses Naherholungsgebiets, insbesondere in seinen noch ruhigen Teilbereichen, nicht durch derartige, nicht zwingend ortsgebundene

---

493 Die folgenden Auszüge sind einer Denkschrift des Verfassers vom Januar 1967 entnommen, die sich speziell mit den Märkischen Hochflächen befaßt (S. 54 ff.). Vgl. Lit.-Verz. Nr. 187.

494 Vgl. dazu auch Abschnitt C 2.2, insbesondere S. 145 und Anlage A 5.

Entwicklungen beeinträchtigen zu lassen. ... Besonders gefährlich wäre eine solche Entwicklung in den Randteilen des Hochflächenlandes, die den städtischen Siedlungskernen in der nördlich vorgelagerten Muldenzone unmittelbar benachbart sind ...

Um die vorrangigen Funktionen, die diese Landschaften im Rahmen des größeren westdeutschen Raumes besitzen, auch für die Zukunft sicherzustellen, ist ihre Einordnung in die oberste Rangstufe der Erholungsgebiete in Nordrhein-Westfalen, d.h. in die Gruppe der Naturparke, anzustreben. Den Märkischen Hochflächen kommt in dieser Hinsicht eine ähnliche Bedeutung zu wie dem inzwischen an der Nordflanke des Ruhrgebiets begründeten Naturpark Hohe Mark."

In einem Erlaß des Ministers für Wohnungsbau und öffentliche Arbeiten des Landes Nordrhein-Westfalen als oberster Naturschutzbehörde vom 6.2.1968 (I/2 – 75.30) wird der Bereich der Märkischen Hochflächen nicht als Naturpark vorgesehen, da „innerhalb des angesprochenen Raumes beachtliche Flächen durch Industrie und Wohnsiedlungen in Anspruch genommen sind und es sich nicht um ein geschlossenes, sondern in mehrere Teilbereiche gegliedertes Erholungsgebiet handelt." Es wird jedoch für sinnvoll und notwendig gehalten, „den Bereich der Märkischen Hochflächen als bevorzugtes Erholungsgebiet anzusehen und zu fördern." Es wird betont, „daß es vordringlich erscheint, diesen Raum als Vorranggebiet für Erholung, insbesondere für die Bevölkerung der nahegelegenen Großstädte zu erhalten und auszugestalten. Die Landesplanungsbehörde beabsichtigt daher, diesen Bereich, soweit er für die städtische Entwicklung nicht in Betracht kommt, in dem z.Zt. in Vorbereitung befindlichen Landesentwicklungsplan III (Freiflächen) als Vorranggebiet für Erholung auszuweisen."

Vom Siedlungsverband Ruhrkohlenbezirk wird zur Zeit für den zu seinem Zuständigkeitsbereich gehörenden Teil des Erholungsgebietes eine Planungskonzeption mit Bestands- und Maßnahmenplan ausgearbeitet. In dem am 1.7.1966 aufgestellten Gebietsentwicklungsplan des Siedlungsverbandes Ruhrkohlenbezirk heißt es für diesen Bereich sowie auch für Teile des Ruhr-Hügellandes:

„Der südliche Teil des Gebietes soll der Land- und Forstwirtschaft vorbehalten und als Erholungslandschaft, die sich über die Verbandsgrenze hinaus erstreckt, gesichert werden. ... Die weitere Siedlungsentwicklung soll sich an den vorhandenen industriellen und gewerblichen Schwerpunkten vollziehen. ... Der weiteren Zersiedlung der Landschaft durch einzelne Gebäude und Gebäudegruppen ist entgegenzuwirken ... Im südlichen Teil des Gebietes, etwa begrenzt durch die Linie Winz – Sprockhövel – Volmarstein – Hagen, darf – außer in bestimmten Bereichen der Städte Ennepetal, Gevelsberg und Schwelm – im Interesse der Land- und Forstwirtschaft, der Erholung und der Wasserwirtschaft eine weitere Siedlungsentwicklung nur zugelassen werden, soweit sie dem gegenwärtigen Charakter des Gebietes entspricht ... Die Erholungsfunktion des Gebietes ist zu erhalten und zu stärken. Das ganze Gebiet ist, mit Ausnahme der Siedlungsschwerpunkte, von regionaler Bedeutung für die Erholung."

Das Erholungsgebiet „Märkische Hochflächen" stellt mit seiner vertikalen Dreigliederung in Hochflächen, Hangzonen und Täler einen Bereich von ausgeprägter Eigenart dar. Mehr als die Hälfte der Fläche ist von Wald bedeckt (vgl. Abb. 42). Von großer Bedeutung für den Erholungsverkehr sind die Wasserflächen der Talsperren, meist in mehr oder weniger geschlossene Waldgürtel eingelagert, und die vielerorts erhaltenen Wiesentäler. Von den Wegen am Rande der Täler genießt man den Ausblick auf den Talraum mit dem von Ufergehölzen umsäumten Bach, an dem hier und da noch Reste der alten Wassertriebwerke mit ihren Teichen erhalten sind, und auf die gegenüberliegende Waldkulisse.

Auch hier ist die enge Verknüpfung der aus verschiedenen Perioden stammenden Werke des Menschen mit dem durch seine natürliche Ausstattung bevorzugten Raum besonders charakteristisch. Nicht nur die vielfältig wechselnden Geländeformen, nicht nur der Dreiklang von Wald, Wasser und Wiese zeichnen dieses Gebiet aus, sondern auch die vom Menschen in langer Entwicklung eingefügten Komponenten der Kulturlandschaft. Gerade dadurch ergibt sich die Vielzahl der Anschauungsobjekte, die den Besuchern einen Einblick in charakteristische Erscheinungen der Wirtschafts- und Kulturgeschichte vermitteln. Vor allem ist es die lange und reiche Geschichte des Eisengewerbes, die diesem Raum wie kaum einem anderen in Deutschland sein spezifisches Gepräge aufgedrückt und seine mannigfaltigen Spuren in der Landschaft hinterlassen hat. Diese Besonderheiten sollten bei allen Ausgestaltungsmaßnahmen berücksichtigt werden. In diesem Zusammenhang wäre auch den alten Verhüttungsstätten (z.T. mit ausgegrabenen mittelalterlichen Schmelzöfen), den Hammerwerken mit ihren Teichen, Ober- und Untergräben, den noch erhaltenen kleinen Schmiedewerkstätten, den Resten der ehemaligen Wassermühlen und den Hinweisen auf das einstige Köhlergewerbe Beachtung zu schenken. Es trifft sich gut, daß inzwischen auf der Burg Altena das Deutsche Schmiedemuseum eröffnet worden ist und daß am Nordrand des Gebiets bei Hagen das Westfälische Freilichtmuseum technischer Kulturdenkmale im Entstehen begriffen ist, das sich ebenfalls besonders auf das frühere Gewerbeleben im heimischen Raum konzentrieren wird. Es kann hier ein Musterbeispiel für ein Erholungsgebiet geschaffen werden, in das auch die wirtschafts- und kulturgeschichtlich bemerkenswerten Erscheinungen als Anschauungs- und Studienobjekte eingefügt sind.

Zu den besonders beliebten Ausflugszielen zählen auch einige Objekte im unmittelbaren Vorland der Hochflächen, die an den dort zutage tretenden devonischen Massenkalk geknüpft sind und wegen ihrer besonderen Bedeutung alljährlich von vielen Menschen besucht werden (Dechenhöhle bei Letmathe, Felsenmeer bei Hemer, Balver Höhle, Reckenhöhle und Hönneschlucht bei Klusenstein).

Abb. 42
Waldflächen im Erholungsgebiet „Märkische Hochflächen"

So vereinigen die drei großen, wichtigen Erholungsgebiete am Rande des Ruhrreviers jeweils ganz verschiedenartige Elemente in sich.

Die Hohe Mark ist geprägt durch die Erscheinungen, die der Lage im nordwestdeutschen Tiefland entsprechen, und zugleich durch die Zeugnisse alter bäuerlicher Kultur- und Wirtschaftsformen.

Im Ruhr-Hügelland und im Bereich der Märkischen Hochflächen sind es neben den charakteristischen Geländeformen und dem Wald- und Wasserreichtum wiederum die Zeugen und Relikte einer langen geschichtlichen Entwicklung, hier speziell auch des Steinkohlenbergbaus und des Eisengewerbes, die diesen Räumen ihre spezifischen Akzente setzen.

Die Grenzlage des Ruhrgebiets zwischen Mittelgebirge und Tiefland erweist sich also auch im Hinblick auf die Vielfalt der Erholungsgebiete und Erholungsmöglichkeiten als vorteilhaft.

Es dürfte, wie schon bei früheren Einzelbetrachtungen angedeutet (vgl. Abschnitt C 2.4), ein wichtiges Anliegen der Landschaftspflege sein, bei allen Ausgestaltungsmaßnahmen in den Erholungsgebieten auch den jeweiligen individuellen Besonderheiten der landschaftlichen Struktur Rechnung zu tragen.

## 2 EINORDNUNG IN DIE GRÖSSEREN RAUMEINHEITEN

### 2.1 Die Naherholungsgebiete in ihrer Zuordnung zum Verdichtungsraum Rhein-Ruhr

Den beschriebenen Naherholungsgebieten an der Nord- und Südflanke des Ruhrgebiets kommt auch im Gefüge des größeren Raumes hohe Bedeutung zu. Das wird besonders deutlich, wenn man sie zu den *Verdichtungsräumen mit Ballungskernen und Ballungsrandzonen* in Beziehung setzt, die weiten Teilen von Nordrhein-Westfalen das Gepräge geben.

Auf Grund des § 13 Absatz 1 des Landesplanungsgesetzes für Nordrhein-Westfalen vom 7. Mai 1962 wurde zunächst nach Anhörung des Landesplanungsbeirats und im Einvernehmen mit den beteiligten Landesministern das Landesentwicklungsprogramm aufgestellt (vgl. Abschnitt E 1.1). Darin werden u.a. die folgenden Planungsgrundsätze festgelegt:

> „Waldflächen sollen möglichst erhalten bleiben; sie sind vor einer Inanspruchnahme zu schützen, die ihren Wert für die Erholung, die Wasserwirtschaft oder für das Klima beeinträchtigen kann.
>
> Gebiete, die für die Wassergewinnung besonders geeignet sind, sollen zum Schutze des Wassers Nutzungsbeschränkungen unterworfen werden.
>
> In allen Teilen des Landes, insbesondere in erreichbarer Nähe der Städte, sollen Gebiete, die sich für die Erholung besonders eignen, hierfür freigehalten und ausgestaltet werden. Eine günstige Verbindung der Erholungsgebiete mit den Städten ist bei der Verkehrsplanung anzustreben. Größere Erholungsgebiete sollen als Naturparke geplant werden."

Nach dem Landesentwicklungsplan I (vgl. Abschnitt E 1.1) bildet das Ruhrgebiet den größten und bedeutendsten Ballungskern in Nordrhein-Westfalen. Ihm fügen sich südlich und südwestlich einige weitere, kleinere Ballungskerne an: Hagen, Wuppertal/Remscheid/Solingen, Krefeld, Düsseldorf/Neuß, Mönchengladbach/Rheydt, Köln/Leverkusen und Bonn/Godesberg. Sie alle sind ebenso wie das Ruhrgebiet von Ballungsrandzonen umgeben, die sich insgesamt mit den Ballungskernen zu dem großen Verdichtungsraum Rhein-Ruhr zusammenschließen. Noch weiter im Südwesten liegt isoliert der kleine Ballungskern Aachen mit angrenzender Ballungsrandzone.

Unter den 24 Verdichtungsräumen der Bundesrepublik Deutschland, wie sie sich nach der Definition der Ministerkonferenz für Raumordnung vom 21.11.1968 ergeben, nimmt der Verdichtungsraum Rhein-Ruhr zwischen Bonn und Hamm mit rund 10,5 Mill. Einwohnern die unbestrittene Spitzenstellung ein. Erst in größerem Abstand folgen mit je 1,5 bis 2,5 Mill. Einwohnern Rhein-Main, Hamburg, Stuttgart und München, danach mit etwa 0,7 bis 1,1 Mill. Rhein-Neckar, Nürnberg, Hannover, Bremen und Saar.[495]

Betrachtet man dazu nun die Lage der *Naherholungsgebiete* (vgl. Abb. 43), so zeigt sich, daß sich der Naturpark Hohe Mark und das Erholungsgebiet Märkische Hochflächen im Norden und Südosten dicht an den Rand des großen Verdichtungsraumes anschmiegen, während sich das Ruhr-Hügelland im wesentlichen in die Ballungsrandzone zwischen dem Ruhrgebiet im Norden, Wuppertal und Hagen im Süden einfügt.

Der Naturpark Hohe Mark (1009 qkm) und die Märkischen Hochflächen (rund 500 qkm) nehmen also eine Schlüsselposition ein und stellen eine wirksame und für die weitere Entwicklung des Gesamtraumes überaus wichtige Begrenzung des Ballungsraumes nach außen dar. Eine ähnliche Stellung besitzt der Naturpark „Bergisches Land", der inzwischen östlich und südöstlich von Köln begründet worden ist (570 qkm), ferner die beiden kleinen Naturparke „Siebengebirge" (42 qkm) und „Kottenforst" (120 qkm), die sich östlich und westlich an den Bonner Ballungskern anlehnen. Im Westen grenzt der Naturpark „Schwalm-Nette" (446 qkm) an den Mönchengladbacher Ballungskern, während sich das große Gebiet des Naturparks „Nordeifel" (1360 qkm) unmittelbar an den Aachener Raum anlehnt.

Im rheinischen Raum sind außerdem noch einige weitere Erholungsgebiete vorgesehen, die aber nicht den Rang von Naturparken erhalten sollen, nämlich der Münstereifeler Wald im Süden, Reichswald und Niederrhein im Norden. Es ist aber geplant, sie als Vorranggebiete für Erholung im Landesentwicklungsplan III darzustellen.[496]

---

[495] Ausgangsdaten und Probleme im nordwesteuropäischen Ballungsgebiet (Megalopolis) – Arbeitsunterlagen, vorbereitet von I. B. F. KORMOSS zur Fachtagung 1970 des Siedlungsverbandes Ruhrkohlenbezirk; 4. bis 6. Mai 1970; S. 17, 19 und Tabellen XI und XII.

[496] Nach dem Dritten und Fünften Bericht der Landesregierung Nordrhein-Westfalen über Stand, Maßnahmen

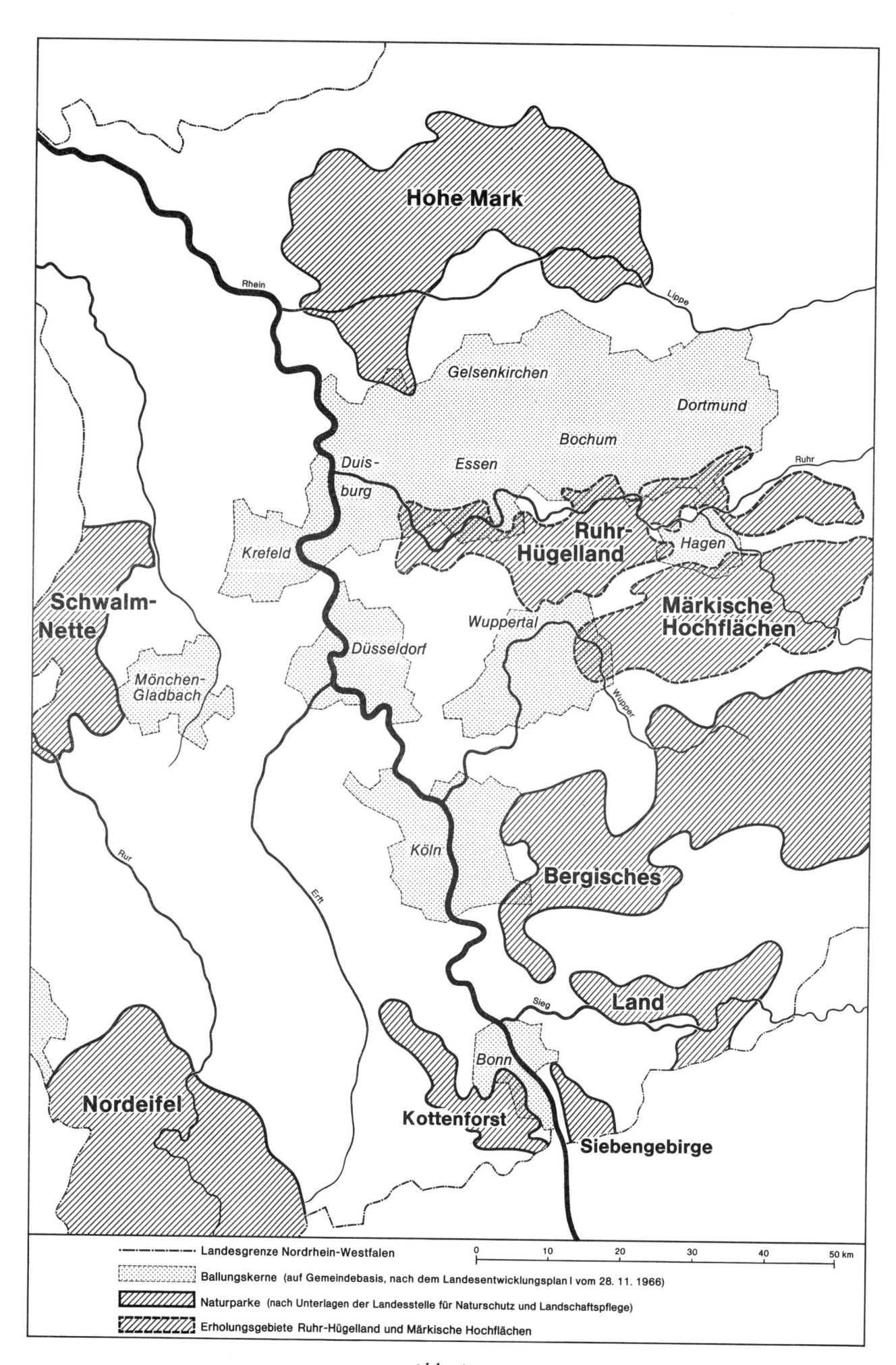

Abb. 43

Naturparke und Erholungsgebiete in der Umgebung
des Verdichtungsraumes Rhein-Ruhr

Die Naturparke und Erholungsgebiete, die unmittelbar am Rande des Verdichtungsraumes Rhein-Ruhr liegen, üben für diesen dicht besiedelten Raum überaus bedeutsame Funktionen aus (Erholung, Wasserversorgung, Klima, Lufthygiene). Es wäre deshalb bedauerlich, wenn sie durch Entwicklungen beeinträchtigt würden, die nicht zwingend ortsgebunden sind. „Durch eine verstärkte Bebauung würden die für Naherholung, Klima und Lufthygiene besonders wirksamen Teile der freien Landschaft immer weiter von den dicht besiedelten Flächen hinweggeschoben. Dieser Ausgleichsraum könnte dann auf die Dauer seine vielfältigen Wohlfahrtswirkungen nicht mehr in der gleichen Weise wie bisher bis in die städtischen Siedlungsflächen des Vorlandes hinein ausüben."497 „Der Siedlungsdruck in den Randzonen und Umlandgebieten kann nur zu geordneten Entwicklungen führen, wenn die Planungen und Maßnahmen der Kerngebiete und der Randzonen, die in engem funktionalem Zusammenhang stehen, gemeinschaftlich erarbeitet und durchgeführt werden."498

Die Gefahr einer Fehlentwicklung in den Randzonen dürfte mit dem Ausbau der Schnellstraßen, die eine rasche Verbindung zu den Ballungszentren gewährleisten, in Zukunft noch größer werden. Dieser nahegelegene Erholungsraum aber „darf kein Spekulationsobjekt zur Befriedigung gehobenen Wohnbedarfs oder zur Verbesserung des Steueraufkommens der beteiligten Gemeinden werden. Im Interesse der Gesamtbevölkerung des westdeutschen Verdichtungsraumes muß er vielmehr so ausgebaut und weiterentwickelt werden, daß er den ihm im regionalen Gefüge zukommenden bedeutsamen Aufgaben gerecht zu werden vermag. Das aber sind vordringlich solche der Erholung, der Wasserwirtschaft, sowie der Sicherung eines gesunden Landschaftshaushalts für den Gesamtraum ... Diese Funktionen stehen keineswegs im Widerspruch zu der aus dem Raum selbst zu erwartenden Entwicklung. Insbesondere sind Förderungsmaßnahmen für die Land- und Forstwirtschaft (Verbesserung der Agrarstruktur, Umstellung auf moderne Betriebsverfahren, Verbesserung der Waldqualität) mit diesen Aufgaben gut in Einklang zu bringen."499

Im Unterschied zu den Naherholungsgebieten, die unmittelbar am Rand des Ballungsraumes liegen, ist das Erholungsgebiet Ruhr-Hügelland in den Verdichtungsraum selbst eingeordnet, und zwar dort, wo er am breitesten ist. Es erfüllt Teile der Ballungsrandzone, die sich zwischen das Ruhrgebiet und die bergisch-märkischen Kernzone einfügt. Nach dem Landesentwicklungsprogramm steht in den Ballungsrandzonen die Aufgabe der Sicherung im Vordergrund. „In diesen Gebieten soll einer ungeordneten räumlichen Entwicklung vorgebeugt werden. Die Planung soll den besonders hier drohenden Gefahren der Zersiedlung der Landschaft, des Verlustes an land- und forstwirtschaftlich genutzten Böden, der Verunstaltung des Landschaftsbildes und der Beeinträchtigung durch Immissionen entgegenwirken." Arbeitsstätten, Wohngebiete und Erholungsgebiete sollen einander zweckmäßig zugeordnet werden.

## 2.2 Die Großregion Rhein-Maas-Schelde und ihre Umrahmung.

Wie sich das Ruhrrevier in die größere Einheit des Verdichtungsraumes Rhein-Ruhr einfügt, so ist dieser seinerseits wieder in einen größeren Raum einzuordnen, der über die Staatsgrenzen nach den Niederlanden und Belgien und bis zu den Industriegebieten im Norden von Frankreich hinüberreicht. Es ist dies die Großregion Rhein-Maas-Schelde, die heute allmählich stärker in das Gesichtsfeld der Raumordnung tritt.

Am 13.6.1967 wurde in Bonn eine Deutsch-Niederländische Raumordnungskommission konstituiert.500 Ihre Aufgabe besteht in der Förderung der Zusammenarbeit der beteiligten Länder auf dem Gebiete der Raumordnung. Für die Gebiete enger zwischenstaatlicher Verflechtung (Raum Aachen-Südlimburg, Raum Kleve-Emmerich-Arnheim-Nijmegen sowie Gronau-Enschede) sind erste Vorbereitungen für eine gemeinsame Regionalplanung eingeleitet worden. Nach dem im Septem-

---

und Aufgaben der Landesplanung; Düsseldorf 1966 bzw. 1968, S. 15 bzw. S. 19 und 26.
497 Denkschrift W. VON KÜRTEN vom Januar 1967 über die Märkischen Hochflächen – Akten der Bezirksstelle für Naturschutz und Landschaftspflege im Bereich der Landesbaubehörde Ruhr, Essen; S. 56.
498 Raumordnungsbericht der Bundesregierung 1966, S. 50 – zitiert nach „Informationen zur politischen Bildung", Folge 128, Mai/Juni 1968.

499 Denkschrift W. VON KÜRTEN vom Januar 1967 über die Märkischen Hochflächen – Akten der Bezirksstelle für Naturschutz und Landschaftspflege im Bereich der Landesbaubehörde Ruhr, Essen; S. 56–57.
500 Nach dem Fünften Bericht der Landesregierung Nordrhein-Westfalen über Stand, Maßnahmen und Aufgaben der Landesplanung, Düsseldorf, April 1968, S. 7 ff.

ber 1966 erschienenen „Zweiten Bericht über die Raumordnung in den Niederlanden" messen die Niederlande der Berücksichtigung der großräumigen internationalen Zusammenhänge große Bedeutung bei. Die niederländische Regierung hält es daher für wünschenswert, die Entwicklung des „Nordseegebietes" mit seinen vier „Wachstumskernen (Randstad Holland, Rhein-Ruhr-Gebiet, belgisch-französische Verdichtungsräume und London) im Rahmen der Landesplanung mehr als bisher als ein Ganzes zu betrachten. Inzwischen haben auch erste Vorbesprechungen zur Vorbereitung einer Deutsch-Belgischen Raumordnungs-Kommission stattgefunden.[501]

Seit 1955 besteht eine Konferenz für Raumordnung in Nordwesteuropa, eine internationale Vereinigung, die sich aus Fachleuten der Landesplanung und Regionalplanung aus den beteiligten Ländern zusammensetzt.[502] Sie hat sich in letzter Zeit vornehmlich mit dem „Rhein-Maas-Schelde-Delta" (Rhein-Ruhr-Gebiet, Randstad Holland, Agglomeration Brüssel – Antwerpen) befaßt.[503] Das Thema der Generalversammlung am 20.10.1967 in Brüssel lautete: „Raumordnung im Verdichtungsraum an Rhein, Maas, Schelde – Probleme und Ziele". Es wurde betont, daß es zur Bewältigung der Planungsaufgaben in diesem Raum mit seiner heterogenen Struktur einer Verbesserung der Zusammenarbeit und einer Angleichung der Planungsmethoden bedarf.

In den auf der Brüsseler Studientagung gehaltenen Vorträgen wurde mehrfach betont, daß für die Menschen der Ballungskerne der Rhein-Maas-Schelde-Region ausreichende Erholungsgebiete in nicht zu weiter Entfernung gesichert und ausgestaltet werden müssen. Nach J. CANAUX (1967) sind hier – abgesehen von den Flächen, die für die alltäglichen Freizeiten von kurzer Dauer bereitgestellt werden müssen und die hauptsächlich in die Kompetenz der lokalen Städteplanung gehören – vor allem die Grün- und Erholungsgebiete für die Freizeit mittlerer Dauer, die mit Ortsveränderungen von höchstens einigen Stunden verbunden sind, bedeutsam. Im Innern der Rhein-Maas-Schelde-Region kommen als solche Gebiete, die abseits der Städte im wirklich ländlichen Bereich liegen, nicht viel mehr als inselartige Flächen in Betracht. Umso notwendiger ist es, die im Umkreis dieser Region noch vorhandenen freien Flächen, insbesondere die landschaftlich hervorragenden Teilräume, vorausschauend zu schützen und als Erholungsgebiete auszugestalten.

Von J. CANAUX wurden in die Großregion Rhein-Maas-Schelde die südliche Hälfte der Niederlande, die angrenzenden Teile von Nordrhein-Westfalen bis zum Rhein-Ruhr-Gebiet, Belgien mit Ausnahme der Ardennen und die nordfranzösischen Industriegebiete einbezogen. Dieser Raum umfaßt etwa 61 000 qkm und zählt 32 500 000 Einwohner. Der Erholungsbedarf der Menschen dieses Raumes kann nach J. CANAUX nur zu einem Teil in diesem Raum selbst befriedigt werden; es muß dazu auch eine angrenzende Zone, die in den Freizeiten mittlerer Dauer erreichbar ist, in Anspruch genommen werden.

„La surface totale où l'on peut satisfaire aux besoins est deux fois plus étendue. Dès lors, pour l'évaluation des besoins, il faut aussi tenir compte des populations contenues dans cette zone périphérique. Au total, le problème consiste à offrir dans la nature des zones de loisirs pour environ 35 millions de personnes dans un territoire de 125 000 qkm." (J. CANAUX 1967).

Zu den für die Erholung in Frage kommenden Bereichen im engeren Umkreis der Rhein-Maas-Schelde-Region (vgl. Abb. 44) gehört zunächst einmal der Naturpark Hohe Mark im Norden des Ruhrgebiets. Ferner liegen ausgedehnte und mehr oder weniger geschlossene Erholungsgebiete im Sauerland, im Bergischen Land und im Westerwald auf der Südostseite des Verdichtungsraumes Rhein--Ruhr.[504] Vor allem die Märkischen Hochflächen und die Naturparke Bergisches Land und Siebengebirge grenzen hier unmittelbar an die Ballungskerne; aber auch viele der zwischen den Naturparken liegenden Teile sind für die Erholung geeignet.

---

501 Über die Bildung einer deutsch-belgischen Raumordnungskommission ist am 3.2.1971 in Gemünd/Eifel ein Abkommen zwischen dem Königreich Belgien und der Bundesrepublik Deutschland unterzeichnet worden (Mitteilungen der Landesstelle für Naturschutz und Landschaftspflege in Nordrhein-Westfalen, Band 2, Heft 6; Aug. 1971; S. 149 ff.).
502 Zweiter Bericht der Landesregierung Nordrhein-Westfalen über Stand, Maßnahmen und Aufgaben der Landesplanung, Düsseldorf, Februar 1965, S. 16 und 20.
503 Fünfter Bericht der Landesregierung Nordrhein-Westfalen über Stand, Maßnahmen und Aufgaben der Landesplanung, Düsseldorf, April 1968, S. 9–10.

504 Die Grenze des Verdichtungsraumes Rhein-Ruhr ist im nördlichen Teil entsprechend der erarbeiteten Gliederung nach der kulturlandschaftlichen Struktur (vgl. Kapitel D) und weiter im Süden in Anlehnung an die im Landesentwicklungsplan I auf Gemeindebasis festgelegten Ballungskerne und Ballungsrandzonen gezogen worden.

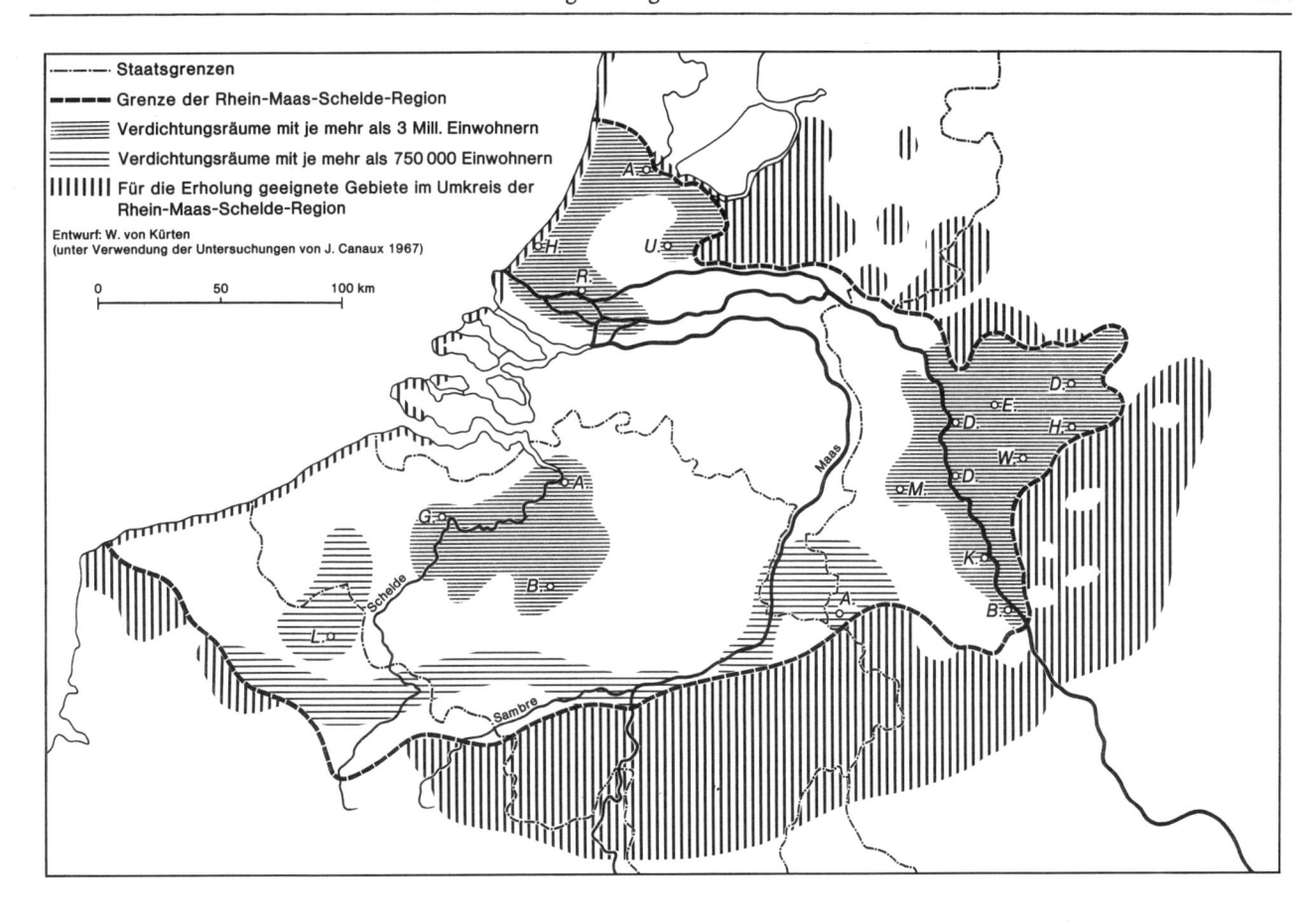

Abb. 44

Die Großregion Rhein–Maas–Schelde und ihre Umrahmung

Dann schließen sich die großräumigen Erholungsgebiete der Eifel (mit dem Münstereifeler Wald und dem Naturpark Nordeifel) unmittelbar an die Rhein-Maas-Schelde-Region an, deren Grenze südlich Euskirchen und Düren an den Rand des Gebirgslandes gelegt wurde. Hier gewinnt der seit längerem bestehende Plan der Begründung eines deutsch-belgischen Naturparks erhöhte Bedeutung, der außer der Nordeifel Teile des Hohen Venns umfassen soll.[505] Aber auch die weiter westlich liegenden Bereiche südlich des Sambre-Maas-Tales bieten weite Erholungsmöglichkeiten. Die dichtbesiedelten und stark industrialisierten Zonen greifen hier ähnlich wie im bergisch-märkischen Raum in die vorderen, niedrigeren Teile des Gebirgslandes hinein vor; südlich des Sambre-Maas-Tales schließen sich dann aber mit dem Anstieg zum walddurchsetzten Gebiet der Niederardennen und Ardennen ruhige, dünn besiedelte Zonen an, welche die wesentlich auf Kohle-Grundlage beruhenden Verdichtungsräume um Lüttich und Charleroi nach Süden hin klar abgrenzen.

Auch weiter im Westen fügen sich den nordfranzösischen Industriegebieten (Kohlegebiet um Valenciennes – Douai – Béthune, Textilgebiet um Lille mit Fortsetzung in das belgische Gebiet um Kortrijk) ruhige Zonen an, von denen Teile auf den Höhen von Artois und an der Kanalküste als Erholungsgebiete in Betracht kommen könnten.[506]

In den Niederlanden sind die Erholungsgebiete zu nennen, die sich östlich an den großen Verdichtungsraum der „Randstad Holland" anlehnen.[507] Vor allem das waldreiche Gebiet der Veluwe bietet

---

[505] Am 3. Februar 1971 wurde in Gemünd/Eifel ein Abkommen zwischen Belgien und den Ländern Nordrhein-Westfalen und Rheinland-Pfalz über die Festlegung eines gemeinschaftlichen deutsch-belgischen Naturparks in der Eifel und im Hohen Venn unterzeichnet (Mitt. d. Landesstelle für Naturschutz und Landschaftspflege in Nordrhein-Westfalen, Band 2, Heft 6; August 1971, S. 149 ff.).

[506] Der Rand der Rhein-Maas-Schelde-Region wurde hier im äußersten Westen an die Grenze der Tiefebene bei Calais gelegt.

[507] Die rasche Entwicklung des holländischen Verdichtungsraumes (hier als „Ringstadt Holland" bezeichnet) ist in dem Regierungsbericht über die Raumordnung in

wegen seiner Größe die Möglichkeit, für einige Stunden dem Lärm der Zivilisation zu entkommen. Auch den Randseen an den Ijsselsee-Poldern kommt besondere Bedeutung zu, zumal sich hier in Verbindung mit dem Netz der Flüsse und Kanäle Möglichkeiten für ausgedehnte Wasserwanderungen eröffnen, wie sie in keinem anderen Teil Europas vorhanden sind.

Die Strandzonen an der niederländischen und belgischen Küste mit den angrenzenden Dünenpartien fügen sich ebenfalls mit ihren Erholungszentren von hohem Intensivierungsgrad in den großen Erholungsgürtel ein.[508]

So ordnen sich der Naturpark Hohe Mark und die Märkischen Hochflächen am Rande des Ruhrreviers in die großräumige Konzeption von Erholungsgebieten ein, die sich gürtelartig um die Rhein-Maas-Schelde-Region herumlegen. Sie alle stehen zu den Verdichtungsräumen des Innern in ähnlicher polarer Wechselwirkung, wie sie am Beispiel der Randzonen des Ruhrgebiets im einzelnen dargelegt wurde.

---

den Niederlanden von 1960 (Deutsche Übersetzung 1961, S. 27 ff.) geschildert; nach den beigefügten Karten erfolgte die Abgrenzung auf Abb. 44. Am 1.1.1960 zählte die Ringstadt Holland bereits 4 172 000 Einwohner (= 36,5% der Niederlande auf 5,1% der Fläche, S. 24). Die für die Erholung im Bereich der Niederlande in Betracht kommenden Flächen am Rand der Rhein-Maas-Schelde-Region wurden der Abb. 34 (S. 112) des Regierungsberichtes entnommen.

508 Auch die drei niederländischen „Nationalparke" fügen sich in diesen Erholungsgürtel ein: die beiden größten (Hooge Veluwe mit 56 qkm und Veluwezoom mit 90 qkm) liegen nordwestlich und nordöstlich von Arnheim. Der dritte Nationalpark (Kennemerduinen bei Haarlem mit 12,5 qkm) gehört zum Dünenstreifen an der Nordseeküste. (Flächengrößen nach H. OFFNER: Naturschutz in den Niederlanden; in: Naturschutz- und Naturparke, Heft 40/1966, S. 37–38).

# LITERATUR

(1) ABE, E. C.: Städte im Bannkreis der Kohle – Untersuchungen zur Strukturproblematik der Vestischen Steinkohlengemeinden; Recklinghausen, 1956

(2) ACHILLES, F. W.: Hafenstandorte und Hafenfunktionen im Rhein-Ruhr-Gebiet. Bochumer Geographische Arbeiten, 2; 1967.

(3) ARNOLD, H. – BODE, H. – WORTMANN, H.: Erläuterungen zu Blatt Münster C 4310 der Übersichtskarte von Nordrhein-Westfalen 1:100 000 – Geologische Karte – Bodenkarte – Hydrogeologische Karte; Krefeld, 1960.

(4) AUGE, R.: Die Pflanzengesellschaften des Hiesfelder Waldes. Natur und Landschaft im Ruhrgebiet, 4; Schwelm, 1968; S. 52–67.

(5) AVERDIECK, FR. – DÖBLING, H.: Das Spätglazial am Niederrhein. In: Fortschritte in der Geologie von Rheinland und Westfalen, Bd. 4; Krefeld, 1959; S. 341–362.

(6) BAECKER, P.: Die Salzbelastung der Lippe. Die Wasserwirtschaft, Bd. 44; 1954; S. 172 ff.

(7) BAEDEKER, K.: Ruhrgebiet – Rheinisch-Westfälisches Industriegebiet; Reisehandbuch; Freiburg, 1959.

(8) BÄRTLING, R.: Geologisches Wanderbuch für den niederrheinisch-westfälischen Industriebezirk; 2. Aufl.; Stuttgart, 1925.

(9) BARNARD, E.: Naturparke in Westfalen – Einführung – Naturpark „Westmünsterland". In: Naturparke in Westfalen; Münster, 1961; S. 83–92.

(10) BARTEL, J.: Baum und Strauch in der rheinischen Agrarlandschaft. Kölner Geographische Arbeiten, 18; Köln, 1966.

(11) BARTELS, D.: Die Bochumer Wirtschaft in ihrem Wandel und ihrer räumlichen Verflechtung. In: Bochum und das mittlere Ruhrgebiet; Festschrift zum 35. Deutschen Geographentag 1965 in Bochum; Paderborn, 1965; S. 129–150.

(12) BAUER, L. – WEINITSCHKE, H.: Landschaftspflege und Naturschutz – Eine Einführung in ihre Grundlagen und Aufgaben. Jena, 1964.

(13) BECHTHOLD, G.: Stadt im Grünen – Die Margarethenhöhe in Essen. In: Unser Wald, 1957, H. 5; S. 130.

(14) BECKMANN, D.: Die Siedlungs- und Wirtschaftsstruktur der Stadt Gelsenkirchen. In: Bochum und das mittlere Ruhrgebiet; Festschrift zum 35. Deutschen Geographentag 1965 in Bochum; Paderborn, 1965; S. 157–176.

(15) Beiträge zur Statistik des Landes Nordrhein-Westfalen – Sonderreihe Volkszählung 1961, Hefte 2a, 2b und 8c; Düsseldorf, 1962–1963.

(16) Beiträge zur Statistik des Landes Nordrhein-Westfalen – Sonderreihe Volkszählung 1961 – Gemeindestatistik des Landes Nordrhein-Westfalen; Hefte 3a, 3b, 3c, 3d; Düsseldorf, 1963–1966.

(17) Beiträge zur Statistik des Landes Nordrhein-Westfalen – Sonderreihe Landwirtschaftszählung 1960, Hefte 4a und 7; Düsseldorf, 1965.

(18) BENTHEM, R. J.: Erholung im ländlichen Raum. Garten und Landschaft, 76, 1966, Heft 8, S. 249–252.

(19) BERTELSMEIER, E. – MÜLLER-WILLE, W.: Landeskundlich-statistische Kreisbeschreibung in Westfalen. Spieker, 1; Münster, 1950.

(20) BERTHOLD, H. J.: Erfahrungen bei der Aufforstung von Halden auf dem Gelände des westdeutschen Steinkohlenbergbaus. In: Forstwirtschaft und Beratung, Jg. 1953; S. 146–150.

(21) BEUTIN, L.: Geschichte der Südwestfälischen Industrie- und Handelskammer zu Hagen und ihrer Wirtschaftslandschaft; Hagen, 1956.

(22) BLOCH, A.: Die unterschiedlichen Ansprüche der Erholung an den Raum als landesplanerische Aufgabe am Beispiel der Landesplanungsgemeinschaft Westfalen. In: Schriftenreihe für Landschaftspflege und Naturschutz (herausgeg. v. d. Bundesanstalt für Vegetationskunde, Naturschutz und Landschaftspflege), Heft 3, Bad Godesberg, 1968, S. 75–83.

(23) BOBEK, H. – SCHMITHÜSEN, J.: Die Landschaft im logischen System der Geographie. Erdkunde, 3; 1949; S. 112–120.

(24) BODE, H.: Die hydrologischen Verhältnisse am Südrand des Beckens von Münster. Geologisches Jahrbuch, 69; 1954; S. 429–454.

(25) BÖTTCHER, G.: Die agrargeographische Struktur Westfalens 1890–1950, erläutert an der pflanzlichen Produktion. Spieker, Heft 10; Münster, 1959.

(26) BÖTTCHER, G.: Die Umschichtungen der Agrarproduktion im mittleren Ruhrrevier durch den Einfluß der Industrie. In: Bochum und das mittlere Ruhrgebiet; Festschrift zum 35. Deutschen Geographentag 1965 in Bochum; Paderborn, 1965; S 49–57.

(27) BÖHLING, G.: Die Rindviehwirtschaft in den Agrarlandschaften des nördlichen Rheinlandes. Arbeiten zur Rheinischen Landeskunde, Heft 14; Bonn, 1959.

(28) BOLLINGER, A.: Wochenendverkehr in Paris. Medizin und Städtebau, Bd. 2, München, 1957.

(29) BORCKE, W. v.: Landespflege im Ruhrgebiet aus der Sicht der Landesplanung, insbesondere der Regionalplanung; Diss. Hannover 1964.

(30) BOUSTEDT, O.: Die raumwirtschaftlichen Konsequenzen des Erholungsverkehrs und Erholungswesens. Forschungs- und Sitzungsberichte der Akademie für Raumforschung und Landesplanung, 25, 1965, S. 57–68.

(31) BRAUN, F. J. und QUITZOW, H. W.: Die erdgeschichtliche Entwicklung der niederrheinischen Landschaft. Niederrheinisches Jahrbuch, 5; Krefeld, 1961.

(32) BREDDIN, H.: Die Höhenterrassen an Rhein und Ruhr am Rande des Bergischen Landes. Jahrbuch der Preuß. Geologischen Landesanstalt, 49; Berlin, 1928; S. 501 ff.

(33) BREPOHL, W.: Der Aufbau des Ruhrvolks im Zuge der Ost-West-Wanderung. Beiträge zur deutschen

Sozialgeschichte des 19. und 20. Jahrhunderts. Recklinghausen, 1948.
(34) BREPOHL, W.: Das Ruhrvolk. Geographische Rundschau, Jg. 4; 1952; S. 447 ff.
(35) BREPOHL, W.: Industrievolk im Wandel von der agraren zur industriellen Daseinsform, dargestellt am Ruhrgebiet; Tübingen, 1957.
(36) BROCKHAUS, W.: Über Schluchtwälder im westlichen Sauerland. Natur und Heimat, 12, Heft 1; Münster; 1952.
(37) BROCKHAUS, W.: Aus der Pflanzenwelt um Schwelm. Beiträge zur Heimatkunde der Stadt Schwelm und ihrer Umgebung, 17; Schwelm, 1967;
(38) BUCHWALD, K. – ENGELHARDT, W.: Handbuch für Landschaftspflege und Naturschutz, Bd. 1 und 2; München, 1968.
(39) BUCHWALD, K.: Die Erholung in der Industriegesellschaft und die Landschaft. In: Naturparke in Westfalen; Münster, 1961; S. 23–41.
(40) BUCHWALD, K.: Die Zukunft des Menschen in der industriellen Gesellschaft und Landschaft. Braunschweig, o.J. (1965).
(41) BUDDE, H.: Überblick über die Waldgeschichte des Südwestfälischen Berglandes. 1. Veröffentlichung der Naturwissenschaftlichen Vereinigung Hagen, 1953.
(42) BUDDE, H. – RUNGE, F.: Erläuterungen zur Vegetationskarte von Westfalen. Westfälische Forschungen, 7; 1953/54; S. 194–196.
(43) BUDDE, H. – BROCKHAUS, W.: Die Vegetation des Südwestfälischen Berglandes. Decheniana, Bd. 102 B; Bonn, 1954; S. 47–275.
(44) BÜRGENER, M.: Hagen – Eine junge Industriegroßstadt im märkischen Sauerland. Hagener Beiträge zur Geschichte und Landeskunde, Heft 2; Hagen, 1960.
(45) BURCKHARDT, H.: Das Ruhrtal von Kettwig bis Duisburg. In: Natur und Landschaft im Ruhrgebiet, 1; Schwelm, 1964; S. 70–117.
(46) BURCKHARDT, H.: Der Mülheim-Duisburger Wald – Böden und Vegetation. In: Natur und Landschaft im Ruhrgebiet, 4; Schwelm, 1968; S. 68–94.
(47) BUSCH, P.: Zur Siedlungsstruktur der Stadt Wanne-Eickel. In: Bochum und das mittlere Ruhrgebiet; Festschrift zum 35. Deutschen Geographentag 1965 in Bochum; Paderborn, 1965; S. 177–186.
(48) BUSCH, W.: Das Gefüge der westfälischen Landwirtschaft. Veröffentlichungen des Provinzialinstituts für westfälische Landes- und Volkskunde, Heft I/2, Münster, 1939.
(49) CANAUX, J.: Les loisirs de plein air. Vortragsmanuskript Studientagung der Konferenz für Raumordnung in Nordwesteuropa, Brüssel, 20. Oktober 1967.
(50) CHRISTALLER, W.: Wochenendausflüge und Wochenendsiedlungen. In: Der Fremdenverkehr, 1966, Heft 9.
(51) CHRISTOFFELS, H.: Die geographischen Grenzen des Ruhrgebiets. Diss. Köln 1949.
(52) CROON, H.: Die Einwirkungen der Industrialisierung auf die gesellschaftliche Schichtung der Bevölkerung im rheinisch-westfälischen Industriegebiet. Rheinische Vierteljahresblätter, Jg. 20; 1955.
(53) CROON, H.: Studien zur Sozial- und Siedlungsgeschichte der Stadt Bochum. In: Bochum und das mittlere Ruhrgebiet; Festschrift zum 35. Deutschen Geographentag 1965 in Bochum; Paderborn, 1965; S. 85–114.
(54) CZINKI, L. – ZÜHLKE, W.: Erholung und Regionalplanung. Raumforschung und Raumordnung, 24, 1966, Heft 4, S. 155–164.
(55) CZINKI, L.: Zur Planung eines regionalen Erholungsgebietes – Anmerkungen zum Ideenwettbewerb „Bochumer Stausee". In: Stadtbauwelt, Heft 13/1967, S. 990–997.
(56) CZINKI, L.: Die Naherholung und die Möglichkeiten einer Bedarfsdeckung. In: Schriftenreihe für Landschaftspflege und Naturschutz (herausgeg. v.d. Bundesanstalt für Vegetationskunde, Naturschutz und Landschaftspflege), Heft 3, Bad Godesberg, 1968, S. 143–151.
(57) CZINKI, L.: Freizonenplanung im Ruhrgebiet. In: Das Gartenamt, 1968, H. 2, S. 41–49.
(58) DÄBRITZ, W.: Entstehung und Aufbau des rheinisch-westfälischen Industriebezirks. Jahrbuch des VDI, 15. Bd.; Berlin, 1925; S. 13–107.
(59) DÄBRITZ, W.: Die industrielle Struktur des Ruhrgebietes in Vergangenheit und Gegenwart. In: Baedeker; Ruhrgebiet; 1959; S. 54–85.
(60) DAHM, K.: Landschaftsgliederung des Innerste-Berglandes; Jahrbuch 1958/59 der Geographischen Gesellschaft zu Hannover; Hannover, 1960.
(61) DAHMEN, W. und DAHMEN, G.: Biologische Grundlagen für die Stadtplanung (Wulfen). In: Stadtbauwelt, Heft 13/1967, S. 982–989.
(62) DEGE, W.: Das Weiße Venn – Nutzung und Besiedlung eines münsterländischen Moores. Naturkunde in Westfalen, 1965, Heft 2; S. 33–38
(63) DEGE, W.: Der Hellweg – Straße und Landschaft zugleich. Naturkunde in Westfalen, 1965, Heft 3/4; S. 65–70.
(64) DEGE, W.: Das Halterner Hügelland. Naturkunde in Westfalen, 1967, Heft 1; S. 7–10.
(65) DEGE, W.: Eine Talsperre am Nordrand des Ruhrgebiets: der Halterner Stausee. Naturkunde in Westfalen, 1967, Heft 1; S 27–30.
(66) DENZEL, E.: Wirtschafts- und Sozialgeschichte der Stadt Wetter; Wetter, 1952.
(67) DITT. H.: Struktur und Wandel westfälischer Agrarlandschaften. Veröffentlichungen des Provinzialinstitutes für westfälische Landes- und Volkskunde, Heft I/13; Münster, 1965.
(68) DOMRÖS, M.: Luftverunreinigung und Stadtklima im Rheinisch-Westfälischen Industriegebiet und ihre Auswirkung auf den Flechtenbewuchs der Bäume; Arbeiten zur rheinischen Landeskunde, Heft 23; Bonn, 1966.
(69) Dortmund-Ems-Kanal, Der ... Geographische Rundschau, Jg. 10; 1958; S. 34 ff.
(70) Dritter Bericht der Landesregierung Nordrhein-Westfalen über Stand, Maßnahmen und Aufgaben der Landesplanung; Düsseldorf, 1966.
(71) DÜRK, P.: Die hygienischen Funktionen des Waldes und ihre soziologischen, ökonomischen und forstpolitischen Auswirkungen mit besonderer Berücksichtigung der Bedeutung des Waldes in den Erholungsgebieten. Freiburg, 1965.

(72) DÜRK, P.: Die Bedeutung des Waldes für die Erholung des Menschen — Möglichkeiten und Grenzen. In: Schriftenreihe für Landschaftspflege und Naturschutz (herausgeg. v. d. Bundesanstalt für Vegetationskunde, Naturschutz und Landschaftspflege), Bad Godesberg, 1968, Heft 3; S. 101–109.

(73) DÜSTERLOH, D.: Beiträge zur Kulturgeographie des Niederbergisch-Märkischen Hügellandes — Bergbau und Verhüttung vor 1850 als Elemente der Kulturlandschaft; Hattinger Heimatkundliche Schriften, Heft 15, Hattingen, 1967.

(74) ELLENBERG, H.: Vegetation Mitteleuropas mit den Alpen. Stuttgart, 1963.

(75) ENGELHARDT, G. S.: Die Hecke im nordwestlichen Südergebirge. Spieker, 13; Münster, 1964.

(76) ENSTE, K.: Landschaftswandel des westfälischen Ardeygebirges mit Ardeyvorland und Schwerter Terrassenbucht; Diss. Bonn 1953.

(77) Entwicklungsprogramm für den Ruhrkohlenbezirk — Referentenentwurf, bearbeitet von K. TIETZSCH, Essen, 1961.

(78) Erholungsgebiete im Ausstrahlungsbereich der Großstadt Hannover. Gutachten des Instituts für landschaftspflege und Naturschutz der Techn. Hochschule Hannover, Hannover, 1963–1966.

(79) Erholungswesen. Die komplexe Entwicklung des Erholungswesens im Bezirk Erfurt. Landschaftspflege und Naturschutz in Thüringen, 1965, Heft 1, S. 1–8.

(80) EVERSBERG, H.: Die Entstehung der Schwerindustrie um Hattingen 1847–1957. Westfälische Geographische Studien, 8; Münster, 1955.

(81) EVERSBERG, H.: Die siedlungsgeographische Entwicklung der Stadt Hattingen als Beispiel für eine gewachsene Stadt im südlichen Ruhrgebiet. In: Bochum und das mittlere Ruhrgebiet; Festschrift zum 35. Deutschen Geographentag 1965 in Bochum; Paderborn, 1965; S. 77–84.

(82) FEIGE, W.: Die Lippe zwischen Schmehausen und Lünen — Bild und Funktion eines Industrieflusses. Naturkunde in Westfalen; 1967, Heft 3; S. 65–72.

(83) FINKELDEY, H.: Die Pflanzengesellschaften und Böden der Wälder im Bereich der Wupper und einiger Nachbargebiete. Diss. Köln 1954.

(84) FRALING, H.: Die Physiotope der Lahntalung bei Laasphe; Westf. Geographische Studien, 5; Münster, 1950.

(85) FRANKEN, J. P.: Naturschutz und Erholungsgebiete. Natur und Heimat, 24, Heft 3; Münster, 1964; S. 57–67.

(86) FRITZ, R.: Das Ruhrgebiet vor hundert Jahren. Dortmund, o.J. (ca. 1955).

(87) Fünfter Bericht der Landesregierung Nordrhein-Westfalen über Stand, Maßnahmen und Aufgaben der Landesplanung; Düsseldorf, 1968.

(88) GADEGAST, J.: Der Generalverkehrsplan für das Ruhrkohlengebiet. Raumforschung und Raumordnung, 20; 1962; Heft 4, S. 207–216.

(89) GEBHARDT, G.: Der Ruhrbergbau — Geschichte, Aufbau und Verflechtung seiner Gesellschaften und Organisationen; Essen, 1957.

(90) Gebietsentwicklungsplan 1966 Siedlungsverband Ruhrkohlenbezirk, mit Erläuterungsbericht; Köln, 1967.

(91) GERDES, E.: Die Auswirkung der städtischen und industriellen Expansion auf die Betriebsgrößen- und Grundbesitzverhältnisse der Landwirtschaft des rheinisch-westfälischen Industriegebietes nach 1950 und die Tendenzen der weiteren Entwicklung — Eine raumplanerische Studie. Diss. Bonn 1960.

(92) GREINER, J. u. a.: Kennwerte und Prinzipien für die Planung stadtnaher Erholungsgebiete. Bau-Information, St. Bauakademie, 1966, Heft 12; S. 25–28.

(93) Grüne Arbeit im Ruhrgebiet; herausg. v. Siedlungsverband Ruhrkohlenbezirk, Essen, 1966.

(94) GRÜNEKLEE, H. G.: Ödlandbegründung im Gebiet des Siedlungsverbandes Ruhrkohlenbezirk. Der Forst- und Holzwirt, 1965, Nr. 22; S. 504–510.

(95) Grundlagen zur Strukturverbesserung der Steinkohlenbergbaugebiete in Nordrhein-Westfalen; 1. Teil: Ruhrgebiet. Schriftenreihe des Ministers für Landesplanung, Wohnungsbau und öffentliche Arbeiten des Landes Nordrhein-Westfalen, Heft 19; Düsseldorf, 1964.

(96) Gutachten über geeignete Landschaften für die Auswahl von Naturparken vom Standpunkt der Raumordnung; herausgeg. vom Institut für Raumforschung und Raumordnung; Bad Godesberg, 1959.

(97) HAHN, H. W.: Die Wandlungen der Raumfunktion des zwischenstädtischen Gebietes zwischen Ruhr und Wupper; Forschungen zur deutschen Landeskunde, Bd. 154; Bad Godesberg, 1966.

(98) HAHNE, C.: Lehrreiche geologische Aufschlüsse im Ruhrgebiet; Essen, 1958.

(99) HAHNE, C.: Geologie, Morphogenese, Pedologie und Geohydrologie im mittleren Ruhrgebiet. In: Bochum und das mittlere Ruhrgebiet; Paderborn, 1965; S. 9–22.

(100) HAMBLOCH, H.: Einödgruppe und Drubbel. Landeskundliche Karten und Hefte der Geographischen Kommission für Westfalen; Reihe: Siedlung und Landschaft in Westfalen, Heft 4; Münster, 1960; S. 40–56.

(101) HAMBLOCH, H.: Langstreifenfluren im nordwestlichen Alt-Niederdeutschland. Geographische Rundschau, 14; 1962; S. 345–356.

(102) Handbuch der naturräumlichen Gliederung Deutschlands; 4. und 5. Lieferung; Remagen, 1957; 6. Lieferung; Remagen, 1959.

(103) Handwörterbuch der Raumforschung und Raumordnung; Hannover, 1966.

(104) HANSTEDT: Luftverunreinigung als Ordnungsprinzip in Stadt- und Landesplanung. Schriften des Sauerländischen Gebirgsvereins, Heft 3; Hagen, 1962; S. 19–28.

(105) HARLINGHAUSEN, G.: Die Kalkindustrie im Hönnetal. Naturkunde in Westfalen, 1966, Heft 4; S. 102–105.

(106) HARTKE, W.: Die Heckenlandschaft. Erdkunde: 8; 1951; S. 132–152.

(107) HAUSEMANN, F.: Die Emscher-Niederung bei Herne vor 1850. Natur und Landschaft im Ruhrgebiet, 1; Schwelm, 1964; S. 48–54.

(108) HECKLAU, H.: Die Gliederung der Kulturlandschaft

im Gebiet von Schriesheim/Bergstraße; Abh. d. 1. Geogr. Inst. d. Freien Universität Berlin, 8; Berlin, 1964.
(109) HEESE, M.: Der Landschaftswandel im mittleren Ruhrindustriegebiet seit 1820. Arbeiten der Geogr. Kommission für Westfalen, 6; Münster, 1941.
(110) HEHNSEN, H. H.: Der Strukturwandel der Landwirtschaft des Ruhrgebiets seit 1880. Diss. Köln 1955.
(111) HEINRICHSBAUER, A.: Industrielle Siedlung im Ruhrgebiet in Vergangenheit, Gegenwart und Zukunft; Essen, 1936.
(112) HEINTGES, K.: Naturlandschaft und Agrarlandschaft am Niederrhein. Geographische Rundschau, Jg. 13; 1961; S. 204–211.
(113) HEISS, F. – FRANKE, K.: Der vorzeitig verbrauchte Mensch; Stuttgart, 1964.
(114) HELMRICH, W.: Das Ruhrgebiet – Wirtschaft und Verflechtung; 2. Aufl.; Münster, 1949.
(115) HELMRICH, W.: Wirtschaftskunde des Landes Nordrhein-Westfalen: Schriftenreihe der Volks- und Betriebswirtschaftlichen Vereinigung im Rheinisch-Westfälischen Industriegebiet, Neue Folge – Hauptreihe, Heft 19; Düsseldorf, 1960.
(116) HENNEBO, D. und HOFFMANN, A.: Geschichte der deutschen Gartenkunst, Bd. I, Hamburg, 1962.
(117) HESEMANN, J.: Der Grundwasserschatz der Halterner Sande. Bergfreiheit 1950, Heft 2, S. 6–9.
(118) HESMER, H.: Wald- und Forstwirtschaft in Nordrhein-Westfalen; Hannover, 1958.
(119) HESMER, H. – SCHROEDER, F. G.: Waldzusammensetzung und Waldbehandlung im Niedersächsischen Tiefland westlich der Weser und in der Münsterschen Bucht bis zum Ende des 18. Jahrhunderts. Decheniana, Beihefte, 11; Bonn, 1963.
(120) HILD, J.: Die Naturschutzgebiete im nördlichen Rheinland. Schriftenreihe der Landesstelle für Naturschutz und Landschaftspflege in Nordrhein-Westfalen, Bd. 3. 1968.
(121) HOBRECKER, H.: Der Bergbau im mittleren Ruhrgebiet. In: Bochum und das mittlere Ruhrgebiet; Festschrift zum 35. Deutschen Geographentag 1965 in Bochum; Paderborn, 1965; S. 23–48.
(122) HOCHSTRASSER, P.: Stand in der Entwicklung grenzüberschreitender Naturparke. In: Schriftenreihe für Landschaftspflege und Naturschutz (herausgeg. v. d. Bundesanstalt für Vegetationskunde, Naturschutz und Landschaftspflege), Heft 3, Bad Godesberg, 1968; S. 179–185.
(123) HOFFMANN, W.: Erholung im Ausstrahlungsbereich einer Großstadt mit bes. Berücksichtigung des Naturparks Harburger Berge und des Naturschutzparks Lüneburger Heide. In: Schriftenreihe für Landschaftspflege und Naturschutz (herausgeg. v. d. Bundesanstalt für Vegetationskunde, Naturschutz und Landschaftspflege), Heft 3, Bad Godesberg, 1968; S. 119–127.
(124) HOLLWEG, E. G.: Haldenbegrünung im Duisburger Raum. Garten und Landschaft, 62; 1952, Heft 7; S. 23–24.
(125) HOLZ, W. K. B.: Ein Jahrtausend Raum Hagen; Hagen, 1947.

(126) HOSTERT, W.: Geschichte des Sauerländischen Gebirgsvereins; Lüdenscheid, 1966.
(127) HOTTES, K. H.: Wirtschaftsräumliche Einheiten zwischen Hohem Venn und Niederrhein. In: Berichte zur deutschen Landeskunde, 1955; S. 103–109.
(128) HOTTES, K. H.: Die wirtschaftsräumlichen Einheiten im nördlichen Rheinlande – Erläuterungen zu einer Karte. In: Berichte zur deutschen Landeskunde, Bd. 15, 1955; S. 115–129.
(129) HOTTES, K. H.: Das Ruhrgebiet im Strukturwandel – eine wirtschaftsgeographische Zwischenbilanz. In: Berichte zur deutschen Landeskunde, 1967; S. 251–274.
(130) Hundert Jahre Kreis Moers – Festschrift zur Feier des Hundertjährigen Bestehens am 3.12.1957. Moers, 1957.
(131) HUTTENLOCHER, F.: Versuche kulturlandschaftlicher Gliederung am Beispiel von Württemberg, Forschungen zur deutschen Landeskunde, Bd. 47; Stuttgart, 1949.
(132) ISBARY, G.: Naturparke als Vorbildslandschaften. Schriftenreihe des Vereins Naturschutzpark, Nr. 4, 1959.
(133) ISBARY, G.: Landschaftsgestaltung als gesellschaftspolitischer Auftrag. In: Schriftenreihe des Vereins Naturschutzpark e.V., 1961.
(134) ISBARY, G.: Aufgaben der Erholungslandschaften im Einzugsbereich von Ballungsräumen. Beiträge zur Fremdenverkehrskunde (Ständiges Beiblatt zur Zeitschrift „Der Fremdenverkehr"), März bis Mai 1962.
(135) ISBARY, G.: Der Wald in der Raumordnung. In: Raumforschung und Raumordnung, 20, 1962; S. 85–92.
(136) KAISER, K.: Die Höhenterrassen der Bergischen Randhöhen und die Eisrandbildungen an der Ruhr. Sonderveröffentlichungen des Geologischen Instituts der Universität Köln; Köln, 1957.
(137) KAISER, K.: Gliederung und Formenschatz des Pliozäns und Quartärs am Mittel- und Niederrhein sowie in den angrenzenden Niederlanden unter besonderer Berücksichtigung der Rheinterrassen. In: Köln und die Rheinlande, Festschrift zum 33. Deutschen Geographentag Köln 1961; Wiesbaden, 1961; S. 236–278.
(138) KAYSER, K.: Kölner Bucht und Niederrhein – Ein Vorschlag zur landeskundlichen Terminologie. In: Wirtschafts- und sozialgeographische Themen zur Landeskunde Deutschlands – Theodor-Kraus-Festschrift; Bad Godesberg, 1959; S. 125–132.
(139) KERSBERG, H.: Zur Landschaft des Hagener Raumes. Naturkunde in Westfalen, Heft 4/1967; S. 97–104.
(140) KIEMSTEDT, H.: Zur Bewertung der Landschaft für die Erholung; Beiträge zur Landespflege, Sonderheft 1; Stuttgart, 1967.
(141) KIRRINNIS, H.: Zur Bevölkerungsstruktur der Emscherzone. Geographische Rundschau, Jg. 17; Heft 5, 1965; S. 206–209.
(142) KIRWALD, E.: Über Wasser und Wasserhaushalt im Ruhrgebiet; Essen, 1955.
(143) Klimakunde des Deutschen Reiches, Tabellenband, 1939.

(144) KLINK, H.: Naturräumliche Gliederung des Ith-Hils-Berglandes — Art und Anordnung der Physiotope und Ökotope; Forschungen zur deutschen Landeskunde, 159; Bad Godesberg, 1966.

(145) KLÖPPER, R.: Das Erholungswesen als Bestandteil der Raumordnung und als Aufgabe der Raumforschung. Raumforschung und Raumordnung, 13, 1955; Heft 4, S. 209—217.

(146) KLÖPPER, R.: Die deutsche geographische Stadt-Umland-Forschung — Entwicklung und Erfahrungen. Raumforschung und Raumordnung, 14, 1956, S. 92—97.

(147) KLÖPPER, R.: Das Erholungswesen im Gebiet des Lippe-Naturparkes — Voraussetzungen, Beobachtungen, Folgerungen, unveröffentl. Gutachten für den Siedlungsverband Ruhrkohlenbezirk, 1962.

(148) KLOSE, H.: Das westfälische Industriegebiet und die Erhaltung der Natur. In: Naturdenkmäler, Bd. 2, 8/9; Berlin, 1919.

(149) KNABE, W. — MELLINGHOFF, K. — MEYER, F. — SCHMIDT-LORENZ, R.: Haldenbegrünung im Ruhrgebiet; Schriftenreihe des Siedlungsverbandes Ruhrkohlenbezirk, 22; Essen, 1968.

(150) KNIESS, H.-M.: Landschaftsgestaltung am Rhein-Herne-Kanal. Unser Wald, 6, 1953; S. 2—4.

(151) KNIESS, H.-M.: Über die Landschaftsgestaltung am Niederrhein. In: Der Niederrhein, 1958, Heft 3, S. 81—85.

(152) KNIESS, H.-M.: Über die Ufergestaltung an den westdeutschen Wasserstraßen, ihre Voraussetzungen und ihre Durchführung. Natur und Landschaft im Ruhrgebiet, Heft 2; Schwelm, 1965; S. 186—196.

(153) KNÖLLNER, F. H.: Recklinghausen, Oer-Erkenschwick und Marl — Eine vergleichende Studie zur Wirtschafts- und Sozialstruktur. In: Bochum und das mittlere Ruhrgebiet; Festschrift zum 35. Deutschen Geographentag 1965 in Bochum; Paderborn, 1965; S. 193—207.

(154) KNÜBEL, H.: Die Wasserwirtschaft des Ruhrgebiets. Geographische Rundeschau, Jg. 4, 1952; S. 468 ff.

(155) KNÜBEL, H.: Die Rhein-Ruhr-Chemie. Geographische Rundschau, Jg. 4, 1952; S. 500 ff.

(156) KNÜBEL, H.: Die Eisenhüttenindustrie des Ruhrgebiets. Geographische Rundschau, Jg. 13, 1961; S. 193 ff.

(157) KNÜBEL, H.: Die räumliche Gliederung des Ruhrgebiets. Geographische Rundschau, Jg. 17, Heft 5, 1965; S. 180—190.

(158) KÖLLMANN, W.: Wirtschaft, Weltanschauung und Gesellschaft in der Geschichte des Wuppertals. Beiträge zur Geschichte und Heimatkunde des Wuppertals, Bd. 1; Wuppertal, 1955.

(159) KÖLLMANN, W.: Binnenwanderung und Bevölkerungsstruktur der Ruhrgebietsgroßstädte im Jahre 1907. Soziale Welt, 9, 1958; S. 219—233.

(160) KÖLLMANN, W.: Sozialgeschichte der Stadt Barmen im 19. Jahrhundert. Bd. 21 der Reihe „Soziale Forschung und Praxis", herausgeg. von der Sozialforschungsstelle an der Universität Münster in Dortmund; Tübingen, 1960.

(161) KÖNIG, H. W.: Wald, Wasser und Industrie in Nordrhein-Westfalen. In: Allg. Forstzeitschrift, 1966, H. 22/23; S. 373—376.

(162) KÖNIG, R.: Naturschutz und Freizeitlandschaft. In: Mitteilungen der Landesstelle für Naturschutz und Landschaftspflege in Nordrhein-Westfalen, Neue Folge, 3; Dezember 1965.

(163) KÖRBER, J.: Organisation und Tätigkeit des Siedlungsverbandes Ruhrkohlenbezirk. Geographische Rundschau, Jg. 17, Heft 6, 1965; S. 215—221.

(164) KÖRBER, J.: Probleme, Aufgaben und Ziele der Landesplanung im mittleren Ruhrgebiet. In: Bochum und das mittlere Ruhrgebiet; Festschrift zum 35. Deutschen Geographentag 1965 in Bochum; Paderborn, 1965; S. 209—215.

(165) KORFSMEIER, K.: Der Wald im Lebensraum des Menschen. Natur und Heimat, Heft 1/1964; S. 1—23.

(166) KRAGH, G.: Naturschutz und Landschaftspflege in Ballungsräumen, unter besonderer Berücksichtigung des Erholungsverkehrs. In: Bulletin de l'Institut Agronomique et des Stations de Recherche de Gembloux, Hors serie, Volume III, 1960; S. 1470—1479.

(167) KRAKHECKEN, M.: Die Lippe. Arbeiten der Geogr. Kommission für Westfalen, 2; Münster, 1939.

(168) KRAUS, O.: Ökologische Auswirkungen des Tourismus und des Erholungswesens im Bereich von Straßen und anderen Verkehrseinrichtungen. Natur und Landschaft, 1966, Heft 11; S. 239—244.

(169) KRAUS, TH.: Das Siegerland, ein Industriegebiet im Rheinischen Schiefergebirge. Forschungen zur deutschen Landes- und Volkskunde; Stuttgart, 1931.

(170) KRAUS, TH. Rheinisches Schiefergebirge, Niederrheinische Bucht und Ruhrgebiet. In: Handbuch der Geographischen Wissenschaft. Das Deutsche Reich, Bd. 2; Potsdam, 1940; S. 371—411.

(171) KRAUS, TH.: Individuelle Länderkunde und räumliche Ordnung. Erdkundliches Wissen, Heft 7; Wiesbaden, 1960.

(172) KRAUS, TH.: Das Rheinisch-Westfälische Städtesystem. In: Köln und die Rheinlande; Festschrift zum 35. Deutschen Geographentag Köln 1961; Wiesbaden, 1961; S. 1—24.

(173) KRENZLIN, A.: Blockflur, Langstreifenflur und Gewannflur als Ausdruck agrarer Wirtschaftsformen in Deutschland. Géographie et Histoire Agraire (Actes du colloque international organisé par la Faculté des Lettres de l'Université de Nancy); 1959; S. 353—369.

(174) KRENZLIN, A.: Zur Genese der Gewannflur in Deutschland. Geografiska Annaler, 43; Stockholm, 1961; S. 190—204.

(175) KÜRTEN, W. v.: Die Industrielandschaft von Schwelm, Gevelsberg und Milspe-Voerde. Diss. Köln 1939.

(176) KÜRTEN, W. v.: Kulturlandschaftliche Strukturuntersuchung für einen Teil des Ennepe-Ruhr-Kreises. In: Beiträge zur Heimatkunde der Stadt Schwelm und ihrer Umgebung, 2; Schwelm, 1952; S. 54—83.

(177) KÜRTEN, W. v.: Die landschaftliche Struktur des Ennepe-Ruhr-Kreises; Schwelm, 1954.

(178) KÜRTEN, W. v.: Die naturräumliche Gliederung des nordwestlichen Sauerlandes und nördlichen Bergischen Landes. Beiträge zur Heimatkunde der Stadt

Schwelm und ihrer Umgebung, Heft 5; Schwelm, 1955; S. 5–23.
(179) KÜRTEN, W. v.: Naturschutz und Landschaftspflege im Ruhrkohlenbezirk. Natur und Landschaft, Heft 4/1959, S. 49–54.
(180) KÜRTEN, W. v.: Denkschrift zur Frage eines Naturparks im unteren Lippe-Raum; 1960 (Mskr.).
(181) KÜRTEN, W. v.: Der Grüne Ring des Ruhrgebiets. Natur und Landschaft, Heft 11/1960, S. 171–172.
(182) KÜRTEN, W. v.: Naturparke – eine Gemeinschaftsaufgabe unserer Zeit. Schriftenreihe des Vereins Naturschutzpark e.V.: Vorträge über Naturparke II; Stuttgart, 1963; S. 6–16.
(183) KÜRTEN, W. v.: Die landschaftliche Struktur und Entwicklung des Stadtgebiets von Herne. Natur und Landschaft im Ruhrgebiet, Heft 1; Schwelm, 1964, S. 21–47.
(184) KÜRTEN, W. v.: Landschaftsentwicklung und Landschaftspflege im Ruhrgebiet. Geogr. Rundschau, Jg. 17, Heft 6, 1965; S. 234–237.
(185) KÜRTEN, W. v.: Die naturräumliche Struktur und Gliederung des Gebiets um Haltern. Natur und Landschaft im Ruhrgebiet, 2; Schwelm, 1965; S. 7–50.
(186) KÜRTEN, W. v.: Die naturräumliche Struktur und Gliederung des Gebietes zwischen unterer Lippe und Emscher. Natur und Landschaft im Ruhrgebiet, 3; Schwelm, 1966; S. 52–104.
(187) KÜRTEN, W. v.: Naturpark Märkische Hochflächen, unveröffentlichte Denkschrift; Januar 1967.
(188) KÜRTEN, W. v.: Die Entwicklung des Bergisch-Märkischen Industriegebiets bis zur Mitte des 19. Jahrhunderts. Beiträge zur Heimatkunde der Stadt Schwelm und ihrer Umgebung, 17; Schwelm, 1967; S. 56–76.
(189) KÜRTEN, W. v.: Landschaftsentwicklung und Landschaftspflege in Ballungsräumen, dargestellt am Beispiel des Ruhrgebiets. Natur und Landschaft, Heft 12/1967, S. 267–272.
(190) KÜRTEN, W. v.: Der Naturpark Hohe Mark. In: Rheinische Heimatpflege, Neue Folge, IV/1967; S. 319–329.
(191) KUKUK, P.: Geologie des Niederrheinisch-Westfälischen Steinkohlengebietes; Berlin, 1938.
(192) KUKUK, P. – HAHNE, C.: Die Geologie des Niederrheinisch-Westfälischen Steinkohlengebietes; Herne, 1963.
(193) Landesentwicklungsprogramm – Ministerialblatt für das Land Nordrhein-Westfalen, 17, 1964, Nr. 107 v. 31.8.1964.
(194) Landwirtschaft im Ölbachtal, Die . . .; Voraussetzungen und Möglichkeiten für die Landwirtschaft zur Erhaltung und Pflege stadtnaher Freiflächen im regionalen Grünflächensystem des Ruhrgebiets. Herausgeg. v. d. Arbeitsgem. zur Verbesserung der Agrarstruktur in Hessen, Sonderheft 25, bearbeitet von W. KOLT und J. KLEIN; Wiesbaden, 1966.
(195) Landwirtschaftliche Nutzung, Die . . . von Erholungsgebieten in Ballungsräumen – Ein Beitrag zum Landschaftsplan Alstertal/Walddörfer in Hamburg. Arbeitsgem. z. Verb. d. Agrarstruktur in Hessen, Sonderheft 11, 1963.
(196) LANGE, A.: Überprüfung des räumlichen Gefüges des Ruhrkohlenbezirks auf Grund der Erfahrungen in den ersten vier Kriegsjahren. (Ungedr.) Diss. Hannover, 1945.
(197) LEY, N. und ROEHL, K.: Windschutz als Maßnahme der Landesplanung. In: Naturschutz und Landschaftspflege in Nordrhein-Westfalen; Fredeburger Schriftenreihe, herausgeg. von O. KOCH; Ratingen, 1951; S. 160–168.
(199) LEY, N.: Ziele der Landesplanung in Nordrhein-Westfalen; Düsseldorf, 1961.
(199) LINCKE, M.: Die Umwandlung der reinen Nadelholzbestände Nordwestdeutschlands in Mischwald; Hannover, 1946.
(200) LOHMEYER, H.: Natur und Landschaft als Voraussetzungen für den Fremdenverkehr. Der Fremdenverkehr, 1961, Heft 9, S. 18 ff.
(201) LORZ, A.: Kommentar zum Naturschutz-, Tierschutz- und Jagdrecht; München und Berlin, 1961.
(202) LOTZE, F.: Karst und Höhlen in Westfalen und im Bergischen Land, Hagen, 1961.
(203) LOUIS, H.: Allgemeine Geomorphologie. Lehrbuch der Allgemeinen Geographie, herausgeg. von E. OBST, Band I; 3. Aufl., Berlin, 1968.
(204) LOWINSKI, H.: Städtebildung in industriellen Entwicklungsräumen, untersucht am Beispiel der Stadt und des Amtes Marl; Recklinghausen, 1964.
(205) MEIER, F.: Die Änderung der Bodennutzung und des Grundeigentums im Ruhrgebiet von 1820 bis 1955. Forschungen zur deutschen Landeskunde, 131; Bad Godesberg, 1961.
(206) MEINECKE, F.: Zur Erdgeschichte des Hagener Raumes; 1. Veröffentlichung der naturwissenschaftl. Vereinigung Hagen, Hagen, 1953; S. 12–28.
(207) MEINECKE, F.: Geologische Heimatkunde für das Nordwest-Sauerland um Hagen; Hagen, 1962.
(208) MELLINGHOFF, K. G.: Die Begrünungsaktion Ruhrkohlenbezirk. In: Unser Wald, 1959, H. 3; S. 65–66.
(209) MELLINGHOFF, K. G.: Grünpolitik im Ruhrgebiet. Garten und Landschaft, 1965, Heft 6.
(210) MELLINGHOFF, K. G.: Wald, Landeskultur und Industrie im Ruhrkohlenbezirk. Allg. Forstzeitschrift, 1966, H. 22/23.
(211) MENKE, A.: Der Einfluß des Fremdenverkehrs auf die Entwicklung ländlicher Räume. Diss. Hannover 1965.
(212) MERTINS, G.: Die Kulturlandschaft des westlichen Ruhrgebiets (Mülheim – Oberhausen – Dinslaken). Gießener Geographische Schriften, 4; Gießen, 1964.
(213) MERTINS, G.: Die Entwicklung von Bergbau und Eisenindustrie im westlichen Ruhrgebiet (Duisburg – Mülheim – Oberhausen – Dinslaken). Geographische Rundschau, Jg. 17, Heft 5, 1965; S. 171–179.
(214) MEUSEL, H.: Landschaftsschutzgebiete als Erholungszentren. Natur und Heimat, Leipzig, 1959, Heft 5; S. 213–216.
(215) MEYER, F. A.: Die Landnahme der Industrie im Rheinhausener Raum – Versuch der Geschichte eines großen wirtschaftlichen Strukturwandels. Rheinhausen, 1965.
(216) MEYER, K.: Ordnung im ländlichen Raum; Stuttgart, 1964.
(217) MITTELBACH, H. A.: – SCHÖNFELD, H.: Frei-

zeitparks für das Revier. In: Garten und Landschaft, 1968, H. 2; S. 37–41.
(218) MITTELBACH, H. A.: Revierparks – Freizeitkombinate. In: Das Gartenamt, 1969, Heft 8.
(219) MOTTEK, H.: Zum Verlauf und zu einigen Hauptproblemen der industriellen Revolution in Deutschland. In: MOTTEK – BLUMBERG – WUTZMER – BECKER: Studien zur Geschichte der industriellen Revolution in Deutschland; Berlin, 1960.
(220) MUDRICH, H.: Nachhaltigkeit und Sozialfunktion im wirtschaftlich genutzten stadtnahen Erholungswald. Der Forst- und Holzwirt, 1968, Heft 19; S. 390–394.
(221) MRASS, W.: Naturpark Westmünsterland – Denkschrift zur Planung. Amt für Landespflege. Münster, 1961 (Mskr.).
(222) MRASS, W.: Landschaft und Erholung im Umkreis des Industriegebietes. Westf. Heimatkalender 1962; Münster, 1961; S. 95–98.
(223) MRASS, W.: Der Landschaftsplan als Grundlage für Erholungsgebiete – erläutert am Beispiel eines stadtnahen Bereiches und eines Naturparkes. Natur und Landschaft, 1965, Heft 12; S. 228–234.
(224) MÜLLER, H.: Die Halterner Talung. Westf. Geographische Studien, 3; Münster, 1950.
(225) MÜLLER-WILLE, W.: Bodenplastik und Naturräume Westfalens (mit Kartenband). Spieker, Nr. 14; Münster, 1966 (1941).
(226) MÜLLER-WILLE, W.: Die Naturlandschaften Westfalens. Westfälische Forschungen, Bd. 5; Heft 1–2; Münster, 1942; S. 1–78.
(227) MÜLLER-WILLE, W.: Das Rheinische Schiefergebirge und seine kulturgeographische Struktur und Stellung. Deutsches Archiv für Landes- und Volksforschung, Bd. 6; Leipzig, 1942; S. 537–591.
(228) MÜLLER-WILLE, W.: Langstreifenflur und Drubbel – ein Beitrag zur Siedlungsgeographie Westgermaniens. Deutsches Archiv für Landes- und Volksforschung, Bd. 8; Leipzig, 1944; S. 9–44.
(229) MÜLLER-WILLE, W.: Westfalen – Landschaftliche Ordnung und Bindung eines Landes; Münster, 1952.
(230) MÜLLER-WILLE, W.: Agrarbäuerliche Landschaftstypen in Nordwestdeutschland. Tagungsbericht und wissenschaftliche Abhandlungen des Deutschen Geographentags Essen 1953; Wiesbaden, 1954; S. 179–184.
(231) MÜLLER-WILLE, W.: Siedlungs-, Wirtschafts- und Bevölkerungsräume im westlichen Mitteleuropa um 500 n. Chr. Westfälische Forschungen, Bd. 9; Münster, 1956; S. 5–25.
(232) MÜLLER-WILLE, W.: Die spätmittelalterlich-frühneuzeitliche Kulturlandschaft und ihre Wandlungen. Tagungsbericht und wissenschaftliche Abhandlungen des Deutschen Geographentages Würzburg 1957; Wiesbaden, 1958; S. 399–410.
(233) MÜLLER-WILLE, W. – MEYNEN, E.: Die Städte in Westfalen in geographisch-landeskundlichen Kurzbeschreibungen. Berichte zur Deutschen Landeskunde, 34, 1. und 2. Heft, 1965.
(234) Naturparke in Westfalen; herausgeg. vom Landschaftsverband Westfalen-Lippe, Münster, 1961.
(235) NETTMANN, W.: Grundzüge der Siedlungs- und Wirtschaftsentwicklung im Amte Volmarstein seit dem ausgehenden Mittelalter. In: Bochum und das mittlere Ruhrgebiet; Festschrift zum 35. Deutschen Geographentag 1965 in Bochum; Paderborn, 1965; S. 65–75.
(236) NEUMANN, E. G.: Wasserburgen im Emschertal. Natur und Landschaft im Ruhrgebiet, 4; Schwelm, 1968; S. 5–51.
(237) NIEMEIER, G. – TASCHENMACHER, R. W.: Plaggenböden – Beiträge zu ihrer Genetik und Typologie. Westfälische Forschungen, 2; Münster, 1939; S. 29–64.
(238) NIEMEIER, G.: Probleme der bäuerlichen Kulturlandschaft in Nordwestdeutschland. Deutsche Geographische Blätter, 42; Bremen, 1939; S. 111–118
(239) NIEMEIER, G.: Das Landschaftsbild des heutigen Ruhrreviers vor Beginn der großindustriellen Entwicklung. Westfälische Forschungen, Bd. 5; Münster, 1942; S. 69–109.
(240) NIEMEIER, G.: C 14-Datierungen der Kulturlandschaftsgeschichte Nordwestdeutschlands. Abh. der Braunschweiger Wissenschaftlichen Gesellschaft, Bd. 11; 1959; S. 87–120.
(241) OEHMICHEN, F.: Gelenkte Freizeit. Gartenamt, 1966, Nr. 7, S. 324–327.
(242) OFFNER, H.: Erholungsprobleme eines Verdichtungsraumes (Beispiel: Köln und Braunkohlengebiet). Allg. Forstzeitschrift, 1965, Nr. 51/52, S. 804–805.
(243) OFFNER, H.: Naturschutz in den Niederlanden. In: Naturschutz- und Naturparke, Heft 40/1966.
(244) OFFNER, H.: Das Naturparkprogramm in der Bundesrepublik Deutschland; 3. Auflage, Bonn, 1967.
(245) OLSCHOWY, G.: Das Grün als Erholungsfaktor – und der Beitrag des Landschafts- und Grünflächenordnungsplanes. Informationen des Instituts für Raumforschung, 12, Nr. 5; Bad Godesberg, 1962; S. 105–119.
(246) OLSCHOWY, G.: Aufgaben der Landschaftspflege und der Grünordnung – Ein Beitrag zur Neuordnung des ländlichen Raumes. Landkreis, 1967, Heft 1; S. 13–17.
(247) OLSCHOWY, G.: Aufgaben der Landespflege bei der Entwicklung der Agrargebiete. In: Schriftenreihe für Landschaftspflege und Naturschutz (herausgeg. v. d. Bundesanstalt für Vegetationskunde, Naturschutz und Landschaftspflege), Heft 3, Bad Godesberg, 1968; S. 187–192.
(248) OLSEN, K. H.: Raumordnerische Bewältigung des Erholungsverkehrs. Raumforschung und Raumordnung, 19, 1961; Heft 3, S. 130–138.
(249) OLSEN, K. H.: Erholungswesen und Raumordnung. Forschungs- und Sitzungsberichte der Akademie für Raumforschung und Landesplanung, 25, 1963; S. 3–15.
(250) OTREMBA, E.: Der Bauplan der Kulturlandschaft; Die Erde, 3, 1951/52, S. 233–245.
(251) OTREMBA, E.: Struktur und Funktion im Wirtschaftsraum. In: Wirtschafts- und sozialgeographische Themen zur Landeskunde von Deutschland – Theodor Kraus zu seinem 65. Geburtstag; Bad Godesberg, 1959; S. 15–28.

(252) OVERHOFF, W.: Auswirkungen der Luftverschmutzung auf die Forstwirtschaft, dargestellt am Beispiel der Haard. Naturkunde in Westfalen; 1967, Heft 1; S. 11–13.

(253) PAFFEN, K.: Die natürliche Landschaft und ihre In: Erdkunde, 2; 1948; S. 167–173.

(254) PAFFEN, K.: Die natürliche Landschaft und ihre räumliche Gliederung — Eine methodische Untersuchung am Beispiel der Mittel- und Niederrheinlande. Forschungen zur deutschen Landeskunde, Bd. 68; Remagen, 1953.

(255) PAFFEN, K.: Natur- und Kulturlandschaft am deutschen Niederrhein. Berichte zur deutschen Landeskunde, Bd. 20; Remagen, 1958; S. 177–229.

(256) PETER, W.: Die rechtliche Sicherung der Landschaftsschutzgebiete. Natur und Landschaft im Ruhrgebiet, 1; Schwelm, 1964; S. 7–18.

(257) PFLUG, W.: Schutz, Pflege und überlegte Gestaltung der Landschaft. In: Dokumentation des 42. Bundestages des Bundes Deutscher Architekten; Frankfurt, 1967; S. 80–83.

(258) POENICKE, H.: Richtlinien für die landschaftliche Eingliederung von Baggergruben, Steinbrüchen und sonstigen Entnahmestellen von Steinen und Erden; Darmstadt (Hess. Landesstelle für Naturschutz und Landschaftspflege), 1966.

(259) PROTT, H.: Möglichkeiten und Grenzen der Naturparke. In: Natur und Landschaft, Heft 4/1966, S. 84–87.

(260) PREUSS, G.: Begrenzende Faktoren bei der Erschließung von Naturschutzgebieten für die Erholung. In: Schriftenreihe für Landschaftspflege und Naturschutz (herausgeg. von der Bundesanstalt für Vegetationskunde, Naturschutz und Landschaftspflege), Heft 3, Bad Godesberg, 1968; S. 111–117.

(261) RADERMACHER, K. H.: Aufgaben und Probleme der Landschaftspflege am Niederrhein. Mitteilungen der Landesstelle für Naturschutz und Landschaftspflege in Nordrhein-Westfalen; Neue Folge, 4, 1966; S. 1–12.

(262) RAMSHORN, A. (Herausgeber): Fünfzig Jahre Emschergenossenschaft 1906–1956; Essen, 1957.

(263) RAU, H.: Die Wasserversorgung des Ruhrgebietes in Abhängigkeit von den Naturverhältnissen. Geographische Rundschau, Jg. 17, Heft 4, 1965; S. 147–152.

(264) Regierungsbericht über die Raumordnung in den Niederlanden, 1960 (Deutsche Übersetzung von 1961, Institut für Raumforschung, Bad Godesberg, 1961).

(265) RINGLEB, F.: Das phänologische Jahr in Westfalen. Spieker, 9; Münster, 1958; S. 59–95.

(266) ROEWER, H.: Linksniederrheinische städtische Siedlungen. Forschungen zur deutschen Landeskunde, 83; Remagen, 1954.

(267) ROSENBERG, H.: Das Moerser Land. Verhandlungen des Naturhistorischen Vereins der preußischen Rheinlande und Westfalens, Bd. 89; Bonn, 1933; S. 1–137.

(268) RÜSCHE, E.: Inselberge im linken Niederrheingebiet. Natur und Landschaft, 29, 1954; Heft 3, S. 122–124.

(269) RUNGE, F.: Die Naturschutzgebiete Westfalens und des Regierungsbezirks Osnabrück; Münster, 1961.

(270) RUNGE, F.: Die Pflanzengesellschaften Westfalens und Niedersachsens. Münster, 1966.

(271) RUNGE, F.: Die Pflanzengesellschaften der Kirchheller Heide und ihrer Umgebung. Natur und Landschaft im Ruhrgebiet, 3; Schwelm, 1966; S. 5–43.

(272) RUPPERT, K.: Der Stadtwald als Wirtschafts- und Erholungswald. München – Bonn – Wien, 1960.

(273) SALLMANN, J.: Das Problem der Naherholung (Beispiel: Frankfurt). Natur und Landschaft, 1966, Heft 4; S. 94–97.

(274) SANDER, F.: Die geschichtliche Entwicklung der Eisenbahnen des Ruhrgebiets und ihre Beziehungen zum Wirtschaftsleben der westfälischen Ruhrstädte. Diss. Köln 1931.

(275) SCHEPERS, J.: Haus und Hof deutscher Bauern; 2. Band: Westfalen-Lippe; Münster, 1960.

(276) SCHMITHÜSEN, J.: „Fliesengefüge der Landschaft" und „Ökotop" — Vorschläge zur begrifflichen Ordnung und zur Nomenklatur in der Landschaftsforschung. In: Berichte zur deutschen Landeskunde, 5; 1948; S. 74–83.

(277) SCHMITHÜSEN, J.: Einleitung — Grundsätzliches und Methodisches. In: Handbuch der naturräumlichen Gliederung Deutschlands, 1. Lieferung; Remagen, 1953; S. 1–44.

(278) SCHMITHÜSEN, J.: Was ist eine Landschaft; Erdkundliches Wissen, H. 9; Wiesbaden, 1964.

(279) SCHMITHÜSEN, J.: Naturräumliche Gliederung und Landschaftsräumliche Gliederung. In: Berichte zur deutschen Landeskunde, 39; 1967, 1; S. 125–131.

(280) SCHMITHÜSEN, J.: Allgemeine Vegetationsgeographie. Lehrbuch der Allgemeinen Geographie. herausgeg. von E. OBST, Band IV; 3. Aufl., Berlin, 1968.

(281) SCHNEIDER, R.: Die Gräftensiedlungen im Lüdinghauser Land. Spieker, 3; Münster, 1952; S. 69–73.

(282) SCHÖLLER, P.: Territorialgrenze, Konfession und Siedlungsentwicklung — Untersuchungen zur historischen Kulturgeographie des märkisch-bergischen Grenzsaumes. Westfälische Forschungen, 6, 1943/52; S. 116–129.

(283) SCHÖLLER, P.: Die rheinisch-westfälische Grenze zwischen Ruhr und Ebbegebirge. Veröffentlichungen des Provinzialinstituts für westfälische Landes- und Volkskunde; Reihe 1, Heft 6; Münster, 1953.

(284) SCHÖLLER, P.: Städte als Mobilitätszentren westdeutscher Landschaften. Deutscher Geographentag Berlin 1959; Tagungsbericht und wissenschaftliche Abhandlungen; Wiesbaden, 1960; S. 158–167.

(285) SCHÖLLER, P.: Die Wirtschaftsräume Westfalens vor Beginn des Industriezeitalters — Plan und Fragestellungen einer Dokumentation zur statistischen und kartographischen Darstellung der westfälischen Wirtschaftsräume um 1800. Westfälische Forschungen, 16. Jg.; Münster, 1963.

(286) SCHÖLLER, P.: Kommunale Gebietsreform Ruhrtal – Hattingen; Gutachten, Bochum, 1968.

(287) SCHOENICHEN, W.: Naturschutz, Heimatschutz – Ihre Begründung durch E. RUDORFF, H. CONWENTZ und ihre Vorläufer; Stuttgart, 1954.

(288) SCHRÖTHER, R.: Das Grundwasser der Kirchheller

(289) SCHÜTTLER, A.: Der Landkreis Düsseldorf-Mettmann. Die Landkreise in Nordrhein-Westfalen; Reihe A: Nordrhein; Band 1; Ratingen, 1952.
(290) SCHUKNECHT, F.: Ort und Flur in der Herrlichkeit Lembeck. Westfälische Geographische Studien, 6; Münster, 1952.
(291) SCHULTE, W.: Volk und Staat — Westfalen im Vormärz und in der Revolution 1848/49; Münster, 1954.
(292) SCHULTZE, J. H.: Begriff und Gliederung geographischer Landschaften. In: Forschungen und Fortschritte, 1955; S. 291–297.
(293) SCHULTZE, J. H.: Landschaft. In: Handwörterbuch der Raumforschung und Raumordnung; Hannover, 1966; Spalten 1047–1067.
(294) SCHULZ, A.: Der Erholungsverkehr im Naturpark Siebengebirge. Rhein. Heimatpflege N. F., 1967, Heft 3; S. 300–307.
(295) SCHULZ, A.: Der Erholungsverkehr in rheinischen Naturparken. Rhein. Heimatpflege N. F., 1967, Heft 4; S. 380–385.
(296) SCHWENKEL, H.: Die Landschaft als Natur und Menschenwerk; Stuttgart, 1957.
(297) SCHWERZ, J. N. v.: Beschreibung der Landwirtschaft in Westfalen und dem anschließenden Rheinpreußen; 2 Bände; Stuttgart, 1836.
(298) SCHWICKERATH, M.: Grundsätze zur Grundlagenforschung und Stadtumlandbehandlung für die Landschaftspflege. Natur und Landschaft, 1960, Heft 3; S. 37–39.
(299) SCHWICKERATH, M.: Die floren- und vegetationsgeographische Gliederung des Niederrheins und seines Gebirgsrandes. Köln und die Rheinlande; Festschrift zum 33. Deutschen Geographentag in Köln; Wiesbaden, 1961; S. 279–324.
(300) SERAPHIM, H. J. (Herausgeber): Das Vest, ein dynamischer Wirtschaftsraum — Die sozialwirtschaftliche Entwicklung und Struktur des Vestes Recklinghausen und seine wohnungs- und siedlungswirtschaftliche Problematik; Recklinghausen, 1955.
(301) SIGMOND, J.: NAturschutz und Landschaftspflege in Nordrhein-Westfalen — Rückschau und Ausblick. In: Naturschutz und Landschaftspflege in Nordrhein-Westfalen; Fredeburger Schriftenreihe, herausgeg. von O. KOCH; Ratingen, 1951; S. 15–22.
(302) SIGMOND, J.: Rheinische Erholungsgebiete — Gegenwärtiger Stand und zukünftige Entwicklung. In: Die Heimat lebt; herausgeg. vom Rheinischen Verein für Denkmalpflege und Heimatschutz, 1955/56; S. 253–262.
(303) SPEIDEL, G.: Zur Bewertung von Wahlfahrtswirkungen des Waldes; Allg. Forstzeitschrift, 21, 1966; Heft 22/23; S. 383–386.
(304) SPETHMANN, H.: Das Ruhrgebiet im Wechselspiel von Land und Leuten, Wirtschaft, Technik und Politik. Band 1 und 2; Berlin, 1933; Band 3, Berlin, 1938.
(305) SPETHMANN, H.: Forschungen zur Geschichte des Ruhrbergbaus, 1. und 2. Heft (Masch.Schr.); Essen/Lübeck, 1951/52.
(306) STEINBERG, H. G.: Die Sozialstruktur im Ruhrgebiet. Geographische Rundschau, Jg. 15, 1963; S. 209 ff.
(307) STEINBERG, H. G.: Die sozialökonomische Entwicklung des Ruhrgebiets seit 1945. Geographische Rundschau, Jg. 17, Heft 5, 1965; S. 197–203.
(308) STEINBERG, H. G.: Sozialräumliche Entwicklung und Gliederung des Ruhrgebietes; Forschungen zur Deutschen Landeskunde, 166; Bad Godesberg, 1967.
(309) STEINER, G.: Funktionales Gefüge der Großstadt Gelsenkirchen im Ruhrrevier. Spieker, Heft 5; Münster, 1954; S. 58–82.
(310) STEINMANN, H. G.: Die diluvialen Ruhrterrassen und ihre Beziehungen zur Vereisung. Sitzungsberichte des Naturhistorischen Vereins der preußischen Rheinlande und Westfalens; Bonn, 1924 (ersch. 1925); S. 29–45.
(311) Sterbende Wälder. Denkschrift über die besondere Lage der Forstwirtschaft im Industriegebiet, dargestellt am Kreise Recklinghausen (Westf.). Herausgeg. v. Waldbauernverband Nordrhein-Westfalen, Recklinghausen, 1957.
(312) STICHMANN, W.: Heidelandschaften — Zeugen jahrhundertelanger Waldverwüstung. Naturkunde in Westfalen; 1965, Heft 1; S. 19–25.
(313) STORK, TH.: Das Flußtal der Hönne. Spieker, 9; Münster, 1958; S. 3–34.
(314) STRUTZ, E.: Bergische Wirtschaftsgeschichte. In: J. HASHAGEN — K. J. NARR — W. REES — E. STRUTZ: Bergische Geschichte; Remscheid-Lennep, 1958; S. 297–446.
(315) STURM, V.: Im grünen Kohlenpott; Duisburg, 1965.
(316) STURM, V.: Deutsche Naturparke in Wort und Bild. 3. Aufl. Stuttgart, 1967.
(317) STURSBERG, E.: Geschichte des Hütten- und Hammerwesens im ehemaligen Herzogtum Berg; Remscheid, 1964.
(318) TÄGER, F.: Bäuerliche Forstwirtschaft am Rande des Ballungsgebietes am Beispiel der Waldwirtschaftsgemeinschaft Hattingen-Sprockhövel. Der Forst- und Holzwirt, 1968, Heft 19; S. 394–398.
(319) TASCHENMACHER, W.: Die Böden des Südergebirges. Spieker, 6; Münster, 1955.
(320) THOME, K. N.: Die Begegnungen des nordischen Inlandeises mit dem Rhein. Geol. Jb., 76; Hannover, 1958; S. 261–308.
(321) TIGGEMANN, W.: Das Muttental bei Witten. Der Anschnitt; Zeitschrift für Kunst und Kultur im Bergbau, Jg. 17, Nr. 1, 1965; S. 3–29.
(322) TIMMERMANN, R.: Die Talsperren am Nordrande des Rheinischen Schiefergebirges. Forschungen zur deutschen Landeskunde, 53; Landshut, 1951.
(323) TOEPFER, A.: Naturparke im Bundesgebiet. In: Naturparke in Westfalen; Münster, 1961; S. 11–22.
(324) TREECK, P. van: Landschaftspflegemaßnahmen an der Terrassenkante der Hees bei Weeze (Kreis Geldern). Natur und Landschaft im Ruhrgebiet, 4; Schwelm, 1968; S. 95–102.
(325) TROLL, C.: Methoden der Luftbildforschung. In: Sitzungsberichte europäischer Geographen, Würzburg 1942; Leipzig, 1943; S. 121–143.
(326) TROLL, C.: Ökologische Landschaftsforschung und

vergleichende Hochgebirgsforschung (Erdkundliches Wissen, Heft 11); Wiesbaden, 1966.
(327) UDLUFT, H.: Das Diluvium des Lippetales zwischen Lünen und Wesel und einiger angrenzender Gebiete. Jahrbuch der Preußischen Geologischen Landesanstalt, 54; 1933; S. 37–57.
(328) UHLIG, H.: Die Kulturlandschaft – Methoden der Forschung und das Beispiel Nordostengland. Kölner Geographische Arbeiten, Heft 9/10; Köln, 1956.
(329) ULLRICH, C.: Lößböden in Westfalen. Naturkunde in Westfalen, 1965, Heft 3/4; S. 70–76.
(330) UMLAUF, J.: Das Ruhrgebiet in der Planung. Geographische Rundschau, Jg. 4, Heft 11, 1952; S. 442–446.
(331) UNGEWITTER, R.: Landespflege im Ruhrgebiet. Garten und Landschaft, 1954, Heft 11.
(332) UNGEWITTER, R.: Zur Schüttung von Halden im Ruhrgebiet. Garten und Landschaft, 65, 1955; Heft 9, S. 7–9.
(333) UNGEWITTER, R.: Landespflege in der Städtelandschaft des Ruhrgebietes. In: Das Gartenamt, 1958, H. 5; S. 102–105.
(334) Untersuchungen zum Wochenendverkehr der Hamburger Bevölkerung – Teil A: Die Wochenendverkehrsregion, bearbeitet von J. ALBRECHT – Teil B: Das Verhalten Hamburger Wochenendfahrer in ausgewählten Wochenend-Erholungsgebieten, bearbeitet von G. SIEFER und W. R. VOGT – Hamburg, 1967.
(335) Verkehrsverhältnisse, Die Verbesserungen der ... im Ruhrgebiet; herausgeg. v. Siedlungsverband Ruhrkohlenbezirk; Essen, 1965.
(336) VOGEL, I.: Bottrop – eine Bergbaustadt in der Emscherzone des Ruhrgebiets. Forschungen zur deutschen Landeskunde, Bd. 114; Remagen, 1959.
(337) VOPPEL, G.: Wesen und Entwicklung der deutschen Industrielandschaft im 19. und 20. Jahrhundert. Geographische Rundschau, Jg. 11, 1959; S. 93 ff.
(338) VOPPEL, G.: Passiv- und Aktivräume und verwandte Begriffe der Raumforschung im Lichte wirtschaftsgeographischer Betrachtungsweise. Forschungen zur deutschen Landeskunde, Bd. 132; Bad Godesberg, 1961.
(339) VOPPEL, G.: Die Aachener Bergbau- und Industrielandschaft. Kölner Forschungen zur Wirtschafts- und Sozialgeographie; Wiesbaden, 1965.
(340) VOYE, E.: Geschichte der Industrie im märkischen Sauerlande; 4 Bände; Hagen, 1909–1913.
(341) WAGNER, E.: Der Landkreis Altena – Die Landkreise in Nordrhein-Westfalen. Münster, 1962.
(342) Wald in der Raumordnung; Schriften der Evang. Akademie in Hessen und Nassau, 66, Frankfurt, 1966.
(343) Walderhaltung im Ruhrkohlenbezirk; herausgeg. v. Siedlungsverband Ruhrkohlenbezirk; Essen, 1927.
(344) Waldschutz und Landespflege im Ruhrgebiet; herausgeg. v. Siedlungsverband Ruhrkohlenbezirk, Essen, 1959.
(345) WALTER, A.: Die Bermgannsköttersiedlung Wengern-Trienendorf. Jb. d. Ver. f. Orts- u. Heimatk. in der Grafschaft Mark, 64, 1964; S. 79–122.
(346) WALTER, F.: Wandlungen der Agrarstruktur Westfalens. Berichte zur deutschen Landeskunde, Bd. 31; 1963; S. 477–485.
(347) WALTER, H.: Untersuchungen zur Sozialanthropologie der Ruhrbevölkerung. Veröffentlichungen des Provinzialinstitus für westfälische Landes- und Volkskunde. Heft I/12; Münster, 1962.
(348) WEDDIGE, A. und FRANZEN, J.: Der Bergbau im Gemeindebezirk Herbede. In: 1100 Jahre Herbede; Herbede, 1951; S. 97–119.
(349) WEDDIGE, A.: Der Steinkohlenbergbau in seiner geschichtlichen Entwicklung. In: Der Ennepe-Ruhr-Kreis, Hattingen, 1954; S. 68–73.
(350) WEFELSCHEID, H.: Bericht über die Tätigkeit der Bezirksstelle für Naturschutz und Landschaftspflege im Ruhrkohlenbezirk, 1953.
(351) WEFELSCHEID, H.: Die Pflege der Landschaft im Ruhrkohlenbezirk. Natur und Landschaft, Heft 4/1955; S. 49–52.
(352) WEFELSCHEID, H.: Wacholderheiden im Raume um Haltern. Natur und Landschaft im Ruhrgebiet, 2; Schwelm, 1965; S. 171–185.
(353) WEGNER, TH.: Die Granulatenkreide des westlichen Münsterlandes. In: Zeitschrift der Deutschen Geologischen Gesellschaft, 1905.
(354) WEGNER, TH.: Geologie Westfalens; 2. Aufl. Paderborn, 1926.
(355) WEIMANN, R.: Vom Werden und Vergehen der niederrheinischen Gewässer. Archiv für Hydrobiologie, 36, 1939.
(356) WEINZIERL, H.: Kiesgrube und Landschaft, Teil III – Erfahrungen und Erfolge. Ingolstadt, o.J. (ca. 1966).
(357) WEIS, D.: Die Großstadt Essen. Bonner Geographische Abhandlungen, Heft 7; Bonn, 1951.
(358) WENTZEL, K. F.: Rauchschäden als Standortfaktor im rheinisch-westfälischen Industriegebiet. Diss. Hann. Münden 1957.
(359) WENTZEL, K. F.: Konkrete Schadwirkungen der Luftverunreinigung in der Ruhrgebietslandschaft. Schriften des Sauerländischen Gebirgsvereins, Heft 3; Hagen, 1962; S. 1–18.
(360) WENTZEL, K. F.: Gesundheitszustand und landeskulturelle Bedeutung der Grünflächen im Luftverunreinigungsgebiet Rhein-Ruhr. In: Garten und Landschaft; 1965, H. 6; S. 203–205.
(361) WENTZEL, K. F.: Die Belastungen der Forstwirtschaft durch Immissionen und ihre technischen, raumplanerischen, waldbaulichen und rechtlichen Folgen; Der Forst- und Holzwirt, 22, 1967, Heft 20.
(362) WIEL, P.: Das Ruhrgebiet in Vergangenheit und Gegenwart; Essen, 1963.
(363) WIEL, P.: Die Entwicklung der Ruhrgebietswirtschaft nach dem Zweiten Weltkrieg. Geographische Rundschau, Jg. 17, Heft 4, 1965; S. 138–146.
(364) WIEL, P.: Die wirtschaftliche Logik des Ruhrgebiets. Geographische Rundschau, Jg. 17, Heft 5, 1965; S. 190–197.
(365) WIEL, P.: Die Sozial- und Wirtschaftsstruktur der Emscherstädte Wanne-Eickel, Herne und Castrop-Rauxel. In: Bochum und das mittlere Ruhrgebiet; Festschrift zum 35. Deutschen Geographentag 1965 in Bochum; Paderborn, 1965; S. 187–192.

(366) Witten – Werden und Weg einer Stadt; bearbeitet von W. NETTMANN; Witten, 1961.
(367) WOHLRAB, B.: Auswirkungen wasser- und bergbaulicher Eingriffe auf die Landeskultur – Untersuchungen zu ihrer Klärung und für ihren Ausgleich; Hiltrup, 1965.
(368) WÜSTENBERG, J.: Die Einwirkungen der Luftverunreinigung auf die Gesundheit des Menschen. Deutsche Wohnungswirtschaft, 15, 1963; S. 37–40.
(369) ZELTER, W.: Naturschutzaufgaben in Ballungsgebieten. Mitteilungen der Bezirksstelle für Naturschutz und Landschaftspflege im Regierungsbezirk Düsseldorf, Folge 2; Juli 1964.
(370) ZSCHOCKE, H.: Die Waldhufensiedlungen am linken deutschen Niederrhein. Kölner Geographische Arbeiten, Heft 16; Köln, 1963.
(371) Zweiter Bericht der Landesregierung Nordrhein-Westfalen über Stand, Maßnahmen und Aufgaben der Landesplanung; Düsseldorf, 1965.

Karten:

(372) Topographische Karte 1:100 000
C 4302 Bocholt, C 4306 Recklinghausen, C 4310 Münster (Westf.), C 4702 Krefeld, C 4706 Düsseldorf–Essen, C 4710 Dortmund
(373) Topographische Karte 1:50 000
L 4102 Emmerich, L 4104 Bocholt, L 4106 Borken, L 4108 Coesfeld, L 4110 Münster (Westf.), L 4302 Kleve, L 4304 Wesel, L 4306 Dorsten, L 4308 Recklinghausen, L 4310 Lünen, L 4312 Hamm L 4502 Geldern, L 4504 Moers, L 4506 Duisburg, L 4508 Essen, L 4510 Dortmund, L 4512 Unna, L 4702 Kaldenkirchen, L 4704 Krefeld, L 4706 Düsseldorf, L 4708 Wuppertal, L 4710 Hagen, L 4712 Iserlohn
(374) Topographische Karte 1:25 000
4105 Bocholt, 4106 Rhede, 4107 Borken, 4108 Groß Reken, 4109 Dülmen, 4110 Buldern
4203 Kalkar, 4204 Rees, 4205 Dingden, 4206 Brünen, 4207 Raesfeld, 4208 Wulfen, 4209 Haltern, 4210 Lüdinghausen, 4211 Ascheberg, 4212 Drensteinfurt, 4213 Ahlen
4303 Uedem, 4304 Xanten, 4305 Wesel, 4306 Drevenack, 4307 Dorsten, 4308 Marl, 4309 Recklinghausen, 4310 Waltrop, 4311 Lünen, 4312 Hamm, 4313 Rhynern
4403 Geldern, 4404 Issum, 4405 Rheinberg, 4406 Dinslaken, 4407 Bottrop, 4408 Gelsenkirchen, 4409 Herne, 4410 Dortmund, 4411 Kamen, 4412 Unna, 4413 Werl
4503 Straelen, 4504 Nieukerk, 4505 Moers, 4506 Duisburg, 4507 Mülheim/Ruhr, 4508 Essen, 4509 Bochum, 4510 Witten, 4511 Dortmund-Hörde, 4512 Menden, 4513 Neheim-Hüsten
4603 Kaldenkirchen, 4604 Kempen (Ndrhn.), 4605 Krefeld, 4606 Düsseldorf-Kaiserswerth, 4607 Kettwig, 4608 Velbert, 4609 Hattingen, 4610 Hagen, 4611 Hohenlimburg, 4612 Iserlohn, 4613 Balve
4706 Düsseldorf, 4707 Mettmann, 4708 Wuppertal-Elberfeld, 4709 Wuppertal-Barmen, 4710 Radevormwald, 4711 Lüdenscheid, 4712 Altena, 4713 Plettenberg

(375) Deutsche Grundkarte 1:5000
(376) Luftbildpläne 1:5000, Hansa-Luftbild GmbH, Münster 1954–1959
(377) LE COQ: Topographische Karte von Westfalen (um 1800), neu herausgeg. v. d. Hist. Komm. für Westfalen, Münster; 1:100 000
(378) Topographische Karte von Rheinland und Westfalen 1841–1858; 1:80 000 – nachgedruckt vom Landesvermessungsamt Nordrhein-Westfalen 1964:
Bl. Nr. 11 Cleve, 12 Bocholt, 13 Coesfeld, 14 Münster, 19 Geldern, 20 Wesel, 21 Dorsten, 22 Dortmund, 23 Soest, 27 Straelen, 28 Crefeld, 29 Schwelm, 30 Iserlohn, 31 Arnsberg, 35 Düsseldorf, 36 Solingen, 37 Lüdenscheid, 38 Attendorn
(379) Urmeßtischblätter aus der Zeit von 1839–1844, 1:25 000; Photokopien: Landesvermessungsamt Nordrhein-Westfalen
(380) Geologische Karte 1:25 000 – Bisher veröffentlicht:
4106 Rhede, 4107 Borken, 4206 Brünen, 4207 Raesfeld, 4306 Drevenack, 4307 Dorsten, 4308 Marl, 4309 Recklinghausen, 4310 Waltrop, 4311 Lünen, 4312 Hamm, 4405 Rheinberg, 4406 Dinslaken, 4407 Bottrop, 4408 Gelsenkirchen, 4409 Herne, 4410 Dortmund, 4411 Kamen, 4412 Unna, 4413 Werl, 4503 Straelen, 4504 Nieukerk, 4505 Bochum, 4510 Witten, 4511 Dortmund-Hörde, 4512 Menden, 4513 Neheim-Hüsten, 4603 Kaldenkirchen, 4604 Kempen, 4605 Krefeld, 4606 Düsseldorf-Kaiserswerth, 4607 Kettwig, 4608 Velbert, 4609 Hattingen, 4610 Hagen, 4611 Hohenlimburg, 4612 Iserlohn, 4613 Balve, 4707 Mettmann, 4708 Wuppertal-Elberfeld, 4709 Wuppertal-Barmen, 4710 Radevormwald, 4711 Lüdenscheid, 4712 Altena, 4713 Plettenberg
Bisher unveröffentlicht (Manuskriptblätter beim Geol. Landesamt, Krefeld):
4105 Bocholt, 4108 Groß Reken, 4109 Dülmen, 4110 Buldern, 4205 Dingden, 4208 Wulfen, 4209 Haltern, 4210 Lüdinghausen, 4305 Wesel
(381) W. PAECKELMANN: Geologisch-tektonische Übersichtskarte des Rheinischen Schiefergebirges – 1:200 000, Nord; Berlin, 1926
(382) A. FUCHS: Geologische Übersichtskarte des nördlichen Sauerlandes und des Bergischen Landes – 1:100 000, herausgeg. von der Preuß. Geol. Landesanstalt; Berlin, 1928
(383) Geologische Übersichtskarte von Nordrhein-Westfalen – 1:500 000, Nordrhein-Westfalen-Atlas, bearbeitet vom Amt für Bodenforschung, Krefeld (Dr. E. SCHRÖDER), 1952
(384) Geologische Übersichtskarte von Deutschland; Abteilung Preußen und Nachbarländer – 1:200 000, herausgegeben von der Preuß. Geol. Landesanstalt; Berlin, 1939; Bl. 95/96 Cleve-Wesel, Bl. 108/109 Erkelenz-Düsseldorf
(385) Geologische Übersichtskarte von Nordwestdeutschland – 1:300 000, herausgegeben vom Amt für Bodenforschung; Hannover, 1951; allg. Entwurf: H. J. MARTINI und P. WOLDSTEDT; wiss. Redaktion: H. R. v. GAERTNER
(386) Übersichtskarte von Nordrhein-Westfalen – 1:100 000 Bl. C 4310 Münster; A. Geologische

Karte, B. Bodenkarte, C. Hydrogeologische Karte; mit Erläuterungen von H. ARNOLD, H. BODE und H. WORTMANN, mit Beiträgen von H. KARRENBERG und R. TEICHMÜLLER; herausgeg. vom Geol. Landesamt Nordrhein-Westfalen; Krefeld, 1960

(387) Bodenübersichtskarte von Nordrhein-Westfalen — 1:300 000, bearbeitet von E. MÜCKENHAUSEN und H. WORTMANN; mit Erläuterungen; herausgeg. vom Amt für Bodenforschung; Hannover, 1953

(388) Boden und Klima in Nordrhein-Westfalen; mit Übersichtskarte der Bodengüte in Anlehnung an die Ergebnisse der Reichsbodenschätzung, 1:300 000; Nordrhein-Westfalen-Atlas, 1963

(389) Bodenkarten 1:5000 auf der Grundlage der Bodenschätzung; bearbeitet nach den amtlichen Unterlagen der Bodenschätzung und des Geolog. Landesamts Nordrhein-Westfalen; herausgeg. vom Landesvermessungsamt Nordrhein-Westfalen

(390) Bodenkarte des Stadtkreises Dortmund — 1:10 000; Geol. Landesamt; Krefeld, 1961

(391) Klima-Atlas von Nordrhein-Westfalen; herausgeg. vom Deutschen Wetterdienst; Offenbach, 1960

(392) Die Niederschläge in Nordrhein-Westfalen — Nordrhein-Westfalen-Atlas

(393) Geländeformen, Höhenschichten, Gewässer; 1:300 000 — Nordrhein-Westfalen-Atlas

(394) Geogr. Landesaufnahme 1:200 000 — Naturräumliche Gliederung Deutschlands; herausgeg. v. d. Bundesanstalt für Landeskunde und Raumforschung, Bad Godesberg; mit Erläuterungen; Blatt 97 (Münster), bearbeitet von S. MEISEL, 1960; Blatt 108/109 (Düsseldorf-Erkelenz), bearbeitet von K. PAFFEN, A. SCHÜTTLER und H. MÜLLER-MINY, 1963; Blatt 110 (Arnsberg); bearbeitet von M. BÜRGENER, 1969.

(395) Geschichtlicher Handatals der Rheinprovinz (H. AUBIN und J. NIESSEN); Bonn, 1926

(396) Geschichtlicher Handatlas der deutschen Länder am Rhein — Mittel- und Niederrhein (J. NIESSEN); Köln, 1950

(397) Die westfälischen Länder im Jahre 1801 (von G. WREDE); Veröffentl. d. Hist. Komm. d. Provinzialinstituts für westf. Landes- und Volkskunde; Münster, 1953

(398) Räumliche Verteilung der Bevölkerung am 6. Juni 1961; 1:300 000 — Nordrhein-Westfalen-Atlas

(399) Religionszugehörigkeit der Wohnbevölkerung am 13.9.1950; ca. 1:500 000 — Nordrhein-Westfalen-Atlas

(400) Industrie 1958; 1:300 000 — Nordrhein-Westfalen-Atlas

(401) Naturschutzgebiete und Landschaftsschutzgebiete am 1.1.1960; 1:300 000 — Nordrhein-Westfalen-Atlas

(402) Der Wald in Nordrhein-Westfalen; 1:300 000 — Nordrhein-Westfalen-Atlas

(403) Karte des Siedlungsverbandes Ruhrkohlenbezirk; 1:50 000; Flächennutzung 1954.

(404) Karte des Siedlungsverbandes Ruhrkohlenbezirk; 1:25 000: Verbandsgrünflächen und Verbandsstraßen 1965

(405) Siedlungsverband Ruhrkohlenbezirk — Regionalplanung (Planungskartenwerk); herausgeg. v. Siedlungsverband Ruhrkohlenbezirk; Dortmund, 1960 ff.

(406) Landesentwicklungsplan I — Ministerialblatt für das Land Nordrhein-Westfalen, Ausgabe A, Jg. 19, 1966, Nr. 186 v. 27.12.1966

(407) Gebietsentwicklungsplan 1966 Siedlungsverband Ruhrkohlenbezirk; Köln, 1967

# Anlagen

Anlage A 1

## DIE NATURRÄUMLICHEN HAUPTEINHEITEN UND IHRE UNTERTEILUNG

| Haupteinheiten (Einheiten 4. Ordnung) | Einheiten 5. Ordnung | | Einheiten 6. Ordnung | |
|---|---|---|---|---|
| | (Die Kennzahlen der Einheiten 5. und 6. Ordnung sind in Abb. 10 eingetragen) | | | |

**Nordwestliche Teile des Bergisch-Sauerländischen Gebirges:**

| Haupteinheiten | Einheiten 5. Ordnung | | Einheiten 6. Ordnung | |
|---|---|---|---|---|
| Niederbergisch-Märkisches Hügelland ($337_1$) | 0 | Niederberg. Höhenterrassen | 00 | Mettmanner Lössterrassen |
| | | | 01 | Heiligenhauser Terrassen |
| | | | 02 | Selbecker Terrassen |
| | 1 | Ostniederbergisch-Westmärkisches Hügelland | 10 | Velberter Höhenrücken |
| | | | 11 | Langenhorst-Langenberger Hügelland |
| | | | 12 | Hardenberger Hügelland |
| | | | 13 | Elfringhauser Hügelland |
| | | | 14 | Ruhr-Eggenland |
| | | | 15 | Märkisches Eggenland |
| | | | 16 | Wupper-Ennepe-Hügelland |
| | | | 17 | Dornaper Kalkgebiet |
| | | | 18 | Düssel-Hügelland |
| | | | 19 | Wülfrather Kalkgebiet |
| | 2 | Witten-Kettwiger Ruhrtal | 20 | Witten-Kettwiger Ruhrtalsohle |
| | | | 21 | Nördliche Ruhrterrassen |
| | | | 22 | Südliche Ruhrterrassen |
| | 3 | Wupper-Ennepe-Mulde | 30 | Wuppertaler Kalkmulde |
| | | | 31 | Voerder Hochmulde |
| | | | 32 | Unteres Ennepetal |
| | | | 33 | Nördl. Ennepeterrassen |
| Niedersauerland ($337_2$) | 0 | Ardey | 00 | West-Ardey |
| | | | 01 | Ost-Ardey |
| | 1 | Ardeypforte (Wengerner Ruhrtal) | 10 | Wengerner Ruhraue |
| | | | 11 | Gederner Terrassen |
| | | | 12 | Wengerner Terrassen |
| | 2 | Hagener Becken | 20 | Hagener Ruhraue |
| | | | 21 | Wettersche Terrassen |
| | | | 22 | Herdecker Terrassen |
| | | | 23 | Vorhalle-Volmarsteiner Terrassen |
| | | | 24 | Garenfelder Terrassen |
| | | | 25 | Untere Lenneaue |
| | | | 26 | Hagener Terrassen |
| | | | 27 | Emsterfeld |
| | | | 28 | Unteres Volmetal |
| | | | 29 | Eilperfeld |
| | 3 | Schwerte-Fröndenberger Ruhrtal | 30 | Schwerte-Fröndenberger Ruhraue |
| | | | 31 | Nördliche Ruhrterrassen |
| | | | 32 | Südliche Ruhrterrassen |
| | | | 33 | Mendener Hönnetal |
| | 4 | Niedersauerländer Hügelland | 40 | Sümmerner Hügelland |
| | | | 41 | Iserlohner Vorhöhen |
| | | | 42 | Lendringsener Hönnetal |
| | | | 43 | Luerwald-Hügelland |
| | 5 | Iserlohner Kalkmulde | 50 | Hohenlimburg-Letmather Lenneaue |
| | | | 51 | Letmather Hochmulde |
| | | | 52 | Hemer-Iserlohner Mulde |
| | 6 | Hönne-Mulde | 60 | Brockhausen-Beckumer Kalkplatten |
| | | | 61 | Balver Mulde |
| | | | 62 | Neuenrader Mulde |

| | | | |
|---|---|---|---|
| Bergische Hochflächen (338) | 0 Mittelbergische Hochflächen | 02 | Solinger Hochfläche |
| | | 03 | Westl. Wupper-Engtal |
| | | 05 | Lichtscheider Höhen |
| | | 06 | Remscheider Bergland |
| | | 07 | Lennep-Ronsdorfer Hochflächen |
| | 1 Wupper-Hochflächen | 10 | Beyenburg-Krebsöger Wupper-Hänge |
| | | 11 | Östl. Wupper-Engtal |
| | | 12 | Wipper-Mulde |
| | | 13 | Ehrenberg-Radevormwalder Wupper-Hänge |
| | | 14 | Ehrenberg-Radevormwalder Hochfläche |
| Märkische Hochflächen (Märkisches Oberland) ($336_1$) | | 00 | Deerth-Jellinghauser Höhen |
| | | 01 | Ennepetaler Hochflächen und Schluchten |
| | | 02 | Oberes Ennepetal |
| | | 03 | Breckerfelder Hochfläche |
| | | 04 | Halverer Hochfläche |
| | | 10 | Volme-Westhänge |
| | | 11 | Volme-Engtal |
| | | 12 | Volme-Osthänge |
| | | 20 | Hohenlimburger Höhenrand |
| | | 21 | Hülscheid-Wiblingwerder Hochfläche |
| | | 22 | Lüdenscheider Hochfläche |
| | | 30 | Altenaer Lenne-Westhänge |
| | | 31 | Altenaer Lenne-Engtal |
| | | 32 | Altenaer Lenne-Osthänge |
| | | 33 | Verse-Bergland |
| | | 34 | Werdohler Lenne-Engtal |
| | | 35 | Falkenlei-Bergland |
| | | 40 | Ihmerter Hochflächen |
| | | 41 | Iserlohn-Balver Höhenrand |

Südwestliche Teile der Westfälischen Tieflandsbucht:

| | | | |
|---|---|---|---|
| Hellweg-Börden (542) | 0 Derne-Oestinghauser Höhen | 00 | Derner Höhen |
| | | 01 | Bergkamen-Oestinghauser Höhen |
| | 1 Unterer Hellweg | 10 | Dortmunder Hellwegtal |
| | | 11 | Kamener Flachwellen |
| | | 12 | Soester Unterbörde |
| | 2 Oberer Hellweg | 20 | Dortmunder Lössrücken |
| | | 21 | Werl-Unnaer Börde |
| | 3 Haarstrang | | |
| | 4 Ardey-Vorland | 40 | Witten-Hörder Mulde |
| | | 41 | Wellinghofener Vorhügelland |
| | | 42 | Oberes Emschertal |
| Westenhellweg (545) | 0 Castroper Platten | 00 | Martener Flachwellen |
| | | 01 | Castroper Höhen |
| | 1 Unterer Westenhellweg | 10 | Ückendorf-Rauxeler Platten |
| | | 11 | Heissen-Frintroper Platte |
| | | 12 | Essener Lössplatte |
| | | 13 | Bochumer Lössplatte |
| | 2 Oberer Westenhellweg | 20 | Rüttenscheider Höhen |
| | | 21 | Weitmarer Höhen |
| | | 22 | Stockumer Höhen |

| | | | | |
|---|---|---|---|---|
| Emscherland (543) | 0 | Vestischer Höhenrücken | 00 | Recklinghauser Lössrücken |
| | | | 01 | Buerscher Höhenrücken |
| | | | 02 | Marler Flachwellen |
| | 1 | Oer-Waltroper Flachwellen | 10 | Waltroper Flachwellen |
| | | | 11 | Emscher-Lippe-Platten |
| | | | 12 | Bockumer Hügelwellen |
| | | | 13 | Oer-Sinsener Flachwellen |
| | | | 14 | Erkenschwicker Tal |
| | 2 | Emschertal | 20 | Emscher-Niederung |
| | | | 21 | Oberhausener Mittelterrasse |
| | | | 22 | Südl. Emscher-Randplatten |
| | | | 23 | Nördl. Emscher-Randplatten |
| | | | 24 | Boye-Platten |
| Kernmünsterland (541) | 2 | Münsterländer Platten | 21 | Emkumer Platte |
| | | | 23 | Mittl. Stever-Talebene |
| | 5 | Lippe-Höhen | 50 | Cappenberger Höhen |
| | | | 51 | Südkirchener Flachwellen |
| | | | 52 | Werne-Bockumer Höhen |
| | 6 | Mittleres Lippetal | 61 | Werne-Uentroper Lippeaue |
| | | | 62 | Lüner Lippeaue |
| | | | 63 | Pelkumer Terrasse |
| | | | 64 | Heeßener Terrasse |
| | | | 65 | Werner Terrasse |
| | | | 66 | Lüner Terrasse |
| | | | 67 | Markfelder Terrasse |
| Westmünsterland (544) | 0 | Halterner Tal | 00 | Ahsener Lippeaue |
| | | | 01 | Hullerner Sandplatten |
| | | | 02 | Flaesheimer Terrassen |
| | 1 | Borkenberge | 10 | Hügelland d. Borkenberge |
| | | | 11 | Südl. Vorland d. Borkenberge |
| | | | 12 | Östl. Vorland d. Borkenberge |
| | 2 | Haard | 20 | Haard-Hügelland |
| | | | 21 | Südwestl. Haard-Vorland |
| | | | 22 | Nördl. Haard-Vorland |
| | 3 | Hohe Mark | 30 | Zentral-Hügelland der Hohen Mark |
| | | | 31 | Geisheide-Schmaloer Sandwellen |
| | | | 32 | Sythen-Lavesumer Flachwellen |
| | | | 33 | Berghaltern-Holtwicker Hügelwellen |
| | | | 34 | Strock-Eppendorfer Flachwellen |
| | 4 | Dorstener Talweitung | 40 | Dorstener Lippeaue |
| | | | 41 | Drewer Sandplatten |
| | | | 42 | Dorsten-Ulfkotter Platten |
| | | | 43 | Hervest-Wulfener Sandplatten |
| | 5 | Lembecker Sandplatten | 50 | Lembecker Flachwellen |
| | | | 51 | Rhader Sandplatten |
| | | | 52 | Heiden-Marbecker Sandplatten |
| | 6 | Rekener Kuppen | 60 | Hülsten-Rekener Kuppen |
| | | | 61 | Borkener Berge |
| | | | 62 | Rekener Berge |
| | 7 | Merfelder Niederung | 70 | Hausdülmener Niederung |
| | | | 71 | Venn-Niederung |
| | | | 72 | Stevede-Merfelder Flachrücken |

Östliche Teile des Niederrheinischen Tieflandes:

| | | | | | |
|---|---|---|---|---|---|
| Niederrheinische Sandplatten (578) | | 0 | Königshardter Sandplatten | 00 | Königshardter Hauptterrassenplatte |
| | | | | 01 | Hiesfeld-Sterkrader Mittelterrassen |
| | | | | 02 | Hünxe-Gahlener Flachwellen |
| | | 1 | Hünxe-Gahlener Lippetal | 10 | Krudenburger Lippeaue |
| | | | | 11 | Hünxe-Gahlener Terrassen |
| | | | | 12 | Damm-Emmelkämper Terrassen |
| | | 2 | Brünen-Schermbecker Sandplatten | 20 | Brünen-Freudenberger Hauptterrassenplatte |
| | | | | 21 | Schermbecker Flachwellen |
| | | | | 22 | Bakel-Emmelkämper Dünen |
| | | | | 23 | Marienthaler Ebene |
| | | 3 | Rhede-Krechtinger Talebene | 30 | Krechtinger Aatal-Aue |
| | | | | 31 | Rheder Talebene |
| | | | | 32 | Südl. Krechtinger Randebene |
| | | 4 | Vardingholter Sandplatten | | |
| Niederbergische Sandterrassen ($550_1$) | | 0 | Lintorfer Sandterrassen | 00 | Broich-Lintorfer Sandterrassen |
| Mittlere Niederrheinebene (575) | | 0 | Linksniederrheinische Niederterrassenebene | 00 | Neusser Terrassenleiste |
| | | | | 01 | Moerser Donkenland |
| | | | | 02 | Hülser Bruch |
| | | | | 03 | Schaephuysener Bruch |
| | | | | 04 | Moerser und Baerler Sandplatten |
| | | | | 05 | Alpener Rheinebene |
| | | | | 06 | Veen-Sonsbecker Bruch |
| | | 1 | Rechtsniederrheinische Niederterrassenebene | 10 | Düsseldorf-Duisburger Rheinebene |
| | | | | 11 | Wedau-Tiefenbroicher Bruch |
| | | | | 12 | Untere Ruhraue |
| | | | | 13 | Hamborn-Oberhausener Rheinebene |
| | | | | 14 | Dinslakener Rheinebene |
| | | | | 15 | Untere Lippeaue |
| | | 2 | Düsseldorf-Weseler Rheinaue | 21 | Uerdingen-Ruhrorter Rheinaue |
| | | | | 22 | Rheinberg-Weseler Rheinaue |
| Isselebene (576) | | 0 | Obere Isselebene | 00 | Drevenacker Dünen |
| | | | | 01 | Weseler Rheinebene |
| | | | | 02 | Isselbruch |
| | | | | 03 | Dingdener Flugsandleisten |
| | | 1 | Diersfordt-Wittenhorster Sandplatten | 10 | Diersfordter Dünen |
| | | | | 11 | Wittenhorster Sandplatten |
| Untere Rheinniederung (577) | | 0 | Xantener Bucht | 00 | Xanten-Marienbaumer Rheinebene |
| | | | | 01 | Labbecker Bruch |
| | | 1 | Reeser Rheinniederung | 10 | Appeldorner Rheinniederung |
| | | | | 11 | Rees-Bislicher Rheinniederung |
| Niederrheinische Höhen (574) | | 0 | Bönninghardt | | |
| | | 1 | Hees | | |
| | | 2 | Balberger Höhenrücken | 20 | Balberger Sandlöss-Rücken |
| | | | | 21 | Balberger Höhenrand |
| Kempen-Aldekerker Platten (573) | | 5 | Schaephuysener Höhenzug | | |

Anlage A 2

## DIE RAUMEINHEITEN NACH DER KULTURLANDSCHAFTLICHEN STRUKTUR UND IHRE UNTERTEILUNG

| Haupteinheiten (Einheiten 4. Ordn.) | Einheiten 5. Ordnung | | Einheiten 6. Ordnung | |
|---|---|---|---|---|

(Die Kennzeichnungen für die Einheiten 5. und 6. Ordnung durch Buchstaben und Zahlen sind in Abb. 37 eingetragen)

Einheiten innerhalb des Verdichtungsraumes Rhein-Ruhr:

| Haupteinheiten | 5. Ordnung | | 6. Ordnung | |
|---|---|---|---|---|
| Ruhrgebiet (Ruhrrevier) | Ru | Ruhr-Zone | Ru 1 | Steele-Kettwiger Ruhtalebene |
| | | | Ru 2 | Witten-Hattinger Ruhrtalsohle |
| | | | Ru 3 | Ickten-Bredeneyer Ruhrhöhen |
| | | | Ru 4 | Steeler Ruhrterrassen |
| | | | Ru 5 | Querenburg-Lindener Ruhrterrassen |
| | | | Ru 6 | Kupferdreh-Werdener Ruhrhöhen |
| | | | Ru 7 | Herbede-Hattinger Ruhrterrassen |
| | He | Hellweg-Zone | He 1 | Essener Hellweg-Zone |
| | | | He 2 | Mittlere Hellweg-Zone |
| | | | He 3 | Dortmunder Ballungskern |
| | Em | Emscher-Zone | Em 1 | Südliche Emscher-Zone |
| | | | Em 2 | Nördliche Emscher-Zone |
| | | | Em 3 | Östl. Teil der Emscher-Zone |
| | Mü | Ruhr-Emscher-Mündungsrevier | Mü 1 | Mülheim-Kern |
| | | | Mü 2 | Duisburg-Mülheimer Wald |
| | | | Mü 3 | Oberhausen-Süd |
| | | | Mü 4 | Oberhausen-Sterkrade |
| | | | Mü 5 | Duisburg-Süd |
| | | | Mü 6 | Duisburg-Nord |
| | | | Mü 7 | Rheinhausen-Homberger Uferstreifen |
| | Li | Linksrheinisches Revier | Li 1 | Moerser Revier |
| | | | Li 2 | Rheinberger Gebiet |
| | Nw | Nordwest-Revier | Nw 1 | Dinslakener Revier |
| | | | Nw 2 | Bucholt-Dinslakener Grünzone |
| | | | Nw 3 | Voerde |
| | | | Nw 4 | Weseler Lippeaue |
| | | | Nw 5 | Wesel |
| | No | Nord-Revier | No 1 | Vestische Zone |
| | | | No 2 | Vestische Grünzone |
| | | | No 3 | Dorsten |
| | | | No 4 | Marl |
| | | | No 5 | Oer-Datteln |
| | | | No 6 | Waltrop-Brechten |
| | | | No 7 | Lünen |
| | | | No 8 | Horst-Markfelder Lippeterrasse |
| | | | No 9 | Horst-Rauschenburger Lippeaue |
| | | | No 10 | Borker Lippeterrasse |
| | Os | Ost-Revier | Os 1 | Unnaer Hellweg-Zone |
| | | | Os 2 | Kamener Revier |
| | | | Os 3 | Heil-Pelkumer Lippeterrasse |
| | | | Os 4 | Werner Lippeaue |
| | | | Os 5 | Werne-Stockum |
| | | | Os 6 | Hamm-Uentrop |
| | | | Os 7 | Hamm-Uentroper Lippeaue |
| | | | Os 8 | Heeßen-Bockum-Hövel |

| | | | | |
|---|---|---|---|---|
| Bergisch-Märkisches Hügelland | H 0 | Selbeck-Mettmanner Terrassenland | H 00 | Mettmanner Lössterrassen |
| | | | H 02a | Selbeck-Höseler Terrassenland |
| | H 1₁ | Niederbergisches Industriegebiet | H 10a | Velberter Industriegebiet |
| | | | H 11a | Vossnacken |
| | | | H 11b | Hardenberger Industrietal (Neviges-Langenberg) |
| | | | H 18a | Wülfrath-Dornaper Kalkindustriegebiet |
| | H 1₂ | Westmärkisches Hügelland | H 13a | Hardenberg-Elfringhauser Hügelland |
| | | | H 14a | Bonsfelder Eggenland |
| | | | H 15a | Sprockhöveler Eggenland |
| | | | H 15b | Herzkamp-Hasslinghauser Höhen |
| | | | H 16a | Ennepe-Hügelland |
| | H 3 | Wupper-Ennepe-Industriezone | H 30a | Wuppertaler Ballungskern |
| | | | H 32a | Ennepe-Industriezone |
| | N 0 | Ardey | N 00a | West-Ardey-Hügelland |
| | | | N 01a | Ost-Ardey-Hügelland |
| | N 1 | Ardeypforte (Wengerner Ruhrtal) | | |
| | N 2 | Hagener Becken | N 20a | Hagener Ruhrtal |
| | | | N 24 | Garenfelder Terrassen |
| | | | N 26a | Hagener Ballungskern |
| | N 3₁ | Schwerter Ruhrtal | N 30a | Schwerter Ruhraue |
| | | | N 31a | Schwerter Terrassenbucht |
| | | | N 32a | Ergste-Villigster Ruhrterrassen |
| | N 5 | Iserlohner Industriezone | | |
| Mittelbergische Hochflächen | B 0 | Mittelbergische Hochflächen | B 02a | Solinger Höhe (Solinger Ballungske |
| | | | B 02b | Solinger Wupper-Hänge |
| | | | B 03 | Westl. Wupper-Engtal |
| | | | B 05a | Burgholzberge |
| | | | B 05b | Küllenhahner Wupper-Hänge |
| | | | B 05c | Lichtenplatzer Wupper-Hänge |
| | | | B 05d | Cronenberg-Küllenhahn-Lichtenplatz |
| | | | B 06a | Morsbachtal |
| | | | B 06b | Remscheider Ballungskern |
| | | | B 07a | Ronsdorf |
| | | | B 07b | Lennep-Lüttringhausen |
| Einheiten außerhalb des Verdichtungsraumes Rhein-Ruhr: | | | | |
| Ostbergisch-Märkische Hochflächen | B 1 | Wupper-Hochflächen | B 10 | Beyenburg-Krebsöger Wupper-Hänge |
| | | | B 11 | Östl. Wupper-Engtal |
| | | | B 12 | Wipper-Mulde |
| | | | B 13 | Ehrenberg-Radevormwalder Wupper-Hänge |
| | | | B 14 | Ehrenberg-Radevormwalder Hochfläche |
| | M | Märkische Hochflächen | M 00 | Deerth-Jellinghauser Höhen (Hesterthardt) |
| | | | M 01 | Ennepetaler Hochflächen und Schluchten |
| | | | M 02 | Oberes Ennepetal |
| | | | M 03 | Breckerfelder Hochfläche |
| | | | M 04 | Halverer Hochfläche |
| | | | M 10 | Volme-Westhänge |
| | | | M 11 | Volme-Engtal |

|  |  |  | M 12a | Dahl-Schalksmühler Volme-Osthänge |
|---|---|---|---|---|
|  |  |  | M 12b | Südl. Teil d. Volme-Osthänge |
|  |  |  | M 20 | Hohenlimburger Höhenrand |
|  |  |  | M 21 | Hülscheid-Wiblingwerder Hochfläche |
|  |  |  | M 22a | Lüdenscheid-Kern |
|  |  |  | M 30a | Lenne-Rahmede-Westhänge |
|  |  |  | M 30b | Rahmede-Industrietal |
|  |  |  | M 31 | Altenaer Lenne-Engtal |
|  |  |  | M 32 | Altenaer Lenne-Osthänge |
|  |  |  | M 33a | Rahmede-Verse-Bergland |
|  |  |  | M 33b | Verse-Industrietal |
|  |  |  | M 33c | Südl. Verse-Bergland |
|  |  |  | M 34 | Werdohler Lenne-Engtal |
|  |  |  | M 35 | Falkenlei-Bergland |
|  |  |  | M 40 | Ihmerter Hochflächen |
|  |  |  | M 41 | Iserlohn-Balver Höhenrand |
| Ostniedersauerland | N 3₂ | Fröndenberger Ruhrtal | N 30a | Fröndenberger Ruhraue |
|  |  |  | N 31b | Fröndenberger Ruhrterrassen |
|  |  |  | N 32b | Hennen-Halinger Ruhrterrassen |
|  |  |  | N 32c | Schwittener Ruhrterrassen |
|  |  |  | N 33a | Menden |
|  | N 4 | Niedersauerländer Hügelland | N 40 | Sümmerner Hügelland |
|  |  |  | N 41 | Iserlohner Vorhöhen |
|  |  |  | N 43 | Luerwald-Hügelland |
|  | N 6 | Hönne-Mulde | N 60 | Brockhausen-Beckumer Kalkplatten |
|  |  |  | N 61 | Balver Mulde |
|  |  |  | N 62 | Neuenrader Mulde |
| Östliche Hellweg-Börden | H 0 | Oestinghauser Höhen |  |  |
|  | H 1 | Östl. Unterer Hellweg | H 11a | Bramey-Lenningser Flachwellen |
|  |  |  | H 12 | Soester Unterbörde |
|  | H 2 | Östl. Oberer Hellweg | H 21a | Werl-Lünerner Börde |
|  |  |  | H 22 | Soester Oberbörde |
|  | H 3 | Haarstrang |  |  |
| Mittleres Münsterland | K 2 | Münsterländer Platten | K 21 | Emkumer Platte |
|  |  |  | K 23 | Mittlere Stever-Talebene |
|  | K 5 | Lippe-Höhen | K 50 | Cappenberger Höhen |
|  |  |  | K 51 | Südkirchener Flachwellen |
|  |  |  | K 52a | Bockumer Höhen |
| Niederrheinisch-Westmünsterländische Mark | E 1 | Bockumer Hügelwellen |  |  |
|  | W 0 | Halterner Tal | W 00 | Ahsener Lippeaue |
|  |  |  | W 01 | Hullerner Sandplatten |
|  |  |  | W 02 | Flaesheimer Terrassen |
|  | W 1 | Borkenberge |  |  |
|  | W 2 | Haard |  |  |
|  | W 3 | Hohe Mark | W 30 | Zentral-Hügelland der Hohen Mark |
|  |  |  | W 31 | Geisheide-Schmaloer Sandwellen |
|  |  |  | W 32 | Sythen-Lavesumer Flachwellen |
|  |  |  | W 33 | Berghaltern-Holtwicker Hügelwellen |
|  |  |  | W 34 | Strock-Eppendorfer Flachwellen |

|  |  |  |  |  |
|---|---|---|---|---|
|  | W 4 | Nördl. Dorstener Talweitung | W 40a | Dorsten-Marler Lippeaue |
|  |  |  | W 43 | Hervest-Wulfener Sandplatten |
|  | W 5 | Lembecker Sandplatten | W 50 | Lembecker Flachwellen |
|  |  |  | W 51 | Rhader Sandplatten |
|  |  |  | W 52 | Heiden-Marbecker Sandplatten |
|  | W 6 | Rekener Kuppen | W 60 | Hülsten-Rekener Kuppen |
|  |  |  | W 61 | Borkener Berge |
|  |  |  | W 62 | Rekener Berge |
|  | W 7 | Merfelder Niederung | W 70 | Hausdülmener Niederung |
|  |  |  | W 71 | Venn-Niederung |
|  |  |  | W 72 | Stevede-Merfelder Flachrücken |
|  | S 0 | Hünxe-Kirchheller Wald | S 00a | Hünxe-Hiesfeld-Bottroper Wald |
|  |  |  | S 02a | Hünxer Flachwellen |
|  |  |  | S 02b | Gartroper Busch |
|  |  |  | S 02c | Gahlener Flachwellen |
|  | S 1 | Hünxe-Gahlener Lippetal | S 10 | Krudenburger Lippeaue |
|  |  |  | S 11 | Hünxe-Gahlener Terrassen |
|  |  |  | S 12 | Damm-Emmelkämper Terrassen |
|  | S 2 | Brünen-Schermbecker Sandplatten | S 20a | Brünen-Raesfelder Hauptterrassenplatte |
|  |  |  | S 20b | Mahlberg-Platte |
|  |  |  | S 20c | Dämmerwald |
|  |  |  | S 20d | Freudenberger Wald |
|  |  |  | S 21 | Schermbecker Flachwellen |
|  |  |  | S 23 | Marienthaler Ebene |
|  | S 3 | Rhede-Krechtinger Talebene |  |  |
|  | S 4 | Vardingholter Sandplatten |  |  |
| Unterer Niederrhein | M 0 | Nordwestsaum der Mittl. Niederrheinebene | M 03a | Hüls-Schaephuysener Bruch |
|  |  |  | M 05a | Alpener Rheinebene |
|  |  |  | M 06 | Veen-Sonsbecker Bruch |
|  | M 2 | Orsoy-Weseler Aue |  |  |
|  | I 0 | Obere Isselebene | I 00 | Drevenacker Dünen |
|  |  |  | I 01a | Drevenacker Rheinebene |
|  |  |  | I 01b | Hamminkelner Rheinebene |
|  |  |  | I 02 | Isselbruch |
|  |  |  | I 03 | Dingdener Flugsandleisten |
|  |  |  | M 15a | Vinkeler Lippeaue |
|  | I 1 | Diersfordt-Wittenhorster Sandplatten | I 10 | Diersfordter Wald |
|  |  |  | I 11 | Wittenhorster Sandplatten |
|  | U 0 | Xantener Bucht | U 00 | Xanten-Marienbaumer Rheinebene |
|  |  |  | U 01 | Labbecker Bruch |
|  | U 1 | Reeser Rheinniederung | U 10 | Appeldorner Rheinniederung |
|  |  |  | U 11 | Rees-Bislicher Rheinniederung |
|  | H 0 | Bönninghardt |  |  |
|  | H 1 | Hees |  |  |
|  | H 2 | Balberger Höhenrücken |  |  |
|  | A 5 | Schaephuysener Höhenzug |  |  |

Anlage A 3

## VERZEICHNIS DER NATURSCHUTZGEBIETE
## IM RUHRGEBIET UND IN SEINEN RANDZONEN IM JAHRE 1969

(Die Kurzbezeichnungen entsprechen den Kennzeichnungen im Landesnaturschutzbuch
von Nordrhein-Westfalen und sind auch in Abb. 24 eingetragen)

Naturschutzgebiete im Bereich der Landesbaubehörde Ruhr (= Gebiet des Siedlungsverbandes Ruhrkohlenbezirk):

        S    1    Kletterpoth (Kreis Recklinghausen)
        S    2    Seebucht Hoher Niemen (Kreis Recklinghausen)
        S    3    Witte Berge und Deutener Moore (Kreis Recklinghausen)
        S    4    Caenheide (Kreis Geldern)
        S    5    Holtwicker Wacholderheide (Kreis Recklinghausen)
        S    6    Weißenstein-Hünenpforte (Stadt Hagen)
        S    7    Lippe-Auewald (Kreis Recklinghausen)
        S    8    Kluterhöhle und Bismarckhöhle (Ennepe-Ruhr-Kreis)
        S    9    Westruper Heide (Kreis Recklinghausen)
        S  10    Hünxer Bachtal (Kreis Dinslaken)
        S  11    Hülsen-Haine im Schellenberger Wald (Stadt Essen)
        S  12    Testerberge (Kreis Dinslaken)
        S  13    Wacholderdüne Sebbelheide (Kreis Recklinghausen)
        S  14    Loosenberge (Kreis Rees)
        S  15    Vogelfreistätte Xantener Altrhein (Kreis Moers)
        S  16    Alte Ruhr und Katzenstein (Ennepe-Ruhr-Kreis)
        S  17    Lasthauser Moor (Kreis Recklinghausen)
        S  18    Im deipen Gatt (Stadt Gelsenkirchen)
        S  19    Hülsenwald in der Hacheneyer Mark (Stadt Dortmund)
        S  20    Hiesfelder Wald (Stadt Oberhausen)
        S  21    Wupperschleife Bilstein Deipenbecke (Ennepe-Ruhr-Kreis)
        S  22    Fürstenberg (Kreis Moers)
        A  13    Schwarzes Wasser (Kreis Rees)

Naturschutzgebiete außerhalb des Bereichs der Landesbaubehörde Ruhr:

        A    2    Dolinengelände Krutscheidt (Stadt Wuppertal)
        A    3    Hardthöhlen (Stadt Wuppertal)
        A    4    Dolinengelände im Hölken (Stadt Wuppertal)
        A    9    Waldwinkel (Stadt Krefeld, Kreis Kempen-Krefeld, Kreis Moers)
        D    4    Hügelgräberfeld (Kreis Borken)
        D  10    Wacholderhain (Kreis Lüdinghausen)
        D  11    Schwarzes Venn (Kreis Borken)
        D  21    Römersee (Kreis Borken)
        D  22    Der Homborn (Kreis Borken)
        D  23    Kranenmeer (Kreis Borken)
        D  24    Haartvenn (Kreis Borken)
        D  25a   Hülsterholter Wacholderheide (Kreis Borken)
        D  25b   Hülstener Wacholderheide (Kreis Borken)
        D  28    Hemmings-Schlinke (Kreis Borken)
        D  37    Wildpferdebahn im Merfelder Bruch (Kreis Coesfeld)
        F    2    Am Schlehen (Kreis Lüdenscheid)
        F  32    Auf dem Giebel (Kreis Lüdenscheid)
        F  34    Balver Höhle (Kreis Arnsberg)
        F  38    In der Hardt (Kreis Iserlohn)
        F  46    An der Nordhelle (Kreis Lüdenscheid)
        F  59    Auf dem Stein (Kreis Iserlohn)
        F  63    Felsenmeer (Kreis Iserlohn)
        F    4    Lohagen (Kreis Lüdenscheid)

Anlage A 4a

## MUSTER FÜR DIE VERKÜNDUNG VON LANDSCHAFTSSCHUTZVERORDNUNGEN IN NORDRHEIN-WESTFALEN

Rd. Erl. d. Ministers für Wohnungsbau und öffentliche Arbeiten vom 26.6.1967 – I/2 – 74.52
(Ministerialblatt, Ausgabe A, Nr. 95/1967 v. 2.8.1967)

Verordnung

zum Schutze von Landschaftsteilen im ................. vom ............

Auf Grund der §§ 5 und 19 des Reichsnaturschutzgesetzes vom 26. Juni 1935 (RGBl. I S. 821), zuletzt geändert durch das Erste Vereinfachungsgesetz vom 23. Juli 1957 (GV. NW. S. 189), und des § 13 der hierzu ergangenen Verordnung vom 31. Oktober 1935 (RGBl. I S. 1275), zuletzt geändert durch die Verordnung vom 6. August 1943 (RGBl. I S. 481), wird – mit Ermächtigung des ...... in ...... – verordnet:

### § 1
### Räumlicher Geltungsbereich

(1) Die in der Anlage zu dieser Verordnung näher bezeichneten Landschaftsteile im Gebiet ...... werden als Landschaftsschutzgebiet dem Schutz des Reichsnaturschutzgesetzes unterstellt. Die Anlage ist Teil der Verordnung.

(2) Die Grenzen des geschützten Gebietes sind in eine Karte im Maßstab 1 : ...... grün eingetragen (Landschaftsschutzkarte). Die Verordnung und die Karte liegen

1. bei dem Regierungspräsidenten (der Landesbaubehörde Ruhr)
   – höhere Naturschutzbehörde – in ......

2. bei dem Landkreis – der Stadt – ......
   – untere Naturschutzbehörde – in ......

zur öffentlichen Einsicht während der Dienststunden aus.

### § 2
### Inhalt des Schutzes

(1) Im Landschaftsschutzgebiet sind, soweit nicht § 4 etwas anderes bestimmt, unzulässig

1. das Errichten baulicher Anlagen, auch wenn sie keiner Baugenehmigung oder Bauanzeige bedürfen, sowie bauliche Änderungen der Außenseite bestehender baulicher Anlagen;

2. das Aufstellen von Buden, Verkaufsständen, Verkaufswagen oder Warenautomaten;

3. das Zelten, das Abstellen von Wohnwagen, das Bereitstellen, Anlegen oder Ändern von Stellplätzen für Kraftfahrzeuge, von Zelt- oder Campingplätzen, von Bootsstegen oder sonstigen Einrichtungen für den Wassersport an anderen als den dafür mit Genehmigung oder Zustimmung der unteren Naturschutzbehörde zugelassenen Plätzen;

4. der Bau oder die Änderung von Draht- oder Rohrleitungen und das Anlegen oder Ändern von Zäunen oder anderen Einfriedigungen in der freien Landschaft;

5. die Aufforstung landwirtschaftlich nutzbarer Flächen mit Ausnahme der Ödländereien;

6. die gänzliche oder teilweise Beseitigung oder die Beschädigung von Hecken, Feld- oder Ufergehölzen in der freien Landschaft; als Beschädigung gelten auch das Verletzen des Wurzelwerks und jede andere Maßnahme, die geeignet ist, das Wachstum zu beeinflussen;

7. Aufschüttungen, Abgrabungen oder Ausschachtungen, die Gewinnung von Bodenbestandteilen, ferner die Veränderung oder Anlegung von Wasserläufen oder Wasserflächen;

8. das Wegwerfen, Abladen, Ableiten oder Lagern von landschaftsfremden Stoffen oder Gegenständen, insbesondere von festen oder flüssigen Abfallstoffen, Schutt oder Altmaterial an anderen als den dafür mit Genehmigung oder Zustimmung der unteren Naturschutzbehörde zugelassenen Plätzen;

9. das Fahren mit Kraftfahrzeugen oder deren Abstellung außerhalb der befestigten Fahrwege oder der mit Genehmigung oder Zustimmung der unteren Naturschutzbehörde zugelassenen Park- oder Stellplätze mit Ausnahme des land- oder forstwirtschaftlichen Verkehrs;

10. das Errichten, Anbringen oder Ändern von Werbeanlagen und von Schildern oder Beschriftungen, soweit sie nicht ausschließlich

    a) auf den Schutz der Landschaft hinweisen,
    b) als Ortshinweise oder Warntafeln dienen,
    c) sich auf den Verkehr beziehen oder
    d) Wohn- oder Gewerbebezeichnungen an Wohnhäusern oder Betriebsstätten darstellen;

11. ......

(2) Die untere Naturschutzbehörde kann auch andere Änderungen im Landschaftsschutzgebiet, die die Landschaft verunstalten, die Natur schädigen, den Naturgenuß beeinträchtigen oder solche Wirkungen erwarten lassen, verbieten.

### § 3
### Zulassung von Ausnahmen

(1) Eine Ausnahme von dem Verbot des § 2 ist zuzulassen, wenn die beabsichtigte Maßnahme die in § 2 Abs. 2 genannten Wirkungen weder hervorruft noch erwarten läßt. Eine Ausnahme ist ferner zuzulassen:

1. für das Errichten oder Ändern von baulichen Anlagen, die unmittelbar dem land- oder forstwirtschaftlichen oder erwerbsgartenbaulichen Betriebe dienen einschließlich der Land- oder Forstarbeiter- oder Altenteilerstellen

oder für eine sonstige bei Inkrafttreten dieser Verordnung rechtmäßig ausgeübte Nutzung erforderlich sind und das Landschaftsbild möglichst schonen;

2. für das Errichten oder Ändern von Freileitungen für die unter Nummer 1 bezeichneten Anlagen, sofern sie das Landschaftsbild möglichst schonen;

3. für die Aufforstung landwirtschaftlich nutzbarer Flächen oder die gänzliche oder teilweise Beseitigung der in § 2 Abs. 1 Nr. 6 bezeichneten Hecken, Feld- oder Ufergehölze, wenn dies für die Bewirtschaftung der Grundstücke erforderlich ist; die Belange des Landschaftsschutzes (§ 2 Abs. 2) sind möglichst zu wahren;

4. für die nicht gewerbsmäßige Entnahme von Steinen oder anderen Bodenbestandteilen für unmittelbar land- oder forstwirtschaftlichen oder erwerbsgartenbaulichen Zwecken dienende Maßnahmen; die Belange des Landschaftsschutzes (§ 2 Abs. 2) sind möglichst zu wahren.

5. für eine nach der Lage und Beschaffenheit des Grundstücks gegebene Nutzung, wenn der Antragsteller bei Inkrafttreten dieser Verordnung bereits nach außen erkennbare Vorbereitungen getroffen hatte und er auf die Zulässigkeit der Nutzung vertrauen durfte.

(2) Eine Ausnahme von § 2 kann in besonderen Fällen zugelassen werden, wenn dies mit dem Wohl der Allgemeinheit vereinbar ist. Für Aufschüttungen, Abgrabungen oder Ausschachtungen und die Gewinnung von Bodenbestandteilen kann unter der Voraussetzung des Satzes 1 eine Ausnahme zugelassen werden, wenn durch Bedingungen oder Auflagen sichergestellt werden kann, daß die dadurch verursachten, in § 2 Abs. 2 genannten Wirkungen wieder beseitigt werden. Die Ausnahme wird für eine bestimmte angemessene Frist zugelassen. Der Antragsteller hat Pläne und Erläuterungen für das gesamte Vorhaben sowie für die Gestaltung der Landschaft während des Betriebes und nach dessen Einstellung vorzulegen.

(3) Die Ausnahme kann unter Bedingungen und Auflagen zugelassen werden. Sie ersetzt nicht nach anderen Vorschriften erforderliche Genehmigungen oder Zustimmungen. Eine unbefristete Ausnahme verliert ihre Gültigkeit, wenn nicht innerhalb von zwei Jahren mit dem genehmigten Vorhaben begonnen oder das begonnene Vorhaben länger als ein Jahr unterbrochen worden ist. Diese Fristen können auf Antrag verlängert werden. Unbefristet verlängerte Ausnahmen erlöschen wie unbefristete Ausnahmen. Um die Erfüllung von Bedingungen und Auflagen zu sichern, kann die Hinterlegung von Geldbeträgen oder eine sonstige Sicherheit gefordert werden.

(4) Über den Antrag auf Zulassung einer Ausnahme entscheidet die Stadt — der Landkreis — ...... als untere Naturschutzbehörde. Die untere Naturschutzbehörde hat vor der Zulassung einer Ausnahme von dem Verbot des § 2 Abs. 1 Nr. 7 die Zustimmung der höheren Naturschutzbehörde einzuholen.

(5) Beabsichtigt die untere Naturschutzbehörde, den Antrag für ein Vorhaben abzulehnen, das unmittelbar dem land- oder forstwirtschaftlichen oder erwerbsgartenbaulichen Betriebe dient, oder will sie einem solchen Antrag unter Einschränkung stattgeben, trifft sie ihre Entscheidung im Benehmen mit dem Geschäftsführer der Kreisstelle der Landwirtschaftskammer als Landesbeauftragten im Kreise.

§ 4
Nicht betroffene Tätigkeiten

Unberührt von der Regelung des § 2 bleiben

1. die ordnungsgemäße und pflegliche Bewirtschaftung und Nutzung land- oder forstwirtschaftlicher oder dem Erwerbsgartenbau dienender Flächen nach herkömmlichen oder neuzeitlichen Gesichtspunkten einschließlich der Maßnahmen zur Bodenverbesserung und ihre Umwandlung im Rahmen dieser Bewirtschaftungsarten mit Ausnahme der Aufforstung landwirtschaftlich nutzbarer Flächen und der Beseitigung oder Beschädigung der in § 2 Abs. 1 Nr. 6 bezeichneten Hecken, Feld- oder Ufergehölze; diese dürfen ordnungsgemäß mit der Maßgabe genutzt werden, daß ihr Fortbestehen nicht gefährdet wird.

2. die rechtmäßige Ausübung der Jagd und Fischerei;

3. eine sonstige bei Inkrafttreten dieser Verordnung rechtmäßig ausgeübte Nutzung;

4. die Führung von unterirdischen Draht- oder Rohrleitungen für die in den Nummern 1 und 3 genannten Tätigkeiten;

5. das Errichten von ortsüblichen Weidezäunen oder für den Forstbetrieb notwendigen Kulturzäunen;

6. der Bau von land- oder forstwirtschaftlichen Wirtschaftswegen sowie die zur Unterhaltung der Gewässer notwendigen Maßnahmen;

7. das Aufstellen von Wildfütterungen, Jagdhochsitzen, Melkständen und Schutzdächern für das Weidevieh.

§ 5
Beseitigung von Verunstaltungen

(1) Bei Inkrafttreten dieser Verordnung bereits vorhandene Verunstaltungen der Landschaft sind auf Verlangen der unteren Naturschutzbehörde ganz oder teilweise zu beseitigen, wenn dies den Betroffenen zuzumuten und ohne größere Aufwendungen möglich ist.

(2) Werden im Landschaftsschutzgebiet Maßnahmen durchgeführt, die im Widerspruch zu den Vorschriften dieser Verordnung, zu den Anordnungen nach § 2 Abs. 2 oder zu den nach § 3 bestimmten Bedingungen oder Auflagen stehen, kann die untere Naturschutzbehörde die teilweise oder völlige Wiederherstellung des früheren Zustandes verlangen.

§ 6
Strafvorschriften

Wer vorsätzlich oder fahrlässig dem Verbot des § 2 oder den nach § 3 bestimmten Bedingungen oder Auflagen zuwiderhandelt, wird nach § 21 Abs. 3 des Reichsnaturschutzgesetzes mit Geldstrafe bis zu 150 Deutsche Mark oder mit Haft bestraft. Daneben kann nach § 22 das Reichsnaturschutzgesetzes auf Einziehung der beweglichen Gegenstände, die durch die Tat erlangt sind, erkannt werden.

§ 7
Inkrafttreten und Geltungsdauer

Diese Verordnung tritt am ...... – am Tage nach ihrer Verkündung – in Kraft. Sie gilt bis zum .....

§ 8
Außer Kraft tretende Vorschriften

Aufgehoben werden
1. ......
2. ......
3. ......

Anlage A 4b

# DIE „XANTENER RICHTLINIEN"

Leitsätze für die Neufestlegung der Landschaftsschutzgebiete im Ruhrgebiet
(Natur und Landschaft im Ruhrgebiet, 1, S. 19–20)

1. Die Festlegung der Landschaftsschutzflächen muß auf Grund der landschaftlichen Struktur des Raumes erfolgen. Bei der Abgrenzung sind die naturräumlichen und die kulturlandschaftlichen Gegebenheiten zu berücksichtigen. Insbesondere sollen Durchschneidungen homogener Landschaftszellen vermieden werden.

2. Alle landschaftlich reizvollen und biologisch gesunden Zellen sollen bei der Festlegung der Landschaftsschutzgebiete berücksichtigt werden. Außer den Waldgebieten sind insbesondere einzubeziehen:

   a) die von Bebauung unberührten Waldvorländer,
   b) die von nichtlandwirtschaftlicher Bebauung unberührten Niederungs- und Auenlandschaften der Flüsse und Bäche,
   c) die gesunden, harmonisch gestalteten bäuerlichen Kulturlandschaften.

   Wo bisher eine Vielzahl geschützter kleiner Landschaftsteile oder schmale, zerfaserte Schutzflächen vorhanden sind, sollen sie durch die benachbarten, zur gleichen Landschaftszelle gehörigen Flächen vervollständigt werden.

3. Teilräume mit stärkerer nichtlandwirtschaftlicher Bebauung sowie Flächen mit ausgewiesenen Industriegebieten, Baugebieten oder Reservebaugebieten müssen außer Betracht bleiben bzw. gelöscht werden.

   Die landesplanerische Gesamtkonzeption ist bei der Festlegung der Landschaftsschutzgebiete ebenso zu berücksichtigen, wie andererseits jede Landesplanung auf den landschaftlichen Gegebenheiten aufzubauen hat.

4. Von den innerstädtischen Grünflächen entsprechen folgende Flächen den Bestimmungen der §§ 1, 5 und 19 des Reichsnaturschutzgesetzes und können als Landschaftsschutzgebiete dem Schutze dieses Gesetzes unterstellt werden:

   a) Landschaftsteile, die nach irgendeiner Seite hin noch eine Verbindung zur freien Natur haben,
   b) Landschaftsteile, die auf Grund ihrer Größe und Eigenart den Charakter der freien Natur in sich selbst tragen (z.B. hinreichend große Waldflächen oder Talzüge und Siepen mit Wiesen und Baumgruppen).

   Sicherung und Schutz anderer innerstädtischer Grünflächen können nach den zur Zeit gültigen gesetzlichen Bestimmungen am besten über Bebauungs- und Grünflächenpläne nach dem Bundesbaugesetz erfolgen.

5. Eine Angleichung der Grenzen von Landschaftsschutzgebieten und Verbandsgrünflächen ist anzustreben.

   Alle Landschaftsschutzflächen sollten zugleich in das Verbandsgrünflächenverzeichnis des Siedlungsverbandes eingetragen sein (kleine Landschaftsbestandteile wie Wallhecken bleiben hiervon unberührt), während andererseits solche Verbandsgrünflächen, die nur der Ordnung der Besiedlung dienen und vom landschaftlichen Standpunkt aus nicht als schutzwürdig befunden werden können, bei der Neufestlegung der Landschaftsschutzgebiete außer Betracht bleiben sollten.

6. Die einzelnen Landschaftsschutzgebiete sollen mit charakteristischen Namen, die der Kennzeichnung ihrer landschaftlichen Eigenart dienen bzw. bedeutsame Orts- und Flurnamen festhalten, benannt werden.

   Innerhalb größerer zusammenhängender Landschaftsschutzgebiete kann eine Untergliederung nach landschaftlichen Gesichtspunkten erfolgen.

7. Die Grenzen der Landschaftsschutzgebiete sollen in jedem Fall so gewählt werden, daß sie sich jederzeit ohne Schwierigkeit im Gelände bestimmen lassen.

Anlage A 5

## ZÄHLUNGEN UND FESTSTELLUNGEN IN AUSGEWÄHLTEN ERHOLUNGSGEBIETEN IN DEN RANDZONEN DES RUHRGEBIETS IM SOMMER 1968

Am 26. Mai und 30. Juni 1968 wurden von etwa 70 Geographie-Studenten und -Studentinnen der Ruhr-Universität Bochum unter Leitung des Verfassers Erhebungen in ausgewählten Naherholungsgebieten des Ruhrgebiets durchgeführt. Die Feststellungen erfolgten nach einem vorher festgelegten und besprochenen Plan. Sie bezogen sich auf die Ermittlung der Gaststätten, Campingplätze, Parkplätze und Parkstreifen, Wanderwege und Rundwanderwege sowie des Angebots an Möglichkeiten für Freizeitbeschäftigung, insbesondere an Betätigungsmöglichkeiten im Freien, und zwar jeweils für kleine Untersuchungsräume, die auf einem Meßtischblatt gekennzeichnet waren. Außerdem waren anhand von vorgedruckten Formularen Zahl und Herkunftsbereiche der abgestellten Pkw und Autobusse bei einmaliger Zählung zu jeweils drei verschiedenen Tageszeiten zu ermitteln, und zwar in den Zeiten:

    10.45 bis 11.45 Uhr
       (Vormittags-Erholungsverkehr),
    12.30 bis 13.30 Uhr
       (Mittags-Erholungsverkehr),
    15.30 bis 17.00 Uhr
       (Nachmittags-Erholungsverkehr).

Nach Möglichkeit waren auch Feststellungen zu treffen über das Verhalten der Besucher und über die Teilgebiete mit den stärksten Besucherfrequenzen.

Leider war das Wetter am Sonntag, 26. Mai 1968, für den Erholungsverkehr außerordentlich ungünstig. Bei meist schwachen, aber lange anhaltenden Regenfällen war es nur mäßig warm, die Temperatur betrug etwa 14 bis 18°. Am Sonntag, 30. Juni 1968, herrschte hingegen sehr günstiges Wetter für den Erholungsverkehr. Es war heiter bis wolkenlos und schwachwindig; bereits morgens um 9 bis 10 Uhr herrschte eine Temperatur von 20°, die im Laufe des Tages auf etwa 25 bis 28° anstieg.

Für einige wenige Teilgebiete, die im Folgenden besonders vermerkt werden, sind vom Verfasser zur Ergänzung an zwei ebenfalls für den Ausflugsverkehr gut geeigneten Sonntagen (28.7. und 11.8.1968) entsprechende Feststellungen getroffen worden, bei denen in den Nachmittagsstunden zwischen 15.30 und 18.00 Uhr auch eine Zählung der abgestellten Kraftfahrzeuge erfolgte. Das Wetter war an beiden Tagen heiter bis wolkig; es herrschte leichter Wind aus nördlichen Richtungen; die Temperatur stieg nachmittags auf etwa 20 bis 23°; gegen Abend kam es am 28.7. stellenweise zu kurzen Regenschauern.

In der folgenden Zusammenstellung sind die einzelnen Teilgebiete stichwortartig beschrieben und wichtige Ergebnisse der Erhebungen vermerkt. Für ausgewählte Zählgebiete wurden die Besucherzahlen für geeignete Termine überschlägig ermittelt. Dabei wurde angenommen, daß mit jedem Pkw durchschnittlich 3 und mit jedem Autobus 30 Personen befördert wurden.[1]

(1) Duisburg-Mülheimer Wald:
Kulturlandschaftliche Raumeinheit im nördlichen Teil der Lintorfer Sandterrassen. Das Waldgebiet stößt von Süden tief in den Kernraum des Ruhrgebiets vor, trennt die Siedlungskomplexe von Duisburg und Mülheim.

Sammelparkplatz an der Mülheimer Straße, faßt über 300 Pkw. Von hier gehen Wanderwege aus, die den nördlichen Teil des Duisburg-Mülheimer Waldes erschließen, u.a. auch Rundwanderwege. Sie sind gut gepflegt und gezeichnet; an ihrem Rande stehen zahlreiche Bänke. Viele Besucher des Waldes kommen auch mit öffentlichen Verkehrsmitteln oder zu Fuß.

Der Parkplatz wird auch von Besuchern des nahegelegenen Duisburger Tierparks benutzt, vor allem wenn die Parkmöglichkeiten am Tierpark erschöpft sind. Daher vielfach breite Streuung der Kraftfahrzeug-Kennzeichen. Alle Zählungen erfolgten ausschließlich auf dem Sammel-Parkplatz. Am Nachmittag des 30. Juni 1968 parkten hier 343, am Nachmittag des regnerischen 26. Mai 1968 114 Pkw.

(2) Baldeneysee:
Erholungsschwerpunkt an der unteren Ruhr. Gehört zur Ruhr-Zone des Reviers; der See liegt in der Steele-Kettwiger Ruhrtalebene.

Der Baldeneysee und seine Uferzonen bieten vielfache Bade- und Wassersportmöglichkeiten; Fahrgastschiffe laden zu Rundfahrten ein. An den Ufern Gaststätten, Kioske, Campingplätze, Tennis-, Hockey-, Minigolf- und Kinderspielplätze, Fechthalle und Tiergehege, Gelegenheit zum Ponyreiten und auf den Liegewiesen zu Ballspielen. Ufer-Wanderwege.

Große Parkplätze sind für die mit dem Auto anreisenden Besucher angelegt worden. Außerdem ist der See aber auch mit Linienbussen und mit der Eisenbahn erreichbar. Die Zahl der Besucher ist größer, als sie sich aus der Zahl der abgestellten Pkw allein ergeben würde.

In der nördlich angrenzenden, stark bewaldeten Hangzone mehrere Gaststätten mit Parkplätzen, sowie Ausblicke auf den See und das Ruhrtal; viele Wanderwege.

Am 30. Juni 1968 wurden auf dem Baldeneysee Kanu-Meisterschaften ausgetragen, die viele Besucher angelockt hatten. Es wurden für den westlichen und mittleren Teil der Seefläche mit den angrenzenden

---

1 Dieses Verfahren wurde auch bei Zählungen des Wochenenderholungsverkehrs in der Umgebung von Hannover verwandt. Vgl. Analyse des Individualverkehrs im Großraum Hannover, Teil III Erholungs- und Ausflugsverkehr 1965, Verband Großraum Hannover, Hannover, 1965 (zitiert nach H. KIEMSTEDT, 1967, S. 74).

Uferstreifen (bis Haus Baldeney und Haus Scheppen, insgesamt etwa 2,7 qkm) am Nachmittag des 30. Juni bei einmaliger Zählung 2253 Pkw festgestellt, dazu 2 Autobusse. An diesem Nachmittag dürfte also eine Zahl von 3 000 Besuchern pro qkm erreicht worden sein!

In der nördlich angrenzenden Hangzone wurden in der Hauptbesuchszeit am Nachmittag des 30. Juni im östlichen Teil (im Bereich der Gaststätten Heimliche Liebe, Schwarze Lene, Jagdhaus Schellenberg und Lützenrath) auf 0,6 qkm 162 Pkw gezählt. Zählt man hier ebenfalls die mit öffentlichen Verkehrsmitteln oder zu Fuß gekommenen Besucher hinzu, so kann man auch für diese landschaftlich hervorragende und von Gaststätten und Aussichtspunkten durchsetzte Hangzone immerhin mit etwa 1 000 Besuchern pro qkm rechnen.

Am Nachmittag des regnerischen 26. Mai 1968 wurden am Baldeneysee 270 Pkw und 10 Autobusse, in der nördlichen Hangzonge 46 Pkw gezählt. Daraus ergeben sich etwa 400–500 bzw. rund 250 Besucher pro qkm.

(3) Elfringhauser Hügelland:

Gehört zur Einheit des Hardenberg-Elfringhauser Hügellandes.

Der südliche Teil des ausgewählten Ausschnitts erstreckt sich auf etwa 1,3 km Länge beiderseits einer von Wuppertal nach Hattingen und Essen führenden, kurvenreichen Landstraße, der nördliche Teil auf der gleichen Länge beiderseits einer Gemeindestraße. Im südlichen Teil 5, im nördlichen 2 Gaststätten, die sich auf den Ausflugsverkehr eingestellt haben. Von den Straßen bieten sich Möglichkeiten zu Wanderungen in die bäuerlich geprägte Umgebung mit den eingestreuten Waldparzellen.

Am Nachmittag des 11.8.1968 wurden hier bei gutem Ausflugswetter 222 Pkw gezählt, am Nachmittag des regnerischen 26. Mai immerhin auch 94.

(4) Hohenstein bei Witten:

Südöstlich des Wittener Stadtkerns, am nordwestlichen Rand des West-Ardey-Hügellandes.

Von Wäldern und Parkanlagen durchzogenes Gelände, mit vielen gezeichneten Wanderwegen. Mehrere Gaststätten, Denkmäler und Aussichtspunkte; Kinderspiel- und Tennisplätze. Die Rasenflächen können zum Teil als Spiel- und Liegewiesen genutzt werden. Ausgangspunkt der Rundwanderwege ist der Hammerteich im Borbachtal.

Außer den mit Auto Anreisenden kommen manche Besucher auch zu Fuß oder mit öffentlichen Verkehrsmitteln. Auf 0,8 qkm wurden in der Hauptbesuchszeit am Nachmittag des 30. Juni 1968 258 Pkw gezählt, so daß hier ein Wert von 1 000 Besuchern pro qkm überschritten worden sein dürfte. Am Nachmittag des 26. Mai 1968 waren es nur 54 Pkw, also etwa 200–250 Besucher pro qkm.

(5) Hengsteysee/Hohensyburg:

Erholungsschwerpunkt am Südrand des West-Ardey.

Der am Zusammenfluß von Ruhr und Lenne liegende Hengsteysee bietet mit seinen Uferzonen Bade- und Wassersportmöglichkeiten; auch hier wie am Baldeneysee ferner Gaststätten, Kioske und Campingplätze, Sport- und Kinderspielplätze, Gelegenheit zum Ponyreiten.

Auch im Bereich der Hohensyburg gibt es vielfältige Unterhaltungs- und Betätigungsmöglichkeiten (Liege- und Spielwiesen, Minigolf u.a.). Mehrere Gaststätten und Kioske. Am stärksten wird der Bereich um Kaiser Wilhelm-Denkmal und Vincke-Turm wegen der großartigen Aussicht aufgesucht. Südöstlich der Hohensyburg auf niedriger gelegenem Gelände Campingplatz und Freilichtbühne. Nördlich der Hohensyburg Golfplatz.

Auch Hengsteysee und Hohensyburg sind mit öffentlichen Verkehrsmitteln erreichbar. Das muß bei der Berechnung der Besucherzahl berücksichtigt werden.

Am Nachmittag des 30. Juni 1968 wurden am Hengsteysee 816 Pkw gezählt, an der Hohensyburg einschl. Golfplatz-Bereich, Campingplatz und Freilichtbühne 454 Pkw. Im engeren Bereich der Hohensyburg allein (vom Dorf bis zum Denkmal und zur Peterskirche) wurden auf 0,4 qkm 306 Autos gezählt. Das ergibt also auch hier auf begrenztem Raum einen Wert von etwa 2 500 bis 3 000 Besuchern pro qkm. Und für den Nachmittag des regnerischen 26. Mai 1968 kommt man bei 116 gezählten Pkws auf knapp 900 Besucher pro qkm.

Mit der weithin bekannten historischen Bedeutung der Hohensyburg und dem besonderen Rang dieses Ausflugszentrums mit seinen Ausblicken auf den vorgelagerten Raum hängt es zusammen, daß die Herkunftsbereiche der Kraftfahrzeuge eine starke Streuung aufweisen.

Der Hauptparkplatz der Hohensyburg, auf dem am Nachmittag des 30. Juni 1968 bei einmaliger Zählung 267 Pkw festgestellt wurden, wird bei schönem Wetter im Laufe des Sonntags von etwa 1500 bis 2000 Wagen benutzt. Die Gesamtzahl der Besucher an einem für den Ausflugsverkehr günstigen Sonntag erreicht also etwa des 6–7fache der bei einmaliger Zählung am Nachmittag festgestellten Zahl.

(6) Wupperstausee/Spreeler Mühle:

Der Wupperstausee südlich Beyenburg, im Östlichen Wupper-Engtal gelegen, ist ein kleineres Zentrum des Wassersports. Am Ufer Bootshäuser, Vereins-Gaststätten und Spielwiesen.

Im östlich angrenzenden Gebiet, das zu den Ehrenberg-Radevormwalder Wupper-Hängen gehört, bieten sich vielfältige Wandermöglichkeiten. Hochflächenausläufer und scharf eingeschnittene Seitentälchen der Wupper. Einzelne Gaststätten sind eingefügt. Ein beliebtes Ausflugszentrum bildet die Spreeler Mühle.

Am Nachmittag des 30. Juni parkten an der Brücke des Wupperstausees 64, an der Spreeler Mühle 71 und im Hochflächenbereich Hillringhausen/Hölzerne Klinke 17 Autos. Am Nachmittag des regnerischen 26. Mai 1968 waren die Zahlen wesentlich niedriger: Brücke Wupperstausee 12, Spreeler Mühle 17 Autos; im Hochflächenbereich Hillringhausen/Hölzerne Klinke wurden an diesem Nachmittag keine Wagen festgestellt.

(7) Heilenbecke/Ennepe:

Teilgebiete im westlichen Teil der Märkischen Hochflächen, und zwar der Ennepetaler Hochflächen und Schluchten.

Die kleine Heilenbecke-Talsperre (mit Gasthaus in der Nähe der Sperrmauer) ist von einem viel begangenen Wanderweg umgeben. Im Heilenbecketal unterhalb der Talsperre befinden sich an der das Tal durchziehenden Landstraße auf 800 m langer Strecke mehrere Gaststätten und eine Minigolf-Anlage.

Am 30. Juni nachmittags wurden an der Talsperre 153, im Tal unterhalb der Talsperre 54 Pkw gezählt, am 26. Mai entsprechend 41 und 19 Pkw. Das ergibt, wenn man die mit Linienbus oder zu Fuß gekommenen Besucher berücksichtigt, für den insgesamt 0,5 qkm großen Bereich der Talsperre (mit 100 m breitem Uferstreifen) und des unterhalb gelegenen Talabschnitts etwa 1250–1400 Besucher pro qkm am Nachmittag des 30.6. und immerhin etwa 350–400 Besucher pro qkm am Nachmittag des 26.5.

Etwas weiter östlich wurde ein 2,4 qkm großer Teilbereich erfaßt, der vom Ennepetal bei Burg und Saale über die bewaldete westliche Hangzone zur Hochfläche bei Schweflinghausen, Neuenhaus und Neuen-Hesterberg hinaufreicht. Dieser stille, vorwiegend ländlich geprägte Raum, der sonntags nicht von Linienbussen befahren wird, weist nur 2 Gaststätten auf. Er bietet jedoch gute Möglichkeiten für Wanderer und Spaziergänger (Wanderwege, weite Ausblicke von der Hochfläche, Wechsel von Wald und landwirtschaftlichen Nutzflächen, verstreute kleine Siedlungen). Hier wurden am Nachmittag des 30.6. 20 abgestellte Kraftfahrzeuge gezählt. Es ergibt sich also eine Zahl von nur etwa 25–30 Besuchern pro qkm, wenn man die wenigen Besucher mitzählt, die zu Fuß in dieses Teilgebiet gekommen waren.

(8) Glörtalsperre/Branten:

Teilgebiete der Märkischen Hochflächen, zur Breckerfelder Hochfläche und zu den Volme-Westhängen gehörend.

Die Glörtalsperre (mit Gasthaus an der Sperrmauer und Jugendherberge am oberen Ende) ist ebenfalls von einem Wanderweg umgeben. Der See ist zum Kahnfahren freigegeben. Außerdem wird gebadet, obwohl keine öffentliche Badeanstalt vorhanden ist. Wenn die Parkplätze an der Sperrmauer gefüllt sind, wird ein großer öffentlicher Parkplatz ausgenutzt, der im Glörtal etwa 800 m unterhalb der Sperrmauer angelegt ist; die Ausflügler legen dann den etwa 10minütigen Weg zur Talsperre zu Fuß zurück. Die Sperre ist nicht mit öffentlichen Verkehrsmitteln zu erreichen.

Am Nachmittag des 30.6. waren an der Talsperre 276, im unterhalb gelegenen Glörtal bis zum öffentlichen Parkplatz 268 Wagen abgestellt. Für den insgesamt 0,6 qkm großen Bereich der Talsperre (mit 100 m breitem Uferstreifen) und des unterhalb gelegenen Talabschnitts ergab sich somit eine Zahl von etwa 2750–2800 Besuchern pro qkm. An dem kühlen, regnerischen Nachmittag des 26.5. waren dagegen nur 10 Kraftfahrzeuge abgestellt.

Auf der westlich angrenzenden Hochfläche bei Branten/Landwehr wurden am 30.6. nachmittags am Rande der von Halver nach Breckerfeld führenden Straße auf 1000 m langer Strecke nur 4 abgestellte Kraftfahrzeuge gezählt. Wenn man die ausgedehnten land- und forstwirtschaftlich genutzten Bereiche beiderseits der Landstraße berücksichtigt, war hier die Zahl der Besucher also sehr gering; sie dürfte unter 10 pro qkm gelegen haben.

(9) Nahmertal:

2,5 km langer Talabschnitt in einem Nebental der Märkischen Hochflächen, und zwar im Bereich des Hohenlimburger Höhenrandes zwischen Volme und Lenne.

Das Tal, das mit öffentlichen Verkehrsmitteln nicht erreichbar ist, weist nur punkthaft kleine Siedlungen auf. Einzelne Gaststätten. Das Tal ist von bewaldeten Hängen umrahmt. Besondere Betätigungs- und Unterhaltungsmöglichkeiten gibt es nicht.

Am Nachmittag des 30.6. waren 119 Pkw abgestellt. Bezieht man diese Zahl nur auf den etwa 0,5 qkm großen engeren Talraum bis zu den beiderseitigen Waldrändern, so erhält man etwa 700–750 Besucher pro qkm. Vom Tal aus bieten sich Wandermöglichkeiten in den umfangreichen Wäldern der Umgebung, die allerdings nur von dem kleineren Teil der Besucher ausgenutzt werden. Nimmt man diese Waldgebiete hinzu (im Westen bis zum Hobräcker Rücken, im Osten bis Kaltenborn – Herlsen), so ergibt sich für diesen insgesamt etwa 5 qkm großen Bereich eine Zahl von etwa 70–75 Besuchern pro qkm.

(10) Danzturm/Lägertal:

Der Rand der Märkischen Hochflächen südlich von Iserlohn (zum Iserlohn-Balver Höhenrand gehörig) weist große, geschlossene Waldgebiete auf. Nur in den kleinen Seitentälchen wie dem Lägertal dringt die Besiedlung punkthaft nach Süden vor.

Vielfältige Wandermöglichkeiten. Mehrere Gaststätten, Aussichtsturm (Danzturm). Viele Iserlohner stellen ihre Wagen an der Alexanderhöhe am Südrand von Iserlohn ab und durchwandern die Waldgebiete bis zum Danzturm hinauf. Die Besucherzahl ist daher höher, als sie sich aus den Zahlen der abgestellten Pkw allein ergeben würde.

Der Besuch am 30.6. litt unter dem an diesem Tage in Iserlohn stattfindenden Schützenfest. Es wurden am Nachmittag in beiden Teilgebieten zusammen (1,8 qkm) 99 abgestellte Pkw gezählt.

(11) Kohlberg:

Im südöstlichen Teil der Märkischen Hochflächen, im Teilgebiet der Ihmerter Hochflächen.

An der von Neuenrade nach Dahle führenden Landstraße, die über das Kohlberg-Massiv hinwegführt, liegen das Kohlberghaus des Sauerländischen Gebirgsvereins (mit Ehrenmal) und eine weitere Gaststätte. Aussichtsturm auf der Höhe.

Am Nachmittag des 30.6. wurden 101 abgestellte Pkw gezählt, außerdem 1 Autobus. Viele Besucher machen kleinere Spaziergänge in die waldreiche Umgebung. Legt man das dabei hauptsächlich aufgesuchte Teilgebiet beiderseits der Landstraße mit einer Flächengröße von 1,2 qkm zugrunde, so ergibt sich eine Zahl von knapp 300 Besuchern pro qkm.

(12) Cappenberger Höhen:

Nördlich der Lippe bilden die Cappenberger Höhen ein Ausflugs- und Erholungsgebiet für den nordöstlichen Teil des Ruhrreviers.

Waldgebiete mit gepflegten Wegen und landwirtschaftlich genutzte Flächen. Mehrere Gaststätten. Schloß Cappenberg mit Museum und Kunstausstellungen. Reitschule, Kinderspiel- und Minigolfplätze.

Bei der Zählung am Nachmittag des 30.6. wurden 55 Pkw festgestellt.

(13) Haard:

Hügelland im Bereich der Halterner Sande; großes, geschlossenes Waldgebiet südlich der Lippe.

Die innere Haard ist für den Kraftfahrzeugverkehr gesperrt. Gute Wandermöglichkeiten auf trockenen, sandigen Wegen. Am Nordrand ist in der Nähe des Dachsberges ein öffentlicher Parkplatz angelegt; von hier günstige Zugänge ins Innere. Am Südrand der mittleren Haard mehrere Gaststätten mit vielfältigen Betätigungs- und Unterhaltungsmöglichkeiten (Spielwiesen, Planschbecken, Kindereisenbahn, Minigolf, Schießstand, Autoselbstfahrer, Ponyreiten).

Die meisten Besucher halten sich in der Nähe der Gaststätten am Südrand der Haard auf; es werden dabei aber vielfach kurze Spaziergänge in die engere Umgebung unternommen. Am Nachmittag des 30.6. wurden im Bereich Waldfrieden bis Mutter Wehner 171 Pkw gezählt. Legt man den hauptsächlich aufgesuchten Bereich der Umgebung mit einer Größe von 0,6 qkm zugrunde, so ergibt sich daraus, wenn man noch die mit Fahrrad oder zu Fuß gekommenen Besucher berücksichtigt, eine Zahl von knapp 1000 Besuchern pro qkm. Am Nachmittag des regnerischen 26.5. wurden in diesem Teilraum immerhin 44 Pkw gezählt; das ergibt etwa 200—250 Besucher pro qkm.

Auf dem Parkplatz Dachsberg am Nordrand wurden am Nachmittag des 30.6. nur 15 abgestellte Pkw gezählt. Von hier aus können Waldgebiete von rund 5 qkm Flächengröße durchstreift werden, die von keinem anderen Parkplatz besser zu erreichen sind. Die Besucherzahl dürfte also in diesem Raum einen Durchschnittswert von 10—15 Besuchern pro qkm kaum überstiegen haben.

Am 11. August wurden im Waldgebiet der Haard beiderseits der B 51 ca. 175 abgestellte Pkw gezählt. Die Waldgebiete beiderseits der Straße waren also wesentlich stärker besucht als der abgelegene Teil um den Dachsberg.

(14) Halterner Stausee/Westruper Heide:

Im Bereich des Halterner Tals liegt die große, vielfach gebuchtete Wasserfläche des Halterner Stausees und südöstlich von ihr die größte noch erhaltene Heidefläche am Rande des Ruhrgebiets, die Westruper Heide.

Der Halterner Stausee ist der bedeutendste Erholungsschwerpunkt in der nördlichen Randzone des Ruhrgebiets. Er bietet Bade- und vielfältige Wassersportmöglichkeiten. Gelegenheit zu Rundfahrten auf dem See. An den Ufern und in der Nähe des Stausees stark besuchte Gaststätten und Campingplätze sowie mehrere Wochenendhausbezirke. In den Uferzonen gibt es viele weitere Betätigungs- und Unterhaltungsmöglichkeiten (Kinderspielplätze, Liegewiesen, Tennisplätze, Märchenpark u.a.). In den Randzonen auch Gelegenheit zu Spaziergängen im Wald.

Stark besucht wird auch die Westruper Heide, an deren Rand Parkplätze angelegt sind.

Auf dem 7,2 qkm großen Gebiet des Halterner Stausees und seiner engeren Umgebung wurden am Nachmittag des 30.6. 1645 Pkw gezählt, außerdem 1 Autobus. Rechnet man noch die Besucher hinzu, die zu Fuß oder mit Fahrrad (vor allem aus der Stadt Haltern und den Ortschaften der engeren Umgebung des Stausees), zum Teil auch mit der Eisenbahn gekommen waren, so dürfte sich insgesamt eine durchschnittliche Zahl von etwa 750—800 Besuchern pro qkm ergeben; an einzelnen Schwerpunkten (Seebad-Seehof, Hoher Niemen, Stadtmühle) wurden noch wesentlich höhere Zahlen erreicht.

Das Seebad am Halterner Stausee weist an Sonntagen mit schönem Wetter allein insgesamt 15 000—17 000 Besucher auf (W. VON BORCKE, 1964, S. 168).

Auf den Parkplätzen am Rande der Westruper Heide wurden am Nachmittag des 30.6. 55 abgestellte Pkw gezählt. Legt man für die Heide mit ihrer engeren Umgebung eine Fläche von 1,0 qkm zugrunde, so ergibt sich eine Zahl von knapp 200 Besuchern pro qkm, wenn man berücksichtigt, daß noch einige Besucher hinzukommen, die ihren Wagen im Stausee-Bereich abgestellt hatten.

Selbst an dem für den Ausflugs- und Erholungsverkehr ungünstigen 26.5. wurden nachmittags im Gesamtbereich des Halterner Stausees und der Westruper Heide auf 7,2 qkm insgesamt noch 270 Pkw gezählt. Das ergibt durchschnittlich etwa 100 Besucher pro qkm.

(15) Hohe Mark:

Hügelland im Bereich der Halterner Sande, nordwestlich Haltern.

Teile der Hohen Mark sind beliebte Wandergebiete. An den Landstraßen, die das Gebiet durchziehen, wurden im Laufe der letzten Jahre viele Parkplätze und Parkstreifen angelegt. Hier stellenweise auch Gaststätten mit Betätigungsmöglichkeiten im Freien (Minigolf, Bogenschießen, Kinderspielplätze, Reitmöglichkeiten, Kutschfahrten). Im Teilgebiet Granat Hochwildgehege.

In der südwestlichen Hohen Mark wurde am Nachmittag des 30.6. auf einem 3,6 qkm großen Teil der Strock-Eppendorfer Flachwellen mit ihren Kontaktzonen zwischen Wald und landwirtschaftlich genutzten Flächen eine Zählung durchgeführt, bei der 138 abgestellte Pkw erfaßt wurden. Es ergibt sich daraus eine Besucherzahl von mehr als 100 Besuchern pro qkm.

Am 11. August 1968 wurden bei gutem Ausflugswetter nachmittags weitere Zählungen vorgenommen. Sie erbrachten für die zentrale Hohe Mark (mit öffentlichen Parkplätzen, aber ohne Gaststätten) 142 abgestellte Pkw, für den kleinen Gaststätten-Bereich Ontrup 155 und für den Bereich Granat (mit Gaststätten und Hochwildgehege) 291. Am trüb-regnerischen 26.5. wurden für diese Bereiche 13, 47 bzw. 66 Wagen gezählt.

(16) Rekener Berge:

Hügelland im Bereich der Halterner Sande, nördlich von Groß Reken, mit starkem Waldanteil.

An der von Gr. Reken nach Velen führenden Landstraße (im Untersuchungsraum etwa 2000 m lang) mehrere Gaststätten. Von hier bieten sich Wandermöglichkeiten in die Umgebung.

Am Nachmittag des 30.6. wurden 60 Pkw gezählt, außerdem 1 Autobus.

(17) Düwelsteene/Steinberg:

Im Bereich der Hülsten-Rekener Kuppen. Wandergebiet mit Rundwegen. Keine Gaststätten. Öffentliche Parkplätze an der von Gr. Reken nach Heiden führenden Landstraße. Von hier aus bieten sich Wandermöglichkeiten in die waldreiche Umgebung, vor allem in den Bereich der Düwelsteene (Hünengrab). Waldgebiete und Kontaktzonen mit angrenzenden landwirtschaftlich genutzten Flächen.

Den beiden westlichen Parkplätzen ist ein Wandergebiet von etwa 5 qkm zuzuordnen, das vorwiegend nördlich der Straße liegt. In der Umgebung dieses Gebietes schließen sich fast auf allen Seiten landwirtschaftlich genutzte Flächen an, die als Wandergebiete kaum in Betracht kommen. Hier wurden am Nachmittag des 30.6. 27 abgestellte Pkw gezählt; das ergibt, auf das Gesamtgebiet umgerechnet, durchschnittlich rund 15 Besucher pro qkm.

Dem dritten, weiter östlich liegenden Parkplatz, auf dem am Nachmittag des 30.6. 16 Pkw abgestellt waren, ist vorwiegend der Bereich auf der Südseite der Landstraße um den Steinberg zugeordnet.

(18) Wessendorfer Wald:

Im Bereich der Lembecker Sandplatten, und zwar am Nordrand der Lembecker Flachwellen.

Waldgebiet mit angrenzenden landwirtschaftlich genutzten Flächen, abseits größerer Verkehrsstraßen. Wandermöglichkeiten in ruhiger Umgebung.

In dem 4,5 qkm großen Gebiet wurden am Nachmittag des 30.6. 35 abgestellte Pkw gezählt. Das ergibt etwa 20–25 Besucher pro qkm.

(19) Römersee bei Borken:

Am Südrand der Borkener Berge gegen die Heiden-Marbecker Sandplatten.

Moore und kleine Wasserflächen; die größte Wasserfläche bildet der Römersee, in dem auch gebadet wird. In der waldreichen Umgebung Wandermöglichkeiten. In der Nähe des Römersees Parkplätze. Keine Gaststätten.

Am Nachmittag des 30.6. wurden 109 abgestellte Pkw gezählt; Konzentration der Besucher auf den Römersee und seine engere Umgebung.

(20) Schloß Raesfeld:

Am Ostrand der Brünen-Raesfelder Hauptterrassenplatte, die zu den Brünen-Schermbecker Sandplatten gehört.

Hauptausflugsziel ist das kunstgeschichtlich bedeutsame Schloß Raesfeld (mit Hotel-Restaurant und großer Kaffeeterrasse) mit seiner engsten Umgebung. Manche Besucher unternehmen von hier aus Spaziergänge in den südwestlich angrenzenden „Tiergarten" (Waldgebiet mit Teichen und Wanderwegen). Beide Teilgebiete haben zusammen eine Flächengröße von 1,8 qkm.

Am Nachmittag des 30.6. wurden 190 Pkw gezählt, außerdem 1 Autobus. Es ergibt sich daraus für das Schloß Raesfeld mit dem angrenzenden Tiergarten ein Durchschnitt von etwa 350 Besuchern pro qkm. Den eigentlichen Schwerpunkt bildet dabei das Schloß mit seiner engsten Umgebung (0,2 qkm).

Am Nachmittag des regnerischen 26. Mai wurden an der gleichen Stelle nur 10 Pkw festgestellt.

(21) Freudenberger Wald:

Südöstlicher Zipfel der Brünen-Schermbecker Sandplatten.

Großes, geschlossenes Waldgebiet mit vielen Wanderwegen, von zwei Straßen durchzogen (B 58 und B 224). An den Straßen Parkstreifen. An der Straßenkreuzung Forsthaus Freudenberg als Erholungszentrum (Gaststätte mit Minigolf, Bogenschießen, Kinderspielplatz, Märchengarten).

Dem am 30.6. nachmittags im Freudenberger Wald insgesamt erfaßten Zählbereich mit 300 abgestellten Pkw (einschl. Forsthaus) kann ein Wandergebiet von etwa 7–8 qkm zugeordnet werden. Wenn die Gaststätte mit ihren Betätigungs- und Unterhaltungsmöglichkeiten also einbezogen wird, ergibt sich für den Gesamtbereich eine Zahl von mehr als 100 Besuchern pro qkm. Für den Nachmittag des 26. Mai (27 Pkw) liegt die entsprechende Zahl bei 10.

(22) Hiesfeld-Bottroper Wald:

Südlicher Teil des Hünxe-Hiesfeld-Bottroper Waldes, der als wichtige Grünzunge von Norden her weit gegen den Kernraum des Ruhrreviers vordringt.

Beliebte Wandergebiete. Am Rande der Wälder Gaststätten sowie Betätigungs- und Unterhaltungsmöglichkeiten im Freien (Kinderspielplätze, Minigolf, Ponyreiten, Kutschfahrten, Kleineisenbahn, Kleinzoo, Kegelbahnen, Schießbuden, Kahnfahren, Ringbahn für Batterieautos u.a.). Mehrere große Parkplätze am Rande der Wälder.

Bedeutendster Schwerpunkt des Erholungsverkehrs ist der Bereich Grafenmühle (0,5 qkm). Hier wurden am Nachmittag des 30.6. 264 abgestellte Pkw gezählt. Rechnet man die ohne Pkw gekommenen Besucher hinzu, so kann man hier mit einer Besucherzahl von knapp 2000 Besuchern pro qkm rechnen. Am Nachmittag des regnerischen 26. Mai wurden hier 55 Pkw festgestellt; auch das ergibt noch rund 350 Besucher pro qkm.

Nimmt man den Gesamtbereich von der Sträterei und Franzosenstraße im Nordwesten über den Hiesfelder Wald, die westlichen Teile der Kirchheller Heide und die Grafenmühle bis zum Köllnischen Wald und das Vöingholz (mit Forsthaus Specht), so erhält man ein Gebiet von 16 qkm. Hier wurden am Nachmittag des 30.6. insgesamt 497 Pkw und 2 Autobusse gezählt. Das ergibt für dieses großräumige, dem Kernraum des Ruhrgebiets benachbarte Erholungsgebiet im Durchschnitt mehr als 100 Besucher pro qkm, wenn man die mit öffentlichen Verkehrsmitteln, mit Fahrrad oder zu Fuß gekommenen Besucher mitberücksichtigt.

Für diesen nahegelegenen Erholungsbereich ergibt sich auch für den Nachmittag des regnerischen 26. Mai noch eine relativ hohe Besucherzahl. Es wurden zu diesem Termin 101 Pkw und 1 Autobus gezählt. Das ergibt im Durchschnitt etwa 20–25 Besucher pro qkm für den ganzen großräumigen Bereich.

(23) Brüner Höhen/Pohlsche Heide:

Am Westrand der Brünen-Raesfelder Hauptterrassenplatte, die zu den Brünen-Schermbecker Sandplatten gehört.

Ruhiges Wandergebiet mit Waldpartien und landwirtschaftlich genutzten Flächen, nach Osten (Pohlsche Heide) viel Grünland mit Baumgruppen, Hecken und kleinen Gehölzen.

In dem 2,2 qkm großen Gelände wurden am Nachmittag des 28. Juli 1968 17 Pkw gezählt. Das ergibt etwa 20–25 Besucher pro qkm.

(24) Diersfordter Wald:

Großes Waldgebiet nördlich Wesel, im Bereich der Diersfordt-Wittenhorster Sandplatten.

Von der Straße Wesel – Emmerich durchzogen. Mehrere Parkplätze auf den von der Straße abzweigenden Waldwegen. Beliebtes Wandergebiet.

Im nördlichen Teil befindet sich ein Waldparkplatz in dem relativ isolierten Bereich der 0,6 qkm großen Ellerschen Heide. Im südlichen Teil wurde ein Teilgebiet vom Diersfordter Ehrenfriedhof und vom Gasthaus Am Jäger bis zum südlichen Waldrand bei Flüren (Flürener Heide) erfaßt; auch in diesem Bereich liegen mehrere Parkplätze, von denen aus die umgebenden Waldteile aufgesucht werden.

In beiden Teilbereichen wurden am Nachmittag des 28. Juli 1968 insgesamt 122 Pkw gezählt.

(25) Leucht:

Waldgebiet im südöstlichen Teil der Bönninghardt.

An den Rändern Gaststätten und Kontaktzonen mit den angrenzenden landwirtschaftlichen genutzten Flächen. Parkplätze im Waldgebiet und an den Außenrändern.

Am Nachmittag des 28. Juli 1968 wurden auf den Parkplätzen 187 Pkw gezählt.

(26) Rheinufer Götterswickerhamm:

1,2 km lange Uferstrecke bei Götterswickerhamm im Bereich der Orsoy-Weseler Aue, etwa von der Kirche bis zum Strandhaus Ahr.

Uferpromenade. Gaststätten mit Parkmöglichkeiten.

Bei einer Zählung am Nachmittag des 28. Juli 1968 wurden 148 Pkw festgestellt.

Anlage A 6a

## AUFLAGEN DES LANDKREISES REES ALS UNTERE NATURSCHUTZBEHÖRDE
## FÜR DIE AUSKIESUNGEN IN DER WESELER AUE (1962)

1) Die Auskiesungen sind so auszuführen, daß im Endergebnis eine Seefläche von der Form und Größe entsteht, wie sie in Anlage I zum Antrage vom 27.4.1962 eingezeichnet ist.

   Die Uferlinie ist unter Vermeidung starrer Geraden und Ecken sorgfältig auszuformen.

2) In dem breitesten nordwestlichen Teil der künftigen Seefläche ist eine gut ausgeformte Insel einzuplanen von etwa 120 x 60 m Größe und einer Höhe von mindestens 1 m über Mittelwasser.

3) Die Böschungen an den Seeufern, einschließlich der Inselufer, müssen möglichst flach ausgezogen werden.

   a) Die Böschungen über der Wasseroberfläche sind so anzulegen, daß das Neigungsverhältnis je nach Breite des Uferstreifens mindestens 1 : 4, meist jedoch 1 : 6 oder noch flacher ist.

   b) Die Unterwasserböschungen müssen bis auf mindestens 2 m Wassertiefe im Verhältnis 1 : 3 bis 1 : 4 auslaufen und dürfen dann erst steiler werden.

4) Die Uferstreifen, die Insel und die randlichen Parzellenteile außerhalb der Seefläche sind standortgerecht mit heimischen Gehölzen zu bepflanzen, nachdem diese mit Lehm oder lehmhaltigen Bodenmassen in mindestens 40 cm Dicke überdeckt worden sind.

   Die Bepflanzung ist im einzelnen im Einvernehmen mit dem Kreisbeauftragten für Naturschutz und Landschaftspflege sowie mit der Abteilung Forsten und Landespflege beim Siedlungsverband Ruhrkohlenbezirk in Essen durchzuführen.

5) Die Feldwege auf der von Südosten in den See vorspringenden Halbinsel dürfen nicht ausgebaut und auch nicht vorübergehend zum Abtransport der Kies- und Abraummassen benutzt werden. Die Hecken- und Strauchbestände beiderseits der Wege sind zu erhalten.

6) An den übrigen Seeufern sind Wanderwege (Fußwege) anzulegen, die Anschluß an die vorhandenen öffentlichen Wege erhalten. Die Wege sind mit wechselndem Abstand von der Uferlinie anzulegen, und zwar im Einvernehmen mit der unteren Naturschutzbehörde und dem Kreisbeauftragten für Naturschutz und Landschaftspflege.

7) Die Insel wird nach Fertigstellung und Bepflanzung als Naturschutzgebiet ausgewiesen. Die untere Naturschutzbehörde behält sich das Vorkaufsrecht für die Insel vor.

8) Die Abwicklung der Arbeiten muß in Abschnitten erfolgen, damit jeweils nur eine begrenzte Fläche in Anspruch genommen wird. Die Reihenfolge der Abschnitte ergibt sich aus der als Anlage III beigefügten Karte.

   Die Ausgestaltung und endgültige Herrichtung der einzelnen Abschnitte ist so vorzunehmen, daß die Fertigstellung eines Abschnittes spätestens mit den Entkiesungsarbeiten im nächsten Abschnitt abgeschlossen ist. Es darf also zu keinem Zeitpunkt mehr als 1 Abschnitt in der Entkiesung und der vorhergehende in der endgültigen Fertigstellung begriffen sein.

Anlage A 6b

## AUFLAGEN DES LANDKREISES RECKLINGHAUSEN ALS UNTERE NATURSCHUTZBEHÖRDE
## FÜR DIE AUSSANDUNGEN IM FREUDENBERGER WALD (1966)

1) Vor der Aussandung ist der kulturfähige Boden abzuschieben und so zu lagern, daß er für eine spätere Rekultivierung verwendet werden kann.

2) Die Gestaltung der Böschungsverhältnisse hat nicht steiler als im Verhältnis von 1 : 7 zu den nicht ausgekiesten Nachbargrundstücken zu erfolgen.

3) Die maximale Auskiesungstiefe darf 5 m nicht übersteigen. Eine tiefere Auskiesung ist nur erlaubt, wenn nach Auffüllen von nicht verwertbarem Erdreich und nach Aufschieben des kulturfähigen Bodens die Auskiesungstiefe von 5 m erreicht wird.

4) Nach erfolgter Auskiesung sind die Flächen zu rekultivieren und im Einvernehmen mit dem Forstamt Borken-Recklinghausen wieder aufzuforsten. Die Wiederaufforstung der gesamten Fläche muß bis zum 31.12.1969 abgeschlossen sein.

5) Die Rekultivierung und Wiederaufforstung hat unabhängig davon Zug um Zug zu erfolgen. Es wird dabei davon ausgegangen, daß nach Entkiesung einer Fläche von 1 ha eine Rekultivierung und Wiederaufforstung Zug um Zug möglich ist.

6) Zur Sicherung der Rekultivierung und Wiederaufforstung ist vor Beginn der Arbeiten eine Kaution in Höhe von 4000,– DM je ha freigegebener Fläche, höchstens jedoch 15 000,– DM zu stellen. Diese Sicherheitsleistung kann entweder als Barkaution oder durch Bankbürgschaft erfolgen.

   Der Landkreis Recklinghausen ist berechtigt, die Sicherheit unmittelbar zur Ausführung der rückständigen Rekultivierungen und Wiederaufforstungen zu verwenden, wenn der Eigentümer seinen Verpflichtungen aus dieser Ausnahmegenehmigung nicht nachkommt. Hierzu genügt die Feststellung der tatsächlichen Nichterfüllung durch den Landkreis Recklinghausen im Einvernehmen mit dem Forstamt der Landwirtschaftskammer. Diese Feststellung muß dem Eigentümer schriftlich mitgeteilt worden sein. Eines besonderen Verwaltungsaktes bedarf es zur Inanspruchnahme der Sicherheit nicht. Soweit gegenüber dem Amt Hervest-Dorsten oder dem Forstamt Borken-Recklinghausen Sicherheitsleistungen für die Rekultivierung und Wiederaufforstung erbracht wurden, können diese angerechnet werden, wenn der Landkreis Recklinghausen auch dort berechtigt wird, nach Vorstehendem zu verfahren.

Anlage A 7

## RICHTLINIEN DES SIEDLUNGSVERBANDES RUHRKOHLENBEZIRK
## FÜR DIE LANDSCHAFTLICHE EINGLIEDERUNG VON BAGGERGRUBEN

(„Grüne Arbeit im Ruhrgebiet", 1966, S. 49)

1) Der Mutterboden ist abschnittsweise je nach Vorrücken des Baggerbetriebes abzusetzen, und zwar in der jeweils anstehenden Mächtigkeit, sachgemäß zu lagern und zu pflegen. (Rd. Erl. des früh. Reichs-Min. f. Ernähr. u. Landw. v. 16. November 1939 und des Reichs-Min. d. Innern v. 11. Dezember 1939).

2) Die Böschungen sind wie folgt anzulegen:

   a) Von dem Anschnitt des natürlichen Geländes bis zu 1 m (bei Höhenunterschieden über 6 m bis zu 2 m) über der Sohle der Baggergrube bzw. des Wasserspiegels eines sich bildenden Grundwassersees oder über einer etwa vorhandenen Baggertransportbahn in einem Neigungsverhältnis von mindestens 1 : 2. Der untere Teil der Böschungen von dieser Stelle ab bis zu einer Wassertiefe von 2 m in einem Neigungsverhältnis von mindestens 1 : 3.

   b) In Acker- und Wiesengelände entsprechend 2a) im oberen Teil in einem Neigungsverhältnis von mindestens 1 : 3, im unteren von mindestens 1 : 4. Sie können dann weiter landwirtschaftlich genutzt werden, bei einem Neigungsverhältnis von mindestens 1 : 6 meist auch ackerbaulich.

   c) Die Anschlüsse an das vorhandene Gelände sind in möglichst natürlicher Form herzustellen.

   d) Die Unterwasserböschungen sind mit Mutterboden in mindestens 10 cm Stärke anzudecken, die Böschungen über dem Wasserspiegel in mindestens 35 cm Stärke, bei ebenen Flächen genügen 25 cm. Über Wasser ist der Unterboden vorher oder gleichzeitig tief zu lockern.

3) Die Begrünung und Befestigung des Uferrandes ist durch Aussetzen von Wurzelklumpen von Schilf, Rohrkolben usw. einzuleiten.

4) Alle nicht durch Wasser eingenommenen Flächen sind so bald wie möglich wieder in landwirtschaftliche Kultur zu nehmen oder aber mit der jeweils standortgemäßen Gehölzgesellschaft zu bepflanzen bzw. mit entsprechenden Gräsern anzusäen.

5) An das Ufer sind zusätzlich einzelne Gruppen von Weiden, Eschen, Stieleichen, Pappeln und Roterlen zu pflanzen.

6) Es empfiehlt sich auf alle Fälle, den Rat eines Fachmannes einzuholen.

Anlage A 8

## RICHTLINIEN DES DEUTSCHEN RATES FÜR LANDESPFLEGE
## BÄUME AN VERKEHRSSTRASSEN

(März 1968)

Als Ergebnis eines Sachverständigengesprächs über „Bäume an Verkehrsstraßen", das am 14. November 1966 in Bonn stattfand und zu dem der Deutsche Rat für Landespflege durch seinen Sprecher, Graf Lennart Bernadotte, eingeladen hatte, an dem Vertreter der Wissenschaft, der Verwaltung, der Automobilverbände, der Verkehrswacht, der Landschaftspflege und des Naturschutzes teilnahmen, wurden von einer eingesetzten Kommission folgende

Empfehlungen

ausgearbeitet, denen alle teilnehmenden Gruppen grundsätzlich zugestimmt haben:

1) Die Straßenbepflanzung dient gleichermaßen dem Verkehr und der Landschaft. Daher sind Bäume an Verkehrsstraßen grundsätzlich anzuerkennen.

2) Bei neuen Schnellverkehrsstraßen kann unterstellt werden, daß die in den Richtlinien für die Anlage von Landstraßen, 1. Teil Querschnittsgestaltung (RAL-Q 1956), vorgesehenen Baumabstände von 4,5 m vom Fahrbahnrand bzw. 3,0 m von der Kronenkante die Verkehrssicherheit nicht beeinträchtigen. Diese Mindestabstände können an Strecken, die mit Nebenspuren (z.B. Standspur) ausgestattet sind, auf 2,0 m — gemessen vom Rand der Nebenspur — ermäßigt werden. Das gleiche Maß soll auch für Straßen mit einer Entwurfs- oder Ausbaugeschwindigkeit < 80 km/h gelten. Hinter Leitplanken können die Abstände ebenfalls verringert werden. Als Mindestmaß für Sträucher gilt in allen Fällen ein Abstand von 2,0 m vom Rand der befestigten Fläche, wobei der voll entwickelte Strauch die Kronenkante nicht überschreiten soll.

In der Längsrichtung neuer Straßen sollen die Abstände von Einzelbäumen und Baumgruppen so weit wie möglich, keinesfalls unter 10 m gewählt werden.

3) Bei zweispurigen und mehrbahnigen Schnellstraßen soll die Bepflanzung in der Regel gruppenartig ausgeführt werden. Die Anpflanzung von Alleen und Baumreihen soll demnach für andere Straßen, insbesondere für Straßen mit geringerer Verkehrsbedeutung, vorbehalten bleiben.

4) Soweit sich bei vorhandenen Baumbeständen einzelne Bäume oder Baumgruppen als verkehrsgefährdend erweisen, sollten sie beseitigt werden. Eine Verkehrsgefährdung liegt insbesondere dann vor, wenn einzelne Bäume in den Lichtraum hineinragen.

Bei erhaltenswürdigen Alleen, Baumreihen oder sonstigen wertvollen Bäumen muß sorgfältig geprüft werden, was geschehen kann, um sie möglichst ganz, mindestens aber teilweise zu erhalten. Dies kann z.B. durch Maßnahmen der Verkehrsregelung, Leit- und Abweiseinrichtungen, Markierungen oder durch den Ausbau der Straße nach einer Seite hin erreicht werden.

5) Die Verkehrsbehörde hat sorgfältig zu prüfen, ob Bäume verkehrsgefährdend sind. Sie soll sich hierbei von den Ausschüssen beraten lassen, die für die Verkehrsschau gebildet sind. Diese Ausschüsse sollen für diese Fälle unbedingt auch Sachverständige der Landespflege hinzuziehen.

6) Soweit Bäume entfernt werden müssen, sollen Ersatzpflanzungen angestrebt werden. Dabei sind die in Nr. 2 genannten Abstände einzuhalten. Dies gilt auch für neue Pflanzungen an alten Straßen.

7) In den vergangenen Jahren wurde eine große Zahl von Straßenbäumen im Interesse des Verkehrs oder aus anderen Gründen entfernt, so daß heute ein erheblicher Teil des klassifizierten Straßennetzes ohne Bepflanzung ist. Soweit die Voraussetzungen gegeben sind, sollten diese Straßen wieder mit Bäumen und Sträuchern bepflanzt werden, wie es in einzelnen Ländern bereits vorbildlich geschieht.

Anlage A 9a

## ORDNUNGSBEHÖRDLICHE VERORDNUNG DES LANDKREISES REES ÜBER CAMPING, ZELTEN UND BADEN IN FREIEN GEWÄSSERN IM LANDKREIS REES

(Veröffentlicht im Amtsblatt für den Regierungsbezirk Düsseldorf Nr. 30 vom 25. Juli 1968)

Auf Grund des § 30 des Gesetzes über Aufbau und Befugnisse der Ordnungsbehörden vom 16. Oktober 1956 (Sammlung des bereinigten Gesetz- und Verordnungsblattes für das Land Nordrhein-Westfalen 2060) und der §§ 32 und 97 des Wassergesetzes für das Land Nordrhein-Westfalen vom 22. Mai 1962 (Sammlung des bereinigten Gesetz- und Verordnungsblattes für das Land Nordrhein-Westfalen 77) hat der Kreistag des Landkreises Rees folgende ordnungsbehördliche Verordnung für das Gebiet des Landkreises Rees erlassen:

### I. Abschnitt
### Camping und Zelten

#### § 1
#### Einrichtung, Unterhaltung und Genehmigung von Camping- und Zeltplätzen

(1) Die Einrichtung und Unterhaltung von Campingplätzen oder Zeltplätzen bedarf der Genehmigung durch den Landkreis Rees als Kreisordnungsbehörde.

(2) Die Genehmigung soll erst nach Anhörung der betroffenen Gemeinde erteilt werden, in deren Gebiet die Anlage errichtet werden soll.

(3) Dem Inhaber der Campingerlaubnis können von der für die Erteilung zuständigen Behörde bei Erteilung der Erlaubnis oder nach Erteilung der Erlaubnis Auflagen gemacht werden

a) zum Schutz der Campingplatzbenutzer gegen Gefahren für Leben, Gesundheit oder Sittlichkeit,

b) zum Schutz der Anlieger des Campingplatzes sowie der Bevölkerung gegen erhebliche Nachteile oder Belästigungen,

c) über Art und Anzahl der hygienischen Einrichtungen, wie Toilettenanlagen, Wasserversorgung, Abwasserbeseitigung, Müllbeseitigung, Beleuchtung und Bepflanzung des Campingplatzes,

d) über Zahl und Größe der aufzustellenden Wohnwagen.

#### § 2
#### Aufstellen von Zelten und Wohnwagen

(1) Das Aufstellen von Zelten und Wohnwagen außerhalb der genehmigten Plätze ist untersagt.

(2) In besonderen Fällen sind Ausnahmen zulässig.

(3) Ausnahmegenehmigungen können von den örtlichen Ordnungsbehörden erteilt werden, wenn Zelte und Wohnwagen für die Dauer von höchstens 3 Tagen aufgestellt werden und dafür ein Entgelt weder gefordert noch gezahlt wird.

(4) Soweit Verordnungen zum Schutze von Landschaftsteilen und Landschaftsbestandteilen (Landschaftsschutzverordnungen) für das Gebiet des Landkreises Rees weitergehende Vorschriften enthalten, bleiben diese unberührt.

#### § 3

(1) Offene Feuerstellen dürfen nicht angelegt werden. Zum Kochen dürfen nur amtlich zugelassene Kochstellen oder in Wohnwagen oder in Zelten aufgestellte Kochvorrichtungen benutzt werden.

(2) Verunreinigungen der Plätze und jedes sonstige Verhalten, das den im Interesse der Hygiene ergehenden Vorschriften der zuständigen Behörden widerspricht, ist untersagt.

### II. Abschnitt
### Einrichtung, Unterhaltung und Genehmigung von Badeanstalten an freien Gewässern

#### § 4
#### Einrichtung, Unterhaltung und Genehmigung von Badeanstalten an freien Gewässern

(1) Die Einrichtung und Unterhaltung von Badeanstalten bedarf der Genehmigung durch den Landkreis Rees als Kreisordnungsbehörde.

(2) Die Genehmigung soll erst nach Anhörung der betroffenen Gemeinde erteilt werden, in deren Gebiet die Badeanstalt errichtet werden soll.

(3) Dem Inhaber der Genehmigung zur Errichtung und Unterhaltung einer Badeanstalt an freien Gewässern können von der für die Erteilung zuständigen Behörde bei Erteilung der Erlaubnis oder nach Erteilung der Erlaubnis Auflagen gemacht werden.

a) zum Schutz der Benutzer der Badeanstalt gegen Gefahren für Leben, Gesundheit oder Sittlichkeit,

b) zum Schutz der Anlieger der Badeanstalt sowie der Bevölkerung gegen erhebliche Nachteile oder Belästigungen,

c) über Art und Anzahl der hygienischen Einrichtungen, wie Toilettenanlagen, Umkleideräume, Wasserversorgung, Abwasserbeseitigung, Müllbeseitigung.

#### § 5
#### Baden in freien Gewässern

(1) Das Baden in öffentlich zugänglichen künstlichen Gewässern ist außerhalb der ausdrücklich zugelassenen Badestellen und in den natürlichen Gewässern Rhein, Lippe und Issel verboten.

(2) Die örtlichen Ordnungsbehörden können Ausnahmen zulassen.

### III. Abschnitt
### Allgemeine Bestimmungen

#### § 6
#### Sitte und Anstand

(1) Jeder Benutzer eines Camping- und Zeltplatzes sowie einer Badeanstalt hat sich so zu verhalten, daß er nicht die allgemeine Sitte und den Anstand verletzt oder sonstwie die öffentliche Ordnung oder die Sittlichkeit stört.

(2) Der Erlaubnisinhaber eines Zelt- oder Campingplatzes sowie einer Badeanstalt ist verpflichtet, auf dem Platz bzw. in der Anstalt für Sitte und Ordnung zu sorgen.

#### § 7
#### Zuwiderhandlungen

Für den Fall der Zuwiderhandlung gegen diese Verordnung wird hiermit die Festsetzung einer Geldbuße bis zu 500,– DM (fünfhundert Deutsche Mark) angedroht, sofern sie nicht nach Bundes- oder Landesrecht mit Strafe oder Geldbuße bedroht ist.

#### § 8
#### Übergangsvorschriften für bestehende Camping- und Zeltplätze sowie Badeanstalten

Die Behörde kann für den Weiterbetrieb von Camping- und Zeltplätzen sowie Badeanstalten an freien Gewässern, die vor Erlaß der ordnungsbehördlichen Verordnung über Camping, Zelten und Baden vom 31.7.1964 bestanden haben und innerhalb von zwei Wochen nach Inkrafttreten anzeigepflichtig waren, die Erfüllung von Auflagen im Sinne des § 1 Abs. 3 dieser Verordnung verlangen.

#### § 9
#### Zurücknahme der Erlaubnis

Die Erlaubnis zum Betriebe eines Campingplatzes und die Genehmigung zur Errichtung und Unterhaltung einer Badeanstalt kann nach Maßgabe der Vorschriften des § 24 des Gesetzes über Aufbau und Befugnisse der Ordnungsbehörden – Ordnungsbehördengesetz – vom 16. Oktober 1956 (GS. NW. S. 155 / SGV. NW. 2060) zurückgenommen werden.

#### § 10
#### Geltungsbereich

Die Verordnung gilt für das Gebiet des Landkreises Rees.

#### § 11
#### Geltungsdauer

Diese Verordnung tritt eine Woche nach ihrer Verkündung im Amtsblatt für den Regierungsbezirk Düsseldorf in Kraft. Sie gilt bis zum 31. Dezember 1977.

#### § 12
#### Übergangs- und Schlußbestimmungen

Mit dem Tage des Inkrafttretens dieser Verordnung tritt die ordnungsbehördliche Verordnung über Camping, Zelten und Baden in freien Gewässern im Landkreis Rees vom 31. Juli 1964 – Amtsblatt für den Regierungsbezirk Düsseldorf Nr. 35/1964 – außer Kraft.

Anlage A 9b

## RICHTLINNIEN FÜR DIE AUSWEISUNG UND DEN AUFBAU VON WOCHENENDHAUS- UND FERIENHAUSSIEDLUNGEN

(nach G. OLSCHOWY, Heft 3 der Schriftenreihe für Landschaftspflege und Naturschutz, Bad Godesberg, 1968, S. 74)

a) Die Lage einer Siedlung muß so gewählt werden, daß sich die Baukörper in die Landschaft einfügen, sich unterordnen und nicht von weither einzusehen sind, wobei Kuppen und Niederungen grundsätzlich als Baugebiete ausscheiden sollen.

b) Jeder neue Siedlungsteil muß mit seinen Baukörpern zusammengefaßt und klar abgegrenzt werden.

c) Neue Siedlungsteile sollen nicht unmittelbar an alte Dorfsiedlungen anschließen, wenn diese in ihrer baulichen Substanz geschlossen und wertvoll sind, sondern dann möglichst abseits aufgebaut oder wenigstens durch einen ausreichend breiten Grünstreifen getrennt werden.

d) Neue Siedlungsbauten dürfen keinesfalls den alten, gewachsenen Dorfkern entwerten.

e) Grundsätzlich soll jedes Baugebiet in der freien Landschaft von einer lockeren oder geschlossenen Pflanzung umgeben und damit in die Umgebung eingebunden sein.

f) Jedes Baugebiet soll auf Grund eines rechtswirksamen Bebauungsplanes aufgebaut und dieser nach Möglichkeit durch einen Grünordnungsplan ergänzt werden.

g) Die Einschaltung von Fachdienststellen und die Mitarbeit erfahrener Fachkräfte der Landschaftspflege ist rechtzeitig, und zwar bereits zum Zeitpunkt der Auswahl des Baugebietes sicherzustellen.

Anlage A 10

# VORSCHLÄGE FÜR DIE ORDNUNG UND GESTALTUNG DES UNIVERSITÄTSGELÄNDES IN BOCHUM-QUERENBURG

(nach Denkschrift W. VON KÜRTEN Dezember 1961, S. 6–11)

(1) Besondere Pflegemaßnahmen erfordern zunächst die *Tallandschaften der Ruhr und des Ölbachs* mit den angrenzenden niedrigen Terrassenflächen.

   a) Hier wäre vor allem die Anlage eines weiträumigen *Stausees* zu empfehlen, der im Südwesten durch die geplante Verlängerung der Königsallee, im Südosten durch die neue Bundesstraße B 51 zu begrenzen wäre. Im Nordwesten würde er auf weiter Strecke an den vorhandenen bewaldeten Steilhang grenzen. Die Ausdehnung nach Nordosten, also im Tal des Ölbachs sowie im Ruhrtal bei Herbede-Ost, ist von anderen Planungen in diesen Räumen, abhängig, z.B. von der Lage der Auffahrt Witten–West/Bochum-Südost an der B 51.

   Der Stausee, dessen Anlage schon vor etwa 30 Jahren geplant wurde, würde sich in die Kette der Ruhr-Stauseen einfügen. Er wäre dem mittleren Teil des Ruhrgebiets ebenso zugeordnet wie Harkort- und Hengsteysee dem östlichen, Baldeney- und Kettwiger Stausee dem westlichen Teil. Die ausgedehnte Wasserfläche würde ein neues bemerkenswertes Landschaftselement in diesem mittleren Teile des südlichen Reviers schaffen, einen wichtigen Anziehungspunkt für die erholungsuchende Bevölkerung und ein Zentrum für den Wassersport darstellen. Insbesondere aber käme ihm wegen seiner unmittelbaren Nachbarschaft zur künftigen Ruhr-Universität erhöhte Bedeutung zu.

   Eine sorgfältige Detailplanung erfordern dabei angesichts der gekennzeichneten Situation die Ausformung, Gestaltung und Bepflanzung der Seeufer sowie die Führung von Wanderwegen.

   b) Oberhalb des Stausees sind im *Ölbachtal* Landschaftspflege-Maßnahmen zu empfehlen, die darauf abzielen, den Charakter der Niederungslandschaft stärker als bisher hervortreten zu lassen. Insbesondere ist die zusätzliche Begründung von Gehölzen und Baumgruppen dringend zu empfehlen. Auch die vorhandenen Kläranlagen erfordern noch eine bessere Einbindung in die Tallandschaft.

   c) Vor allem erfordert auch die das Ölbachtal durchziehende künftige *Bundesstraße B 51* eine sorgfältige Planung und Detailgestaltung im Hinblick auf eine einwandfreie Einbindung in die Tallandschaft. Die notwendigen Bepflanzungsmaßnahmen müssen auf die Bedeutung dieses Talzuges im regionalen Grünflächensystem und auf die unmittelbare Nähe der Ruhr-Universität abgestimmt werden.

(2) a) Unbedingt zu erhalten sind die Waldbestände, die den *Steilhang am Nordwestrand des Ruhrtals* bekleiden. Vorhandene Lücken sollten durch zusätzliche Anpflanzungen geschlossen, die Qualität der Waldbestände durch pflegerische Maßnahmen soweit wie möglich gesteigert werden. Der Auswahl einheimischer und standortgerechter Baumarten (mit Begleitflora) ist dabei besonderes Augenmerk zu schenken. Erhebliche Teile dieses Waldstreifens würden wegen ihrer unmittelbaren Nachbarschaft zu dem oben vorgeschlagenen Stausee auch unter diesem Gesichtspunkte besondere Bedeutung gewinnen.

   Die Errichtung von Bauwerken irgendwelcher Art ist in diesem exponierten Streifen am Rand des Ruhrtals nicht tragbar.

   b) Die Wälder des Steilhanges müßten mit den *Waldbeständen der in den Hang eingeschalteten Siepen* organisch verbunden werden. Im Bereich dieser Siepen müßten ebenfalls die vorhandenen Wälder in vollem Umfang erhalten und gepflegt werden. Vorhandene Lücken sollten auch hier geschlossen und zusätzliche Pflanzungen derart durchgeführt werden, daß ein harmonisches Gesamtbild entsteht.

(3) *Der Geländestreifen zwischen dem Nordwestrand des Ruhrtals und den ersten beherrschenden Eggen* bei Schrick und am Kalwes verdient wegen seiner Nähe und Neigung zum Ruhrtal eine besondere Behandlung. Die Gesamtgestaltung dieses Streifens (einschließlich der ihn abschließenden beherrschenden Eggen) müßte immer unter dem Gesichtspunkt der Einwirkung auf das Ruhrtal und der weiten Einsicht-Möglichkeit von Südosten betrachtet werden. Dies gilt insbesondere für alle hier etwa zu errichtenden Bauwerke und ihre Umgebung.

Vor allem muß darauf hingewiesen werden, daß dieser Streifen in einen wichtigen regionalen Grünzug eingeordnet ist, der in seiner Funktion nicht beeinträchtigt werden sollte. Außerhalb des Universitätsgeländes sollten in diesem Streifen insbesondere die vorhandenen Landschaftsschutzgebiete in ihrem Charakter unbeeinträchtigt bleiben.

Es ist zweckmäßig, in diesem Streifen alle Waldbestände zu erhalten. Die Anpflanzung zusätzlicher Gehölze und Baumgruppen ist dringend zu empfehlen.

Soweit der Streifen zum Universitätsgelände gehört, ist zu empfehlen, hier nach Möglichkeit solche Anlagen (Sportanlagen, Grünflächen für Forschungszwecke usw.) unterzubringen, die dem Charakter des regionalen Grünzuges und der exponierten Lage entsprechen.

(4) a) Besondere Beachtung verdient *der Kalwes,* der eine landschaftliche Schlüsselstellung im Universitätsgelände besitzt.

Der noch vorhandene große geschlossene Waldbestand sollte unbedingt in vollem Umfang erhalten bleiben. Auch hier wäre die Qualität der Waldbestände zu steigern und die Waldränder ihrer landschaftlichen Bedeutung entsprechend zu gestalten.

b) Am südlichen Hangfuß, im unteren Lottental, ist eine Beseitigung der verunstaltenden Bauwerke und Anlagen der stillgelegten *Zeche Klosterbusch* zu empfehlen. Durch zusätzliche Bepflanzungsmaßnahmen in diesem Teilraum müßte ein gut gestalteter Abschluß des geschlossenen Waldgebietes angestrebt werden. Auch am Südosthang, zum Ruhrtal hin, sind zusätzliche Pflege- und Bepflanzungsmaßnahmen am Platze.

c) *Der geologische Aufschluß* hinter dem jetzigen Zechengebäude verdient als Naturdenkmal sichergestellt zu werden. Durch geeignete Bepflanzungsmaßnahmen sollte eine bessere Gestaltung des unmittelbaren Vorgeländes erzielt werden, wobei aber der Blick auf das charakteristische Schichtprofil an den Wänden des früheren Steinbruchs freigehalten werden muß. Auf der ehemaligen Steinbruchsohle können Baum- und Strauchgruppen gepflanzt werden; auch vor dem unteren Teil der Steinbruchwände ist eine Bepflanzung stellenweise möglich.

(5) Pflegemaßnahmen vielfältiger Art verdient auch *das Lottental* westlich der Zechenanlagen mit den begleitenden Hängen und den von beiden Seiten einmündenden Siepen. Die vorhandenen Wälder sollten in vollem Umfang erhalten bleiben, noch vorhandene Lücken an den Hängen durch zusätzliche Bepflanzung geschlossen werden.

Es ist zu empfehlen, das schon jetzt recht reizvolle Lottental als Ganzes zusammen mit dem Kalwes zu einer grünen Achse inmitten des Universitätsgeländes auszugestalten.

(6) Auch die übrigen *Siepen-Bereiche* verdienen erhebliche Pflege- und Gestaltungsmaßnahmen. Auch hier sollten die vorhandenen Wälder, Baumgruppen und Ufergehölze erhalten und durch geeignete zusätzliche Bepflanzungsmaßnahmen vergrößert bzw. vermehrt werden.

Insbesondere kommt den Siepen nördlich des Universitätsgeländes in Zukunft erhöhte Bedeutung zu, da sie trennende Grünzonen zwischen den vorhandenen bzw. geplanten Siedlungsbereichen darstellen. Umso mehr ist es notwendig, sie so auszugestalten, daß sie ihren vielfältigen Funktionen als städtebauliche Zäsuren, als biologisch möglichst gesunde Landschaftselemente und als Naherholungsbereiche gerecht zu werden vermögen.

(7) Die das Horizontprofil bestimmenden Linien bilden in dem Hügelland um Querenburg und Stiepel die schmalen, langgestreckten Rücken, die *Eggen*. Wegen ihrer landschaftlichen Bedeutung verlangen sie eine besonders sorgfältige Detailplanung bei allen Vorhaben in den betreffenden Bereichen. Es sollte angestrebt werden, auf den eigentlichen Kammlinien die Errichtung von Bauwerken zu vermeiden. An diesen kritischen Linien sollten vielmehr durch Erhaltung der vorhandenen Gehölze und durch Anpflanzung zusätzlicher Baumgruppen schmale Grünstreifen gestaltet werden, die landschaftlich hier besonders wirkungsvoll sind und die benachbarten Bereiche in einen grünen, weithin sichtbaren Rahmen einbetten.

(8) Auf eine gute *Verbindung aller Wälder, Gehölze und Grünstreifen* im gesamten Bereich müßte Wert gelegt werden. Diese Grünstreifen sollten nicht unter wirtschaftlichen Aspekten (Holzertrag), sondern vielmehr mit dem Ziel gestaltet werden, daß sie die ihnen zufallenden Wohlfahrtswirkungen vielfältiger Art in möglichst hohem Maße erfüllen können.